国家重点研发计划项目（2023YFF0804600）
国家自然科学基金重点项目（41030859）
国家南北极环境综合考察与评估专项（CHINARE03-02）
国家自然科学基金面上项目和青年基金项目等 11 个项目

联合资助

北冰洋的沉积学与古海洋学研究

王汝建　刘焱光　肖文申　董林森 等 著

科学出版社

北　京

内 容 简 介

本书基于近年来北冰洋多学科的调查与研究资料，概述北冰洋的地形地貌、现代海洋环境、冰盖与冰川作用、构造演化历史和区域地质特征。在此基础上，系统总结我国第1次至第11次北极科学考察的研究成果，全面归纳和展示我国学者在北冰洋沉积学、地层学、古生物学、矿物学、地球化学、古海洋与古气候等领域取得的研究进展，如北冰洋近现代生源沉积物和陆源沉积物的沉积特征及环境指示意义，北冰洋的地层学研究，中—晚更新世以来北冰洋周边冰盖与洋流演化，北冰洋的古海洋与古气候演化历史及其驱动机制等，提出了当前北冰洋地质研究面临的前沿科学问题。对深入理解北冰洋地质历史时期至近现代的海洋环境与气候变化过程及其对全球气候变化的作用和影响具有重要的科学意义和应用价值，并为预测北极未来海洋环境与气候变化提供科学依据。

本书可供海洋地质学、极地科学、冰冻圈科学、海洋科学、环境科学、大气科学、生命科学等相关领域的研究人员以及高等院校师生参考。

审图号：GS 京（2025）0975 号

图书在版编目（CIP）数据

北冰洋的沉积学与古海洋学研究 /王汝建等著. -- 北京 ：科学出版社，2025.6. -- ISBN 978-7-03-080714-4

Ⅰ. P736.2

中国国家版本馆 CIP 数据核字第 2024BK0358 号

责任编辑：孟美岑　李亚佩 / 责任校对：何艳萍
责任印制：肖　兴 / 封面设计：无极书装

科学出版社 出版
北京东黄城根北街 16 号
邮政编码：100717
http://www.sciencep.com
北京建宏印刷有限公司印刷
科学出版社发行　各地新华书店经销
*
2025 年 6 月第　一　版　　开本：889×1194　1/16
2025 年 6 月第一次印刷　　印张：22 1/4
字数：700 000
定价：368.00 元
（如有印装质量问题，我社负责调换）

Research on Sedimentology and Paleoceanography in the Arctic Ocean

Wang Rujian, Liu Yanguang, Xiao Wenshen, Dong Linsen et al.

Science Press

Beijing

序

北极是全球气候变化最为显著的地区之一。在过去的几十年里，北极大气、海洋和陆地温度的上升速度是全球平均水平的两到四倍。北半球寒带和北极多年冻土融化增加了温室气体排放，进一步加剧了全球气温上升。北极海冰正在以惊人的速度消失，将迅速走向人类历史上从未见过的新低冰状态，气候模型预计在近年内北极夏季将处于无冰状态。而海冰面积的减少反过来又改变了海气相互作用，影响大气和海洋能量平衡以及海洋生态系统的变化。随着北极海冰的消失，北极航道有望实现夏季通航。北极海底多年冻土层和水下沉积层中的巨量甲烷或天然气水合物等资源有可能得到开采利用，但同时也可能给北极大气、海洋、生态、气候乃至全球温室气体的减排调控带来新的挑战和负面影响。

由于北冰洋特殊的地理位置、独特的自然环境和丰富的自然资源，已成为国内外北极科学考察和研究的热点地区。自 1999 年我国首次组织实施了北极科学考察以来，已成功实施了 14 次多学科综合考察，在白令海、北冰洋和北大西洋极区开展了系统的综合科学考察，取得了令人瞩目的科学考察和研究成果。但与世界其他海洋相比，北冰洋地质历史时期的气候与环境演化记录仍显不足，迫切需要研究北冰洋的古海洋与古气候记录，特别是北冰洋对间冰期极盛与极热期的响应与反馈，近期的海冰急剧减少与过去第四纪暖期的关系，以及北冰洋的表层洋流和水团的演化等。

《北冰洋的沉积学与古海洋学研究》专著在国家重点研发计划项目和国家自然科学基金重点项目等 14 个项目的共同资助下，集成了我国历次北极海洋地质考察和研究成果，全面系统地总结和展示了我国学者在北冰洋的沉积学、古海洋与古气候研究领域取得的成果：查明了北冰洋近现代沉积物的物质来源及其沉积机制；揭示了北冰洋在地质历史时期至近现代时间尺度上的气候和海洋环境演变历史；探讨了北冰洋地质历史时期的气候与环境变化与低纬度之间的内在联系及其调控机制；总结了近期北冰洋在多个研究领域取得的进展和相关的前沿科学问题，为北极的古海洋与古气候以及相关领域的研究提供参考和借鉴，也为预测北极未来气候与海洋环境变化提供了重要的科学依据。

中国科学院院士

2025 年 5 月 9 日

前　　言

北极在地球气候系统中扮演着重要角色，这是因为北极地区的环境变化速度几乎比地球上的任何地方都要快。在过去几十年里，北极大气、海洋和陆地温度的上升速度是全球平均水平的 2～4 倍，这种现象被称为北极放大。北半球寒带和北极多年冻土融化增加了温室气体排放，进一步加剧了全球气温上升。与此同时，北极海冰正在以惊人的速度消失，海冰覆盖面积急剧减少，夏季海冰融化发生得更早，夏季海冰面积缩小得更快。而海洋环流、热量和淡水收支变化也影响着海冰和海洋的生态系统变化。海冰面积的减少反过来又改变了海气相互作用，影响了大气和海洋的能量平衡。北极可能正在迅速走向人类历史上从未见过的新低冰状态，甚至是季节性无冰状态。伴随着全球变暖加剧，基于观测的气候模型预计在近年内北极夏季将处于无冰状态，西伯利亚边缘海与加拿大北极群岛长期冰封的北极航道有望实现夏季通航，沉睡在海底多年冻土层和沉积层中的巨量甲烷或天然气水合物等资源有可能得到开采利用，给北极周边国家乃至全球经济带来福音，但同时也可能给北极大气、海洋、生态、气候乃至全球温室气体的减排调控带来新的挑战和负面影响。同时，北半球最大的格陵兰冰盖也正在退缩，冰盖融化导致的海平面上升使全球海洋环境和人类生存面临巨大风险。研究表明，这些变化不是孤立发生的，而是涉及影响北极自然和人类系统以及更大的地球系统的多个组成部分的反馈。了解这些系统或组成部分的相互作用，包括人类行为对北极环境的影响，变得越来越重要，而且对预测未来北极和全球气候变化至关重要。

北冰洋集特殊的地理位置、独特的自然环境、丰富的自然资源以及复杂的地缘政治关系于一身，彰显了其非常重要的科研价值。国际北极科学考察与研究已有上百年的历史，几乎涉及所有的学科领域。目前，在适合考察活动的季节，各国的科考船都不约而同地出现在北冰洋的不同区域开展考察和实验，拉开了每年北极科学考察的大幕，凸显了北极科学考察的热点地位。一些重大的国际研究计划，如世界气候研究计划（World Climate Research Programme，WCRP）、国际地圈生物圈计划（International Geosphere Biosphere Programme，IGBP）、综合大洋钻探计划（Integrated Ocean Drilling Program，IODP）、国际极地年（International Polar Year，IPY）等也都将北极作为关键地区，并制定了详细的北极研究计划。国际北极科学委员会（International Arctic Science Committee，IASC）于 2016 年制定了未来 10 年北极研究的前沿框架，重点方向几乎涵盖了与北极相关的所有研究领域。美国于 2021 年发布了《2022—2026 年北极研究计划》，其优先领域之一是在地质时间尺度上，加强北极气候和环境变化观测与跨机构建模能力，以及北极和地球系统过程研究，增强对北极系统相互作用的理解，旨在提高我们观察、理解和预测北极动态互联系统及其与地球系统联系的能力。2020 年欧洲大洋钻探研究联盟（European Consortium for Ocean Research Drilling, ECORD）发布了"2050 科学架构"，制定了包括极地冰的作用、高纬度极地气候记录、极地放大效应、冰冻圈反馈和冰盖与海平面上升等 5 个关键科学问题。这些研究计划和关键科学问题为北极未来研究指明了方向，可以帮助我们更好地理解不同时间尺度上北极的海洋-大气-海冰-冰盖系统对全球气候和海洋环境的影响。

我国的北极科学考察和研究起步较晚，但发展迅速。自 1999 年我国首次组织实施以我国为主的北极科学考察以来，已成功实施了 14 次多学科综合考察，在白令海和北冰洋太平洋扇区开展了系统的有关海洋环境变化和海-冰-气系统变化过程的关键要素考察与观测，取得了令人瞩目的考察成果。2012 年，经国务院批准，我国极地研究领域规模最大的极地专项"南北极环境综合考察与评估"开始实施，是我国极地事业发展的里程碑，标志着我国北极科学考察与研究进入跨越发展新阶段。海洋地质考察是我国北极科学考察的主要内容之一，旨在通过对北极重点海域海底沉积物的调查和研究，系统掌握北冰洋海底沉积物的类型、物质组成、来源和分布状况，揭示北冰洋在地质历史时期至近现代时间尺度上的气候和海洋环境演变历史，探讨北冰洋、亚北极北太平洋以及我国过去气候与环境变化之间的内在联系及其变化机制，了解与北极油气和天然气水合物资源有关的基础地质信息，提高我国北极海洋的地质研究水平。同时对提升我国在国际北极研究中的地位、在气候变化谈判中的话语权以及在应对气候变化方面的履约能力，提高在气候预测预报、防灾减灾以及航道通航的环境保障等重大国家战略需求等方面的服务水平也有重要作用。

与世界其他海洋相比，北冰洋地质历史时期的气候与环境变化记录严重缺乏，北极的气候和环境变化研究仍然面临诸多挑战。例如，北极海冰的初始形成时间？如何解释最近海冰急剧减少的趋势及其与当今全球变暖和过去第四纪暖期的关系？等等。已有研究表明，在过去几百万年中，出现了低冰甚至季节性无冰的状况，抑或有巨厚冰架覆盖整个北冰洋的极端情形。这种不确定性突出表明，需要迫切研究北冰洋的古海洋与古气候记录，特别是北冰洋对间冰期极盛与极热期的响应与反馈。为了解未来北极的气候变化，我们需要特别关注最近地质历史时期的低冰期。因此，北冰洋的古海洋与古气候研究仍显不足，还存在研究区域和时间尺度上的局限性等问题。本书的目的是集成我国历次北极海洋地质考察和研究成果，旨在全面系统地总结和展示我国学者在北冰洋沉积学、古海洋与古气候研究领域取得的成就，为预测未来北极气候与海洋环境变化提供科学依据。

《北冰洋的沉积学与古海洋学研究》从整体构思到章节设计，组织编写到完成书稿，历时两年有余。2024 年恰逢我国南极科学考察 40 周年、北极科学考察 25 周年，本书的出版是对我国北极海洋地质考察和研究成果的一次全面总结和展示，并向我国北极科学考察 25 周年献礼。为此，编写组成员特别感谢国家海洋局极地考察办公室和中国极地研究中心给予北极科学考察航次和样品采集的大力支持；感谢"雪龙"号和"雪龙 2"号全体船员及考察队员在北冰洋现场作业时给予的帮助和支持；感谢中国极地研究中心样品库提供的样品研究。本书研究成果得到了国家重点研发计划项目，国家自然科学基金重点项目、面上项目、青年科学基金项目和国际（中俄）合作与交流项目，财政部与国家海洋局"南北极环境综合考察与评估"专项"北极海域海洋地质考察"专题，以及高等学校博士学科点专项科研基金项目等，共计 14 个项目的支持，在此一并表示感谢。

编写组成员还要感谢国家海洋局极地考察办公室，中国极地研究中心，自然资源部第一、第二和第三海洋研究所，海洋地质国家重点实验室（同济大学）等相关单位和领导的支持和帮助。在本书编写过程中，同济大学海洋与地球科学学院的博士研究生石端平和李青苗，硕士研究生张静渊等在相关数据整理和汇总、图件绘制、英文文献翻译、英文图件翻译、中英文文献整理等方面付出了辛苦和努力；内蒙古农业大学李文宝教授和广东海洋大学武力副教授在相关数据处理、交叉频谱和交叉小波分析以及图件绘制等方面给予了无私帮助，在此一并表示感谢。

本书的编写组成员都是参与过中国北极科学考察航次和样品研究的人员，根据个人专业背景分工编写各章节内容。第 1 章主要由王汝建编写，肖文申编写 1.2.4 节；第 2 章 2.1 节由刘焱光和赵嵩编写，2.2 节由董林森编写；第 3 章 3.1 节由肖文申编写，3.2 节至 3.5 节由王汝建编写；第 4 章主要由刘焱光和赵嵩编写；第 5 章主要由王汝建编写，肖晓彤和肖文申分别编写 5.5.2 节和 5.6 节；第 6 章主要由董林森编写，章陶亮编写 6.1 节，董林森和章陶亮编写 6.7 节；第 7 章主要由王汝建编写，肖文申编写 7.2 节和 7.3 节，董林森编写 7.5 节；第 8 章 8.1 节至 8.3 节分别由叶黎明、王汝建和董林森编写；第 9 章主要由王汝建编写，章陶亮编写 9.1.1 节，肖晓彤编写 9.2.2 节，周保春和王雨楠编写 9.4.1 节；第 10 章由王汝建编写；第 11 章主要由王汝建编写，章陶亮编写 11.1.1.2 节。本书的所有章节和其他部分最后由王汝建负责统稿。

因时间受限，最新获得的部分分析数据和成果未编辑在本书中，因此尚显欠缺。鉴于本书编写人员专业和水平所限，书中不足之处，敬请批评指正。

目　　录

第1章 北冰洋地形地貌与现代海洋环境特征

1.1 北冰洋地形地貌特征

北冰洋是一个被北美大陆和欧亚大陆所环绕的半封闭式的"地中海"式大洋，仅能通过狭窄的、水深约 50 m 的白令海峡（Bering Strait）与太平洋相通，以及通过加拿大北极群岛（Canadian Arctic Archipelago）间的各个水道、巴伦支海（Barents Sea）陆架、格陵兰岛（Greenland Island）-斯匹次卑尔根群岛（Spitsbergen Islands）之间水深约 2600 m 的弗拉姆海峡（Fram Strait）与大西洋相通（Jakobsson et al.，2020）。北冰洋是世界四大洋中面积最小的大洋，面积约 1409 km^2，占世界海洋总面积的 4.1%；同时，它也是最浅的大洋，平均水深仅 1225 m。这是由于北冰洋拥有世界大洋中最为广阔的浅水陆架（图 1-1），占北冰洋面积的

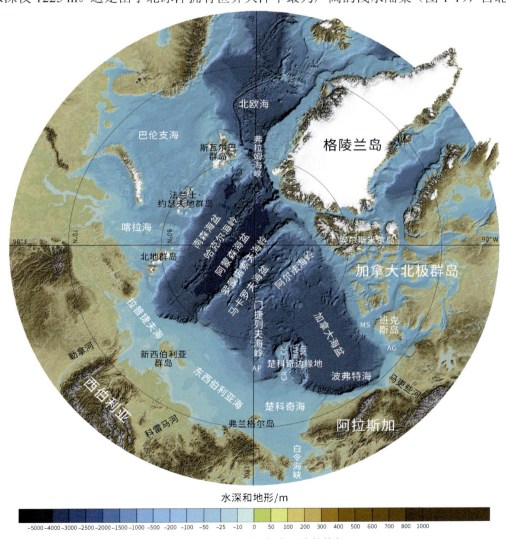

水深和地形/m

图 1-1 北冰洋的海底地形地貌特征

图中包括边缘海、海岭、海盆等；AP-埃利斯海台（Arliss Plateau）；CC-楚科奇帽（Chukchi Cap）；CR-楚科奇隆起（Chukchi Rise）；NAP-北风号深海平原（Northwind Abyssal Plain）；NR-北风号海岭（Northwind Ridge）；MS-麦克卢尔海峡（M'Clure Strait）；AG-阿蒙森湾（Amundsen Gulf）

51%（Jakobsson et al.，2020）。从北斯堪的纳维亚（Northern Scandinavia）向东一直到阿拉斯加（Alaska）的边缘海都属于北极陆架区，包括巴伦支海、喀拉海（Kara Sea）、拉普捷夫海（Laptev Sea）、东西伯利亚海（East Siberian Sea）、楚科奇海（Chukchi Sea），而阿拉斯加北侧的波弗特海（Beaufort Sea）陆架区域相对较窄。另外，北冰洋海岸线曲折且类型较多，岸线总长达 45390 km，有陡峭的基岩海岸及峡湾型海岸，还有磨蚀海岸、低平海岸、三角洲及潟湖型海岸和复合型海岸等（张海生，2009）。

北冰洋海底地形和地貌的最大特征是其中心海区被三条近似平行的海岭，即罗蒙诺索夫海岭（Lomonosov Ridge）、门捷列夫海岭（Mendeleev Ridge）-阿尔法海岭（Alpha Ridge）和哈克尔海岭（Gakkel Ridge）分割成不同的海盆（图 1-1）。其中，罗蒙诺索夫海岭起自俄罗斯的新西伯利亚群岛（New Siberian Islands）附近，沿 140°E 延伸到加拿大北部的埃尔斯米尔岛（Ellesmere Island）东北侧，全长 1800 km、宽 60~200 km，平均高出海底 3000 m，中部海岭（格陵兰岛一侧至 86°N）距洋面 950~1400 m，86°N 以南至西伯利亚距洋面 650~1400 m（Cochran et al.，2006）。哈克尔海岭，即北冰洋洋中脊，长约 2000 km，宽约 200 km，从俄罗斯北部勒拿河（Lena River）口到格陵兰岛东北侧，穿过弗拉姆海峡与大西洋洋中脊相连，是全球洋中脊的一部分。门捷列夫海岭-阿尔法海岭位于美亚海盆一侧，东起俄罗斯西伯利亚岸外的弗兰格尔岛（Wrangel Island）北侧，向西北延伸到埃尔斯米尔岛东北侧，全长约 1500 km。相比于罗蒙诺索夫海岭，其相对高度较小，坡度平缓，最高峰距洋面约 800 m，平均水深约 2000 m（Jakobsson et al.，2020；李学杰等，2014；杨楚鹏等，2020）。

位于北冰洋中部海区的罗蒙诺索夫海岭将北冰洋分为欧亚海盆（Eurasia Basin）和美亚海盆（Amerasia Basin）两部分。欧亚大陆一侧的欧亚海盆被哈克尔海岭分为规模大致相当的南森海盆（Nansen Basin）和阿蒙森海盆（Amundsen Basin）。南森海盆最大深度为 5449 m，是北冰洋最深的海盆。靠北美大陆一侧的美亚海盆被门捷列夫海岭-阿尔法海岭分为加拿大海盆（Canada Basin）和马卡罗夫海盆（Makarov Basin），其中包括多个海山和水深为 740~2000 m 的海底峡谷。加拿大海盆位于门捷列夫海岭-阿尔法海岭以东，是北冰洋面积最大的海盆，大部分水深在 3000~3500 m，最深在 3800 m 左右，海盆底部大部分为平坦的加拿大深海平原（Canada Abyssal Plain）。海盆的南部有马更些河（Mackenzie River）冲刷形成的冲积扇。马卡罗夫海盆位于罗蒙诺索夫海岭与门捷列夫海岭-阿尔法海岭之间，是四个海盆中规模最小的海盆（李学杰等，2014；杨楚鹏等，2020；Jakobsson et al.，2020）。

楚科奇边缘地（Chukchi Borderland）位于北冰洋西部，东与加拿大海盆相邻，西部为门捷列夫海岭，为一个南北长约 600 km、东西宽约 400 km 的水下高地，除了南端与水深较浅的楚科奇陆架（Chukchi Shelf）相连外，另外 3 个方向分别与加拿大海盆、楚科奇深海平原（Chukchi Abyssal Plain）和门捷列夫深海平原（Mendeleev Abyssal Plain）之间的高差均超过 2000 m，与加拿大海盆之间的高差甚至达 3000 m 以上。楚科奇边缘地发育较陡的斜坡，其中与加拿大海盆之间的北风号海岭陡崖坡度高达 10°~20°。楚科奇边缘地水深整体呈北深南浅、东深西浅的特征，内部水深变化大，相对落差超过 2000 m，呈现槽-海岭近平行相间排列的格局。自西向东可以分为楚科奇海台（Chukchi Plateau）、北风号深海平原以及北风号海岭（Hegewald and Jokat，2013），其中楚科奇海台水深在 700 m 以内，分为楚科奇帽和楚科奇隆起两部分（Jakobsson et al.，2020），前者位于北部，呈穹窿状，顶部最小水深 180 m 左右；后者位于南部，水深最浅为 280 m 左右。而北风号海岭水深多在 800~1500 m，平均水深大于楚科奇海台。北风号深海平原是位于楚科奇海台和北风号海岭之间的负地形单元，平均水深在 2000 m 以上，其中段和南段水深变化大，北段通过一条弯曲的水下峡谷连接加拿大海盆（Grantz et al.，2004）。

1.2　现代海洋环境特征

近 30 年的研究表明，北极地区除气温升高和北冰洋中层水持续增暖等变化外，以海冰厚度持续减小、多年海冰覆盖面积锐减和夏季最小冰边缘线北退等为主要表现特征的海冰快速消退也是其环境变化的重要标志之一（Meier et al.，2022）。

1.2.1　表层洋流系统

现代北冰洋的大尺度表层洋流系统主要由波弗特环流（Beaufort Gyre）和穿极流（Transpolar Drift）组成（图 1-2）。其中，波弗特环流由风力驱动，形成顺时针流动的洋流；而起源于西伯利亚陆架区的穿极流，穿过北冰洋中央海盆，沿格陵兰岛东侧进入北大西洋（Macdonald R W et al.，2002；Stein，2008；Miller G H et al.，2010a）。海冰浮标观测显示，门捷列夫海岭的西侧是波弗特环流和穿极流的边界，但其界线会随着大气环流强度的变化而变化，马卡罗夫海盆可以作为波弗特环流和穿极流边界的过渡区域（Rigor et al.，2002）。这两大表层洋流受到表层大气压力梯度尤其是北极涛动（Arctic Oscillation，AO）的控制。当北极涛动处在正相位时，穿极流向东边的楚科奇海方向偏移，波弗特环流的影响范围扩大；当北极涛动处在负相位时，穿极流向西边的喀拉海方向偏移，波弗特环流的影响范围变小（Rudels，2015）。

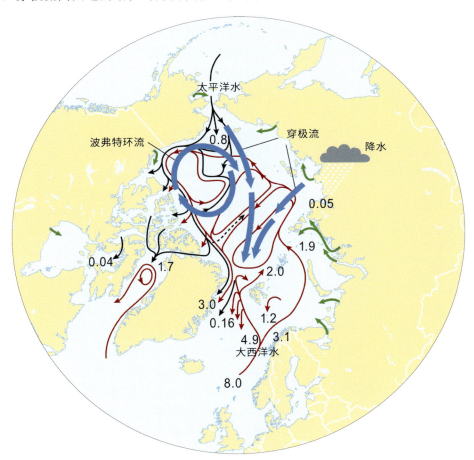

图 1-2　现代北冰洋表层洋流系统（据 Miller G H et al.，2010a 改）

蓝色粗实线为表层的波弗特环流和穿极流；红色细实线为大西洋水注入北冰洋后下沉形成的大西洋中层水；黑色箭头代表太平洋水；绿色箭头代表河流输入；黑色虚线表示太平洋水；数字代表流量（$10^6 \, m^3/s$）

在北冰洋的洋流体系中，大西洋水（Atlantic Water，AW）即西斯匹次卑尔根流（West Spitsbergen Current，WSC）和太平洋水（Pacific Water）即白令海峡入流水（Bering Strait Inflow）是两支主要的洋流，通过不同的机制影响着北冰洋的洋流和水团分布。其中，西斯匹次卑尔根流是高盐的大西洋暖流的一个支流，通过弗拉姆海峡和巴伦支海进入北冰洋后，迅速冷却下沉成为大西洋中层水（Atlantic Intermediate Water），并以稳定、长期的路线运移，即由西伯利亚陆坡向北冰洋纵深推进，经由楚科奇海和波弗特海陆坡，然后沿着加拿大北部、格陵兰东部流出北冰洋；同时，受海岭、海台等海底地形限制，该中层水沿着北冰洋的四个主要海盆，即加拿大海盆、马卡罗夫海盆、南森海盆和阿蒙森海盆，形成所谓的北极绕极边界流（Arctic circumpolar boundary current）（Jones E P，2001；Woodgate，2013；Rudels，2015）。而白令海峡入流水是太平洋水通过白令海峡注入西北冰洋，进而汇入波弗特环流，最终通过弗拉姆海峡以及加拿大北极群岛之间的水道注入北大西洋（Steele et al.，2004）。由于受楚科奇海海底地形的影响，太平洋水分三支性质不同的水团进入楚科奇海，由东向西依次为：低温高盐（＞32.5‰）、高营养的阿纳德尔流（Anadyr Current）；白令海陆架水（Bering Sea Shelf Water）；高温低盐（＜31.8‰）、低营养的阿拉斯加沿岸流（Alaska Coastal Currents）（Woodgate et al.，2005；Maslowski et al.，2014）。白令海陆架水穿过中央水道后向北流向汉纳浅滩（Hanna Bank）东北部，随后分化为两支，分别向北流和折向东北方向。阿拉斯加沿岸流进入北冰洋后向东北方向流动，经过巴罗峡谷（Barrow Canyon）和波弗特海陆坡后，在风力的驱动下与波弗特环流汇合（Woodgate et al.，2005）。此外，西伯利亚沿岸流（Siberian Coastal Currents）从东拉普捷夫海流向东西伯利亚海，最后到达楚科奇边缘地（Weingartner et al.，1999）。因此，进入北冰洋的太平洋水对美亚海盆一侧的北冰洋浅海陆架和陆坡有强烈的影响，是北冰洋热量、淡水、营养盐、太平洋生物群落以及有机质通量的重要来源（Maslowski et al.，2014），不仅参与北冰洋西部的海冰形成过程，而且可以通过弗拉姆海峡以及加拿大北极群岛之间的水道进入北大西洋，影响北大西洋冰-海-气过程（Carmack and McLaughlin，2011）。

1.2.2　水团特征

北冰洋海盆存在强烈的海水分层特征，如图 1-3 所示，图 1-3（a）中红色线为 $A-B$ 断面位置，图 1-3（b）和（c）为根据 WOA09 海水温度和盐度年平均数据画出的 $A-B$ 断面海水温度和盐度图（Reagan et al.，2024）。

根据北冰洋 $A-B$ 断面的海水温度和盐度分布特征，北冰洋自上而下分为四个主要水团：北极表层水（Arctic Surface Water，ASW）、大西洋水（Atlantic Water，AW）、北极中层水（Arctic Intermediate Water，AIW）和北极底层水（Arctic Bottom Water，ABW）。北极表层水是由白令海峡进入北冰洋的低盐、富营养的太平洋水与环绕北冰洋宽阔浅水陆架区的河流输入淡水以及海冰融水一起形成的（Yamamoto-Kawai et al.，2008）。北极表层水又可进一步分为极地混合层（Polar Mixed Layer，PML）和盐跃层（halocline）。其中，极地混合层在 30～50 m，源自被河流径流和海冰融水稀释过的大西洋水和太平洋水，水温低于 0℃（夏季稍高），盐度为 30‰～34‰（Anderson et al.，2013）。海冰覆盖区极地混合层厚度在 5～10 m，无冰区风驱动的极地混合层厚度接近前者的两倍（Rudels et al.，1991，1996）。盐跃层在 50～150 m，厚度约 100 m，温度在冰点附近，而盐度从 32.5‰增加到 34‰（Rudels et al.，1991，1996；史久新和赵进平，2003；Shimada et al.，2005）。在美亚海盆，盐跃层是极地混合层与陆架水、河流淡水、太平洋入流水等混合的结果。在美亚海盆一侧，受波弗特环流影响，盐跃层加深，并长年存在，同时也是较强的密度跃层（pycnocline）（Shimada et al.，2005）。该密度跃层的重要性在于，它将大西洋水所储存的热量与表层海冰和大气隔离开来，如同一个绝热体阻断了大西洋水热量的向上传递，对维持北冰洋表层低温特征和海冰具有重要意义（史久新和赵进平，2003；Polyakov et al.，2018）。同时，盐跃层比其上低盐的极地混合层厚 2～3 倍，这个较冷、较厚的层化的盐跃层有效地使温暖的大西洋水不受动力搅拌和冬季对流的直接影响，成为大西洋水的主要热汇。有三个淡水来源维系着北冰洋的盐跃层，即河流径流和海冰融水，低盐的太平洋水，以及来自深层温暖高盐的大西洋水。通常认为，低温、高盐、高密度陆架水下沉到一定深度，离开陆架进入极地混合层与大西洋水之间，从而形成盐跃层（Anderson et al.，2013）。

由于河流输入、太平洋入流水以及海冰融化和冻结过程的作用，北极表层水具有显著的低盐（$S \approx$ 30‰～32‰）和低温（$T < 1.5℃$）的特征，且中心区长年被海冰所覆盖（Yamamoto-Kawai et al.，2008）。这使其在北冰洋表层形成密度分层，阻止表层水与深部水的对流，减少下伏的大西洋暖水向上传递热量（陈立奇等，2003a）。北冰洋的上层水体分层特征在东和西北冰洋之间存在明显差异。西北冰洋极地混合层之下是太平洋水：50～100 m 水深是太平洋夏季水（Pacific Summer Water），最高温度小于 0℃；100～150 m

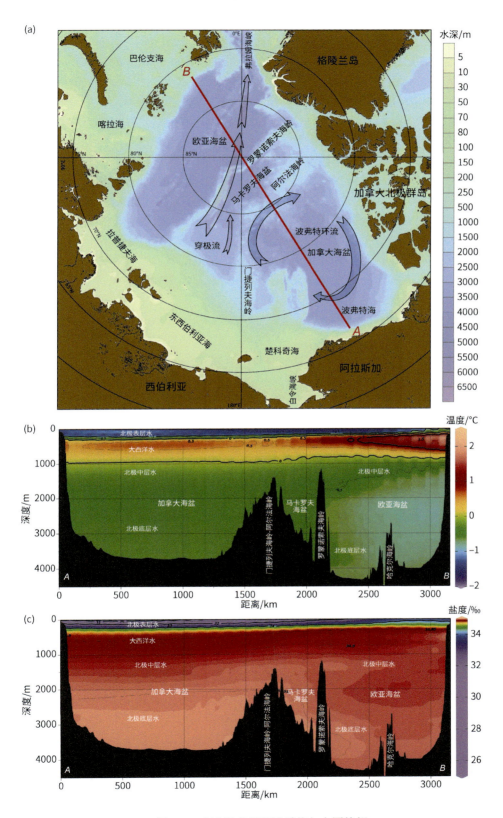

图 1-3　北冰洋表层环流系统与水团特征

（a）北冰洋表层环流和 *A—B* 断面；（b）、（c）*A—B* 断面显示的温度、盐度和水团分布

水深是太平洋冬季水（Pacific Winter Water），最低温度在冰点附近（Woodgate，2013）。而在东北冰洋，太平洋水缺失，大西洋水与表层水中间的盐跃层加厚，其上部形成一个均匀的低温层，温度在冰点附近，称为冷盐跃层（史久新和赵进平，2003）。

暖而高盐的北大西洋表层水通过弗拉姆海峡沿北大西洋-挪威流（North Atlantic-Norwegian Current）进入北冰洋，并沿欧亚大陆边缘冷却、下沉形成大西洋水（Stein，2008）。大西洋水流经巴伦支海，穿过圣安娜海槽（Santa Ana Trough）后下沉至北冰洋 1200 m 深处。大西洋水最高温度达 3℃，盐度高于 35‰。随着向北冰洋移动，大西洋水下沉至 200~900 m，最高温度 0.5℃，盐度 34.85‰。大西洋水在北极绕极边界流作用下沿着等深线于 80°N 穿过门捷列夫海岭后分成两支，一支向南进入楚科奇深海平原，另一支向北围绕楚科奇海台进入北风号海岭北部地区（Woodgate et al.，2007）。由于北极表层水整体向大西洋方向输送，作为补偿，大西洋水向北冰洋纵深扩张，一直到全部的深水区域（Polyakov et al.，2017）。

近年来，北冰洋中层出现了大面积的暖水，正是这些暖水增加了海洋的向上热传输，减小了海冰厚度，对全球气候产生了不可低估的影响。增暖的中层水拥有巨大的热容量增量，改变了北冰洋的垂向热结构（Polyakov et al.，2017）。北冰洋多年中层水的增温，热量向下传导，也导致了深层水的增暖，它标志着北冰洋的海水结构有了深刻的变迁，即使今后全球气候恢复到以前的状况，储存在深层水中的大量热量还将保持很多年。虽然全球变暖造成北冰洋中层水增暖，海水热容量显著增加，但对盐度分布几乎没有直接影响（赵进平和史久新，2004；Polyakov et al.，2017）。

北极中层水在美亚海盆和欧亚海盆的水深分别小于 2000 m 和 1500 m，盐度为 34.87‰~34.92‰（Stein，2008）。

北极底层水位于北极中层水之下，体积占北冰洋水的 60%，温度低于 0℃，盐度为 34.92‰~34.99‰。北极底层水起源于：①在欧亚海盆经巴伦支海陆架进入的大西洋水；②北冰洋高盐高密度陆架水下沉；③通过弗拉姆海峡进入北冰洋的挪威海和格陵兰海深层水（Jones E P，2001；Woodgate et al.，2007）。美亚海盆的北极底层水可通过马卡罗夫海盆和罗蒙诺索夫海岭的海道进入加拿大海盆，即加拿大海盆底层水（Canada Basin Deep Water），盐度为 34.92‰~34.96‰（Jones E P，2001；Woodgate et al.，2007）。

1.2.3　海冰分布范围、厚度及其变化

北冰洋大部分区域常年被海冰所覆盖，大面积海冰覆盖增加了地球表面反照率，影响着全球的能量平衡，对全球气候变化产生放大效应（Screen and Simmonds，2010；Dai et al.，2019）。反过来，北冰洋的海冰分布范围、面积、厚度以及结构受到全球气候变化的影响，并与大气环流、太阳辐射、海洋环流以及河流淡水输入量等要素的变化有密切联系（Shimada et al.，2005；Notz and Stroeve，2016；Ding Q et al.，2017；Stroeve and Notz，2018；Liu Z et al.，2021）。进入北冰洋的太平洋水携带大量的热量，加快了北冰洋海冰的融化速率，形成大范围的无冰区（Shimada et al.，2005）。海冰覆盖面积变化也直接影响了海洋对大气的热贡献。因此，北冰洋的海冰是决定北半球气候变化乃至全球气候变化的一个重要因子（Stroeve and Notz，2018；Serreze and Meier，2018）。

海冰覆盖范围定义为海冰面积占比至少 15% 的所有区域。海冰面积是评估北极海冰季节性和长期变化的常用和有用的指标。目前具有来自卫星搭载的被动微波传感器连续观测的 43 年记录。自 1979 年以来，北冰洋海冰覆盖范围和面积的大幅减少是气候变化最具标志性的指标之一（Meier et al.，2022）。北冰洋海冰覆盖范围具有明显的季节性变化，在秋冬季海冰扩张，海冰覆盖范围在 3 月达到最大，整个北冰洋都被海冰覆盖；而在春夏季海冰消退，至 9 月中下旬达到海冰最小范围（图 1-4），夏季海冰覆盖范围大约是冬季海冰覆盖范围的 50%（Stroeve et al.，2012）。其中，在太平洋一侧，冬季海冰南界可达白令海的阿留申群岛（Aleutian Islands），夏季海冰北界退到楚科奇海 74°N~75°N 附近（图 1-5）；在大西洋一侧，由于大西洋暖流的影响，冬季海冰南界在 66°N~70°N 一带，夏季海冰可向北退缩到 82°N 附近，并且东侧的巴伦支海、喀拉海都无海冰，但西侧沿格陵兰岛东岸存在海冰（Serreze and Meier，2018）。

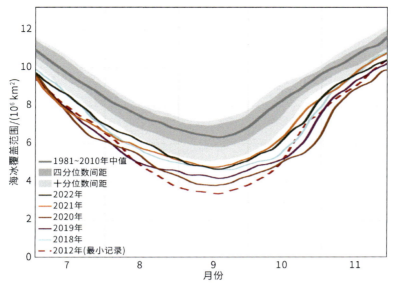

图 1-4　北冰洋 2012 年以来夏季海冰覆盖范围变化趋势以及与 1981～2010 年北冰洋平均夏季海冰覆盖范围对比
（www. nsidc.org）（据 Meier et al.，2022 改）

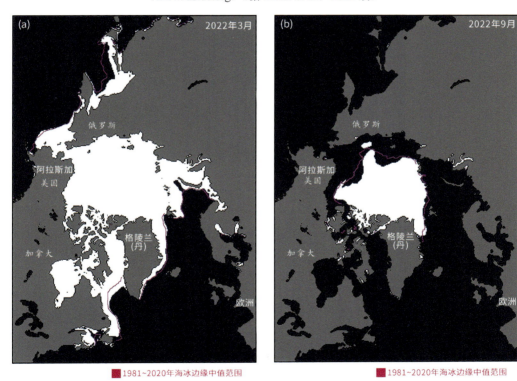

图 1-5　北冰洋 2022 年冬季 3 月和夏季 9 月的海冰覆盖范围

（a）2022 年冬季 3 月的海冰覆盖范围 ；（b）2022 年夏季 9 月的海冰覆盖范围。品红轮廓实线显示 1981～2020 年北冰洋冬季和夏季海冰边缘中值范围（www.nsidc.org）（据 Meier et al.，2022 改）

北冰洋海冰可细分为多年海冰和季节性海冰。如果按照 2 年以上的海冰定义为多年海冰，在 20 世纪 80 年代北冰洋有约 60% 的多年海冰，而现在不足 40%（Serreze and Meier，2018）。多年海冰主要分布在北冰洋中央海盆、东西伯利亚海以及加拿大北极陆架区。季节性海冰分布范围非常不确定，主要分布在边缘海和浅水陆架区（Serreze and Meier，2018）。

基于四种技术结果比较显示，海冰覆盖范围变化实际上是一致的，海冰覆盖范围和海冰面积的趋势也是相同的，并证实北冰洋多年海冰的覆盖范围确实在以每 10 年约 11%的速度下降（Comiso et al.，2017）。海冰季节性变化表现出明显的 10 年变化趋势，海冰覆盖范围平均值和海冰面积平均值都从 1979 年逐渐减少（表 1-1）。

表 1-1　北冰洋 1979～2015 年海冰覆盖范围平均值和海冰面积平均值（据 Comiso et al.，2017 改）

时间	海冰覆盖范围平均值/km²	海冰面积平均值/km²
1979～1988 年	7.65×10^6	6.61×10^6
1989～1998 年	7.08×10^6	6.14×10^6
1999～2008 年	6.05×10^6	5.14×10^6
2009～2015 年	4.79×10^6	4.14×10^6

根据 Arctic Report Card 2021 的海冰报告（Meier et al.，2021），与过去几年相比，2021 年 3 月和 9 月总的海冰覆盖范围异常不像 2012 年和 2020 年那么极端，但仍然是卫星记录中较低的。尽管在整个卫星记录中，所有月份的海冰负异常程度都有统计学上的显著下降，但 9 月的海冰负异常程度比 3 月更大（图 1-6），是任何月份中最大的。有卫星记录的 15 次 9 月最低的海冰负异常程度都发生在过去 15 年里（Meier et al.，2022）。根据 1985 年以来的可用数据，到 2021 年夏季末，多年海冰量达到了第二低水平，海冰厚度低于近年来的记录，2021 年 4 月的海冰面积达到了历史最低水平（至少自 2010 年以来）（Meier et al.，2022）。

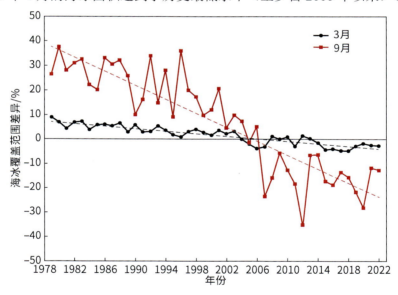

图 1-6　北冰洋 1979～2022 年的 3 月（黑色）和 9 月（红色）的月海冰覆盖范围差异（%）（实线）和线性趋势线（虚线），这些海冰覆盖范围差异（%）是相对于 1981～2010 年每个月的平均值（据 Meier et al.，2022 改）

海冰年龄是海冰厚度的参数，因为多年海冰（至少在一个夏季融化季节存活下来的海冰）在连续的冬季期间变厚。9 月的多年海冰覆盖范围从 1985 年的 440 km² 下降到 2021 年的 129 km²（图 1-7）。同期，最老的海冰（＞4 年）从 236 km² 下降到 14 km²。自 1985 年有记录以来的 37 年里，北冰洋已经从多年海冰为主转变成了一年海冰为主（Maslanik et al.，2007；Meier et al.，2022）。2021 年 4 月的海冰量是 11 年记录以来的最低 4 月海冰量。这一记录表明，虽然在 2010～2020 年期间，9 月海冰面积的下降速度与之前的几十年相比有所放缓，但海冰仍在继续变薄（Meier et al.，2022）。例如，通过生成的网格化月度海冰厚度产品，将 2019 年 2～3 月 CryoSat-2 卫星的海冰厚度估算与使用相同输入假设的 2008 年 2～3 月 ICESat-2 卫星的海冰厚度估算进行比较，发现在这 11 年时间，北冰洋内部的海冰厚度减少了约 0.37 m 或 20%（Petty et al.，2020）。通过 CryoSat-2 卫星的雷达高度计数值模拟的北极海冰厚度结果显示，在 2011～2020 年，北极海冰厚度在 5 月融化季开始时为 1.87±0.10 m，在 8 月融化季结束时为 0.82±0.11 m，全年的海冰厚度

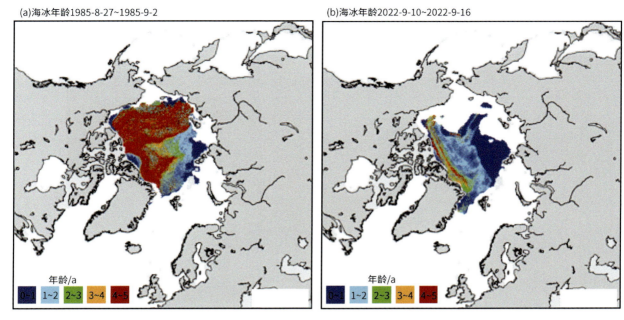

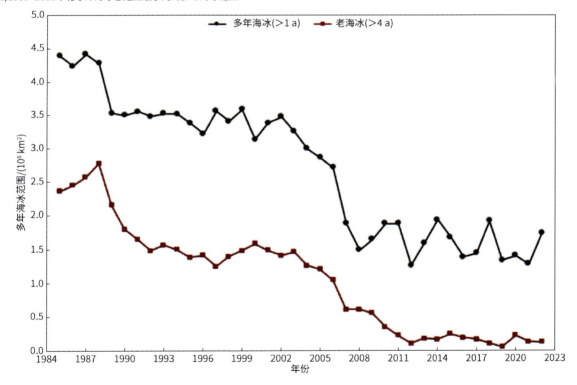

图 1-7　北冰洋区域 1985～2021 年的海冰年龄（据 Meier et al.，2022 改）

记录为理解北极气候在不同时间尺度上的反馈提供了依据（Landy et al.，2022）。最近研究表明，北极海冰经历了存留时间的两步减少，第一次开始于 2005 年，随后是在 2007 年。在海冰前两步减少后，厚冰和变形冰的比例下降了一半，到目前为止尚未恢复。浮冰流经弗拉姆海峡到达大西洋之前，在北冰洋存留的时间减少了 37%，通过海峡的厚度冰量在 2007 年的历史最低点之后下降了 50% 以上。这种损失是 21 世纪内不可逆转的根本性变化，至少在当前的气候下是如此，这表明北极海冰厚度的不可逆响应与人为温室气体排放导致迅速变暖的北极地区海洋温度升高联系起来（Sumata et al.，2023）。

北极海冰随表层海水流动，其方向与表层气压梯度及造成的风场密切相关。北极海冰的移动方式和速度主要受北极涛动控制（Rigor et al.，2002）。北极涛动调节北冰洋风场与穿极流位置，正是这一主要的海冰驱动系统将北冰洋海冰通过弗拉姆海峡输出到北大西洋。当北极涛动处于正相位时，穿极流增强，并从西伯利亚向东移动（向北美方向），导致波弗特环流中较厚的多年海冰通过弗拉姆海峡的输出量增加，使格陵兰海表层海水的盐度降低，同时减缓了北大西洋深层水的生成速率（图 1-8）。当北极涛动处于负相位时，穿极流主要位于俄罗斯一侧的北冰洋海域，此时顺时针的波弗特环流控制着靠近北美一侧的北冰洋海冰（Kwok et al.，2013）。

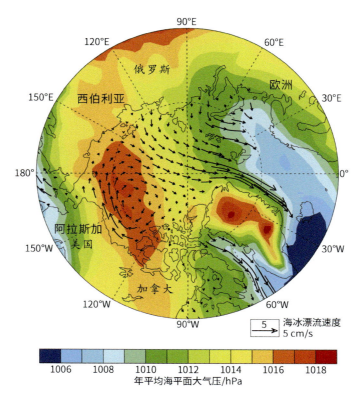

图 1-8　北极海冰多年平均漂流速度与年平均海平面大气压分布模式（据 Serreze and Meier，2018 改）

黑色箭头代表海冰漂流速度矢量

基于北冰洋海冰漂流浮标和地转流风场数据显示，波弗特环流中携带的阿拉斯加近海和楚科奇海的海冰大致沿平行海岸的方向移动，正是由于波弗特环流在北美沿岸、楚科奇海、东西伯利亚海东部的控制作用，由这些海域输出的当年海冰的数量相对于整个北冰洋来讲只是很小一部分（Kwok et al.，2013；Serreze and Meier，2018）。相反，穿极流输出拉普捷夫海、东西伯利亚海中部和西部以及喀拉海的当年浮冰中的很大一部分至北大西洋北部海域。因此，拉普捷夫海也被称为北冰洋最重要的海冰来源（冰工厂）（Dethleff et al.，1993；Eicken et al.，1997）。

1.2.4　生产力和营养盐供应

常年海冰覆盖的北冰洋中央海盆生产力极低，相对较高的生产力主要发生在海冰消融季节（春夏季）的陆架和陆架边缘的开阔水域（Cai et al.，2010）。近年来，北极海冰的持续消融对北极生态和碳循环、渔业产生显著影响，越来越受到人们的关注（Bates and Mathis，2009；Boetius et al.，2013；Yool et al.，2015；Lalande et al.，2019；Qi et al.，2022；Snoeijs-Leijonmalm et al.，2022）。

泛北极地区被划分为 14 个区域，通过硝酸盐、磷酸盐等含量模拟估算了北冰洋的净群落生产力（net

community production，NCP），根据净群落生产力的不同划分为五类生产力区域（Codispoti et al.，2013）（图 1-9）。

（1）极高生产力区（70～100 g C/m²）：白令海及楚科奇海陆架区域。

（2）高生产力区（30～40 g C/m²）：北欧海、巴伦支海及加拿大北极群岛海域。

（3）中等生产力区（10～15 g C/m²）：欧亚海盆、波弗特海南部、东西伯利亚海南部、拉普捷夫海、喀拉海及格陵兰岛陆架区。

（4）低生产力区（约 10 g C/m²）：楚科奇海、东西伯利亚海和拉普捷夫海等海域的北部地区。

（5）极低生产力区（1～15 g C/m²）：波弗特海北部及美亚海盆。

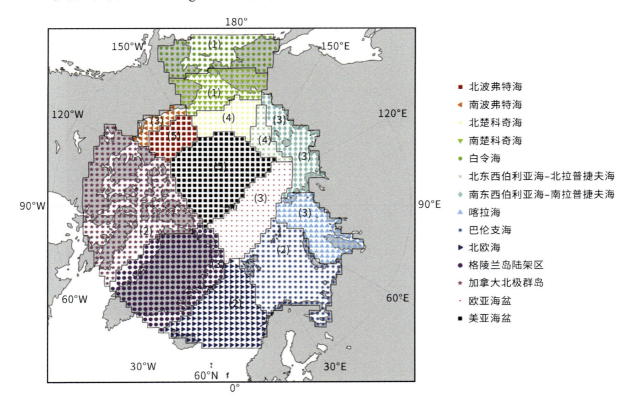

图 1-9　泛北极地区生产力区域划分（据 Codispoti et al.，2013 改）

（1）极高生产力区；（2）高生产力区；（3）中等生产力区；（4）低生产力区；（5）极低生产力区

遥感获得的叶绿素 a 数据通常不能反映整个水柱中的生产力状况。北冰洋生产力高峰通常出现在次表层（Arrigo et al.，2011；Ardyna et al.，2013），并且海冰下的次表层生产力相比开阔水域更弱且更浅（Churnside and Marchbanks，2015）。Hill V J 等（2013）汇总并对比了在显著的变暖和海冰消退前收集的现场调查数据（1957～2007 年）和卫星遥感数据（1998～2007 年），进而修正并改良了遥感数据对生产力的估算。数据显示，北冰洋初级生产力的峰值出现在次表层，其每年的总生产力为 466±94～993±94 Tg C。其中陆架区生产力占比 75%；而在中央海盆区，由于海冰覆盖、海水层化且贫营养，生产力极低。

叶绿素 a 的分布数据显示，随着北极海冰的消退，北冰洋净初级生产力（net primary productivity，NPP）在 1998～2018 年增加了 57%（Lewis et al.，2020）（图 1-10）。其中，前十年（1998～2008 年）的生产力增加主要归因于海冰消融导致开阔水域的增加。开阔海域增加为浮游植物提供了更好的生活环境，而开阔海域持续时间的延长，延长了浮游植物的生长季节（Arrigo et al.，2008；Arrigo and van Dijken，2015）。后十年（2008～2018 年）的生产力增加源自增强的大西洋和太平洋入流水持续的营养盐供应。

北冰洋生产力与营养盐和光照密切相关（Popova et al.，2010，2012；Codispoti et al.，2013）。在北冰洋，被浮游植物利用的表层营养盐的供给主要通过两种途径：一是水体在冬季混合，二是与太平洋和大西

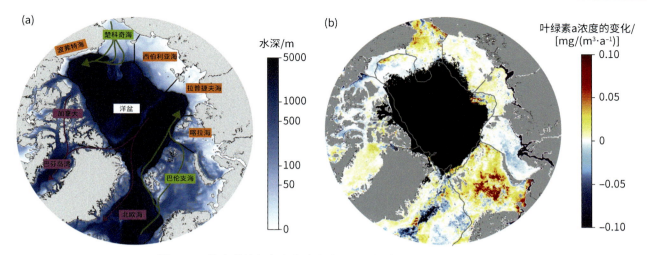

图 1-10　北冰洋陆架海和海盆水流以及叶绿素 a 浓度的分布特征

（a）由黑色线划分成不同区域，绿色箭头指示大西洋和北冰洋入流水，紫色箭头指示北冰洋流出水；（b）1998～2018 年北冰洋年均 NPP 变化，白叶绿素 a 浓度变化表示，黑色区域无数据（据 Lewis et al., 2020 改）

洋水体交换。而其他一些次要的营养盐供应方式包含风暴潮、潮汐混合、风驱动的陆架边缘上升流等（Niebauer and Alexander, 1985；Mundy et al., 2009；Pickart et al., 2013）。这些机制都使得海冰密集度降低，并增加了太阳光的短波辐射（Popova et al., 2010）。模拟显示，海冰之下以及温跃层是生产力发生的重要区域。北冰洋初级生产力主要受控于两个物理过程（Popova et al., 2010, 2012）：①冬季混合层深度，这个因素决定了夏季生产力勃发时可用的营养盐的量；②海洋表层的太阳辐射，它控制了生产力勃发的程度。这两个物理过程与海冰息息相关。首先，海冰覆盖决定了海水接收太阳辐射的程度；其次，海冰边缘的生产力勃发是北极生态最重要的环节（Perrette et al., 2011；Janout et al., 2017）。冬季形成的表层富营养盐的混合层在春夏融冰时接受光照。同时，海冰消融，加之河流淡水的注入促使表层海水分层，阻碍了下层海水中的营养盐上涌至表层，进而限制生产力（Carmack et al., 2006）。因此，海冰覆盖控制了生产力勃发的时机，而营养盐限制了生产力勃发的程度（Harrison and Cota, 1991）。

　　亚北极大西洋水和太平洋水是北冰洋营养盐供应最重要的来源。近年来随着海冰消融，二者流入北冰洋增强（Årthun et al., 2012；Woodgate, 2018），为北冰洋巴伦支海和楚科奇海带来大量营养盐，使该海域生产力极大提高，季节性生物勃发的时间提前（Renaut et al., 2018），同时带来的亚北极物种使得北冰洋呈现"太平洋化"或"大西洋化"现象（Grebmeier et al., 2006a；Hegseth and Sundfjord, 2008；Hunt Jr et al., 2016；Oziel et al., 2020）。

　　营养盐（硝酸盐、磷酸盐、硅酸盐）的供给是维持北冰洋初级生产力的重要因素（Harrison and Cota, 1991）。氮是北冰洋最主要的营养盐限制，在生产力勃发过程中最早被耗光，其浓度在洋盆中尤其低（Ardyna et al., 2013）。在美亚海盆，特别是在加拿大海盆 0～50 m 水深，冬季的硝酸盐浓度几乎为零。磷通常在低盐度水中（<25‰～26‰）受限，因为北极河流相对富氮和硅，而缺乏磷。北冰洋表层水多年（1955～2018 年）平均硝酸盐、硅酸盐和磷酸盐浓度分布特征如图 1-11 所示。硝酸盐浓度在大西洋水和太平洋水入流的弗拉姆海峡、巴伦支海、楚科奇海等区域较高，而在北冰洋中央海盆、东西伯利亚海和拉普捷夫海较低。硅酸盐浓度在楚科奇海、东西伯利亚海、拉普捷夫海、喀拉海和波弗特海较高，而在巴伦支海和北冰洋洋盆较低。这个特征与白令海入流水以及河流淡水注入影响的区域密切相关。磷酸盐在北冰洋整体浓度较高，但一个显著特征是在拉普捷夫海和巴伦支海区域呈现较低浓度，二者受勒拿河、鄂毕河（Ob River）等低磷酸盐河流淡水注入的影响。

　　河流淡水注入对北极营养盐的影响有限。环北极河流流域埋藏的有机碳超过全球土壤中含量的一半，并且对气候变化极其敏感（Dixon et al., 1994）。北极变暖导致环北极河流的流量增加，同时也将大量的陆源有机和无机物质输入北冰洋（Dittmar and Kattner, 2003）。北极河流中的溶解有机碳（dissolved organic carbon, DOC）浓度达 1000 μmol/L C，每年向北冰洋输入的溶解有机碳达 18×10^{12}～26×10^{12} g C（图 1-12）。

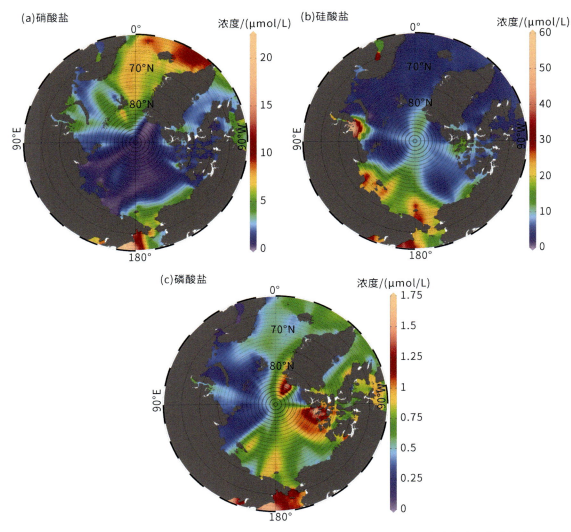

图 1-11　北冰洋表层水多年（1955～2018 年）平均的硝酸盐、硅酸盐及磷酸盐浓度分布特征

数据来源：WOA18 数据库，https://www.nodc.noaa.gov/OC5/woa18/

通过河流输入的陆源有机质较为惰性，绝大部分在河口三角洲和陆架沉积下来，较难进入北冰洋的生态循环。河流携带的可利用的营养盐通常在河流淡水到达北冰洋洋盆前就已消耗殆尽（Sakshaug，2004；Tremblay and Gagnon，2009）。然而，监测显示，过去几十年间，北冰洋中央海区表层水中来自沉积物-水界面的 ^{228}Ra 显著增加，表明陆架区向中央海区的物质输送增强，因此潜在地会增加北冰洋表层水的营养盐浓度，从而影响生产力（Kipp et al.，2018；Rutgers van der Loeff et al.，2018）。

在西北冰洋，经白令海峡流入北冰洋的太平洋水携带热量、淡水、营养盐，对该区域的海冰、环流及海洋生态系统产生重要影响（Grebmeier et al.，2006b）。相对温暖的太平洋水流入西北冰洋，引起海冰消退，增加无冰的开阔水域面积，延长海冰融化时间，同时携带的大量营养盐促使海洋初级生产力和生态结构都发生巨大改变（Grebmeier et al.，2006b）。由于密度小于北大西洋入流水，太平洋水在进入楚科奇海后主要是进入北冰洋浮游植物较为旺盛的上层水体（Grebmeier et al.，2006b）。受到浮游植物吸收利用和夏季低盐、低温和低营养盐的融冰水稀释作用的影响，太平洋水水体层化，形成很强的营养跃层（Nutricline），上层水体营养盐浓度明显低于营养跃层之下的水体浓度。而营养跃层之下的高浓度营养盐水体无法通过垂直混合进入上层水体。在白令海峡北侧，由于太平洋水的持续补充基本满足浮游植物的生长需求，营养盐浓度较高，随着向北延伸至楚科奇海陆架区中部，营养盐浓度降低。

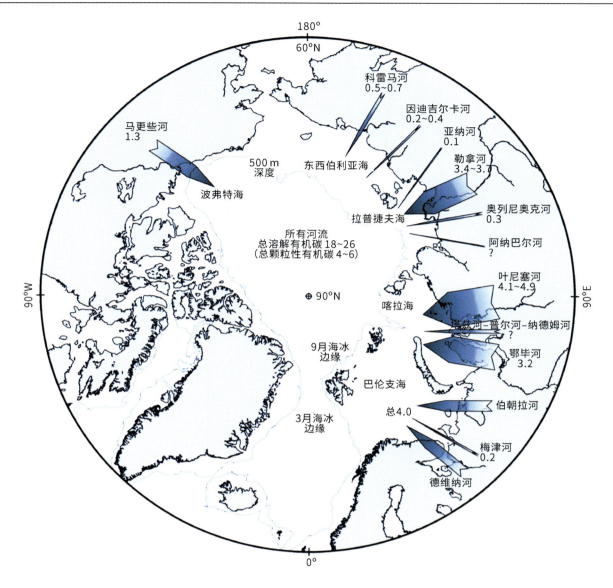

图 1-12　环北极主要河流对北冰洋地区溶解有机碳（DOC）的供应（单位：10^{12} g C/a）（据 Dittmar and Kattner，2003 改）

受营养盐分布的影响，白令海北部和楚科奇海南部水柱中初级生产力高达 470 g C/($m^2 \cdot a^{-1}$)，部分区域甚至可达 840 g C/($m^2 \cdot a^{-1}$)；相比之下，楚科奇海北部初级生产力降低到 $80 \sim 90$ g C/($m^2 \cdot a^{-1}$)，由于峡谷上升流的营养补充，在巴罗峡谷上部出现异常高生产力，达 430 g C/($m^2 \cdot a^{-1}$)；在楚科奇海、波弗特海与东西伯利亚海的沿岸水体中初级生产力较低，为 $20 \sim 70$ g C/($m^2 \cdot a^{-1}$)（Springer and McRoy，1993；Hill V J and Cota，2005）。

北冰洋西部初级生产力与颗粒性有机碳（particulate organic carbon，POC）输出通量呈现季节性变化，其中夏季高于春季，陆架和陆坡高于海盆区（Hill V J et al.，2013）。从楚科奇海陆架边缘至深海盆，上层 50 m 水深的颗粒性有机碳输出通量从 6 mmol/($m^2 \cdot d^{-1}$) 下降至 3 mmol/($m^2 \cdot d^{-1}$)，反映了楚科奇海盆低的颗粒性有机碳输出通量和输出生产力（Moran S B et al.，2005）。然而，这些输出生产力产生的颗粒性有机碳难以在沉积物中保存下来。加拿大海盆和楚科奇隆起区域的研究显示，在近表层 120 m 的水体中颗粒性有机碳基本由上层水体生产力形成，而在近 3000 m 的深海，颗粒性有机碳主要来自异地搬运的老碳。这项研究显示，在洋盆中，表层生产力对颗粒性有机碳向深海的输送效果甚微，沉积物中的碳主要源于陆架和陆坡的碳库（Honjo et al.，2010）。

1.2.5　周边河流及其输入量

北冰洋是世界上面积最小的大洋,水量只占世界大洋的 1%,但其河流径流输入量约占全球大洋的 11%,每年有大量的淡水从欧亚大陆和北美大陆及邻近区域注入北冰洋,河流流量与北大西洋涛动(North Atlantic Oscillation,NAO)和全球平均地表气温变化相关(Holmes et al.,2021)。北极河流流量是反映与北极广泛环境变化相关的水文循环变化的一个关键指标。河流淡水通量的大规模变化显著影响北冰洋海冰及邻近地区的冰雪冻结、消融以及海洋环境变化(Peterson et al.,2002;McClelland et al.,2012)。

现代北冰洋周边河流淡水的输入主要来自每年流量最大的八条北极河流。其中,来自欧亚大陆的六条河流分别为:叶尼塞河(Yenisey River)、勒拿河、鄂毕河、伯朝拉河(Pechora River)、科雷马河(Kolyma River)和德维纳河(Dvina River),约占据了欧亚大陆河流淡水输入量的 90%(图 1-13,表 1-2),而来自北美大陆的两条河流分别为马更些河和育空河(Yukon River),前者流入北冰洋,淡水输入量约 10%(Peterson et al.,2002;Serreze et al.2006),后者流入白令海。这些河流流入北冰洋的区域分别为,马更些河流入波弗特海,科雷马河流入东西伯利亚海,勒拿河流入拉普捷夫海,叶尼塞河和鄂毕河流入喀拉海,伯朝拉河和德维纳河注入巴伦支海(图 1-13)(Holmes et al.,2021)。北冰洋周边河流径流淡水输入量及输沙量见表 1-2,其中,淡水输入量最高的河流分别是叶尼塞河(594 km³/a)、勒拿河(548 km³/a)、鄂毕河(406 km³/a)、马更些河(307 km³/a)和育空河(205 km³/a),其他三条河流的淡水输入量都低于 200 km³/a。总的来说,这八条河流的流域覆盖了泛北极流域约 70% 的面积,占北冰洋河流输入量的大部分(图 1-13)。

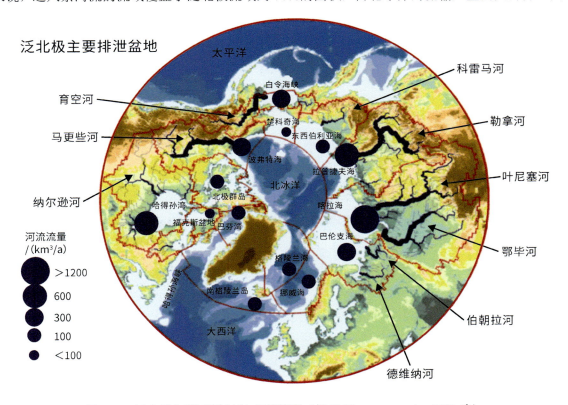

图 1-13　泛北极主要河流流域与河流流量(据 Shiklomanov et al.,2021 改)

表 1-2　北冰洋周边河流流域面积、河流输入量与输沙量

区域	河流	流域面积/km²*	河流输入量/(km³/a)**	输沙量/(10⁶ t/a)***
北美大陆	马更些河	1750600	307*	124
	育空河	831391	205*	—

续表

区域	河流	流域面积/km²*	河流输入量/(km³/a)**	输沙量/(10⁶ t/a)***
欧亚大陆	科雷马河	361000	75**	10.1
	勒拿河	2430000	548**	20.7
	叶尼塞河	2440000	594**	4.7
	鄂毕河	2950000	406**	15.5
	伯朝拉河	248000	111**	9.4
	德维纳河	348000	101**	4.1
总量		11358991	2347	188.5

*引自 Holmes 等（2021）。

**引自 Shiklomanov 等（2021）。

***引自 Stein（2008）。

自 20 世纪 30 年代初以来的北极河流流量记录显示，流入北冰洋的淡水流量长期增加，为北极水循环加剧提供了令人信服的证据（Peterson et al.，2002；McClelland et al.，2006）。近年来北极河流流量记录显示，2020 年，北极八条最大河流的年总流量为 2622 km³，比参考的 30 年平均流量高出 272 km³，约 12%。北美大陆两条河流的年总流量为 630 km³，比 1981～2010 年的平均流量高出 28%。欧亚大陆六条河流的年总流量为 1992 km³，比 1981～2010 年的平均流量高出 7%，比 1936～2020 年整个记录期间的平均流量高出 10%（图 1-14）。与 2020 年相比，2019 年北极八条最大河流的年总流量相对较低，年总流量为 2233 km³，比 1981～2010 年的平均流量少 118 km³ 或 5%。北美大陆的两条河流和欧亚大陆的六条河流的年总流量分别比平均流量少 9% 和 4%（Holmes et al.，2021）。2021 年欧亚大陆的六条河流的总流量（1～10 月）为 1850 km³，比 1981～2010 年基准期增加 81 km³，增幅约 5%。这一增长的主要原因是叶尼塞河。伯朝拉河和德维纳河两条河流的流量分别低于平均水平 26% 和 28%（Holmes et al.，2021）。

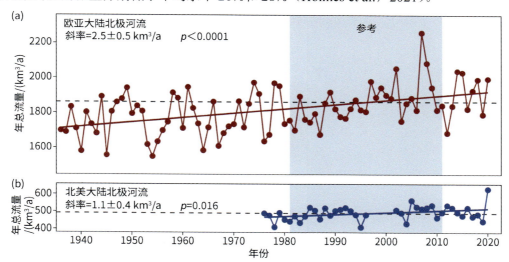

图 1-14 欧亚大陆北极河流和北美大陆北极河流 20 世纪 30 年代～21 世纪 20 年代的年总流量长期趋势（km³/a）

（据 Holmes et al.，2021 改）

由于缺失育空河 1996～2001 年的数据和马更些河 1997 年和 1998 年的数据，1996～2001 年为北美河流时间序列的空白区域；虚线表示欧亚大陆北极河流（1860 km³/a）和北美大陆北极河流（491 km³/a）在 1981～2010 年的平均年总流量

欧亚大陆主要北极河流 85 年来的流量时间序列显示正的线性趋势。它们的平均年总流量每年增加约 2.5 km³。而北美大陆主要北极河流的平均年总流量（1976～2020 年）每年增加约 1.1 km³（图 1-14）。这些长期观测表明北极河流流量呈上升趋势，为北极水文循环加剧提供了有力证据（Shiklomanov et al.，2021）。

与这些河流流量相比，这些河流的输沙量差异较大（表 1-2）。其中，输沙量最高的是马更些河，高达 1.24×10^8 t/a，是北冰洋河流输入沉积物的主要来源。而勒拿河、鄂毕河、科雷马河的输沙量达 $1 \times 10^7 \sim 2 \times 10^7$ t/a，其他河流的输沙量都低于 1×10^7 t/a（Stein，2008）。以科雷马河和勒拿河为例，它们输入的淡水总量为 623 km³/a，是马更些河淡水输入量（307 km³/a）的两倍多，但它们的输沙量仅为马更些河的 1/4。由此可见，马更些河是北冰洋河流输入沉积物的主要来源（Stein，2008）。另外，育空河通过白令海峡进入北冰洋的淡水和泥沙也是非常重要的贡献（Holmes et al.，2002；McClelland et al.，2012）。

1.2.6　多年冻土及其碳排放

1. 多年冻土

多年冻土是冰冻圈和北极气候系统的一个重要组成部分，在北冰洋周围广泛分布，约占北半球陆地表面的 25%。据估计，北极的多年冻土层有 $1.3 \times 10^8 \sim 1.8 \times 10^8$ km²，海底有 $1.6 \times 10^8 \sim 2.1 \times 10^8$ km²（Chadburn et al.，2017；Obu et al.，2019；Voigt et al.，2020）。一般来说，北极地区的冻土分为两类：①多年冻土（长期冻土），定义为任何地下物质至少连续两年保持在 0℃ 或以下；②季节性冻土即活跃层（active layer），每年冻结和解冻（Lantuit et al.，2012a）。北半球多年冻土带是以地表以下多年冻土占比为基础定义其分布区域：①连续多年冻土区的覆盖率为 90%～100%；②不连续多年冻土区的覆盖率为 50%～90%；③零星多年冻土区的覆盖率为 10%～50%；④孤立多年冻土区的覆盖率为 0～10%（图 1-15）（Obu et al.，2019；Voigt et al.，2020；Schuur et al.，2022）。

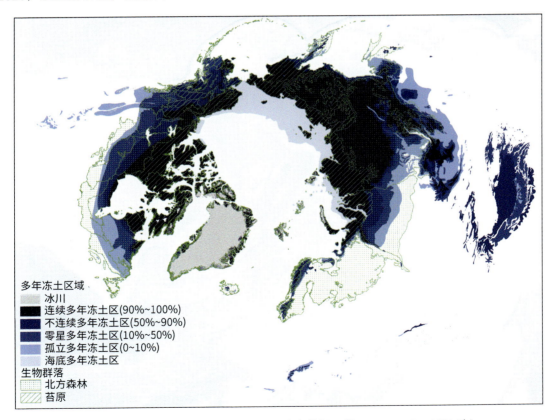

图 1-15　北极多年冻土区域与生物群落分布特征（据 Schuur et al.，2022 改）
苔原和北方森林广义的生物群落区面积与多年冻土区的部分地区交叉

通常情况下，多年冻土层的厚度随着纬度的增加而增加，其厚度从数厘米到数百米不等，西伯利亚未被冰川覆盖地区的多年冻土层厚度可达 1500 m（Stein，2008）。但是，多年冻土的底层深度、结构和状态还难以量化。由于富碳的更新世多年冻土沉积物（Yedoma）一般深度超过 3 m，并且厚度通常超过 40 m，目前估计其面积约为 1×10^7 km^2（Strauss et al.，2017）。富碳的更新世多年冻土沉积物的单位体积内含有高达 90% 的冰，并且相比其他多年冻土，每平方米储存了更多的碳（2%～4%；全球总计至少 2.1×10^{17} g C）（Turetsky et al.，2019，2020；Wild et al.，2019）。突然的多年冻土层退化对这些富碳和富冰地区的影响尤为严重，目前热融、坑洼空洞和冰丘覆盖了北极约 20%（3.6×10^7 km^2）的面积（Olefeldt et al.，2016）。

热模拟和地球物理调查数据表明，由于在末次冰盛期（Last Glacial Maximum，LGM）海平面下降（比现在低约 120 m），认为北极大陆架的大部分区域几乎完全被海底多年冻土层覆盖，范围从海岸线一直延伸到水深约 100 m（Lindgren et al.，2018；Schuur et al.，2022）。然而，由于缺乏直接观测，近海多年冻土层的分布仍然不清楚，海底多年冻土层的海上钻探结果也很少。东西伯利亚海陆架近岸带的综合科学钻井结果表明，在过去的 31～32 年中，海底多年冻土的冰结合层厚度下降了 14 cm/a。调查资料还揭示了海底相关气体的运移证据（Shakhova et al.，2017）。

2. 多年冻土的碳排放

气候变暖对北极多年冻土的影响不仅可能严重破坏生态系统和人类基础设施，也可能加剧全球变暖。多年冻土层可以通过释放温室气体甲烷（CH$_4$）和二氧化碳（CO$_2$）促进气候变暖（Turetsky et al.，2019）。大量的碳被封存在多年冻土层中，同时大量甲烷以水合物的形式被封存在多年冻土层和浅层的海洋沉积物中（Lindgren et al.，2018）。如果多年冻土层或海底水温上升几摄氏度，融化层（thawed layer）厚度就会普遍增加，以及天然气水合物的分解可能会导致大量的甲烷和二氧化碳释放到大气中。这些温室气体的释放反过来会产生正反馈机制，从而加剧区域和全球变暖（Natali et al.，2021）。

北极多年冻土储存了近 1.7×10^{12} t 的冰冻和正在解冻的碳，气候变暖可能向大气中释放数量未知的碳（Olefeldt et al.，2016）。这些碳可以通过被称为多年冻土碳反馈（permafrost carbon feedback）的过程影响气候变化（Turetsky et al.，2020）。多年冻土的突然解冻和热融可能会触动封存在更新世多年冻土中深层遗留的碳，使其迅速向大气排放大量的碳（Gasser et al.，2018）。在北极，二氧化碳的排放比例通常高于其他温室气体的排放，但在融化的多年冻土和土壤中，冰融化所导致的缺氧条件扩大将增加甲烷排放的比例（Miner et al.，2022）。

环北极多年冻土区的土壤储存了 1460 亿～1600 亿 t 有机碳（Pg C），几乎是大气中所含碳量的两倍，大约比北方森林生物群落和苔原生物群落中植物生物量（55 亿 t 有机碳）、木本植物（16 亿 t 有机碳）和草本植物（29 亿 t 有机碳）所含碳的总和还要多一个数量级。这个巨大的多年冻土区土壤碳库已经积累了数百年到数千年（Lindgren et al.，2018；Schuur et al.，2022）。海底多年冻土层和深层沉积物中还有额外的约 960 亿 t 有机碳，但没有很好地量化。北极相当一部分地貌（20%）具有较高的地面冰含量，并且容易随着变暖而突然融化。同时，这部分地貌包含了至少 50% 的地表多年冻土碳库。突然融化不仅使多年冻土退化，而且改变了山地和低地生态系统类型的分布，并对二氧化碳和甲烷排放产生影响。在更长的时间尺度上，突然融化所产生的额外二氧化碳和甲烷排放的温室气体当量可使冻土自上而下逐渐融化，所产生的碳释放预测值再增加 40%（Schuur et al.，2022）。

控制北极陆地碳储量的因素正在发生变化。北极地区地表气温变化加剧，气温上升速度为全球平均上升速度的 2～3 倍。在过去的 40 年里，多年冻土的温度一直在上升，并在最近达到了创纪录的高温（Schuur et al.，2022）。在过去几年中，北极变暖事件的频率增加了，区域温度异常高达 40℃，其范围覆盖了一些富碳的更新世多年冻土沉积物（Hope and Schaefer，2016；Farquharson et al.，2019）。全球多年冻土地面网络的测量结果表明，在 2007～2016 年整个北极地区连续多年冻土顶部 3 m 的平均升温达到 0.39 ± 0.15℃（Biskaborn et al.，2019；Obu et al.，2020），引起了人们对多年冻土快速融化以及其封存的老碳可能释放的担忧（Tanski et al.，2019；Anthony et al.，2018）。在泥炭地和多年冻土重叠的地方，深埋在其中的碳越来越受到变暖的威胁，富碳的更新世多年冻土的大量损失可能导致到 2100 年多年冻土碳反馈的强度增加 50%（Anthony et al.，2018；Turetsky et al.，2019）。

考虑到当代的变暖，模拟预测近地表多年冻土（0～3 m）的总损失为每年 200～58800 km^2（McGuire

et al.，2018）。这一估计反映了到 2100 年 RCP4.5 情景下有 300 万～500 万 km² 多年冻土损失，RCP8.5 情景下有 600 万～1600 万 km² 多年冻土损失（Turetsky et al.，2020）。预计到 2100 年，仅通过渐进融化过程，脆弱的多年冻土顶部 3 m 范围内每年将排放二氧化碳 6.24 亿 t（图 1-16）（Schuur et al.，2022）。随着气候变化，预计多年冻土突然融化事件将越来越频繁（Anthony et al.，2018）。与突然融化相关的侵蚀特征"热融滑塌"在 1984～2015 年增加了 60 倍（Olefeldt et al.，2016；Lewkowicz and Way，2019）。

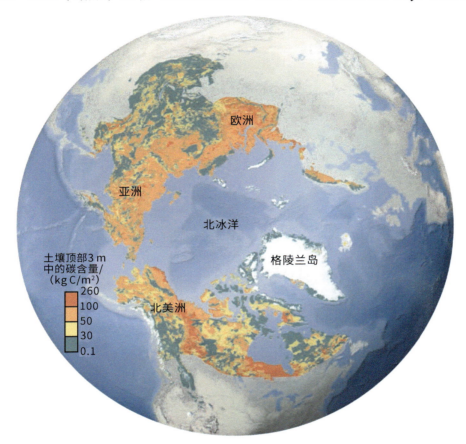

图 1-16 环北极多年冻土区近地表（0～3 m 土壤深度）土壤中的碳含量（据 Schuur et al.，2022 改）

环北极地区近地表土壤碳总量为 1035±150 Pg C

现在北极温室气体排放主要为微生物介导的二氧化碳释放，但多年冻土热融发育可能越来越多地为更多的甲烷释放提供途径（Feng J J et al.，2020）。目前大多数二氧化碳和甲烷通量来自过去 1000 年封存的碳。在 100 年时间尺度上，增强的甲烷排放比二氧化碳的变暖潜力高出约 35 倍。因此，甲烷生成量的增加将对多年冻土碳反馈产生显著影响（Wik et al.，2016）。

北极野火也迅速扩大了多年冻土的活跃层，触动了储存的碳，燃烧了植被，也促进了热融的发展（Walker et al.，2019）。北半球高纬地区针叶林储存了大量的碳，其损失可能在短期内影响多年冻土的碳反馈（Mack et al.，2021）。随着气候变暖，预计到 21 世纪中叶，北极野火将增加 130%～350%，释放陆地上植物和融化不断增加的多年冻土地区的碳（Walker et al.，2019）。

在北极圈北部多年冻土地区以外的深层沉积物以及北冰洋大陆架上的海底多年冻土区，深层碳库的量化水平仍然很差。从末次冰盛期到现在更温暖的全新世，海平面上升了约 120 m，海底多年冻土在这一过程中逐渐被淹没（图 1-17）。在这段时间里，淹没在水下的多年冻土一直在融化，这些原本来自陆地生态系统和地貌的碳存在流失的可能（Schuur et al.，2022）。

北极浅层大陆架面积为 2.5×10^6 km²，这一区域在当时海平面比现在低 120 m 的末次冰盛期属于陆地生态系统。随着海平面上升，这些多年冻土生态系统被淹没并开始融化。这将使多年冻土中的有机碳暴露

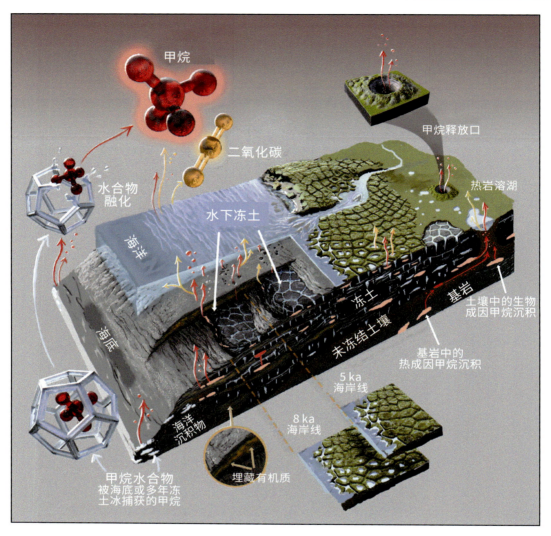

图 1-17　海底和地质碳排放源（据 Schuur et al.，2022 改）

在分解和其他过程中，从而释放出二氧化碳和甲烷。厌氧的海底条件有利于甲烷和二氧化碳的产生和释放，但甲烷在水中会被甲烷菌氧化。因此，除非通过冒泡的形式绕过氧化作用，否则它仍将以二氧化碳的形式进入大气。甲烷水合物或甲烷地质渗漏也可能变得不稳定，并通过海洋陆架或陆地上的多年冻土变薄使甲烷进入大气层。最近观察到使甲烷含量升高的甲烷坑，是北极地貌中的一种新现象。目前还不清楚海洋大陆架上正在进行的多年冻土解冻在过去已经释放了多少二氧化碳和甲烷，以及这些排放是否由于最近的变暖而增加（Schuur et al.，2022）。

3. 环北极陆地有机碳释放的差异性

北极的气候变化预计将使土壤和多年冻土中的陆地有机碳（terrOC）不稳定，并导致河流释放、温室气体排放和气候反馈。然而，地貌的差异性和特定位置的变化使陆地有机碳转移的大规模评估变得复杂。Martens 等（2022）使用环北极沉积物碳数据库（the Circum-Arctic Sediment Carbon Database，CASCADE）得到的碳来源特征（$\delta^{13}C$ 与 $\Delta^{14}C$）和碳积累数据进行研究，揭示了陆地有机碳释放的差异性。研究结果表明，欧亚一侧北极地区的陆地有机碳释放量是北美一侧的 5 倍（图 1-18）。环北极地区大部分陆地有机碳的 61% 来自近地表土壤，30% 来自更新世多年冻土。对陆地有机碳存量进行比较显示，陆地有机碳的迁移量在环北极不同地区有 5 倍的差异。陆地有机碳迁移量较高的陆架海符合近期北极变暖的空间格局，而陆地有机碳迁移量较低的陆架海反映了长距离的横向运输和有效的陆地有机碳再矿化（图 1-19）。这项研究提供了一个基于接收者的视角来研究环北极地区陆地有机碳释放的变化（Martens et al.，2022）。

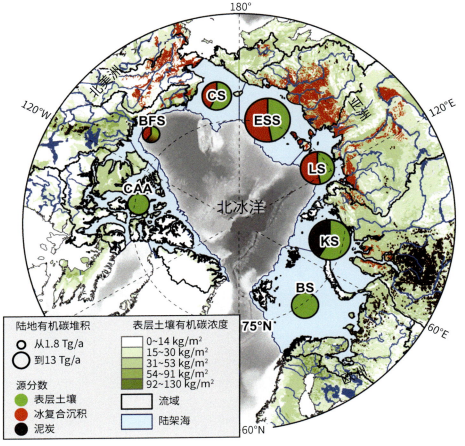

图 1-18　环北极陆架沉积物中不同陆地有机碳来源概况（据 Martens et al.，2022 改）

图中陆地有机碳的来源包括表层土壤（绿色）、冰复合成因（ice complex deposit，ICD）（橙色）和泥炭（棕色），而岩石成因的有机碳不包括在陆源有机碳中；饼图的大小与不同来源对接收陆架沉积物中累积的陆源有机碳的相对贡献成正比（从 BFS 的 1.8 Tg/a 到 ESS 的 13 Tg/a）；绿色区域表示表层土壤有机碳浓度（Hugelius et al.，2013），橙色区域表示冰复合沉积分布（Strauss et al.，2017），棕色区域表示泥炭地（Hugelius et al.，2020）；蓝色框区域表示 7 个环北极陆架海，黑色框区域表示相应的流域。CAA-加拿大北极群岛；BFS-波弗特海；CS-楚科奇海；ESS-东西伯利亚海；LS-拉普捷夫海；KS-喀拉海；BS-巴伦支海

环北极大陆架海域的双碳同位素来源的分配和接收通量表明，不同源区和不同北冰洋流域之间的陆地有机碳再迁移倾向存在很大差异。欧亚-北极区域释放的陆地有机碳大约是北美-北极区域释放的 5 倍。释放的陆地有机碳主要来源于表层土壤，冰复合沉积的多年冻土是第二大来源（Martens et al.，2022）。基于综合的陆地有机碳释放指数（Integrated Carbon Release Index，I-CRI）提供了一个观察整个环北极地区相对陆地有机碳释放趋势的视角。该指数的地理格局表明，过去半个世纪北极变暖和多年冻土逐渐融化可能是陆地有机碳释放的一个驱动因素，这大致显示出与环北极地区常态化陆地有机碳释放相似的空间格局（图 1-20）。然而，标准化的陆地有机碳释放量在较大和较小的流域之间相差 5 倍，这也表明陆地有机碳作为长距离淡水运输的一部分被有效降解，并且陆地有机碳正在被再矿化为温室气体。综上所述，关于陆地有机碳释放模式的大尺度视角为环北极地区与气候相关的碳再迁移过程提供了信息，并为未来气候变化期间北极陆地有机碳释放的研究提供了基准（Martens et al.，2022）。

1.2.7　海岸侵蚀

北极海岸很容易受到气候变化的影响，包括海平面上升和多年冻土、海冰和冰川的流失。然而，由于

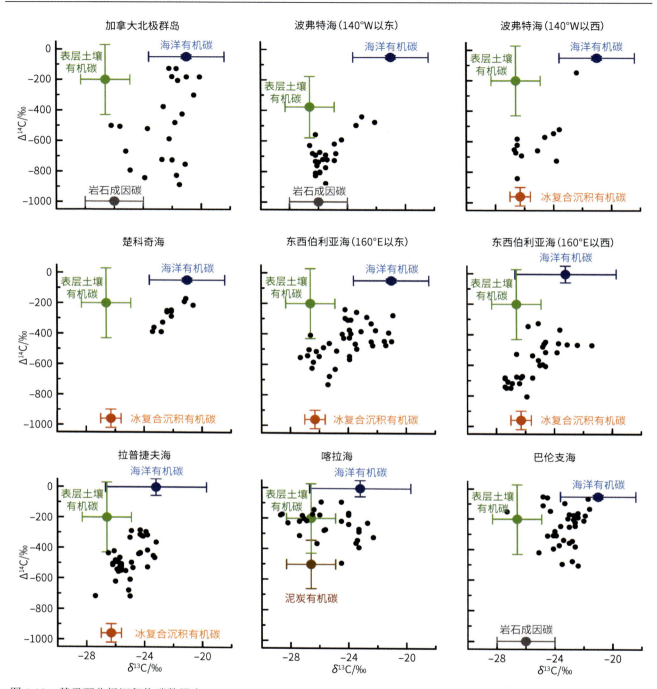

图 1-19　基于环北极沉积物碳数据库（Martens et al.，2021）的环北极陆架沉积物中有机碳的 $\delta^{13}C$ 与 $\Delta^{14}C$ 模式的散点图（据 Martens et al.，2022 改）

图中显示了环北极陆架海表层沉积物样品的数据，以及以彩色点和误差条表示的不同端元的均值和标准差；绿色为表层土壤有机碳，橙色为冰复合沉积有机碳，棕色为泥炭有机碳，蓝色为海洋有机碳，灰色为岩石成因碳；值得注意的是，由于在 140 °W 以东的波弗特海没有冰复合沉积有机碳，而在 160 °E 以西的东西伯利亚海使用了更宽的海洋有机碳端元，因此波弗特海和东西伯利亚海分别为两个端元系统。图中纵坐标与横坐标的数值和单位都是相同的

观测、海洋学和环境数据有限，评估人为变暖对北极沿海动态的影响面临挑战。但是，由于大多数多年冻土海岸受到侵蚀，加上预计的侵蚀和洪水加剧，了解这些变化至关重要（Irrgang et al.，2022）。北极的多年冻土海岸占地球海岸线的 30% 以上，它们对北冰洋地区受多年冻土影响的陆地变化非常敏感（Nielsen et al.，2020）。目前，在这些海岸发生的变化既是全球气候系统变化的指标，也是其整合者。海冰范围的减少和开放水域期持续时间的增加、地表大气温度和表层海水温度升温、海平面上升、变暖的多年冻土

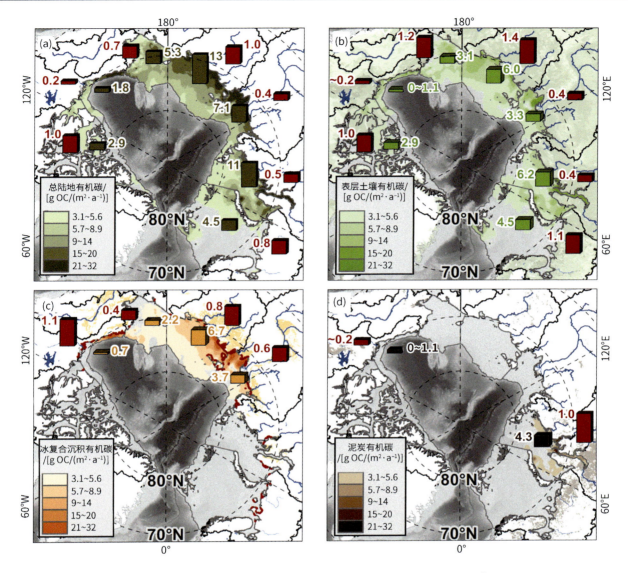

图 1-20　环北极陆地有机碳的释放模式（据 Martens et al.，2022 改）

这四张图显示了被释放的陆地有机碳的累积率：（a）深绿色阴影为总陆地有机碳；（b）浅绿色为包括多年冻土活跃层的表层土壤有机碳；（c）橙色阴影为冰复合沉积有机碳（Strauss et al.，2017），以及红色轮廓表示海岸侵蚀速率>1 m/a 的海岸；（d）棕色为泥炭有机碳。此外，每个陆架海的总碳通量（Tg/a）以对应颜色的柱状图显示，红色柱状图表示每个源区的 I-CRI；I-CRI 是相对于不同源区存量的陆地有机碳接收通量的相对度量

（Biskaborn et al.，2019）、下沉的多年冻土地形（Lim et al.，2020）、暴风雨和海浪高度的增加（Casas-Prat and Wang，2020）等因素一起相互作用，放大了沿海多年冻土的侵蚀（Forbes，2011）。这些条件的近期变化增加了多年冻土海岸对侵蚀和海岸形态改变的脆弱性（Farquharson et al.，2018），影响了生态系统（Fritz et al.，2017）、海洋碳的输出（Tanski et al.，2019）、人类社会的基础设施和人类生存生活方式（Irrgang et al.，2018）。

多年冻土海岸的变化主要归因于侵蚀。然而，海岸的变化速率具有较高的时空变异性，在很大程度上是由内外因素的多样性驱动造成的（Lantuit et al.，2012a）。例如，沉积物组成、多年冻土性质和海岸线暴露等，都有助于海岸线变化的空间变异性，而不断变化的水文气象和海洋约束条件决定了海岸线变化的时间演化（Shabanova et al.，2018）。最高的侵蚀率通常发生在未固结的沉积物中，占北极多年冻土海岸的 65%。其余 35% 的多年冻土海岸被认为是岩石或已固结物质，较前者表现出更强的稳定性（图 1-21）。在未固结的多年冻土海岸中，富冰的多年冻土是一个微弱的，但在统计上显著地导致较高海岸侵蚀率的因素（Lantuit et al.，2012a）。富冰的多年冻土海岸发生侵蚀的主要驱动因素是夏季所带来的热量、太阳辐射以及波浪作用（Lantuit et al. 2012a；Irrgang et al.，2022）。

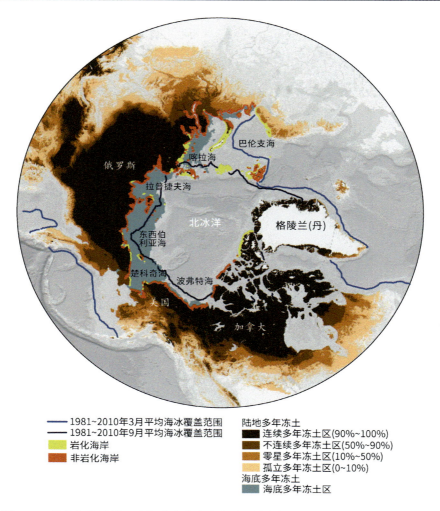

图 1-21　北极海岸类型、多年冻土分布和海冰覆盖范围（据 Irrgang et al.，2022 改）
泛北极地区的岩化海岸和非岩化海岸（Lantuit et al.，2012a）、陆地多年冻土（Obu et al.，2018）、海底多年冻土（Overduin et al.，2019）以及平均最大和最小海冰覆盖范围的分布（Meier et al.，2022）

海底多年冻土存在于加拿大、美国和俄罗斯海岸边缘。近岸地区海底冻土的退化导致近岸地形剖面的降低，使得更多的波浪能传输到岸上。然而，这一过程被认为对海岸侵蚀的作用很小（Aré et al.，2008）。从历史上看，用 1981～2010 年 3 月和 9 月的海冰极值的中位数描述海冰覆盖范围的最大值和最小值，说明季节性海冰覆盖的巨大空间变化（Meier et al.，2022）。在夏季没有海冰的地方，海岸会受到海浪的作用，并会对未岩化的海岸产生有效的海岸侵蚀（Barnhart et al.，2014）。

多年冻土海岸变化的历史基准通常综合了 20 世纪 50 年代至 80 年代收集的观测数据，以及 21 世纪头 10 年初期至中期获得的观测数据。根据 Lantuit 等（2012a）的研究，海岸快速侵蚀（侵蚀速率为 2～10 m/a）的海区主要出现在拉普捷夫海和东西比利亚海的部分海岸，这两个海域之间岛屿的海岸，以及波弗特海和巴伦支海的局部海岸；中等侵蚀（侵蚀速率为 1～2 m/a）的海区主要出现在东西伯利亚海、拉普捷夫海、巴伦支海、喀拉海、波弗特海的局部海岸；慢速侵蚀（侵蚀速率为 0～1 m/a）的海区主要出现在拉普捷夫海和东西伯利亚海的部分海岸，这两个海域之间岛屿的海岸，楚科奇海，以及喀拉海和巴伦支海的局部海岸（图 1-22）。北冰洋海岸的加权平均侵蚀速率为 0.5 m/a，但海岸侵蚀速率在局部和区域上有着显著变化，在拉普捷夫海、东西伯利亚海、波弗特海的侵蚀速率最高，峰值超过 3 m/a（Lantuit et al.，2012a）。根据 1960 年和 1980 年前后的观测数据，自 21 世纪初以来，在环北极的 14 个沿海多年冻土观测站中，除 1 个观测站外所有观测站的观测数据都表明，10 年尺度的侵蚀速率正在增加，与气温变暖、海冰减少和永久冻土融化相一致（Jones B M et al.，2020）。

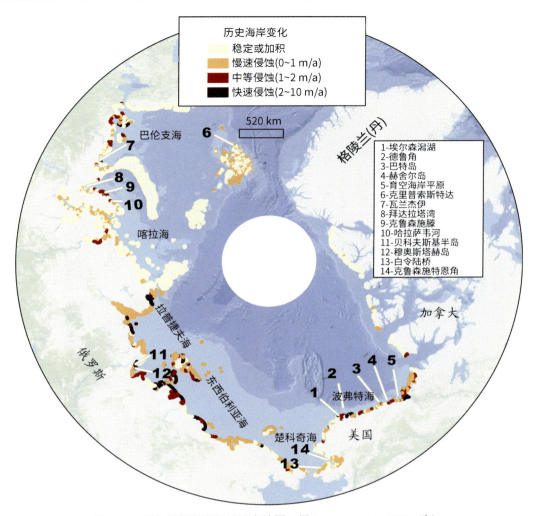

图 1-22　环北极的海岸侵蚀速率地图（据 Lantuit et al.，2012a 改）

通常在局部尺度上观察到的侵蚀速率的空间变化呈现出一个突出的区域特征；浅黄色区域为稳定或加积；浅褐色区域为慢速侵蚀（0～1 m/a）；红色区域为中等侵蚀（1～2 m/a）；紫色区域为快速侵蚀（2～10 m/a）；14 个地点存在当代的或 10 年尺度的海岸侵蚀速率，在地图中用数字表示

在过去的 50 年里，波弗特海沿岸的多年冻土侵蚀速率与北极海冰覆盖范围的下降同步加快，这表明两者之间存在因果关系（Jones B M et al.，2009）。一个由海冰位置和阿拉斯加北部的当地风数据驱动所获取的有限波浪模型表明，在 1979～2009 年，多年冻土断崖与海水的接触增加了 2.5 倍（Overeem et al.，2011）。将 20 世纪后 20 年和 21 世纪前 20 年的平均侵蚀速率进行比较，美国和加拿大波弗特海沿岸的多年冻土海岸在北极经历了最大的侵蚀速率增长，从 80%到 160%不等（Jones B M et al.，2020）。统计结果显示，波弗特海沿岸的侵蚀速率从 20 世纪 50 年代至 2010 年增加了约两倍，而俄罗斯东北部的巴伦支海沿岸侵蚀速率从 20 世纪 60 年代至 2000 年增加约 4 倍（图 1-23）（Zhang T et al.，2022）。

与 1960～1980 年的 20 年尺度测量相比，大量证据表明，自 21 世纪前 10 年初期至中期以来，北极富冰和贫冰的未固结多年冻土海岸的侵蚀正在增加（Frederick et al.，2016）。值得注意的是，未岩化多年冻土海岸的侵蚀速率最大，如拉普捷夫海岸和波弗特海岸（Lantuit et al.，2012a）。尽管部分区域的地下冰含量较高，但加拿大北极群岛的海岸侵蚀速率最小，这是由于冰期后地壳回弹导致相对海平面下降（St-Hilaire-Gravel et al.，2012）。海岸侵蚀速率的波动越来越大，反映出与环境变化加剧有关的海岸动力不断增加。海岸侵蚀是由多种因素驱动的，这些因素在局部相互作用的程度大不相同（Jones B M et al.，2020）。阿拉斯加海岸科尔维尔河（Colville River）地区的海岸侵蚀为阿拉斯加波弗特海提供了比河流多 7 倍的沉积物。通过海岸侵蚀进入拉普捷夫海的泥沙通量是河流输入的两倍。相比之下，在加拿大波弗特海，马更些河输入是沉积物的主要来源，海岸侵蚀则不那么重要（Stein，2008）。

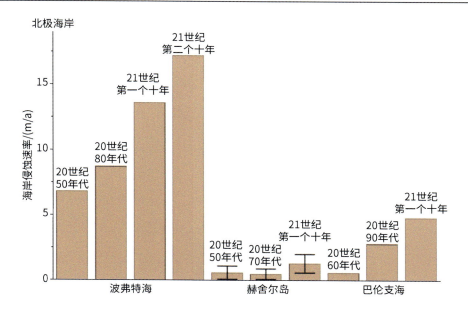

图 1-23　北极多年冻土带沿岸侵蚀速率加剧（据 Zhang T et al.，2022 改）

阿拉斯加的波弗特海沿岸（Jones B M et al.，2009，2018）；加拿大北部赫舍尔岛（Herschel Island）海岸（Radosavljevic et al.，2015）；俄罗斯东北部的巴伦支海沿岸（Guégan，2015）

综合来看，北极海岸是地球上变化最快的海岸之一，大部分变化发生在可长达 3 个月的无冰期。与 20 世纪 60 年代至 90 年代相比，自 21 世纪初以来，多年冻土海岸的侵蚀有所增加，同时与人为变暖有关的环境驱动因素加剧。自 21 世纪初以来，阿拉斯加、加拿大和西伯利亚未岩化的多年冻土海岸的年平均侵蚀速率比 20 世纪下半叶增加了一倍多。随着气候进一步变暖，多年冻土海岸的侵蚀预计将继续高速乃至加速发展（图 1-24，Irrgang et al.，2022）。然而，北极海岸侵蚀对全球变暖增加的幅度、时间和敏感性仍然未知。预测在 21 世纪末之前，在广泛的排放情景下，北极海岸平均侵蚀速率将增加，很有可能超过其历史变化范围。北极海岸侵蚀对变暖的敏感性大致增加了一倍（Nielsen et al.，2022）。

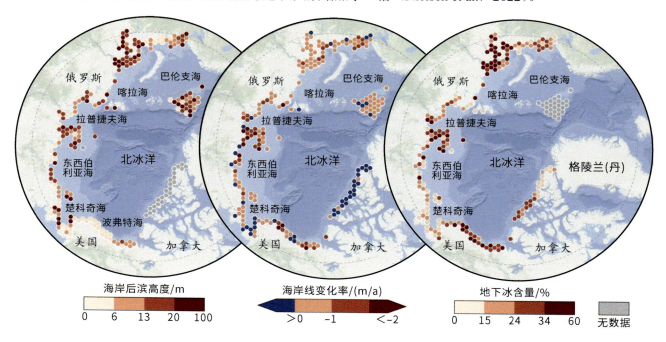

图 1-24　北极海岸后滨高度、海岸线变化率和地下冰含量的变化（据 Irrgang et al.，2022 改）

第 2 章 北冰洋构造演化历史及其周边地质特征

2.1 北冰洋的构造演化历史与沉积海盆

2.1.1 构造演化历史

北极地区在地质构造上位于欧亚板块和北美板块的北部，其不同地区的岩石组成和构造变形特征反映了从前寒武纪的罗迪尼亚（Rodinia）泛大陆解体到晚古生代至早中生代的联合古大陆（Pangea）拼合与解体的长期复杂演化过程（李学杰等，2015）。根据地壳结构及物质组成的不同，现今北极地区可以划分为北冰洋和陆缘带及其边缘海两大不同的地质、地貌构造单元（朱伟林，1997）。北极的陆缘带及其边缘海分别记录了从地球最早的前寒武纪到全新世长达 3800 Ma 的地质演化历史（Vernikovsky et al.，2013），它们是在地质构造演化历史的不同发展阶段，伴随着不同板块（或地块）之间裂解－拼合－再裂解的演化过程而产生的，复杂的构造运动催生了庞大的大洋盆地群（杨静懿等，2013）。北冰洋主要是白垩纪以来，尤其是 18 Ma 以来形成的（Golonka et al.，2003）。早期活动伴随着多次海底扩张，而以哈克尔海岭为代表的现代大洋中脊至今仍在活动（Edwards et al.，2001）。为了深入认识北极地区的地质演化史，地质学家根据环北极地区地层特征及其对比，重建了环北极地区的地质演化史，试图揭示北极地区的地质历史真相。北冰洋及其周边地区分布着众多复杂的具有不同地质特征和演化历史的地质构造单元，通常情况下，可以将这些构造单元划分为三种主要类型：①晚中生代和新生代以来形成的年轻洋盆；②陆地上晚古生代以来逐渐下沉的具有大角度倾斜和低地形的深沉积海盆；③由前寒武纪晚期和古生代地台所覆盖的包括古老地盾的大陆基底（图 2-1）（Zonenshain and Natapov，1989；Ji et al.，2021）。

随着勘探技术的发展和北极地质演化认识的深入，重建了北大西洋和北极地区地质演化的古地理图，并绘制了自显生宙以来 21 个地质历史时期的古地理图和 8 幅地层对比图（Ziegler，1988）。在这些古地理图中，涉及北冰洋地区的地质演化，清晰地展示了海盆与海岭的形成。有学者还根据地质报告、图件、岩性地层和其他构造、海盆和沉积资料的解释，利用相关的地质演化和古地理恢复软件，重建了 31 个地质历史时期的北极地区构造和岩相古地理图（Golonka et al.，2003；Golonka，2011）。

根据现有资料的综合分析，北极地区的大地构造演化可以大致划分为 7 个大的演化阶段，而每一个大的演化阶段又可以划分为多个次一级演化阶段。不同阶段的构造演化往往具有很强的区域性特点（李学杰等，2010；Pease，2011）。

（1）太古宙和古元古代（2000～1000 Ma）：基底形成与克拉通化阶段。

（2）中元古代至早古生代（1000～540 Ma）：古陆块沉积盖层及海盆演化阶段。

（3）早古生代末期（540～400 Ma）：加里东褶皱带（Caledonian foldbelt）的形成。

（4）晚古生代（400～340 Ma）：沉积盖层及沉积海盆形成。

（5）晚古生代末期（340～161 Ma）：联合古大陆形成。

（6）晚古生代末期至中生代（161～58 Ma）：联合古大陆裂解及海盆形成。

（7）古近纪至新近纪（58～2 Ma）：北大西洋打开和欧亚海盆形成。

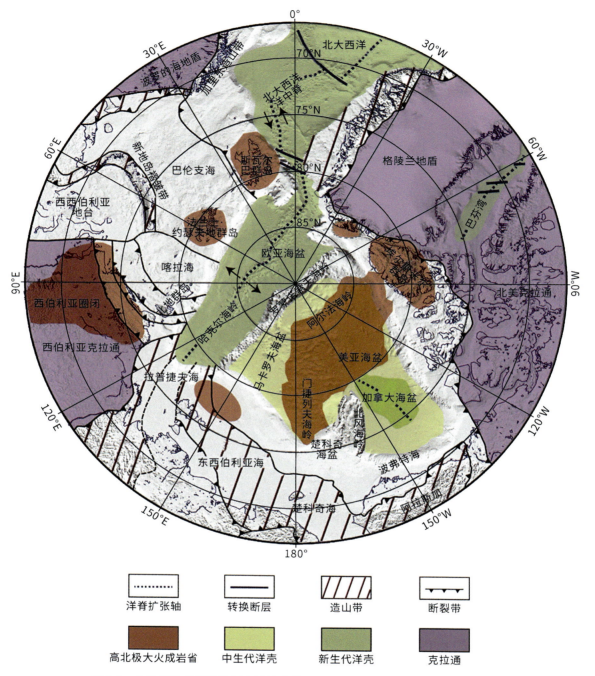

图 2-1 北冰洋及其周边地区大地构造单元划分示意图（据 Ji et al.，2021 改）

2.1.2 主要构造演化事件

认识北极地区区域地质构造特征，首先要了解在北冰洋打开之前，即晚侏罗世末加拿大海盆初始扩张前的基底构造特征及其演化阶段（李学杰等，2015）。在漫长的地质演化历程中，这些构造单元经历了不同程度的构造重组，且总体调查程度低，我国学者通过收集大量资料编制出了详细的北极区域基底构造图，进而分析了克拉通及主要造山带的分布特征及其形成阶段（图 2-2）（李学杰等，2015）。

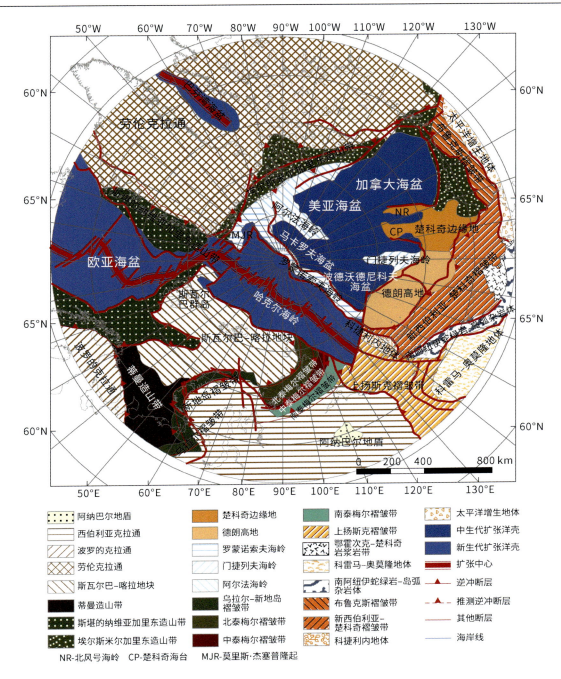

图 2-2　北极地区北极区域地质构造单元简图（据李学杰等，2015 改）

北极地区的区域地质构造单元包括前寒武纪的克拉通基底以及不同时期形成的造山带，即新元古代—寒武纪的贝加尔（Baikal）造山带（或称蒂曼造山带）、加里东造山带、海西造山带及中生代造山带（李学杰等，2015）

显生宙以来，对北极地区产生重大影响的主要构造事件有：新元古代至早寒武世的贝加尔造山运动，该造山运动使波罗的（Baltic）古陆与斯瓦尔巴（Svalbard）-喀拉地块碰撞造山（Filatova and Khain，2010）。随后贝加尔造山作用停止，地壳出现拉伸，形成裂谷与沉积盆地（Ritzmann and Faleide，2007）。晚泥盆世—早石炭世出现的加里东造山运动极大地影响了北极地区，在北极周边形成规模巨大的加里东造山带（Kos'Ko，2007）。晚古生代的海西运动［又称乌拉尔（Ural）运动］是由波罗的古陆与西伯利亚古陆碰撞导致的，形成的海西造山带主要分布于北极东部陆架区（Torsvik and Andersen，2002）。海西运动后是地壳构造松弛阶段，伴随着联合古大陆的裂解，北极阿拉斯加-楚科奇微板块裂离加拿大边缘；晚中生代是北极构造重组的重要阶段，侏罗纪加拿大海盆开始张开，并继续向西伯利亚板块汇聚，最终在早白垩世阿纽伊（Anyuy）洋消亡，与上扬斯克（Verkhoyansk）、科雷马-奥莫隆（Omolon）边缘碰撞形成上扬斯克-布鲁克斯（Brooks）造山带与南阿纽伊缝合线（Drachev et al.，2010）。新生代时期北冰洋周边地质构造的基本格架已经确定，罗蒙诺索夫海岭裂离欧亚大陆边缘，欧亚海盆张开，相关的裂谷及微板块在拉普捷夫海-东西伯利亚海区重组（Piskarev et al.，2019）。

2.1.3　沉积盆地

1. 美亚海盆

美亚海盆的地球物理特征复杂，加拿大海盆磁异常值分布紊乱，且没有明显的线性特征，目前美亚海盆的起源和演化尚存争议。美亚海盆早期扩张轴与欧亚海盆的哈克尔洋中脊走向方向直交于加拿大海盆，有学者推测加拿大海盆与欧亚海盆在构造属性上没有直接的成因联系（李江海等，2016）。由于缺乏地球物理和地质调查资料，美亚海盆及其子海盆，即加拿大海盆和马卡罗夫海盆，与门捷列夫海岭-阿尔法海岭的属性和年代仍无定论（Alvey et al.，2008）。通常情况下，美亚海盆的沉积物可分为两个单元，上部单元主要为新生代沉积物，下部单元为白垩系沉积物。再向下地震速度为 4.3～6.7 km/s，指示海洋基底的存在（李学杰等，2008）。已知的最古老的北冰洋深海海盆，即加拿大海盆是在白垩纪由海底扩张形成的（Grantz et al.，1998）。在加拿大海盆形成之后，门捷列夫海岭-阿尔法海岭和马卡罗夫海盆才形成。在这些地区，火山岩形成的复杂地垒和地堑上覆盖着 0.5～2 km 的沉积物（Jokat et al.，2003）。有学者基于海岭上不规则的磁异常模式，重建了美亚海盆的构造演化历史，这些异常通常与海岭的地形有关（Vogt P R et al.，1981；Grantz et al.，1998）。

西北冰洋的门捷列夫海岭形成于大陆地壳而非洋壳上，总厚度 27～32 km，其中上地壳 4～7 km。陆相的中-新生代沉积盖层被古生代克拉通，主要为滨海碳酸盐岩建造的变质沉积杂岩覆盖，并逐渐向海变深形成连续的阶地链，显示了门捷列夫海岭与西伯利亚-楚科奇大陆边缘浅水区的形态联系（Butsenko et al.，2019）。

门捷列夫海岭-阿尔法海岭的起源有三种假说，包括大陆起源、前扩张中心、热点活动结果（Michael et al.，2003）。关于门捷列夫海岭-阿尔法海岭的现有资料主要来自美国冰站 T-3 和加拿大 CESAR 航次的地震反射调查和沉积物取样（Stein et al.，2016）。俄罗斯与德国联合调查了阿尔法海岭中央部分，获得了超过 320 km 的多道地震资料，调查结果表明，沉积物地震波速度为 1.6～2.7 km/s 不等，沉积物厚度在 500～1200 m（Jokat et al.，2003）。结合重力取心获得的玄武岩样品，阿尔法海岭西段洋盆起源已基本解决。玄武岩样品的高精度全岩 $^{40}Ar/^{39}Ar$ 年龄约为 82 ± 1 Ma，这个年龄有力支持了地球物理模型得出的结论，即阿尔法海岭形成于晚白垩世时期（Lawver and Müller，1994）。

最新的地震资料显示，门捷列夫海岭的结构和地层受到声学基底正断层的强烈影响，形成了复杂的地堑和半地堑系统，这种构造系统将门捷列夫海岭描绘为白垩纪后的延伸结构，是北冰洋中部构造演化的主要例证（Kashubin et al.，2016）。同样地，新生代沉积杂岩从楚科奇海槽北部的大陆架一直延续到门捷列夫海岭，地震资料也表明在大陆架和门捷列夫海岭间不存在主要的正断层或走滑断层（Morozov et al.，2012）。门捷列夫海岭顶部沉积物的地震调查结果显示，中新世-更新世杂岩具有连续的未受干扰的特征，半远洋沉积层及其底部的区域侵蚀不整合覆盖了整个门捷列夫海岭，标志着门捷列夫海岭-阿尔法海岭现代形态体系的发育完成（Butsenko et al.，2019）。

2. 欧亚海盆

早期学者认为超过 1800 km 的大洋中脊从北大西洋延伸至北冰洋，而与其平行的罗蒙诺索夫海岭是原欧亚大陆边缘的坡折带，并由海底扩张分离形成（Heezen and Ewing，1961）。基于海底扩张的磁异常解释及其关联的地磁时间尺度，可以将欧亚海盆和挪威-格陵兰海演化相关联（李双林，2005；Vogt P R et al.，1979）。而区域航空磁学探测结果表明，在哈克尔洋中脊两侧的海盆存在显著的扩张异常，海底扩张中心位于欧亚海盆中部（Kristoffersen，1990）。欧亚海盆整体扩张速率很慢，其中哈克尔洋中脊认为是超慢速扩张脊，其扩张速率在 6.3～14.6 mm/a（Michael et al.，2003）。

　　欧亚海盆是北极地区最年轻的海盆，其构造演化历史从保存完好的磁条带中可以得到较好的约束。早始新世—中始新世（53～44 Ma）海盆初始打开，扩张速率较大。渐新世—早中新世，扩张速率急速下降。自 20 Ma 至今，全扩张速率略有增加（李江海等，2016）。在穿过整个南森海盆和阿蒙森海盆的多道地震剖面上存在巨厚沉积序列（Jokat and Micksch，2004）。其中，南森海盆的最大沉积物厚度为 4.5 km，在巴伦支海大陆边缘及哈克尔海岭附近消失；阿蒙森海盆的沉积物仅 1.7～2.0 km 厚（Jokat and Micksch，2004）。由于欧亚陆架庞大的泥沙输入量，沉积物的厚度在南森海盆明显较高（Holmes et al.，2002）。从巴伦支海-喀拉海-罗蒙索夫海岭横跨欧亚海盆的地球物理和机载重力异常调查获得了欧亚海盆演化的重要信息（Glebovsky et al.，2012），并通过汇编大量的调查资料，最终绘制成了"北冰洋沉积物厚度图"（图 2-3）（Glebovsky et al.，2013）。

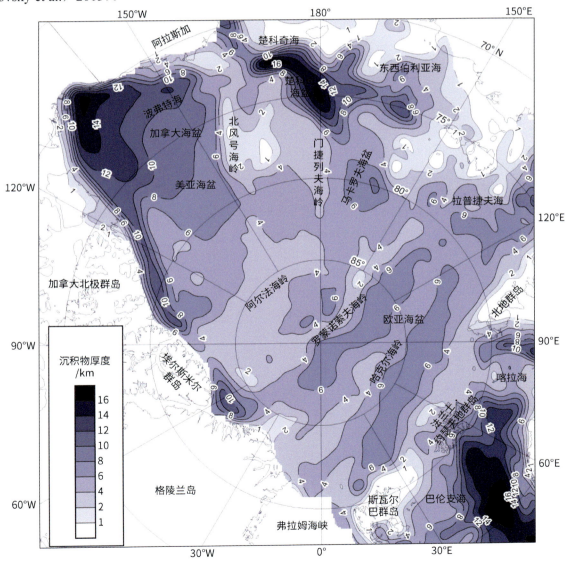

图 2-3　北冰洋沉积物厚度图（据 Glebovsky et al.，2013 改）

等值线和数字表示沉积物厚度

但仍然存在较多其他的观点和观测事实与上面描述的已被广泛接受的欧亚海盆和罗蒙诺索夫海岭演化假说相矛盾（Gramberg et al.，1984）。其中包括深海洼地（abyssal depression）的测深和地形不对称；其下部结构和组成不对称；沉积地层的出现和厚度分布不均匀；相对于哈克尔海岭的势场梯度分布不对称和不一致等（Piskarev，2004）。最新的地球物理调查结果已经查明，在重力场中深海平原与大陆架之间的裂谷带和过渡带的边界最为明显，反映了哈克尔海岭和相邻深海盆地间的边界，这种情况与大西洋完全不同，那里的海岭-海盆地是以渐进的形式过渡的（Savin et al.，2019）。阿蒙森海盆和南森海盆的大多数结构既不平行于哈克尔海岭，也不与哈克尔海岭正交，取而代之的是平行于拉普捷夫海陆坡的线性梯度带，该梯度带可归因于一条横跨 30°E～60°E 哈克尔海岭的缝合线，最终穿过罗蒙诺索夫海岭的中段进入美亚海盆（Nikishin et al.，2018）。上述证据表明欧亚海盆的大部分是在新生代之前形成的，而现代南森海盆、阿蒙森海盆以及哈克尔海岭是在具有不同向量分布方向的时代形成的（Savin et al.，2019）。

因此，北极沉积盆地的演化仍然存在许多亟待解决的问题。随着中国第 12 次北极科学考察暨"北极洋中脊联合科学考察"的开展，旨在探测超慢速扩张洋中脊哈克尔海岭的地壳结构，或能在未来揭示更多北冰洋构造演化的过程。

2.1.4　沉积速率

为展示沉积物在区域分布上的特征，沉积速率（sedimentation rate）的概念被广泛用于岩性学和盆地分析，用以研究与沉积有关的问题（Fischer 1969）。沉积速率分布图主要依据沉积物定年后所建立的沉积记录并结合相关参数绘制，并在各大主要洋盆的地质-地球物理地图集中大量使用（Straume et al.，2019）。北冰洋沉积盆地中最典型的特征就是在沉积记录中保存的第四纪冰期-间冰期沉积物旋回，这种特征显示了北冰洋地区在第四纪以来的演替模式和气候变化规律（Levitan et al.，2012）。

根据北冰洋大量沉积记录资料的整合和处理，有学者提出了关于"北冰洋中央海盆沉积物是否匮乏"的疑问，并评估了不同海区已发表的岩心资料，得出北冰洋中部在上一中更新世或更早都不乏沉积物的结论，推断出厘米每千年（cm/ka）尺度的沉积速率是北冰洋海盆内沉积物的一般量纲（Backman et al.，2004）。随后有学者收集并发表了海洋同位素期次（Marine Isotope Stage，MIS）5 期以来北冰洋的沉积速率分布模式（Levitan and Stein，2007）。随着美国希利-奥登跨北极考察（Healy–Oden Trans-Arctic Expedition，HOTRAX）和德国极星号科考船（R/V Polarstern）等相关调查航次的开展，极大地丰富了北冰洋西部 MIS 5 期以来的沉积记录（Polyak et al.，2009；Stein et al.，2010a）（图 2-4）。随后俄罗斯北极调查资料加入数据集，并结合前人的研究成果绘制了更加全面的沉积速率分布图（Levitan，2015）。

尽管评估沉积速率最棘手的问题是沉积速率在区域和地层上的分布不均匀，但西北冰洋沉积记录之间彼此相关的特性为理解沉积速率的分布和沉积物运输机制奠定了良好基础（Polyak et al.，2009）。从阿拉斯加和西伯利亚大陆边缘向美亚海盆，沉积速率剧烈变化，从全新世的几十厘米每千年（Polyak et al.，2009）骤降至全新世之前的几厘米每千年（图 2-4）。而门捷列夫海岭的沉积记录也证实了这种沉积速率的纬度变化格局是相同的。尽管西北冰洋纬向上沉积速率显示出一致的下降趋势，但是仍然不够均匀（Stein et al.，2010a）。更全面的北冰洋沉积速率整编数据库进一步完善了沉积速率的分布规律，其结果表明，晚更新世以来，欧亚大陆和北美大陆边缘无论是否拥有广阔的大陆架，其沉积速率在任何一个 MIS 都高于海盆；同时北冰洋大陆边缘的沉积速率首先受到北半球冰川作用的支配，除此之外其他机制也共同发挥了重要且复杂的作用，但仍需要进一步调查（Levitan and Lavrushin，2009）。

沉积速率作为分析沉积相变异性的关键参数，是评估古环境变化历史和沉积过程的直观方法。本节收集了近年来新增加的 34 个岩心沉积记录数据，与此前的 92 个岩心沉积记录共同汇总成 126 个岩心沉积记录的新数据集，绘制了北冰洋及北欧海晚更新世即 MIS 5 期以来的平均沉积速率分布图（图 2-5、图 2-6，附表 1）。建立这些岩心沉积记录年代框架最主要的方法是依据微体化石的放射性碳测年法（accelerator mass spectrometry ^{14}C，AMS^{14}C）确定其顶部年龄。在微体化石保存不良或者超出测年精度范围的情况下，选用沉积物的同位素地层学方法，如 ^{210}Pb 和 ^{230}Th/U 测年（胡利民等，2015；Fairbanks et al.，2005）、氧同位

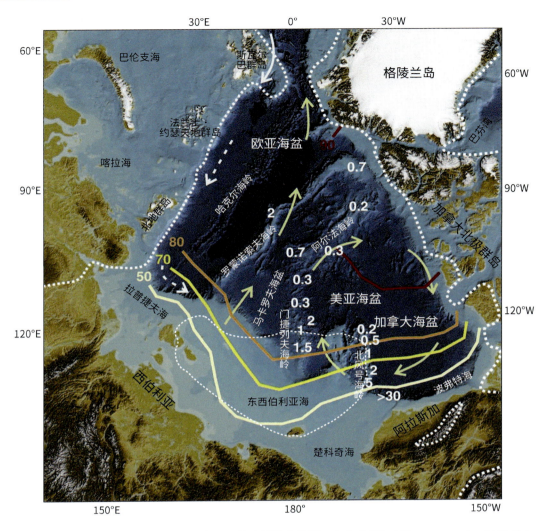

图 2-4　西北冰洋沉积速率分布以及晚更新世冰川最大范围（白色虚线）（据 Polyak et al.，2009 改）

数字表示沉积速率（cm/ka）；彩色线为 20 世纪末夏季海冰覆盖范围等值线（%）；带箭头的黄色线表示顺时针的波弗特环流和流向弗拉姆海峡的穿极流；带箭头的白色线和虚线表示大西洋水的流向

素地层学（Nørgaard-Pedersen et al.，1998）、^{10}Be/^{9}Be 同位素地层学（Aldahan et al.，1997）、Sr-Nd 同位素地层学（Tütken et al.，2002）、磁性地层学（Clark D L et al.，1980；Nowaczyk et al.，1994）、生物地层学（Backman et al.，2004；Cronin et al.，1994）、Mn 元素旋回地层学（Jakobsson et al.，2000；Löwemark et al.，2014）、光释光测年（Jakobsson et al.，2003）以及有孔虫氨基酸外消旋测年等方法（Adler et al.，2009）。

上述岩心沉积记录汇总的晚更新世以来平均沉积速率的分布特征显示，在末次冰期-间冰期旋回中，从波弗特海陆架边缘向东，经楚科奇海、东西伯利亚海至拉普捷夫海边缘，以及喀拉海、巴伦支海至挪威海陆架边缘，都具有异常高的沉积速率，但北地群岛以北除外（图 2-6）。美亚海盆靠近加拿大北极群岛一侧的沉积速率显著降低，这种趋势横跨门捷列夫海岭，一直延伸至马卡罗夫海盆内部；其他沉积速率低值区出现在罗弗敦海盆（Lofoten Basin）和欧亚海盆靠近沃罗宁海槽（Voronin Trough）的区域。可以观察到平均沉积速率均明显呈现出纬度上由南向北递减的分布格局，这种趋势在海岭上呈现出进一步的增强。平均沉积速率的地理分布格局表明，北冰洋内部的平均沉积速率总体上不均匀，局部存在着纬向上的变化规律。

北冰洋波弗特环流系统中海冰浓度最高，并且劳伦泰德冰盖（Laurentide Ice Sheet，LIS）在晚更新世持续时间较长（图 2-4），可能导致了美亚海盆内部沉积速率最低，为 0～0.5 cm/ka。与数年内可将裹挟沉积物的海冰输送至弗拉姆海峡的穿极流相比，波弗特环流需要数十年时间才能完成高浓度海冰的周转，并且倾向于将沉积物均匀分布在美亚海盆的各处（Stokes et al.，2005）。因此，穿极流影响下的欧亚海盆的平均沉积速率为 0.5～3.5 cm/ka。另外，广阔的欧亚大陆架以及陆地集水区的发育为海冰形成提供了物质和空间条件。当海冰形成时，被海冰裹挟的陆架上细颗粒沉积物会通过穿极流分布到欧亚海盆内，而欧亚海盆温暖的大西洋入流水也能加速海冰的融化，可能是沉积速率较高的原因（Rudels et al.，2012；Stein et al.，2010a）。除了美亚海盆内常规的沉积模式外，由于海底高程点的发育，中层洋流在海盆中的循环流动可能导致海岭上的沉积间断和相邻海盆的加积。例如，门捷列夫海岭的 HLY0503-6JPC 岩心顶部与 HLY0503-8JPC 岩心就存在类似的局部沉积异常现象（Adler et al.，2009；Cronin et al.，2013）。在欧亚海盆一侧，这种沉积速率受深度和洋流控制的特征主要出现在罗蒙诺索夫海岭地区，但并不显著（O'Regan et al.，2008）。

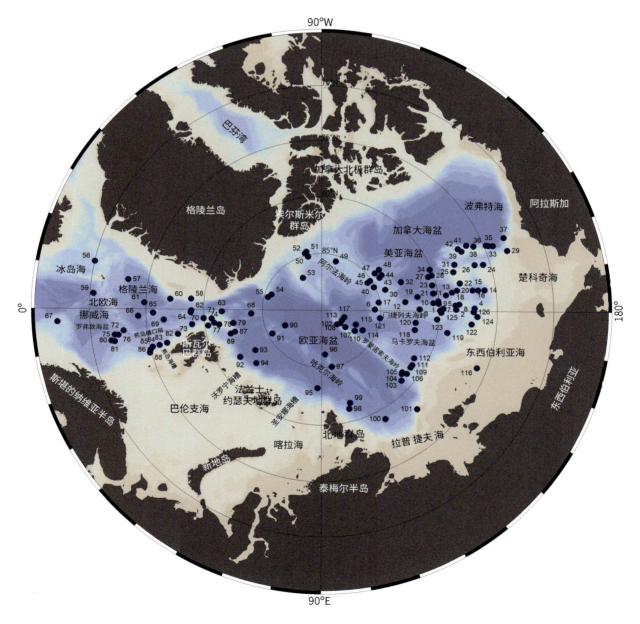

图 2-5　北冰洋–北欧海晚更新世以来平均沉积速率汇编岩心位置图

图中蓝色圆点表示岩心位置，数字表示岩心编号（见附表1）

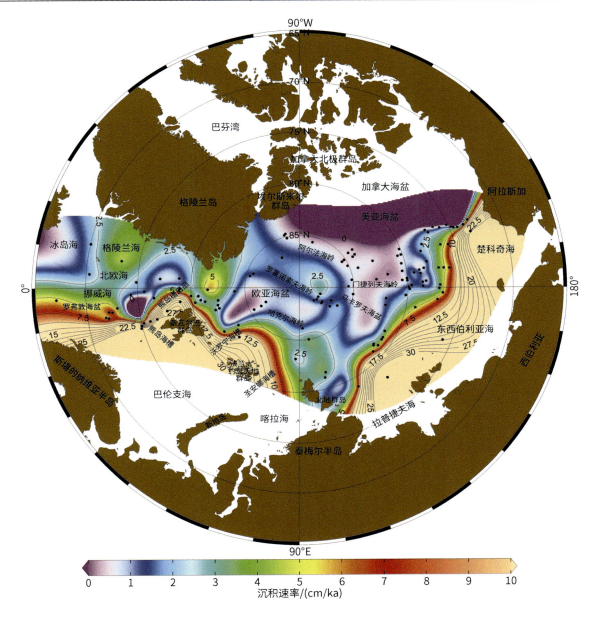

图 2-6　北冰洋-北欧海晚更新世以来平均沉积速率分布图

图中黑色圆点表示岩心位置，等值线和数字表示平均沉积速率

沉积速率最重要的控制因素取决于沉积物本身的来源和输运过程。北冰洋沉积物主要来自周边广阔发育的大河流域，而漫长的海岸线使得海岸侵蚀的沉积物总量为径流输入的两倍（Rachold et al.，2004）。尽管马更些河有着北冰洋最大的河流悬浮体载荷量，但巨厚沉积物仅维持在河口附近（图 2-3），沉积物在洋盆内的积累则更多取决于海冰和洋流的搬运模式（Levitan，2015）。而在欧亚大陆一侧，广阔的大陆架和发育的河口三角洲为沉积物积累提供了良好的条件，导致沿欧亚大陆边缘的高沉积速率模式。在漫长的末次冰期（MIS 4 期）中，北冰洋发育的大型冰盖可能会对河流筑坝，并在局部形成海洋冰架，从而阻止河流和/或表层洋流对沉积物以及海冰搬运（Larsen E et al.，2006）。例如，西北冰洋门捷列夫海岭的 E23 和 E25 岩心沉积物就记录了末次冰期（MIS 4 期）北美沉积物在该区域的匮乏，可归因于东西伯利亚冰盖（East Siberian Ice Sheet，ESIS）的形成（Ye L et al.，2022；Zhao et al.，2022）。总而言之，上述因素均会显著影响平均沉积速率的区域分布模式。

北欧海平均沉积速率的分布特征呈现出西低东高的模式（图 2-6）。在东部，得益于北大西洋入流水对巴伦支海大陆架的强劲输入，大量的挪威、冰岛沿岸以及波罗的海沉积物被搬运到挪威海区域，同时，来自斯瓦尔巴群岛和巴伦支海陆架的返回流输入也将大量的陆架沉积物沿着熊岛槽口扇搬运至罗弗敦海盆中，挪威海可能是北欧海主要的沉积物汇（Levitan and Lavrushin，2009）；而在西部，以寒冷的北极表层水为主的东格陵兰寒流主要输送海冰沉积物，以至于格陵兰海接收了大量来自北冰洋的海冰，总体沉积速率相对东部略低。另外，东西两个区域的交界可能接近极锋（polar front）所在位置，分界线位置的沉积速率为3～5 cm/ka，反映了温盐差异的水团混合后促进了海冰的融化，从而形成了沉积物的加积（Rudels et al.，2002）。除了来自中层洋流的搬运外，另一个潜在的细沉积物搬运机制是悬浮羽流，这种机制通常在冰流和冰堰湖排水的过程中由于大陆边缘的盐度剧烈变化而更为活跃（Mangerud et al.，2004；Svendsen et al.，2004）。该过程影响最显著的区域可能集中在挪威海陆架西侧，这种由大西洋水平流混合陆架-陆坡沉积物的过程会携带挪威海陆架的物质，导致当地的沉积速率通常比北欧海盆高一个数量级（Lekens et al.，2005）。

本节汇编的北冰洋及北欧海晚更新世以来平均沉积速率的地理分布格局表明，北冰洋及北欧海的沉积过程受洋流系统、海冰浓度、冰盖进退以及沉积物物源搬运距离和搬运模式等因素的共同控制。

2.2　北冰洋周边的地质特征

环北冰洋陆地由克拉通（craton）、地台（platform）以及相间的造山带和火山岩省组成。克拉通主要包括波罗的克拉通、北美克拉通、西伯利亚克拉通3个克拉通，其中，西伯利亚克拉通包括阿纳巴尔（Anabar）克拉通、阿尔丹-斯塔诺夫（Aldan-Stanovoi）克拉通和上扬斯克克拉通，北美克拉通包括加拿大地盾（Canadian Shield）和格陵兰太古宙克拉通（Greenland Archean Craton），波罗的克拉通大面积基底岩石出露形成波罗的地盾。这3个古老的克拉通由前寒武纪结晶基底和其上的沉积岩组成，其中，加拿大北极北部边缘的加拿大地盾主要由古生代碎屑岩和碳酸盐岩组成，火成岩露头有限（加拿大地盾太古宙斯拉韦省）（Patchett et al.，1999；Dupuy et al.，1995）。

环北冰洋地台包括东欧地台（East European Platform）、北美地台（Northern American Platform）、东西伯利亚地台（East Siberian Platform）和西西伯利亚盆地（West Siberian Basin）。其中，北美地台主要由碳酸盐岩组成（Patchett et al.，1999；Dupuy et al.，1995），东欧地台主要由碳酸盐岩和碎屑岩组成，东西伯利亚地台和西西伯利亚盆地则主要由陆源碎屑岩组成（图2-7）。

位于古地块之间或沿其边缘分布的是不同时期板块运动形成的构造活动带（巨型褶皱带），主要包括斯堪的纳维亚加里东褶皱带、伊努伊特褶皱带（Innuitian Foldbelt）、加拿大-阿拉斯加山脉（Canadian-Alaskan Range）、泰梅尔褶皱带（Taimyr Foldbelt）、乌拉尔褶皱带和新地岛（Novaya Zemlya）、上扬斯克-楚科奇省。其中，斯堪的纳维亚加里东褶皱带主要由侵入岩和变质岩组成，伊努伊特褶皱带主要由碎屑岩组成，加拿大-阿拉斯加山脉主要由侵入岩和变质岩组成（图2-7）。另外，靠近北美地台附近出露碳酸盐岩岩层，上扬斯克-楚科奇省以碎屑岩为主，泰梅尔褶皱带也主要由侵入岩和变质岩组成，乌拉尔褶皱带和新地岛主要由侵入岩、变质岩和碎屑岩组成。

位于古地块之间或沿其边缘分布的还有一些火山岩带，主要包括鄂霍次克-楚科奇火山岩带、冰岛火山岩、纳特库斯亚克（Natkusiak）溢流玄武岩、科里亚克-堪察加（Koryak-Kamchatka）火山岩省以及西伯利亚环圈。西伯利亚大火成岩省（Siberian Large Igneous Province，SLIP）广泛分布在西西伯利亚，仅部分暴露，是世界上最大的溢流玄武岩（圈闭）之一，估计有300万 km^2（Sharma，1997；Reichow et al.，2009），一些学者甚至将这些玄武岩与二叠-三叠纪的生物灭绝联系起来（Reichow et al.，2009）。纳特库斯亚克溢流玄武岩面积较小，分布在加拿大北极群岛，周围主要出露碳酸盐岩。冰岛全境几乎都出露火成岩，是世界上面积最大的火成岩之一。科里亚克-堪察加火山岩省包含混合火成岩（Tikhomirov et al.，2008），在西伯利亚东部和楚科奇海沿岸也裸露玄武岩（Ledneva et al.，2011）。鄂霍次克-楚科奇火山岩带的西部由酸性到中性火山岩组成，东部由中性到基性火山岩组成。

总体上，对于这些地区的主要岩石类型可以分为：①碎屑岩，包括砂岩、粉砂岩、泥岩、砾岩等；

②碎屑碳酸盐岩，包括石灰岩、白云岩等；③火山岩；④侵入岩；⑤变质岩（Fagel et al.，2014）。这些陆源岩屑随冰山和大冰块进入北冰洋，并被波弗特环流及穿极流带入北冰洋洋盆。其中，碎屑碳酸盐岩是美亚北冰洋最有来源指示意义的岩屑（Phillips and Grantz，2001）。碳酸盐岩的露头分布于北冰洋附近的加拿大北极群岛以及斯堪的纳维亚半岛（图 2-7）。其中，斯堪的纳维亚半岛距离美亚北冰洋海区较远，因此，该地区的碎屑碳酸盐岩不会被搬运至美亚北冰洋。相反，受波弗特环流影响，来源于加拿大北极群岛的碎屑碳酸盐岩（Bischof et al.，1996；Phillips and Grantz，2001；Wang R et al.，2013），会被波弗特环流搬运至美亚北冰洋中。

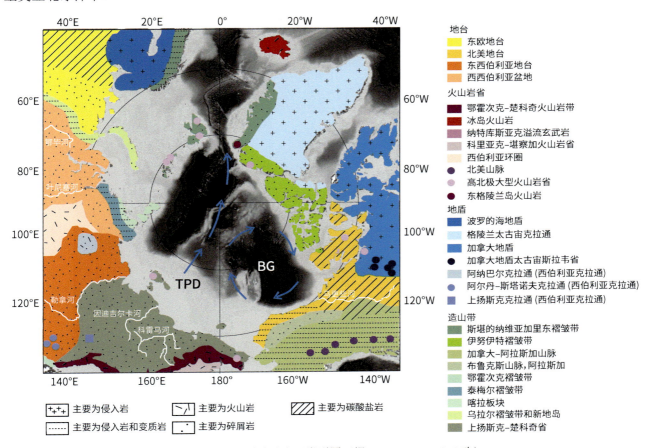

图 2-7　环北冰洋陆地岩石类型图（据 Fagel et al.，2014 改）

BG-波弗特环流；TPD-穿极流

碎屑岩是北冰洋周围分布最广泛的岩石。在美亚海盆附近，碎屑岩主要分布于俄罗斯北部的东西伯利亚地区，以及阿拉斯加北部的陆坡地区和马更些河入海口附近的区域（图 2-7）。此外，在加拿大北极群岛以及格陵兰岛之间也有碎屑岩露头。在欧亚海盆，碎屑岩主要分布在欧亚大陆北部的喀拉海以及巴伦支海区域（图 2-7）。

火山岩在北冰洋附近分布不多，主要分布于俄罗斯东北部的鄂霍次克-楚科奇火山岩带以及拉普捷夫海的南部地区（图 2-7）。

北冰洋附近侵入岩及变质岩主要分布在格陵兰岛的大部分地区、加拿大北部地区以及欧亚大陆的斯堪的纳维亚半岛（图 2-7）。此外，阿拉斯加北部地区也分布有侵入岩和变质岩露头。

第3章　北极地质时期的冰盖与冰川作用特征

3.1　前第四纪的北半球冰盖与冰川作用特征

新生代以来，全球气候逐渐变冷，地球环境分为以下几个阶段从"温室"转向"冰室"：早始新世（48～45 Ma），始新世－渐新世（34 Ma），中新世中期（14 Ma），中上新世－更新世（3.5～2.6 Ma）（Zachos et al.，2001；Westerhold et al.，2020）。传统观点认为，稳定的冰盖首先于南极形成，而直至第四纪，北极才形成稳定的冰盖（Zachos et al.，2001）。根据大气 CO_2 对气候驱动的数据模拟推断，北半球冰盖的形成需要大气 CO_2 浓度低于 280 ppmv[①]，而这个时期对应于约 25 Ma（晚渐新世）之后的时期，该时期北半球可能间歇性地有冰盖发育（DeConto et al.，2008）。然而，受到有限的地质记录限制，北极冰盖的相关研究非常有限。例如，北极冰盖何时首次出现，在整个新生代又经历了怎样的演化过程，等等，信息还非常贫乏。

陆地上冰盖发育的痕迹常常被后续生长的冰盖所侵蚀，因此，陆地上的冰盖记录无法提供有效的早期冰盖演化历史。相比之下，海洋接受陆地冰盖刨蚀的沉积物可提供长时间尺度、较为连续的冰盖演化记录。由于北冰洋特殊的环境，钻探和采样工作十分困难。2004 年实施的综合大洋钻探计划（Integrated Ocean Drilling Program，IODP）302 北极取心考察（Arctic Coring Expedition，ACEX）航次是在北冰洋实施的仅有的一次大洋钻探。在此之前，北冰洋的古环境信息几乎仅限于中－晚更新世，而新生代近 98% 的地层和环境信息缺失（Backman and Moran，2009）。ACEX 航次在北冰洋中央海盆的罗蒙诺索夫海岭中部钻取了新生代约 56 Ma 的沉积记录，但由于取心率较低，缺失了 44.4～18.2 Ma、11.6～9.4 Ma 等地层（Backman et al.，2006）。尽管如此，ACEX 航次岩心提供了新生代早期北冰洋环境的关键信息。

通过对 ACEX 航次岩心样品的分析显示，北冰洋中的冰筏碎屑（ice rafted debris，IRD）最早在约 46 Ma 出现（St John，2008），明确指示了新生代北极和南极同时变冷的趋势。为了辨别这些 IRD 的搬运机制，进一步对 IRD 表面结构以及该层位的硅藻组分分析，发现 46.15 Ma 之前的 IRD 颗粒中有 80%～100% 是由海冰搬运形成的，对应于该时期海冰硅藻的繁盛（图 3-1）。这项研究说明在始新世北极地区存在一些局地的冰川，但 IRD 输入方式主要是通过海冰搬运（Stickley et al.，2009）。其他的新生代早期北极冰盖的记录主要来自北大西洋北部海区。与 ACEX 航次研究类似，在格陵兰海的 ODP 913 站位中，IRD 出现在始新世中期至渐新世早期（44～30 Ma）的地层中（Eldrett et al.，2007；Tripati A K et al.，2008；Tripati A K and Darby，2018）。这些 IRD 显示出其与现代冰川磨蚀颗粒相似的微观结构（图 3-2），说明格陵兰岛中－东部的高地上已有冰帽发育并延伸至岸边。

在约 14 Ma 的中新世，ACEX 航次岩心中 IRD 含量明显增加，说明环北极冰盖-冰川的增长，同时，沟鞭藻冷水属种的出现表明季节性海冰的环境（Moran K et al.，2006；St John，2008）。在北大西洋北部海域，弗拉姆海峡的 ODP 909 站位获得了早－中中新世以来连续的沉积记录。与 ACEX 航次记录相似，ODP 909 站位中的 IRD 最早出现在 15～14 Ma，反映了巴伦支海冰盖的发育。这个时期的冰盖发育被认为与弗拉姆海峡的打开过程相关，导致北大西洋与北冰洋贯通，这个洋流重组过程与中中新世转型期的全球变冷趋势一致（Knies and Gaina，2008）。而在沃灵（Vøring）海台的 ODP 642 站位记录中，IRD 最早出现在约 12.6 Ma（Thiede et al.，1998）。ODP 909 站位记录还显示了中新世以来 IRD 的几次突然增加，对应于 10.8～

[①] 1 ppmv=10^{-6}。

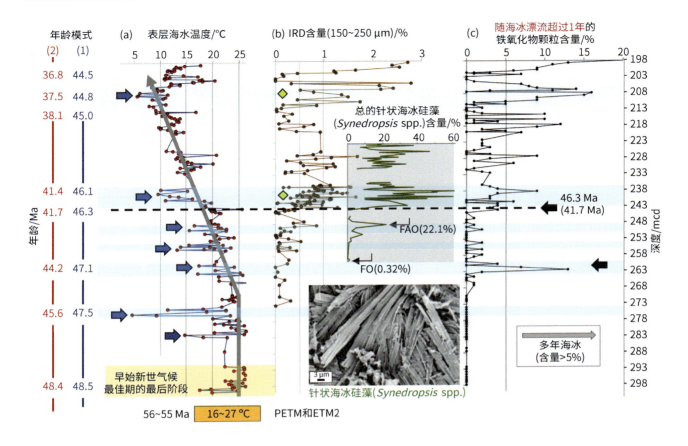

图 3-1　北冰洋中部 ACEX 航次岩心 198～298 m 层位的指标记录（据 Stein，2019 改）

图左侧年龄表示该段沉积物的两套年龄模式。（a）基于烯酮（Alkenone）重建的表层海水温度，古新世—始新世气候极暖事件（Paleocene-Eocene Thermal Maximum，PETM）和始新世气候极暖事件 2（Eocene Thermal Maximum 2，ETM2）的 TEX$_{86}$ 重建的海表温度区间作为参考比较，蓝色箭头指示主要的变冷事件；（b）IRD 含量（棕色圆点）变化，卵石出现层位由浅绿色菱形标注；针状海冰硅藻（Synedropsis spp.）的含量变化，标注该属种第一次出现（first occurence，FO）和第一次大量出现（first acme occurence，FAO）的层位；（c）随海冰漂流超过 1 年的铁氧化物颗粒含量，含量>5%指示多年海冰；黑色箭头指示 IRD 显著增加的阶段；mcd 为合成深度

8.6 Ma、7.2 Ma、6.8 Ma 和 6.3 Ma 阶段的逐步变冷，最终导致了上新世—更新世北半球冰盖的大幅扩张。此外，ODP 918 站位记录了晚中新世（约 7.5 Ma）以来输入伊尔明厄（Irminger）海西部的 IRD 显著增加，表明格陵兰岛东南部有冰盖发育并延伸至海岸，同时说明东南格陵兰岛是格陵兰冰盖发育的关键区域（Larsen H C et al.，1994；St John and Krissek，2002；Bierman et al.，2016）。而在北太平洋，东南阿拉斯加岸外的 IRD 首次出现在 6.7～5 Ma（Lagoe et al.，1993）。IRD 在这些海域的大量出现与南极冰盖发育的记录同步，与晚中新世全球气候变冷的过程一致，反映了两极环境对气候变化的同步响应。

北半球冰盖从中新世—上新世开始急速发育，尤其在 3.3 Ma 的 M2 冰期，冰盖在格陵兰岛、阿拉斯加和加拿大北极群岛都有分布，但规模相比更新世冰期小很多（Mudelsee and Raymo，2005；De Schepper et al.，2014）。在向更新世过渡的 MIS G6～96 冰期之后，北半球冰盖显著增大（De Schepper et al.，2014）。上新世北半球冰盖的增大与一系列的构造运动有关。例如，青藏高原的隆升使得风化作用加强，消耗大气 CO_2；白令海峡在约 4.5 Ma 打开，中美洲巴拿马海道在约 3 Ma 关闭等构造事件使得现代大洋环流模式建立，向北半球高纬度地区水汽输送加强，促成了大规模北极冰盖的形成（Haug and Tiedemann，1998；Marincovich and Gladenkov，1999；Mudelsee and Raymo，2005）。

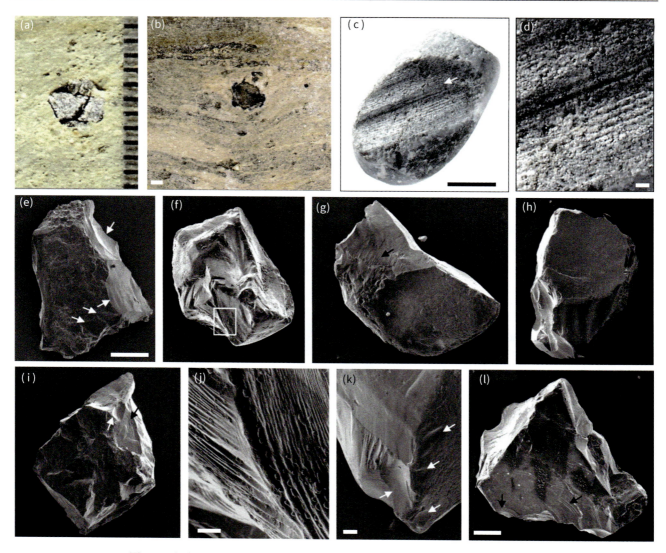

图 3-2　北大西洋格陵兰海 ODP 913 站位中的 IRD（据 Eldrett et al.，2007 改）

（a）（b）IRD 坠入导致其下的纹层沉积变形；（c）（d）岩心 492.9 mbsf（海底以下深度，以米为单位）出现的 IRD，显示冰川磨蚀的平行线理痕迹；（e）～（l）岩心 486.5 mbsf 层位中＞250 μm 的石英扫描电镜照片，其表面结构指示冰川环境：白色箭头指示贝壳状裂面，黑色箭头指示直的或弓形的阶梯状断裂面；（a）（b）（d）比例尺为 1 mm，（c）比例尺为 1cm，（e）～（i）及（l）比例尺为 100 μm，（j）（k）比例尺为 10 μm

3.2　第四纪以来北半球冰盖重建、冰盖范围与地形演化

　　大陆冰盖的生长和衰退因其可以造成全球海平面的大幅度波动，在新生代晚期，尤其是 2.6 Ma（第四纪）以来，已经成为组成地球气候系统不可或缺的一部分（Lisiecki and Raymo，2005）。因此，准确地重建以前冰盖的范围对于了解全球气候变化是如何转化为冰盖波动的至关重要。这为未来预测海平面变化提供了重要的约束条件（DeConto and Pollard，2016）。在过去的几十年里，用于重建古冰盖范围的经验数据集的规模和多样性出现了前所未有的增长，加上对古冰盖的动力学进行数值模拟的能力得到了重大改进（Stokes et al.，2015），这使得对冰盖随时间变化的分布范围的理解取得了重要进展。然而，这些冰盖重建大多数聚焦于 LGM（约 26.5 ka）以来的冰盖消融（Clark P V et al.，2009；Clark C D et al.，2018；Hughes P D et al.，2013；Hughes A L C et al.，2016；Bentley et al.，2014）。相比之下，在 LGM 之前，很少有人试图限制冰盖的范围（Ehlers et al.，2011；Hughes P D and Gibbard，2018）。这在很大程度上是由于缺乏经验

数据，这些数据在空间和时间上都非常零碎（Kleman et al.，2010），导致在全球或半球尺度上过度依赖约束松散和/或粗分辨率的数值模拟（Stokes et al.，2012；De Boer et al.，2014；Colleoni et al.，2016a）。因此，需要采用一致的方法，综合 LGM 冰盖之前的相关经验数据和数值模拟结果，提出时间尺度上穿过第四纪的北半球冰盖分布范围的可验证假说，用来评估冰期内和冰期之间冰盖分布范围的空间差异，并探索长时间尺度的地形演变影响（Batchelor et al.，2019）。

3.2.1 冰盖范围重建

根据北半球冰盖有关的经验证据，以及来自 180 多个已发表的数值模型的输出结果，汇编为从 LGM 之前至上新世晚期的 17 个时间片段。模拟结果显示，过去冰盖范围的现有证据是在 LGM 之前的冰盖形成过程中每隔 5 ka 绘制的，其中包括 MIS 4 和 MIS 5d～a，5 次主要冰期，以及 MIS 24～20 期（928～790 ka）（图 3-3）（Railsback et al.，2015）。由于缺少早更新世至晚上新世超过 1 Ma 的冰川作用的陆地证据，其年代主要是用古地磁方法确定。因此，早更新世松山早期（2.6～1.78 Ma），北半球主要的冰川作用开始的陆地证据记录在 2.5～2.4 Ma（Balco and Rovey，2010；Andriashek and Barendregt，2017）；晚上新世高斯晚期（3.6～2.6 Ma），北半球主要冰川作用始于 2.7～2.6 Ma 的海洋岩心的 IRD 记录（Haug et al.，2005；Bailey et al.，2013）。

利用可用证据定义最大和最小限度来限制每个时间片段重建的冰盖范围，并提供一个最佳估计的假设（图 3-3）。最佳估计的冰盖范围重建使用稳健性评分从低置信到高置信进行评分（图 3-3）。该评分基于该时间片段的各种建模和经验数据约束的可用性和一致性。其中一些冰盖范围重建很好地受到经验数据的约束，特别是对近期的时间片段。例如，MIS 6 期间北半球冰盖最大范围通常受到很好的限制 [图 3-3（k）]。总之，在 LGM 之前重建的 17 个时间片段的北半球冰盖范围的最大值、最小值和最佳估计值，以及相对约束较好的 LGM 的最佳估计提供了第一套基于现有可信的、经验证据的、连续构建的第四纪北半球冰盖范围重建（Batchelor et al.，2019）。

3.2.2 冰盖范围变化

冰盖范围的重建清楚地说明了晚上新世以来不同冰期旋回中北半球冰盖形态的空间差异（图 3-4）（Batchelor et al.，2019）。例如，对 LGM 和 MIS 4 期冰盖范围的比较表明，LGM 期间劳伦泰德冰盖和西欧冰盖（Europe Ice Sheet，EIS）南部和西部的冰盖边缘更广泛，而西欧冰盖的东部冰盖边缘、亚洲东北部和北美科迪勒拉（Cordillera）山脉在 MIS 4 期间的冰川作用更加广泛 [图 3-5（a）、（b）]。这些晚更新世冰川范围的空间格局表明，冰川可能起源于太平洋地区，然后扩展到北大西洋地区。北半球冰盖的发展不同步归因于冰盖的增长在每个冰期旋回中造成全球干旱的增加，靠近海洋湿气源的大冰盖对水分供应的减少不太敏感（Hughes P D et al.，2013；Hughes P D and Gibbard，2018）。冰盖范围和高度也可能影响北半球其他地区的冰盖范围。例如，在 LGM 期间，北美大量冰盖的发展通过改变大气环流模式导致亚洲东北部变暖，并限制了冰川作用（Liakka et al.，2016）。

冰期旋回之间北半球冰盖最大范围的空间差异也可能是与复杂的冰-海洋-大气相互作用有关的水分供应变化引起的。例如，与末次冰期旋回（MIS 5d～2）期间的最大陆地冰盖范围 [图 3-5（b）] 相比，MIS 6 期间西欧冰盖的范围更大（Batchelor et al.，2019），这归因于 MIS 6 期间全球海洋变暖使欧亚大陆有了更湿润的环境（Rohling et al.，2017）。另一个更古老的例子是，在高斯晚期（3.6～2.6 Ma）[图 3-3（r）]（Batchelor et al.，2019），与更小的劳伦泰德冰盖相比，科迪勒拉冰盖（Cordillera Ice Sheet，CIS）有着支配地位。这被认为是在此期间，北美的科迪勒拉山脉阻挡了大部分北太平洋湿气到达北美内陆（Duk-Rodkin and Barendregt，2011）。

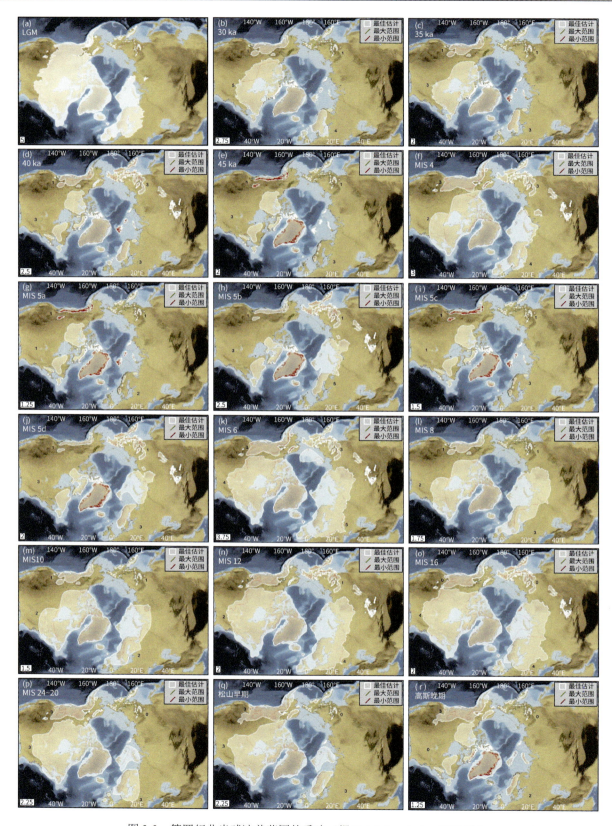

图 3-3　第四纪北半球冰盖范围的重建（据 Batchelor et al.，2019 改）

（a）显示 LGM 时期的冰盖范围；（b）～（r）显示第四纪 17 个时间片段对北半球冰盖范围的最佳估计重建，右上角方框内显示每个时间切片重建的最佳估计、最大范围和最小范围，图内黑色数字是单个冰盖的稳健性分数，（k）显示了 MIS 6 期间（190～132 ka）北半球冰盖的最大范围、最小范围和最佳估计范围重建，包括东西伯利亚冰盖；每个时间切片重建的总体稳健性评分显示在左下角

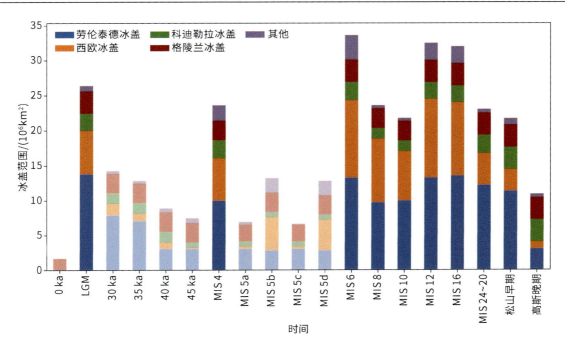

图 3-4 北半球冰盖范围和累积冰量（据 Batchelor et al.，2019 改）

图中显示了第四纪 18 个时间片段的冰盖范围相对于现在范围（0 ka）的直方图，每个直方图都由单个冰盖范围组成；浅色的直方柱是 MIS 3 和 MIS 5 期间以及现在相对温暖的区间，而深色的直方柱则显示了全冰期最大的冰盖范围

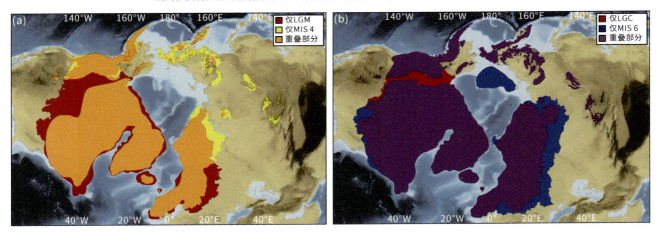

图 3-5 LGM 北半球冰盖范围与 MIS 4、MIS 6 期的对比（据 Batchelor et al.，2019 改）

（a）显示了在 LGM 和 MIS 4 期间重建的冰盖范围的比较，橙色填充图显示了在 LGM 和 MIS 4 期间被冰盖覆盖的地区；（b）显示了重建的末次冰期（MIS 5d～2）和 MIS 6 期间的最大冰盖范围的比较，紫色填充显示了在末次冰期旋回（Last Glacial Cycle，LGC）和 MIS 6 期间被冰盖覆盖的地区

　　尽管在冰盖范围重建过程中存在固有的不确定性，但假设的冰盖结构清楚地表明，地形在调节冰盖增长和衰退的程度和速度方面具有重要意义。西欧冰盖对快速衰退的显著敏感性（图 3-4）可以解释为该冰盖的部分海洋基础性质（Batchelor et al.，2019），该冰盖在整个冰期覆盖了巴伦支海-喀拉海和北海（Svendsen et al.，2004；Patton et al.，2017）。以海洋为基础的冰盖更容易受到冰盖迅速和潜在不稳定崩塌的影响。例如，由于气候和海平面变化，冰山的崩解增加（Oppenheimer，1998）。

3.2.3　地形演化

　　过去约 1 Ma 的最佳估计冰盖范围重建显示了自早更新世晚期以来的 10 个时间片段中每个地区被冰盖覆盖的次数（图 3-6）（Batchelor et al.，2019）。深红色阴影区域在过去 1 Ma 期间经历了 8～10 次冰川作用，是北半球冰盖的主要核心区域（Marshall et al.，2002）。对于大多数这些内部或核心区域，冰盖的发展可能与山地地形有关。例如，劳伦泰德冰盖起源于加拿大东部的北极-亚北极高原。在那里，仅仅是很小的温度变化就会导致冰块堆积区和消融区之间的比例发生很大的变化（Stokes et al.，2012）。相对漫长的冰盖历史对这些可供冰盖形成的地貌产生了显著影响。浅红色到粉红色的区域表示仅在冰盖最广泛的推进过程中被冰盖覆盖的地区（图 3-6）（Batchelor et al.，2019）。

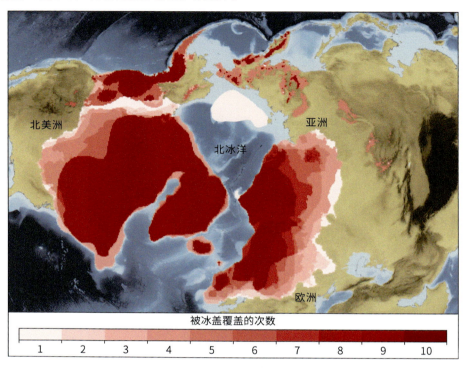

图 3-6　将北极 MIS 2、MIS 3、MIS 4、MIS 5、MIS 6、MIS 8、MIS 10、MIS 12、MIS 16 和 MIS 24～20 期的最佳估计冰盖重建结果叠加而成的每个区域被冰盖覆盖次数的强度图（据 Batchelor et al.，2019 改）

图中暗红色区域在过去的 1 Ma 期间经历了 8～10 次冰川作用；松山早期（早更新世）和高斯晚期（晚上新世）的冰盖重建由于时间跨度大、不确定性大而被忽略

与年轻的冰期相似，有经验证据表明，北半球冰盖会在 1～0.4 Ma（MIS 12、MIS 16 和 MIS 24～20 期）向南移动（Batchelor et al.，2019）。大陆坡上主要的（厚达 1 km）冰川沉积中心或槽口扇表明，在第四纪的多次冰期中，冰盖到达大陆架坡折的位置也是冰川沉积的关键地点（Batchelor and Dowdeswell，2014），如挪威、格陵兰岛、加拿大北部和东部以及巴伦支海-喀拉海边缘。冰川的推进也对第四纪的大陆水文和水系格局产生了深刻影响。例如，在北美大陆和欧亚大陆，大型冰川湖泊的形成导致了主要排水系统的改道，从而影响了气候和海洋环流（Mangerud et al.，2001；Teller and Leverington，2004；Patton et al.，2017）。假设在 LGM 之前的几个冰期，劳伦泰德冰盖和西欧冰盖的周期性冰川推进到接近相同的位置。例如，在 MIS 5d、MIS 6、MIS 12、MIS 16 期（图 3-6），冰前湖在较早的几个冰期经历反复的蓄水与排水（Batchelor et al.，2019）。

重建的冰盖范围清楚地强调了 LGM 之前的冰盖经验证据的时空分布变化，并提供了最佳估计冰盖范围的假说，以供未来的经验和建模工作检验。冰期旋回内部和之间的冰盖范围的空间差异（图 3-5）说明了将 LGM 之前的冰盖范围作为跨越第四纪地球系统和全球气候模型的重要性，并需要充分理解和模拟冰期旋回中冰盖边缘的跨时代性质（Batchelor et al.，2019）。冰盖范围重建还可以用来重建主要冰前湖的演变和地表径流路径的时间变化（Wickert，2016）。

3.3　北冰洋东西伯利亚冰盖与多次冰川作用特征

在 LGM，大约 2 万年前（20 ka），认为现在的楚科奇海和东西伯利亚海的大部分没有冰盖（Ehlers and Gibbard，2007；Svendsen et al.，2004；Gualtieri et al.，2005；Stauch and Gualtieri，2008；Glushkova，2011）。那时海平面比现在低 120 m，在亚洲和美洲大陆之间存在一座大陆桥。与早期的冰期相比（Gualtieri et al.，2005；Stauch and Gualtieri，2008；Glushkova，2011），LGM 的冰盖证据是局部的，范围很小，仅存在于东西伯利亚海的一些区域［图 3-7（a）］。然而，楚科奇边缘地的研究表明，存在一个从劳伦泰德冰盖的北部边缘延伸出来的冰架，在楚科奇边缘地接地搁浅，并导致冰架抬升起来（Jakobsson et al.，2008，2010）。从年代学的角度来看，这种现象可能最后一次发生在 LGM（Polyak et al.，2007），并且至少发生在两次更早更大的冰期（暂定为中—晚更新世），接地冰的深度到达现在海平面以下 900 m（Polyak et al.，2007；Jakobsson et al.，2008，2010）。在这些早期冰川作用的时间范围内，接地冰的侵蚀记录最远可达门捷列夫海岭，其高度为海平面以下 850 m，可能来源于楚科奇边缘地或东西伯利亚海大陆边缘（East Siberian Continental Margin，ESCM）（Jakobsson et al.，2010；Stein et al.，2010a）。

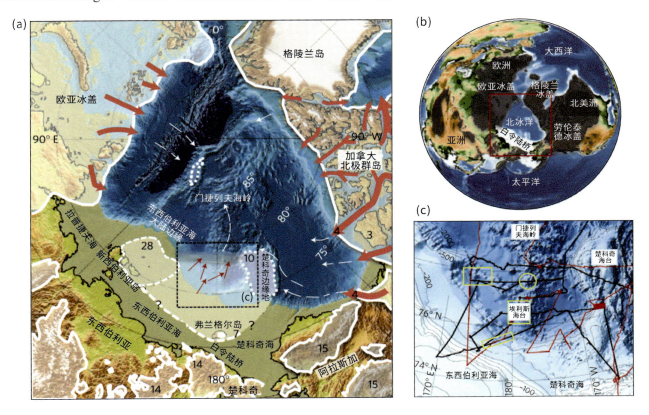

图 3-7　东西伯利亚海大陆边缘冰盖最大范围和北极更新世冰盖与调查地区（据 Niessen et al.，2013 改）
（a）北极更新世冰盛期（目前已知，不论年龄）；冰的边界来自 Ehlers 和 Gibbard（2007），除非在地图上另有标记；最大冰期出现在中更新世（Jakobsson et al.，2010）；西伯利亚和阿拉斯加的 LGM 冰盖在边界内，但明显更小（Glushkova，2011）；红色箭头表示冰流方向（图 3-8～图 3-10）；白色箭头表示建议的冰架运动方向（Polyak et al.，2001；Jakobsson et al.，2008）；白色虚线包围的区域被认为是海洋冰盖，黑色虚线矩形的位置见图（c）。（b）地图位置和更新世北极最大冰期（Ehlers and Gibbard，2007）；红方块表示图（a）位置。（c）东西伯利亚海-楚科奇海大陆边缘测深图边界及 ARK-XXIII/3（RV Polarstern，黑色）和 ARA03B（RV Araon，红色）考察轨迹线；黄色矩形表示图 3-8～图 3-10 的区域；黄色圆圈指示门捷列夫海岭有冰架接地的证据（Stein et al.，2010a）

在北冰洋的两次考察中，利用高分辨率的地震剖面和详细的水深测绘技术，在东西伯利亚海大陆边缘和楚科奇边缘地的调查结果［图 3-7（c）］很好地证明了在早更新世冰期东西伯利亚海大陆边缘上存在冰盖，LGM 缺乏冰盖（Niessen et al.，2013；Brigham-Grette，2013）。这些地貌特征位于地层学的几个层位上，几米厚的半远洋泥覆盖在最年轻的地层上，远远超过了 LGM 后 20 ka 的堆积量。因此，在第四纪较早的几个冰期，北冰洋西部曾经反复存在接地的冰盖，到目前为止可追溯到约 140 ka（Dove et al.，2014）。而在大陆边缘海底的地质记录中保存的冰川地貌也提供了古代冰盖存在的证据（Jakobsson et al.，2008；Dowdeswell et al.，2007，2008）。

在东西伯利亚海大陆边缘，海平面以下 900～1200 m 发现的几组流线形冰川线理（streamlined glacial lineations，SGL）表明，曾经有过冰接地（Niessen et al.，2013）。流线形冰川线理被解释为位于冰架和冰流底部侵蚀所形成的凹槽（Polyak et al.，2001；Jakobsson et al.，2008；Dowdeswell et al.，2007）。在埃利斯海台的顶部和附近可以区分出四组流线形冰川线理（图 3-7、图 3-8）。最年轻和最古老的冰架分别在海平面以下 950 m 和 1200 m 的深度接地 [图 3-8（a）]。同样地，在东西伯利亚海大陆边缘的更西边，测深数据显示了更多的流线形冰川线理 [图 3-9（a）]，类似于埃利斯海台的水深和方位。在东西伯利亚海大陆边缘和埃利斯海台上，结合较大的冰架接地深度，基底面形态在长距离上几乎是单向的，表明它们是由大型而连贯的冰山造成的（Niessen et al.，2013）。

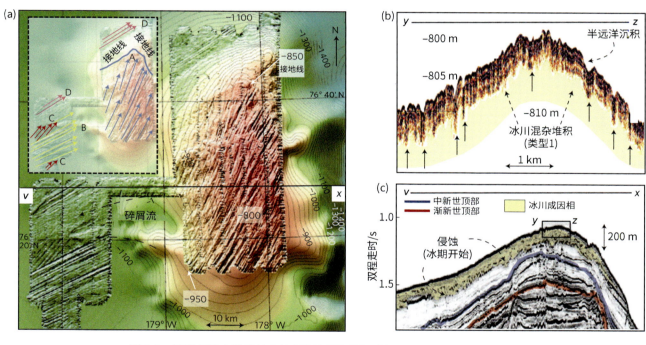

图 3-8　埃利斯海台冰接地和冰架沉积的证据（据 Niessen et al.，2013 改）

（a）不同的流线形冰川线理相互叠加的测深图；注意埃利斯海台的流线形冰川线理在北部 850 m 深度处停止，指示冰架接地线，并继续向西南偏南至 950 m 以上深度；上左插图为接地冰架流动方向，它们的相对年龄从最年轻的 A 组到最老的 D 组，以及 A 组的接地线；（b）埃利斯海台顶部的声学浅剖图像，表明半远洋沉积物在流线形冰川混杂堆积之上；箭头表示被上覆沉积物覆盖的流线形冰川沟槽；（c）地震线 v−x 的数据，分层良好的半远洋沉积物上覆盖着冰川来源的声学扩散相

沿着东西伯利亚海大陆边缘，在海平面以下 1200 m 深度的更新世冰接地表明，冰架厚度超过 1000 m。当冰架高度等于海洋深度乘以海水密度与冰密度之比时，出现冰接地（O'Regan et al.，2008）。假设冰期的最低海平面为 120 m（Rohling et al.，2009），最深位置的冰架厚度将超过 1200 m。一个简单的冰盖模拟表明，东西伯利亚海大陆边缘的最大冰架厚度为 1000 m，大陆架上的最大冰厚略高于 2000 m（Grosswald and Hughes，2002）。在冰盛期，东西伯利亚海大陆边缘与白令地区的冰盖 [图 3-7（a）] 形成连贯的冰穹。在新西伯利亚群岛有证据表明，中更新世冰期指向东西伯利亚海外的一个源区（Basilyan et al.，2008）。在弗兰格尔岛上发现的冰漂砾表明，在晚更新世之前有过更大的冰期。楚科奇边缘地的冰架抬升或海洋冰架造成的冰川成因层序的走向与东西伯利亚海大陆边缘的发现相似（Niessen et al.，2013）。

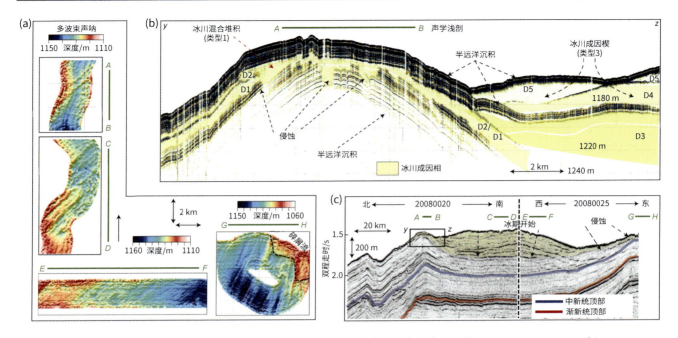

图 3-9　东西伯利亚海大陆边缘以西的陆坡冰川成因扇和流线形冰川线理（据 Niessen et al.，2013 改）

（a）沿考察轨迹线的海底形态；A—B 至 G—H 段的位置见图（b）、（c）；（b）声学浅剖图像 [y—z，位置见图（c）]，显示分层良好的半远洋泥，其间穿插透明层和楔形层（D1 至 D5 为混杂堆积物）；最古老的冰川事件（D1、D2），两者接地线的位置在现在水深 1140~1180 m 范围内，可以观察到侵蚀和线理 [图（a）A—B]；（c）地震线 20080020 和 20080025 显示出分层良好且未受干扰的新近纪地层，上覆冰川成因扇沉积，并被冰期开始的侵蚀不整合分隔

　　地震数据表明冰架从东西伯利亚海大陆边缘延伸到北冰洋 [图 3-7（a）]。埃利斯海台上的冰接地线表现为一个厚冰架的"起飞"带 [图 3-8（a）]，而不是像上述大陆坡 [图 3-10（a）、（b）] 那样是一个冰边缘形成的冰碛。因此，毗邻埃利斯海台更深的区域必定位于这个冰架的下面，这也是门捷列夫海岭以北110 km 处发生冰川侵蚀的原因。因此，以前沿东西伯利亚海大陆边缘形成的较厚冰盖很有可能延伸至北冰洋形成冰架和大型冰山（Niessen et al.，2013；Brigham-Grette，2013）。

　　从较长的岩心中获得近冰端沉积和冰接地事件的年龄框架仍然是一个重要的挑战，因为所调查的声学透明的混杂堆积单元尚未确定年代。所有的块状混杂堆积层和楔形体都分别被最后一次冰接地事件之后或冰期之前的半远洋泥覆盖或穿插其中 [图 3-8（b）、图 3-9（b）、图 3-10（b）]。半远洋泥厚度范围从埃利斯海台顶部的 3 m [图 3-8（b）] 到东西伯利亚海大陆边缘上的 20 m [图 3-9（b）]，这些地区最早的冰接地事件是一致的（Niessen et al.，2013）。在过去的 120 ka 中，楚科奇边缘地和东西伯利亚海大陆边缘之间的平均半远洋沉积速率为 0.05~0.062 m/ka（Stein et al.，2010a；Polyak and Jakobsson，2011）。因此，与冰川沉积开始相关的最初冰接地事件可能发生在中更新世或更早。这一变化标志着北冰洋的太平洋一侧第四纪冰期的开始 [图 3-9（c）、图 3-10（c）]。

　　深水中较老地层的冰接地和侵蚀表明，初始冰川作用比年轻的冰川作用更强烈。在东西伯利亚海大陆边缘的初始冰川作用之后，至少有 5 次后续的冰川作用，这可以从冰川成因楔形体的数量中看出，这些楔形体与分层良好的半远洋沉积物交织在一起 [图 3-9（b）]。在东西伯利亚海大陆边缘 [图 3-10（a）、（b）]，当冰盖推进到海平面以下 650 m 处，发现了最年轻的一次冰接地（Niessen et al.，2013）。这一事件发生在 LGM 之前，因为在 LGM 后，沉积速率决定了半远洋沉积在冰碛上的堆积厚度不可能超过 5 m（Stein et al.，2010a；Polyak and Jakobsson，2011）。

　　东西伯利亚海大陆边缘和北冰洋部分地区在最近一次冰期之前的几个更新世冰期中曾经被厚度约1000 m 的冰架覆盖，这一现象会对反照率、海洋和大气环流产生重大影响（Svendsen et al.，2004；Stauch and Gualtieri，2008）。为了使北冰洋形成的厚冰架稳定，流入北极的大西洋暖流需减少。由于反照率的增加和海洋-大气热交换的减少，这些冰架有助于北极冰期气候的稳定。在冰期终止期，东西伯利亚海大陆

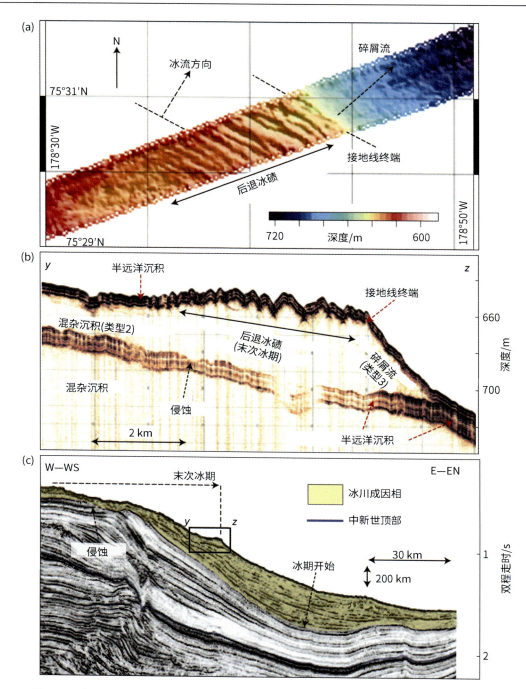

图 3-10 东西伯利亚海大陆边缘以西的陆坡冰川成因相和冰碛（据 Niessen et al.，2013 改）

（a）沿声学浅剖面的测线声呐图像，显示了交叉于冰流方向的小尺度海岭；（b）声学浅剖面上有两个单元的混杂堆积，上面覆盖着半远洋沉积物［位置见图（c）］；（c）地震线 20080040，新近纪分层良好的进积物（Hegewald and Jokat，2013），上面覆盖着冰川成因相沉积物（用黄色显示）

边缘的冰架为北冰洋提供额外的淡水来源，影响大西洋经向翻转流（Atlantic Meridional Overturning Circulation，AMOC），从而影响全球气候（Hu A et al.，2010；Peltier，2007）。

3.4 北冰洋中部的冰架与冰川作用特征

早前有研究人员提出在 LGM 期间北冰洋存在一个厚的、漂浮的动态冰架（Broecker，1975；Hughes T

J et al.，1977），这种冰架可能是稳定位于北极大陆边缘的固有不稳定的海洋冰盖所必需的 [图 3-11 （a）]。在 LGM 期北冰洋冰盖的一些重建中，动态冰架这一概念有了进一步发展（Denton and Hughes，1981）。然而，由于缺乏直接证据，覆盖整个北冰洋的冰架的概念最终变得相对模糊。北极斯瓦尔巴群岛北部叶尔马克海台（Yermak Plateau）的海底测绘提供了北冰洋厚冰架接地的第一个证据（Vogt P R et al.，1994）[图 3-11 （b）]。随后，在罗蒙诺索夫海岭和楚科奇边缘地接近 1000 m 水深处发现了海底冰川侵蚀的痕迹（Jakobsson，1999；Polyak et al.，2001）。这些结果，连同侵蚀区沉积物岩心的年代测定，指出在 MIS 6 期（160～140 ka），存在一个局限于美亚海盆的冰架（Jakobsson et al.，2010）[图 3-11 （b）]。将该冰架限制在美亚海盆有两个原因：①以前在 84°30′N 至西伯利亚边缘之间水深小于 1000 m 的罗蒙诺索夫海岭区域的测绘没有揭示冰接地（Jokat and Micksch，2004）；②在罗蒙诺索夫海岭中部的冰川侵蚀被认为是由大量冰山造成的，而不是一个连贯完整的冰架（Jakobsson et al.，2010；Kristoffersen et al.，2004）。

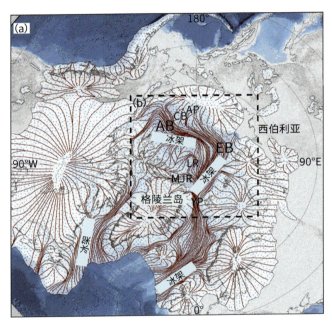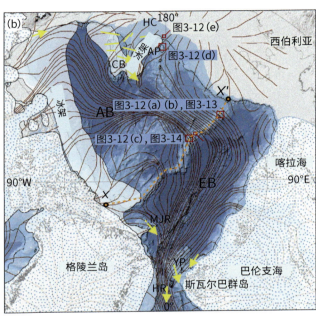

图 3-11　冰期条件下涉及北冰洋冰架的冰盖重建（据 Jakobsson et al.，2016 改）

（a）Hughes T J 等（1977）提出的覆盖整个北冰洋并延伸至北大西洋的 LGM 冰盖重建；棕色线代表推测的冰盖流动，以现代的海岸线作为参考。（b）Jakobsson 等（2016）提出的有限冰盖为白色半透明区域；MIS 6 期间巴伦支海-喀拉海冰盖的范围显示为白色半透明的蓝色点状区域（Svendsen et al.，2004）；北美冰盖（晚威斯康星阶，蓝色点区域）被认为与伊利诺伊冰期的冰盖（MIS 6）相似；黄色箭头表示之前发表的冰架接地的证据及其解释的流动方向（Engels et al.，2008；Jakobsson et al.，2010；Arndt et al.，2014）；Hughes T J 等（1977）提到的流线也显示在图（b）中，以便与从测绘地形推断的冰架运动进行比较；橙色虚线 X—X′表示图 3-16 （a）中的水深剖面。（b）中的黑色等高线代表现在的 1000 m 等深线，以现代海岸线为参考。AB-美亚海盆；AP-埃利斯海台；CB-楚科奇边缘地；HC-先驱号峡谷；EB-欧亚海盆；LR-罗蒙诺索夫海岭；MJR-莫里斯·杰塞普隆起；HR-霍夫加尔德海岭；YP-叶尔马克海台

后来有研究人员利用 2014 年（SWERUS-C3）考察期间采集的海底测绘数据，展示了新的多波束测深和海底剖面，记录了横跨北冰洋中部的冰川侵蚀和其他冰川地貌，并对覆盖整个北冰洋的约 1 km 厚冰架的概念进行评估（Jakobsson et al.，2016）。结合在东西伯利亚海大陆边缘外罗蒙诺索夫海岭、埃利斯海台和先驱号峡谷（Herald Canyon）以北大陆坡的新观测结果 [图 3-11 （b）]，以及已发表的观测结果，认为需要一个在厚度、面积和流动模式方面，如 Hughes T J 等（1977）的假设，北极冰架接近"最大冰"情景下才能解释这一现象。

在 81°N,143°E 穿过南部罗蒙诺索夫海岭顶部有两组高度平行的流线形海底地貌（图 3-12）。这些地貌由 10～15 个山脊组成，间距在 400～800 m。从形态上看，这些地图上的地貌与大规模的冰川线理非常吻合，这些线理广泛存在于以前被冰川覆盖的大陆边缘，解释为指示快速运动的冰流。冰流的总体方向为横跨罗蒙诺索夫海岭向西北的对角线方向，从马卡罗夫海盆到阿蒙森海盆。在迎冰川面一侧的冰川线理延伸

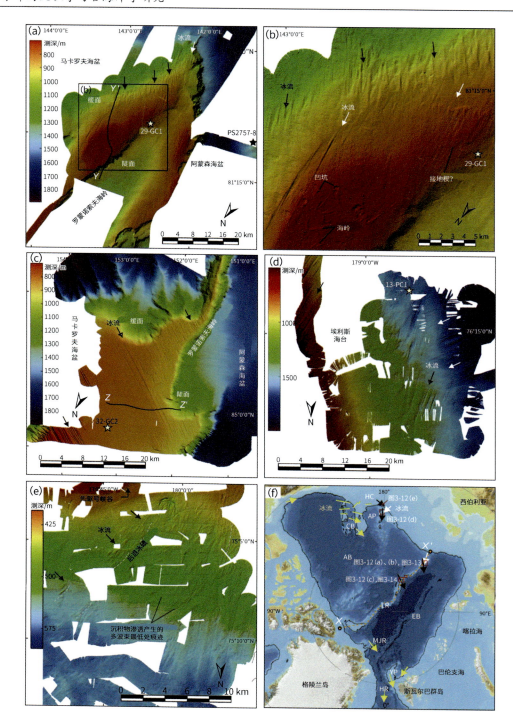

图 3-12　在 SWERUS-C3 考察期间绘制的海底冰川地貌的多波束测深图（据 Jakobsson et al.，2016 改）

2014 年 SWERUS（瑞典-俄罗斯-美国北极海洋气候-冰冻圈-碳相互作用调查）展示的水深高点测绘数据解释为冰架接地；（a）～（c）罗蒙诺索夫海岭［（b）是（a）的一个细节］，（d）埃利斯海台；（e）先驱号峡谷的陆坡北部；所有插图的位置见图 3-11（b）和图 3-12（f），当今水深来自国际北冰洋水深图（International Bathymetric Chart of the Arctic Ocean，IBCAO）（Jakobsson et al.，2012）；1000 m 等深线在图 3-12（f）中用黑色线表示水深参考值；图 3-12（f）中用黄色箭头表示先前发表的冰架接地的证据和解释的冰流方向（Engels et al.，2008；Jakobsson et al.，2010；Arndt et al.，2014）；Y—Y'和 Z—Z'的线性调频声呐剖面分别展示在图 3-13 和图 3-14 中；用于确定冰架接地年代的 SWERUS-C3 考察期间的岩心的位置用黄色星标记，与地层相关的岩心 PS2757-8（Matthiessen et al.，2001）用黑色星标记；AB-美亚海盆；AP-埃利斯海台；CB-楚科奇边缘地；HC-先驱号峡谷；EB-欧亚海盆；LR-罗蒙诺索夫海岭；MJR-莫里斯·杰塞普隆起；HR-霍夫加尔德海岭；YP-叶尔马克海台

至海平面以下 1280 m。平坦的山脊还包含若干小的弧形山脊，有迹象表明较平坦山脊上可能有冰接地楔存在［图 3-12（b）］。这些山脊较为平坦的特性至少部分是由冰接地所造成的，这一点在海底剖面中可以看

到不整合（图 3-13）。在更北的 85°N,153°E 处，罗蒙诺索夫海岭显示了一个更突出的由冰接地形成的平顶山脊，水深为 700～1000 m［图 3-12（c）和图 3-14］。在 SWERUS-C3 航次期间还绘制了埃利斯海台的测深图［图 3-12（d）］，以补充 1200 m 深度的冰川线理图，将其解释为东西伯利亚海大陆边缘延伸的冰架接地所造成的（Niessen et al.，2013）。Jakobsson 等（2016）绘制了埃利斯海台顶部上两组不同冰川线理之间的交点［图 3-12（d）］。它们的叠加方式表明朝向东－东北方向的冰川线理比朝向东北方向的冰川线理更古老。楚科奇边缘地的海底受冰接地影响严重（Polyak et al.，2001；Dove et al.，2014），解释为一个属于 MIS 6 期间美亚冰架的一个大型冰隆和假设来自东西伯利亚冰盖的海洋冰川（Niessen et al.，2013；Dove et al.，2014；Jakobsson et al.，2014a）。在 SWERUS-C3 考察期间，在先驱号峡谷以北的楚科奇边缘地西部斜坡上的测绘地图显示，在水深 390～460 m 的水域中，不同山脊与斜坡的倾角呈对角排列［图 3-12（e）］。从形态上看，这些山脊类似于垂直于过去冰流的后退冰碛。它们的方向表明冰流来自楚科奇边缘地先驱号峡谷的末端（Jakobsson et al.，2016）。

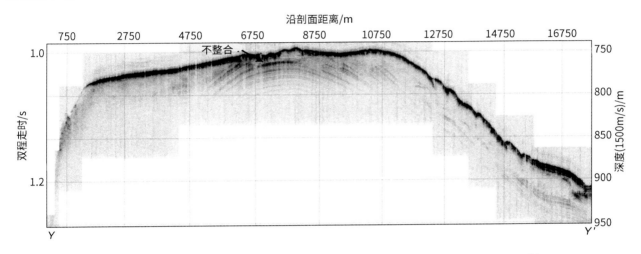

图 3-13　罗蒙诺索夫海岭南部线性调频声呐海底剖面（据 Jakobsson et al.，2016 改）

Y—Y′ 的位置如图 3-12（a）所示；剖面中显示了由冰接地侵蚀形成的不整合

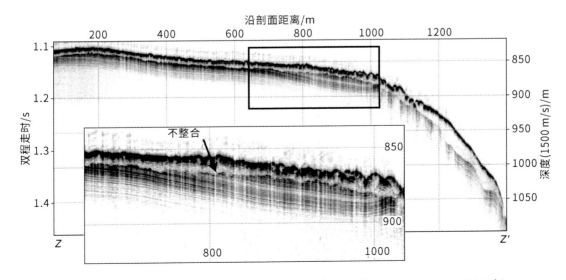

图 3-14　罗蒙诺索夫海岭中部线性调频声呐海底剖面（据 Jakobsson et al.，2016 改）

Z—Z′的位置如图 3-12（c）所示；剖面中显示了由冰接地侵蚀形成的不整合

　　来自冰接地地区 SWERUS-C3 航次采集的岩心的新数据如图 3-15 所示，其位置如图 3-12 所示。从声学上看，层状沉积物覆盖在侵蚀界面上。在罗蒙诺索夫海岭中央，SWERUS-L2-32-GC2 岩心［图 3-12（c）］

可以与 96/12-1PC 岩心精确相关，该岩心具有追溯到 MIS 6 约束良好的年龄模型（Jakobsson et al.，2000）。相关性是基于高分辨率多传感器岩心测井获得的物理性质变化，即磁化率和密度。相关性对比表明，2.5 m 的重力岩心获得了一个可追溯到 MIS 5.5 的未受扰动的沉积层段。这将该站位的冰侵蚀事件限制在 MIS 6 或更早的时期。这一相关性也将 MIS 5 定位在 1.5～2.35 m（Jakobsson et al.，2016）。

在罗蒙诺索夫海岭以南，长 4.66 m 的 SWERUS-L2-29-GC1 岩心 [图 3-12（a）、（b）] 的冰侵蚀面顶部记录了声学上分层的沉积物。该岩心采集于水深 824 m。该岩心的物理性质与极星号科考船于 1995 年采集的邻近岩心（PS2757-8）有相关性（图 3-15）。该岩心是在水深 1241 m 的地方采集的，刚好位于罗蒙诺索夫海岭区域最大冰接地的下方 [图 3-12（a）]。SWERUS-L2-29-GC1 岩心中重建的整个沉积序列反映在这个岩心的较深处，表明侵蚀面位于该岩心底部。此前，通过对有机地球化学参数和磁化率测量的关联，PS2757-8 岩心的底部年龄被指定为 MIS 6，以更好地对拉普捷夫海和巴伦支海陆坡上的记录进行年龄矫正。虽然这种年龄模式仍然是推测的，但 PS2757-8 岩心上部 10 cm 的放射性碳年代测定清楚地确定了全新世的底部在 0.6 m，表明沉积速率在 5～7 cm/ka（Matthiessen et al.，2001）。考虑到 PS2757-8 岩心的沉积速率，该岩心的底部年龄小于 200 ka。现有数据表明，冰侵蚀面可能出现得比 LGM 更早，或许发生在 MIS 6 期间（Jakobsson et al.，2016）。

新的研究结果表明，在 MIS 6 期间存在比以前认为的更厚的冰架，覆盖了北冰洋的大部分 [图 3-11（b）]（Jakobsson et al.，2010）。一个最小的设想表明，在 MIS 6 期间，一个冰架覆盖了大部分美亚海盆。冰架接地的水深高处一般比 1000 m 浅，通过形成冰隆起/冰抬升成为稳定的固定点。然而，并非罗蒙诺索夫海岭所有低于 1000 m 的部分都是固定点，因为有一些部分没有被冰架接触。这可以解释为冰架厚度不均匀（图 3-16）（Jakobsson et al.，2016）。人们认为叶尔马克海台上有冰川线理的原因包括源于美亚海盆更大的冰架碎片接地、大量的大型冰山或从巴伦支海冰盖向北延伸到北冰洋的冰盖组成部分（Jakobsson et al.，2010；Dowdeswell et al.，2010）。此前在叶尔马克海台上绘制的冰川线理与 SWERUS-C3 期间在罗蒙诺索夫海岭上绘制的冰川线理在形态上相似，以及它们的流向表明，它们都源自北冰洋范围的冰架接地，这与前人的建议类似（Hughes T J et al.，1977）。假设 MIS 6 期的冰架仅限于北冰洋中部，如果在 MIS 6 期的不同时期，几个较小冰架是海底冰川地貌形成的原因，那么很难解释北冰洋中部区域冰架的空间连贯模式。

自从在罗蒙诺索夫海岭中央绘制了第一个证据，并确定了该地区沉积物岩心的年代（Polyak et al.，2001；Jakobsson et al.，2001），人们就一直在讨论北冰洋中部深的冰接地的年龄。确定 MIS 6 期的年龄是源于这样一个事实：从 MIS 5.5 开始，在绘制的冰川地貌和冰川侵蚀面上，有一个相当系统的沉积物覆盖。但应注意的是，楚科奇边缘地通常具有更复杂的沉积地层，表明在 MIS 6 期之前存在更多的冰川侵蚀事件；最近一次发生在 MIS 4 期间（Polyak et al.，2007）。目前，不能排除在北冰洋中部的大片地区出现比 MIS 6 期更薄的冰架的可能性，因为这些冰架的水深没有达到约 1000 m，也不能排除在比 MIS 6 期更早的冰期（如 MIS 8 期或 MIS 12 期）存在大型冰架的可能性，因为在水深高地上以冰川地貌形式存在的证据可能已经被 MIS 6 期最年轻的事件抹去了（Jakobsson et al.，2016）。

虽然形态学证据表明，在 MIS 6 期有一个横跨北冰洋的冰架，但这样的特征在海洋学上是可能的吗？这个问题的答案在于当时海洋条件的细节。目前，200～600 m 的大西洋暖水（$T>0℃$）入流量超过 3 Sv（$1 Sv = 10^6 m^3/s$），会对冰架的发展产生强烈的负面影响（Jakobsson et al.，2010）。有人认为，在冰期，大西洋水在北冰洋中部被压得更深（Cronin et al.，2012），从而限制了大西洋的水流穿过罗蒙诺索夫海岭进入美亚海盆。然而，从罗蒙诺索夫海岭的测绘结果显示，MIS 6 期的冰架延伸到阿蒙森盆地，它可能与温暖的大西洋水接触。这会导致一种环流，温度高于冰点的水融化了冰架的底部，产生上升到表面较冷的淡水。在接地冰架（图 3-16）下方山脊上的宽阔水通道可能形成了温水可以通过的管道，导致美亚海盆的冰架融化，这解释了海底测绘数据显示的不均匀的冰接地深度（Jakobsson et al.，2016）。

在北冰洋中部水深较大的区域存在冰架接地的新证据，认为至少在以前一个冰期，冰架覆盖了整个北冰洋中部。新的和以前绘制的冰架接地的地形特征一起揭示了在一些冰架厚度超过 1 km 的区域，可追踪到 MIS 6 期（约 140 ka）的北冰洋中部冰架的空间连贯流动形态。在冰架发展过程中，水深高点可能是至关重要的因素，因为它作为稳定的冰架抬升形成的固定点，从而提供足够的反向应力，使冰架增厚（Jakobsson et al.，2016）。

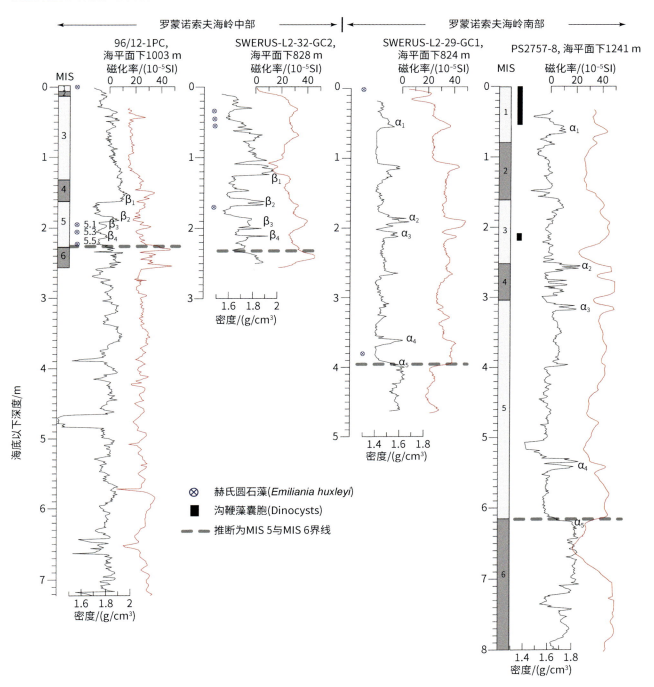

图 3-15　北冰洋 SWERUS-C3 航次采集的岩心与先前从罗蒙诺索夫海岭采集的沉积物岩心之间的地层对比

显示了罗蒙诺索夫海岭中部 96/12-1PC 岩心的密度和磁化率，并以先前推断的密度地层连接点 $\beta_1 \sim \beta_4$（Jakobsson et al.，2001）与附近的 SWERUS-L2-32-GC2 岩心［图 3-12（c）］相连接（据 Jakobsson et al.，2016 改）。来自东西伯利亚海大陆边缘罗蒙诺索夫海岭南部的 SWERUS-L2-29-GC1 岩心［图 3-12（a）］的密度和磁化率记录与 PS2757-8 岩心相关。$\alpha_1 \sim \alpha_5$ 表示密度地层连接点。96/12-1PC 岩心（Jakobsson et al.，2000）和 PS2757-8 岩心（Matthiessen et al.，2001）的年龄模型由左边的条形框显示，推断为 MIS 6~1

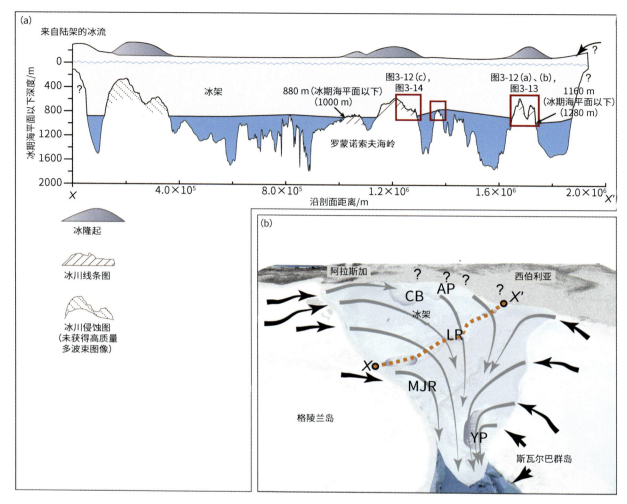

图 3-16　覆盖整个北冰洋中部的冰架概念图（据 Jakobsson et al.，2016 改）

（a）从格陵兰岛大陆边缘（X）到新西伯利亚群岛边缘（X'）沿罗蒙诺索夫海岭的水深剖面，剖面位置见图 3-16（b）和图 3-11（b）；（b）覆盖整个北冰洋中部的冰架示意图，冰流线是由绘制的冰川地貌概括形成的；从地形上推断，冰在接地时向上抬升和隆起的位置用深灰色阴影表示 [见图 3-16（a）中的图例]；除了冰架在水深较小的区域接地形成局部抬升和隆起的地方外，推测的浮动冰架的一般流线（灰色）是锥形的，以说明冰架厚度将随着与补给冰流（黑色箭头）和接地线的距离而变薄；如果北冰洋中部通过降水积累的速率高于基底融化和裂冰前缘的质量损失，则冰架的正质量平衡将得以维持；已绘制出冰接地和其他冰川地貌的海底特征位置用缩写标记：AP-埃利斯海台；CB-楚科奇边缘地；LR-罗蒙诺索夫海岭；MJR-莫里斯·杰塞普隆起；YP-叶尔马克海台

3.5　北冰洋冰架的数值模拟

许多北极科考航次提供了包括北极海盆中部的罗蒙诺索夫海岭等地区，在水深超过 1 km 的地方存在冰接地的证据（Polyak et al.，2001；Jakobsson et al.，2016），这一假说重新引起了人们的兴趣。关于这些侵蚀特征是由孤立的冰山触底还是广阔的冰架接地所造成的，人们仍在争论（Polyak et al.，2001；Jakobsson et al.，2010；Green C L et al.，2010）。最近获得的高分辨率声呐图像显示了一系列线性侵蚀特征，它们在数十千米的范围内平行且具有空间相关性。这些特征不像冰山侵蚀所产生的混乱截面，是迄今为止冰架接地的最有力证据（Jakobsson et al.，2016）。覆盖侵蚀面的薄沉积物的年代测定表明，冰架接地发生在倒数第二次冰盛期（MIS 6，140 ka）。尽管受到年龄模式的不确定性影响，但在海冰重建中明显出现的冰间湖型条件的证据表明，这样的冰架在 MIS 6 期的最晚期已经开始破裂（Stein et al.，2017a）。

北极大型冰架也有可能在其他冰期形成，但有趣的是，迄今为止还没有发现超过约 600 m 水深的侵蚀特征可以追溯到 LGM（Jakobsson et al.，2016；Nilsson et al.，2017）。北冰洋温度的重建表明，在中布容事件（Mid-Brunhes event，MBE）（约 400 ka）之后，冰期的中层水深温度比现代更高（Cronin et al.，2012，2017）。一种假设是，由于淡水输入减少和/或北极冰架形成，盐跃层变厚，导致北极表层水和流入的大西洋温暖海水加深（Jakobsson et al.，2010）。尽管存在相当大的不确定性，但这可能表明，在最近四次冰盛期的每一次都形成了一个厚冰架，但这个冰架可能没有接地（Cronin et al.，2017）。在图 3-17（a）中，整理了冰接地位置以及推测的冰流方向和古冰流的位置。

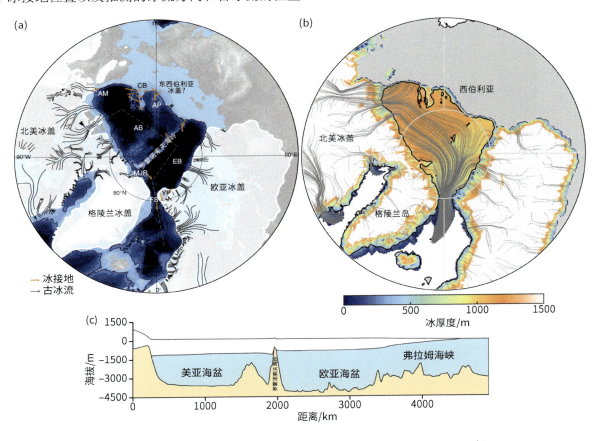

图 3-17　北极从观测和模型输出的冰架接地（据 Gansson et al.，2018 改）

（a）从文献中总结测深冰架接地特征的位置和推测的流动方向（橙色线和箭头）（Jakobsson et al.，2010，2016；Engels et al.，2008；Arndt et al.，2014；Dove et al.，2014）；白色实线表示 MIS 6 和 LGM 期间欧亚冰盖的范围（Svendsen et al.，2004；Hughes A L C et al.，2016），以及北美在 LGM 的冰盖范围（Dyke et al.，2002）；黑线显示了北美和欧亚大陆使用相同方法绘制的海洋终结古冰流的位置和流向（Margold et al.，2015），还显示了最近在西伯利亚东部发现的德朗（De Long）海槽（O'Regan et al.，2017）；绿色虚线为横切面图（c），深蓝色线为 1000 m 水深等值线。（b）冰盖模型输出显示冰的厚度和流线，黑线显示冰接地线和海岸线，说明罗蒙诺索夫海岭、埃利斯海台和莫里斯·杰塞普隆起上的冰接地地区；灰色阴影表示高于海平面的陆地。（c）冰盖模型输出展示了横越美亚海盆和欧亚海盆并穿过弗拉姆海峡的横断面。AM-阿拉斯加边缘；CB-楚科奇边缘地；AP-埃利斯海台；AB-美亚海盆；EB-欧亚海盆；MJR-莫里斯·杰塞普隆起；YP-叶尔马克海台；FS-弗拉姆海峡

使用一个混合浅冰-浅陆架模型（Hybrid Shallow Ice-shallow Shelf Model）（Pollard and DeConto，2012；DeConto and Pollard，2016）模拟了北极冰架-陆架系统（Gansson et al.，2018），其中的气候强迫来自现有的一个配置为 MIS 6 期的没有海冰动力耦合的气候耦合模型模拟（Colleoni et al.，2016a）。为了确定不同的冰源区域对冰架厚度和流动方向的影响，在不同的冰盖范围，即大与小的劳伦泰德冰盖，以及有或没有假设的东西伯利亚冰盖条件下（Niessen et al.，2013；Cronin et al.，2017）进行了模拟实验。虽然重点是解释罗蒙诺索夫海岭中部的测深特征，但也考虑了冰架是否可以解释其他冰接地特征。为了检验由于北大西洋暖水的流入而阻止冰架向欧亚海盆扩展的"最小模型"（Jakobsson et al.，2016），将冰架限制在美亚海盆内进行模拟。还通过在更低的海底地形高度情况下进行模拟，探索罗蒙诺索夫海岭，即利用反向应力对冰架动力学的影响。首先是将模拟巴伦支-喀拉冰盖崩解参数化限制在已知的 LGM 范围内（Gansson et al.，

2018）。

由于北极海盆面积很大，缺乏固定点，给确定北极冰架的初始状态带来了难题。虽然认为罗蒙诺索夫海岭的测深高地可以作为稳定点（Jakobsson et al.，2016），但冰架首先必须与罗蒙诺索夫海岭接触，因为它距离北美冰盖和欧亚冰盖的冰接地线有几百千米。冰架的经向拉伸导致其动力减薄。无约束冰架的分析解法表明，要克服动力减薄并在罗蒙诺索夫海岭上保持足够厚的冰架，跨越冰架接地线的高冰通量是不现实的（Gansson et al.，2018）。在模拟中，只有在北极海盆存在完整的冰架覆盖情况才能形成千米厚的冰架［图 3-18（a）～（c）］。这个冰架的形成分两个阶段：首先是初始成核阶段，来自周边北美冰盖和欧亚冰盖的单个冰架在北极中部合并。这个初始冰盖的平均厚度约为 160 m。其次，完整的冰架覆盖减少了冰崩解造成的质量损失，并使得冰架能够慢慢变厚。随着冰架厚度的增加，基底融化速率增加，导致冰架厚度最终达到平衡。冰架以 0.05～0.15 m/a 的速率增厚，需要 5～15 ka 才能达到足够与罗蒙诺索夫海岭接地的厚度（Gansson et al.，2018）。

最初完整的冰架覆盖是由来自周围冰盖的独立冰架汇集而成的。在模型中，这取决于冰崩解厚度阈值的降低，在模型模拟中降低了该阈值，以便正确模拟巴伦支-喀拉冰盖的形成。但不能确定的是，来自劳伦泰德冰盖和欧亚冰盖的不受约束的冰架是否能延伸数百千米进入北极海盆而不发生崩解（Gansson et al.，2018）。另一种解释是最初的冰盖是由另一种过程形成的。北极海盆可能被冰混合物堵塞，或者形成了一层厚厚的海冰覆盖，提供了结构支撑（Bradley and England，2008；Nilsson et al.，2017），减少了冰崩解，从而使最初的薄冰架能够形成。

除了部分冰架外［图 3-18（d）］，所有模拟检验的冰盖结构都能在罗蒙诺索夫海岭中部产生足够厚度的冰架（Gansson et al.，2018）。尽管存在临近接地的东西伯利亚冰盖，但部分冰架没有在埃利斯海台测深 900 m 高处接地，有证据表明那里过去存在冰接地（Niessen et al.，2013；Jakobsson et al.，2016）。在模拟中，只有当冰架能够扩展到欧亚海盆，形成一个完整的北极冰架时，才能达到足以在埃利斯海台上产生冰接地的冰架厚度［图 3-18（a）～（c）］。在这些模拟中，无论东西伯利亚冰盖是否存在，都会发生冰接地［图 3-18（a）、（b）］（Gansson et al.，2018）。从南到北的冰流只发生在东西伯利亚冰盖存在时，这也与最近在东西伯利亚海大陆边缘发现的冰蚀槽吻合（O'Regan et al.，2017）。气候模式强迫考虑了北美冰盖的两种不同范围，一种相当于 LGM 范围［图 3-18（b）］，另一种相当于范围缩小的 13 ka 时 ICE5G 的重建［图 3-18（a）］。对于 LGM，受到大量经过定年的地貌和地质证据的约束，其主要冰盖范围是众所周知的（Dyke et al.，2002；Hughes A L C et al.，2016）。对于 MIS 6 期及之前的冰期，基于北美的证据非常稀少，其地理分布也不足以对当时的冰盖范围进行陆地范围的重建。然而，比 MIS 6 期冰盖范围更大的情况并没有在其周边的其他地方出现，可能是因为该期间的冰盖范围比 LGM 期间更小，证据已经被抹去或掩盖了。在 MIS 6 期间，没有冰山通过哈得孙海峡排出，这表明劳伦泰德冰盖的北大西洋部分相对于 LGM 期间有一个范围的减小（Gansson et al.，2018）。由于 MIS 6 期间的欧亚冰盖范围比 LGM 期间更大（Svendsen et al.，2004），因而北美冰盖在 MIS 6 期间的体积可能更小（Colleoni et al.，2016b）。

北美冰盖减小的模拟对北极冰架的形成有两大影响。首先，因为最西部的冰流，马更些海槽和阿蒙森湾冰流不那么活跃，流入北极海盆的冰流减少了，每年流入北极海盆的总冰量为 460 Gt，相比之下，较大的北美冰盖每年流入北极海盆的总冰量为 950 Gt。其次，流入北极盆地的冰流减少部分被北极冰架表面更高的积累量所抵消。虽然这两种影响被部分抵消了，但来自北美冰流的减少导致北极冰架的平均厚度为 830 m，而较厚的与 LGM 时期冰盖相当的北美冰盖所产生的北极冰架的平均厚度为 1070 m。尽管冰架厚度降低了，但该冰架仍然在大部分有接地证据的地方接地［图 3-18（a）］（Gansson et al.，2018）。

目前还没有发现 LGM 期间存在深冰接地的证据（Jakobsson et al.，2016；Cronin et al.，2017），尽管有可能在 LGM 期间存在一个更薄的、未接地的冰架，或者尚未发现冰接地的证据。与 MIS 6 期相比，LGM 的持续时间较短，这解释了为什么 LGM 缺乏冰接地的证据（Jakobsson et al.，2016）。另一个可能因素是周边接地冰盖构造不同，欧亚冰盖向东扩张较少，可能使运输到北极海盆的冰变少，从而阻止了厚冰架的形成（Jakobsson et al.，2010）。在 LGM 模拟中，北极海盆仍然能够形成厚冰架，这是目前地质证据所不支持的。虽然欧亚冰盖体积的减少导致从该区域流入北极海盆的冰量大大减少，但劳伦泰德冰盖的冰量增加弥补了这一点。总的来说，模拟的 LGM 冰架会留下冰接地的痕迹。考虑到冰架厚度对海洋融化速率变化的强烈敏感性，海洋环流的差异可能解释了为什么 MIS 6 期间能形成厚冰架，而 LGM 期间不能形成厚冰架（Gansson et al.，2018）。

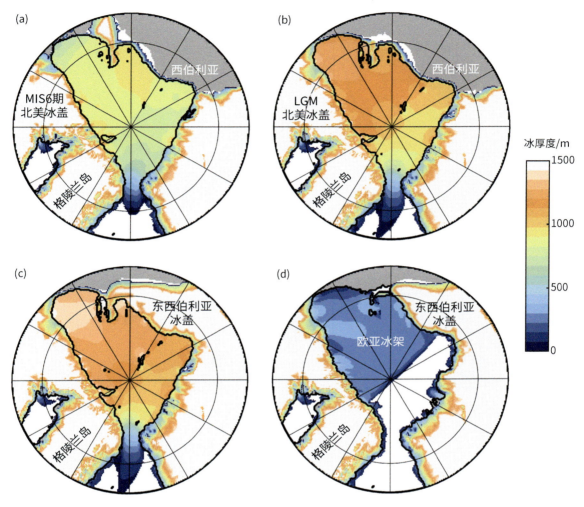

图 3-18　北极冰架模拟实验显示的冰厚度（据 Gansson et al.，2018 改）

（a）减小劳伦泰德冰盖范围的气候强迫（Colleoni et al.，2016a）；（b）与 LGM 等效的劳伦泰德冰盖的气候强迫；（c）在东西伯利亚海能够形成陆地冰盖的气候强迫；（d）阻止冰架扩张进入欧亚海盆的气候强迫；黑色线表示冰接地线。（a）～（d）北极海盆平均冰架厚度分别为 833 m、1070 m、1173 m、254 m，浮冰体积分别为 3.54×10⁶ km³、4.42×10⁶ km³、4.76×10⁶ km³、0.79×10⁶ km³

一旦冰架固定在罗蒙诺索夫海岭上，产生的支撑作用就会影响冰架的动力学。在冰架与罗蒙诺索夫海岭接触的位置，北极中部形成了一个冰隆起 [图 3-19（a）]。模拟发现了两种主要的流动模式，一种是稍厚的、流速较慢的美亚海盆冰架；另一种是较薄的、流速较快的欧亚海盆冰架，流速朝着弗拉姆海峡的崩解区增加；这与从分析方法推断出的结果相似（Nilsson et al.，2017）。额外的模拟发现 [图 3-19（b）、（d）]，即使在没有罗蒙诺索夫海岭的情况下，也会产生冰流动，这是由北极的几何形状和弗拉姆海峡的位置造成的。当冰架被固定在罗蒙诺索夫海岭上时，随着两个海盆之间厚度梯度的增加，冰流动状态变得更加明显。北极冰架影响流入海盆的冰流和周边陆地冰盖。冰架提供的支撑作用导致了接地线的推进和周围冰盖的增厚（图 3-20）。对比有北极冰架和没有北极冰架的模拟，会导致接地冰盖的体积增加 1.4×10⁶ km³，相当于海平面变化 3.5 m，以及冰盖接地线向北极海盆延伸，这种延伸在劳伦泰德冰盖上尤为明显（Gansson et al.，2018）。

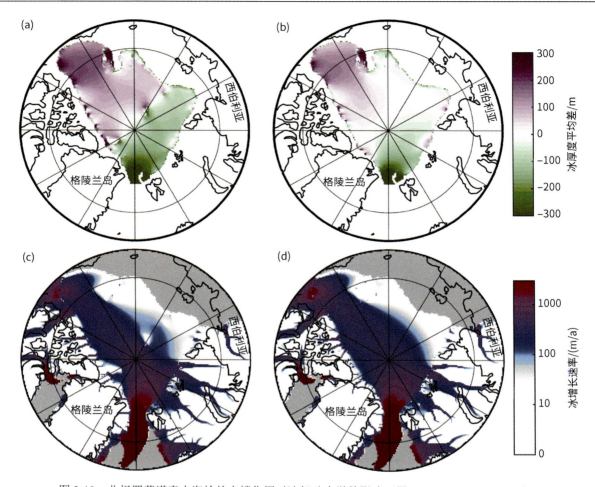

图 3-19 北极罗蒙诺索夫海岭的支撑作用对冰架动力学的影响（据 Gansson et al.，2018 改）

（a）、（c）与图 3-18（b）的模拟相同；（b）、（d）去除罗蒙诺索夫海岭后的相同模拟，罗蒙诺索夫海岭的位置如图 3-17（a）所示；两个模拟的平均冰架厚度具有可比性 [（a）和（b）分别为 1070 m 和 1029 m]

模拟的北极冰架体积在 $3.5 \times 10^6 \sim 4.8 \times 10^6$ km^3，相当于现代格陵兰冰架的 120%～170%。通过支撑作用，北极冰架还导致周围接地冰盖体积的增加（图 3-20）。除了通过支撑产生的影响外，冰架对海平面的直接影响微乎其微。然而，MIS 6 期的许多海平面重建是基于海水氧同位素组成（$\delta^{18}O_{sw}$）的代理计算出来的。全新世底栖有孔虫的 $\delta^{18}O$ 值与 MIS 6 期之间存在 1.66‰的偏移（Bradley and England，2008），其中包括深海温度的下降和 $\delta^{18}O_{sw}$ 变化的贡献。假设一个简化的恒定冰架 $\delta^{18}O$ 为-40‰，北极冰架的 $\delta^{18}O_{sw}$ 将增加 0.11‰～0.14‰，使 MIS 6 期海平面的估算值减少 14 m（Gansson et al.，2018）。北极冰架的存在可能有助于解释 MIS 6 期的海平面重建存在的差异（Svendsen et al.，2004；Rohling et al.，2017）。由于半封闭海盆记录的冰期向间冰期转变的 $\delta^{18}O$ 偏移幅度较大，在深海 $\delta^{18}O_{sw}$ 重建中，这种偏移会更大。海平面补偿和海平面记录之间的差异可以用 MIS 6 期间形成的一个大冰架来解释，但在 LGM 期间需要的浮冰质量可以忽略不计（Rohling et al.，2017）。

以前已经注意到北极冰架对海洋环流和北半球冰川气候的重要性，既可通过永久的厚冰覆盖对大气和下面的海洋造成直接的影响，也可通过冰架破裂对海洋环流产生额外影响（Niessen et al.，2013）。从陆地冰盖流入北极的融水和随后通过弗拉姆海峡释放的大量淡水都有可能扰乱北大西洋的温盐环流（Tarasov and Peltier，2005），而北极冰架是淡水的另一个来源。需要做更多的工作来确定冰架破裂的规模和速度是否足以影响海洋环流。值得注意的是，考虑到冰架的厚度和扩展速率，一旦冰崩解的前缘退回到北极海盆，根据冰崩解定律，冰架的大规模破裂将是非常迅速的（Alley et al.，2008）。

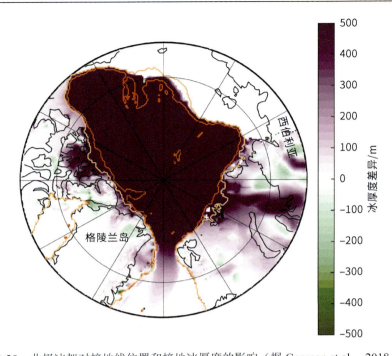

图 3-20　北极冰架对接地线位置和接地冰厚度的影响（据 Gansson et al.，2018 改）

如图 3-19（b）所示的模拟，显示了相对于没有北极冰架模拟的厚度差异；浅橙色线表示没有北极冰架时的接地线位置，深橙色线表示有北极冰架时的接地线位置；注意陆地冰盖的增厚，特别是在冰流存在的位置

第4章　中国北极海洋地质考察

中国长期以来一直关注极地事务和调查研究。1925 年，中国加入《斯瓦尔巴条约》，开启了参与北极事务的篇章（彭秀良，2020）。1989 年，中国极地研究所成立，中国的极地研究正式开始成形。此后，中国关于北极的探索不断深入，实践不断增加，活动不断扩展，合作不断深化（洪农，2023）。1996 年，中国成为国际北极科学委员会成员国，中国的北极科研活动日趋活跃。从 1999 年起，中国以"雪龙"号科考船为平台，成功进行了多次北极科学考察（国家海洋局极地专项办公室，2016）。根据《斯瓦尔巴条约》，2004 年中国在挪威的斯匹次卑尔根群岛的新奥尔松地区建成"中国北极黄河站"（程振波等，2008）。并于次年开亚洲国家之先河，成功承办了涉北极事务的高级别会议——北极科学高峰周活动。从 1999 年至 2020 年，中国已经开展了 11 次北极科学考察，取得了大量丰硕的成果。本章根据中国历次北极科学考察和研究，简要总结其中的海洋地质调查和研究成果。

4.1　中国历次北极海洋地质考察概况

中国第 1 次北极科学考察于 1999 年 7 月 1 日从上海出发，由"雪龙"号船承担实施，历时 71 天，于 1999 年 9 月 9 日返回上海。考察范围包括白令海、楚科奇海和加拿大海盆。海洋地质考察共完成了 43 站沉积物取样，其中箱式取样 36 站，多管取样 8 站，重力柱状样 17 站（中国首次北极科学考察队，2000）。

中国第 2 次北极科学考察于 2003 年 7 月 15 日从大连出发，由"雪龙"号船承担实施，历时 74 天，于 2003 年 9 月 26 日返回上海。本次考察由 7 个国家的科学家协同完成，考察区域包括白令海、楚科奇海、北风号海岭和加拿大海盆。海洋地质考察共完成 51 站沉积物取样，其中箱式取样 34 站，多管取样 12 站，重力柱状样 24 站（张占海，2003）。

中国第 3 次北极科学考察于 2008 年 7 月 11 日从上海出发，由"雪龙"号船承担实施，历时 76 天，于 2008 年 9 月 24 日返回上海。本次考察是自主研发的水下机器人"北极 ARV"首次在高纬度开展冰下调查，航程最北抵达了北纬 87°N，考察区域包括白令海、楚科奇海、北风号海岭、楚科奇海台、阿尔法海岭和加拿大海盆等海域。海洋地质考察共完成 59 站沉积物取样，其中箱式取样 35 站，多管取样 13 站，重力柱状样 24 站（程振波等，2009；张海生，2009）。

中国第 4 次北极科学考察于 2010 年 7 月 1 日从厦门出发，由"雪龙"号船承担实施，历时 82 天，2010 年 9 月 20 日返回上海。本次考察首次实现了中国北极科学考察队依靠自己的力量到达北极点开展科学考察的愿望，实现了历史性的突破。考察区域包括白令海、楚科奇海、北风号海岭、楚科奇海台、阿尔法海岭和加拿大海盆、马卡罗夫海盆等海域，海洋地质考察共完成 71 站沉积物取样，其中箱式取样 63 站，多管取样 16 站，重力柱状样 25 站（余兴光，2011）。

中国第 5 次北极科学考察于 2012 年 7 月 2 日从青岛出发，由"雪龙"号船承担实施，历时 91 天，2012 年 9 月 30 日返回上海。首次实现我国跨越北冰洋的科学考察，成功开展了对冰岛的访问与交流，开创了非北极国家与北极国家深入合作的典范。考察区域包括白令海、楚科奇海、楚科奇海台、门捷列夫海岭、罗蒙诺索夫海岭、北欧海等海域。同时，"雪龙"号成功首航北极航道，并利用北极航道两度往返大西洋和太平洋，完成中国船舶首次跨越北冰洋航行，实现了北太平洋水域、北冰洋太平洋扇区、北冰洋中心区、北冰洋大西洋扇区和北大西洋水域的准同步考察。海洋地质考察共完成 92 站沉积物取样，其中箱式取样 58 站，多管取样 10 站，重力柱状样 30 站（马德毅，2013）。

中国第 6 次北极科学考察于 2014 年 7 月 11 日从上海出发,由"雪龙"号船承担实施,历时 76 天,2014 年 9 月 24 日返回上海。此次考察是我国成为北极理事会正式观察员后实施的首次北极科考,也是国务院批准的"极地专项"支持的第二个北极航次考察,对进一步加强中国对北极环境变化的了解、强化对北极战略地位的认识、提升中国在北极事务中的国际地位具有重要战略意义。考察区域包括白令海、楚科奇海、北风号海岭、楚科奇海台和加拿大海盆等海域。海洋地质考察共完成 65 站沉积物取样,其中箱式取样 47 站,多管取样 14 站,重力柱状样 23 站(潘增弟,2015)。

中国第 7 次北极科学考察于 2016 年 7 月 11 日从上海出发,由"雪龙"号船承担实施,历时 78 天,2016 年 9 月 26 日返回上海。此次考察首次将俄罗斯北部西伯利亚大陆边缘的门捷列夫脊部分列入考察范围,在长期冰站作业期间开展了首次直升机极地应急救援演练。考察区域包括白令海、楚科奇海、加拿大海盆、楚科奇海台、门捷列夫海岭、北冰洋太平洋扇区高纬度海域等海域。海洋地质考察共完成 65 站沉积物取样,其中箱式取样 50 站,多管取样 9 站,重力柱状样 25 站(李院生,2018)。

中国第 8 次北极科学考察于 2017 年 7 月 20 日从上海出发,由"雪龙"号船承担实施,历时 83 天,2017 年 10 月 10 日返回上海。该航次是我国北极科学考察的首次业务化调查航次,成功实施了北极中央航道历史性的穿越,并首航北极西北航道,最终完成环北冰洋航行。考察区域包括白令海、楚科奇海与加拿大海盆、北冰洋中央作业区(中央航道沿线)、北欧海、拉布拉多海(Labrador Sea)、巴芬湾(Baffin Bay)等海域。海洋地质考察共完成 18 站沉积物取样,其中箱式取样 8 站,多管取样 2 站,重力柱状样 10 站(徐韧,2019)。

中国第 9 次北极科学考察于 2018 年 7 月 20 日从上海出发,由"雪龙"号船承担实施,历时 69 天,2018 年 9 月 26 日返回上海。该航次是自然资源部组建后组织实施的第一次极地考察,也是我国发布《中国的北极政策》白皮书后实施的第一次北极考察,实施了 88 个海洋综合站位和 10 个冰站的考察,冰站数量、冰基浮标以及锚碇观测平台的布放量均为历次北极考察之最。同时,在太平洋扇区部分长约 500 km 的测线范围内发现了大量的多金属结核(陈红霞等,2018)。考察区域包括白令海、楚科奇海、楚科奇海台以及北冰洋中央海区等海域。海洋地质考察共完成 33 站沉积物取样,其中箱式取样 17 站,多管取样 3 站,重力柱状样 14 站(雷瑞波,2019;魏泽勋,2019;Wei et al.,2020)。

中国第 10 次北极科学考察于 2019 年 8 月 10 日从青岛出发,由"向阳红 01"号船承担实施,历时 49 天,2019 年 9 月 27 日返回青岛。该航次是我国首次使用综合海洋科学考察船(非破冰船)实施的以北极地区海洋业务化监测为主的调查,考察区域包括白令海和楚科奇海。海洋地质考察共完成 29 站沉积物取样,其中箱式取样 28 站,重力柱状样 1 站(陈红霞等,2021)。

中国第 11 次北极科学考察于 2020 年 7 月 15 日从上海出发,由"雪龙 2"号船承担实施,历时 76 天,2020 年 9 月 28 日返回上海。该航次是继"雪龙 2"号首航南极后又首次执行北极考察任务,克服了新冠疫情和特殊冰情等重重困难,在北冰洋中央航道及其周边的公海区实施了多学科综合考察,考察区域包括楚科奇海、加拿大海盆、门捷列夫海岭、马卡罗夫海盆等海域。海洋地质考察共完成 29 站沉积物取样,其中箱式取样 12 站,多管取样 6 站,重力柱状样 11 站。考察期间,"雪龙 2"号首次在北冰洋使用 20 m 以上的长柱状重力活塞成功获取 18.65 m 柱状沉积物岩心样品,为深入研究北极海冰和冰盖变化过程、机制等问题提供科学支撑(王立彬和张建松,2020)。

4.2　考　察　区　域

中国自 1999 年第 1 次北极科学考察以来实施的 13 次北冰洋科学考察涉及了北冰洋及周边海域的白令海、楚科奇海、波弗特海、北欧海(挪威海、格陵兰海和冰岛海)和北冰洋中心海区(北风号海岭、加拿大海盆、门捷列夫海岭-阿尔法海岭、罗蒙诺索夫海岭、哈克尔海岭及南森海盆等地),积极开展了地理、冰雪、水文、气象、海冰、生物、生态、海洋地质、地球物理和海洋化学等领域的多学科科学考察,其中海洋地质调查站位如图 4-1 所示;同时也积极参与了北极气候与环境变化的监测和评估,通过建立北极多要素协同观测体系，合作建设了科学考察或观测站，建设和参与了北极观测网络，对大气、海洋、海冰、冰川、土壤、生物生态和环境质量等要素进行了多层次和多领域的连续观测。持续观测和样品采集为系统了解北冰洋的海洋环境和生态特征，掌握多时空尺度的海-冰-气相互作用及其天气气候效应，评估北极航道的适航性，探索北冰洋海底地形，查明新型环境问题（如海洋酸化、微塑料和人工核素分布）等积累了宝贵观测数据（雷瑞波，2019），为我国北极业务化考察体系建设、北极环境评价、北极前沿科学研究做出了积极贡献，为进一步提升我国北极事务话语权奠定了良好基础。

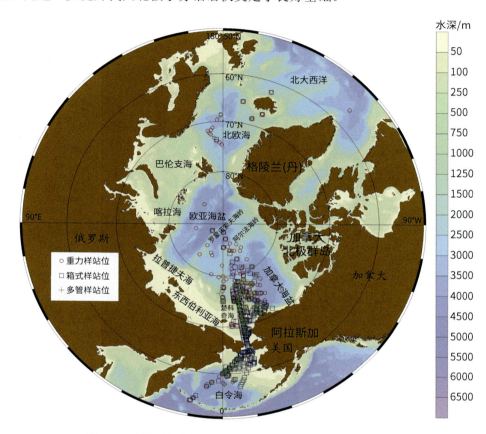

图 4-1　中国历年北极科学考察覆盖区域和海洋地质采样站位

4.3　考　察　站　位

　　中国第 1 次至第 11 次北极科学考察（ARC1～ARC11）的调查站位累积达到了 693 个，其中，箱式样调查站位 398 个，多管样调查站位 99 个，重力样调查站位 196 个，具体的航次和采样站位类型数据见表 4-1。

表 4-1　中国历年北极科学考察调查站位统计

航次	ARC1	ARC2	ARC3	ARC4	ARC5	ARC6	ARC7	ARC8	ARC9	ARC10	ARC11	总计
箱式样	36	34	35	63	58	47	50	18	17	28	12	398
多管样	8	12	13	16	10	14	9	8	3		6	99
重力样	17	24	24	25	30	23	25	2	14	1	11	196
总计	61	70	72	104	98	84	84	28	34	29	29	693

4.3.1　箱式样站位

中国北极科学考察的箱式样调查站位共计 398 个，调查区域涉及西北太平洋及鄂霍次克海、白令海、北冰洋的楚科奇海、楚科奇大陆边缘、东西伯利亚海、加拿大海盆、北风号海岭、门捷列夫海岭-阿尔法海岭、罗蒙诺索夫海岭、阿蒙森海盆，北大西洋的挪威海、冰岛海等区域（图 4-2）。

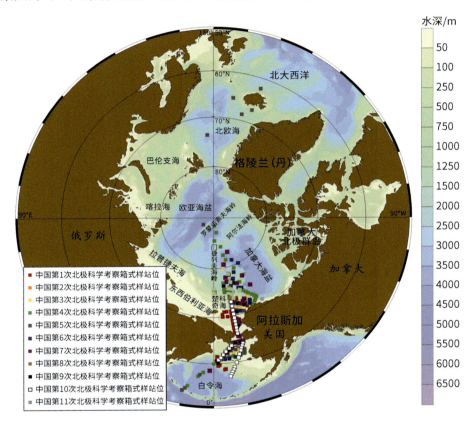

图 4-2　中国历年北极科学考察箱式样站位

4.3.2　多管样站位

中国北极科学考察的多管样调查站位共计 99 个，调查区域涉及北太平洋的白令海，北冰洋的楚科奇海、东西伯利亚海、楚科奇大陆边缘、加拿大海盆、北风号海岭、门捷列夫海岭-阿尔法海岭，北大西洋的挪威海、冰岛海等区域（图 4-3）。

4.3.3　重力样站位

中国北极科学考察的重力样调查站位共计 196 个，调查区域涉及北太平洋的白令海，北冰洋的楚科奇海、东西伯利亚海、楚科奇大陆边缘、加拿大海盆、波弗特海、北风号海岭、门捷列夫海岭-阿尔法海岭、马卡罗夫海盆、罗蒙诺索夫海岭、阿蒙森海盆、哈克尔海岭、南森海盆，北大西洋的格陵兰海、挪威海、冰岛海、拉布拉多海等区域（图 4-4）。

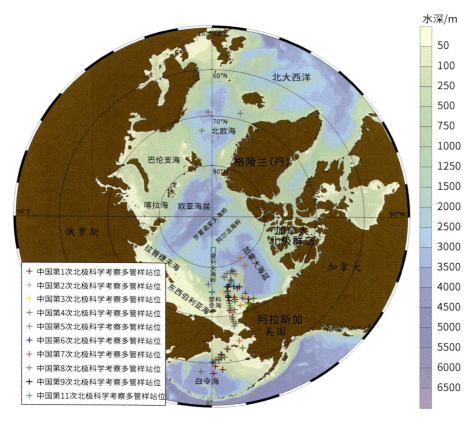

图 4-3　中国历年北极科学考察多管样站位

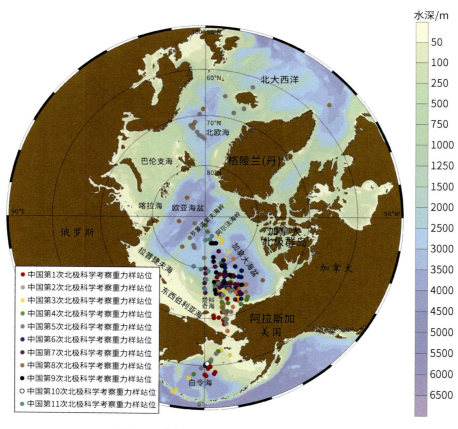

图 4-4　中国历年北极科学考察重力样站位

4.4　研　究　站　位

在中国历次北极科学考察过程中，都或多或少采集了箱式、多管和重力样，积累了大量的沉积物样品和资料。经过 20 余年的研究，取得了丰硕的成果，据不完全统计，在国内外学术期刊上发表了 200 余篇学术论文，为中国北极科学研究做出了重要贡献，也得到了国内外同行的认可。这些研究成果所涉及的研究领域和方向都很广泛，本节仅简要介绍在海洋地质领域取得的成果，详细的成果内容介绍见第 5 章至第 10 章。

4.4.1　箱式样和多管样站位

中国北极科学考察的表层沉积物研究工作包含了箱式采样器和多管采样器获得的沉积物样品。目前已开展工作的表层沉积物样品覆盖了中国第 1 次至第 7 次北极科学考察站位（图 4-5，附表 2），研究站位主要集中在白令海、楚科奇海及其边缘地和北风号海岭区域。在加拿大海盆、波弗特海、北冰洋中部和北欧海有零星站位。所开展的研究涉及沉积物中的微体古生物学、元素地球化学（含稀土元素地球化学）、放射性及稳定同位素地球化学、有机地球化学、矿物学、营养盐、环境磁学、悬浮体和污染物分布等研究，以及短时间尺度上的有机碳氮保存、营养盐输送、黑碳埋藏、污染物迁移、次表层水体温度变化、有机质通量和生产力变化等多个领域的相关研究。

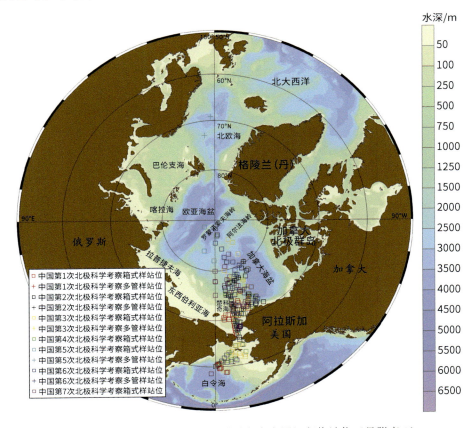

图 4-5　已开展研究的中国北极科学考察表层沉积物站位（见附表 2）

4.4.2 重力样站位

自中国第 1 次北极科学考察以来，中国开展了长时间尺度的重力样沉积物的研究工作已有 20 余年，研究区域覆盖了北太平洋的白令海、北冰洋以及北欧海的各个区域（图 4-6，附表 3）。

在最近 10 余年的研究过程中，中国学者对难以开展常规年龄模式测试的北冰洋沉积物进行了充分的实践，开发了一系列基于多指标的地层对比与轨道调谐，以及环境磁学和有机碳放射性碳测年等方法，重建了北冰洋岩心的沉积物年龄框架。在已建立的可靠的年代框架基础上，通过多种替代指标的综合研究，重建了中－晚更新世以来北冰洋周边冰盖的扩张和消融模式，基本查明了劳伦泰德冰盖、欧亚冰盖以及东西伯利亚冰盖的演化历史，确立了东西伯利亚冰盖在中－晚更新世的多期次发育以及劳伦泰德冰盖和欧亚冰盖的冰山排泄事件对西北冰洋至北欧海的强烈影响；还开发了 Sr-Nd-Pb 同位素指纹、矿物学和稳定氧同位素等方法，重建了北冰洋周边冰盖的冰山输出和海冰的演化历史及其控制机制。除此之外，也在中－晚更新世以来的洋流模式、物质迁移、水团演化、生产力和碳埋藏历史等方面取得了丰硕成果。

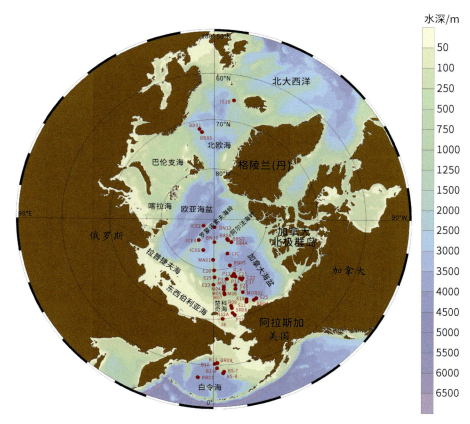

图 4-6　已开展研究的中国北极科学考察重力样岩心站位（见附表 3）

图中红色圆点表示岩心位置，旁边的英文和数字表示站位编号

第5章 近现代生源沉积物的沉积特征及环境指示意义

本章研究的北冰洋表层沉积物采样站位主要包括中国第1次至第7次、第9次和第11次北极科学考察航次采样站位（中国首次北极科学考察队，2000；张占海，2003；张海生，2009；余兴光，2011；马德毅，2013；潘增弟，2015；李院生，2018；魏泽勋，2019），共计240个（图5-1）；俄罗斯-美国北极长期考察（RUSALCA-2012）航次采样站位28个；中国-俄罗斯北极科学考察航次采样站位41个。以上所有北极科学考察航次采样站位均为箱式样，总计309个站位（附表4）。采样区域主要位于美亚北冰洋的白令海峡、楚科奇海、波弗特海、楚科奇边缘地、门捷列夫海岭、加拿大海盆、阿尔法海岭、马卡罗夫海盆，以及欧亚北冰洋的东西伯利亚海和80°N以北的中央海域。采样站位水深从陆架最浅的11 m至海盆最深的3850 m。

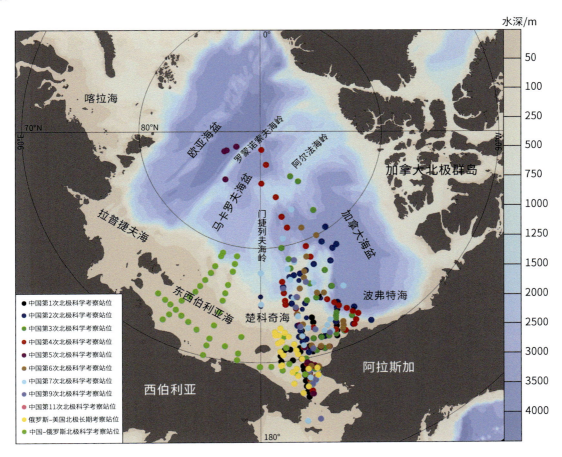

图 5-1　中国北极科学考察站位、俄罗斯-美国北极长期考察站位和中国-俄罗斯北极科学考察站位图

5.1 表层沉积物的 AMS^{14}C 测年及分布特征

本研究总共收集了 95 个北冰洋箱式样、多管样和重力样顶部表层沉积物的 AMS^{14}C 测年数据，其中包含中国北极科学考察航次已发表的测年数据 38 个（Xiao W et al.，2014；Zhang T et al.，2021），未发表的新数据 15 个；以及国外北冰洋考察航次已发表的测年数据 42 个（Xiao W et al.，2014；Zhang T et al.，2021）。所有测年数据均为未经碳储库校正的原始数据。测年材料绝大多数为浮游有孔虫 *Neogloboquadrina pachyderma* (sinistral)（Nps）壳体，少数为底栖生物的贝壳和沉积物有机碳。这些表层沉积物测年站位主要分布在美亚北冰洋一侧的楚科奇海、楚科奇边缘地、加拿大海盆、门捷列夫海岭-阿尔法海岭、马卡罗夫海盆，少数分布在欧亚北冰洋一侧的罗蒙诺索夫海岭和南森海盆（图 5-2）。测年站位从陆架区最浅 37 m 到海盆区最深 3990 m，大部分站位水深在 1000～2500 m。

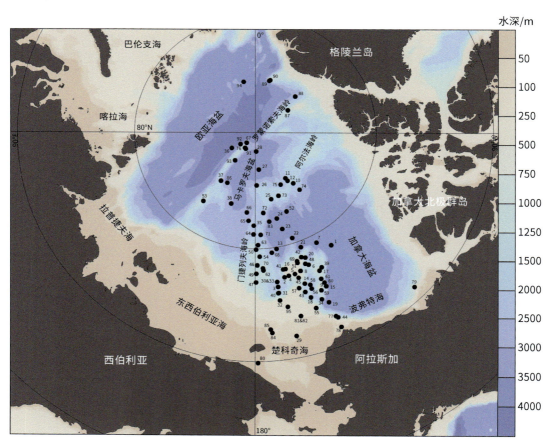

图 5-2　北冰洋表层沉积物的 AMS^{14}C 测年站位图

这些表层沉积物的 AMS^{14}C 测年数据的分布特征显示，大约 78°N 以南的楚科奇海、波弗特海和加拿大海盆的表层沉积物年龄在 1000～5000 a（图 5-3）；在 78°N～84°N 的楚科奇边缘地、门捷列夫海岭、马卡罗夫海盆的表层沉积物年龄为 5000～10000 a；阿尔法海岭的表层沉积物年龄超过 10000 a；欧亚海盆的表层沉积物年龄大多在 8000～15000 a，只有一个罗蒙诺索夫海岭的站位年龄达到约 45000 a。由图 5-3 可见，大约 84°N 以北的北冰洋中央海区的表层沉积物年龄要比其他海区的年龄老，显示出较低的沉积速率（Polyak et al.，2009），也有可能受到罗蒙诺索夫海岭冰架接地的侵蚀和扰动（Jakobsson et al.，2016），导致再沉积作用，出现较老的年龄。

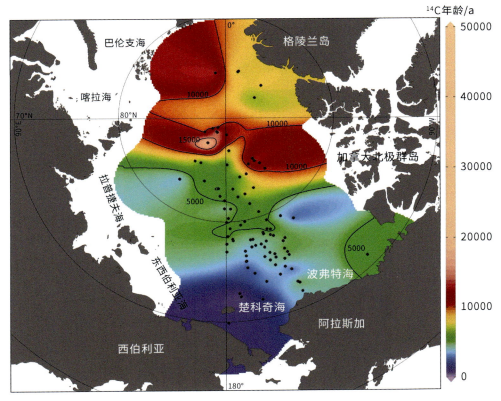

图 5-3　北冰洋表层沉积物的 AMS^{14}C 测年数据分布图

5.2　碳酸钙含量和有孔虫丰度的分布特征

5.2.1　碳酸钙含量的分布特征

北冰洋表层沉积物中的碳酸钙含量分布特征显示，白令海峡、楚科奇海、波弗特海和东西伯利亚海的碳酸钙含量很低，均在 5% 以下（图 5-4）；在 74°N～81°N 海域，碳酸钙含量增加，在 5%～10%；在 81°N～87°N 海域，碳酸钙含量在 10%～15%，其中一个站位的碳酸钙含量超过 25%；在大约 87°N 以北的海域，碳酸钙含量下降至 10%。北冰洋表层沉积物中的碳酸钙含量分布特征总体上反映了从内陆架向外海至中央海盆区域逐渐增加的趋势（王汝建等，2007；孙烨忱等，2011）。

5.2.2　有孔虫丰度分布特征

有孔虫作为海洋中最常见的钙质浮游和底栖生物，可以用其丰度的分布特征来反映钙质生物的生产力状况（司贺园等，2013）。从北冰洋表层沉积物中有孔虫丰度的分布特征来看（图 5-5），类似于碳酸钙含量的分布特征（图 5-4）。在白令海峡、楚科奇海陆架、波弗特海以及加拿大海盆，有孔虫丰度则很低，在 $1×10^3$ 枚/g 以下。这些区域的有孔虫十分稀少，甚至在有些区域缺失有孔虫壳体，并且这些区域的有孔虫以底栖有孔虫为主。在 74°N～81°N 海域，有孔虫丰度增加，在 $1×10^3$～$5×10^3$ 枚/g；在大约 81°N 以北的中央海域，有孔虫丰度在 $5×10^3$～$7×10^3$ 枚/g，其中在东北冰洋的中央海域，有孔虫丰度下降至 $1×10^3$～$3×10^3$ 枚/g。与前人的研究结果基本一致（Saidova，2011）。通过显微镜镜下鉴定及统计，这些海区的有孔虫以浮游有孔虫为主，其中的冷水标志种 Nps 又是绝对的优势种，占浮游有孔虫总数的 80% 以上（陈荣

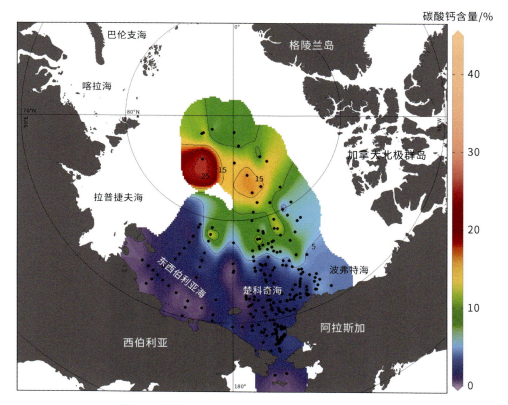

图 5-4 北冰洋表层沉积物中碳酸钙含量分布特征图

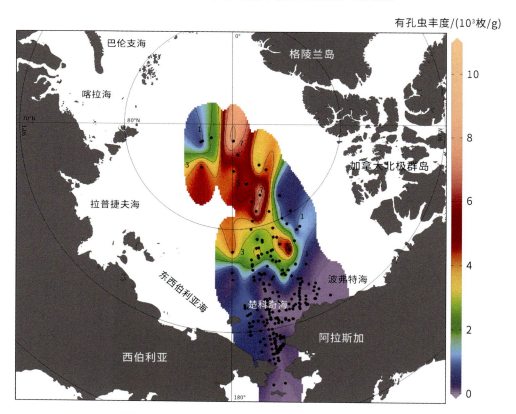

图 5-5 北冰洋表层沉积物中有孔虫丰度分布特征图

华等，2001；孟翀等，2001；司贺园等，2013）。此外，还可见到少量的 *Neogloboquadrina pachyderma* (dextral)、*Globigerina bulloides* 等其他几个浮游有孔虫属种。底栖有孔虫丰度较低，大部分站位样品全样统计也不足 50 枚，仅 73 站位样品超过 50 枚，其中的优势属种主要是 *Cibicidoides wullerstorfi*、*Oridorsalis tener*、*Elphidium excavatum*、*Elphidium albiumbilicatum* 和 *Cassidulina teretis*（司贺园等，2013）。

　　海洋沉积物中碳酸钙含量和有孔虫丰度主要受三个因素影响：非碳酸钙物质的稀释作用、钙质生物的生产力以及碳酸钙的溶解作用。碳酸钙含量与有孔虫丰度的高低都能够反映上层水体钙质生物的生产力水平。北冰洋表层沉积物中碳酸钙含量与有孔虫丰度的分布规律基本一致（图 5-4、图 5-5）。浅水的陆架区表现出很低的碳酸钙含量和有孔虫丰度，可能有以下三个因素：①太平洋入流水中的浮游钙质生物含量很低，不利于其壳体的形成和生长；②由于浅水陆架区域通过河流以及近岸海冰携带的陆源物质输入量较大，造成浮游钙质生物的稀释作用，可能使其丰度降低；③浅水陆架区水深较浅，一般在 50～150 m，对于许多浮游钙质生物来说并不是其生长的水深范围。而在大陆架区以北的楚科奇边缘地、门捷列夫海岭、阿尔法海岭等高纬度海域，由于受到来自大西洋富含浮游钙质生物的中层水影响，则表现出了较高的碳酸钙含量和有孔虫丰度（王汝建等，2007；孙烨忱等，2011）。另外，在加拿大海盆区，碳酸钙含量和有孔虫丰度也较低，其原因可能是由于海盆区水深较深，浮游钙质生物壳体受到强烈的溶解作用影响，使其碳酸钙壳体难以保存下来（Osterman et al.，1999；王汝建等，2007；孙烨忱等，2011；司贺园等，2013）。

5.3　生物硅的分布特征

　　由于硅藻、硅鞭藻和放射虫等硅质生物骨骼堆积组成的生物硅以及硅质生物生产力是重建过去海洋环境的工具（Zhang L et al.，2015）。北冰洋西部地区年际尺度的硅藻和硅鞭藻通量研究表明，夏季通量较高，是冬季的几十倍至几百倍（Ren et al.，2020，2021）。因此，沉积物中生物硅含量的高低可以用来反映海洋表层硅质生物的生产力（陈荣华等，2001；王汝建等，2007）。

　　北冰洋表层沉积物中生物硅含量的平均值为 4.86%，变化范围在 0～21.78%。根据生物硅含量的分布特征（图 5-6），白令海峡至约 75°N 的楚科奇海，以及靠近楚科奇海东、西两侧的东西伯利亚海和波弗特海部分海域的生物硅含量在 5%～10%，显示出较高的硅质生物的生产力（Grebmeier et al.，2006b；孙烨忱等，2011；冉莉华等，2012），大于 10% 的海域位于弗兰格尔岛西北侧，而楚科奇海的西侧，靠近阿拉斯加的海域生物硅含量小于 5%。呈现出这样的分布规律，可能与三股太平洋入流水的性质不同有着密切的联系。其中，西部的阿纳德尔流是一股低温高盐、高营养的水流（史久新等，2004），其所携带的营养成分促进了该海域表层硅质生物生产力的提高；而高温低盐、低营养的阿拉斯加沿岸流流经的海域则明显呈现出较低的硅质生物生产力（Grebmeier et al.，2006b），也可能受到来自阿拉斯加陆源物质输入的稀释作用的影响（汪卫国等，2014）。而白令海峡入口处，由于水道狭窄、水流湍急、剧烈的冲刷作用使得沉积物中的生源物质很难沉积下来。约 75°N 向北，楚科奇海东、西两侧的东西伯利亚海和波弗特海的海域生物硅含量介于 2.5%～5%。从东西伯利亚海向北，至约 82°N 海域的生物硅含量低于 2.5%，反映较低的硅质生物生产力（李宏亮等，2007）。同样地，约 77°N 以北的加拿大海盆及西北冰洋中央海域的生物硅含量也低于 2.5%，也反映了较低的硅质生物生产力。这是由于这些区域长期被海冰覆盖，光照不足限制了这些地区浮游植物的生长（Hancke et al.，2022）。同时，在加拿大海盆水柱上层存在强烈的密度跃层，使得次表层（150 m）丰富的营养盐不能补充至表层（李宏亮等，2007），这也是该地区硅质生物生产力较低的原因之一。而欧亚北冰洋中央海域的生物硅含量在 5% 左右，可能与欧亚北冰洋周边河流和海岸侵蚀输入的营养物质有关（Terhaar et al.，2021）。

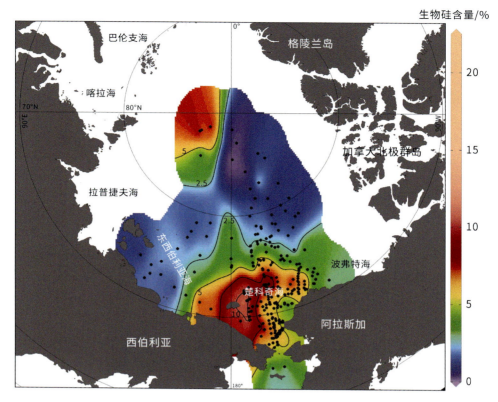

图 5-6　北冰洋表层沉积物中生物硅含量分布特征

5.4　有机碳含量、C/N 及有机碳同位素的分布特征

沉积物中有机碳含量指示从海洋表层输出而降落到海底的有机质丰度，有机碳含量能够直接反映表层生产力的变化（黄永建等，2005）。北冰洋表层沉积物中的有机碳含量在 0.03%～7.22%，平均值为 1.15%。有机碳含量的分布特征（图 5-7）与生物硅含量的分布特征相似，但略有差异（图 5-6）。白令海峡至约 75°N 的楚科奇海，以及靠近楚科奇海东、西两侧的东西伯利亚海和波弗特海部分海域的有机碳含量在 1.0%～2.0%，显示出较高的有机碳含量输出（Grebmeier et al.，2006b；郝玉和龙江平，2007；王汝建等，2007；李宏亮等，2008），大于 1.5% 的海域位于弗兰格尔岛西侧，以及阿拉斯加岸外的波弗特海域，而楚科奇海的西侧，靠近阿拉斯加海域的有机碳含量在 1.0%～1.5%，反映较高的表层生产力（Hancke et al.，2022）。楚科奇海有机碳含量的分布特征与生物硅含量的分布特征类似，可能与西部的阿纳德尔流是一股低温高盐、高营养的水流（史久新等，2004）有关，其所携带的营养成分促进了该海域表层生产力的提高；而高温低盐、低营养的阿拉斯加沿岸流流经的海域则明显呈现出较低的生产力水平（Grebmeier et al.，2006b），也可能受到来自阿拉斯加陆源物质输入的稀释作用的影响（孙烨忱等，2011）。除了东西伯利亚海的科雷马河入海海域有机碳含量小于 0.5% 外，东西伯利亚海向北至约 80°N，以及西北冰洋的 75°N～80°N，有机碳含量在 0.5%～1.0%，而 80°N 以北的西北冰洋中央海域，有机碳含量在 0.5% 左右。这是由于这些海域长期被海冰覆盖，光照不足限制了这些地区浮游植物的生长（Hancke et al.，2022）。同时，在加拿大海盆水柱上层存在强烈的密度跃层，使得次表层（150 m）丰富的营养盐不能补充至表层（李宏亮等，2007），这也是该地区表层生产力低的原因之一。而欧亚北冰洋中央海域的有机碳含量在 1.0%～1.5%，可能与欧亚北冰洋周边河流输入的营养物质和海岸侵蚀输入的有机碳有关（Terhaar et al.，2021；Martens et al.，2022）。

有机质来源可划分为陆源和海源两大类。陆源有机质来源于北冰洋周边陆地，它们主要来自北美和西伯利亚地区的现代植被的贡献，也有一部分来源于表层土壤、冰混合物、泥炭和岩石风化的贡献，这些有机质会通过河流、陆源冰转化为海冰以及海岸侵蚀等搬运方式进入北冰洋（Martens et al.，2022；Schuur et al.，2022）。海源有机质主要来源于海水和海冰中初级生产者（浮游硅藻和冰藻）的贡献，其他海洋生物的贡献相对较小（陈志华等，2006）。碳氮比值（C/N）被认为是一个有效判断海洋沉积物中有机质来源的指标。海源有机质中浮游植物的 C/N 为 6～7（Emerson and Hedges，1988）。而沉积物中海源有机质的 C/N 为 8～9，比浮游植物略高一些（Schubert and Stein，1996）。陆源有机质的 C/N 则一般是 20～200（Hedges et al.，1986）。一般来说，沉积物中有机质的 C/N 在高生产力环境中要比在低生产力环境中高得多（Stein and Fahl，2000）。此外，低的有机碳含量同时也表现出低的 C/N，这可能是在贫有机碳的沉积物中对非有机氮的吸收造成的。北冰洋 0～500 m 水深区浮游生物的 C/N 分析表明，其 C/N 为 6.0～8.5（Delphine et al.，1999），该比值范围与前人在高纬度地区所获得的浮游生物的 C/N 范围（6.3～12.5）基本相符（Stein and Fahl，2000）。

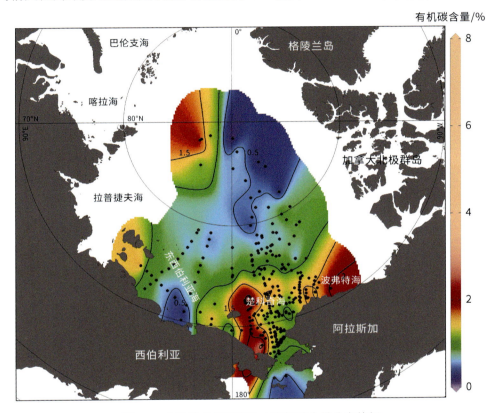

图 5-7　北冰洋表层沉积物中有机碳含量分布特征

北冰洋表层沉积物中的 C/N 在 0.18～20.39，平均值为 5.63。其 C/N 分布特征（图 5-8）与有机碳含量分布特征相似。楚科奇海高的有机碳含量海域对应于高的 C/N。而楚科奇海台、北风号海岭、加拿大海盆以及西北冰洋中央海域的低有机碳含量也对应于低的 C/N。这说明高生产力环境中的 C/N 较低生产力环境高（王汝建等，2007；孙烨忱等，2011）。从图 5-8 可以看出，表层沉积物中的 C/N 绝大部分都在 10 以下，说明陆源有机质在北冰洋有机质组成中并不占主导地位，其有机质来源还是以海源有机质为主（王汝建等，2007；孙烨忱等，2011）。在北冰洋常年冰封的海域，表层沉积物中的有机碳以海洋自生沉积为主，也可能来自冰下生物的输入，生产力较低。前人研究发现，楚科奇海表层沉积物中的 C/N 反映出了楚科奇海表层沉积物中的有机质以海洋自生沉积为主，有机碳很可能受生物泵控制（郝玉和龙江平，2007；王汝建等，2007；李宏亮等，2008）。其中，西部海域受太平洋富营养海水影响，海洋生产力高；在东西伯利亚海东部和波弗特海西部，表层沉积物中陆源有机质信号增强。而陆源颗粒性有机碳（POC）的输入主要是通过河流携带颗粒物质输入到这些海域（郝玉和龙江平，2007；王汝建等，2007）。陆源有机质的输入途径还包括海岸侵蚀（Terhaar et al.，2021；Martens et al.，2022；Irrgang et al.，2022），以及近岸高浑浊区形成的季节性海冰融化和漂流向外运输。

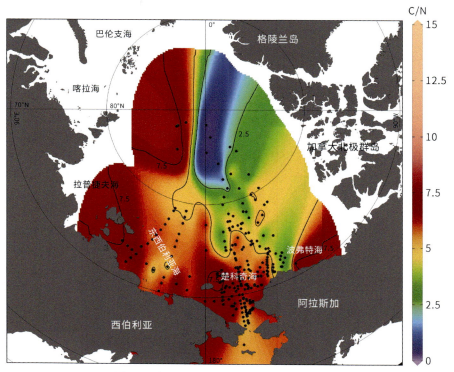

图 5-8　北冰洋表层沉积物中 C/N 分布特征

除了 C/N 可以有效判断海洋沉积物中有机质来源外，有机碳的碳同位素 $\delta^{13}C_{org}$ 也可以有效判断北冰洋表层沉积物中有机碳的来源（Martens et al.，2022）。通常认为海洋沉积物中有机碳的 $\delta^{13}C_{org}$ 越偏负，反映有机碳可能来源于陆地植被和化石碳，而 $\delta^{13}C_{org}$ 越偏正，反映有机碳来源于海洋浮游生物（Naidu et al.,，2000；蔡德陵等，2002）。北冰洋的有机碳同位素 $\delta^{13}C_{org}$ 在 −25.98‰～−20.32‰，平均值为 −22.35‰，其分布特征（图 5-9）类似于 C/N 的分布特征。东西伯利亚海以东海域和波弗特海以西海域的 $\delta^{13}C_{org}$ 在 −25‰～

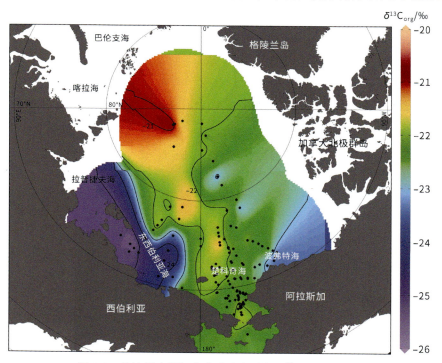

图 5-9　北冰洋表层沉积物中有机碳的 $\delta^{13}C_{org}$ 分布特征

-23‰，说明这些海域的有机碳主要来源于陆地输入（陈志华等，2006）。而楚科奇海及其以北的加拿大海盆和 80°N 以北的西北冰洋中央海域，$\delta^{13}C_{org}$ 在 -23‰～-21.5‰；在约 77°N 以北的东北冰洋海域，$\delta^{13}C_{org}$ 在 -22‰～-21‰，说明这些海域的有机碳主要来源于海洋浮游生物（陈志华等，2006；郝玉和龙江平，2007；王汝建等，2007；李宏亮等，2008；孙烨忱等，2011）。据前人的研究，楚科奇海和波弗特海的 $\delta^{13}C_{org}$ 平均值约为 -21‰，东西伯利亚海的 $\delta^{13}C_{org}$ 平均值在 -23‰～-21‰（Grebmeier et al.，2006b；Martens et al.，2022），与本节研究结果较接近，说明表层沉积物中 $\delta^{13}C_{org}$ 偏正的海域上层水具有较高的生产力。

5.5　生物标志物的分布特征

5.5.1　白令海与西北冰洋表层沉积物中四醚膜类脂物的分布特征

古气候研究和气候模拟表明，在几十年到几百万年的时间尺度上，北半球高纬地区的变化过程对驱动和增强全球气候变化都起到关键作用（Stein et al.，2010a）。北极表层沉积物中有较高的有机碳含量，在 0.14%～2.3%（Schubert and Stein，1997；孙烨忱等，2011），其中包含了各种脂类化合物。尽管目前的检测技术还远远不能检测出有机质中全部的脂类，但烷烃、脂肪酸、醇类、酮类、醚类等多种有机化合物可以鉴定（Hummel et al.，2011；Park Y H et al.，2014）。这些化合物的含量或相对丰度，如同生物的分子"指纹"，可用以推断沉积环境和生态环境的变迁，即所谓的生物标志物。陆源和海洋自生的分子生物标志物能被保存下来作为替代性指标，用以研究水体过程、碳循环在数十年到地质时间尺度上的变化，特别是在有机碳多源区的复杂体系中极为有用（Belicka et al.，2004；Yunker et al.，2005）。

北极的生物标志物蕴含现代与地质时期初级生产力及其对于气候变化的响应机制等重要信息（Belicka et al.，2004；Yunker et al.，2009，2011；Yamamoto et al.，2008；Yamamoto and Polyak，2009；Park Y H et al.，2014）。北极生物标志物的研究揭示了北极有机碳的搬运与保存状况（Belicka et al.，2004）。以烷烃、多元芳香烃作为北极陆源有机碳示踪剂的研究表明，北极中央海盆沉积物在组分上与拉普捷夫海相似，而与马更些河和波弗特海或者巴伦支海大不相同（Yunker et al.，2011）。北冰洋中部长链烷烃和门捷列夫海岭四醚膜类脂（glycerol dialkyl glycerol tetraethers，GDGTs）的研究揭示了晚第四纪冰期与间冰期旋回中环境的演变（Yamamoto et al.，2008；Yamamoto and Polyak，2009）。生物标志物记录也可以重建北极中部的有机碳来源、海表温度（Weller and Stein，2008；Stein et al.，2016）。但是表层沉积物中的类异戊二烯 GDGTs 是否能记录北冰洋海水的温度信号，支链 GDGTs 与源区和海洋环境之间存在怎样的联系，并没有得出确切的结论。而近年来的研究发现，类异戊二烯 GDGTs 和支链 GDGTs 都有海洋原位产生和陆地输入的混合来源（Fietz et al.，2012），使得上述问题变得更为复杂。本节旨在研究白令海与西北冰洋表层沉积物中两种 GDGTs 的空间分布模式，探讨它们的分子组成特征、海域分布状况，以及其与沉积环境和生态环境的联系。

本节研究材料来源于中国第 3 次和第 4 次北极科学考察在白令海和西北冰洋所采集的 65 个表层沉积物样品（图 5-10），均为箱式取样器所采集。采集区域位于白令海、楚科奇海、波弗特海、加拿大海盆及阿尔法海岭，水深从 35 m 的陆架区到 3850 m 的深水海盆不等。从 169°E 到 146°W，从 53°N 到 85°N，涵盖了白令海到西北冰洋的广阔区域（王寿刚等，2013）。

在西北冰洋 GDGTs 的分布特征中，不论水体还是陆源的组分，GDGTs 与其有机质来源的输入、沉积和保存过程存在紧密联系。总有机碳（total organic carbon，TOC）归一化的 GDGTs 含量就最大限度地消除了沉积和保存过程中有机质总量在时间和区域上的变化带来的影响（Fietz et al.，2012），因此，GDGTs 含量用每克 TOC 中 GDGTs 质量来表示。

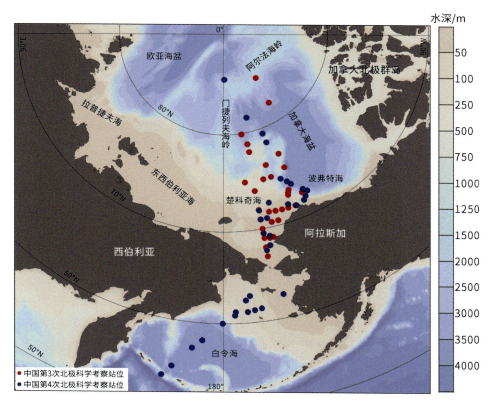

图 5-10 中国第 3 次和第 4 次北极科学考察在白令海与西北冰洋采集的表层沉积物站位图（据王寿刚等，2013 改）

在研究区内类异戊二烯 GDGTs 含量为 0.16～124.2 µg/g TOC，平均值为 33.7 µg/g TOC。在楚科奇海，类异戊二烯 GDGTs 含量较高，在 16.3～130.8 µg/g TOC，平均值为 52.6 µg/g TOC。楚科奇海陆坡明显下降，含量在 9.8～14.3 µg/g TOC。在楚科奇海台、北风号海岭、阿尔法海岭以及加拿大海盆，类异戊二烯 GDGTs 含量在 0.2～6.9 µg/g TOC，平均值为 1.8 µg/g TOC（图 5-11）。白令海的类异戊二烯 GDGTs 含量变化剧烈。在白令海陆架区，类异戊二烯 GDGTs 含量在 13.2～225.7 µg/g TOC，且可以看出自圣劳伦斯岛（St. Lawrence Island）向西南白令海方向呈现明显的增加趋势（图 5-11），平均值为 69.4 µg/g TOC，靠近阿留申群岛（Aleutian Islands）降至最低。在白令海盆中，最高值与最低值分别为 237.3 µg/g TOC 和 13.6 µg/g TOC，平均值为 108.1 µg/g TOC。类异戊二烯 GDGTs 含量大致以楚科奇海、波弗特海的陆坡为界，明显存在南高北低的差异（图 5-11）。类异戊二烯 GDGTs 在西北冰洋的分布特征与有机碳的分布特征（孙烨忱等，2011）具有一定的相似性，即在有机碳高的海域类异戊二烯 GDGTs 含量较高，如楚科奇海西部，同时也与现代海洋学调查所获得的水柱中叶绿素 a 浓度的分布特征（刘子琳等，2011）基本一致。初级生产力的最高区域为白令海北部和楚科奇海南部，其次为楚科奇海北部、波弗特海，并且陆架区高于海台区、海盆区和海岭区（Grebmeier et al.，2006b；刘子琳等，2011）。类异戊二烯 GDGTs 含量分布特征表明，相较于楚科奇边缘地和深海盆地，陆架区具有较高的古菌生产力，这可能与来自太平洋的阿纳德尔流密切相关，因为富营养并携带海源颗粒性有机碳的太平洋水，从白令海西北部进入楚科奇海南部，使得古菌生产力得以提高，但这股太平洋水只能到达楚科奇海北部边缘，影响不到楚科奇海以北的区域（Grebmeier et al.，2006b），因而楚科奇海北部的古菌生产力较低。

研究区的支链 GDGTs 含量（图 5-12）略低于类异戊二烯 GDGTs 含量（图 5-11）。支链 GDGTs 含量最高值与最低值分别为 204.2 µg/g TOC 和 0.3 µg/g TOC，平均值为 47.7 µg/g TOC。在西北冰洋，支链 GDGTs 含量同样是在楚科奇海陆架较高，在 25～75 µg/g TOC。在楚科奇海东侧阿拉斯加沿岸流方向上支链 GDGTs 含量也较高，大于 75 µg/g TOC，往北到楚科奇海陆坡下降到 25 µg/g TOC，越过楚科奇海陆坡，楚科奇海台、北风号海岭、阿尔法海岭以及加拿大海盆，支链 GDGTs 含量降到 25 µg/g TOC 以下。在白令海陆架区支链 GDGTs 含量为 50～75 μg/g TOC。白令海盆的支链 GDGTs 含量在 1.6～204.2 μg/g TOC。陆架区的支链 GDGTs 含量总体略高于海盆区，内陆架区沉积物中的支链 GDGTs 含量要略高于外陆架。

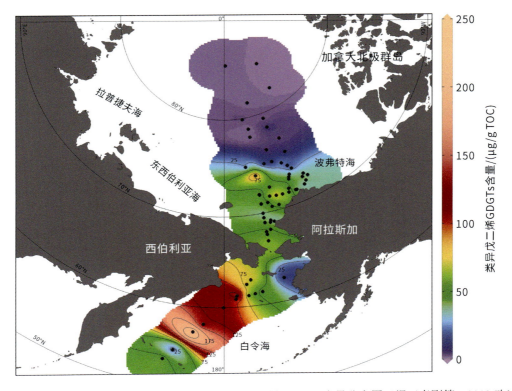

图 5-11　白令海与西北冰洋表层沉积物中类异戊二烯 GDGTs 含量分布图（据王寿刚等，2013 改）

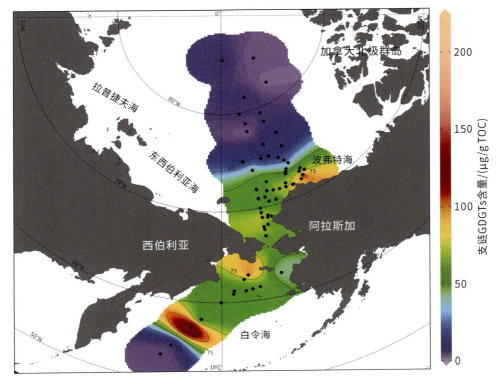

图 5-12　白令海与西北冰洋表层沉积物中支链 GDGTs 含量分布图（据王寿刚等，2013 改）

西北冰洋支链 GDGTs 含量在分布上与类异戊二烯 GDGTs 含量分布的相同之处在于两者大致都存在南高北低的特点（图 5-11、图 5-12）。然而，早年的研究结果认为，支链 GDGTs 主要由陆源土壤中的细菌所产生（Hopmans et al.，2004；Weijers et al.，2006a，2007a）。因此，在楚科奇海南部和阿拉斯加沿岸较高的支链 GDGTs 含量（图 5-12）可能是白令海峡两侧和阿拉斯加的陆源有机质输入造成的，因为在阿拉斯加西北部和西部有三条河流和水系注入楚科奇海和白令海峡（Hill J C and Driscoll，2008）。而白令海陆坡、海盆和阿留申群岛相对较高的支链 GDGTs 含量可能与白令海陆坡流所携带的陆源物质和阿留申群岛陆源物质的输入有关（Takahashi，2005）。

研究区的陆源输入指数（branched and isoprenoid tetraether，BIT）的变化范围较大，在 0~0.9（图 5-13）。在广大的楚科奇海区，BIT 在 0.2 以下。仅在阿拉斯加北部，BIT 达到 0.3。楚科奇海台、北风号海岭 BIT 在 0.3~0.6，而在阿尔法海岭站位的表层沉积物中 BIT 为 0.6~0.8。在白令海，BIT 均较低，大部分在 0.1 以下，陆架区由东向西其 BIT 呈现降低趋势。从楚科奇海北部到楚科奇海台、加拿大海盆以及阿尔法海岭，BIT 逐渐增加，指示了陆源有机质输入的增加（图 5-13）。这可能与这些区域终年被海冰覆盖、营养盐供应少、海洋生产力低、受顺时针方向流动的波弗特环流影响，以及与马更些河、阿拉斯加北部的陆源有机质输入增多有关（陈志华等，2006）。而阿尔法海岭较高的 BIT 可能与来自加拿大北极群岛冰筏所携带的陆源有机质的输入有关，因为在北大西洋晚更新世的海因里希（Heinrich）沉积层中发现 BIT 高达 0.4~0.6，认为代表了冰筏带来的陆源土壤（Schouten et al.，2007）。西北冰洋表层沉积物中有机碳中 $\delta^{13}C$（陈志华等，2006）和分子生物标记物的分布（Belicka et al.，2002；Park Y H et al.，2014）都表明，楚科奇海以北的高纬度海区的陆源有机质逐渐增加，与 BIT 的分布趋势一致，说明 BIT 用来指示陆源有机质的输入是可靠的。

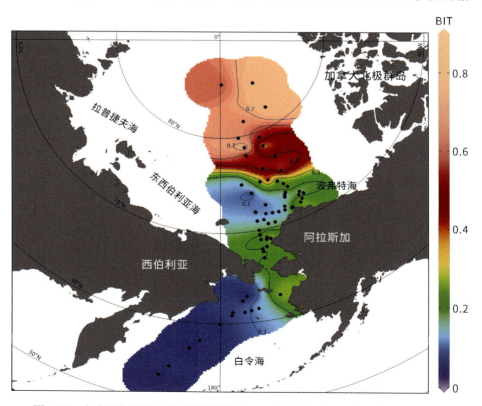

图 5-13　白令海与西北冰洋表层沉积物中 BIT 分布图（据王寿刚等，2013 改）

基于季节性海冰与多年海冰覆盖区的初级生产力存在较为明显的差异（Grebmeier et al.，2006b），将季节性海冰区与多年海冰区区分开来。再根据纬度分布，从南到北区分出不同的海域。应用已建立的低温海域适用指标 $TEX_{86}^L = \log([GDGT-2]/[GDGT-1]+[GDGT-2]+[GDGT-3])$ 和表面海水温度方程 $SST = 67.5 \times TEX_{86}^L + 46.9$（Kim et al.，2010）计算白令海至西北冰洋表层沉积物中的 SST（图 5-14）。计算结果显示，阿留申群岛向北至白令海陆坡（60°N）的 5 个 SST 呈现良好的线性变化趋势，估算的 SST 在 14.1～16.7℃。自白令海陆坡（60°N）向北至 63°N 的白令海陆架，估算的 SST 突然下降，SST 范围在-3.9～2.1℃。由于白令海峡没有样品分布，海峡中间没有数据点。在楚科奇海陆架，估算的 SST 范围在-5.7～3.3℃，平均值为 0.5℃，最低值与最高值相差高达 9℃，分布比较散乱，随着纬度升高，估算的 SST 也未显示出明显的变化趋势；并且多个估算的 SST 数据低于海水结冰临界值-1.8℃，与真实海水温度明显不符。约 74°N 以北的多年海冰区，估算的 SST 范围在-0.4～6.7℃，平均值为 2.1℃，最低值与最高值相差达到 7℃，较分散，总体上高于楚科奇海陆架估算的 SST 范围，并且大多也高于现代调查所获得的表层海水温度。

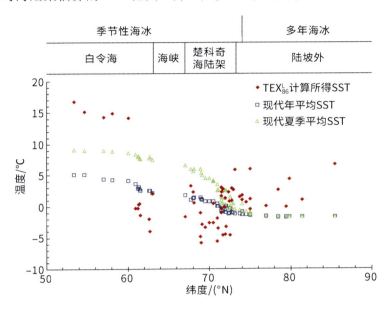

图 5-14　白令海与西北冰洋表层沉积物中 TEX_{86}^{L} 估算的 SST 与现代海洋调查温度比较（据王寿刚等，2013 改）

现代表层海水年平均 SST 与夏季平均 SST 数据来自 World Ocean Atlas 2009 (WOA09): http://www.nodc.noaa.gov/OC5/WOA09

根据现代表层海水温度调查数据，从白令海南部至北纬 72°N，年平均 SST 和夏季平均 SST 均呈现逐渐降低的趋势，年平均 SST 的变化范围在 0.1～5.2℃，夏季平均 SST 的变化范围在 2.5～9.1℃，年平均 SST 与夏季平均 SST 的温差在 3～5℃。在 72°N～75°N 区域，夏季平均 SST 快速降低，接近年平均 SST。而在 75°N～86°N 区域，年平均 SST 与夏季平均 SST 重合，两者几乎没有变化，都在 0℃以下。然而，利用 TEX_{86}^{L}（Kim et al.，2010）重建的白令海和西北冰洋的表面海水温度 TEX_{86}^{L}-SST 与现代年平均 SST 和夏季平均 SST 相比较，三者几乎没有相关性（图 5-14）。尽管从阿留申群岛至白令海陆坡（60°N）5 个站位的 TEX_{86}^{L}-SST 呈现出较好的分布趋势和较高的相关性，但是它们明显地分别高出现代年平均 SST 和夏季平均 SST 6～10℃。从白令海北部陆坡站位（60°N）向北至白令海峡入口站位（63°N）TEX_{86}^{L}-SST 突然从 14℃下降至约 2℃，显示出快速下降的趋势，并具有一定的相关性，但是它们又明显地分别低于现代年平均 SST 和夏季平均 SST 3～12℃。从白令海峡到楚科奇海陆架北部的多年海冰区边缘，TEX_{86}^{L}-SST 在-6～3.5℃，相关性差，大部分 TEX_{86}^{L}-SST 明显低于现代年平均 SST 和夏季平均 SST，部分 TEX_{86}^{L}-SST 还低于海水的结冰临界值-1.8℃，三者之间几乎不相关。而 74°N 以北的多年海冰区，TEX_{86}^{L}-SST 在 7～0℃，高度分散，相关性差，也高于现代年平均 SST 和夏季平均 SST 2～9℃，可能与该区高的陆源有机质输入有关（Park Y H et al.，2014）。

白令海北部和西北冰洋具有宽阔的陆架和巨大的河流径流量，来自陆源的有机质输入量大，尤其是楚科奇海台、加拿大海盆、波弗特海，陆源有机质超过了海洋自生的有机质（Naidu et al.，2000；陈志华等，2006）。类异戊二烯 GDGTs 广泛存在于土壤和泥炭中（Weijers et al.，2006b）。因此，白令海北部和西北冰洋来自陆源类异戊二烯 GDGTs 信号的干扰，可能导致了 TEX_{86}^{L}-SST 分散和较差的相关性，限制了 TEX_{86}^{L} 在北极的应用。而 74°N 以北的多年海冰区，古菌生产力极低，保存在表层沉积物中的 GDGTs 含量也极低，经过一系列计算的放大效应，可能会造成 TEX_{86}^L-SST 产生严重的偏差。因此，多年海冰覆盖海域的低古菌生产力，也可能限制了类异戊二烯 GDGTs 在重建 TEX_{86}^L-SST 中的应用（Park Y H et al.，2014）。

支链 GDGTs 环化指数（cyclization ratio of branched tetraethers，CBT）在 0～1.1，平均值为 0.5。在 72°N 以南，CBT 集中在 0～0.3，平均值为 0.3，而 72°N 以北的海域，CBT 在 0.65～1.13，平均值为 0.68 ［图 5-15（a）］。从 72°N 到 75°N，CBT 呈现明显上升趋势，75°N 以北的 CBT 呈现平稳下降趋势。支链 GDGTs 甲基化指数（methylation index of branched tetraether，MBT）在 0.2～0.4，平均值为 0.3。从白令海到西北冰洋深水盆地 MBT 总体呈现喇叭状分布，以 72°N 为界线，72°N 以南则较为集中，MBT 在 0.2～0.3，平均值为 0.3，72°N 以北的海域 MBT 则明显分散开来 ［图 5-15（b）］，MBT 在 0.2～0.4，平均值为 0.3。土壤 pH 的分布范围在 5.8～8.9，平均值为 7.6。在 72°N 以南的表层沉积物中，陆地源区土壤的 pH 在 7.0～8.9，平均值为 8.0。而 72°N 以北的海域，pH 在 5.8～8.4，平均值为 6.9 ［图 5-15（c）］。与 CBT 的变化趋势相反，从 72°N 到 75°N，pH 呈现显著下降趋势，75°N 以北的 pH 趋于平稳。陆地年平均气温（annual mean air temperature，MAT）在-7.1～6.3℃，平均值为 2.4℃。在 72°N 以南，MAT 在-0.4～6.2℃；但是 72°N 以北区域，MAT 明显分散，最高值与最低值分别为 6.3℃ 和-7.1℃ ［图 5-15（d）］。

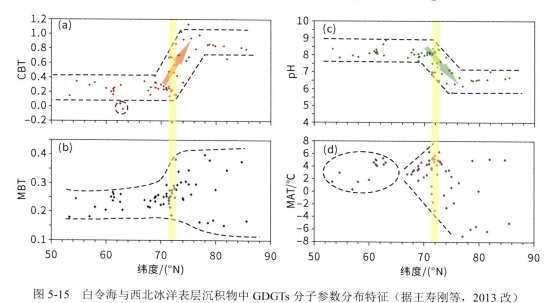

图 5-15　白令海与西北冰洋表层沉积物中 GDGTs 分子参数分布特征（据王寿刚等，2013 改）

（a）和（b）分别为支链 GDGTs 的环化指数 CBT 和甲基化指数 MBT；（c）为基于 CBT 所重建的陆源土壤 pH；（d）为基于 MBT 和 CBT 估算的陆地年平均气温 MAT；虚线表示数据点分布范围，箭头表示变化趋势，垂直黄色带表示数据点在 72°N 前后的变化

西北冰洋 72°N 以北海区，支链 GDGTs 的环化指数 CBT 明显升高 ［图 5-15（a）］，可能反映了 CBT 对海冰覆盖的敏感性。从长期的海冰浓度观测结果来看，多年海冰的界限呈现带状移动，75°N 以南的海域海冰浓度变化范围超过 50%（Meier et al.，2022），而 CBT 在 72°N～75°N 的带状区逐渐升高，可能反映了 CBT 响应于海冰覆盖状况。在楚科奇-阿拉斯加边缘，随着冷期海冰覆盖的增加，CBT 也明显升高（Park Y H et al.，2014）。因此，西北冰洋多年海冰覆盖区的 CBT 明显高于季节性海冰覆盖区。然而，支链 GDGTs 的环化指数 CBT 是如何响应海冰覆盖状况的机制依然还不清楚。在海洋沉积物中支链 GDGTs 也有海洋自生来源（Peterse et al.，2009；Zhu et al.，2011）。楚科奇海相对高的支链 GDGTs 含量说明其中部分可能源于海洋，但楚科奇海以北海区支链 GDGTs 含量逐渐降低，对应于陆源输入指数 BIT 逐渐增加。基于支链 GDGTs 的环化指数 CBT 和甲基化指数 MBT ［图 5-15（b）］估算的周边 MAT 变化范围在-7.13～6.27℃ ［图 5-15（d）］，而基于支链 GDGTs 的环化指数 CBT 估算的土壤 pH 在 5.78～8.87 ［图 5-15（c）］。但是，环化指数 CBT 与土壤 pH 的分布趋势呈现出明显的负相关。与 CBT 相比，MAT 很大程度上取决于 MBT 中甲基的相对多少，因此，MAT 的分布特征与 MBT 有一些相似 ［图 5-15（b）］，尽管支链 GDGTs 在重建古温度上有普遍适用的潜力（Loomis et al.，2012）。如非洲东部坦桑尼亚乞力马扎罗（Kilimanjaro）山脉土壤

中的 MBT 和 CBT 重建 MAT 和 pH 的结果发现，区域性的校正方程比全球性的校正方程具有更为准确的重建结果（Sinninghe Damsté et al.，2008）。但是，白令海和西北冰洋表层沉积物样品的分布海域广阔，沉积物来源相对复杂，MAT 和土壤 pH 可能存在较大差异，因而造成基于支链 GDGTs 的 CBT 和 MBT 估算的 MAT 和 pH 存在较大差异（Park Y H et al.，2014）。另外，陆源有机物质在搬运过程中有可能发生混合，造成土壤的不均一性，从而导致 MAT 相对分散，缺乏相关性（Weijers et al.，2007b）。因此，应用类异戊二烯 GDGTs 与支链 GDGTs 重建北极海洋和陆地环境有着不可估量的潜力，但是这两种 GDGTs 的来源有待更加深入的研究。

5.5.2　生物标志物 IP$_{25}$ 的分布特征

北极海冰的季节和长期变化是全球气候系统的一个重要组成部分。在全球变暖背景下，北极海冰覆盖面积持续减少，对全球的温盐环流、海洋生物化学过程及气候变化产生了深远影响。卫星观测数据显示，近 40 年来北极夏季海冰正在迅速减少，为了明确海冰的变化规律及其驱动机制，需要构建更长时间尺度的海冰记录。因此，寻找一种性质稳定、来源明确的海冰特异性指标对重建北极古海冰至关重要。

英国普利茅斯大学（University of Plymouth）的 Simon Belt 教授首次在加拿大北极群岛季节性海冰及其覆盖下的沉积物中发现了一种由海冰硅藻合成、结构稳定的有机分子化合物（Belt et al.，2007），是含有 1 个双键的高度支化类异戊二烯（highly branched isoprenoids，HBIs）（图 5-16）。此外，该生物标志物在多年海冰及其覆盖下的沉积物中未检出，在永久开阔水域以及浮游植物中也未检出，因此，该生物标志物可以指示季节性海冰，即需要满足海冰硅藻的生长条件（Belt et al.，2007）。基于该生物标志物可以指示季节性海冰的特性，该生物标志物被命名为 "Ice Proxy with 25 carbon atoms"（含有 25 个碳原子的海冰指标），简称为 IP$_{25}$。目前的研究表明，IP$_{25}$ 只由 3～4 种海冰硅藻（*Pleurosigma stuxbergii* var. *rhomboides*、*Haslea crucigeroides/Haslea spicula*、*Haslea kjellmanii*）合成（Brown T A et al.，2014）。虽然产生 IP$_{25}$ 的海冰硅藻种属很少（仅占海冰硅藻类的 1%～5%），但是这几种海冰硅藻在北冰洋及亚北极海域广泛分布（北冰洋陆架边缘海、高纬度海盆、加拿大北极群岛、北欧海）（Brown T A et al.，2014），因此可以在泛北极海域应用。并且 IP$_{25}$ 已经在北冰洋中央的中新世沉积物中被检出（Stein et al.，2016），因此该生物标志物可以用于长时间尺度的海冰重建。需要指出的是，生物标志物 IP$_{25}$ 仅在北极海域检出。

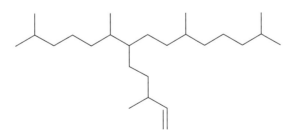

图 5-16　生物标志物 IP$_{25}$ 的分子结构（据 Belt et al.，2007 改）

海洋沉积物中的 IP$_{25}$ 可以指示季节性海冰，而 IP$_{25}$ 的缺乏对应于无冰或者多年海冰两种情况，因为这两种情况都会遏制海冰硅藻的生长，仅分析 IP$_{25}$ 的含量无法区分无冰和多年海冰的情况。结合生物标志物 IP$_{25}$ 和浮游植物生物标志物可以区分这两种海冰情况（Müller et al.，2009），在多年海冰覆盖区域，由于光照的穿透较弱从而抑制了海冰硅藻和浮游植物的生长，IP$_{25}$ 和浮游植物生物标志物均检测不到；在海冰边缘或季节性海冰区域，适宜海冰硅藻和浮游植物的生长，IP$_{25}$ 和浮游植物生物标志物的含量都较高；而在开阔水域不存在海冰的区域，环境条件并不适合海冰硅藻的生存，因此未检测到 IP$_{25}$ 的存在，只检测出含量较高的浮游植物生物标志物。IP$_{25}$ 应用于海冰重建的里程碑式进步在于其可以半定量地估算海冰的密集度，Müller 等（2011）首次提出浮游植物-IP$_{25}$ 指数（Phytoplankton-IP$_{25}$，PIP$_{25}$），可以用于半定量地估算北极海冰密集度：

$$PIP_{25}=IP_{25}/[IP_{25}+(\text{浮游植物生物标志物}\times c)] \tag{5-1}$$

$$c=IP_{25}\text{平均含量/浮游植物生物标志物平均含量} \tag{5-2}$$

PIP_{25}数值越高代表海冰密集度越高，而低值则代表海冰密集度低。其中用于计算PIP_{25}的浮游植物生物标志物通常在开阔水域条件下产生，如菜籽甾醇（brassicasterol）、甲藻甾醇（dinosterol）、短链正构烷烃等。近年的研究发现，含有 3 个不饱和双键的 HBI（HBI Ⅲ），即 IP_{25} 的同系化合物，在冬季冰边缘含量明显较高，且在表层沉积物中与 IP_{25} 分布趋势相反，被用于指示边缘冰区（marginal ice zones，MIZs）（Belt et al.，2015；Ribeiro et al.，2017；Smik et al.，2016），也作为浮游植物生物标志物用于 PIP_{25} 的计算。目前研究已证明 PIP_{25} 与现代卫星海冰密集度存在良好的相关性，并在北极不同区域和不同时间尺度的古海冰重建中得到了广泛应用（郝伟杰等，2018；Belt，2018）。

本节汇总了北冰洋及亚北极海域表层沉积物中的生物标志物数据，包括 HBIs（IP_{25} 及其同系化合物）、菜籽甾醇、甲藻甾醇，获得了泛北极海冰相关的生物标志物数据集，为海冰重建提供了更完整的数据信息（图5-17）。前人有关泛北极生物标志物数据集的工作在空间上依然存在关键的空白区域（Kolling et al.，2020；Xiao X et al.，2015a）。在最新的北极生物标志物数据集的基础上（$n=875$；Kolling et al.，2020），本节研究更新补充的数据包括：白令海-楚科奇海（$n=55$；Zhang J et al.，2025），斯瓦尔巴群岛西部（$n=27$，Smik and Belt，2017），巴伦支海（$n=198$，Köseoğlu et al.，2018）和东西伯利亚海（$n=42$，Su et al.，2022）。

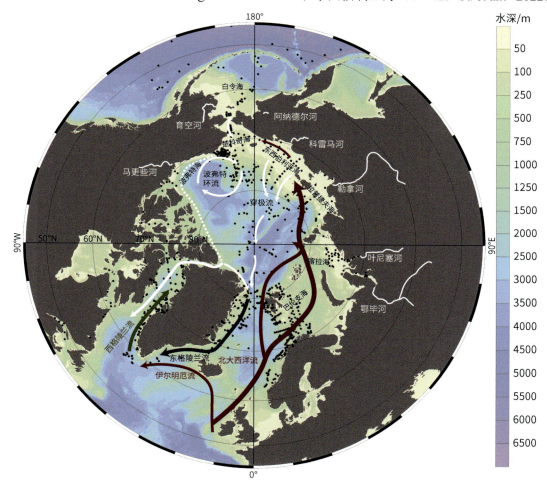

图 5-17　北冰洋和亚北极海域表层沉积物中生物标志物的样品站位（$n=1063$）（据 Zhang J et al.，2025 改）

与 Kolling 等（2020）的泛北极生物标志物数据集相比，本节新汇编的数据集填补了白令海-楚科奇海和东西伯利亚海生物标志物数据的空白，提高了泛北极生物标志物的空间分辨率［特别是 HBI Ⅲ(Z) 和 HBI Ⅲ (E)］（图 5-17）。海冰生物标志物 IP_{25} 和 HBI Ⅱ（含有 2 个双键的 HBI）含量的空间分布相似［图 5-18（a）、（b）］，

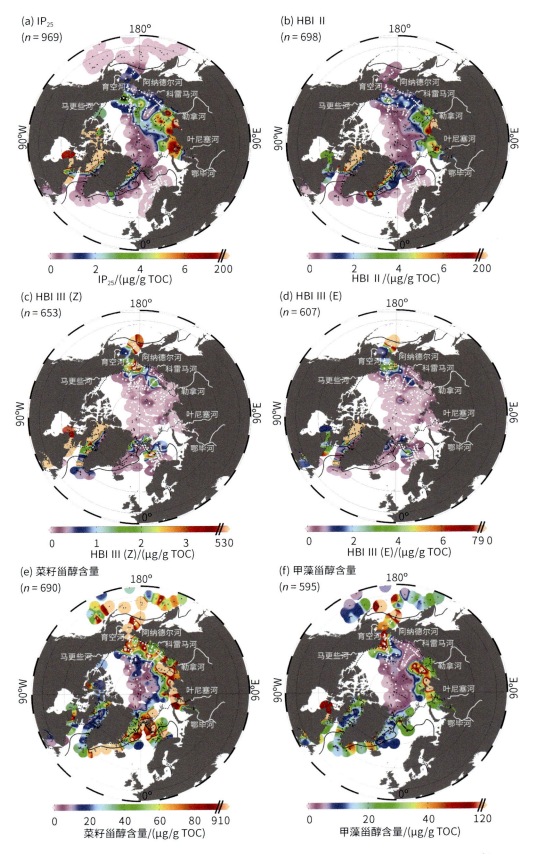

图 5-18　北冰洋和亚北极表层沉积物中生物标志物的含量（据 Zhang J et al.，2025 改）

黑点代表 Kolling 等（2020）的数据站位，白点代表在此基础上更新的数据站位

高值主要出现在季节性海冰覆盖的北冰洋陆架边缘海，而在多年海冰覆盖的高纬度海盆区域和无冰区都呈现低值或低于检测限。而 HBI II 也曾在无海冰覆盖区域的沉积物中被检出，如佛罗里达湾（Florida Bay）（Xu Y et al.，2006），但在泛北极地区，IP$_{25}$ 和 HBI II 的含量呈现明显的正相关，说明 HBI II 在北极的主要生产者是海冰硅藻。相比于 HBI II，IP$_{25}$ 在北极高纬度区域的含量更高，这是由于 IP$_{25}$ 可以在更低的温度下合成（Rowland et al.，2001）。浮游植物生物标志物 HBI III (Z) 和 HBI III (E) 为同分异构体，其分布特征也基本相似 [图 5-18（c）、(d)]，在季节性海冰覆盖海域显示出较高的数值。前人研究认为 HBI III (Z) 的分布与 MIZs 有关（Belt et al.，2015；Ribeiro et al.，2017；Smik et al.，2016），因此，我们推测 HBI III (E) 也与 MIZs 有关。而菜籽甾醇和甲藻甾醇在北冰洋中心的含量都极低，而在北冰洋陆架边缘海和亚北极地区的含量普遍较高 [图 5-18（e）、(f)]。

基于不同的浮游植物生物标志物 [图 5-18（c）～（f）]，根据经验公式 [式（5-1）和式（5-2）] 计算了半定量海冰指数 PIP$_{25}$ 的数值（图 5-19）。其中，P$_{III(Z)}$IP$_{25}$ 为 IP$_{25}$ 和 HBI III(Z) 计算所得 [图 5-19（a）]；P$_{III(E)}$IP$_{25}$ 为 IP$_{25}$ 和 HBI III(E) 计算所得 [图 5-19（b）]；P$_B$IP$_{25}$ 为 IP$_{25}$ 和菜籽甾醇计算所得 [图 5-19（c）]；P$_D$IP$_{25}$ 为 IP$_{25}$ 和甲藻甾醇计算所得 [图 5-19（d）]。PIP$_{25}$ 的空间分布与卫星观测海冰分布一致，基本呈现

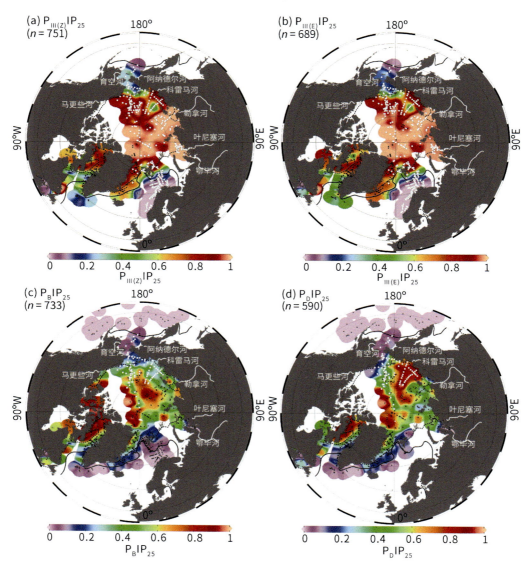

图 5-19　基于不同浮游植物生物标志物的 PIP$_{25}$ 的空间分布（据 Zhang J et al.，2025 改）

黑点代表 Kolling 等（2020）的数据站位，白点代表在此基础上更新的数据站位

高纬度数值高、低纬度数值低的特征。PIP_{25} 的高值（＞0.75）指示多年海冰覆盖区域，低值（＜0.5）指示海冰覆盖时间短或无冰区域。其中，$P_{III(Z)}IP_{25}$ 和 $P_{III(E)}IP_{25}$ 与秋季和冬季海冰密集度具有显著的相关性（表 5-1）。在全球变暖的大背景下，海冰的消失可能使得浮游植物生长季节的延长或在秋季出现第二次藻华（Ardyna et al.，2014）。因此，在亚北极海域 PIP_{25} 与秋冬季海冰密集度有较高的相关性。此外，在进行古海冰重建时，需要考虑到区域性特征，因此，我们分区域讨论北极-太平洋扇区、北极-大西洋扇区、西伯利亚北极边缘海、加拿大北极群岛 PIP_{25} 的分布特征。

表 5-1　泛北极 PIP_{25} 与卫星海冰密集度的相关系数（R^2）（据 Zhang J et al.，2025 改）

PIP_{25}	春季	夏季	秋季	冬季
$P_{III(Z)}IP_{25}$	0.69**	0.45**	0.66**	0.64**
$P_{III(E)}IP_{25}$	0.71**	0.44**	0.64**	0.67**
P_BIP_{25}	0.47**	0.28**	0.44**	0.47**
P_DIP_{25}	0.43**	0.27**	0.42**	0.38**

**显著相关，$p<0.01$。

北极-太平洋扇区的数据集主要基于白令海-楚科奇海陆架的样品（图 5-17）。$P_{III(Z)}IP_{25}$ 和 $P_{III(E)}IP_{25}$ 与春季、夏季和秋季海冰密集度表现出很强的相关性（表 5-2）。与秋季海冰之间的正相关可能是由于近年来全球变暖下北极地区秋季出现的浮游植物大量繁殖（Ardyna et al.，2014；Arrigo and van Dijken，2015；Waga and Hirawake，2020）。

表 5-2　泛北极不同区域 PIP_{25} 与季节性海冰密集度的相关系数（R^2）（据 Zhang J et al.，2025 改）

区域	PIP_{25}	春季	夏季	秋季	冬季
北极-太平洋扇区（n=93）	$P_{III(Z)}IP_{25}$	0.51**	0.72**	0.73**	0.16**
	$P_{III(E)}IP_{25}$	0.55**	0.84**	0.82**	0.16**
	P_BIP_{25}	0.45**	0.64**	0.62**	0.17**
	P_DIP_{25}	0.41**	0.46**	0.45**	0.16**
北极-大西洋扇区（n=361）	$P_{III(Z)}IP_{25}$	0.70**	0.47**	0.61**	0.70**
	$P_{III(E)}IP_{25}$	0.78**	0.46**	0.65**	0.78**
	P_BIP_{25}	0.63**	0.45**	0.63**	0.66**
	P_DIP_{25}	0.58**	0.38**	0.60**	0.60**
西伯利亚北极边缘海（n=106）	$P_{III(Z)}IP_{25}$	0.08**	0.12**	0.03	0.06*
	$P_{III(E)}IP_{25}$	0.07**	0.09**	0.02	0.05*
	P_BIP_{25}	0.63**	0.45**	0.63**	0.66**
	P_DIP_{25}	0.58**	0.38**	0.60**	0.60**
加拿大北极群岛（n=157）	$P_{III(Z)}IP_{25}$	0.40**	0.04*	0.33**	0.30**
	$P_{III(E)}IP_{25}$	0.29**	0.06**	0.14**	0.22**
	P_BIP_{25}	0.63**	0.45**	0.63**	0.66**
	P_DIP_{25}	0.58**	0.38**	0.60**	0.60**

**显著相关，$p<0.01$。

*$p<0.05$。

在北极-大西洋扇区（弗拉姆海峡、北欧海、巴伦支海），PIP_{25} 与 4 个季节海冰密集度都具有较高相关性，与前人研究相似（Kolling et al.，2020），可能是因为该海域海冰的季节性差异并不明显。本研究区域在 Kolling 等（2020）的基础上更新了巴伦支海的 HBIs 数据（Köseoğlu et al.，2018），结果表明 $P_{III(Z)}IP_{25}$ 和 $P_{III(E)}IP_{25}$ 与春季、秋季和冬季海冰密集度显著相关（表 5-2）。而 PIP_{25} 与冬季海冰之间的正相关可能是由于春季和冬季海冰密集度接近造成的。

西伯利亚北极边缘海（东西伯利亚海、拉普捷夫海和喀拉海）的区域特点是河流（淡水）排放量大，影响海冰的生成、运输和融化等过程（Peterson et al.，2002，2006）。表层沉积物站位涵盖了鄂毕河口、勒拿河口、叶尼塞河口、沿岸、陆架、陆坡，受复杂的海冰情况影响，如季节性海冰、快速冰、冰间湖等（Barale and Gade，2018；Smith W O and Barber，2007；Thomas and Dieckmann，2006）。因此，所有 PIP$_{25}$ 与卫星海冰密集度显示出较低的相关性（表 5-2；$R^2 < 0.2$），与前人研究的结果一致（Su et al.，2022；Xiao X et al.，2013）。

加拿大北极群岛的海冰季节性变化强烈（Sou and Flato，2009；Tang et al.，2004）。P$_B$IP$_{25}$ 和 P$_D$IP$_{25}$ 与春季和秋季海冰密集度具有较好的相关性（表 5-2），这可能与该地区近几十年来在春季和秋季经历了两次浮游植物大量繁殖有关（Krawczyk et al.，2015）。

5.6　浮游有孔虫氧碳同位素分布特征

浮游有孔虫碳酸钙壳体的氧碳同位素（δ^{18}O 和 δ^{13}C）是古海洋研究中应用最广泛的指标，常被用来指示海水温度、盐度（δ^{18}O）、洋流、碳循环（δ^{13}C）等环境参数的变化（Ravelo and Hillaire-Marcel，2007）。左旋壳的 Nps 是极地海域最广泛分布的有孔虫属种，在北冰洋通常占浮游有孔虫组合的 90% 以上（Volkmann，2000；Eynaud，2011）。Nps 壳体的 δ^{18}O 被用来重建北极洋流、海冰、融冰事件等环境演化（Adler et al.，2009；Hillaire-Marcel and de Vernal，2008；Spielhagen et al.，2004；Spielhagen and Bauch，2015）。应用这些替代指标进行古环境解释需要建立在对 Nps 生态特征的认识上。由于北极特殊的环境，对 Nps 生态和在水体中的分布研究较少，限制了我们对其环境指示意义的解读。格陵兰岛东北部海域的拖网和沉积物捕获器样品显示，Nps 在叶绿素含量最大值的 20～80 m 表层水体中丰度最高，对应其主要的食物来源（Kohfeld et al.，1996）。在北冰洋东部的南森海盆，Nps 的生态从南森海盆南部的 100～200 m 水深，迁徙到北部的 75 m 水深，与大西洋水层的深度相当（Bauch D et al.，2000）。在拉普捷夫海陆坡区，Nps 主要栖息在 50～100 m 水深；而在弗拉姆海峡，Nps 的生活水深从海冰覆盖区的 50～100 m 迁徙至海冰边缘区约 100 m（Volkmann，2000；Volkmann and Mensch，2001）。这些研究揭示了 Nps 在不同环境下在水柱中上下迁移的特性，受到食物来源、海冰分布、水体结构等环境因素的约束。

通过对北冰洋表层沉积物中 Nps-δ^{18}O 的分布研究，有助于在更大空间尺度上探讨 Nps 的习性变化，进而更明晰该指标在古环境重建中的应用。北冰洋表层沉积物中 Nps-δ^{18}O 的数据主要来源于北冰洋东部的欧亚海盆（Spielhagen and Erlenkeuser，1994）。数据揭示了 Nps-δ^{18}O 从弗拉姆海峡向北冰洋中央海盆逐渐降低（变轻）的趋势，同时 Nps-δ^{13}C 升高（变重）。该研究说明 Nps-δ^{18}O 与其生活的水层盐度有很好的相关性，并提出大西洋水对欧亚海盆中 Nps-δ^{18}O 的影响，以及反映了在其较浅的生活水深中盐度向北逐渐降低的特征。

在该研究基础上，通过汇总中国北极科学考察为主的若干航次在北冰洋西部的美亚海盆采集的表层沉积物样品中 Nps-δ^{18}O 和 Nps-δ^{13}C（Xiao W et al.，2014），获得了其在整个北冰洋的分布特征（图 5-20）。数据显示，在楚科奇海陆架和白令海北部陆架，Nps-δ^{18}O 在 1.5‰～2‰；在楚科奇海陆架边缘，其值上升至 2‰～3.5‰；在波弗特海陆坡区，Nps-δ^{18}O 约为 2.5‰，而在马更些河口的拖网样品中记录到约 1‰ 的轻值；在楚科奇边缘地和加拿大海盆，Nps-δ^{18}O 出现 <1.5‰ 的轻值；再往北的北冰洋中央海盆、马卡罗夫海盆、罗蒙诺索夫海岭等地，Nps-δ^{18}O 在 1.6‰～2.3‰，平均值为 1.9‰；在欧亚北冰洋，从中央海盆到拉普捷夫海和巴伦支海陆架边缘 Nps-δ^{18}O 从 1.9‰ 上升到 3.4‰。Nps-δ^{13}C 在白令海北部陆架、楚科奇海南部和东北部等地为 0.8‰～1.1‰；在楚科奇海中部出现 0.4‰～0.5‰ 的低值；在楚科奇边缘地，Nps-δ^{13}C 为 0.6‰～0.9‰；在更北的美亚北冰洋，其值为 0.8‰～1.5‰；波弗特海出现 0.4‰～0.7‰ 的轻值；在罗蒙诺索夫海岭和欧亚海盆，Nps-δ^{13}C 为 0.75‰～0.95‰；轻值也同样出现在巴伦支海北部陆架（约 0.5‰）和拉普捷夫海陆架边缘（0.4‰～0.7‰）。

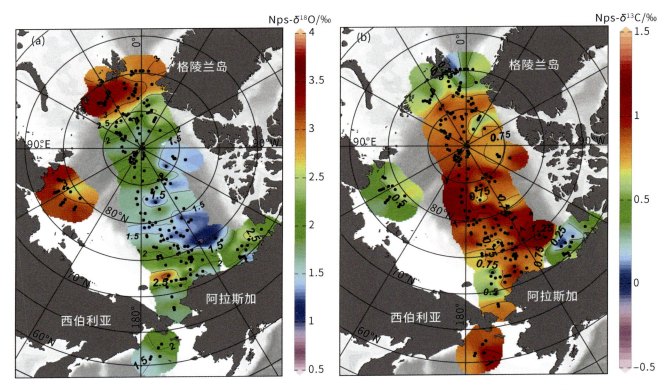

图 5-20　北冰洋表层沉积物中 Nps-δ^{18}O 和 Nps-δ^{13}C 的分布特征（据 Xiao W et al.，2014 改）

（a）北冰洋表层沉积物中 Nps-δ^{18}O 分布特征；（b）北冰洋表层沉积物中 Nps-δ^{13}C 分布特征

　　浮游有孔虫壳体 δ^{18}O 记录了水体的同位素组成。其成壳过程的 δ^{18}O 与海水温度相关：1℃的水温变化相当于 0.25‰的 δ^{18}O 变化（Shackleton，1974）。有孔虫主要在北冰洋的夏季生长（Carstens and Wefer，1992）。现代北冰洋夏季表层水温数据显示，从白令海北部至夏季海冰边界所在的楚科奇海陆架边缘有大约 8℃的温差；同样，从弗拉姆海峡至南森海盆南部，也有 3℃温差。因此，根据温度和 δ^{18}O 的关系，这个温度变化将导致 δ^{18}O 有 1‰～2‰的差异。在海冰覆盖下的北冰洋中央海盆，表层水温在冰点左右，差别非常小。然而，这个温度差别并没有体现在 δ^{18}O 变化中。因此，温度并非 δ^{18}O 主控因素。

　　北冰洋海水来源广泛，包括太平洋和大西洋入流水、大气降水、河水、海冰融水等，携带不同的 δ^{18}O 信号。北冰洋中的水循环过程也影响着不同区域水体的 δ^{18}O 组成。例如，波弗特环流将大量的表层、次表层淡水储存在美亚北冰洋，以及海冰生成时产生的盐卤水会将表层的轻同位素信号向下传导（Hillaire-Marcel and de Vernal，2008；Yamamoto-Kawai et al.，2008；Bauch D et al.，2011a）。对比北冰洋上层 200 m 水体不同水深的海水 δ^{18}O$_w$ 和盐度显示（图 5-21），美亚海盆水体体现轻 δ^{18}O$_w$ 和低盐的特征，与波弗特环流中的淡水储存相关（Yamamoto-Kawai et al.，2008）。由于大西洋入流水的作用，弗拉姆海峡和巴伦支海的水体呈现重 δ^{18}O$_w$ 和高盐的特征。北冰洋表层 50 m 水体的 δ^{18}O$_w$ 与盐度的相关性并不好，体现了不同来源水体的混合作用。而在 100～150 m 水体中，二者相关性最好（$R^2>0.8$），体现了水体混合较好。

　　如果将 Nps-δ^{18}O 去除温度效应后（即 δ^{18}O$_{norm}$），对比水体 δ^{18}O$_w$ 发现，Nps-δ^{18}O$_{norm}$ 和 δ^{18}O$_w$ 的相关性在不同区域存在差异（图 5-22），反映了不同区域水体混合的情况。二者相关性最好的区域是在 30～50 m 水深（$R^2>0.4$），尤其在中央海盆（美亚海盆和欧亚海盆）。在更深的水层，受到大西洋水的影响，δ^{18}O$_w$ 在大部分区域的水体中都变重，但温度变化很小导致 Nps-δ^{18}O$_{norm}$ 的变化也很小。这个现象说明 Nps 在北冰洋生活水深较浅，与之前在南森海盆观察到的现象一致（Carstens and Wefer，1992）。中国北极科学考察在马卡罗夫海盆的拖网调查也发现，Nps（>150 μm）在 50～100 m 的盐跃层丰度最高，这个水层也具有最强的 δ^{18}O$_w$ 梯度（Ding X et al.，2014）。这项研究说明了盐跃层对 Nps 习性及其壳体 δ^{18}O 的影响。从欧亚海盆向美亚海盆，Nps-δ^{18}O 变轻，可能与盐跃层逐渐变深有关，使得 Nps 栖息在轻 δ^{18}O$_w$ 信号的近表层水体中。在北冰洋的边缘海，Nps-δ^{18}O 和 δ^{18}O$_w$（盐度）相关性较弱。例如，在楚科奇海中部和白令海北部，Nps-δ^{18}O 相似，但没有体现两个区域温度和盐度的差异。这个现象可能与楚科奇海复杂的水团交汇有关。

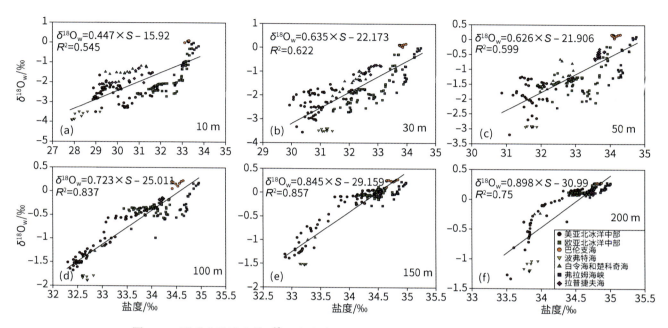

图 5-21　夏季北冰洋水体 δ^{18}O$_w$ 与盐度的相关性（据 Xiao W et al.，2014 改）

（a）～（f）分别为水深 10 m、30 m、50 m、100 m、150 m 和 200 m 的 δ^{18}O$_w$ 与盐度的相关性

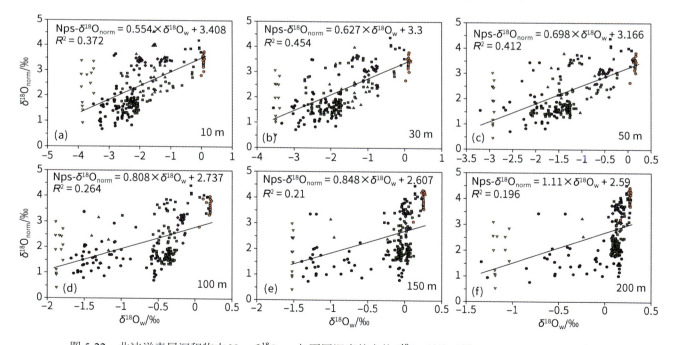

图 5-22　北冰洋表层沉积物中 Nps-δ^{18}O$_{norm}$ 与不同深度的水体 δ^{18}O$_w$ 对比（据 Xiao W et al.，2014 改）

（a）～（f）分别为水深 10 m、30 m、50 m、100 m、150 m 和 200 m 的 δ^{18}O$_w$ 与 δ^{18}O$_{norm}$ 的相关性；Nps 的 δ^{18}O 校正到-1℃水温的同位素值；数据点的形状和颜色代表不同区域的数据（见图 5-21）

　　在波弗特海、楚科奇海、拉普捷夫海、巴伦支海等海域的陆坡区域向北冰洋中央海盆，Nps-δ^{18}O 逐渐变轻。这个现象被解释为在陆坡区 Nps 生活在较深的 50～200 m 水层，受到高盐的大西洋水影响（Carstens and Wefer，1992）。而向中央海盆 Nps-δ^{18}O 变轻反映了 Nps 生活水深变浅（Spielhagen and Erlenkeuser，

1994）。这个习性的迁徙与海冰覆盖有关。在格陵兰岛东部海域和弗拉姆海峡，Nps 在叶绿素含量最大值的水层下方丰度最高（Kohfeld et al.，1996；Carstens et al.，1997），浮游植物（如硅藻）的勃发是 Nps 的食物来源。在陆架上叶绿素含量最大值通常在表层 50 m 以内，而在陆架坡折区由于光照条件和营养供应的不同，水深变化范围较大。而在多年海冰区，叶绿素含量最大值在 50 m 以浅（Arrigo et al.，2011；Griffith et al.，2012）。这个特征也反映为在中央海盆区 Nps-δ^{18}O 与 30~50 m 水深的 δ^{18}O$_W$ 相关性最好。

有孔虫壳体的 δ^{13}C 反映了水体中溶解无机碳（DIC）的同位素组成，常被用来指示海水通风作用、海气交换和生产力（Ravelo and Hillaire-Marcel，2007）。由于北冰洋常年冰封的状态，海气交换主要发生在季节性海冰的陆架区。该区域旺盛的初级生产力吸收大气轻 δ^{13}C 的 CO_2。这个过程也通过大西洋水的入流、陆架盐卤水的生成等过程影响到北冰洋中央海区，但其影响向中央海区逐渐减弱（Bauch D et al.，2000）。此外，中央海区对海水更长时间的存储有利于碳同位素达到平衡，使得 δ^{13}C 变重。该现象与表层沉积物中 Nps-δ^{13}C 的分布一致，表现为中央海区比边缘海偏重的 Nps-δ^{13}C（图 5-20）。

除了海气交换，陆架 δ^{13}C 还受到河流注入、海岸侵蚀带来的陆源 DIC 的影响（Alling et al.，2012）。这些轻 δ^{13}C 的无机碳在陆架很快被初级生产力利用。陆架生成的盐卤水流入海盆，将这些同位素信号混合进盐跃层中。在陆架坡折区较轻的 Nps-δ^{13}C 可能携带了这些信号。在加拿大海盆，较重的 Nps-δ^{13}C 同样与 DIC 的分布有关。富营养的太平洋入流水主要集中在次表层 50~200 m（Yamamoto-Kawai et al.，2008；Griffith et al.，2012）。该水层 DIC 含量最高，δ^{13}C$_{DIC}$ 为 0.3‰~0.5‰，而在表层的极地混合水层，δ^{13}C$_{DIC}$ 为 1.5‰~1.6‰（Griffith et al.，2012）。极地混合水层较高的 δ^{13}C$_{DIC}$ 对应该水层叶绿素含量最大值（Kohfeld et al.，1996），表现为海冰覆盖下生产力受光照条件的限制，同时其值也与 Nps-δ^{13}C 相符，说明 Nps 生活在较浅的水层。楚科奇海中部和北部的 Nps-δ^{13}C 比南部更轻，这个现象反映了该海域生产力的空间分布。

表层沉积物中 Nps-δ^{18}O 和 Nps-δ^{13}C 的分布规律，反映了随着北冰洋不同区域海冰、营养盐、生产力等环境特征的不同，Nps 的习性发生了迁徙（图 5-23）。受限于陆架水深，Nps 生活在近表层的浅水中；在陆架坡折区，它追随更深的富含营养水体，那里藻类勃发是其食物来源；在常年冰封的中央海区，Nps 跟随初级生产力向浅水迁徙；往北大西洋，它摆脱了海冰覆盖的限制，下沉到次表层的大西洋水体中。

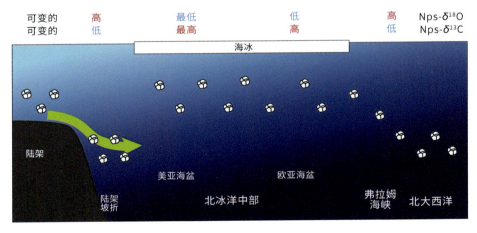

图 5-23　北冰洋表层沉积物中 Nps-δ^{18}O 和 Nps-δ^{13}C 的分布特征及对应的生活水深迁移（据 Xiao W et al.，2014 改）

5.7　浮游和底栖有孔虫分布特征

5.7.1　浮游和底栖有孔虫总丰度分布特征

这项研究的表层样品共计 214 个，来自中国第 1 次至第 7 次北极科学考察期间用箱式采样器采集的样品，站位分布图如图 5-24 所示。采样区域包括楚科奇海、楚科奇海台、北风号海岭、加拿大海盆、门捷列夫海岭、阿尔法海岭、马卡罗夫海盆和罗蒙诺索夫海岭等区域，水深分布范围为 26～4385 m。在 179 个样品中含有有孔虫壳体，其中，浮游有孔虫丰度在 0～19539 枚/g，底栖有孔虫丰度在 0～635 枚/g。浮游有孔虫丰度分布如图 5-25（a）所示，大约以 75°N，即陆架-陆坡的转折处为界，75°N 以北浮游有孔虫丰度较高，最大值出现在楚科奇海台，在门捷列夫深海平原、罗蒙诺索夫海岭以及阿尔法海岭也相对较高。底栖有孔虫丰度分布如图 5-25（b）所示，同样以 75°N 为界，丰度的最高值出现在北风号海岭，在楚科奇海台以及罗蒙诺索夫海岭也相对较高，在陆架区以及加拿大海盆丰度极低。

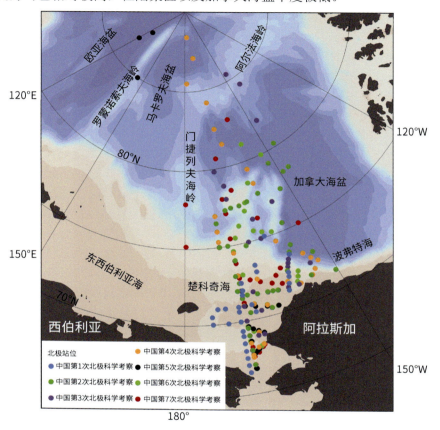

图 5-24　中国第 1 次至第 7 次北极科学考察表层样站位分布图

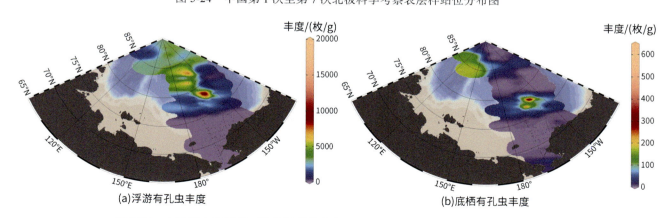

图 5-25　中国第 1 次至第 7 次北极科学考察表层样中浮游和底栖有孔虫丰度分布特征

5.7.2　底栖有孔虫主要属种分布特征

由于研究区表层沉积物中底栖有孔虫丰度较低，大部分样品全样统计的数量也不足 50 枚，为了保证统计的准确性，只针对底栖有孔虫含量在 50 枚以上的 73 个样品做属种组合分析。这 73 个样品中，底栖有孔虫属种共 46 个，其中有 7 个优势种出现在大多数样品中，它们的平均含量均大于 4%，平均含量之和为 75.7%，具体的平均含量见表 5-3。

表 5-3　北冰洋表层沉积物中 7 个底栖有孔虫优势种的含量

属种名称	含量/%	平均值/%
Buccella frigida	0～28.3	4.1
Cibicidoides wuellerstorfi	0～100	17.7
Cassidulina teretis	0～96.1	11.9
Elphidium excavatum	0～89.7	12.0
Elphidium albiumbilicatum	0～58.8	11.9
Florilus scaphus	0～47.8	4.4
Oridorsalis tener	0～92.4	14.7

Buccella frigida 是研究区常见的属种之一，出现在 27 个站位中，其含量在 0～28.3%。该种主要分布在楚科奇海、楚科奇边缘地等地区，含量在 15%左右，分布范围在 65°N～71°N。*B. frigida* 含量分布如图 5-26（a）所示。在深度分布上，该种含量大于 10%的站位分布在 28～383 m 水深。*Elphidium albiumbilicatum* 为研究区常见的属种之一，出现在 40 个站位中，其含量在 0～58.8%。该种主要出现在楚科奇海、波弗特海、阿拉斯加沿岸和白令海峡等区域，在阿拉斯加沿岸该种含量较高，可以达到 50%。*E. albiumbilicatum* 含量分布如图 5-26（b）所示。在深度分布上，该种含量大于 10%的站位分布在 28～384 m 水深。*Elphidium excavatum* 为研究区常见的属种之一，出现在 36 个站位中，其含量在 0～89.7%。该种主要出现在楚科奇海、白令海峡以及罗蒙诺索夫海岭等区域。其中，在楚科奇海局部区域含量可以达到 60%。*E. excavatum* 含量分布如图 5-26（c）所示。在深度分布上，该种含量大于 10%的站位分布在 28～168 m 水深。*Florilus scaphus* 为研究区常见的属种之一，出现在 24 个站位中，其含量在 0～47.8%。该种主要出现在阿拉斯加北部、波弗特海陆架-陆坡区以及楚科奇海中部。其中在阿拉斯加北部该种含量较高，可以达到 40%。*F. scaphus* 含量分布如图 5-26（d）所示。在深度分布上，该种含量大于 10%的站位分布在 31～383 m 水深。*Cassidulina teretis* 为研究区常见的属种之一，出现在 30 个站位中，其含量在 0～96.1%。该种主要出现在楚科奇海台、北风号海岭以及楚科奇海陆坡北部，在楚科奇海台该种含量可以达到 70%以上。*C. teretis* 含量分布如图 5-26（e）所示。在深度分布上，该种含量大于 10%的站位分布在 320～752 m 水深。

Cibicidoides wuellerstorfi 为研究区最常见的属种之一，出现在 36 个站位中，其含量在 0～100%。该种主要出现在楚科奇海台南部、北风号海岭、楚科奇深海平原以及阿尔法海岭，含量可以达到 60%，马卡罗夫海盆以及罗蒙诺索夫海岭也相对较高。*C. wuellerstorfi* 含量分布如图 5-26（f）所示。在深度分布上，该种含量大于 10%的站位分布在 1456～3341 m 水深，在 1500～2000 m 含量较高。*Oridorsalis tener* 为研究区最常见的属种之一，出现在 33 个站位中，其含量在 0～92.4%。该种主要出现在门捷列夫深海平原、马卡罗夫海盆、阿尔法海岭以及罗蒙诺索夫海岭等区域，该种在这些区域的含量可以达到 80%以上，而在水深较浅的楚科奇海台等区域含量较低。*O. tener* 含量分布如图 5-26（g）所示。在深度分布上，该种含量大于 10%的站位分布在 438～3700 m 水深。

5.7.3　底栖有孔虫组合分布特征

本研究仅对底栖有孔虫统计数在 50 枚以上的 73 个样品进行组合分析，对至少在 3 个样品中含量超过 2%的 18 个底栖有孔虫属种进行 Q 型因子分析，并经方差最大化旋转后得出 4 个主因子，累计方差贡献为 73.6%。每个种的因子得分见表 5-4，每个因子中得分较大的数值所对应的属种代表这个因子，即 1 个组合。

将表层沉积物中底栖有孔虫分成 4 个组合。

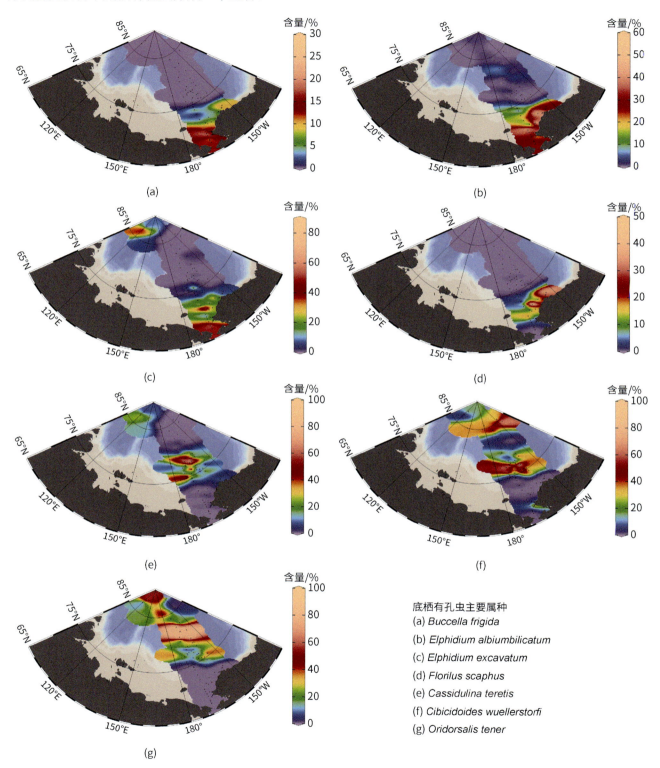

底栖有孔虫主要属种
(a) *Buccella frigida*

(b) *Elphidium albiumbilicatum*

(c) *Elphidium excavatum*

(d) *Florilus scaphus*

(e) *Cassidulina teretis*

(f) *Cibicidoides wuellerstorfi*

(g) *Oridorsalis tener*

图 5-26 北冰洋表层沉积物中底栖有孔虫 7 个主要属种含量的分布特征图

因子 1：*C. wuellerstorfi* 组合。因子 1 解释方差的 27.1%，因子得分最高的属种是 *C. wuellerstorfi*，因子得分 4.189，因子载荷如图 5-27（a）所示，载荷大于 0.2 的站位主要分布在 75°N 以北的区域，包括楚科奇深海平原、楚科奇海台、北风号海岭及邻近的深水海区、门捷列夫深海平原、阿尔法海岭和马卡罗夫海盆等。因子载荷大于 0.8 的站位主要分布在楚科奇深海平原以及阿尔法海岭，分布水深为 1456～2493 m。

　　因子 2：*B. frigida-E. albiumbilicatum-E. excavatum-F. scaphus* 组合。因子 2 解释方差的 24.6%，因子得分较高的属种是 *B. frigida*、*E. albiumbilicatum*、*E. excavatum* 和 *F. scaphus*，因子得分均大于 1，因子载荷分布如图 5-27（b）所示，载荷大于 0.2 的站位主要分布在 75°N 以南的楚科奇海以及罗蒙诺索夫海岭等区域。因子载荷大于 0.8 的站位主要分布在阿拉斯加沿岸以及楚科奇海和白令海峡区域，分布水深为 28～121 m。

表 5-4　北冰洋表层沉积物中 18 个底栖有孔虫属种的方差最大化因子得分

属种名称	因子 1	因子 2	因子 3	因子 4
Ammoscalaria tenuimargo	0.001	0.239	−0.009	−0.009
Ammosiphonia spp.	0.006	0.376	−0.015	−0.023
Buccella frigida	−0.010	**1.100**	−0.018	−0.071
Cassidulina teretis	−0.060	−0.093	0.087	**4.155**
Cibicidoides spp.	−0.080	0.037	0.196	0.363
Cibicidoides wuellerstorfi	**4.189**	−0.031	−0.422	0.028
Cribrostomoides spp.	0.229	0.170	−0.086	0.447
Elphidium albiumbilicatum	−0.050	**3.069**	0.073	−0.137
Elphidium excavatum	0.097	**2.371**	−0.187	0.360
Eponides tumidulus	0.032	0.021	−0.025	0.023
Florilus scaphus	−0.042	**1.185**	0.030	−0.045
Haplophragmoides canariensis	0.006	0.217	0.014	−0.005
Nonionella spp.	0.001	0.037	−0.004	0.002
Oridorsalis tener	0.377	0.036	**4.171**	−0.074
Pyrgo sp.	0.239	0.076	0.140	−0.083
Quinqueloculina arctica	0.420	0.090	0.550	0.080
Recurvoides turbinatus	0.057	0.022	−0.063	0.473
Reophax scorpiurus	0.001	0.208	0.000	−0.003

　　因子 3：*O. tener* 组合。因子 3 解释方差的 12.1%，因子得分最高的属种是 *O. tener*，因子得分为 4.171，因子载荷如图 5-27（c）所示，载荷大于 0.2 的站位分布在 75°N 以北的区域，包括楚科奇深海平原、北风号海岭、门捷列夫深海平原、阿尔法海岭和马卡罗夫海盆等，水深范围在 438～3700 m。因子载荷大于 0.8 的站位主要分布在门捷列夫深海平原，分布水深为 3050～3700 m。

　　因子 4：*C. teretis* 组合。因子 4 解释方差的 9.82%，因子得分最高的属种是 *C. teretis*，因子得分为 4.155，因子载荷如图 5-27（d）所示，载荷大于 0.2 的站位同样分布在 75°N 以北的区域，但是仅包括楚科奇海台、北风号海岭以及罗蒙诺索夫海岭等，因子载荷大于 0.8 的站位主要分布在楚科奇海台，分布水深为 320～752 m。

5.7.4　底栖有孔虫组合的环境指示意义

　　底栖有孔虫的分布通常会受到水深、海冰、食物供给、碳酸盐溶解作用、陆源稀释作用以及温盐等环境因素的影响。前人认为季节性无冰区的底栖有孔虫丰度和多样性是随着食物供应的增加而增加的（Wollenburg and Mackensen，1998），而在楚科奇海以及白令海峡区域底栖和浮游有孔虫丰度并不高，可能是受到了陆源物质输入导致的稀释作用的影响（司贺园等，2013）。在北冰洋中部海区，由于常年海冰覆盖，食物供给受限，底栖有孔虫丰度低。

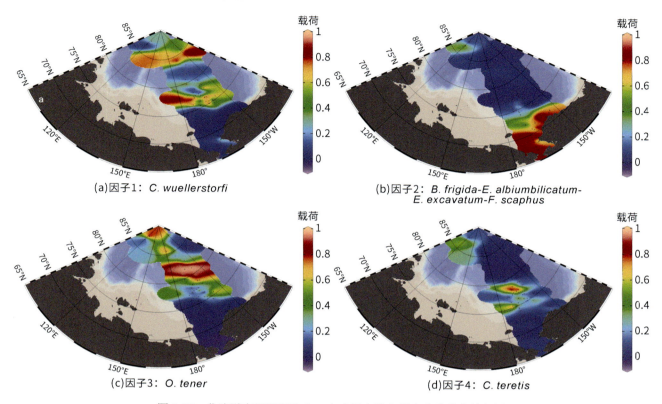

(a)因子1：*C. wuellerstorfi*

(b)因子2：*B. frigida-E. albiumbilicatum-E. excavatum-F. scaphus*

(c)因子3：*O. tener*

(d)因子4：*C. teretis*

图 5-27　北冰洋表层沉积物中 4 个底栖有孔虫组合载荷分布特征图

通过对北冰洋表层样底栖有孔虫属种及其含量进行因子分析，将底栖有孔虫划分出 4 个主要组合，分别是 *B. frigida-E. albiumbilicatum-E. excavatum-F. scaphus* 组合、*C. teretis* 组合、*C. wuellerstorfi* 组合和 *O. tener* 组合。

B. frigida-E. albiumbilicatum-E. excavatum-F. scaphus 组合主要分布在阿拉斯加沿岸、楚科奇海和白令海峡等区域，这些区域水深较浅，分布水深为 30～120 m（图 5-28）。该组合优势种是 *B. frigida*、*E. albiumbilicatum*、*E. excavatum*、*F. scaphus*，常见种有 *A. tenuimargo*、*C. teretis*、*R. scorpiurus*、*Q. arctica*、*H. canariensis*、*Cribrostomoides* spp.等。*E. excavatum* 在挪威沿岸、冰岛、阿拉斯加等周围海域的底栖有孔虫群落中的含量大于 50%，该种也出现在温度 1～21℃、盐度 28‰～30‰的半咸水的加德纳斯湾（Gardiners Bay）中（Feyling-Hanssen，1972）。*E. excavatum* 能够适应的环境变化范围较大，能适应底流活动强的环境（司贺园等，2013）。*F. scaphus* 为内陆架浅水种（石丰登等，2007），而胶结壳有孔虫 *A. tenuimargo*、*R. scorpiurus*、*H. canariensis* 的大量出现则说明了大量淡水的输入以及较高的生产力条件（Scott et al.，2008）。因此，该组合可能反映了受季节性海冰融化、低盐的阿拉斯加沿岸流以及河流淡水输入影响的低盐浅水环境。

C. teretis 组合主要分布在楚科奇海台，在北风号海岭以及罗蒙诺索夫海岭也有分布，分布水深为 320～750 m。该组合优势种是 *C. teretis*，常见种有 *Cibicidoides* spp.、*Q. arctica*、*O. tener*。大西洋水进入北冰洋后沿着欧亚大陆坡向东流动，因冷却增密而下沉，于 80°N 穿过门捷列夫海岭后分成两支，一支向南进入楚科奇深海平原，另一支向北环绕楚科奇海台进入北风号海岭北部地区（Woodgate et al.，2007），由于楚科奇海台的直接阻碍作用，使得该分支部分绕过楚科奇海台，进入波弗特海（赵进平和史久新，2004），因此楚科奇海台受大西洋水影响明显。*C. teretis* 组合代表了受高温高盐大西洋水影响的环境（Polyak et al.，2004）。不同底栖有孔虫组合的深度分布如图 5-28 所示。

　　C. wuellerstorfi 组合主要分布在楚科奇深海平原以及阿尔法海岭等部分区域，分布水深为 1500～2500 m。优势种是 *C. wuellerstorfi*，常见种有 *O. tener*、*Q. arctica* 等。Green 的研究发现 *C. wuellerstorfi* 在 500 m 水深数量很少，其数量随着水深增加而增加，在 2760 m 处丰度最大（Green K E，1960）。Osterman 等（1999）发现北冰洋中 *Fontbotia wuellerstorfi*（本书中的 *C. wuellerstorfi*）主要分布在水深 900～3500 m 范围内。*C. wuellerstorfi* 不能生存在高有机颗粒通量的海区，但是也需要一定的营养物质供给（Lutze and Thiel，1989）。因此，在北冰洋 *C. wuellerstorfi* 组合代表了输出生产力较低的北极中层水环境（图 5-28）。

　　O. tener 组合主要分布在水深 3000～3700 m 的门捷列夫深海平原。优势种是 *O. tener*，常见种是 *C. wuellerstorfi*、*E. albiumbilicatum*。*O. tener* 在罗蒙诺索夫海岭、北风号海岭、阿尔法海岭也有分布，适应低营养的环境，该组合反映了在常年海冰覆盖下输出生产力极低的北极底层水环境（图 5-28）（Polyak et al.，2004）。

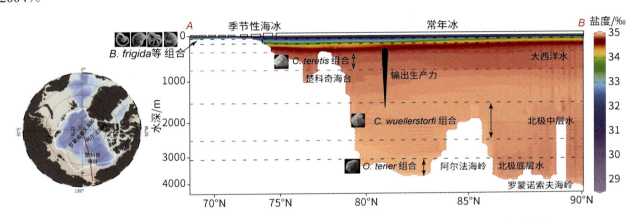

图 5-28　北冰洋白令海峡-罗蒙诺索夫海岭断面水体盐度及底栖有孔虫组合分布示意图

左图中白色虚线代表 1979～2017 年夏季平均海冰覆盖范围（Serreze and Meier，2018）；右图中 *A*－*B* 代表盐度断面；黑色带箭头线段指示不同底栖有孔虫组合主要的水深分布

5.8　生源组分的环境指示意义

　　北冰洋表层沉积物中的生物硅、总有机碳、碳酸钙含量以及有孔虫丰度、C/N 和 $\delta^{13}C_{org}$ 的分布特征显然与通过白令海峡进入楚科奇海的三股太平洋洋流和季节性海冰的覆盖有关。楚科奇海西侧沿阿纳德尔流流经区域，由于受低温高盐、高营养的入流水影响，表层生产力普遍较高，导致表层沉积物中生物硅和总有机碳含量较高（Grebmeier et al.，2006b；孙烨忱等，2011；冉莉华等，2012）。而楚科奇海东侧受高温低盐、低营养的阿拉斯加沿岸流影响，浮游硅质生物生产力较低，使得表层沉积物中生物硅含量较低；由于受海岸侵蚀与河流输入的影响，陆源有机碳比重增加，海源有机碳含量降低（Terhaar et al.，2021；Holmes et al.，2021）。同时，大约 74°N 以南的海域属于季节性海冰覆盖区，表现出最高的表层生产力，导致输入海底的生物硅和总有机碳含量较高（Grebmeier et al.，2006b；孙烨忱等，2011；冉莉华等，2012），而大约 74°N 以北海域及加拿大海盆由于长时间的海冰覆盖，表现出最低的表层生产力，导致输入海底的生物硅和总有机碳含量较低（陈志华等，2006）。受富含浮游钙质生物的北大西洋水团影响，楚科奇海陆架外侧高纬海域和阿尔法海岭表现出较高的钙质生物含量。而加拿大海盆较低的有孔虫丰度和碳酸钙含量是由于浮游钙质生物壳体的溶解作用所造成的（王汝建等，2007；孙烨忱等，2011；司贺园等，2013）。北冰洋表层沉积物中生源组分的分布特征与环境的耦合关系对于地质时期的海洋环境重建具有重要的科学意义。

　　对白令海和西北冰洋表层沉积物中四醚膜类脂物（DGTs）的研究发现，西北冰洋表层沉积物中类异戊二烯 GDGTs 和支链 GDGTs 的浓度分布大致以楚科奇海和波弗特海陆坡为界线，呈现南高北低的特征，这一特征主要与水体生产力和陆源有机质的输入量有关（王寿刚等，2013；Park Y H et al.，2014）。基于 GDGTs 的 BIT 显示，从楚科奇海北部到高纬度区的阿尔法海岭，陆源有机质的相对比例明显增加，与有机碳稳定同位素等结果一致，表明 BIT 可以用来指示北极陆源有机质输入量的变化。应用前人的 TEX_{86}^L-SST 方程估算研究区的 SST 与现代年平均 SST 和夏季平均 SST 的相关性较差，原因可能与陆源输入的类异戊二烯 GDGTs 干扰以及古菌的低生产力有关（王寿刚等，2013；Park Y H et al.，2014）。从季节性海冰覆盖区到多年海冰覆盖区，基于支链 GDGTs 的 CBT 明显升高，可能反映了 CBT 对海冰覆盖状况的响应，但其响应机制还不清楚。基于支链 GDGTs 的 CBT 和 MBT 估算的北极 MAT 和土壤 pH 差异较大，可能是由表层沉积物的复杂来源及混合作用造成（王寿刚等，2013）。

泛北极浮游植物 IP_{25} 指数（PIP_{25}）采用海洋浮游植物生物标志物和海洋浮游植物 IP_{25} 计算，用于估算海冰浓度密集度。以 3 个不饱和双键的 HBI（HBI III(Z) 和 HBI III(E)）为浮游植物生物标志物的 PIP_{25} 与春、夏、秋季海冰浓度密集度呈较好的线性关系。特别是 HBI III(E) 的 PIP_{25} 与秋季海冰浓度密集度呈显著正相关。PIP_{25} 与春/秋季海冰浓度密集度之间存在较好的线性正相关关系，其中以 HBI III(Z) 和 HBI III(E) 作为开放水域浮游植物生物标志物时相关性最强。为了进一步评价 PIP_{25} 与海冰浓度密集度的相关性，基于区域数据集重新计算了 PIP_{25}，并重建了泛北极不同区域海冰浓度密集度的定量方程。然而，在重建古海冰时，仍建议考虑个体生物标志物的可变性。泛北极综合生物标志物数据库加强了北极不同区域海冰重建的校准和验证（Zhang J et al.，2025）。

北冰洋浮游有孔虫 $Nps-\delta^{18}O$ 和 $Nps-\delta^{13}C$ 均受到复杂水团、水体结构和有孔虫生态的影响。综合数据确认了该属种在海冰覆盖区较浅的水域生活，尤其是在加拿大海盆，这可能是与较浅的叶绿素含量最大值有关（Xiao W et al.，2014）。$Nps-\delta^{18}O$ 轻值反映了加拿大海盆大量的淡水储存。在陆架边缘，Nps 倾向于略深的水深，显示较重的 $Nps-\delta^{18}O$ 值，这是由于该区域更深的透光水层和更丰富的营养供给（Spielhagen and Erlenkeuser，1994；Xiao W et al.，2014）。海气交换在 $Nps-\delta^{13}C$ 分布上起重要作用，显示常年海冰区较重的 $Nps-\delta^{13}C$ 值。陆架边缘区 $Nps-\delta^{13}C$ 轻值是受到携带大量再矿化的陆源碳的陆架底层水影响。楚科奇海陆架的 $Nps-\delta^{13}C$ 分布显示该区域生产力的分布状况（Xiao W et al.，2014）。

西北冰洋表层沉积物中底栖有孔虫组合的 Q 型因子分析显示，可以将底栖有孔虫属种划分为 4 个主要组合，分别为 *Buccella frigida-Elphidium albiumbilicatum-Elphidium excavatum-Florilus scaphus*、*Cassidulina teretis*、*Cibicidoides wuellerstorfi* 和 *Oridorsalis tener*。其中，*B. frigida-E. albiumbilicatum-E. excavatum-F. scaphus* 组合代表了受季节性海冰融化、低盐的阿拉斯加沿岸流以及河流淡水输入影响的低盐浅水环境，主要分布在阿拉斯加沿岸、楚科奇海和白令海峡，分布水深为 30～120 m；*C. teretis* 组合代表了受高温高盐大西洋水影响的环境，主要分布在楚科奇海台，分布水深为 320～750 m；*C. wuellerstorfi* 组合代表了输出生产力较低的北极中层水环境，主要分布在楚科奇深海平原以及阿尔法海岭，分布水深为 1500～2500 m；*O. tener* 组合反映了在常年海冰覆盖下输出生产力极低的北极底层水环境，主要分布在门捷列夫深海平原，分布水深为 3000～3700 m。这 4 个底栖有孔虫组合与海洋环境的对应关系对于重建地质历史时期的环境变化具有重要的科学价值。

第6章　近现代陆源沉积物的沉积特征及环境指示意义

本章研究的北冰洋表层沉积物采样站位主要包括中国第 1 次至第 7 次北极科学考察航次（中国首次北极科学考察队，2000；张占海，2003；张海生，2009；余兴光，2011；马德毅，2013；潘增弟，2015；李院生，2018），以及俄罗斯−美国北极长期考察航次和中国−俄罗斯北极科学考察航次在楚科奇海陆架、东西伯利亚海陆架以及美亚海盆的考察站位，共计约 184 个站位样品。采样区域主要位于美亚北冰洋的白令海峡、楚科奇海、波弗特海、楚科奇边缘地、门捷列夫海岭、加拿大海盆、阿尔法海岭、马卡罗夫海盆，以及欧亚北冰洋的东西伯利亚海和 80 °N 以北的中央海域。采样站位水深从陆架最浅的 11 m 至海盆最深的 3850 m。

6.1　粗碎屑组分的分布特征及物源分析

粗碎屑是北冰洋沉积物中的常见组分，其中北冰洋海盆中的粗碎屑以冰筏碎屑（IRD）为主，从陆地冰川分离出来进入海洋的冰山和大冰块会携带、搬运并卸载陆源 IRD 到海洋中（Phillips and Grantz，2001；Darby et al.，2009，2011）。北冰洋沉积物中的 IRD 组分，特别是粗颗粒 IRD（>250 μm）的岩性特征，不仅指示了这些陆源碎屑沉积物的来源，还能反映冰期−间冰期旋回北冰洋周围冰盖、冰山以及洋流的变化历史（王汝建等，2009b；Stärz et al.，2012）。例如，此前对西北冰洋冰期的 IRD 事件的研究表明，北美劳伦泰德冰盖和伊努伊特冰盖（Innuitian Ice Sheet）在冰消期的崩裂时间一致（Darby and Zimmerman，2008）。

以前对北冰洋表层沉积物中 IRD 岩矿分布的研究很少，仅对美亚海盆（包括加拿大海盆和马卡罗夫海盆）和楚科奇海陆架区的少量表层样品或者短柱样品进行了研究（Bischof et al.，1996；Bischof and Darby，1997；Phillips and Grantz，2001），前人结合北冰洋周边地区陆地岩性的分布（图 2-7），指明了近现代洋流环境中 IRD 的可能来源。但是，其研究也有不足之处。例如，Phillips 和 Grantz（2001）的研究中使用的表层样为 0～40 cm 的混合样，其底部年龄甚至已经到达 MIS 3 期（Phillips and Grantz，2001），因此，其研究不能指示全新世以来的沉积。而 Bischof 等（1996）以及 Bischof 和 Darby（1997）的研究站位较少，并且集中在加拿大海盆靠近加拿大北极群岛一侧；此外，其研究对象为短柱样品，其底部年龄达到 780 ka 的中更新世，因此，也无法代表全新世的沉积记录（Bischof et al.，1996；Bischof and Darby，1997）。因此，需要选取北冰洋中分布范围更广，并且全部为全新世沉积的表层样品，来指示近现代北冰洋的 IRD 来源以及北冰洋中不同区域的不同沉积模式。

本节使用中国第 1 次至第 7 次北极科学考察在西北冰洋地区取得的 0～2 cm 的表层沉积物样品（中国首次北极科学考察队，2000；张占海，2003；张海生，2009；余兴光，2011；马德毅，2013；潘增弟，2015；李院生，2018）、中国−俄罗斯北极科学考察在东西伯利亚海以及俄罗斯−美国北极长期考察在楚科奇海西侧取得的表层沉积物总共 117 个样品，其站位位置如图 6-1 所示。通过显微镜观察，鉴定和统计了这些表层沉积物中粗组分的岩矿组成（包括石英、碳酸盐岩、碎屑岩、变质岩、燧石、火成岩和煤屑等），并根据这些岩矿的分布特征，结合北冰洋周边地区陆地岩性的分布（图 2-7），研究全新世以来北冰洋粗组分的来源以及北冰洋各个区域近现代沉积模式。

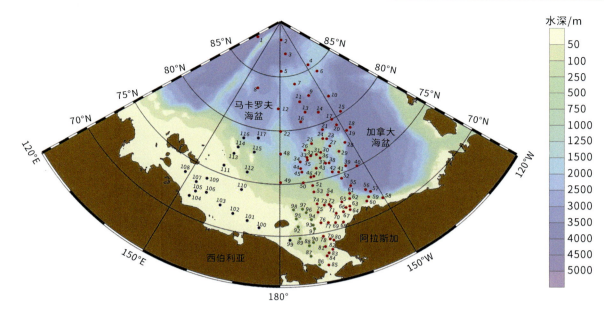

图 6-1　西北冰洋 117 个表层沉积物站位图（据 Zhang T et al.，2021 改）

图中红色站位为中国第 1 次至第 7 次北极科学考察站位；绿色站位为俄罗斯-美国北极长期考察站位；
蓝色站位为中国-俄罗斯北极科学考察站位

6.1.1　粗组分岩矿绝对含量分布特征

为了更好地体现表层沉积物中粗组分丰度的分布特征，将计算所得的粗组分的实际丰度取对数进行分析，其具体计算公式为：$M=\lg(A+1)$。A 为表层沉积物样品中粗组分的实际丰度，单位为粒每克。

总粗组分丰度最高值出现在楚科奇海以及阿拉斯加边缘陆架区 [图 6-2（a）]；此外，在波弗特环流经过的楚科奇边缘地、阿尔法海岭，以及东西伯利亚海的部分地区也出现总粗组分丰度高值。相反，在马卡罗夫海盆、东西伯利亚海的大部分区域以及加拿大海盆的深水区总粗组分丰度极低 [图 6-2（a）]。

石英是北冰洋表层沉积物中的主要矿物，一般占到总粗组分的一半以上，因此石英丰度的分布规律与总粗组分丰度一致 [图 6-2（b）]。除石英外，北冰洋中碎屑岩和变质岩的丰度分布规律和总粗组分丰度也一致，都是在楚科奇海以及阿拉斯加边缘陆架区、沿波弗特环流以及东西伯利亚海的部分地区出现高值，而在马卡罗夫海盆、东西伯利亚海的大部分区域以及加拿大海盆的深水区丰度极低 [图 6-2（d）、（e）]。碎屑碳酸盐岩的丰度高峰出现在加拿大海盆中，总体上与波弗特环流的流向一致 [图 6-2（c）]。其中，碎屑碳酸盐岩丰度最高值出现在阿尔法海岭；在西北冰洋的其他地区碎屑碳酸盐岩丰度都极低，几乎为零。燧石丰度高峰出现在楚科奇海以及阿拉斯加边缘 [图 6-2（f）]，在北冰洋的其他地区燧石丰度较低。火成岩在西北冰洋通常较少，只有在楚科奇海南部地区出现高峰，北冰洋其他地区火成岩丰度极低 [图 6-2（g）]。煤屑在西北冰洋表层沉积物中，仅在阿拉斯加北部陆坡附近的陆架区出现高峰，其余地区的煤屑丰度几乎为零 [图 6-2（h）]。

6.1.2　粗组分岩矿相对含量分布特征

在统计粗组分的相对含量时，为了保证相对含量资料具有代表性，没有统计粗组分总数量低于 30 颗的站位。在 117 个表层沉积物站位中，共有 80 个表层沉积物站位的粗组分总数量达到 30 颗以上。

石英是所有岩屑中含量最高的，其含量为 3.1%～93.0%，整个北冰洋中的平均含量为 55.9% [图 6-3（b）]。石英含量的高峰出现在东西伯利亚海、楚科奇海东部以及北冰洋中部阿尔法海岭附近，这些地区的石英含量＞80%。在楚科奇海台、北风号海岭以及波弗特海陆架区石英含量也较高，这些地区站位中石英的平均含量为 66.8%。

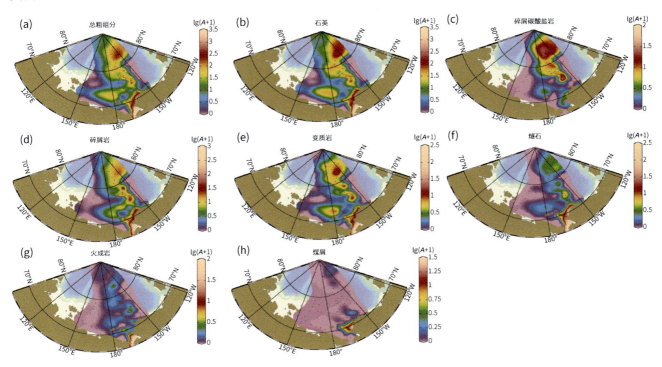

图 6-2　北冰洋表层沉积物中总粗组分丰度及各岩矿的丰度分布特征（据 Zhang T et al., 2021 改）

（a）总粗组分；（b）石英；（c）碎屑碳酸盐岩；（d）碎屑岩；（e）变质岩；（f）燧石；（g）火成岩；（h）煤屑

碎屑碳酸盐岩的含量为 0～40.1%，平均含量为 8.5%。总体而言，北冰洋表层沉积物中碎屑碳酸盐岩的含量在加拿大海盆中较高，与波弗特环流流向基本一致，而在楚科奇海、波弗特海以及东西伯利亚海碎屑碳酸盐岩含量极低 ［图 6-3（c）］。碎屑碳酸盐岩含量的最高值出现在北冰洋中部的门捷列夫海岭北部以及阿尔法海岭部分地区，含量＞20%；此外，在楚科奇海台和北风号海岭地区碎屑碳酸盐岩含量较高，在 15%左右。

碎屑岩的含量为 3.5%～71.2%，平均含量为 19.1%。在马更些河三角洲、楚科奇海台北部、弗兰格尔岛附近碎屑岩含量较高 ［图 6-3（d）］，这些地区碎屑岩平均含量为 38.8%。相反，在东西伯利亚海以及阿尔法海岭碎屑岩含量极低，这些地区的碎屑岩含量＜10% ［图 6-3（d）］。

变质岩含量为 0～30.3%，平均含量为 7.4%。变质岩含量的高峰出现在门捷列夫海岭北部地区 ［图 6-3（e）］，其平均含量为 15.1%；此外，在楚科奇海西部地区以及楚科奇深海平原变质岩含量较高，这些地区变质岩平均含量为 10.5%。在加拿大海盆以及东西伯利亚海的大部分地区变质岩含量较低，仅为＜5%［图 6-3（e）］。

燧石在西北冰洋的含量总体较低，为 0～19.1%，平均含量为 4.6%。燧石含量的高峰出现在阿拉斯加北部边缘陆架区 ［图 6-3（f）］，该地区燧石含量＞12%；此外，在楚科奇海南部以及马更些河三角洲地区燧石含量也较高，这些地区的燧石含量＞6%。北冰洋的其他地区燧石含量较低 ［图 6-3（f）］。

火成岩在北冰洋较为稀少，含量为 0～11.3%，平均含量仅为 1.5%。火成岩含量高峰出现在靠近楚科奇海东侧至靠近西伯利亚的少部分地区 ［图 6-3（g）］，该地区火成岩平均含量＞8%；北冰洋其他地区的火成岩含量极低 ［图 6-3（g）］。

煤屑在西北冰洋的含量为 0～70.2%，平均含量为 2.3%。煤屑含量的高峰出现在阿拉斯加边缘陆架区，延伸至楚科奇海西部的少量地区 ［图 6-3（h）］，在北冰洋其他地区煤屑含量几乎为零 ［图 6-3（h）］。

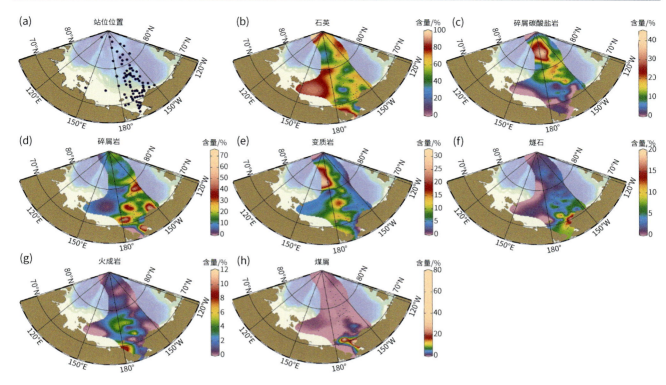

图6-3 北冰洋表层沉积物中粗组分的各岩矿含量分布特征（据 Zhang T et al.，2021 改）

（a）为粗组分总量大于 30 颗的表层沉积物站位

6.1.3 粗组分含量分布特征指示的物源及搬运模式

石英来源：北冰洋阿尔法海岭和北风号海岭附近，富含石英矿物的基岩主要位于伊丽莎白女王群岛（Queen Elizabeth Islands）西部，该地区的基岩主要由富含石英的砂岩组成（Hodgson，1989；Bischof et al.，1996；Bischof and Darby，1999）。此外，在马更些河流域以及阿拉斯加北部部分地区的陆地基岩也是以砂岩和粉砂岩为主（Beikman，1980；Phillips and Grantz，2001；Ortiz et al.，2009），这些地区也可能通过马更些河的输入将石英运输至加拿大海盆，从而导致马更些河三角洲附近石英含量升高。在东西伯利亚海和楚科奇海东部粗组分和石英的含量很低［图 6-3（a）、（b）］，且两个地区表层沉积物中的粗组分几乎全部由石英组成［石英含量＞90%，图 6-3（b）］。这些石英颗粒来源于欧亚大陆（Polyak et al.，2004；Adler et al.，2009；Stein et al.，2010a），通过海岸侵蚀进入拉普捷夫海和东西伯利亚海，最后通过阿拉斯加沿岸流带入东西伯利亚海以及楚科奇海东部。此外，西伯利亚沿岸流的一个分支在弗兰格尔岛附近转向东北（Coachman and Shigaev，1992；Weingartner et al.，1999；Viscosi-Shirley et al.，2003a），将这些石英带入东西伯利亚海北部地区。

碎屑碳酸盐岩来源：碎屑碳酸盐岩是区分欧亚海盆和美亚海盆不同沉积模式的重要依据（Bischof et al.，1990；Bischof et al.，1996；Phillips and Grantz，2001）。研究结果表明，在美亚海盆粗组分中碎屑碳酸盐岩含量较高；相反，在楚科奇海、波弗特海以及东西伯利亚海的陆架区中碎屑碳酸盐岩的丰度和含量都很低［图 6-2（c）、图 6-3（c）］。在西北冰洋附近的陆地上，碳酸盐岩的露头主要分布在加拿大北极群岛（Clark D L et al.，1980；Bischof et al.，1996；Bischof and Darby，1997；Fagel et al.，2014），尤其是群岛中的班克斯岛（Banks Island）和维多利亚岛（Victoria Island）的古生界（主要为泥盆系－石炭系）的碳酸盐岩露头，并且是西北冰洋附近唯一的碳酸盐岩来源（Wang R et al.，2013，2018；章陶亮等，2014，2015；Zhang T et al.，2021）。

碎屑岩来源：在西北冰洋附近的北美大陆上，碎屑岩的分布较为广泛，包括马更些河流域的白垩系碎屑粉砂岩和砂岩露头（Phillips and Grantz，2001）、加拿大北极群岛中的斯韦德鲁普盆地（Sverdrup Basin）、伊丽莎白女王群岛（Bischof and Darby，1999；Phillips and Grantz，2001）以及阿拉斯加北部的页岩和砂岩露头（Beikman，1980）。因此，马更些河三角洲附近的碎屑岩含量高峰来源为加拿大马更些河的输入。在楚科奇海台北部，极高的碎屑岩含量（71.2%）可能来源于附近的斯韦德鲁普盆地，波弗特环流将来自该地区的碎屑岩搬运至楚科奇海台北部。在楚科奇海东部靠近阿拉斯加一侧，表层沉积物中的页岩和砂岩含量较高，它们可能来自富含页岩和砂岩的阿拉斯加北部的河流输入（Beikman，1980；Hill J C et al.，2007；Ortiz et al.，2009；Fagel et al.，2014）以及白令海入流水的贡献（Ortiz et al.，2009）。在楚科奇海的西侧表层沉积物中，推测该地区的砂岩可能来源于弗兰格尔岛上的砂岩露头（Fujita and Cook，1990；Harbert et al.，1990；Viscosi-Shirley et al.，2003a），以及富含碎屑岩的东西伯利亚海的海岸侵蚀（Fagel et al.，2014）。

变质岩来源：北冰洋表层沉积物中变质岩的含量高峰出现在门捷列夫海岭北部以及楚科奇海西部陆架区［图 6-3（e）］。根据北冰洋周边的地层岩性分布特征，阿拉斯加以及马更些河流域的部分地区地层中含有变质岩，可能通过马更些河以及阿拉斯加北部地区的河流输入北冰洋以及楚科奇海，随后通过波弗特环流带入北冰洋的美亚海盆中。此外，最新的研究表明，现代埃尔斯米尔岛以及格陵兰岛北部地区都可能对西北冰洋有沉积物的输入（Bazhenova et al.，2017）。因此，除北美的变质岩外，在门捷列夫海岭北部的变质岩也可能来源于埃尔斯米尔岛和格陵兰岛北部地区。对于西北冰洋表层沉积物中变质岩的准确来源，可能仍需进一步研究，比如通过岩矿鉴定结果结合沉积物中黏土矿物以及其他地球化学证据（如锶、钕同位素等）。

燧石来源：北冰洋表层沉积物中燧石含量的最高值出现在阿拉斯加北部边缘陆架区［图 6-3（f）］，在附近的楚科奇海以及马更些河三角洲区域含量较高，含量呈现从阿拉斯加北部边缘陆架区向东南的楚科奇海递减的趋势，而在北冰洋其他地区燧石含量较低。研究区的燧石主要来源为距离阿拉斯加北部边缘陆架区较近的阿拉斯加布鲁克斯山脉地区（Rodeick，1979），燧石通过阿拉斯加北部地区的河流进入楚科奇海以及波弗特海陆架区，随后被搬运至楚科奇海南部地区。由于河流搬运无法将粗颗粒的燧石（>250 μm）搬运至更远的地区（Darby and Zimmerman，2008；Darby et al.，2011），因此，燧石含量的高峰仅出现在靠近阿拉斯加的地区［图 6-3（f）］。

火成岩来源：西北冰洋粗组分中火成岩含量较少，只有在楚科奇海东侧靠近西伯利亚地区含量较高［图 6-3（g）］，其他地区的含量较低。在东西伯利亚地区，火成岩的露头分布在鄂霍次克-楚科奇火山岩带上（Fujita and Cook，1990；Viscosi-Shirley et al.，2003a，2003b）以及阿拉斯加北部的部分地区（Viscosi-Shirley et al.，2003a，2003b；Fagel et al.，2014）（图 2-7）。由此可见，楚科奇海东侧表层沉积物中的火成岩含量较高，主要来自鄂霍次克-楚科奇火山岩带，火山岩带附近的火成岩被海岸侵蚀以及附近科雷马河的注入进入楚科奇海。

煤屑来源：煤屑在北冰洋表层沉积物中含量极少，仅在阿拉斯加北部陆坡（Alaska North Slope）附近的站位中出现［图 6-3（h）］。现代北冰洋周边的陆地上，含煤地层主要分布在阿拉斯加北部陆坡地区的晚白垩世—古近纪地层（Flores et al.，2003）以及加拿大北极群岛的班克斯岛（The Geographic Services Directorate，Surveys and Mapping Branch，Energy，Mines and Resources Canada，1982）。可以推测，全新世以来的表层沉积物中的煤屑主要来源为阿拉斯加北部陆坡的河流输入；同时，白令海入流水对于楚科奇海海床的侵蚀也对楚科奇海表层沉积物中的煤屑有一定贡献（Zhang T et al.，2019）。

楚科奇海搬运模式：楚科奇海陆架地区表层沉积物粗颗粒的粗组分丰度是整个西北冰洋表层沉积物中最高的。在楚科奇海东侧靠近阿拉斯加地区，粗组分以碎屑岩为主［图 6-3（d）］；相反，在楚科奇海东侧靠近西伯利亚地区，粗组分的主要成分为石英［图 6-3（b）］。楚科奇海东侧表层沉积物中的碎屑岩主要为砂岩、泥岩和页岩，它们主要来源于阿拉斯加北部地区的河流输入（Beikman，1980；Hill J C et al.，2007；Ortiz et al.，2009）。由于河流搬运不能将粗组分搬运至更远的地区，因此，这些富含碎屑岩的粗组分主要在阿拉斯加近岸沉积。此外，楚科奇海西部也受到白令海入流水的分支阿拉斯加陆架水的影响（Keigwin et al.，2006；Stein et al.，2017b），将阿拉斯加南部育空河的河流沉积物从白令海搬运至楚科奇海西侧（Ortiz et al.，2009），也对该地区的粗组分有一定贡献。在楚科奇海东部地区，表层沉积物中的粗组分丰度较低，其中石英含量占到90%以上。粗组分主要来源为东西伯利亚的海岸侵蚀（Rachold et al.，2000），东西伯利亚的河流输入也对该地区的粗组分有一定的贡献（图 6-4）（Dmitrenko and TRANSDRIFT Ⅱ Shipboard Scientific Party，1995；Viscosi-Shirley et al.，2003a，2003b）。

东西伯利亚海搬运模式：东西伯利亚海地区表层沉积物中的粗组分含量极低（图 6-2），且石英颗粒占到粗组分总量的 90% 以上 [图 6-3（b）]。该地区海岸侵蚀作用很强（Aré，1999；Rachold et al.，2000；Grigoriev et al.，2004；Stein，2008），西伯利亚沿岸流将这些海岸侵蚀的粗组分颗粒带入东西伯利亚海并沉积下来，这是东西伯利亚海沉积物的主要输入机制（图 6-4）。除海岸侵蚀外，东西伯利亚海附近的科雷马河可能也将欧亚大陆的部分物质带入东西伯利亚海，但其对粗组分沉积物的贡献量远小于海岸侵蚀（Holmes et al.，2002）。另外，白令海入流水的分支也对该地区有一定的影响（Stein et al.，2017b），不过由于搬运距离较远，白令海入流水对粗组分的贡献量较低，而是主要将黏土矿物搬运至东西伯利亚海（Viscosi-Shirley et al.，2003a，2003b）。

阿拉斯加边缘地区搬运模式：阿拉斯加边缘地区的表层沉积物中粗组分丰度较高，仅次于楚科奇海地区。粗组分主要由石英、碎屑岩、燧石和煤屑组成（图 6-3），而碎屑碳酸盐岩的丰度和含量均较低 [图 6-2（c）、图 6-3（c）]，表明该地区受波弗特环流的影响较小。阿拉斯加边缘陆架区的海岸侵蚀作用较弱（Macdonald R W et al.，1998；Stein，2008）。来自北美大陆的河流输入，马更些河以及阿拉斯加北部的河流为阿拉斯加边缘地区和楚科奇海带来了大量的粗组分（Phillips and Grantz，2001）。马更些河带来的沉积物富含其流域基岩中较多的碎屑岩以及石英颗粒（Phillips and Grantz，2001），还伴随着少量燧石岩屑（Bischof et al.，1996）；同时，该区域较高的燧石含量也表明了阿拉斯加北部地区的河流将富含燧石的布鲁克斯山脉地区的岩屑输入波弗特海以及楚科奇海（Rodeick，1979），对波弗特海和楚科奇海的沉积物也有着重要贡献。因此，近源的马更些河以及阿拉斯加北部地区的河流搬运是阿拉斯加边缘陆架区以及波弗特海陆架区表层沉积物中粗组分的主要来源（图 6-4）。

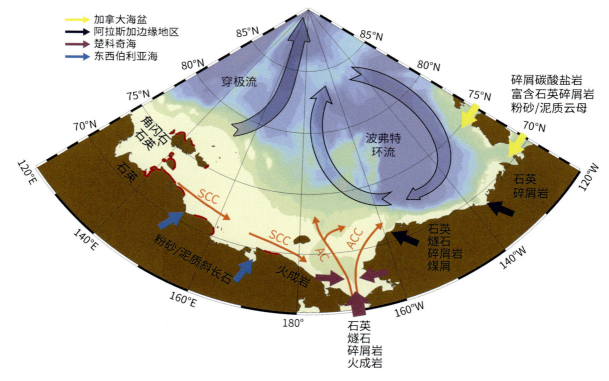

图 6-4 北冰洋现代沉积模式图（据 Zhang T et al.，2021 改）

图中红色实线表明海岸侵蚀较强的地区（>0.5 m/a）（Lantuit et al.，2012a；Astakhov et al.，2019）；SCC-西伯利亚沿岸流；AC-阿纳德尔流；ACC-阿拉斯加沿岸流

美亚海盆搬运模式：石英、碎屑碳酸盐岩和碎屑岩是加拿大海盆表层粗组分的主要成分，这三类岩屑含量占到粗组分总量的 90% 以上。在加拿大海盆中，总粗组分丰度的高峰基本与波弗特环流的流向一致，表明了现代加拿大海盆中的粗组分是通过波弗特环流搬运的，将加拿大北极群岛富含碳酸盐岩和石英（Bischof and Darby，1999）的粗组分输入美亚海盆。该地区现代的沉积模式主要为：加拿大北极群岛〔尤其是其中的班克斯岛和麦克卢尔海峡（M'Clure Strait）等〕冰架断裂的冰山携带了富含碎屑碳酸盐岩的粗组分进入北冰洋（Stokes et al.，2005；Wang R et al.，2013），这些冰山通过波弗特环流的搬运，在搬运至波弗特海陆架区附近时汇入马更些河，向北冰洋注入富含石英以及碎屑岩的粗组分（Phillips and Grantz，2001）。最后，波弗特环流将这些粗组分搬运至加拿大海盆中并沉积下来，使得加拿大海盆中石英、碎屑碳酸盐岩和碎屑岩的含量较高（图 6-4）。

6.2　粒度分布特征及沉积机制

沉积物的粒度是沉积学研究的基础资料，可提供沉积物来源、输运方式和沉积机制等信息。北冰洋的沉积物来源广泛，沉积作用复杂，既有河流输入、海岸侵蚀，又有海冰或者洋流搬运。尤其是在北冰洋高纬度海域，沉积物随海冰搬运和释放，是一种极其重要的沉积机制。通过沉积物的粒度资料，区分不同颗粒组分所代表的物质来源、沉积成因和搬运路径，可增进对西北冰洋现代沉积机制的理解。

前人已对北冰洋的楚科奇海、东西伯利亚海至北冰洋中部深水区表层沉积物的粒度分布特征以及沉积机制做了比较全面的研究（王春娟等，2015；Astakhov et al.，2019；Wang W et al.，2020）。本节将主要基于中国第 2 次至第 5 次北极科学考察航次以及俄罗斯-美国北极长期考察航次和中国-俄罗斯北极科学考察航次在楚科奇海陆架、东西伯利亚海陆架以及美亚海盆获取的 184 个站位（图 6-5）的表层沉积物的粒度组成及相关粒度参数（王春娟等，2015；Astakhov et al.，2019），分析北冰洋表层沉积物类型的空间分布规律及搬运机制。

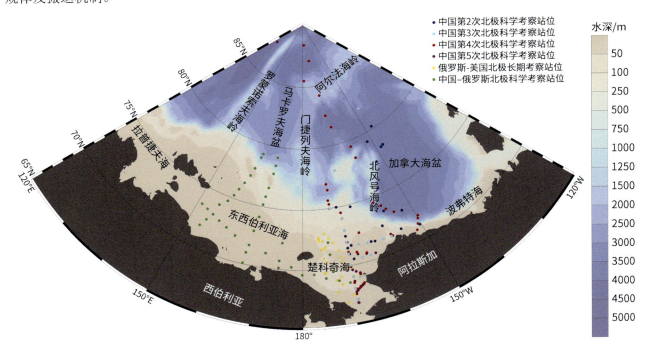

图 6-5　北冰洋表层沉积物粒度分析站位图（据王春娟等，2015；Astakhov et al.，2019 改）

6.2.1　粒度组分分布特征

砂粒级组分：北冰洋表层沉积物中砂粒级组分含量变化较大［图 6-6（a）］，为 0～80%，大部分站位沉积物的砂粒级组分含量在 30%以下。在空间分布上，砂粒级组分集中分布在楚科奇海陆架区靠阿拉斯加一侧以及靠近楚科奇半岛一侧和东西伯利亚海局部地区，含量在 35%以上。在加拿大海盆、马卡罗夫海盆等，砂粒级组分含量在 15%以下。其他区域如东西伯利亚海大部、楚科奇海台局部、楚科奇海中东部以及阿尔法海岭等，砂粒级组分在 15%～35%。

粉砂粒级组分：北冰洋表层沉积物中粉砂粒级组分含量分布不均［图 6-6（b）］，为 30%～80%，平均值为 50.8%。在空间分布上，粉砂粒级组分集中分布在楚科奇海以及东西伯利亚海陆架局部地区，含量都在 60%以上。在加拿大海盆、北风号海岭、楚科奇海台、阿尔法海岭以及马卡罗夫海盆在内的北冰洋深水区以及东西伯利亚海的大部分地区，粉砂粒级组分含量基本都在 40%～60%。

黏土粒级组分：北冰洋表层沉积物中黏土粒级组分在加拿大海盆、北风号海岭、楚科奇海台以及马卡罗夫海盆在内的北冰洋深水区以及东西伯利亚海中含量大于 30%，阿尔法海岭的黏土粒级组分含量也大于 25%［图 6-6（c）］。其他海域的黏土粒级组分含量较低，尤其是楚科奇海靠阿拉斯加一侧的陆架，黏土粒级组分含量在 20%以下。

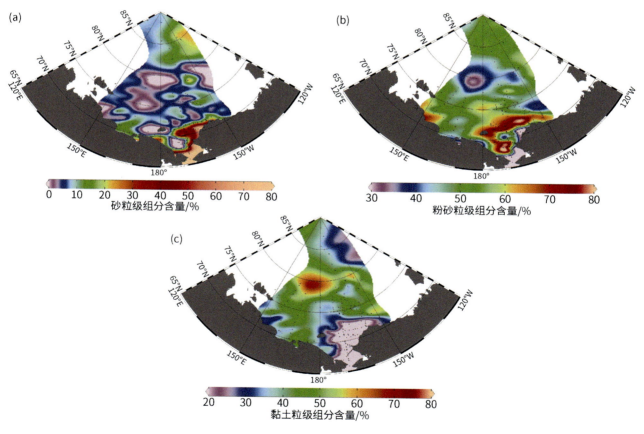

图 6-6　北冰洋表层沉积物中粒度组分分布特征（据王春娟等，2015；Astakhov et al.，2019 改）

（a）、（b）和（c）分别为砂粒级、粉砂粒级和黏土粒级组分含量

6.2.2　粒度参数分布特征

沉积物粒度参数不仅可以对沉积物的成因做出解释，而且在区分沉积环境方面也具有重要的参考价

值。本节粒度参数计算全部采用矩法，平均粒径、分选系数（δ）、偏态（Sk）和峰态（Ku）的定性描述，沿用矩法粒度参数（McManus，1988）中的术语。粒度参数分析是基于王春娟等（2015）的数据。

平均粒径：平均粒径代表粒度分布的集中趋势，可以用来反映沉积介质的平均动能。平均粒径的高值代表低能的水动力环境，低值则代表高能的水动力环境。北冰洋表层沉积物平均粒径变化较大[图 6-7（a）]，在 3～8.5 μm，平均值为 6.3 μm。高值区（>7 μm）分布在北冰洋深水区。低值区（<4 μm）主要在楚科奇海靠近白令海峡处。中值区（4～7 μm）分布在几乎整个楚科奇海陆架以及阿尔法海岭等海域。

分选系数：分选系数是反映沉积物分选好坏的一个标志，代表沉积物粒度的集中态势，数值越大代表沉积物分选越差。西北冰洋沉积物分选系数为 0.95～4，平均值为 2.55，分选性为较差到差［图 6-7（b）]。其中在靠近阿拉斯加一侧的楚科奇海陆架局部分选系数较高，大于 3。加拿大海盆、靠近西伯利亚一侧的楚科奇海陆架等海域分选较好，分选系数小于 2。除加拿大海盆以外的北冰洋深水区分选系数多在 2～3。

偏态：偏态被用来判别沉积物粒度分布的对称性，表明平均值与中位数的相对位置。若为负偏，表明沉积物粒度组成集中在细端部分；若为正偏，表明沉积物粒度组成集中在粗端部分。北冰洋沉积物偏态为 −2.1～5，平均值为 1.76。其中在北冰洋深水区沉积物多为负偏，在白令海峡附近的楚科奇海陆架为正偏[图 6-7（c）]。

峰态：峰态是度量沉积物粒度分布的中部和尾部展形之比。通俗地说，就是衡量分布曲线的峰凸程度。北冰洋沉积物峰态为 0.62～5，平均值为 3.27。宽峰态和中等—窄峰态主要分布在楚科奇海台以及楚科奇海陆架靠阿拉斯加一侧。其他海域则为窄峰态［图 6-7（d）]。

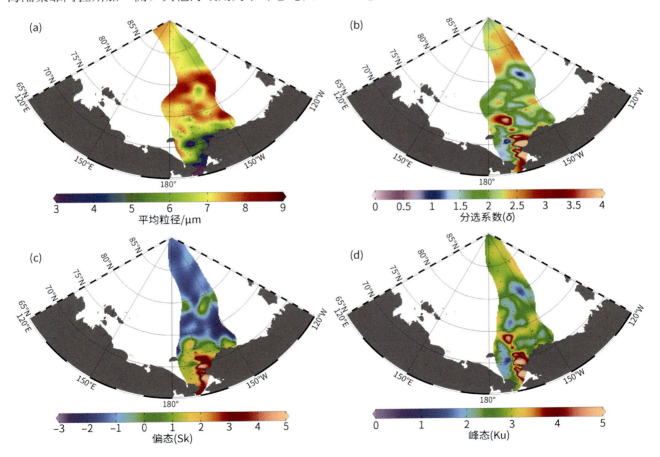

图 6-7　北冰洋表层沉积物的粒度参数分布特征（据王春娟等，2015 改）

（a）平均粒径；（b）分选系数；（c）偏态；（d）峰态

6.2.3 沉积机制

对白令海峡和楚科奇海表层沉积物的粒度分布曲线进行对数正态分布函数分析，发现楚科奇海南部表层沉积物的粒度分布曲线和组成特征与白令海陆架东北部来源于育空河的沉积物相似（Wang W et al.，2020）。因此，楚科奇海南部的表层沉积物被确定来自育空河，并通过白令海峡运输过来的。

尽管来源于育空河的沉积物被发现进入了楚科奇海，而黏土矿物数据表明，来源于白令海的沉积物甚至可以进入北冰洋深水区（Asahara et al.，2012）。太平洋入流水进入白令海峡后分为三支向北的支流，分别是东边的阿拉斯加沿岸水，中间的白令海陆架水和西边的阿纳德尔流，这三股洋流在流过白令海峡后并没有完全混合（Woodgate et al.，2015），海洋彩色影像上显示出来自育空河的部分沉积物输入到霍普峡谷（Hope Valley）（Woodgate et al.，2015）。在阿纳德尔流和白令海陆架水流过先驱号峡谷和中央水道（Central Channel）后，这两股洋流的一部分向东移动，并与阿拉斯加沿岸流汇合。因此，来自育空河的细粒组分能够进入楚科奇海陆架中北部。粒度分布曲线的变化表明，楚科奇海陆架中北部沉积物样品中包含来自育空河和阿拉斯加西北部的物质（Wang W et al.，2020），这得到了黏土矿物证据的证实，这表明楚科奇海陆架含有来自白令海和阿拉斯加陆源的物质（董林森等，2014a）。

楚科奇海中东部的粗颗粒组分含量较高（图6-6），可能来源于其东部的阿拉斯加陆源物质的输入。楚科奇海中部的细颗粒组分被确定为来自白令海和楚科奇海沿岸物质的混合。楚科奇海盆和楚科奇海陆坡底部的沉积物是由海冰搬运的沉积物和洋流横向搬运的沉积物组成的。根据海冰漂流轨迹发现，海冰携带的沉积物从阿拉斯加西北海岸向西北方向漂流到楚科奇海陆架中部，海冰携带的沉积物由细粉砂和黏土组成，偶尔也含有细砂和粗粉砂（Eicken et al.，2005；Serreze et al.，2016；Tucker et al.，1999）。冰筏碎屑中的矿物组合以及沉积物中的锶和钕同位素研究表明，楚科奇海陆架中北部的沉积物中含有源于其东部陆地的物质（Asahara et al.，2012；Darby，2003；Zhang T et al.，2021）。阿拉斯加西北部的当地河流和海岸侵蚀可以为海冰向楚科奇海陆架中部运输，提供物质来源，这些沉积物被海冰选择性地夹带，并释放到陆架上（Reimnitz et al.，1998）。虽然锚冰可以冻结其海底沉积物，但锚冰主要在物质来源区域融化，因此，它在海冰沉积物运输中的作用相对不重要（Eicken et al.，2005；Nürnberg et al.，1994；Reimnitz et al.，1998）。

在东西伯利亚海，砂粒级组分含量较低［图6-6（a）］。东西伯利亚海最西端粉砂粒级组分含量［图6-6（b）］与拉普捷夫海通过海岸侵蚀而获得的稀土元素含量相关性较好（Astakhov et al.，2019）。因此，拉普捷夫海是东西伯利亚海的主要沉积物来源区（Vogt C，1997；Krylov et al.，2008；Stein，2008）。与波弗特海相比，来自东西伯利亚海的河流，如勒拿河、因迪吉尔卡河（Indigirka River）和科雷马河的沉积物贡献有限，而海岸侵蚀却非常强烈（Rachold et al.，2000；Grigoriev et al.，2004；Astakhov et al.，2019）。拉普捷夫海和西伯利亚地台的陆源碎屑被西伯利亚沿岸流和海冰侵蚀后输送到东西伯利亚海。东西伯利亚海以黏土粒级组分为主，砂粒级组分含量较低。此外，从东西伯利亚海沿岸到东西伯利亚海远端，沉积物颗粒大小呈减小趋势（图6-6），表明从东西伯利亚海沿岸到东西伯利亚海有陆源物质输入。

北冰洋中部沉积物平均粒径较大［图6-7（a）］，代表低能的水动力环境，分选相对较好［图6-7（b）］，偏态表现为负偏［图6-7（c）］和窄峰态［图6-7（d）］，以海冰搬运为主。北极海冰在很大范围内随着季节的变化而增减。冬季海冰范围扩大到白令海陆架边缘附近，夏季海冰范围缩小到楚科奇海陆架边缘附近。北冰洋西部海冰一部分在波弗特环流和风场的控制下顺时针旋转，另一部分随着穿极流通过弗拉姆海峡输出到格陵兰海（Stein，2008）。"脏冰"沉积物随着海冰的漂流和融化成为北冰洋西部重要的沉积物源和沉积机制。虽然海冰搬运的陆源颗粒物质主要由粉砂和黏土组成，但偶尔也含有粗砂砾，特别是在"脏冰"中（Darby et al.，2011；Eicken et al.，2005）。在陆架上，洋流可以将重新悬浮的沉积物输送到北冰洋中部（O'Brien et al.，2013；Watanabe et al.，2014），细小的黏土部分可以通过弱的洋流悬浮，也可以作为胶体状态悬浮很长一段时间（Darby et al.，2009），到达北冰洋中部。此外，也不能排除密度流沿海底流动的横向输送（Darby et al.，2009；Honjo et al.，2010；Hwang et al.，2008；O'Brien et al.，2006）。

6.3　黏土矿物组分的分布特征及物源分析

北冰洋沉积物中的陆源物质组成成为查明古环境和古气候变化的一个非常有价值的指标。从冰盖边缘分裂出来冰山、冰融水、海冰和洋流所携带的黏土矿物是高纬度海区陆源沉积物的主要组成部分（Wahsner et al.，1999；Knies et al.，2001）。沉积物中的黏土矿物能够提供沉积物物质来源的重要信息，能够重建沉积物的搬运路径，而沉积物的搬运路径对于研究冰盖的演化、古海洋和古气候历史具有重要价值（Knies et al.，2001）。

沉积物中黏土矿物组合通常既含有自生矿物也含有碎屑矿物。对于碎屑黏土矿物，其矿物组成可用于解释母源区古气候变化；而对于自生黏土矿物，其矿物组成也可用于解释沉积区古气候变化（徐仁辉等，2020；Dong L et al.，2017，2022）。一些研究表明，黏土矿物含量在时间和空间上的变化可以用来分析沉积物来源和物源（董林森等，2014a；Wang R et al.，2021；Xiao W et al.，2021；Ye L et al.，2020a，2022；Zhao et al.，2022）。靠近大陆的海洋沉积物中的黏土矿物最初是由陆地风化作用形成的，受气候变化的控制。黏土矿物是重要的高纬度区气候变化的指标，可以有效地判断气候变化和冰川侵蚀过程（Dong L et al.，2017；Wang R et al.，2021；Xiao W et al.，2021）。蒙皂石可以作为陆源沉积物搬运路径的示踪剂，可以解释海冰融化，进而推测古气候变化（Vogt C and Knies，2008）。

以罗蒙诺索夫海岭为界，欧亚海盆一侧的黏土矿物迄今已进行了较多研究，并取得了许多重要的研究成果（Wahsner et al.，1999；Dethleff et al.，2000；Kalinenko，2001；Junttila，2007；Vogt C and Knies，2008；Junttila et al.，2010）。例如，欧亚北冰洋表层沉积物中黏土矿物的研究查明了西伯利亚腹地沉积物搬运到拉普捷夫海以及北冰洋的搬运路径及沉积过程（Wahsner et al.，1999；Dethleff et al.，2000）。叶尔马克海台 ODP 911 站位的黏土矿物和重矿物组成研究发现，蒙皂石来自北冰洋穿极流的西伯利亚支流所携带的海冰（Junttila，2007）。在东西伯利亚海陆架、喀拉海东部和拉普捷夫海西部的表层沉积物中蒙皂石含量较高（Wahsner et al.，1999），这些蒙皂石来源于中生代普托拉纳高原（Putorana Plateau）的玄武岩，通过叶尼塞河和哈坦加河（Khatanga River）携带而来（Kleiber and Niessen，2000）。海冰搬运的富蒙皂石沉积物主要通过欧亚北冰洋的南部，从拉普捷夫海和喀拉海搬运到弗拉姆海峡（Nürnberg et al.，1994；Pfirman et al.，1997）。通过研究欧亚海盆岩心中蒙皂石的结晶度，查明了末次冰期与间冰期沉积物的搬运机制及沉积过程（Vogt C and Knies，2008）。巴伦支海西南部末次冰期-全新世黏土矿物与 IRD 结合研究，查明了冰期的气候变化特征（Junttila et al.，2010）。

但是，只有少数学者研究过北冰洋美亚海盆一侧的黏土矿物组成特征（陈志华等，2004；张德玉等，2008；Naidu and Mowatt，1983；Viscosi-Shirley et al.，2003a；Khim，2003；Ortiz et al.，2009）。根据 Naidu 和 Mowatt（1983）以及 Viscosi-Shirley 等（2003a）的研究发现，在太平洋海水通过白令海峡流入北冰洋的过程中，富含蒙皂石（质量分数＞20％）的育空河入海物质也同时从白令海北部被带入楚科奇海，并在楚科奇海沉积下来。还有研究发现，阿拉斯加边缘的绿泥石和白云母是通过白令海峡的海流搬运至巴罗峡谷和楚科奇海沉积下来的（Ortiz et al.，2009）。楚科奇海的黏土矿物研究认为，其主要来源为阿拉斯加的岩石风化产物、育空河的入海物质以及东西伯利亚海沿岸主要河流的入海物质（张德玉等，2008）。综上所述，楚科奇海表层沉积物中黏土矿物的研究所反映的物质来源的观点是基本一致的。

然而，对于北冰洋深水区和加拿大海盆中伊利石和高岭石的来源，不同学者的观点则不尽相同。陈志华等（2004）认为可能主要与来自马更些河的物源有关；Naidu 和 Cooper（1998）认为可能与来自西部的富含伊利石的冰筏沉积物有关；张德玉等（2008）则认为黏土矿物主要来源为马更些河的入海物质和由北冰洋欧亚海盆扩散而来的细粒物质。因此，本节汇总了 Ye L 等（2020a）和 Viscosi-Shirley 等（2003a）的黏土矿物资料（图 6-8），做进一步的综合分析和研究。

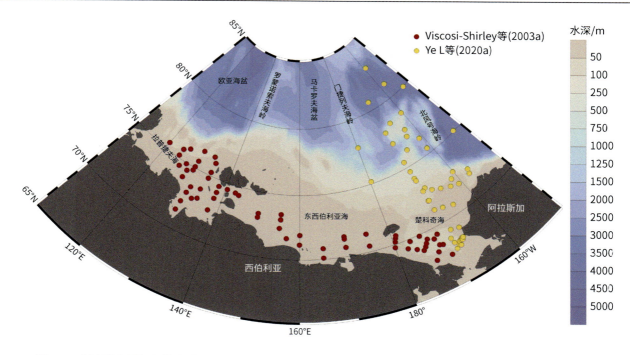

图 6-8　北冰洋表层沉积物中黏土矿物分析站位图（据 Ye L et al.，2020a；Viscosi-Shirley et al.，2003a 改）

6.3.1　黏土矿物的区域变化特征

根据北冰洋表层沉积物中黏土矿物组成的区域分布特征，可以看出明显的规律性（图 6-9）。其中，高岭石是加拿大海盆中含量最高的黏土矿物，高达 22.5%，并向东西伯利亚大陆边缘逐渐减少。在深度＜100 m 的陆架上，高岭石含量要低得多，特别是在东西伯利亚海陆架，其含量仅为 2.0%。东西伯利亚海陆架区的黏土矿物以伊利石为主，含量最高达 67.0%，向加拿大海盆延伸，含量普遍＞58.0%。伊利石含量以东西伯利亚海沿岸为中心，分别向拉普捷夫海陆架和楚科奇海陆架两侧下降，分别降低至 32.4% 和 54.0%。蒙皂石在加拿大海盆和东西伯利亚海陆架区含量较低，基本在 10% 以下，并且有向拉普捷夫海陆架和楚科奇海陆架两侧增加的趋势，在拉普捷夫海陆架其含量达到 40%，在楚科奇海陆架区其含量达到 15%。绿泥石含量次之，从白令海峡向加拿大海盆和拉普捷夫海陆架区逐渐减少。其中，楚科奇海陆架区的绿泥石含量较高，达 24%，拉普捷夫海的绿泥石含量较低，约 14%。此外，在东西伯利亚海陆架沿海地区的一些海域，如科雷马河口，绿泥石含量也较高，达 26%（图 6-9）。

6.3.2　黏土矿物分布特征指示的物源

1. 陆架区黏土矿物物源

一般认为，伊利石和绿泥石是碎屑黏土矿物，是物理风化和冰川侵蚀的典型产物，因此也是高纬度地区典型的黏土矿物（Wahsner et al.，1999），北冰洋海域中大量的伊利石和绿泥石来自变质沉积岩和火成岩的物理风化（Chamley，1989）。前人的研究认为绿泥石是北太平洋的主要黏土矿物，说明绿泥石可以作为太平洋水通过白令海峡流入北冰洋的示踪矿物（Naidu and Mowatt，1983；Kalinenko，2001）。也有研究认为楚科奇海绿泥石的来源是阿拉斯加的河流流到北太平洋，然后通过白令海峡输运到楚科奇海（Ortiz et al.，2009）。伊利石是北冰洋主要的黏土矿物，由北冰洋周边海域的大陆架提供（Wahsner et al.，1999）。科雷马河和因迪吉尔卡河卸载的高含量伊利石在西伯利亚沿岸流的作用下搬运到楚科奇海（Münchow et al.，1998）。西伯利亚河流搬运到楚科奇海陆架的黏土矿物中伊利石和绿泥石的含量分别大于 59%和 21%（Naidu et al.，1982），与东西伯利亚海陆架表层沉积物中伊利石和绿泥石的含量分别大于50%和 20%一致（Viscosi-Shirley et al.，2003a）。楚科奇海西部伊利石和绿泥石含量分别为 55%和 24%左右（董林森等，2014a），说明它们来源于东西伯利亚海陆架，是由西伯利亚沿岸流搬运到楚科奇海，因此，可以判断东西伯利亚海陆架为楚科奇海提供伊利石和绿泥石。

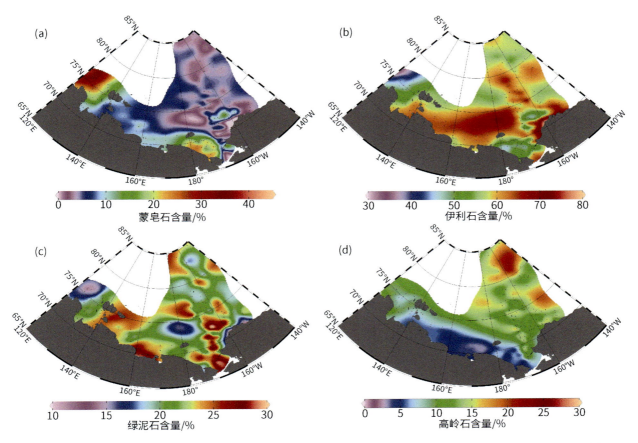

图 6-9　北冰洋表层沉积物中黏土矿物的含量分布特征（据 Ye L et al.，2020a；Viscosi-Shirley et al.，2003a 改）

（a）蒙皂石；（b）伊利石；（c）绿泥石；（d）高岭石

蒙皂石是火山沉积物的良好指示物（Chamley，1989）。蒙皂石可以通过河流注入、海岸侵蚀以及海冰携带而来（Nürnberg et al.，1994；Pfirman et al.，1997）。楚科奇-阿拉斯加海域的蒙皂石来自东西伯利亚火山岩省（Viscosi-Shirley et al.，2003a）；拉普捷夫海西部表层沉积物中的蒙皂石含量较高，来源于普托拉纳高原的中生代溢流玄武岩，通过叶尼塞河和哈坦加河搬运，在西伯利亚沿岸流的作用下搬运到东西伯利亚海及楚科奇海西部（Wahsner et al.，1999）。哈坦加河悬浮颗粒中黏土矿物的研究发现，主要由蒙皂石组成，平均含量为 83%，物源为西伯利亚玄武岩；勒拿河悬浮体中黏土矿物以伊利石为主，含量为 54%；亚纳河（Yana River）中未见蒙皂石，伊利石含量高达 67%，绿泥石含量高达 29%，高岭石含量小于 10%（Dethleff et al.，2000）。楚科奇海陆架西侧的蒙皂石含量较低（董林森等，2014a；Ye L et al.，2020a），这是因为在亚纳河等不含蒙皂石的河流作用下稀释了哈坦加河等河流搬运的蒙皂石。此外，远距离搬运也对蒙皂石含量起到了稀释作用。楚科奇海陆架东侧的蒙皂石含量较高，这主要是育空河等河流的沉积物在阿拉斯加沿岸流的作用下将蒙皂石搬运到楚科奇海陆架。前人研究得出结论，楚科奇海的蒙皂石是西伯利亚和阿拉斯加的火山岩经河流流入白令海，然后经白令海峡搬运到楚科奇海（Naidu et al.，1982；Viscosi-Shirley et al.，2003a）。综合前人研究结果，楚科奇海的蒙皂石主要有两个来源，一是西伯利亚和阿拉斯加的火山岩经河流带入白令海，然后经白令海峡搬运到楚科奇海（Naidu and Mowatt，1983；Viscosi-Shirley et al.，2003a；陈志华等，2004；张德玉等，2008）；二是哈坦加河等携带的来自西伯利亚普托拉纳高原的中生代溢流玄武岩的蒙皂石在西伯利亚沿岸流作用下搬运到楚科奇海。东西伯利亚海和拉普捷夫海的蒙皂石主要来源于普托拉纳高原的中生代溢流玄武岩，通过叶尼塞河和哈坦加河流入拉普捷夫海，在西伯利亚沿岸流的作用下搬运而来（董林森等，2014a）。

极地的高岭石可能来源于含高岭石的沉积物以及古土壤的侵蚀等（Khim，2003）。阿拉斯加北部和加拿大的含高岭石古土壤和页岩，为波弗特海陆架和加拿大海盆提供了富含高岭石的沉积物（Naidu et al.，1971；Darby，1975）。相比之下，西伯利亚土壤中高岭石的含量很少（Darby，1975），而因迪吉尔卡河和科雷马河输入东西伯利亚海的黏土中高岭石含量为10%（Naidu et al.，1982）。东西伯利亚海陆架表层沉积物中高岭石含量较低，与其他陆架部分相比，拉普捷夫海西部的高岭石含量略高（Viscosi-Shirley et al.，2003a）。这种高岭石来源于西伯利亚地台含高岭石碎屑岩的侵蚀作用（Rossak et al.，1999）。白令海的高岭石通过白令海峡到达楚科奇海西部（Khim，2003；张德玉等，2008），科雷马河和因迪吉尔卡河输入到东西伯利亚海的沉积物也为楚科奇海提供少量的高岭石（Naidu et al.，1982；陈志华等，2004；张德玉等，2008）。

综上所述，楚科奇海的黏土矿物主要来源于西伯利亚和阿拉斯加的火山岩、变质岩以及一些含高岭石的沉积物和古土壤等，经河流搬运，在北太平洋的三股洋流及西伯利亚沿岸流的作用下沉积形成的。东西伯利亚海的黏土矿物主要是河流来源，包括科雷马河和因迪吉尔卡河流输入；此外，哈坦加河流入的沉积物在西伯利亚沿岸流作用下以及白令海沉积物在阿纳德尔流作用下都会被搬运到东西伯利亚海。

2. 深水区黏土矿物物源

西北冰洋深水区包含楚科奇海台、北风号海岭、加拿大海盆、阿尔法海岭和马卡罗夫海盆，其黏土矿物由伊利石、绿泥石、高岭石和蒙皂石组成，其中伊利石含量最高，其次为绿泥石和高岭石，蒙皂石含量最低（图6-9）。

北冰洋中部的沉积物主要是冰筏搬运的（Darby and Bischof，1996；Darby et al.，2009）。前人认为靠近俄罗斯一侧陆架上的海冰被搬运到美亚海盆，为美亚海盆提供沉积物（Naidu and Cooper，1998）。穿极流可以将海冰中的沉积物搬运到北冰洋的深水区。穿极流分为西伯利亚支流和穿极支流，其中西伯利亚支流的海冰来源于东喀拉海和西拉普捷夫海，蒙皂石含量较高。穿极支流的海冰来源于东拉普捷夫海，蒙皂石含量较低，伊利石含量较高（Dethleff et al.，2000）。从图6-9（a）看出，北冰洋深水区蒙皂石含量比楚科奇海含量高，东西伯利亚海陆架可能为研究区提供蒙皂石。北极涛动正相位时，来自喀拉海和拉普捷夫海的海冰均被搬运到美亚海盆，为美亚海盆提供大量的蒙皂石（Darby et al.，2012）；亚纳河流域的陆源沉积物主要来源于二叠系和石炭系的页岩，其中含有大量绿泥石，通过亚纳河等河流卸载（Dethleff et al.，2000），北极涛动正相位时为北冰洋深水区提供绿泥石。此外，还提供伊利石及高岭石等黏土矿物。加拿大北极群岛的维多利亚岛出露一些玄武岩以及辉绿岩的岩墙和岩床，因而在维多利亚岛和班克斯岛周缘海域海冰沉积物中蒙皂石和绿泥石含量较高（Darby et al.，2011）。北极涛动负相位时，波弗特环流可以搬运携带该海域富含沉积物的海冰，为北冰洋深水区提供蒙皂石、伊利石以及绿泥石等黏土矿物（Darby et al.，2012）。北冰洋周缘陆地的古土壤也为北冰洋提供高岭石。另外，大西洋中层水也可以搬运沉积物到楚科奇边缘地的附近海域（张德玉等，2008）。也有研究认为北大西洋中层水洋流动力较弱，不能将弗拉姆海峡附近的黏土矿物搬运到加拿大海盆的南部（Yurco et al.，2010），但是，西拉普捷夫海和喀拉海的黏土矿物可以被北大西洋中层水搬运到加拿大海盆的南部以及楚科奇边缘地等海域（Vogt C and Knies，2009）。

综上所述，西北冰洋深水区沉积物的可能来源为欧亚陆架和加拿大北极群岛周缘海域的海冰沉积物和大西洋水的搬运以及加拿大马更些河的河流注入。

6.4　全岩矿物组分的分布特征及物源分析

北冰洋西部沉积环境比较复杂，既有水体作用，又有冰筏作用，特别是北冰洋与太平洋之间的水体交换以及加拿大北极群岛周边海域和欧亚陆架海冰的冰筏沉积作用，都有别于其他海域。不少学者通过矿物学分析来研究北冰洋表层沉积物的来源，以示踪河流卸载、海冰和冰山的冰筏夹带陆源颗粒的搬运路径，但主要集中在重矿物（Peregovich et al.，1999）、冰筏碎屑（Darby and Bischof，1996；Phillips and Grantz，2001；Zhang T et al.，2021）和黏土矿物（Viscosi-Shirley et al.，2003a；陈志华等，2004；张德玉等，2008；Yurco et al.，2010；Ye L et al.，2020a）等方面。由于北冰洋沉积作用比较复杂，受河流、海岸侵蚀、冰筏沉积等影响，陆架上主要为受河流、海岸侵蚀强烈影响的粗颗粒，而北冰洋深水区沉积物粒度较细，粗颗粒碎屑矿物含量较少（王春娟等，2015；Astakhov et al.，2019；Wang W et al.，2020；Zhang T et al.，2021）。由于沉积物来源的多元性和粒度的不均一性，对沉积物开展某一粒级的研究会漏掉一些重要信息。比如，由于具有明显物质来源指示意义的普托拉纳高原中生代溢流玄武岩、加拿大北极群岛的白云岩等在海岸侵蚀、河流输入以及冰筏搬运作用下，以富含蒙皂石、辉石或白云石等矿物的沉积物搬运到北冰洋中，在这些特征矿物中，尤其是白云石通常会以细小颗粒被保存在沉积物中（Fagel et al.，2014），而又常常以较粗的冰筏碎屑的形式出现（Dong L et al.，2017）。因此，对沉积物全岩 X 射线衍射（X-ray diffraction，XRD）研究显得尤为重要。根据沉积物全岩的 XRD 结果可以查明沉积物的矿物组成，以追踪沉积物的来源、搬运路径、沉积过程以及重建古海洋演化历史等（Vogt C，1996）。

　　目前，北冰洋海域全岩 XRD 的研究主要是在欧亚海盆（Vogt C，1996；Vogt C et al.，2001；März et al.，2011a）。前人对北冰洋叶尔马克海台全岩 XRD 的研究发现，沉积物中的矿物主要为石英、长石、方解石、白云石和辉石，并根据全岩矿物组成、黏土矿物组成、有机地球化学特征等，阐明了冰盖的变化，重建了古海洋演化历史（Vogt C et al.，2001）。北冰洋中部全岩 XRD 的研究发现，沉积物中含有石英、斜长石、钾长石、沸石、闪石、堇青石和黄铁矿等，并根据矿物学组成和元素等查明了早第四纪—晚第四纪沉积机制的变化（März et al.，2011a）。北冰洋中东部全岩矿物中识别出的矿物主要为石英、白云石、方解石和长石，通过对矿物半定量计算，得出各种矿物含量的平面分布图，查明了沉积物搬运路径及来源（Vogt C，1996）。但是，欧亚海盆沉积物质的研究仅识别出主要的矿物组成（Vogt C et al.，2001；März et al.，2011a），计算出半定量的较少（Vogt C，1996）。目前，西北冰洋表层沉积物全岩 XRD 的研究较少，本节利用西北冰洋海域共约 80 个站位（图 6-10）的表层沉积物的全岩 XRD 结果（董林森等，2014b），分析和阐述沉积物物质来源与搬运机制。

6.4.1　全岩矿物分布特征

　　全岩矿物的定性及半定量分析结果是利用 X 衍射仪测得的数据结合 Jade5.0 软件进行计算获得的（董林森等，2014b）。西北冰洋表层沉积物中识别出来的主要矿物（含量＞5%）为石英、斜长石、钾长石、云母，典型矿物为方解石、白云石、辉石、角闪石、高岭石和绿泥石等，这些矿物可以示踪沉积物的物质来源（董林森等，2014b）。

　　从全岩矿物含量分布图（图 6-11）可以看出，石英在楚科奇海靠近阿拉斯加一侧含量较高，高达 45%。此外，在阿尔法海岭及加拿大海盆北端石英含量也较高。总体上楚科奇海的石英含量高于北冰洋深水区的阿尔法海岭、加拿大海盆、北风号海岭和楚科奇边缘地。钾长石在研究区靠近欧亚海盆一侧的含量高于美亚海盆一侧，最高值约为 13%，加拿大海盆含量较低。斜长石的分布与钾长石基本一致，含量最高为 20%。云母含量在加拿大海盆及马卡罗夫海盆较高，在楚科奇海以及北风号海岭、楚科奇边缘地和阿尔法海岭相对较低。总体上，楚科奇海的角闪石含量高于北冰洋深水区，且楚科奇海的高值区集中在靠近东西伯利亚海一侧。辉石在加拿大海盆南端、北风号海岭、楚科奇边缘地、阿尔法海岭和马卡罗夫海盆含量较高，最高约 7%，其他海区含量较低。方解石和白云石在加拿大海盆含量较高，分别高达 11% 和 13%，楚科奇海含量较低。绿泥石在楚科奇海含量较高，高约 5%，在加拿大海盆含量较低。高岭石没有明显的变化特征。

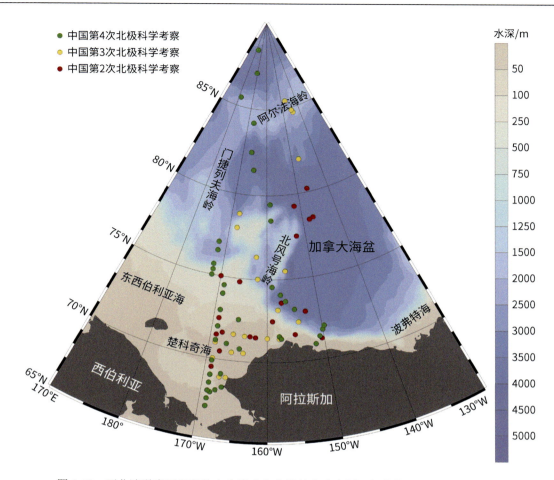

图 6-10 西北冰洋表层沉积物中全岩矿物分析站位分布图（据董林森等，2014b 改）

6.4.2 物质来源及沉积机制分析

1. 楚科奇海

楚科奇海位于北冰洋西部陆架区，周缘陆地河流众多，水文环境复杂，可能存在多个物质来源，如河流、海岸侵蚀、洋流和海冰融化等，其中大量地质体和陆地的沉积物通过河流等被搬运到大陆架，是最主要的来源之一。阿拉斯加的周缘海域以石英含量高为特征（图 6-11）；白令海峡附近以钾长石和斜长石含量高为特征，赫勒尔德浅滩（Herald Bank）和汉纳浅滩附近也以石英含量高为特征，而楚科奇海的西部沉积物也以钾长石和斜长石的含量较高为特征（图 6-11）。前已述及，太平洋水进入北冰洋以阿拉斯加沿岸流、白令海陆架水及阿纳德尔流三股洋流将白令海沉积物搬运到楚科奇海，而白令海的入海河流包括阿拉斯加的育空河和卡斯科奎姆河（Kuskokwim River）以及楚科奇半岛的阿纳德尔河。其中，阿纳德尔河流经的岩石类型包括白垩系到古近系和新近系的火山岩、花岗岩和花岗闪长岩。育空河和卡斯科奎姆河流经的地质体包括侏罗系－白垩系的砂岩、页岩和花岗岩，以及古近纪到新近纪的酸性火山岩和深成岩、安山岩和玄武岩等（Beikman，1980）。

育空河和卡斯科奎姆河沉积物在阿拉斯加沿岸流的作用下被搬运到楚科奇海。例如，前人研究发现，巴罗峡谷西北部的楚科奇海陆架的沉积物有大量来自育空河以及阿拉斯加的一些较小的河流，特别是在早全新世和现今海平面较低的时期（Ortiz et al.，2009）。综合洋流与沉积物中矿物相对含量的关系，可以判断出阿拉斯加沿岸沉积物中高的石英含量是育空河和卡斯奎姆河搬运的沉积物在阿拉斯加沿岸流作用下沉积的。育空河从源头到入海口沉积物矿物组成的 XRD 的半定量分析发现，育空河入海口处沉积物中斜

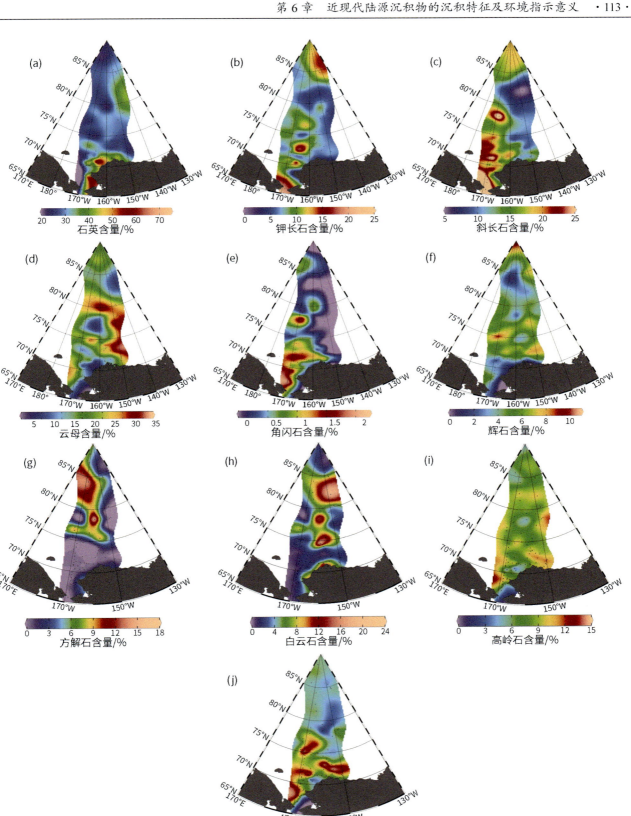

图 6-11　西北冰洋沉积物中主要矿物和典型矿物的含量分布特征（据董林森等，2014b 改）

（a）石英；（b）钾长石；（c）斜长石；（d）云母；（e）角闪石；（f）辉石；（g）方解石；（h）白云石；（i）高岭石；（j）绿泥石

长石含量约 22%，钾长石含量约 13%，石英含量约 50%，方解石和白云石含量都较低，不足 1%（Eberl，2004）。这与阿拉斯加沿岸沉积物中石英含量高相吻合，而长石含量较低可能是搬运过程中长石的不稳定性所决定的（董林森等，2014b）。

如前所述，阿纳德尔河流经的岩石类型主要是火山岩、花岗岩和花岗闪长岩，这些岩石类型中斜长石和钾长石的含量非常高。从白令海峡附近的楚科奇海南端以及楚科奇海西部靠近东西伯利亚海一侧的沉积物中含量较高的钾长石和斜长石（图 6-11）可以判断出，这些海域的沉积物主要是阿纳德尔河沉积物在阿纳德尔流作用下被搬运过来的。此外，西伯利亚沿岸流携带欧亚陆架沉积物搬运到楚科奇海，为这两类矿物做出贡献。前面提到，西伯利亚陆地由酸性到基性火山岩及一些沉积岩等组成，在河流搬运下可以为沉积物提供钾长石、斜长石和石英等，以及一些重矿物和黏土矿物。哈坦加河流经西伯利亚玄武岩携带大量的辉石在拉普捷夫海西部入海，是该海区主要的重矿物；勒拿河携带大量角闪石在拉普捷夫海中东部入海，并成为该区含量最高的重矿物（Peregovich et al.，1999）；另外，贝兰加（Byrranga）山脉的冰川融水为拉普捷夫海提供了高含量的云母（Peregovich et al.，1999），西伯利亚沿岸流将拉普捷夫海沉积物搬运到东西伯利亚海，最后到达楚科奇海（Münchow et al.，1998），为研究区提供辉石、角闪石和云母等矿物。高岭石和绿泥石等黏土矿物的来源已有大量研究，认为绿泥石来自变质沉积岩和火成岩的物理风化（Chamley，1989），这些岩石在西伯利亚和阿拉斯加非常普遍。黏土矿物通过河流搬运到东西伯利亚海（Naidu et al.，1982；Viscosi-Shirley et al.，2003b），在向东的西伯利亚沿岸流作用下东西伯利亚海的沉积物通过德朗海峡（De Lang Strait）搬运到楚科奇海西部（Weingartner et al.，1996；Münchow et al.，1998）。

先驱号峡谷-赫勒尔德浅滩-汉纳浅滩-汉纳峡谷一带是太平洋水向北冰洋深水区输送的重要通道（Weingartner et al.，1998），在赫勒尔德浅滩和汉纳浅滩附近的沉积物中石英含量较高，与白令海陆架水流经区域相对应，为该海域沉积物做出主要贡献。

2. 北冰洋深水区

北冰洋深水区受到波弗特环流、穿极流以及大西洋中层水的作用和影响，在这些洋流作用下，欧亚陆架和加拿大北极群岛周缘海域的沉积物被搬运到北冰洋西部深水区。北冰洋特别是沉积速率较低的深水区，海冰及冰山的搬运是其沉积物的主要搬运方式。研究认为北冰洋中部全部的粗组分和几乎全部的细组分均来源于冰筏沉积（Darby et al.，2009）。从矿物组成可以看出，加拿大海盆尤其在波弗特环流路径上的沉积物以方解石和白云石含量高为特点，可以判断加拿大北极群岛周缘海域为这两类沉积物的主要来源（董林森等，2014b）。研究认为门捷列夫海岭附近的 NP26 岩心沉积物中的碎屑碳酸盐岩来源于加拿大北极群岛的班克斯岛和维多利亚岛（Polyak et al.，2004）。碳酸盐岩的来源前人均认为是加拿大北极群岛的碳酸盐岩地台在海冰（冰山）作用下通过波弗特环流搬运而来（Wang R et al.，2013）。美亚海盆晚第四纪沉积物中含有大量的石灰岩岩屑，且从马卡罗夫海盆到加拿大海盆东南部含量增加，说明来源于劳伦泰德冰盖的冰山携带碎屑碳酸盐岩物质进入北冰洋中部（Phillips and Grantz，2001），物源为加拿大西北部以及加拿大北极群岛的富石灰岩的早古生代碳酸盐岩地层（Zhang T et al.，2021）。

在楚科奇海台、北风号海岭等中等水深的海域环流结构复杂，既受波弗特环流和穿极流的影响，又受大西洋中层水的影响。该海域沉积物的特点是方解石和白云石含量均较低，说明受波弗特环流影响较小，在北极涛动正相位时来自拉普捷夫海的海冰沉积物为该海域沉积物做出了一定贡献（Sellén et al.，2010），门捷列夫海岭附近沉积物中石英的来源主要是拉普捷夫海（Polyak et al.，2004）。此外，一些黏土级细粒物质可能由大西洋中层水携带而来（Winkler et al.，2002；张德玉等，2008）。

6.5　重矿物分布特征及物源分析

北冰洋陆架沉积物的物质来源以及搬运机制分析一直受到学术界的关注。关于北冰洋沉积物的物质来源前人也做了很多研究，采用了多种指标，包括黏土矿物、全岩矿物以及元素、同位素等（董林森等，2014a，2014b；高爱国等，2003；陈志华等，2011；Asahara et al.，2012；Maccali et al.，2018）。但是，对于重矿物的鉴定分析以及根据其分布特征探讨沉积物来源方面的研究相对较少（王昆山等，2014；Wang K et al.，2022）。重矿物分析不仅可以提供更为丰富的物源信息，也能为正确解释单矿物的物源示踪提供全景信息，是物源分析的基本方法。北冰洋陆架区的沉积物主要由河流、海岸侵蚀以及海冰等方式搬运，直接接收来自陆地的重矿物。因此，北冰洋陆架区重矿物种类和组合的研究可以更好地了解物质来源、沉积环境和沉积物搬运途径（Zhang X et al.，2015；Wang K et al.，2019）。

　　本节汇总的样品数据是中国第 1 次（1999 年）和第 2 次（2003 年）北极科学考察航次（王昆山等，2014）以及中国-俄罗斯北极科学考察航次（Wang K et al.，2022）在楚科奇海、东西伯利亚海以及邻近的北冰洋深水区采取的表层沉积物站位，共计 89 个（图 6-12）。综合前人的表层沉积物中重矿物鉴定分析数据（王昆山等，2014；Wang K et al.，2022），得出了西北冰洋典型矿物的分布特征，并讨论了重矿物所反映的物质来源和沉积环境。

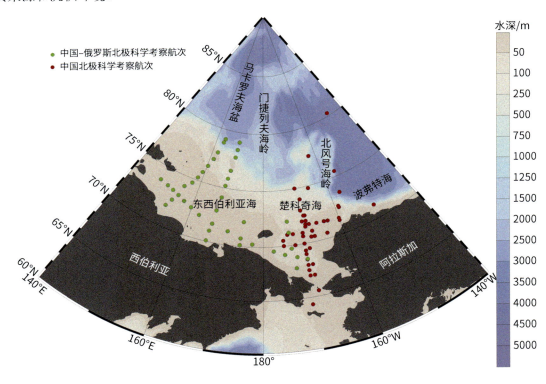

图 6-12　北冰洋表层沉积物中重矿物分析站位分布图（据王昆山等，2014；Wang K et al.，2022 改）

6.5.1　重矿物分布特征

　　在北冰洋表层沉积物研究中，重矿物以角闪石、普通辉石、绿帘石、紫苏辉石等硅酸盐矿物为主，平均含量之和为 62.0%；含铁矿物包括褐铁矿、赤铁矿和钛铁矿，平均含量之和为 19.8%；石榴子石的平均含量为 5.5%。云母包括白云母、黑云母和绢云母（Wang K et al.，2022）。

　　在北冰洋表层沉积物中，石榴子石分布普遍，高含量主要分布在楚科奇海陆架北部、东西伯利亚海中北部区域。在新西伯利亚岛东部海区，与角闪石高含量分布区域相一致，呈向东递减的趋势 [图 6-13（a）]。新西伯利亚岛东部沉积物中角闪石含量最高 [图 6-13（b）]，在陆架深水区含量较低。

　　在因迪吉尔卡河口附近和楚科奇海近岸云母含量较高 [图 6-13（c）]；在楚科奇海的白令海峡北部绿帘石含量最高 [图 6-13（d）]；褐铁矿高含量分布在东西伯利亚海东北部的因迪吉尔卡河口附近 [图 6-13

（e）]；暗色含铁矿物包括磁铁矿、钛铁矿和赤铁矿，高含量主要分布在科雷马河口的东北部 [图 6-13（f）]，说明受河流输入影响较大。普通辉石高含量主要分布在科雷马河口以北区域，最高为 28.2%，分布面积较大 [图 6-13（g）]，有向东北方向扩展的趋势；另一高含量分布区出现在楚科奇海陆架近岸区，分布面积较小，可能受海岸侵蚀物质影响较大。紫苏辉石的高含量分布区在楚科奇海，东西伯利亚海沉积物中紫苏辉石含量较低 [图 6-13（h）]。

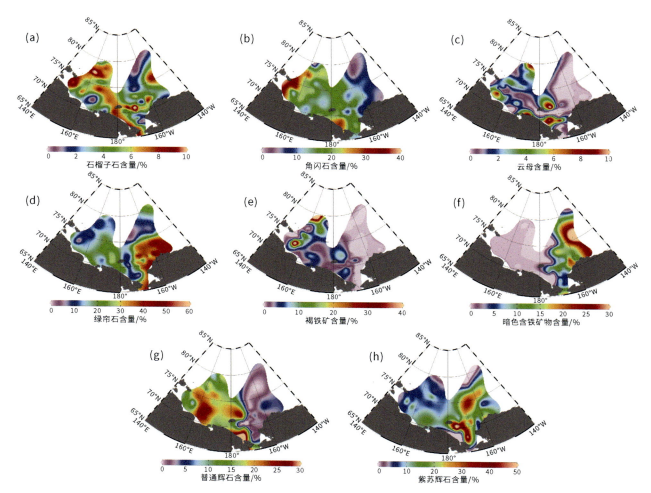

图 6-13　北冰洋表层沉积物中重矿物含量分布图（据王昆山等，2014；Wang K et al.，2022 改）

（a）石榴子石；（b）角闪石；（c）云母；（d）绿帘石；（e）褐铁矿；（f）暗色含铁矿物；（g）普通辉石；（h）紫苏辉石

6.5.2　物质来源

　　楚科奇海和东西伯利亚海表层沉积物的物质来源输入方式存在明显差异。楚科奇海没有直接的河流输入来源，而东西伯利亚海由于科雷马河和因迪吉尔卡河入海，沉积物中的矿物组成受河流输入影响较大。东西伯利亚海和楚科奇海陆架表层沉积物中，优势重矿物各有不同，反映出不同的物质来源，指示了不同的源岩类型。

　　楚科奇海内陆架西部，靠东西伯利亚海一侧的表层沉积物中矿物组合为角闪石-普通辉石-黑色铁质矿物；在陆架中外部为角闪石-紫苏辉石-普通辉石-黑色铁质矿物（Wang K et al.，2022）。在楚科奇海东部，阿拉斯加一侧表层沉积物中优势矿物为绿帘石、紫苏辉石、钛铁矿和普通角闪石，特征矿物为石榴子石、磷灰石、赤铁矿等（王昆山等，2014）。这表明楚科奇海表层沉积物有 3 种物源：①楚科奇海陆架西部物质来源为楚科奇半岛北部沿岸物质，主要沉积在浅水区，也可能混入东向的西伯利亚沿岸流带来的东西伯利亚海碎屑物质；②陆架中部则主要为鄂霍次克-楚科奇火山岩带的物质，即堪察加半岛东部海区沉积物、火山喷发物（Wang K et al.，2022），通过白令海峡的太平洋水所携带的堪察加半岛周边的火山碎屑沉积物，与沉积物岩性端元（玄武岩）的输入路径相一致（Viscosi-Shirley et al.，2003b）；同时，堪察加半岛火山碎屑物质不仅扩散到楚科奇海，甚至可以扩散到东西伯利亚海的东部（Wang K et al.，2022）；③楚科奇海东部至阿拉斯加沿岸的沉积物中绿帘石含量高，石榴子石、磷灰石和赤铁矿等普遍分布。这表明沉积物来源稳定，搬运距离长，其来源可能与阿拉斯加近岸河流沉积有关，这与通过黏土矿物、全岩矿物等指标得出的判别结果是一致的（董林森等，2014a，2014b），育空河和卡斯奎姆河等河流在白令海东部入海后，在阿拉斯加沿岸流作用下将沉积物搬运到楚科奇海东部和阿拉斯加周缘海域（董林森等，2014a，2014b）。

在东西伯利亚海陆架表层沉积物中，依据矿物含量和分布可以分为 5 个矿物组合分区（Wang K et al.，2022）：①东西伯利亚海西部陆架区，矿物组合为角闪石-普通辉石-黑色铁质矿物-绿帘石，特征矿物为石榴子石和紫苏辉石，这些矿物组合特征与勒拿河优势矿物分布相一致（Peregovich et al.，1999；Nikolaeva et al.，2013），沉积物主要来源于拉普捷夫海，明显受勒拿河/亚纳河输入物质影响，向东河流输入影响力度逐渐减弱；②因迪吉尔卡河输入影响区，该区矿物组合为角闪石-普通辉石-绿帘石-褐铁矿-暗色铁质矿物，特征矿物为云母，云母含量较高，主要为因迪吉尔卡河河流输入，物质来源区较近，优势矿物种类多，因迪吉尔卡河流域内多分布有基性火山岩（玄武岩）和中性火山岩（安山岩）等（Huh Y et al.，1998），这些岩石类型的分布与石榴子石类型分布相一致（Wang K et al.，2022）；③科雷马河影响区，矿物组合为普通辉石-绿帘石-角闪石-黑色铁质矿物，紫苏辉石含量略高，该区矿物特征与科雷马河流域盆地内广泛分布的绿岩变质作用下的古（老）火山岩和火山-沉积岩的矿物特征相一致（Nikolaeva et al.，2013）；④东西伯利亚海陆架中部区，矿物组合为角闪石-普通辉石-黑色铁质矿物-绿帘石，石榴子石和云母含量接近于全区平均值（Wang K et al.，2022），沉积物矿物分布及组合特征表现出均一性特征，表明沉积物源相对稳定，该区物质来源与河流及海冰输送最为相关，矿物组合与因迪吉尔卡河输入区相近，总体上以因迪吉尔卡河物质为主，该区有因迪吉尔卡河古河道通过，稳定矿物含量较高（Nikolaeva et al.，2013）；⑤东西伯利亚海外陆架区，水深变化较大，从陆架外部到海盆，矿物组合为褐铁矿-角闪石-绿帘石-普通辉石-黑色铁质矿物，优势矿物众多，呈现出更高的均一性，特征矿物为云母和褐铁矿（Wang K et al.，2022），物质来源输入量较低，以因迪吉尔卡河输入物质为主，褐铁矿含量高，也表明沉积物改造程度高，勒拿河的物质也有一定的贡献。

总体上，东西伯利亚海陆架输入的物质来源以酸性火山岩矿物为主，其次为变质岩，少量为基性岩，与河流流域的岩石类型相一致。在东西伯利亚海陆架中部和外部以及海盆区为稳定的混合沉积区，沉积物来源以因迪吉尔卡河输入为主，科雷马河的物质次之，勒拿河的物质最少。东西伯利亚海陆架东部海区沉积物矿物组成受到河流流系的影响最大，东西伯利亚海外陆架出现自生矿物。海冰对内陆架和中陆架沉积物矿物组成的影响不明显。楚科奇海的矿物组成明显受到太平洋入流水携带的白令海西部物质和海岸沉积物侵蚀的影响，这与白令海西部物质为中基性火山碎屑岩和富含紫苏辉石的特征一致。弗兰格尔岛南部沉积物具有楚科奇海和东西伯利亚海沉积物经太平洋入流水和西伯利亚沿岸流混合沉积的特征。

6.6 放射性同位素分布特征以及物源指示意义

沉积物放射性同位素能够反映沉积物物质来源，以及海-陆颗粒的搬运路径（Eisenhauer et al.，1999；Tütken et al.，2002）。前人对北冰洋沉积物进行了一些关于 Sr、Sm、Nd 和 Pb 的放射性成因同位素的研究，包括全样沉积物（Tütken et al.，2002；Haley et al.，2008a）、沉积物自生组分（Winter et al.，1997；Haley et al.，2008b；Maccali et al.，2012；Haley and Polyak，2013；Jang et al.，2013）和碎屑组分（Winter et al.，1997；Asahara et al.，2012）等。其中，学者对表层沉积物碎屑组分的研究区分了不同粒级组分，如小于 100 μm 的组分（Maccali et al.，2018）和黏土粒级组分（陈志华等，2011），以及全岩样品的研究（Asahara et al.，2012；Bazhenova et al.，2017）。这些研究发现，不同海域的同位素组成存在明显差异，为

研究地质历史时期的冰期–间冰期旋回中沉积物物质来源以及揭示冰盖扩张历史和表层洋流演化等方面提供了基础数据支撑。

本节汇总的样品数据包括中国第 1 次（1999 年）北极科学考察（陈志华等，2011）以及国外学者（Asahara et al.，2012；Bazhenova et al.，2017；Maccali et al.，2018）在楚科奇海、东西伯利亚海以及邻近的北冰洋深水区采集的表层沉积物资料，综合分析了表层沉积物的 Sr-Nd、Nd-Pb、Sm-Nd 等同位素组成，研究了西北冰洋放射性同位素的分布特征，揭示了放射性同位素所反映的物质来源和沉积环境。

6.6.1　放射性同位素分布特征

1. 小于 100 μm 的沉积物

为了避免与冰山排泄的较粗颗粒有关的偏差，小于 100 μm 的沉积物的 Sr、Nd、Pb 同位素分析结果显示，εNd 在楚科奇海和东西伯利亚海东部较高，为-9.5～-7.0，在东西伯利亚海西部和拉普捷夫海东部有两例较低的值，均为-15.2（图 6-14）。此外，马更些河流域附近的值也较低，为-14.8～-14.5。^{87}Sr/^{86}Sr 在

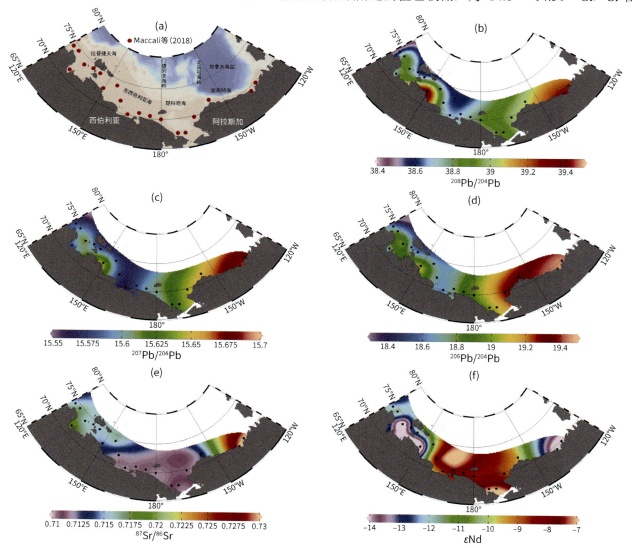

图 6-14　北冰洋小于 100 μm 的沉积物的 ^{208}Pb/^{204}Pb、^{207}Pb/^{204}Pb、^{206}Pb/^{204}Pb、^{87}Sr/^{86}Sr、εNd 同位素分布特征（据 Maccali et al.，2018 改）

（a）样品位置（Maccali et al.，2018）；（b）^{208}Pb/^{204}Pb；（c）^{207}Pb/^{204}Pb；（d）^{206}Pb/^{204}Pb；（e）^{87}Sr/^{86}Sr；（f）εNd

楚科奇海和西伯利亚海东部的值较低，为 0.7104～0.7126，在东西伯利亚海西部和拉普捷夫海东部为 0.7140～0.7194，马更些河附近的值较高，高于 0.730。$^{208}Pb/^{204}Pb$、$^{207}Pb/^{204}Pb$ 和 $^{206}Pb/^{204}Pb$ 的分布特征相似，最高值在波弗特海的马更些河附近，其次是东西伯利亚海西部和拉普捷夫海东部（Maccali et al.，2018）。

2. 全岩样品沉积物

楚科奇海和东西伯利亚海东部的全岩样品沉积物中 εNd 较高，为-10～-6（Asahara et al.，2012；Bazhenova et al.，2017），总体上与小于 100 μm 的沉积物中的 εNd 一致（Maccali et al.，2018）。其他海域的值基本低于-10（图 6-15）。全岩样品沉积物中 $^{208}Pb/^{204}Pb$、$^{207}Pb/^{204}Pb$ 和 $^{206}Pb/^{204}Pb$ 的分布特征相似（图 6-15），总体上楚科奇海的值高于东西伯利亚海，与小于 100 μm 的沉积物中 Pb 同位素分布相似（Maccali et al.，2018）。全岩样品沉积物中 $^{87}Sr/^{86}Sr$ 的分析较少，仅在楚科奇海有分析测试结果，总体上从陆架随着水深增加，$^{87}Sr/^{86}Sr$ 升高。

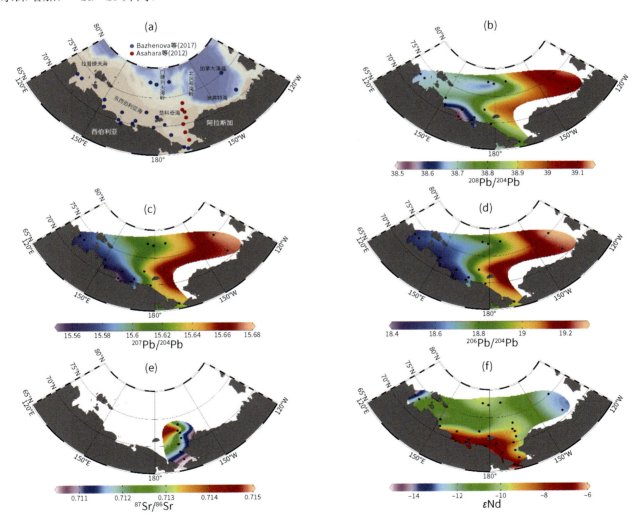

图 6-15　北冰洋全岩样品沉积物的 $^{208}Pb/^{204}Pb$、$^{207}Pb/^{204}Pb$、$^{206}Pb/^{204}Pb$、$^{87}Sr/^{86}Sr$、εNd 同位素分布特征（据 Asahara et al.，2012；Bazhenova et al.，2017 改）

（a）样品位置（Asahara et al.，2012；Bazhenova et al.，2017）；（b）$^{208}Pb/^{204}Pb$；（c）$^{207}Pb/^{204}Pb$；（d）$^{206}Pb/^{204}Pb$；（e）$^{87}Sr/^{86}Sr$；（f）εNd

3. 黏土粒级沉积物

西北冰洋黏土粒级沉积物中的 Sm-Nd 同位素析结果显示，$c^{147}Sm/c^{144}Nd$ 为 0.093～0.1198，平均值为 0.1033（陈志华等，2011）。其中在楚科奇海陆架西侧最高，楚科奇海陆架东侧以及楚科奇海台次之，在加拿大海盆最低（图 6-16）。εNd 为 -13.28～-7.14，平均为 -9.90，其中楚科奇海陆架较高，楚科奇海台以及加拿大海盆较低，楚科奇海陆架西侧总体上高于东侧（图 6-16）。

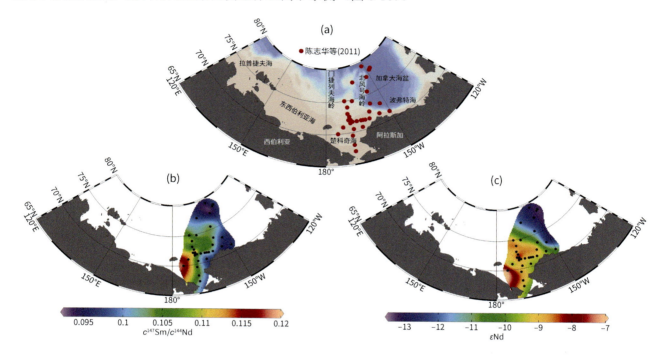

图 6-16　西北冰洋表层沉积物中黏土粒级沉积物的 $c^{147}Sm/c^{144}Nd$ 和 εNd 同位素分布图（据陈志华等，2011 改）

（a）样品位置（陈志华等，2011）；（b）$c^{147}Sm/c^{144}Nd$；（c）εNd

6.6.2　放射性同位素物源识别

1. 源岩的同位素组成

北冰洋欧亚陆架和美亚陆架的沉积物、欧亚陆地和加拿大北极群岛陆地的 Sr、Nd 和 Pb 同位素的研究发现，在陆架沉积物之间和陆地之间 Sr 和 Nd 同位素值存在明显差异（Sharma，1997；Lightfoot et al.，1993；McCulloch and Wasserburg，1978；Patchett et al.，1999；Bazhenova et al.，2017；Maccali et al.，2018）。

西伯利亚大火成岩省广泛分布在西西伯利亚，但仅部分出露地表，是世界上面积最大的溢流玄武岩之一，估计有 300 万 km^2（Sharma，1997；Reichow et al.，2009）。鄂霍次克-楚科奇火山岩带包含混合火成岩（Tikhomirov et al.，2008）。加拿大北极群岛北部边缘的加拿大地盾主要由碎屑岩和碳酸盐岩组成，火成岩露头有限（Patchett et al.，1999；Dupuy et al.，1995）。阿拉斯加的地质露头包括变质岩、碎屑岩和侵入岩，阿拉斯加中部也有一些板内熔岩（Andronikov and Mukasa，2010）。

这些地质露头和岩石类型的同位素组成存在明显差异。加拿大地盾样品中的 Nd 表现出强烈的非放射性，εNd 最低可达 -30，而 $^{87}Sr/^{86}Sr$ 大多高于 0.730（McCulloch and Wasserburg，1978；Patchett et al.，1999）。Pb 同位素的组成相对离散，其中 $^{206}Pb/^{204}Pb$ 从 <15 到 >20，$^{207}Pb/^{204}Pb$ 从 <14 到 >16（Sinha，1970；Gariépy and Allègre，1985）。来自阿拉斯加中部的古生代岩石的稀缺数据显示，沉积岩的 εNd 接近 -15.0（Nelson et al.，1993）。在阿拉斯加中东部的古生代和中生代—新生代岩石测得的 Pb 同位素值较高，$^{206}Pb/^{204}Pb$ 和 $^{207}Pb/^{204}Pb$

分别为 19.50 和 15.70（Aleinikoff et al.，2000）。西伯利亚大火成岩省的 εNd 为-10.0～5.0，^{87}Sr/^{86}Sr 主要为 0.705～0.710，^{206}Pb/^{204}Pb 为 18.00 左右，^{207}Pb/^{204}Pb 为 15.55 左右（Sharma，1997；Lightfoot et al.，1993；Wooden et al.，1993）。鄂霍次克-楚科奇火山岩带的 εNd 为-5.0～-1.1，^{87}Sr/^{86}Sr 为 0.708～0.724，^{207}Pb/^{204}Pb 为 15.645～15.652（Tikhomirov et al.，2008；Ledneva et al.，2011）。

大陆边缘的海底沉积物（Eisenhauer et al.，1999；Tütken et al.，2002；Guo L et al.，2004；Asahara et al.，2012；Bazhenova et al.，2017；Maccali et al.，2018）和河流悬浮颗粒物（Eisenhauer et al.，1999；Millot et al.，2003；Bayon et al.，2015）的放射性同位素组成可以反映陆源物质来源。马更些河三角洲和加拿大北极群岛海峡的沉积物中具有低 εNd 和高 ^{87}Sr/^{86}Sr 同位素特征，与加拿大地盾一致。相反，来自西伯利亚大火成岩省的西伯利亚边缘海域，例如，叶尼塞河和哈坦加河流经西伯利亚大火成岩省后入海的喀拉海和拉普捷夫海西部，以及楚科奇海西部和东西伯利亚海边缘附近的样品具有高 εNd 和低 ^{87}Sr/^{86}Sr 同位素特征（Tütken et al.，2002；Maccali et al.，2018）。

2. 同位素组成示踪的沉积物物质来源

前已述及，不同地质年代和岩石类型的放射性同位素组成存在明显差异，这为通过放射性同位素来示踪物源提供了保障。通过全岩样品沉积物（Asahara et al.，2012；Bazhenova et al.，2017）、小于 100 μm 沉积物（Maccali et al.，2018）以及黏土粒级沉积物同位素（陈志华等，2011）的综合分析发现，不管是哪个粒级的沉积物在楚科奇海西侧和东西伯利亚海东侧都表现为 εNd 较高，全岩沉积物（Asahara et al.，2012；Bazhenova et al.，2017）和小于 100 μm 沉积物（Maccali et al.，2018）中 ^{87}Sr/^{86}Sr 较低，这主要是因为受鄂霍次克-楚科奇火山岩带的影响，阿纳德尔河流经鄂霍次克-楚科奇火山岩带，在白令海西部入海，沉积物在阿纳德尔流作用下输运到楚科奇海西部，并继续搬运到东西伯利亚海东部（董林森等，2014a，2014b）。拉普捷夫海（Asahara et al.，2012；Bazhenova et al.，2017；Maccali et al.，2018）靠近勒拿河三角洲海域 εNd 较低，这与勒拿河较低的 εNd（<-17）直接相关，随着拉普捷夫海远离勒拿河口，εNd 升高至-11.5，这表明其他补给对来自勒拿河的非放射性成因 Nd 特征有强烈的缓冲作用（Maccali et al.，2018）。同样地，在波弗特海边缘的沉积物中可以识别出马更些河的清晰的放射性同位素成因特征（Maccali et al.，2018）。由于海冰和内陆物源受沿岸流的强烈混合作用，无法在现代西伯利亚边缘沉积物中破译俄罗斯主要河流的同位素特征（Maccali et al.，2018）。

6.7　陆源组分的环境指示意义

本节通过西北冰洋表层沉积物中冰筏碎屑的矿物组成、粒度、黏土矿物、全岩矿物、重矿物、放射性同位素等指标的分析，对各指标的分布特征及其反映的沉积机制、物质来源等进行研究。总体来看，各指标反映的沉积物质来源基本一致。

楚科奇海沉积物来源主要受太平洋水搬运的育空河、卡斯奎姆河、阿纳德尔河等河流输入的物质影响（陈志华等，2011；Asahara et al.，2012；董林森等，2014a，2014b；王昆山等，2014）。其中，楚科奇海东侧，包括阿拉斯加边缘地区主要来源于阿拉斯加北部地区的育空河和卡斯奎姆河等河流输入（Beikman，1980；Ortiz et al.，2009），马更些河等也在阿拉斯加边缘地区提供大量沉积物（Phillips and Grantz，2001）。对于粗组分的沉积物，受限于河流的搬运能力，其主要在阿拉斯加近岸沉积。阿拉斯加边缘地区的沉积物主要来源于附近的马更些河以及阿拉斯加北部地区的河流搬运（Zhang T et al.，2021）。楚科奇海西部受到白令海陆架水以及阿纳德尔流的影响（Keigwin et al.，2006；Stein et al.，2017b），将育空河和阿纳德尔河的河流沉积物从白令海搬运至楚科奇海西侧（Ortiz et al.，2009）。此外，楚科奇海西部沉积物还受到西伯利亚沿岸流的影响（Viscosi-Shirley et al.，2003b；Wang K et al.，2022），科雷马河和因迪吉尔卡河卸载的沉积物以及东西伯利亚海海岸侵蚀的沉积物在西伯利亚沿岸流的作用下搬运到楚科奇海西部（Viscosi-

Shirley et al., 2003b; Wang K et al., 2022）。粗组分主要来源于东西伯利亚海的海岸侵蚀（Rachold et al., 2000; Zhang T et al., 2021）。东西伯利亚海的入海河流较多，且海岸侵蚀作用较强（Aré, 1999; Rachold et al., 2000; Grigoriev et al., 2004; Stein, 2008），沉积物质来源相对广泛。东西伯利亚海西部陆架区的沉积物主要来源于拉普捷夫海，明显受勒拿河和亚纳河输入物质的影响（Wang K et al., 2022）；东西伯利亚海中部陆架区沉积物来源与河流及海冰输送最为相关，矿物组合与因迪吉尔卡河口附近相近（Wang K et al., 2022）；科雷马河口附近沉积物则以科雷马河的输入为主（Viscosi-Shirley et al., 2003b）；东西伯利亚海陆架区沉积物来源输入量相对低，以因迪吉尔卡河输入为主，勒拿河输入物质对该区也有一定的贡献（Wang K et al., 2022）；东西伯利亚海东部没有入海河流，因此，沉积物搬运以西伯利亚沿岸流为主。另外，白令海入流水的分支也对该地区有一定的影响（Stein et al., 2017b），不过由于搬运的距离较远，白令海入流水对粗组分的贡献量较低，而主要是将黏土矿物搬运至东西伯利亚海（Viscosi-Shirley et al., 2003b）。

北冰洋美亚海盆沉积物主要是冰筏搬运（Darby and Bischof, 1996; Darby et al., 2009），加拿大北极群岛，尤其是班克斯岛和麦克卢尔海峡等冰架断裂的冰山携带了富含碎屑碳酸盐岩的粗组分进入北冰洋（Stokes et al., 2005; Wang R et al., 2013），这些冰山通过波弗特环流搬运，在搬运至波弗特海陆架区附近时，汇入了由马更些河注入北冰洋的富含石英以及碎屑岩的冰筏碎屑（Phillips and Grantz, 2001）。最后，波弗特环流将这些粗组分搬运至美亚海盆中并沉积下来（Zhang T et al., 2021）。富含蒙皂石，并且具有放射性 Nd 同位素的沉积物则主要来自普托拉纳高原中生代溢流玄武岩，风化后经河流流入拉普捷夫海，在北极涛动正相位时来自拉普捷夫海的海冰沉积物为北冰洋美亚海盆沉积物做出一定的贡献（Sellén et al., 2010; Darby et al., 2012）。此外，一些黏土粒级细粒物质也可能由大西洋中层水携带而来（Winkler et al., 2002; 张德玉等, 2008）。

第 7 章　北冰洋的地层学研究

由于北冰洋中央海区长年被海冰覆盖，因此生物生产力低，沉积速率也较低。同时，成岩作用对沉积物中生源组分和化学组分的强烈改造，使得北冰洋沉积物地层年代框架的建立十分困难（Polyak et al.，2009；Stein et al.，2010a；Alexanderson et al.，2014）。由于北冰洋沉积物中钙质壳体化石保存的不连续性，在低纬度大洋得到广泛应用的有孔虫氧同位素地层学在北冰洋沉积地层的建立方面受到较大限制。此外，北冰洋复杂的水文环境（例如，淡水注入、海冰融化和盐卤水形成）以及浮游有孔虫生态的迁徙（Bauch D et al.，2011b；Xiao W et al.，2014）等，使得有孔虫氧同位素的地层学应用更加复杂。沉积物古地磁记录作为另一个重要的地层工具，在北冰洋的应用也受到很大挑战。北冰洋沉积物呈现出频繁的地磁倒转信号，无法与全球范围的地磁记录进行有效对比，这个现象有可能源自磁性矿物受到成岩作用的影响发生磁极改变，但具体原因尚无定论（Jakobsson et al.，2000；Channell and Xuan，2009；Xuan and Channell，2010）。目前北冰洋沉积物地层年代框架的建立主要基于多种地层指标的综合对比。

本章的地层学研究汇总了中国第 2 次至第 8 次北极科学考察采集的 30 个岩心，其中大部分岩心的地层学研究成果来源于国际和国内学术期刊上发表的一系列论文（刘伟男等，2012；段肖等，2015；徐仁辉等，2020；黄晓璇等，2018；梅静等，2012；章陶亮等，2014，2015，2021；Dong L et al.，2017，2022；Song et al.，2022；Wang R et al.，2013，2018，2021；Xiao W et al.，2020，2021；Xu Q et al.，2021；Ye L et al.，2019，2020a；Zhang T et al.，2019；Zhao et al.，2022；Zhou et al.，2021），部分尚属首次。这些岩心主要分布在楚科奇海、楚科奇边缘地、楚科奇海盆、波弗特海、加拿大海盆、门捷列夫海岭、阿尔法海岭、马卡罗夫海盆和罗蒙诺索夫海岭（图 7-1，附表 5）。本章将分别从年代地层学，如有孔虫、有机碳和软体动物壳体碎片的 AMS ^{14}C 测年；放射性同位素地层学，如 ^{230}Th$_{xs}$ 和 ^{231}Pa$_{xs}$ 测年；生物地层学，如有孔虫、介形虫和超微化石的时代分布特征；岩石地层学，如岩心地层的颜色旋回，元素 Mn 和 Ca 与冰筏碎屑的变化特征；磁性地层学，如古地磁倾角、相对古强度、极性事件的变化特征；综合地层学，如基于多种指标的轨道调谐等，来建立北冰洋中—晚更新世的地层年代框架，为后续的古海洋与古气候研究提供年龄模式。

7.1　年代地层学

7.1.1　楚科奇海陆架与波弗特海陆坡岩心测年和年龄模式

西北冰洋楚科奇海陆架 ARC4-R09 岩心（图 7-1）中发现有 7 个层位含有可用于 ^{14}C 测年的软体动物贝壳碎片。贝壳碎片被送到 BETA 实验室，用加速器质谱法进行测年。贝壳的预处理包括机械破损和稀盐酸清洗，以去除表面污染（Song et al.，2022）。使用 Marine13 校准曲线校准放射性碳年龄，即常规的 ^{14}C 年龄（Reimer et al.，2013；Heaton et al.，2020）。根据 CALIB 数据库（http://calib.org/calib/）对海洋碳储库效应进行校正，表明除了常规的 400 a 海-气储库偏移量外，ΔR 为 465 ± 95 a。这一校正符合楚科奇海的估计（Pearce et al.，2017；Reuther et al.，2020）。还使用 Bacon 包（Blaauw and Christen，2011）建立了该岩心的深度-年龄模式（Song et al.，2022）。

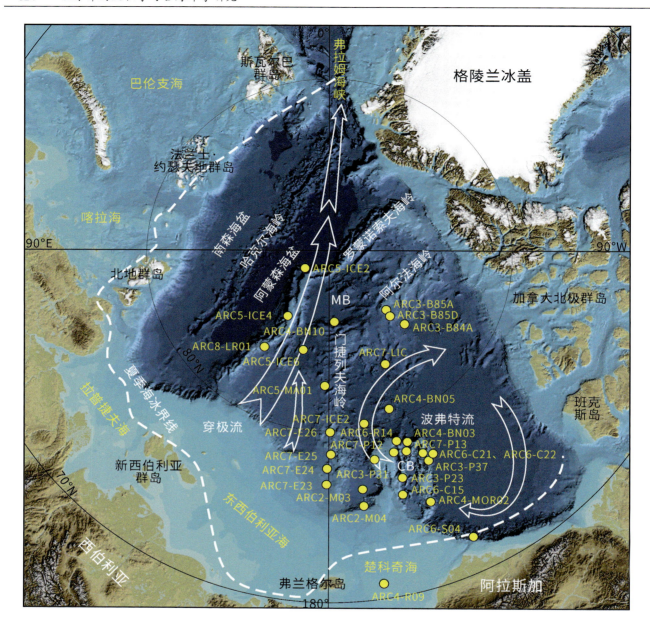

图 7-1 中国第 2 次至第 8 次北极科学考察采集的岩心站位图（附表 5）

CB-楚科奇边缘地；MB-马卡罗夫海盆；白色断线表示多年 9 月平均海冰界线（Parkinson and Cavalieri，2008）

该岩心可用于测年的贝壳碎片层位数量较少，特别是在全新世中期（8～4 ka）（Blaauw et al.，2018），导致年龄模型没有得到很好的约束（Song et al.，2022）［图 7-2（a）］。该岩心上部和下部年龄数据点的线性插值表明，沉积速率划分成三个阶段：①从岩心底部至约 195 cm，即 10～8 ka，为全新世早期的第二部分，沉积速率约 40 cm/ka；②在 195～130 cm，即 8～4 ka，为全新世中期，沉积速率约 15 cm/ka；③从约 130 cm 到岩心顶部，即从约 4 ka 到现在，为全新世晚期，沉积速率约 36 cm/ka（Song et al.，2022）。

西北冰洋波弗特海陆坡 ARC6-S04 岩心（图 7-1）的 6 个沉积物样品被送至美国加利福尼亚大学尔湾分校进行有机碳 AMS ^{14}C 测年，其结果显示，深度 1～329 cm 的 6 个 ^{14}C 年龄分别为 8.2 ka、11.6 ka、27 ka、40.9 ka、34.8 ka 和 32.2 ka［图 7-2（b）］。根据西北冰洋以前的碳储库研究表明，全新世的碳储库年龄为 700 a，冰期的碳储库年龄为 1400 a（Hanslik et al.，2010）。本章采用上述碳储库年龄对该岩心的 6 个 ^{14}C 年龄进行校正，其校正后的年龄分别为 7.9 ka、12.2 ka、29.1 ka、42.9 ka、36.9 ka 和 34.3 ka［图 7-2（b）］。由此得出该岩心的深度-年龄模式。但由于该岩心中未发现任何的钙质微体化石，无法进行钙质微体化石年龄与有机碳年龄的对比，因而无法对有机碳年龄进行老碳年龄的校正，所获得的有机碳年龄可能混合了老碳年龄的信号。此外，该岩心深度 229 cm 和 285 cm 的年龄明显要比下部的年龄偏老，可能受到了再沉积作用的影响，这种现象常见于北冰洋 MIS 3 期的沉积模式（Polyak et al.，2007；Wang R et al.，2013，2018；Xiao W et al.，2020，2021；Ye L et al.，2020a，Zhao et al.，2022）。

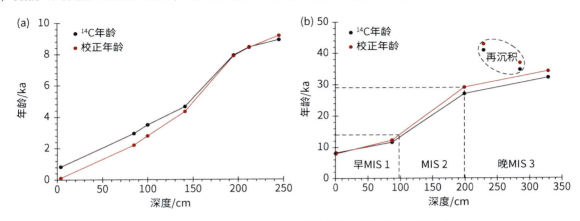

图 7-2　西北冰洋楚科奇海和波弗特海岩心的深度-年龄模式

（a）楚科奇海陆架 ARC4-R09 岩心；（b）波弗特海陆坡 ARC6-S04 岩心；图中为这两个岩心的 AMS ^{14}C 年龄和校正年龄，其测年材料分别为软体动物贝壳碎片（据 Song et al.，2022 改）和沉积物中的有机碳

从该岩心的深度-年龄模式可以看出，早 MIS 1 期（14～8 ka）的厚度为 98 cm，其沉积速率约 16 cm/ka；MIS 2 期（29～14 ka）的厚度为 102 cm，其沉积速率为 6.8 cm/ka；晚 MIS 3 期的厚度约 129 cm，其沉积速率为 25.8 cm/ka，显示了最高的沉积速率。这与以前的研究结果基本一致（Darby et al.，2009；Polyak et al.，2007；章陶亮等，2014，2015）。由此可见，末次冰期的沉积速率明显降低。

7.1.2　楚科奇边缘地与楚科奇海盆岩心测年与年龄模式

西北冰洋楚科奇边缘地和楚科奇海盆 13 个岩心上部样品的年龄数据汇总后显示，其测年样品除了 ARC2-M03 岩心深度 19 cm、33 cm、49 cm 和 69 cm 处为沉积物样品处理后的腐殖酸馏分（Humic acid fraction）外（Wang R et al.，2013），其余全部为浮游有孔虫 Nps 壳体（梅静等，2015；段肖等，2015；章陶亮等，2014，2015；黄晓璇等，2018；Zhang T et al.，2019；Ye L et al.，2020a；Wang R et al.，2021；Zhou et al.，2021）。与上一节相同，碳储库年龄采用全新世为 700 a，冰期为 1400 a 进行年龄校正（Hanslik et al.，2010）。如上所述，由于 ARC2-M03 岩心深度 19 cm、33 cm、49 cm 和 69 cm 处为腐殖酸馏分的年龄，并且这 4 个层位都缺乏有孔虫壳体，因而无法对这 4 个年龄进行老碳年龄的校正，所获得的年龄可能混合了老碳年龄的信号（图 7-3）。此外，该岩心深度 19 cm 和 33 cm 的年龄明显要比下部的年龄偏老，出现了年龄反转，可能受到了再沉积作用的影响，这种现象也出现在 ARC7-P13 岩心的深度-年龄模式中，是北冰洋 MIS 3 期常见的沉积模式（Polyak et al.，2007；Wang R et al.，2013，2018；Xiao W et al.，2020，2021；Ye L et al.，2020a，Zhao et al.，2022）。

从这些岩心的深度-年龄模式（图 7-3）可以看出，上部深度 0～20 cm 的 AMS ^{14}C 校正年龄为 3～13 ka，沉积速率约 0.65 cm/ka。在这些岩心深度 20～50 cm 存在不同程度的"沉积间断或沉积速率降低"。尽管该深度间隔缺乏有孔虫壳体，导致测年数据点不连续，但楚科奇边缘地北部 ARC3-P31 岩心连续的有孔虫测年数据点清楚地显示出，在深度 19.5～21.5 cm 的 2 cm 间隔内，其 AMS ^{14}C 年龄和校正年龄分别为 11.9 ka 和 31.2 ka 与 12.5 ka 和 34 ka，反映了晚 MIS 3 期至末次冰期约 20 ka 时长的"沉积间断或沉积速率降低"（梅静等，2015），是这些岩心中"沉积间断或沉积速率降低"的时间长度最短的，也是水深最浅（435 m）的岩心，推测可能在晚 MIS 3 期至末次冰期有较厚的海冰和冰架覆盖，导致较低的沉积速率（Darby et al.，

1997，2006；Polyak et al.，2009；Wang R et al.，2013）。北部水深分别为 580 m 和 740 m 的 ARC7-P12 和 ARC6-R14 岩心也存在此现象（图 7-1、图 7-3）。北部的其他岩心同样存在不同程度的"沉积间断或沉积速率降低"。北部岩心上部 20～50 cm 深度间隔的沉积速率约 0.35 cm/ka，只有北部岩心上部 0～20 cm 深度间隔的 1/2。由此可见，楚科奇边缘地北部和楚科奇海盆在该时期可能存在较厚的海冰和冰架覆盖（Darby et al.，1997，2006；Polyak et al.，2009；Wang R et al.，2013）。而楚科奇边缘地南部岩心在该时期及其之前的深度间隔缺乏连续的浮游有孔虫壳体测年数据，因此，难以判断是否存在"沉积间断或沉积速率降低"。

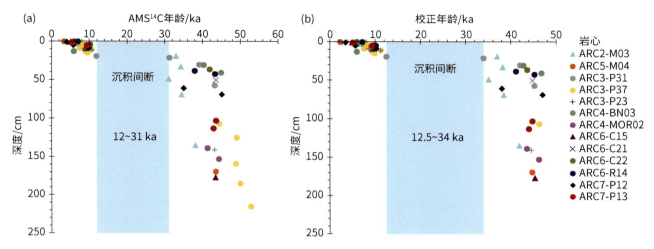

图 7-3　西北冰洋楚科奇边缘地和楚科奇海盆 13 个岩心的深度-年龄模式（据 Wang R et al.，2013，2021；梅静等，2015；段肖等，2015；章陶亮等，2014，2015；黄晓璇等，2018；Zhang T et al.，2019；Ye L et al.，2020a；Zhou et al.，2021 改）

（a）和（b）分别为浮游有孔虫 Nps 壳体和有机碳的 AMS ^{14}C 年龄和校正年龄

7.1.3　门捷列夫海岭及其西部海域岩心测年与年龄模式

西北冰洋门捷列夫海岭及其西部海域 7 个岩心上部样品的测年样品全部为浮游有孔虫 Nps 壳体（Dong L et al.，2017；Xiao W et al.，2020；Ye L et al.，2020a；Zhao et al.，2022）。采用与上述相同的碳储库年龄进行年龄校正（Hanslik et al.，2010）。这些岩心的年龄数据汇总后显示，除了 ARC5-MA01 岩心深度 13 cm、15 cm、17 cm 和 19 cm 的 4 个年龄都比深度 21 cm 的年龄较老，出现了年龄反转外，其余岩心深度自下至上年龄都未出现反转，反映正常的深度-年龄模式（图 7-4）。在 ARC5-MA01 岩心中深度 13～19 cm 的 4 个反转年龄可能是底栖生物扰动造成的，也可能受到再沉积作用的影响，属于北冰洋 MIS 3 期常见的沉积模式（Polyak et al.，2007；Wang R et al.，2013，2018；Xiao W et al.，2020，2021；Ye L et al.，2020a，Zhao et al.，2022）。

从这些岩心的深度-年龄模式（图 7-4）可以看出，上部深度 0～20 cm 的 AMS ^{14}C 年龄的校正年龄为 3.8～13 ka，沉积速率约 0.37 cm/ka。在这些岩心深度 5～20 cm 存在不同程度的"沉积间断或沉积速率降低"。尽管该深度间隔由于浮游有孔虫 Nps 壳体测年数据点不连续，但门捷列夫海岭北部 ARC5-MA01、ARC7-ICE2、ARC7-E26 和 ARC7-E25 岩心的 AMS ^{14}C 年龄的校正年龄显示，在 24～13 ka 的末次冰期，出现约 11 ka 时长的"沉积间断或沉积速率降低"，可能是由于这些岩心中"沉积间断或沉积速率降低"的时间长度最短，反映在末次冰期可能有较厚的海冰和冰架覆盖，导致较低的沉积速率（Darby et al.，1997，2006；Polyak et al.，2009）。而门捷列夫海岭南部 ARC7-E24 和 ARC7-E23 岩心在该时期及其之前的深度间隔缺乏连续的浮游有孔虫壳体测年数据，因此，难以判断是否存在"沉积间断或沉积速率降低"。这种沉积模式的南北差异与楚科奇边缘地类似，反映了西北冰洋高纬海区在末次冰期可能存在较厚的海冰和冰架覆盖（Darby et al.，1997，2006；Polyak et al.，2009；Wang R et al.，2013）。

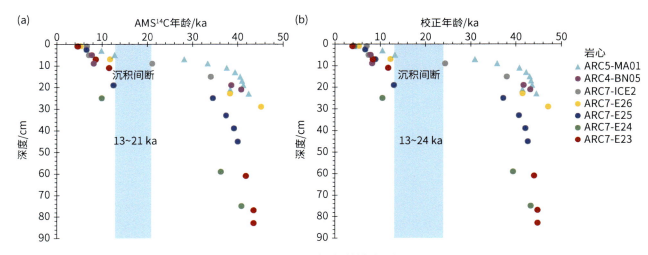

图 7-4　西北冰洋门捷列夫海岭及其西部海域 7 个岩心的深度-年龄模式（据 Dong L et al.，2017；Xiao W et al.，2020；Ye L et al.，2020a；Zhao et al.，2022 改）

（a）和（b）分别为浮游有孔虫 Nps 壳体的 AMS ^{14}C 年龄和校正年龄

7.1.4　阿尔法海岭及其南部陆坡岩心测年与年龄模式

西北冰洋阿尔法海岭及其南部陆坡 5 个岩心上部样品的测年样品全部为浮游有孔虫 Nps 壳体（Wang R et al.，2018；Ye L et al.，2019）。采用与上述相同的碳储库年龄进行年龄校正（Hanslik et al.，2010）。所有岩心的水深都在 2000～3000 m。这些岩心的测年数据汇总后显示，ARC3-B85A 岩心深度 7 cm 的年龄比下方深度 9 cm 的年龄老，出现了年龄反转，可能受到底栖生物扰动的影响。此外，ARC3-B85D 岩心深度 0.5 cm 和 3.5 cm 的年龄较深度 6.5 cm 的年龄老。由此可见，该地区的岩心上部 10 cm 地层的年龄反转可能受到生物扰动或再沉积作用的影响。这种现象也属于西北冰洋 MIS 3 期常见的沉积模式（Polyak et al.，2007；Wang R et al.，2013，2018；Xiao W et al.，2020，2021；Ye L et al.，2020a，Zhao et al.，2022）。

从这些岩心的深度-年龄模式（图 7-5）可以看出，上部深度 0～12 cm 的 AMS ^{14}C 年龄的校正年龄为 8～44.7 ka，沉积速率约 0.33 cm/ka。该深度间隔连续的浮游有孔虫 Nps 壳体测年数据显示，在晚 MIS 3 期至末次冰期，出现约 15 ka 时长的"沉积间断或沉积速率降低"，可能是这些岩心中"沉积间断或沉积速率降低"的时间长度最短的，同样反映了在末次冰期可能有较厚的海冰和冰架覆盖，导致较低的沉积速率

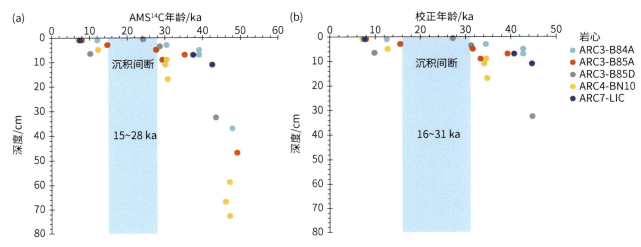

图 7-5　西北冰洋阿尔法海岭及其南部陆坡 5 个岩心的深度-年龄模式（据 Wang R et al.，2018；Ye L et al.，2019 改）

（a）和（b）为浮游有孔虫 Nps 壳体的 AMS ^{14}C 年龄和校正年龄

（Darby et al.，1997，2006；Polyak et al.，2009）。这种沉积模式与门捷列夫海岭北部和楚科奇边缘地北部类似，反映了西北冰洋中央海区在晚 MIS 3 期至末次冰期可能存在较厚的海冰和冰架覆盖（Darby et al.，1997，2006；Polyak et al.，2009；Wang R et al.，2013）。

7.1.5　罗蒙诺索夫海岭与马卡罗夫海盆岩心测年与年龄模式

在东北冰洋罗蒙诺索夫海岭和马卡罗夫海盆 4 个岩心的测年样品中，除了 ARC5-ICE4 岩心的测年材料为块状样品处理后的有机碳 AMS ^{14}C 测年外（Dong L et al.，2022），其余 3 个岩心的测年样品全部为浮游有孔虫 Nps 壳体（Xiao W et al.，2020）。采用与上述相同的碳储库年龄进行年龄校正（Hanslik et al.，2010）。在 ARC5-ICE2 岩心的 10 个测年数据中，深度 27 cm 的校正年龄为 45.5 ka，比深度 33 cm 的校正年龄 42.7 ka 老了 2.8 ka，出现了年龄反转，可能受到底栖生物扰动的影响（图 7-6）。除此年龄外，该岩心与 ARC5-ICE6 和 ARC8-LR01 岩心的浮游有孔虫 Nps 壳体的年龄都未出现与深度反转的现象，属于正常的沉积模式（Xiao W et al.，2020）。这两个岩心上部缺乏浮游有孔虫 Nps 壳体，导致其年龄在深度上不够连续，特别是在晚 MIS 3 期至末次冰期缺乏年龄控制点。因此，难以判断这两个岩心是否在晚 MIS 3 期至末次冰期存在类似的"沉积间断或沉积速率降低"。而 ARC5-ICE2 岩心上部深度 11 cm 的 AMS ^{14}C 校正年龄为 13.3 ka，其下方 19 cm 的 AMS ^{14}C 校正年龄为 30.4 ka，即末次冰期的沉积速率约 0.5 cm/ka。该岩心上部深度 1～11cm 对应于 MIS 1 期的平均沉积速率约 0.9 cm/ka，深度 19～33 cm 对应于晚 MIS 3 期的平均沉积速率约 1.2 cm/ka。由此可见，该岩心 MIS 2 期的沉积速率仅是 MIS 1 期和晚 MIS 3 期的 1/2，显示末次冰期沉积速率降低。

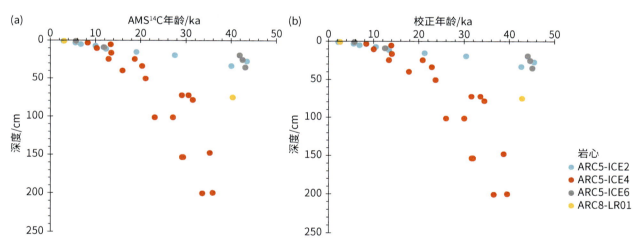

图 7-6　罗蒙诺索夫海岭与马卡罗夫海盆 4 个岩心的深度-年龄模式（据 Xiao W et al.，2020；Dong L et al.，2022 改）

（a）和（b）分别为浮游有孔虫 Nps 壳体和有机碳的 AMS ^{14}C 年龄和校正年龄

相比之下，ARC5-ICE4 岩心的 16 个有机碳测年数据分别来自 BETA 实验室和崂山实验室，其结果显示，未校正的 ^{14}C 年龄从岩心顶部约 10 ka 增加到下部深度 148 cm 处约 35 ka，总体呈规律性分布，并有少许年龄反转（Dong L et al.，2022）。与 BETA 实验室数据相比，大多数崂山实验室的年龄更年轻，根据 3 个样本中的 BAL-PNML 重复和对其余数据的插值估计，平均年轻约 15%。造成这种差异的原因还有待确定。这些年龄都未经过老碳年龄的校正。由于存在古老的外来碳，有机碳 ^{14}C 测年产生的年龄比实际沉积年龄更大（O'Regan et al.，2018）。在具有高的陆源有机碳输入的海洋沉积物中，这种偏移量可能特别大，可达 10 ka（Suzuki et al.，2021），这可能是未经过老碳年龄校正的原因。由于沉积物中有机碳 ^{14}C 含量取决于有机碳组成及其运输和沉积机制，因此，偏移量可以向下变化。ARC5-ICE4 岩心上部 210 cm 的有机碳主要包含来自晚更新世冰复合体沉积物和新鲜冻土带植被和土壤的陆源碳贡献，还有一些当地海洋产物的混合。该岩心的古老陆相有机碳也经历了一定程度的沉积前氧化，导致有机碳 ^{14}C 年龄更年轻。这一推断得到了西伯利亚边缘的一个大致相似的来源证实，尽管确切的来源和运输机制可能更多的是通过漂流冰而不是洋流搬运（Dong L et al.，2022）。

在多个北极记录中，特别是在北冰洋西部，已经确定了由较厚的海冰覆盖和冰架引起的 LGM 沉积间断或近似间断（Darby et al.，1997；Polyak et al.，2009），包括罗蒙诺索夫海岭（Chiu et al.，2017）。ARC5-ICE4 岩心的平均沉积速率约 6.5 cm/ka，这可能表明整个 LGM 有更持久的沉积物沉积。由于有机碳 ^{14}C 年龄的不确定性，很难更准确地识别 LGM。在 30～50 cm 可能存在 LGM 的"沉积间断或沉积速率降低"（Dong L et al.，2022）。

7.2　放射性同位素地层学

铀系同位素 ^{230}Th 和 ^{231}Pa 测年是基于 ^{230}Th 和 ^{231}Pa 分别由海水中均匀分布的溶解的 ^{234}U 和 ^{235}U 衰变而来，其生成的比例恒定（^{231}Pa/^{230}Th≈0.093）（Francois，2007）。^{230}Th 和 ^{231}Pa 的半衰期分别为 75.58 ka（Cheng et al.，2013）和 32.57 ka（Jerome et al.，2020），这两个放射性同位素被用作潜在的北冰洋测年工具（Ku and Broecker，1967；Not and Hillaire-Marcel，2010；Hillaire-Marcel et al.，2017）。二者被海水中的沉降颗粒吸附，进而从海水中移除，在沉积物中积累并造成 ^{230}Th 和 ^{231}Pa 的"过剩"（^{230}Th$_{xs}$ 和 ^{231}Pa$_{xs}$）。这些过剩的同位素随着时间衰变。基于这个机制，^{230}Th$_{xs}$ 和 ^{231}Pa$_{xs}$ 含量可以用来计算沉积物年龄。

早期的研究工作通过对北冰洋沉积物顶部两层富含有孔虫的层位中 ^{230}Th$_{xs}$ 指数级衰变的计算，获得了北冰洋沉积速率仅为几毫米每千年（Ku and Broecker，1967）。这个计算基于一个假设，即 ^{230}Th$_{xs}$ 在富集沉积物时的初始活度是恒定的，这与沉积速率（决定了沉降颗粒的多少）有关。然而，北冰洋冰期与间冰期尺度上沉积速率变化极大。因此，这个假设的"指数级衰变"模式并不能反映真正的沉积速率（或沉积年龄）变化（Somayajulu et al.，1989）。尽管如此，北冰洋沉积物中的 ^{230}Th$_{xs}$ 和 ^{231}Pa$_{xs}$ 含量变化反映了冰期-间冰期旋回沉积环境的变化。例如，在门捷列夫海岭北部的沉积记录中，富含 ^{230}Th$_{xs}$ 和 ^{231}Pa$_{xs}$ 的层位被认为与间冰期或冰消期相关（高效从海水中清除），而贫 ^{230}Th$_{xs}$ 的层位对应于冰期（清除有限）（Not and Hillaire-Marcel，2010）。

然而，由于以往该类研究缺乏与其他反映环境、气候演变的指标对比，^{230}Th$_{xs}$ 和 ^{231}Pa$_{xs}$ 含量与冰期与间冰期的对应关系依然存疑。另外，对 ^{230}Th 在北冰洋中的库和收支平衡情况也知之甚少。早年的研究指出，北冰洋沉积物中的 ^{230}Th$_{xs}$ 远低于根据水体中 ^{230}Th 生产的情况做出的估计量（Huh C A et al.，1997；Somayajulu et al.，1989）。而近年的研究发现，过去 4 万年来，不论是全新世还是冰期晚期，沉积物中的 ^{230}Th$_{xs}$ 和水体中生产的 ^{230}Th 基本达到平衡（Hoffmann and McManus，2007）。不过，过去的间冰期和间冰阶这个收支是否平衡仍然未知。模拟显示，深层环流对 ^{230}Th 和 ^{231}Pa 含量在欧亚海盆的分布产生影响（Luo and Lippold，2015）。

为了更深入地理解 ^{230}Th$_{xs}$ 和 ^{231}Pa$_{xs}$ 含量作为北冰洋沉积物地层工具的适用性，Xu Q 等（2021）研究了中国第 5 次北极科学考察在门捷列夫海岭北部的 ARC5-MA01 岩心中的 ^{230}Th$_{xs}$ 和 ^{231}Pa$_{xs}$ 含量分布规律，与该岩心的沉积学指标进行对比，综合了北冰洋该指标的前人研究结果，解释了北冰洋岩心中 ^{230}Th 和 ^{231}Pa 含量的变化规律和控制因素，并对该指标作为地层工具进行了评估（图 7-7）。

门捷列夫海岭北部的 MA01 岩心的沉积学地层框架由生物地层、有孔虫 AMS^{14}C 测年、岩性地层等多种指标共同建立。在 MA01 岩心上部 190 cm 地层中，有 3 个层位中的 ^{230}Th$_{xs}$ 含量较高（R1～R3）：0～14 cm、26～48 cm、78～84 cm，其他层位含量较低（P1～P3）。而 ^{231}Pa$_{xs}$ 仅在 R1 和 R2 含量较高，在 R3 中缺失，表示已衰变至不可测的剂量。^{231}Pa/^{230}Th 为 0.032～0.076，比其在水体中的生产量（0.093）更低（图 7-8）。沉积物粒度总体较细，主要是黏土粒级和粉砂粒级，粗颗粒富集的层位对应于冰筏碎屑（IRD）含量增加（图 7-9）。富含 ^{230}Th 层位中黏土粒级的组分比贫 ^{230}Th 的层位略高，但粒度组成与 ^{230}Th$_{xs}$ 和 ^{231}Pa$_{xs}$ 含量相关性不明显。MA01 岩心中的矿物主要包含石英（41.5%±7.1%）、长石（30.3%±4.8%）、云母（9.1%±2.6%）、碳酸盐矿物（白云石和方解石分别有 6.5%±5.0% 和 4.8%±2.6%）。其中，白云石作为加拿大北极群岛的物源指示，主要出现在富含 ^{230}Th 的层位，尤其是白云石含量约 20%的层位（10～12 cm 和 42～44 cm）对应于 R1 和 R2 的底部；而在贫 ^{230}Th 的层位，白云石含量非常低（Xu Q et al.，2021）。

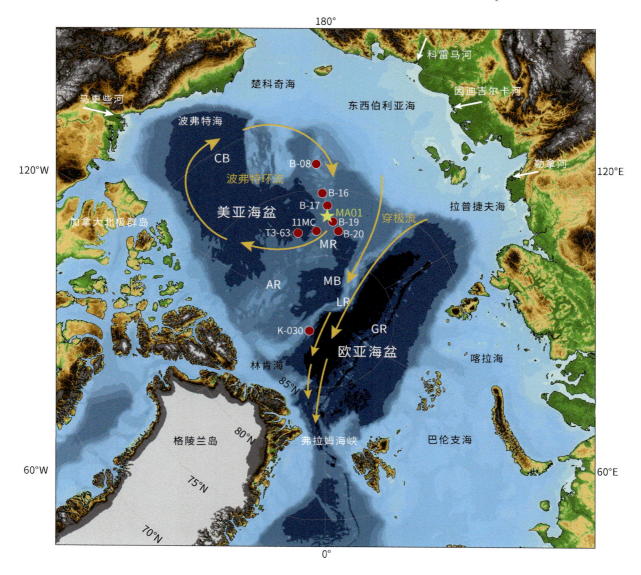

图 7-7　北冰洋概况、研究岩心 MA01 及对比岩心分布图（据 Xu Q et al.，2021 改）

黄色五角星代表研究岩心，红色圆点代表参考岩心。CB-加拿大海盆；MB-马卡罗夫海盆；MR-门捷列夫海岭；
AR-阿尔法海岭；LR-罗蒙诺索夫海岭；GR-哈克尔海岭

　　门捷列夫海岭北部 MA01 岩心中 ^{230}Th$_{xs}$ 含量最高的层位在次表层（4～6 cm，约 13.3 ka）而非表层。这个现象在多个北冰洋的岩心中都有记录，说明这是末次冰消期的沉积过程所造成的现象。进一步对比发现，贫 ^{230}Th$_{xs}$ 的 P1 层位（14～26 cm）都出现在 4～48 ka。超过 ^{14}C 测年范围的层位中，^{230}Th$_{xs}$ 含量的变化也与北冰洋其他岩心的结果相同。例如，R2 中 ^{230}Th$_{xs}$ 含量出现波动。^{230}Th$_{xs}$ 含量的区域性对比也获得其他沉积学指标的支持，如有孔虫丰度和白云石含量的变化。^{231}Pa$_{xs}$ 含量的变化与 ^{230}Th$_{xs}$ 含量相似，不过由于 ^{231}Pa 的半衰期更短，使得它在沉积物中的衰减更快，在 MA01 岩心中 60 cm 以下深度已无信号。这些区域性对比显示，MA01 岩心中的 ^{230}Th$_{xs}$ 和 ^{231}Pa$_{xs}$ 含量记录是准确可靠的，并且在西北冰洋具有代表性（Xu Q et al.，2021）。

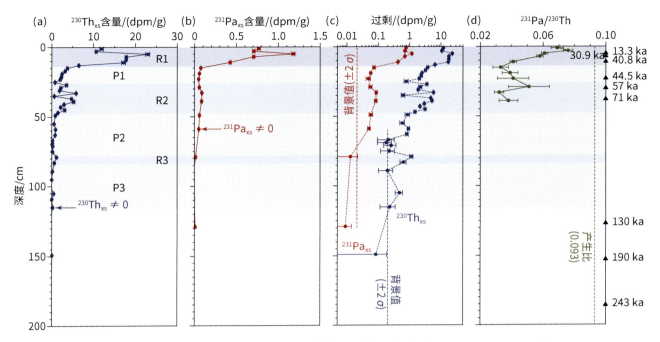

图 7-8　门捷列夫海岭北部 MA01 岩心的 ^{230}Th 和 ^{231}Pa 含量（据 Xu Q et al.，2021 改）

（a）和（b）为 ^{230}Th$_{xs}$ 和 ^{231}Pa$_{xs}$ 含量；（c）对数指标下 ^{230}Th$_{xs}$ 和 ^{231}Pa$_{xs}$ 的含量变化及测量的 2σ 误差范围；（d）衰变校正后的 ^{231}Pa/^{230}Th。虚线表示水体中产生的两个元素同位素比值的理论值 0.093。蓝色（R）和灰色（P）条带分别为富和贫 ^{230}Th$_{xs}$ 的层位。最右侧为年龄控制点

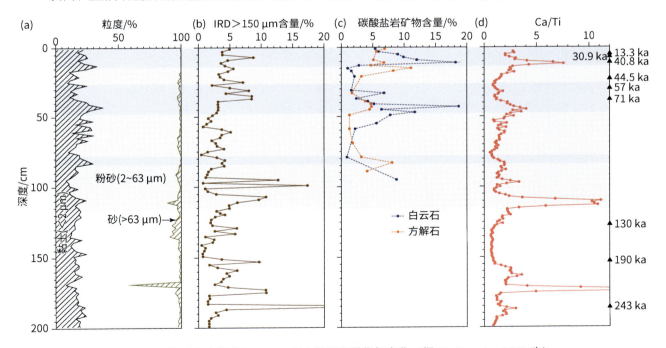

图 7-9　门捷列夫海岭北部 MA01 岩心的沉积学指标变化（据 Xu Q et al.，2021 改）

（a）粒度组成；（b）>150 μm IRD 含量的变化；（c）XRD 碳酸盐岩矿物含量；（d）X 射线荧光（X-Ray Fluorescence，XRF）Ca/Ti 的变化。蓝色和灰色条带分别为富和贫 ^{230}Th$_{xs}$ 的层位。最右侧为年龄控制点

　　在深海沉积物中，若干因素可能影响 ^{230}Th$_{xs}$ 和 ^{231}Pa$_{xs}$ 的含量，包括同位素的自然衰变，沉积速率，^{230}Th 和 ^{231}Pa 清除效率的变化，以及沉积物的再搬运。假设 ^{230}Th$_{xs}$ 含量呈指数级衰减，其消亡时间（extinction age）为 340～300 ka，^{231}Pa$_{xs}$ 的消亡时间大约为 140 ka（Not and Hillaire-Marcel，2010；Hillaire-Marcel et al.，2017）。根据这个方法计算，MA01 岩心的 R3 底部（82～84 cm）年龄约为 350 ka。然而，根据岩性地层学推断，

这个层位年龄大约为 100 ka。由 $^{230}Th_{xs}$ 年龄模式计算的沉积速率仅为 0.24 cm/ka，比 ^{14}C 年龄模式计算的沉积速率（0.52 cm/ka）少一倍，也比岩性地层学年龄模式的计算低得多（0.57～1.5 cm/ka）（Xiao W et al.，2020）。MA01 岩心的岩性地层是西北冰洋典型的更新世沉积地层模式（图 7-10）：棕色与灰黄色交互，棕色层中 Mn 元素富集且有孔虫丰度高，指示间冰期和间冰阶的相对温暖和高生产力阶段；而灰黄色层中 Mn 元素含量低，几乎缺失有孔虫，指示冰期和冰阶的寒冷和低生产力阶段。对比这些岩性特征和 $^{230}Th_{xs}$（$^{231}Pa_{xs}$）含量的变化发现，$^{230}Th_{xs}$（$^{231}Pa_{xs}$）含量高的层位中 Mn 含量和有孔虫丰度很低，而在 $^{230}Th_{xs}$（$^{231}Pa_{xs}$）含量低的层位，Mn 含量和有孔虫丰度的高值和低值都出现。由此可见，$^{230}Th_{xs}$ 和 $^{231}Pa_{xs}$ 含量的高低变化与冰期和间冰期变化并无直接关联。因此，通过 $^{230}Th_{xs}$（$^{231}Pa_{xs}$）指数级衰变的假设计算年龄的方法并不适用（Xu Q et al.，2021）。

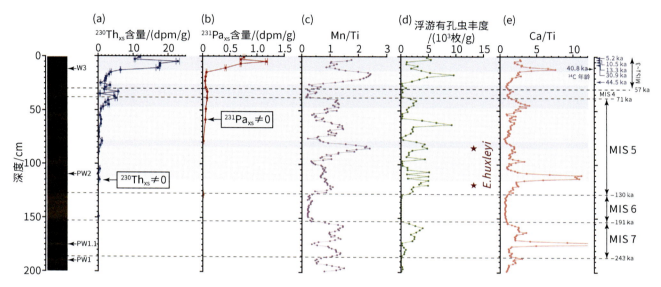

图 7-10　门捷列夫海岭北部 MA01 岩心沉积学指标与 $^{230}Th_{xs}$ 和 $^{231}Pa_{xs}$ 含量的对比（据 Xu Q et al.，2021 改）

图中左侧 W 和 PW 指示白色层位和粉白色层位，对应于碎屑碳酸盐岩含量（e）升高的层位；（a）和（b）分别为 $^{230}Th_{xs}$ 含量和 $^{231}Pa_{xs}$ 含量；（c）和（d）分别为 Mn/Ti 与浮游有孔虫丰度；（e）为 Ca/Ti。颗石藻 *E. huxleyi* 的出现指示沉积物年龄小于 300 ka。右侧是 ^{14}C 年龄控制点和岩性地层学年龄控制

此外，在北冰洋中央海盆广泛存在 LGM 沉积间断，说明次表层沉积物中的 $^{230}Th_{xs}$ 含量峰值可能反映了在 LGM 极低的沉积速率后，冰消期恢复沉积的情况下对 ^{230}Th 的高效清除。而在之前的冰期最盛期，可能也存在 LGM 式的沉积间断，这些 $^{230}Th_{xs}$ 含量峰值的出现可能也是类似的机制。因此在每个富含 $^{230}Th_{xs}$ 层位之间的年龄估算，以及 $^{230}Th_{xs}$ 指数级递减的假设可能都不准确。需要指出的是，颗石藻地层属种 *Emiliania huxleyi* 在 MA01 岩心中首次出现在 118～120 cm 深度，几乎对应了 $^{230}Th_{xs}$ 消亡的深度（约 116 cm）（图 7-10）。*E. huxleyi* 在全球大洋中首次出现在约 270 ka（MIS 8 期）。而在北冰洋中其仅能保存在间冰期沉积物中，因此其出现的层位不会老于 MIS 7 期，更可靠的是在 MIS 5 期（Backman et al.，2009）。由此估计的 MIS 5 期年龄也受到氨基酸测年和光释光测年结果的支持（Jakobsson et al.，2003；Kaufman et al.，2008）。因此，MA01 岩心（以及西北冰洋岩心）中 $^{230}Th_{xs}$ 含量降至低于检测限的层位可能比预估的时间（^{230}Th 的 5 个半衰期）要短。造成这个现象的原因可能是沉积物中 ^{230}Th 亏损（Xu Q et al.，2021）。

根据岩性地层学获得的年龄框架，MA01 岩心上部 190 cm 的平均沉积速率约 0.75 cm/ka，最低小于 0.2 cm/ka，最高大于 3 cm/ka。沉积速率的变化与衰变校正过的 $^{230}Th_{xs}$ 和 $^{231}Pa_{xs}$ 含量变化趋势相反（图 7-11）。这个现象说明，$^{230}Th_{xs}$ 和 $^{231}Pa_{xs}$ 含量受到陆源输入稀释作用的影响，而沉积物粒度的影响似乎并非主导因素。然而在 P3 层，粗颗粒碎屑增多，显示稀释作用对其含量信号的放大效应。因此，并不能排除 P3 层之下（>116 cm）的细颗粒物中可能会有 ^{230}Th "残余"的含量。这种现象出现在欧亚海盆的沉积岩心中：在 $^{230}Th_{xs}$ 缺失超过 100 cm（粗颗粒含量增加的层位）之后重新出现信号（Bohrmann，1991）。

另外需要注意的是，北冰洋沉积速率变化很大。例如，冰盛期可能沉积缺失，冰消期沉积速率较高。这类沉积缺失（导致缺乏 ^{230}Th 和 ^{231}Pa 的沉积）以及随后的沉积增强都需要在解释 $^{230}Th_{xs}$ 和 $^{231}Pa_{xs}$ 信号变化时充分考虑。

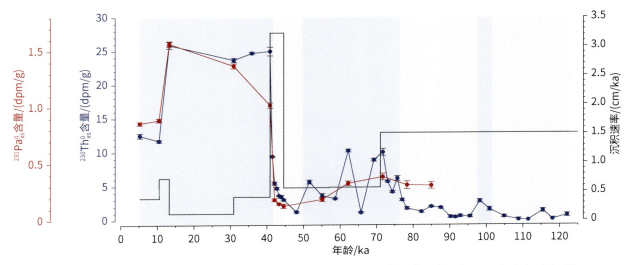

图 7-11　门捷列夫海岭北部 MA01 岩心衰变校正过的 $^{230}Th_{xs}$ 和 $^{231}Pa_{xs}$ 含量（$^{230}Th_{xs}^{0}$ 和 $^{231}Pa_{xs}^{0}$）和沉积速率对比（据 Xu Q et al.，2021 改）

蓝色和灰色条带分别指示富和贫 $^{230}Th_{xs}$ 的层位

目前已有数据还无法检验在时间序列上 ^{230}Th 和 ^{231}Pa 的移除效率。但 $^{230}Th_{xs}$ 和 $^{231}Pa_{xs}$ 的沉积库可以提供影响埋藏速率（通量）变化的沉积过程的信息。以 ^{230}Th 为例，海水中其生产速率在过去 400 ka 以来近于恒定（Henderson and Anderson，2003）。假设水体中产生的所有 ^{230}Th 都被移除到沉积物中，可以据此计算 ^{230}Th 的沉积库。如果没有再沉积作用的干扰，^{230}Th 的沉积库应该与水体中产生的 ^{230}Th 相同。在有 ^{14}C 年龄控制的 0~24 cm，^{230}Th 的沉积库与其在水体中产生的量基本平衡。而在其下部，超过 ^{14}C 年龄控制的地层中，根据岩性地层学得到的年龄计算，^{230}Th 的沉积库比该段时间在水体中产生的量少得多，仅达到 67%，显示 ^{230}Th 的亏损。这个结论与前人在门捷列夫海岭北部岩心中获得的结果相符（Not and Hillaire-Marcel，2010）。而如果按照 $^{230}Th_{xs}$ 指数级衰减的方法计算地层年龄（年龄更老，沉积速率更低），亏损将更加严重。这个结果表明，在末次冰期，北冰洋中央海区沉积的 ^{230}Th 确实普遍亏损。造成这个现象的原因可能是冰期沉积速率低，沉积颗粒非常少，导致对水体中 ^{230}Th 的移除效率很低。

MA01 岩心中 ^{230}Th 沉积库显示 ^{230}Th 的产生与埋藏不平衡，但时间序列上再沉积作用的影响尚不明了。由此，Xu Q 等（2021）计算了用于定量表征 ^{230}Th 再沉积作用的聚集因子 Ψ_{Th}（Suman and Bacon，1989）。Ψ_{Th} 是对 ^{230}Th 聚集效应（focusing）的体现，其值小于 1 指示再沉积作用对含 ^{230}Th 沉积物的移除，而大于 1 指示对含 ^{230}Th 沉积物的聚集。在 MA01 岩心中，Ψ_{Th} 在 0.28~3.17 波动，说明在不同时期 ^{230}Th 经历了移除和聚集的沉积过程（图 7-12）。记录显示，在末次冰消期，美亚海盆出现了一次显著的再沉积现象（Hoffmann，2009）。在 MA01 岩心中，$\Psi_{Th} > 1$ 出现在两个层位：13.3~10.5 ka（末次冰消期）和 44.5~30.9 ka（MIS 3 晚期）。后者与劳伦泰德冰盖的沉积事件 W3 相符。该事件表征为大量的碎屑碳酸盐岩沉积（白色层），在 MA01 岩心中出现在约 41 ka，但在西北冰洋不同的岩心中，由于测年差异，大致出现在 45~35 ka。这个沉积事件反映了大量陆源碎屑从劳伦泰德冰盖剥蚀并输入到北冰洋，并伴随着大量融冰水的注入。末次冰消期也同样是这个状况。这个沉积过程使得大量的再沉积物质进入西北冰洋，造成 MA01 岩心及其他美亚北冰洋沉积物中 ^{230}Th 的聚集效应加剧。而在其他阶段，例如，30.9~13.5 ka，Ψ_{Th} 仅为 0.41，与美亚海盆 LGM 可能存在沉积间断的认知相符。而在 ^{14}C 年龄控制以外的下段沉积中（24~84 cm），Ψ_{Th} 也远低于 1（0.28~0.49），说明 MIS 5 中期至 MIS 3 中期水体中产生的 ^{230}Th 也没有保存在沉积物中。其可能的原因是，洋盆中央溶解的 ^{230}Th 被搬运到洋盆边缘（边界清除机制，boundary scavenging）（Huh C A et al.，

1997）。北冰洋洋盆中央的移除效率低下主要是因为缺乏足够的沉积颗粒，尤其是在整个洋盆被冰封的情况。然而，由于年龄控制有限，不排除这个整体 Ψ_{Th} 低的阶段，其值出现波动。例如，下段中出现的碎屑碳酸盐岩高峰事件可能也出现了类似末次冰消期和 MIS 3 期劳伦泰德冰盖的排泄事件。因此，为了解 ^{230}Th 详细的变化规律，需要更多更准确的年龄控制。

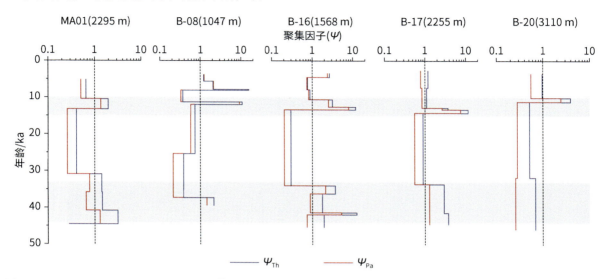

图 7-12　西北冰洋岩心中（图 7-7）通过 ^{230}Th$_{xs}$ 和 ^{231}Pa$_{xs}$ 含量计算的聚集因子 Ψ_{Th} 和 Ψ_{Pa}（据 Xu Q et al.，2021 改）

图顶部的字母和数字表示岩心编号和水深

沉积过程中与水体中产生的 ^{230}Th（以及 ^{231}Pa）不平衡会随着气候变化发生改变。因此，将 ^{230}Th 和 ^{231}Pa 含量记录与岩心中气候变化相关指标进行对比尤为必要。因此，通过分析对比北冰洋中不同水深和地理位置岩心中的记录，能够更好地理解 ^{230}Th 和 ^{231}Pa 在北冰洋中的分布和沉积模式。此外，MA01 岩心数据也表明，^{230}Th$_{xs}$ 和 ^{231}Pa$_{xs}$ 是否能够作为北冰洋地层工具来使用，亟须进一步的研究（Xu Q et al.，2021）。

7.3　生物地层学

7.3.1　新生代生物地层学

北冰洋长时间尺度生物地层信息在 IODP 302（ACEX）航次之前十分缺乏，仅有零星的记录。早年的北极科学考察曾在阿尔法海岭采集到了白垩纪和新生代早期的沉积记录，其中的硅藻和硅鞭藻等硅质生物壳体和沟鞭藻的有机质壳体十分丰富。对这些生物壳体的研究显示了当时十分温暖和营养盐供应充足的水体环境，并在其中发现了强烈的季节性周期变化信号（Firth and Clark，1998；Dell'Agnese and Clark，1994；Davies et al.，2009）。

IODP 302 作为北冰洋目前唯一一次大洋钻探航次，打开了研究北冰洋新生代以来的生物地层信息的窗口。航次后进行了详细的生物地层学研究，包括钙质超微化石、硅藻、硅鞭藻、硅质鞭毛类、放射虫、浮游和底栖有孔虫、介形虫和沟鞭藻等多个门类（Backman et al.，2005）。其中，硅藻、硅鞭藻、硅质鞭毛类在始新世最为丰富，保存完好。浮游有孔虫、钙质底栖有孔虫和介形虫在中新世到更新世的地层中十分稀少，而在更老的地层中甚至缺失。胶结壳的底栖有孔虫总体含量很低，但在晚白垩世至早始新世的地层里保存较好。沟鞭藻在新近纪的生物地层学研究中最为重要，其在中新世至更新世的地层中间断出现，且在白垩纪和古新世的地层中保存完好。硅藻和硅鞭藻在始新世地层中也发挥重要作用。其他门类，如孢粉和藻类残余等也常常在地层中出现，其中最显著的是满江红（*Azolla*）孢子在始新世中期出现异常峰值，指示其特殊的气候环境（Moran K et al.，2006）。

7.3.2　第四纪生物地层学

第四纪北冰洋海盆沉积物中生源组分非常稀少。一方面是由于寒冷环境海冰覆盖下生物生产力很低；另一方面是生物壳体保存效率低。然而，在其他地层学指标难以在北冰洋有效应用的情况下，生物地层学依然提供了重要的年龄控制，并用于对其他地层指标可靠性的验证。

在寒冷的冰期和冰阶，北冰洋可能整个呈冰封状态，几乎没有生物生产力，在沉积物中几乎找不到生物壳体。因此，更新世北冰洋生物地层学信息主要来自间冰期或间冰阶。硅质生物（如放射虫、硅藻和硅鞭藻）地层仅在欧亚北冰洋边缘的上新世—早更新世阶段得到应用，因为该时期这些壳体才得以保存（Herman，1974；Polyakova，2001；Backman et al.，2004）。钙质壳体的溶解作用在早更新世更为强烈，在 MIS 17～13 期以前的地层中几乎缺失（Cronin et al.，2008；Polyak et al.，2013），且在北冰洋边缘地带以及北冰洋东部海盆更是如此。在北冰洋第四纪沉积物中，有机质壳的沟鞭藻分析记录了超过 30 个沟鞭藻属种，其中 *Habibacysta tectata* 和 *Filisphaera filifera* 在更新世灭绝，可以有效地作为地层标志。*H. tectata* 最高含量出现在大约 2 Ma，*F. filifera* 含量极大值的顶部约为 1.8 Ma，这两个生物地层事件可以对比邻近的北大西洋和北太平洋的记录（Matthiessen et al.，2018）。

有孔虫和介形虫是中—晚更新世最为常用的地层指标。北冰洋中央和西部海盆中的地形高地，如北风号海岭和楚科奇海台、门捷列夫海岭和罗蒙诺索夫海岭等，其中—晚更新世沉积物中保存有相对丰富的钙质生物壳体，因此，是进行地层学研究的重要场所。北风号海岭数个岩心中底栖有孔虫的地层分布与岩性地层相对应，基本地层框架由古地磁建立，但后续的研究有较大的修正（Poore et al.，1994）。这些区域 13 个岩心采自 700～2700 m 水深，在碳酸钙溶跃面以上（Jutterström and Anderson，2005），因此，沉积物中的钙质生物壳体保存较好。在岩性地层的约束下，发现沉积物中的浮游有孔虫主要由极地种 *Neogloboquadrina pachyderma* 组成，而在某些层位也出现生活在相对温水的亚极地种 *Neogloboquadrina incompta* 和 *Turborotalita quinqueloba*（Cronin et al.，2014）。这些亚极地种含量峰值出现的地层被认为是 MIS 5e（末次间冰期，Last interglacial Glaciation，LIG）和 MIS 5a 期（Nørgaard-Pedersen et al.，2007；Adler et al.，2009）。其中，*T. quinqueloba* 在罗蒙诺索夫海岭岩心中更深的地层也有发现（O'Regan et al.，2019）。另一个亚极地种 *Turborotalita egelida* 出现在更老的地层中，是浮游有孔虫组合中的绝对优势种（＞90%），而这个层位被认为是 MIS 11 期（图 7-13），对应于该时期较温暖的北冰洋环境（Cronin et al.，2013；Polyak et al.，2013）。而新的一项研究通过分析阿尔法海岭岩心中的 *T. egelida* 出现的层位并对比罗蒙诺索夫海岭岩心地层，提出该层位对应于 MIS 17～15 期（Vermassen et al.，2021）。虽然该发现尚未得到广泛验证，但也说明在缺乏绝对年龄控制的情况下，这些地层指标的多解性。

沉积物中底栖有孔虫的分异度比浮游有孔虫更高。其中，*Bulimina aculeata* 出现的层位被认为是在 MIS 5a 期（Polyak et al.，2004；Nørgaard-Pedersen et al.，2007；Adler et al.，2009）。*Bolivina arctica* 在西北冰洋 MIS 11 期以来的沉积物中含量丰富（Polyak et al.，2013），这个层位也对应了中更新世钙质壳有孔虫的首次富集。而在 MIS 11 期之前的地层中，有孔虫含量很低，且主要为胶结质壳（Cronin et al.，2008）。此外，中更新世转型期（Mid-Pleistocene Transition，MPT）的底栖有孔虫组合发生了由 *Epistominella exigua-Eponides weddellensis* 组合向 *Stetsonia horvathi-B. arctica* 组合的过渡，这一现象也与该时期介形虫属种组合的过渡相对应（Cronin et al.，2008）。

介形虫在中更新世转型期的过渡（MIS 30～20 期）以 *Echinocythereis* sp.、*Henryhowella asperrima*、*Krithe* cf. *aquilonia* 等属种的最后出现为特征。同时，中—晚第四纪间冰期常见的属种在此阶段首次出现或含量变得丰富，如 *Polycope* spp.、*Acetabulastoma arcticum* 和 *Pseudocythere caudata* 等属种。另一个重要的地层事件是中布容事件（MBE），即在 MIS 11～9 期间（400～300 ka）发生的主要优势种从 *Krithe* spp.向 *Polycope* spp.转换，被称为 K-P 事件。这个事件通常以 *Krithe* 占比超 50%，逐渐减少变为 *Polycope* 占比超 50%。该事件不仅有重要的地层意义，也指示了北冰洋古环境演变的特征（Cronin et al.，2014）。在现代东北冰洋和北欧海，*Krithe* 在深水（＞2000 m）中含量很高，而 *Polycope* 的高含量出现在西北冰洋中层水，且上覆永久海冰或在海冰边缘（Cronin et al.，2010；Poirier R K et al.，2012）。因此，K-P 事件指示了北冰洋海冰增多的气候演变。此外，*Pterygocythereis vannieuwenhuisei* 的末现面可作为有效的生物地层控制。该属种通常在晚上新世至早更新世较浅水的北冰洋沉积物中出现，但在 MIS 11 期之后消失。其含量在一些岩心中的 MIS 13～11 期出现双峰，或在 MIS 11 期出现单峰。这个层位也对应浮游有孔虫 *T. egelida* 的特征层位（Cronin et al.，2014）。

钙质超微化石（颗石藻）也提供了地层控制。*E. huxleyi* 是目前使用最广泛的更新世生物地层标志种（Jakobsson et al.，2001；Backman et al.，2009）。在全球大洋中，*E. huxleyi* 从 MIS 8 期演化出来（Thierstein et al.，1977）。由于冰期几乎没有生产力，也没有钙质生物壳体保存，*E. huxleyi* 在北冰洋沉积物中的出现指示沉积物年龄应为 MIS 7 期或更年轻的间冰期地层。沉积记录显示，*E. huxleyi* 在北欧海首次出现在 MIS 5e 期（约 120 ka），因此，推断北冰洋沉积物中 *E. huxleyi* 的首次出现也应为 MIS 5e 期（Gard and Backman，1990；Gard，1993；Jakobsson et al.，2001）。另一个重要的颗石藻地层标志种是 *Pseudoemiliania lacunosa*，该属种在全球大洋中的 MIS 12 期灭绝，因此其在北冰洋沉积物中的出现，指示年龄不晚于 MIS 13 期（O'Regan et al.，2020）。*P. lacunosa* 的地层应用，填补了中更新世年龄控制的空白，也由此可以用来修正和验证其他地层方法的应用。

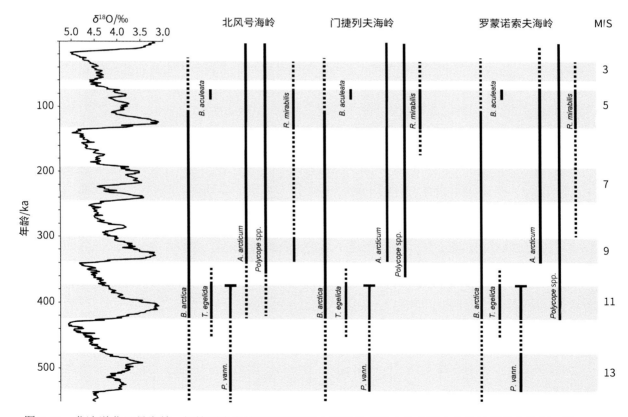

图 7-13 北冰洋北风号海岭、门捷列夫海岭和罗蒙诺索夫海岭的有孔虫和介形虫生物地层分布特征（据 Cronin et al.，2014 改）

图中实线表示持续出现，虚线表示间断出现或含量很低；除了上文中提到的地层标志种外，另外一个地层标志种是介形虫 *Rabilimis mirabilis*（*R. mirabilis*）

7.3.3 西北冰洋生物地层学

中国北极科学考察在西北冰洋采集了众多岩心，对这些岩心中微体古生物的研究揭示了这些生物地层种在不同海域的分布。其分布基本符合前人在西北冰洋的研究结果（Jakobsson et al.，2001；Cronin et al.，2014）。通过沉积物中岩性旋回，例如 Mn 含量变化，可将这些岩心地层对应起来。岩性地层的对比显示（图7-14），马卡罗夫海盆（ARC5-ICE6 岩心）的沉积速率最高，呈现最多最清晰的旋回变化，门捷列夫海岭（ARC5-MA01 岩心）次之，阿尔法海岭（ARC4-B85A 岩心）和加拿大海盆（ARC7-LIC 岩心）的沉积速率最低，与岩心所在区域有关（Wang R et al.，2018；Xiao W et al.，2020；徐仁辉等，2020）。在穿极流的影响下，ARC5-ICE6 岩心接受大量来自拉普捷夫海和东西伯利亚海陆架的沉积物，而在远离拉普捷夫海和东西伯利亚海陆架的区域，沉积物输入减少。在马卡罗夫海盆，ARC5-ICE6 岩心中仅在 MIS 5 晚期和 MIS 3~1 期保存有孔虫壳体，其含量也最低，其中，仅记录到 *Oridorsalis tener* 和 *T. quinqueloba* 两个地层意义的属种，后者仅出现在 MIS 5 期顶部。门捷列夫海岭岩心的仔细研究获得了最丰富的有孔虫和介形虫生物地层信息，包括 ARC5-MA01、ARC7-E25 和 ARC7-E26 岩心（图 7-1）（Xiao W et al.，2020；Zhao et al.，2022）。然而，受限于碳酸钙壳体的保存，该区域生物地层信息主要来自 MIS 9 期以来。阿尔法海岭和加拿大海盆的岩心则记录了 MIS 11 期标志种 *T. egelida*，显示该区域碳酸钙保存较好（Wang R et al.，2018；徐仁辉等，2020）。此外，在 MA01 岩心中发现了颗石藻地层种 *E. huxleyi*，出现在 MIS 5 的早期和中期（Xiao W et al.，2020）。这些地层中出现的层位，与门捷列夫海岭和罗蒙诺索夫海岭沉积物以往研究一致（Jakobsson et al.，2001；Spielhagen et al.，2004；Adler et al.，2009）。

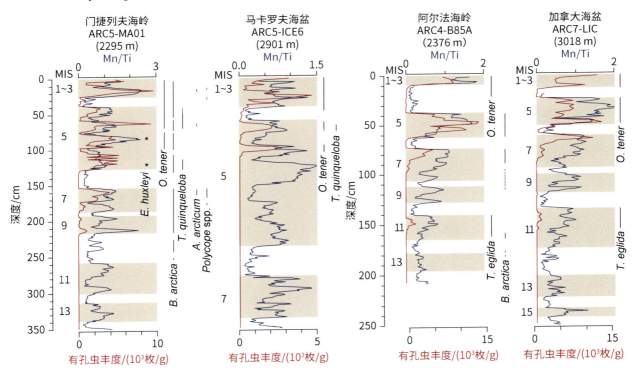

图 7-14　西北冰洋门捷列夫海岭、马卡罗夫海盆、阿尔法海岭和加拿大海盆岩心中微体古生物地层学信息（据 Xiao W et al.，2020；Wang R et al.，2018；徐仁辉等，2020 改）

图中实线表示持续出现，虚线表示间断出现或含量很低；图顶部的字母和数字表示岩心编号和水深

7.3.4　北冰洋生物地层学研究的局限性

目前，北冰洋更新世生物地层学信息主要来自气候和环境相关的各微体古生物属种组合的变化。真正意义的生物地层标志是两个颗石藻属种 *E. huxleyi* 和 *P. lacunosa* 的初现面和末现面。然而，颗石藻本身在极地冷水环境中生产力极低，而且由于这些微小的钙质壳体易受到溶解作用的影响，在沉积物中的含量极低。尤其是溶解作用会使颗石藻壳体的某些鉴定特征不太明显或缺失，给鉴定和统计带来很大的困难。尤

其在光学显微镜下的鉴定有一定的不确定性。因此，有必要对这些属种的鉴定进行更细致的检查。例如，利用扫描电镜观察颗石藻个体，进行属种确认。

7.4 岩石地层学

7.4.1 楚科奇边缘地的岩石地层学

由于北冰洋深水区岩心中的褐色层和灰色或浅黄色层与元素 Mn 的旋回相对应，已经被广泛用作岩石地层划分的工具，用于识别更新世的冰期与间冰期地层旋回（Jakobsson et al., 2000; Löwemark et al., 2008, 2012, 2014; Macdonald R C and Gobeil, 2012; März et al., 2011b; Polyak et al., 2009; Schreck et al., 2018; Stein et al., 2010a）。而岩心中元素 Ca 和 Zr 的高峰出现在数个特殊时期，用于分别指示劳伦泰德冰盖和欧亚冰盖崩塌后，冰山携带的加拿大北极群岛碳酸盐岩地层中的钙质碎屑和东西伯利亚海陆架富 Zr 的碎屑沉积，也被用作岩石地层划分的工具（Wang R et al., 2018, 2021; Ye L et al., 2019, 2020a; Xiao W et al., 2020, 2021; Zhao et al., 2022）。用于岩石地层划分的指标还包括有孔虫丰度和冰筏碎屑含量，其中，有孔虫丰度的高峰主要出现在间冰期和间冰阶，而冰筏碎屑主要出现在冰期、冰阶和冰消期（Adler et al., 2009; Dipre et al., 2018; Joe et al., 2020; O'Regan et al., 2010; Polyak et al., 2013; Wang R et al., 2013, 2018, 2021; Ye L et al., 2019, 2020a; Xiao W et al., 2020, 2021）。

中国北极科学考察在西北冰洋楚科奇边缘地及其附近海域采集的 15 个站位岩心（图 7-1）的岩石地层学研究发现，由于复杂的地形地貌，以及岩心长度不一，不同海区相同时间段内沉积物的厚度差异较大。例如，楚科奇深海平原的 ARC2-M03 和 ARC5-M04 岩心长度分别为 360 cm 和 560 cm，其岩石地层分别被划分成 MIS 5 晚期~1 期（Wang R et al., 2013）和 MIS 4~1 期（Ye L et al., 2020a）的沉积，显示靠近陆架的 ARC5-M04 岩心沉积速率高于前者。同样地，位于北风号海岭南部的 ARC4-MOR02 岩心和波弗特海陆架坡折的 ARC6-S04 岩心长度分别为 218 cm 和 380 cm，其岩石地层分别被划分成 MIS 3~1 期（章陶亮等，2015）和 MIS 3 晚期~1 期的沉积。楚科奇边缘地西北部的 ARC7-ICE2 岩心长度为 310 cm，其岩石地层被划分成 MIS 13 期以来的沉积，其沉积速率远低于上述岩心。在楚科奇边缘地北部的 8 个岩心中，5 个由东向西的岩心 ARC3-P37、ARC6-C21、ARC4-BN03、ARC6-R14 和 ARC3-P31 长度分别为 246 cm、324 cm、145 cm、220 cm 和 60 cm，它们的岩石地层分别被划分成 MIS 5e~1 期（段肖等，2015）、MIS 9~1 期（Wang R et al., 2021）、MIS 3~1 期（章陶亮等，2015）、MIS 13~1 期（Zhou et al., 2021）和 MIS 3~1 期（梅静等，2012）的沉积。作为该地区的代表岩心，3 个由东向西的岩心 ARC6-C22、ARC7-P13 和 ARC7-P12 长度分别为 355 cm、248 cm 和 260 cm，它们的岩石地层分别被划分成 MIS 11~1 期（Wang R et al., 2021）、MIS 5~1 期（Ye L et al., 2020a）（图 7-15）和 MIS 5b~1 期（黄晓璇等，2018）的沉积（图 7-16）。而在楚科奇边缘地南部的两个岩心，ARC3-P23 和 ARC6-C15 长度分别为 294 cm 和 412 cm，它们的岩石地层分别被划分成 MIS 3~1 期（章陶亮等，2014）、MIS 5a 至全新世（章陶亮等，2021）的沉积（图 7-16）。

西北冰洋楚科奇边缘地及其附近海域的 15 个岩心的岩石地层学研究显示，在靠近陆架边缘的岩心中，较高的沉积速率导致元素 Mn 和 Ca 出现较多高峰（Ye L et al., 2020a; 章陶亮等，2021），有别于纬度较高的深水区岩心中元素 Mn 旋回和 Ca 峰的识别（Stein et al., 2010a; Wang R et al., 2018; Xiao W et al., 2020）。这与中—晚更新世以来的冰期-间冰期旋回中不同海域接收到的富含元素 Mn 的沉积物和富含 Ca 的碎屑沉积物的高低有关（Wang R et al., 2018, 2021; Xiao W et al., 2020; Ye L et al., 2020a），后者主要受到碳酸盐岩源区和波弗特环流的控制；在靠近碳酸盐岩源区和在波弗特环流输送冰山路径的海域，Ca 峰的信号强（Wang R et al., 2021），在远离碳酸盐岩源区和波弗特环流输送冰山路径的海域，Ca 峰的信号弱，如罗蒙诺索夫海岭 ARC5-ICE2 和 ARC5-ICE4 岩心（Dong L et al., 2022）。

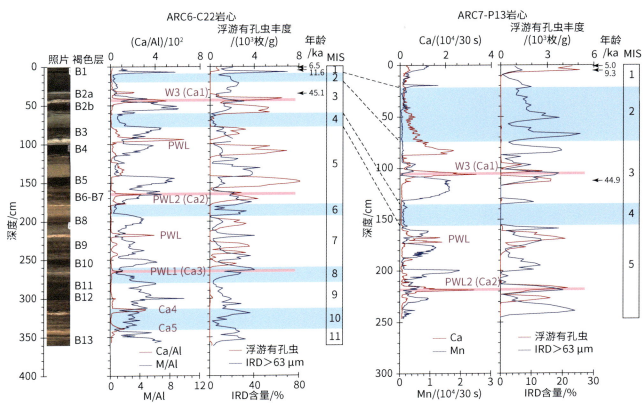

图 7-15　西北冰洋楚科奇边缘地 ARC6-C22 和 ARC7-P13 岩心的岩石地层学对比图（据 Wang R et al.，2021；Ye L et al.，2020a 改）

图中的 Ca5、Ca4 表示沉积物中 Ca 元素高峰层位的编号；PWL 1（Ca3）、PWL 2（Ca2）和 PWL 表示对应的沉积物颜色粉白层（pink white layer，PWL）；W3（Cal）表示沉积物颜色为白色层（white layer 3，W3）（Wang R et al.，2018）

7.4.2　门捷列夫海岭的岩石地层学

西北冰洋门捷列夫海岭 5 个岩心的岩石地层学研究和对比显示，约 80°N 以北的 ARC7-E26 和 ARC5-MA01 岩心长度分别为 535 cm 和 380 cm，它们的岩石地层分别被划分成 MIS 21～1 期和 MIS 17～1 期（Xiao W et al.，2020）的沉积（图 7-17）。

门捷列夫海岭 80°N 至 76°N 的 ARC7-E25、ARC7-E24 和 ARC7-E23 岩心长度分别为 320 cm、231 cm 和 350 cm，它们的岩石地层分别被划分成 MIS 9～1 期（Zhao et al.，2022）、MIS 5a～1 期和 MIS 5～1 期（Ye L et al.，2020a）的沉积（图 7-18）。门捷列夫海岭从南到北的 5 个岩心的岩石地层学对比表明，随着纬度增加，沉积速率快速降低。

7.4.3　加拿大海盆的岩石地层学

西北冰洋阿尔法海岭南部和楚科奇边缘地北部加拿大海盆的 ARC7-LIC 和 ARC4-BN05 岩心长度分别为 317 cm 和 238 cm，它们的岩石地层分别被划分成 MIS 28～1 期（徐仁辉等，2020）和 MIS 15～1 期（Dong L et al.，2017）的沉积（图 7-19）。值得注意的是，由于前者 250～317 cm 的地层中冰筏碎屑含量较低，并且缺乏有孔虫，仅根据 Mn/Al 的高低划分为 MIS 28～19 期的沉积，还有待于未来更多地层划分指标来加以证实。这两个岩心的水深都在 3200 m 以内，MIS 15 期以来的地层划分和对比显示，ARC4-BN05 岩心的沉积速率略高于 ARC7-LIC 岩心的沉积速率，反映了加拿大海盆随纬度的增加，沉积速率降低。

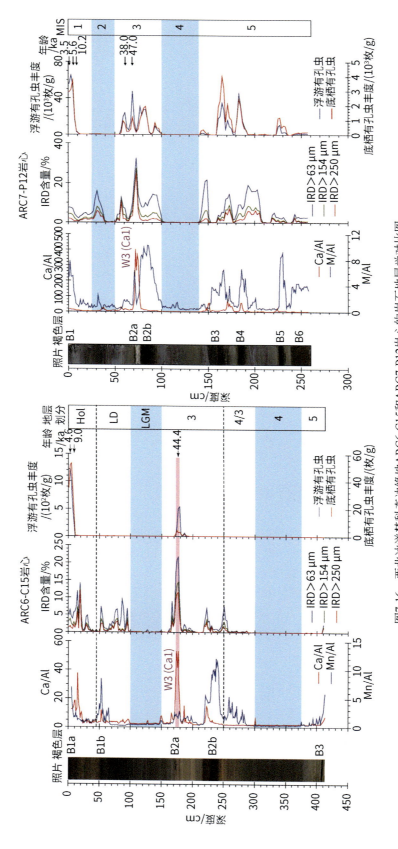

图7-16　西北冰洋楚科奇海边缘地ARC6-C15和ARC7-P12岩心的岩石地层学对比图
（据章陶亮等，2021；黄晓璇等，2018改）

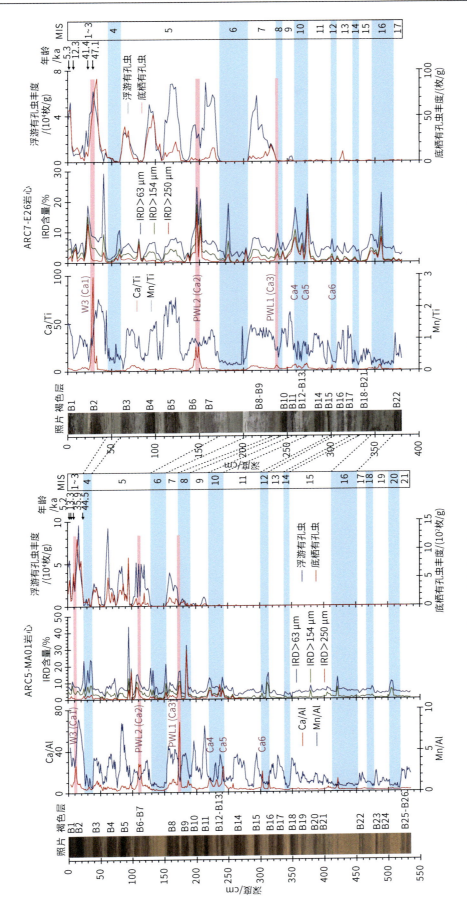

图7-17　西北冰洋门捷列夫海岭ARC5-MA01和ARC7-E26岩心的岩石地层学对比图（据Xiao W et al.，2020改）

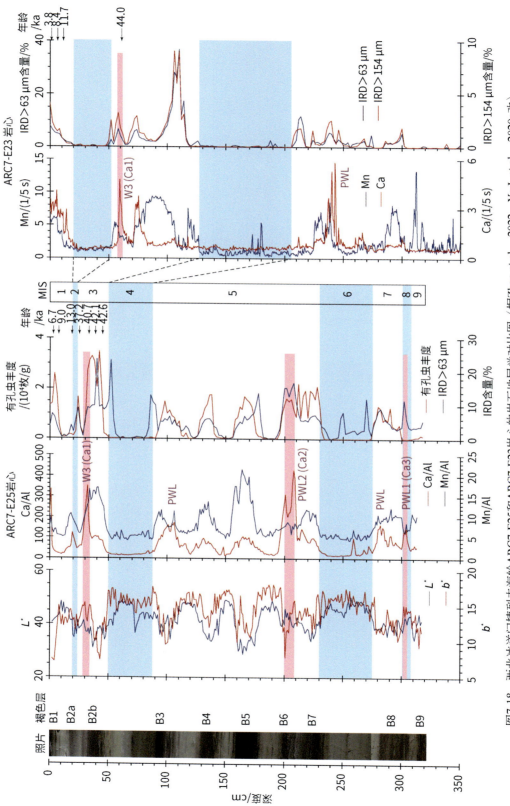

图7-18　西北冰洋门捷列夫海岭ARC7-E25和ARC7-E23岩心的岩石地层学对比图（据Zhao et al., 2022；Ye L et al., 2020a改）

L*为沉积物颜色反射率的亮度参数（Lighthness*）；b*为沉积物颜色反射率的参数（Blueness*）

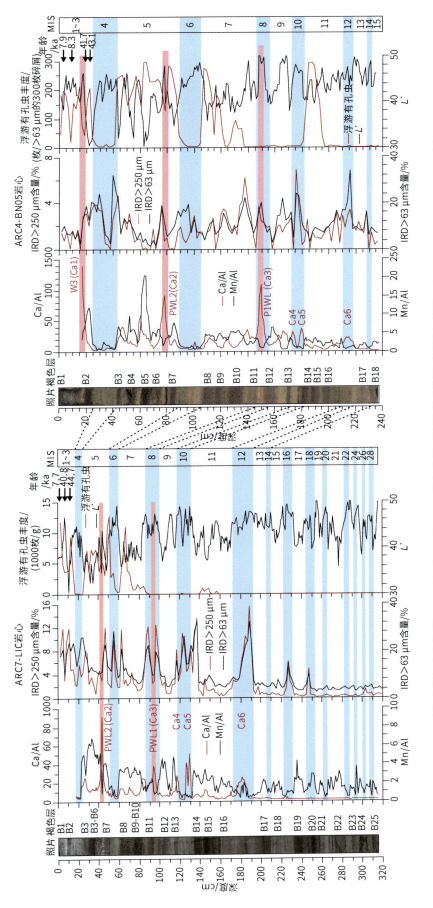

图7-19　西北冰洋加拿大海盆ARC7-LIC和ARC4-BN05岩心的岩石地层学对比图（据徐仁辉等，2020；Dong L et al., 2017改）

7.4.4　阿尔法海岭的岩石地层学

西北冰洋阿尔法海岭由北向南的 ARC3-B84A、ARC3-B85D 和 ARC3-B85A 岩心长度分别为 186 cm、130 cm 和 208 cm，它们的岩石地层分别被划分成 MIS 15～1 期（刘伟男等，2012）、MIS 10～3 期（Ye L et al.，2019）和 MIS 13～1 期（Wang et al.，2018）的沉积（图 7-20）。尽管这 3 个岩心的长度不一致，但它们的水深在 2000～2400 m，因此，其沉积速率几乎相同。与这 3 个岩心相比，其西边的 ARC4-BN10 岩心长度为 240 cm，其岩石地层被划分为 MIS 9～1 期的沉积（图 7-21）。该岩心的沉积速率明显高于前 3 个岩心，这可能与冰期-间冰期旋回中受穿极流输入的影响，来自东北冰洋的陆源物质增加有关（Wang R et al.，2018）。

7.4.5　罗蒙诺索夫海岭和马卡罗夫海盆的岩石地层学

东北冰洋中部罗蒙诺索夫海岭的 ARC5-ICE4 和 ARC5-ICE2 岩心长度分别为 415 cm 和 320 cm，水深分别为 2860 m 和 2085 m，但它们的岩石地层分别被划分成 MIS 5a～1 期（Dong L et al.，2022）和 MIS 7～1 期的沉积（图 7-22）。很显然，前者的沉积速率明显高于后者。这与前者距离拉普捷夫海陆架更近，可能接受来自穿极流输送的陆源物质更多有关（West et al.，2021）。而纬度更高的 ARC5-ICE2 岩心与附近的 96-12-1pc 岩心（Jakobsson et al.，2001）和 PS2185-6 岩心（Spielhagen et al.，1997）的对比显示，这 3 个岩心 4 m 以上厚度的地层都属 MIS 7 期以来的沉积，具有大致相同的沉积速率。

罗蒙诺索夫海岭南部的 ARC8-LR01 岩心和马卡罗夫海盆的 ARC5-ICE6 岩心的水深分别为 1865 m 和 2901 m，岩心长度分别为 426 cm 和 336 cm，它们的岩石地层分别被划分为 MIS 7～1 期和 MIS 15～1 期（Xiao W et al.，2020）的沉积（图 7-23）。很显然，前者的沉积速率远高于后者，因为前者距离拉普捷夫海陆架更近，可能与接受来自穿极流输送的陆源物质更多有关（West et al.，2021；Dong L et al.，2022）。

7.5　磁性地层学

7.5.1　古地磁定年的不确定性

北冰洋岩心的大量研究发现，新近纪沉积物的生物地层标志相对较少，缺乏有孔虫和贝壳等 AMS ^{14}C 测年材料，并且北冰洋的沉积速率较低，因此岩心中古地磁参数的测试分析显得尤其重要。

较长时间尺度的沉积记录表明，17 Ma 以来的平均沉积速率为 1 cm/ka（Backman et al.，2006），这与 ^{10}Be/^{9}Be 的年龄模型一致，该模型显示新近纪的平均沉积速率为 1.45 cm/ka（Backman et al.，2008；Frank et al.，2008）。除了这些长期限制外，北冰洋中部罗蒙诺索夫海岭 IODP 302 航次的 ACEX 站位初步报告中还提出了两种上新世年代学的古地磁解释（Backman et al.，2006），这些相互矛盾的解释将更新世两个关键磁倾角倒转边界事件，即布容与松山（Brunhes/Matuyama）和哈拉米略与奥杜瓦伊（Jaramillo/Olduvai）的界线置于不同的深度（图 7-24）。因此，现有的古地磁年龄模式仍然存在不确定性，无法对冰期与间冰期时间尺度上的环境变化进行分析。

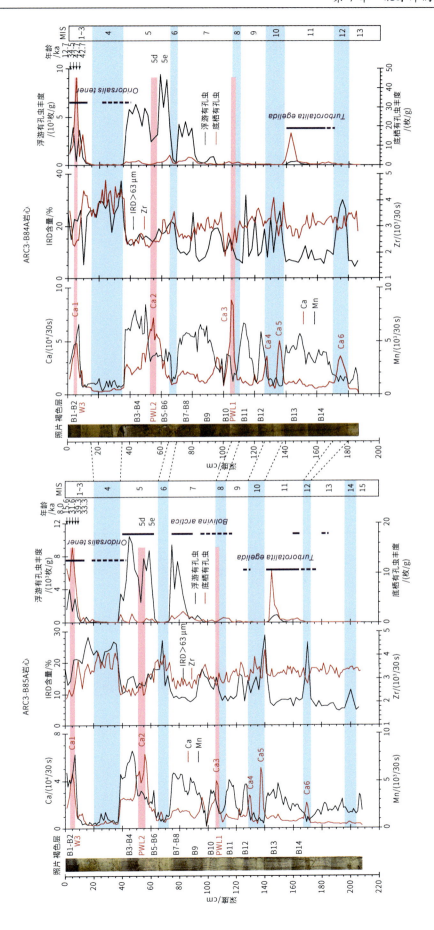

图7-20　西北冰洋阿尔法海岭ARC3-B85A和ARC3-B84A岩心的岩石地层学对比图（据刘伟男等，2012；Wang R et al.，2018改）

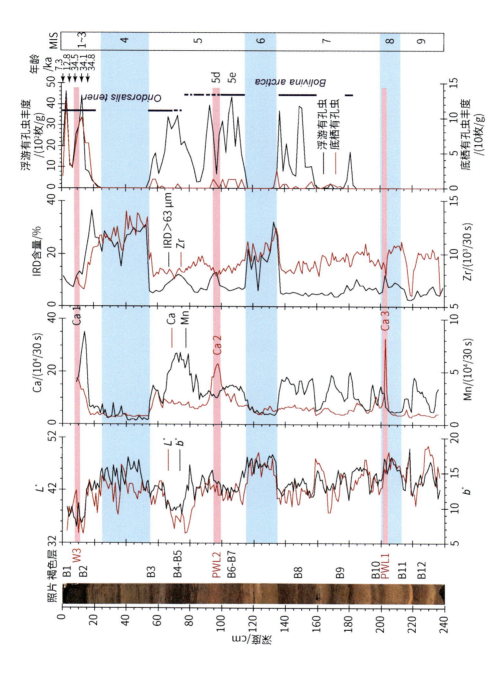

图7-21 北冰洋阿尔法海岭ARC4-BN10岩心的岩石地层学图（据Wang R et al., 2018改）

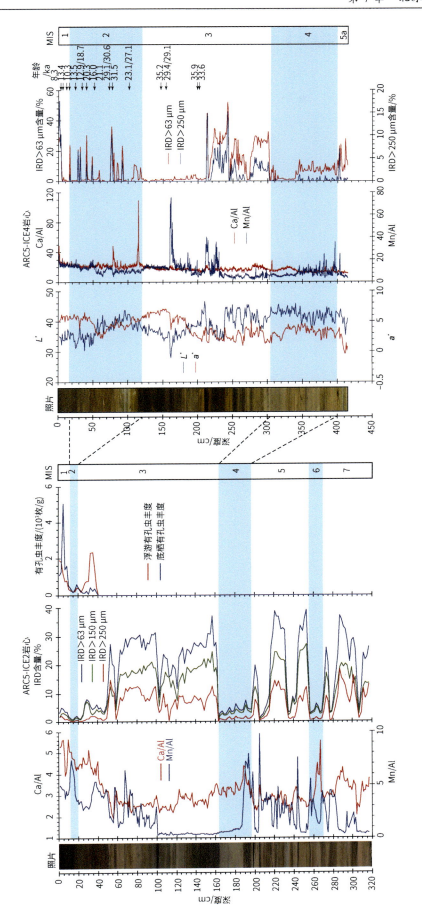

图7-22　北冰洋罗蒙诺索夫海岭ARC5-ICE2和ARC5-ICE4（据Dong L et al., 2022改）岩心的岩石地层学对比图

a^* 是沉积物颜色反射率的参数

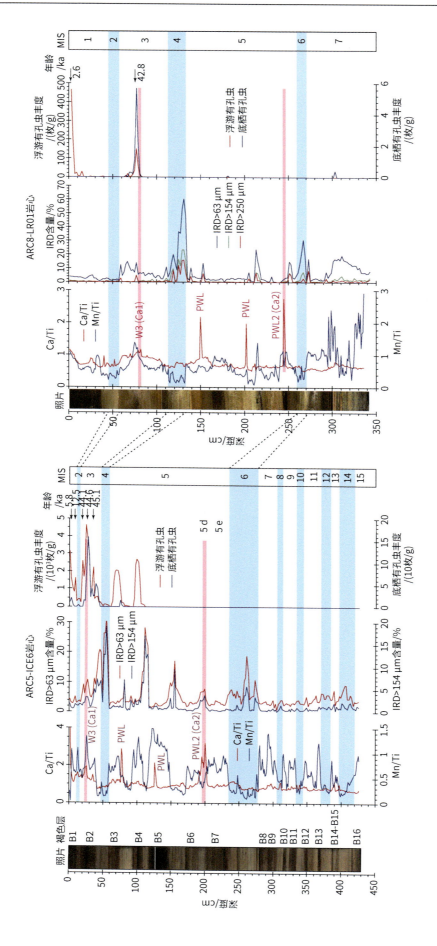

图7-23　北冰洋马卡罗夫海盆ARC5-ICE6（据Xiao W et al., 2020改）和罗蒙诺索夫海岭ARC8-LR01岩心的岩石地层学对比图

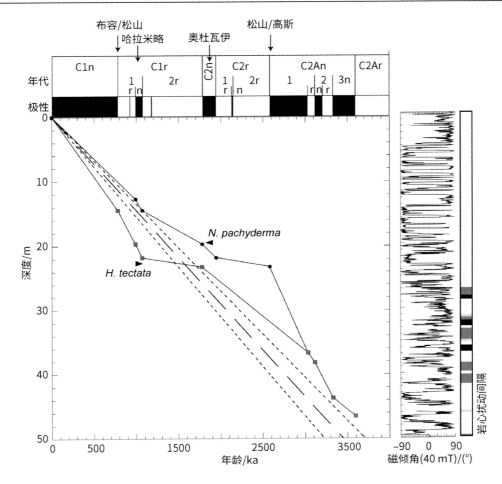

图 7-24　北冰洋中部罗蒙诺索夫海岭 IODP 302 航次的 ACEX 站位磁倾角记录的初始古地磁解释（据 Backman et al.，2006；Lourens et al.，2005；O'Regan et al.，2008 改）

7.5.2　基于罗蒙诺索夫海岭 ARC5-ICE4 岩心古地磁的两种解释

中国第 5 次北极科学考察在北冰洋中部罗蒙诺索夫海岭附近的欧亚海盆采取了岩心 ARC5-ICE4（145°14.3′E，85°00′N），水深为 2860 m，岩心长度为 415 cm。该岩心和其他岩心的位置如图 7-25 所示。

首次综合分析和对比了北冰洋罗蒙诺索夫海岭 ARC5-ICE4 岩心与其他岩心的古地磁数据认为（Liu J et al.，2019），从岩心顶部出现的首次磁倾角的大规模反转可能是布容/松山（B/M，约 780 ka）的界限（图 7-26），由此判断北冰洋中部的沉积速率为几毫米每千年，这个结论与之前的研究结果是一致的（Clark D L，1970；Clark D L et al.，1980；Poore et al.，1993；Witte and Kent，1988），由此认为北冰洋中部是一个缺少沉积物的盆地。

然而，这种极低的沉积速率随后受到了基于氨基酸外消旋法测年（amino acid racemization）（Sejrup et al.，1984；Kaufman et al.，2008）、光释光测年（Jakobsson et al.，2003）、放射性碳测年（Darby et al.，1997）、北冰洋沉积物中高的 Mn 元素含量层计数和旋回地层学以及岩心之间的相互对比定年的挑战（Backman et al.，2004；Dong L et al.，2017；Jakobsson et al.，2000；O'Regan et al.，2008；Polyak et al.，2013；Wang R et al.，2018；Xiao W et al.，2020）。

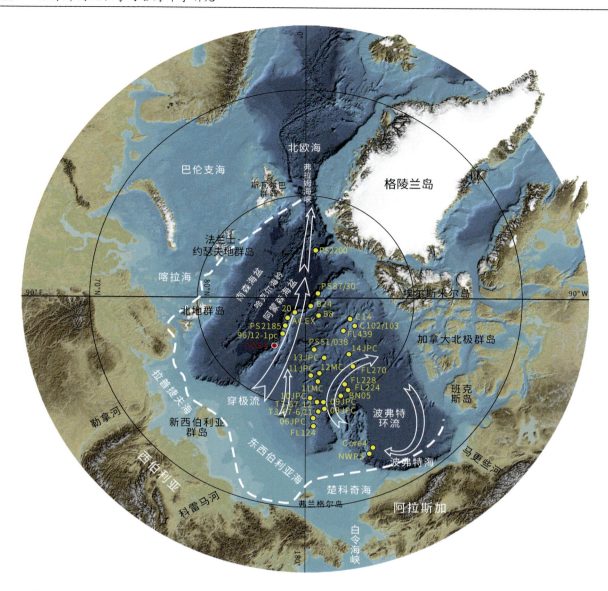

图 7-25 北冰洋中部罗蒙诺索夫海岭 ARC5-ICE4 岩心及其他参考岩心位置图（据 Liu J et al.，2019 改）

图中白色断线表示多年 9 月平均海冰界线（Parkinson and Cavalieri，2008）

最新的 ARC5-ICE4 岩心中负磁倾角带的另一种解释认为，如果沉积速率足够高，根据该岩心有机碳 AMS[14]C 的年龄框架，该带可能代表 MIS 3 期的一次地磁偏移（Dong L et al.，2022）（图 7-27），如 42～41 ka 的拉尚（Laschamp）事件（Cooper A et al.，2021）或更年轻的莫诺（Mono）湖事件，该事件可能是一系列地磁波动，跨度为 36～30 ka（Korte et al.，2019）。如果 ARC5-ICE4 岩心的负磁倾角带是莫诺湖事件和拉尚事件的合并，则其年龄可能为 42～30 ka，与有机碳的 AMS[14]C 的年龄约束和包含沉积岩的冰期与间冰期岩性基本一致，得出的平均沉积速率约为 7.5 cm/ka，这与现今多数研究得出的在上新世—更新世时期北冰洋中部并不是一个缺少沉积物的盆地的观点是一致的（Backman et al.，2004）。需要注意的是，在古地磁的研究过程中，还需要考虑成岩作用（Backman et al.，2008；Liu J et al.，2019）和采样过程中的人为干扰等（O'Regan et al.，2008）因素的影响。

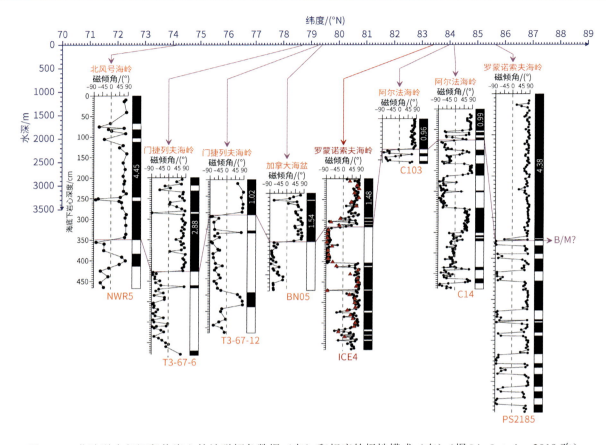

图 7-26　北冰洋中部沉积物岩心的地磁倾角数据（左）和相应的极性模式（右）（据 Liu J et al.，2019 改）

字母和数字表示岩心编号

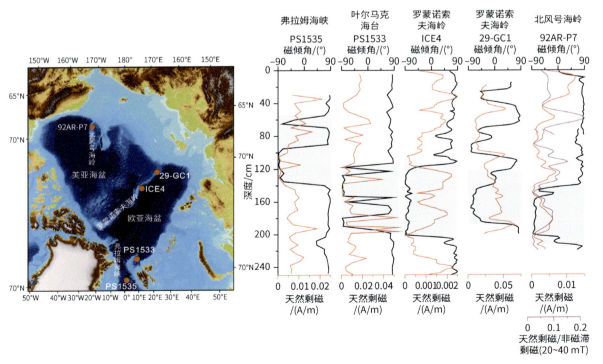

图 7-27　北冰洋最近约 50 ka 以来古地磁记录与明显的 MIS 3 期负磁倾角间隔（灰色带）的比较（据 Nowaczyk and Baumann，1992；Nowaczyk et al.，1994；Liu J et al.，2019；West et al.，2021；Dong L et al.，2022 改）

字母和数字表示岩心编号

7.6　基于 Mn、Ca 和 Zr 元素的轨道调谐地层学

在北冰洋的地层学研究中，虽然沉积物中的 Mn 元素可能会受到成岩作用的影响（Sundby et al.，2015），但 Mn 元素含量通常在间冰期高，在冰期低，因此，Mn 元素也常被用作为地层划分和对比的工具（Jakobsson et al.，2000；Polyak et al.，2004；Stein et al.，2010a；Löwemark et al.，2008，2012，2014；Dong L et al.，2017；Wang R et al.，2018，2021；Schreck et al.，2018；Xiao W et al.，2020，2021；Ye L et al.，2020a）。而沉积物中 Ca 元素含量的高低则与加拿大北极群岛古生代碳酸盐岩被冰山搬运输入至北冰洋联系起来，指示劳伦泰德冰盖的崩塌和冰融水事件，其高峰具有地层学指示意义（Schoster，2005；Polyak et al.，2009；Stein et al.，2010a；Bazhenova et al.，2017；Dong L et al.，2017；Wang R et al.，2018，2021；Schreck et al.，2018；Xiao W et al.，2020，2021；Ye L et al.，2020a）。沉积物中的 Zr 元素含量主要在冰期或冰阶增加，来自欧亚大陆的碎屑岩输入，指示欧亚冰盖的扩张，也可以用作地层学划分和对比的工具（Schoster，2005；Wang R et al.，2018；Xiao W et al.，2020，2021）。除上述 3 种元素外，北冰洋中部罗蒙诺索夫海岭 ACEX 站位的岩石磁性颗粒大小的 ARM/IRM[①]和未压实的块状密度被用作低分辨率尺度上 IRD 输入的代表，被成功地用于 ACEX 记录的轨道调谐（O'Regan et al.，2008）。此外，通过使用正式的堆叠程序将北极钙质微化石记录调谐至 MIS（Lisiecki and Raymo，2005），这一比较已在更新世晚期至中更新世地层得到证实（Marzen et al.，2016）。

本节总结了北冰洋中部阿尔法海岭 7 个岩心的岩石地层学、生物地层学等的分析和对比，初步划分出每个岩心的 MIS；然后采用堆叠程序将所有岩心中的 Mn、Ca 和 Zr 元素记录堆叠起来（Paillard et al.，1996），并与全球深海底栖氧同位素记录（Globally distributed benthic δ^{18}O records）LR04-δ^{18}O（Lisiecki and Raymo，2005）进行调谐，确定堆叠的 Mn、Ca 和 Zr 元素记录的期次，将堆叠的深度转换成年龄；并用高斯滤波、交叉小波变换和交叉频谱分析确定 Mn、Ca 和 Zr 元素记录的轨道周期，验证这 3 种元素与冰盖体积（Lisiecki and Raymo，2005）、海平面（Rohling et al.，2014）和轨道参数（偏心率+斜率+岁差，Eccentricity + Tilt + Precession，ETP）（Laskar et al.，2004）的相关性；然后根据堆叠的年龄模式反推各个岩心的年龄模式和沉积速率（Wang R et al.，2018）。

7.6.1　地层学与轨道调谐方法

根据阿尔法海岭岩心的岩性描述、颜色、XRF 数据（Mn、Ca、Zr）、粗组分（>63 μm）和浮游有孔虫丰度变化，建立了岩心的岩石地层学。通过棕色地层单元中有孔虫的 ^{14}C 年龄确定了上部地层的年龄模式。^{14}C 范围以外的沉积物的年龄框架是通过将岩石地层变化和北冰洋中部较早确立的地层与海洋同位素期次联系起来得出的。这种关系与其他北冰洋研究的一致性得到了岩石和生物地层标志的支持，如粉白层和有孔虫标志种峰值（Wang R et al.，2018）。通过旋回地层与全球古气候（Lisiecki and Raymo，2005）、海平面曲线（Rohling et al.，2014）和轨道参数（Laskar et al.，2004）的调谐，进一步验证和完善了所建立的年龄模型（Wang R et al.，2018）。

为了调谐岩心指标记录，使用了中国北极科学考察采自阿尔法海岭的 3 个岩心和 4 个 HOTRAX 岩心的 Mn、Ca 和 Zr 的堆叠数据（图 7-28）。基于堆叠目的，每个岩心的数据通过减去各自的平均值，然后除以各自的标准差来消除大小上的差异后进行归一化。也分析了岩心之间等时连接点的归一化数据的岩心模式。其中，B85A 岩心中 Mn、Ca 和 Zr 的表现最为清晰。因此，其他岩心与 B85A 岩心对齐以获得统一的深度坐标。然后将标准化的 Mn、Ca 和 Zr 数据插值到 1 cm 的岩心深度间隔后，通过对它们进行平均生成堆叠（Wang R et al.，2018）。

---

① ARM 为非磁滞剩磁，anhysteretic remanent magnetization；IRM 为等温剩磁，isothermal remanent magnetization。

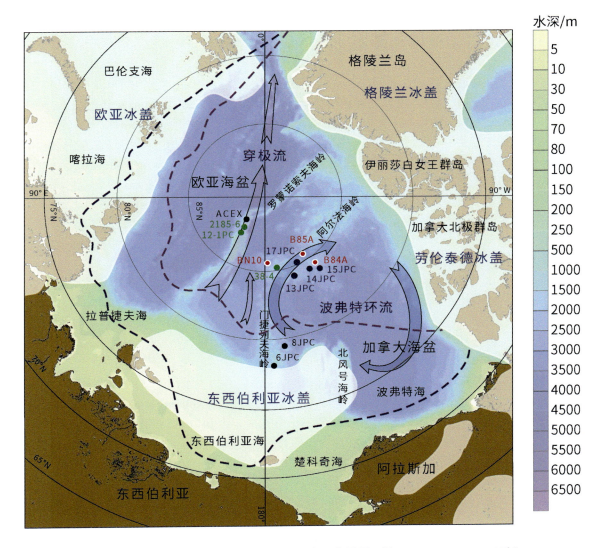

图 7-28　北冰洋主要海底地形、海洋特征和岩心位置图（据 Wang R et al.，2018 改）

图中不同的符号表示该研究分析的沉积物岩心（红色圆点带白色轮廓），用于增加 XRF 数据（蓝色圆点）或区域相关性（绿色圆点），以及文中提到的其他岩心（黑色圆点）；浅色阴影区域表示北冰洋周围更新世冰川的范围（Niessen et al.，2013；Jakobsson et al.，2016）；深蓝色和紫色虚线分别表示气候平均值（1979～2006 年）和最小值（2012 年）9 月海冰范围（Parkinson and Cavalieri，2008）

利用 Analyseries 软件包（Paillard et al.，1996）辅助进行手动调谐，将堆叠平均的 Mn 和相关的 Ca 和 Zr 数据与深海有孔虫 LR04-δ^{18}O 曲线（Lisiecki and Raymo，2005）进行关联，后者被用作全球冰量的指标，而全球冰量是全球气候的重要指标。这种相关性能够在时域内绘制阿尔法海岭的堆叠曲线。将阿尔法海岭的堆叠曲线、LR04-δ^{18}O 和海平面（Rohling et al.，2014）等数据进行 23 kyr、40 kyr 和 100 kyr 轨道周期的高斯滤波检验，这是第四纪古气候变化的主导因素。除 LR04-δ^{18}O 记录外，还使用了海平面曲线，因为海平面可能主要控制着北冰洋周围大陆架向深海盆地供应 Mn（Löwemark et al.，2012，2014；Macdonald R C and Gobeil，2012）。使用交叉小波变换（Grinsted et al.，2004）分析方法确保 Mn 的 3 个轨道周期与 LR04-δ^{18}O 和海平面曲线对应的轨道周期精确匹配。为了深入了解北冰洋对全球古气候和海平面变化的反馈，以及轨道强迫（Milankovitch，1930；Imbrie，1982），还使用了 Mn 与 LR04-δ^{18}O、海平面及轨道参数（ETP）（Laskar et al.，2004）之间的交叉频谱和相位分析。

7.6.2　岩石地层学框架和测年

阿尔法海岭的 3 个岩心主要由粉质黏土组成，显示出良好的棕色和浅黄灰色层单元或互层。棕色单元通常富含 Mn，在地层上部富含有孔虫和其他钙质微化石（Polyak et al.，2004；Stein et al.，2010a；Matthiessen et al.，2010）。浅黄灰色单元以低 Mn 含量和低化石丰度为特征。在一些灰色单元中，粗沉积物组分和 Zr 值升高，Ca 峰通常位于这些单元边界附近。一些广泛用于验证北冰洋岩心相关性的岩性和生物地层标志补充了岩性旋回变化（Adler et al.，2009；Polyak et al.，2009，2013；Stein et al.，2010a；Cronin et al.，2013；Lazar and Polyak，2016）。特别是确定了 W3、PWL2 和 PWL1 层的粉白层，以及 3 个岩心中底栖有孔虫标志种的地层范围，以及 B84A 和 B85A 岩心中浮游有孔虫 T. egelida 的高峰（Wang R et al.，2018）。

岩心顶部棕色层的厚度为 2～6 cm，落在 MIS 1 早期，年龄为 7.3～12.8 ka。与顶部棕色层紧密相连，顶部棕色层下方的棕色层厚度 6～10 cm，其生成年龄为 31.6～42.7 ka。在该棕色层中观察到的倒转可能与生物扰动有关，这是棕色层的特征（Löwemark et al.，2012，2016）。顶部棕色层与其下部棕色层之间的间隔非常薄，不超过 2 cm，表明末次冰盛期沉积速率中断或强烈凝聚，这与北冰洋中部的其他研究一致（Polyak et al.，2009；Poirier R K et al.，2012）。

7.6.3　地区岩心对比与轨道调谐

为了加强对 ^{14}C 测年范围以外的地层的年龄约束，将 3 个岩心与先前的阿尔法海岭（PS51/038-4 岩心）和罗蒙诺索夫海岭（PS2185-6 和 AO96/12-1pc 岩心）数据进行对比（Jakobsson et al.，2000，2001；Spielhagen et al.，1997，2004；Stein et al.，2010a）。对比主要基于有孔虫丰度和 >63 μm 组分含量，以及岩石地层框架与岩性（粉白层或白云岩峰）和生物地层标志（底栖有孔虫标志种）。同时还加入了来自阿尔法海岭的 4 个 HOTRAX'05 岩心的 XRF 元素数据（Polyak et al.，2009）。这些补充记录详细说明了地层对比，为指标曲线堆叠提供了更多资料。在所有岩心中，Mn 与棕色强度有很大的协变关系，也表现在 L^* 和 b^* 参数上。在所有 7 个岩心中识别的 Ca 峰被标记为 Ca 1～Ca 6。最显著的峰对应于 PW 层。Zr 的分布与 Ca 不同。利用相关的 XRF 元素数据进一步构建了区域的 Mn、Ca 和 Zr 堆叠曲线（图 7-29），并与 LR04-$\delta^{18}O$ 记录进行关联（Wang R et al.，2018）。

阿尔法海岭 7 个岩心中 Mn、Ca 和 Zr 的堆叠曲线与 LR04-$\delta^{18}O$ 记录的相关性基于 Mn 通过其他指标的共存分布来验证。例如，颜色参数和有孔虫丰度、^{14}C 年龄，以及在之前的北冰洋研究中受到年龄限制的地层标志。利用 LR04-$\delta^{18}O$ 和海平面曲线在轨道时间尺度上进行 Mn 带通高斯滤波，得到偏心率（100 kyr）波段的决定系数（r^2）为 >0.7，斜率（40 kyr）和岁差（23 kyr）波段的决定系数（r^2）为 0.25～0.33。相比之下，Ca 和 Zr 的决定系数在所有 3 个时间段内都一致较低，分别为 <0.1 和 <0.1～0.44（图 7-30）。交叉小波变换分析结果表明，在 100 kyr 波段上，Mn 记录与 LR04-$\delta^{18}O$ 和海平面曲线在大部分时间跨度上都具有显著的一致性，它们的时间序列的相位角均值和标准差几乎没有明显的超前或滞后；而在约 40 kyr 和 23 kyr 波段上，相干性仅在有限的记录片段中显著（图 7-30）。与 Mn 相比，Ca 的交叉小波变换分析结果仅在 100 kyr 和约 23 kyr 波段的 500～350 ka 和 270～220 ka 短时间内显示出重要的相干性。同样地，在所有 4 个时间波段上 Zr 仅在短时间片段中出现重要相干特征。Mn 与 LR04-$\delta^{18}O$、海平面曲线和 ETP 的交叉频谱分析结果表明，在 100 kyr 波段上，Mn 与 ETP、LR04-$\delta^{18}O$ 和海平面曲线的相位相似，分别为 6.6°±31.9°、3.09°±21.0° 和 8.2°± 21.7°。在 23 kyr 波段上，所有相干性超过 95%，但 Mn 与 ETP 的相位为 137.7°±22.6°，与 Mn 与 LR04-$\delta^{18}O$ 和海平面曲线的相位（分别为 27.6°± 12.4° 和 27.6°± 22.8°）有很大差异。在 41 kyr 和 19 kyr 波段上，相干性均在 95% 以下（Wang R et al.，2018）。

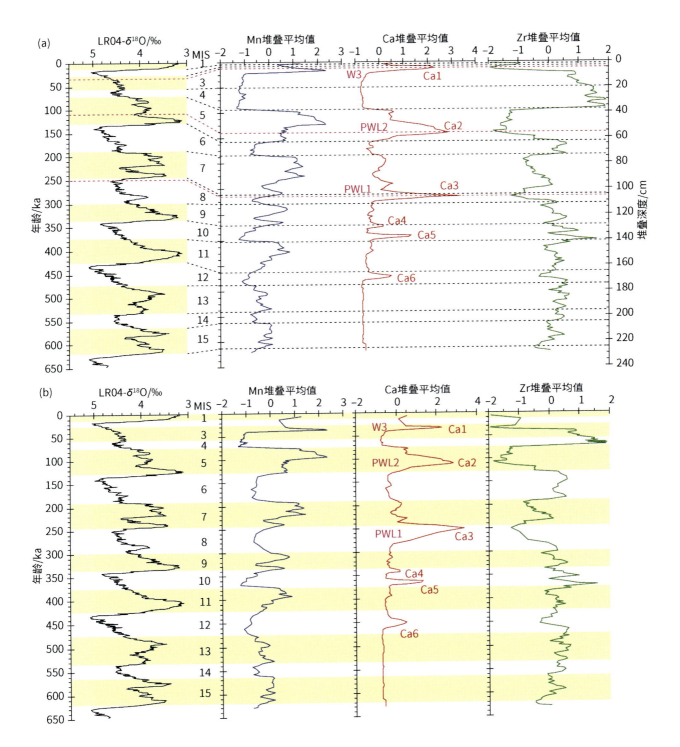

图 7-29　深海有孔虫 LR04-δ^{18}O 记录（Lisiecki and Raymo，2005）与北冰洋中部阿尔法海岭 7 个岩心中 Mn、Ca 和 Zr 的堆叠曲线对比（据 Wang R et al.，2018 改）

（a）MIS 与阿尔法海岭 7 个岩心中 Mn、Ca 和 Zr 堆叠曲线的关联；（b）阿尔法海岭 7 个岩心中 Mn、Ca 和 Zr 堆叠曲线与 LR04-δ^{18}O 进行精细对比后转换在时间标尺上；Ca 峰被标记为 Ca 6～Ca 1，其中，Ca 3 到 Ca 1 相当于 PWL1、PWL2 和 W3（Clark D L et al.，1980）

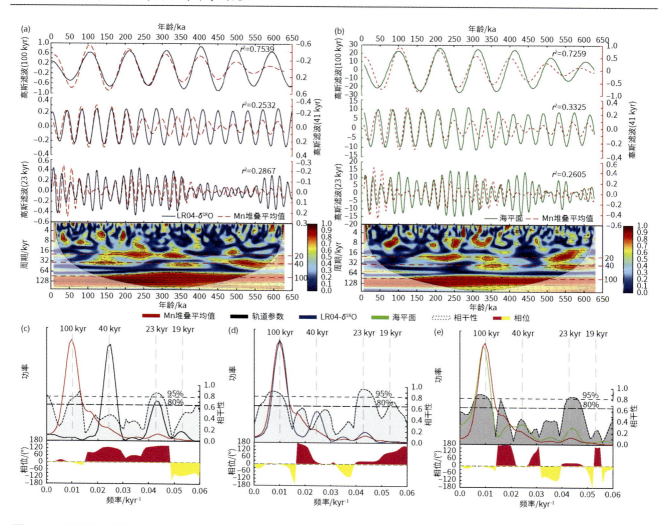

图 7-30　北冰洋中部阿尔法海岭 7 个岩心中堆叠的 Mn 与 LR04-δ^{18}O（Lisiecki and Raymo，2005）和海平面曲线（Rohling et al.，2014）的轨道周期分析（据 Wang R et al.，2018 改）

（a）和（b）为高斯滤波后的 Mn 和 LR04-δ^{18}O 与海平面曲线在 100 kyr、41 kyr 和 23 kyr 轨道周期上的变化，决定系数（r^2）显示在每个小图上；显示 Mn 与 LR04-δ^{18}O 和海平面曲线在时间序列上分布的 3 个主要轨道周期的交叉小波相干性（Grinsted et al.，2004）；交叉小波变换图上的粗黑色轮廓显示对红色噪声的显著性水平为 5%，下降圆锥（cone of influence，COI）的边缘效应可能会扭曲图像，因此，显示为较浅的阴影；箭头表示 Mn 与 LR04-δ^{18}O 和海平面曲线之间的相位偏差，向上和向下箭头分别表示领先和滞后的 Mn；交叉小波变换图上的 3 条红色虚线表示 100 kyr、41 kyr 和 23 kyr 轨道周期的波段中心；（c）～（e）为 Mn 与 LR04-δ^{18}O、海平面曲线和 ETP（Laskar et al.，2004）的交叉频谱相关性；在 100 kyr 和 23 kyr 轨道周期上，相干性达到 95%，表明 Mn 与 LR04-δ^{18}O、海平面曲线和 ETP 具有较高的相关性

7.6.4　轨道调谐的 Mn、Ca 和 Zr 元素与古气候记录的对比

阿尔法海岭岩心堆叠的 Mn、Ca 和 Zr 数据与 LR04-δ^{18}O 记录的对比是基于这 3 种元素，尤其是 Mn 的变化与全球古气候变化控制相关的假设。虽然与全球古气候指标记录，如 LR04-δ^{18}O 记录的比较不能解释北极 Mn 记录的所有变化，但它们提供的主要峰谷近似合理，从而产生了有意义的地层学结果（Jakobsson et al.，2000；O'Regan et al.，2008；Löwemark et al.，2012，2014；Cronin et al.，2013；Polyak et al.，2013）。通过使用正式的堆叠程序将北极钙质微化石记录调谐到 LR04-δ^{18}O 记录，这一比较已在中更新世至更新世晚期得到证实（Marzen et al.，2016）。北冰洋中部阿尔法海岭的低分辨率记录提供了最好的匹配，那里的亚轨道地层细节被自然过滤掉了。沉积物密度作为低分辨率尺度上 IRD 输入的代表，也被成功地用于 ACEX 记录的轨道调谐（O'Regan et al.，2008）。元素 Ca 和 Zr 含量分别被解释为来自北美和欧亚 IRD 的代用指标。虽然 Mn 的主要谷和峰通常与 LR04-δ^{18}O 记录的冰期与间冰期相对应，但有些特征与其他的特征匹配

得更好，其中的差异可能与北极特有的古海洋和沉积环境有关。值得注意的是，MIS 3 和 MIS 5 晚期高的 Mn 值与这些时期的 LR04-δ^{18}O 变化形成对比，而 Mn 数据在最后一次间冰期（MIS 5e）不明显（Wang R et al.，2018）。在北冰洋西部的其他岩心中也观察到这些特征，它们不仅可以用 Mn 含量来表示，还可以用其他指标来表示，如颜色参数和有孔虫丰度（Polyak et al.，2004；Adler et al.，2009；Stein et al.，2010a；Dong L et al.，2017）。了解北极记录中这些异常的原因可能为北冰洋气候变化提供基本信息。元素 Mn 在 MIS 5e 期信号的减弱可能是由 MIS 6 期冰盖崩塌产生大量的冰融水通量造成的（Adler et al.，2009）。沉积物中 Mn 分布的潜在成岩转变也会影响 Mn 记录在地层对比中的应用。模拟成岩过程表明，当沉积物中没有甲烷或其他形式的次生有机质时，间冰期沉积的富 Mn 层会被保存下来（Sundby et al.，2015）。在罗蒙诺索夫海岭中部的岩心中已经注意到由于 Mn 还原而导致的一些棕色层的褪色甚至消失（Jakobsson et al.，2000；Löwemark et al.，2014）。北冰洋西部沉积物的低有机物供应，加上非常低的初级生产力，为沉积记录中富 Mn 层的保存创造了有利条件，这与表征这些沉积物的地球化学数据一致（März et al.，2011b，2012；Meinhardt et al.，2016）。总体而言，所有岩心中 Mn 的一致分布表明，与北冰洋西部其他地区远离大陆边缘的地层中 Mn 的数据相同，没有任何相当大的溶解偏差（März et al.，2011b；Löwemark et al.，2012，2014；Polyak et al.，2013）。与 LR04-δ^{18}O 合理匹配的 Mn 分布相比，Ca 和 Zr 缺乏规律性。原因是 Ca 和 Zr 的输入主要与涉及各种冰盖的冰期与间冰期过程有关，这些过程可能受到多种因素的控制（Dong L et al.，2017）。元素 Ca 峰值示踪了劳伦泰德冰盖西北段的主要崩塌事件，这可能是气候和冰川动力变化造成的（Stokes et al.，2005；England et al.，2009）。

7.6.5　地区年龄模式与沉积速率

通过阿尔法海岭 7 个岩心堆叠的 Mn、Ca 和 Zr 与 LR04-δ^{18}O 记录（Lisiecki and Raymo，2005）调谐，并经过轨道周期的验证后获得了堆叠的年龄模式，从而可以反推各个岩心的年龄模式。除了 BN10 岩心的底部年龄约为 350 ka 外，其他岩心的底部年龄都在 350～650 ka（图 7-31）。阿尔法海岭 7 个岩心的平均沉积速率估计在 0.4～1 cm/ka，在某些层段的最大沉积速率高达＞3 cm/ka，最小沉积速率为 0.03 cm/ka。这种沉积速率的不均匀地层分布与北冰洋的沉积环境突变和强烈的冰期与间冰期变化有关（Wang R et al.，2018）。沉积增强的区间通常位于冰期与间冰期过渡或其附近，并有通过冰山、冰融水或浊流输送冰期沉积物的迹象（Spielhagen et al.，2004；Adler et al.，2009；Polyak et al.，2007，2009；Polyak and Jakobsson，2011；Dong L et al.，2017）。

冰期的沉积速率最小（Adler et al.，2009；Polyak et al.，2009；Stein et al.，2010a）。从 ^{14}C 年龄分布可以看出，LGM 包含一个隐蔽的沉积间断（Darby et al.，1997；Polyak et al.，2004，2009；Poirier R K et al.，2012）。这种间断在北冰洋西部尤为明显，持续时间长达数千年（Polyak et al.，2004，2009），但在欧亚海盆也可以发现（Nørgaard-Pedersen et al.，2003；Poirier R K et al.，2012）。LGM 沉积间断归因于北冰洋特别厚和坚固的冰覆盖，甚至与陆地冰盖相连的冰架连接在一起（Jakobsson et al.，2016）。虽然对于超过 ^{14}C 范围的北冰洋沉积物没有详细的年龄控制，但 LGM 的沉积间断表明，在更老的冰川高峰期间可能存在类似的沉积间断（Wang R et al.，2018）。

总的来说，获得的沉积速率与早期北冰洋西部的估计值一致，后者显示，在波弗特环流的中心部分，沉积速率非常低，只有几毫米每千年，而在靠近穿极流和盆地边缘的地方，沉积速率略高（Polyak et al.，2009；Stein et al.，2010a；Polyak and Jakobsson，2011）。因此，在许多沉积单元中，特别是从 MIS 7 期开始的上部地层，最接近穿极流的 BN10 岩心的沉积速率高于阿尔法海岭其他岩心。在较早的地层层序中，一些具有波弗特环流特征的岩心，如 JPC13 和 JPC14，沉积速率升高（Wang R et al.，2018）。这一模式表明，沉积物输送路径的相对重要性从波弗特环流转向了穿极流，这与推断出的晚更新世欧亚冰川对北冰洋的影响日益增强相一致（Polyak and Jakobsson，2011；Polyak et al.，2013；Dong L et al.，2017）。这种转变可能代表了北冰洋古气候历史的根本转变。

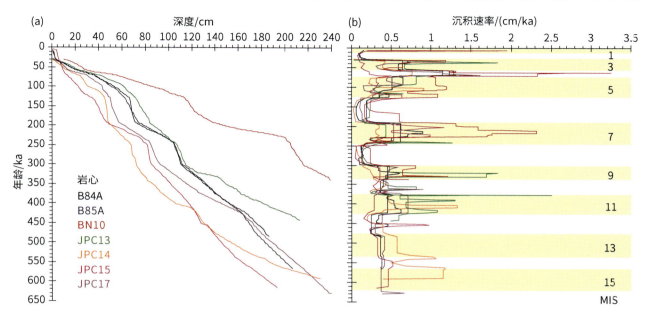

图 7-31　北冰洋中部阿尔法海岭 7 个岩心的深度-年龄模式及其沉积速率（据 Wang R et al.，2018 改）

（a）阿尔法海岭 7 个岩心的深度-年龄模式；（b）与 MIS 相关的沉积单元估算的线性沉积速率

第8章 中—晚更新世北冰洋周边冰盖与洋流的变化历史

北极作为全球系统的重要组成部分，通过多种气候反馈机制在全球气候变化中起到关键性作用（Serreze and Barry，2011；Stroeve and Notz，2018）。更新世以来，北冰洋周围冰盖的进退对大气环流、反照率以及海平面的升降有非常大的影响（Miller G H et al.，2010a），进而通过洋流模式和冰川排泄改变沉积区域的沉积环境（Bischof and Darby，1997；Keigwin et al.，2018；Ye L et al.，2022）。北冰洋不同区域、不同时期的沉积特征反映出不同物质来源以及物质输入方式上的差异，能为重建历史时期北冰洋周边冰盖与洋流的演化提供科学依据（Deschamps et al.，2018；徐仁辉等，2020；涂艳等，2021；Zhang T et al.，2021）。北冰洋沉积物中的 IRD 矿物成分研究结果显示，北冰洋晚更新世以来的间冰期表层洋流模式与现代表层洋流模式相似，主要为由东西伯利亚海域流向弗拉姆海峡的穿极流和顺时针旋转的波弗特环流搬运，前者将欧亚大陆的陆源物质带至欧亚海盆或马卡罗夫海盆沉积，后者则将北美大陆的陆源物质带至美亚海盆沉积下来（Phillips and Grantz，2001；Wang R et al.，2013；Zhang T et al.，2019；石端平等，2021；章陶亮等，2021）。然而，IRD 沉积特征和数值模拟结果反映出中—晚更新世冰期不同的表层洋流模式，波弗特环流由北美大陆一侧直接向北朝北冰洋中心运动，继而与穿极流汇聚，向弗拉姆海峡方向流出（Bischof and Darby，1997；Stärz et al.，2012）。这反映了冰期北极冰盖的生长使得海平面下降，表层洋流系统发生改变，从而导致沉积特征变化。同时，冰期和冰阶与间冰期和间冰阶的沉积特征反映了北极周边不同冰盖的发育以及表层洋流模式的差异（Dong L et al.，2017，2020；Ye L et al.，2020a，2022；Xiao W et al.，2021）。因此，通过认识来自北冰洋的沉积记录来检验这些模拟结果是了解所涉及过程的关键，这可能对理解古气候动力学具有广泛的意义。

北极地区以发育的冰盖、冰川和海冰为显著特征。第四纪以来，冰期与间冰期的全球气候变化以北半球冰盖的消长为主导（Imbrie and Imbrie，1980）。北极冰盖的消长在改造北冰洋洋流系统和沉积环境的同时，通过大气和海洋环流影响全球气候（Smith L M et al.，2003；Miller G H et al.，2010b）。现今北极冰盖主要分布在格陵兰岛、加拿大北极群岛以及北欧等环北极的陆地冰川。而晚更新世的冰期，发育有北美劳伦泰德冰盖和欧亚冰盖等大型冰盖，且在东西伯利亚海陆架也曾存在过冰盖，陆架冰盖发育甚至延伸入海形成冰架，并对海岭和海台等海底地形高地造成侵蚀（Niessen et al.，2013；Jakobsson et al.，2014a，2014b，2016）。由于陆地冰盖发育记录常常受到后期冰川侵蚀的破坏，其研究主要集中在 MIS 6 期以来的冰盖发育历史（Svendsen et al.，2004）。而海洋沉积物提供了相对连续和完整的长时间尺度的冰盖发育信息。现代北冰洋表层环流主要由穿极流和顺时针流动的波弗特环流组成，后者控制着西北冰洋的沉积物分布（Stein，2008；Polyak and Jakobsson，2011）。地质历史时期，波弗特环流和穿极流会随着气候和环境条件的改变，其强度和范围也会发生变化，此消彼长（Bischof and Darby，1997；Stärz et al.，2012；Darby and Zimmerman，2008；Stein et al.，2017a）。研究认为，间冰期温暖的气候条件使得冰盖崩解、海冰融化，波弗特环流的影响范围加大。而冰期气候转冷，冰盖体积增大，海平面下降，穿极流增强，波弗特环流减弱（Dong L et al.，2020；Xiao W et al.，2021；Wang R et al.，2021；涂艳等，2021）。

本章主要汇总了中国北极科学考察在北冰洋采取的 12 个岩心中的 IRD 含量及其岩矿、黏土矿物和锶钕铅（Sr-Nd-Pb）同位素组成等指标的研究结果，阐述北冰洋中—晚更新世以来沉积物示踪的陆源物质来源及其所指示的北冰洋周边冰盖和洋流的演化历史。

8.1 北冰洋美亚陆架边缘区物源指示的冰盖与洋流变化历史

以白令海峡为界，欧亚大陆和北美大陆两侧截然不同的构造基底和岩石地层造就了北冰洋美亚陆架边缘区独特的沉积体系（图8-1）。沉积物中的黏土矿物、碎屑碳酸盐岩、铁锰氧化物以及锶钕铅同位素等指标与物源区的地球化学组成有良好的对应关系。在气候旋回中，物质来源随着沉积环境和搬运介质而发生周期性的转换，为重建区域内不同时间尺度上冰盖与洋流的变化历史提供了可靠的替代性指标。我国历次北极科学考察在北冰洋美亚陆架边缘区完成了大量现场调查和室内研究工作，显著提升了科学界对这一地区海洋环境和气候动态的理解。值得关注的是，完全发育于东西伯利亚海陆架上的东西伯利亚冰盖（ESIS）所表现出的扩张规模与持续性（Niessen et al.，2013），为环境重建和气候模拟提供了全新的边界条件。东西伯利亚海陆架边缘洋流体系的研究，则可以为解读北极淡水和冰山输运及其对大西洋经向翻转流的影响提供新的视角。

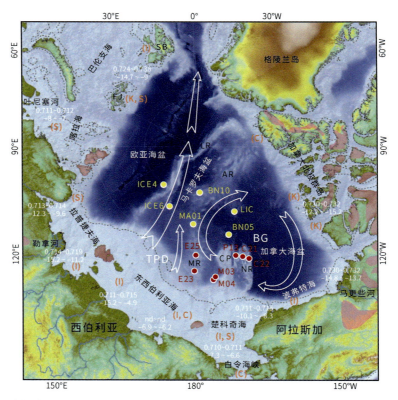

图 8-1 北冰洋美亚陆架边缘区和中央海盆区主要研究岩心及物源特征（据 Ye L et al.，2020a，2020b，2022 改）

图中红色和黄色圆点指示主要的岩心位置；陆上半透明红色区域代表碳酸盐岩露头（Phillips and Grantz，2001）；橙色括号中的字母 K、S、I 和 C 分别代表高岭石、蒙皂石、伊利石和绿泥石（Stein，2008）；白色数字上排指示物源区锶同位素变化范围，下排指示钕同位素变化范围（Dong L et al.，2020；Maccali et al.，2018）；带箭头白色线 TPD-穿极流和 BG-波弗特流；LR-罗蒙诺索夫海岭，AR-阿尔法海岭，MR-门捷列夫海岭，CP-楚科奇海台，NR-北风号海岭，FJ-法兰士•约瑟夫地群岛，SB-斯瓦尔巴群岛

8.1.1 冰筏碎屑约束的东西伯利亚冰盖

约半个世纪前，有人提出了"大冰架"假说（Hughes T J et al.，1977），认为整个北冰洋都曾被厚约1000 m 的冰架所覆盖。"大冰架"假说一开始就包含了东西伯利亚冰盖及其延伸的冰架，只是没有单独命名。由于这一假说太具有颠覆性，后续开展了很多数值模拟和现场调查来验证。除了从质量平衡的角度模拟了东西伯利亚冰盖的存在，大规模的海底成像也提供了新的证据（Clark P U et al.，1999）。首先取得的

阶段性成果认为，出现在北冰洋浅水的海台和海岭的冰川线理（Glacial lineations）不可能由零散的冰山造成，必然是流向相对稳定的冰山集合体或冰流作用的结果（Polyak et al.，2001）。随后，在门捷列夫海岭南部的冰川线理研究认为，中更新世以来东西伯利亚海陆架边缘至少出现过 5 个期次的冰盖，其延伸的冰架厚度接近 1000 m（Niessen et al.，2013）。最终，在集成了前人的研究成果后，基本证实了 MIS 6 期大冰架的存在（Jakobsson et al.，2016）。然而，U 系测年（^{230}TH 和 ^{231}Pa）和颗石藻地层学对原有的地层年龄框架提出了挑战（Hillaire-Marcel et al.，2022；Razmjooei et al.，2023）。认为原来的 MIS 5 期地层可能涵盖了 MIS 11～5 期的沉积，而原来的 MIS 6 期地层对应于 MIS 12 期的沉积（Razmjooei et al.，2023；Song et al.，2023）。因此，东西伯利亚冰盖出现在 MIS 12 期的可能性是最大的，离现代更近的 MIS 2、MIS 4 和 MIS 6 期等的发育情况反而存在诸多疑问（Ye L et al.，2020a，2022）。

褐色层与灰色层交替出现是北冰洋美亚陆架边缘区最直观的沉积特征。无论北冰洋的年龄框架有何种争议，在早期成岩作用较弱的地层中，富 Mn 的褐色层形成于温暖的间冰期或间冰阶，而贫 Mn 的灰色层形成于寒冷的冰期或冰阶，这一推论在北极研究中有着广泛的共识。这种共识在我国第一个开展多学科交叉研究的 M03 岩心中得以应用，随即发现了有趣的现象：指示大规模冰川活动的 IRD 广泛出现在褐色层，而对应于冰期环境的灰色层中粗颗粒的 IRD 含量却接近于零（Wang R et al.，2013）。当用 Mn 元素含量来量化褐色层后，M03 岩心中 IRD 含量与 Mn 元素含量呈现出了良好的同相位变化趋势（图 8-2）。这种趋势也广泛记录在东西伯利亚海陆架边缘区的 M04、M340 和 E23 等岩心的晚更新世以来的沉积地层中。但是，在远离东西伯利亚海陆架的其他海区，IRD 含量与 Mn 元素含量在轨道时间尺度上呈现出反相位变化，即 IRD 含量的高值基本上出现在代表冰期或冷期的灰色层中（图 8-2）。

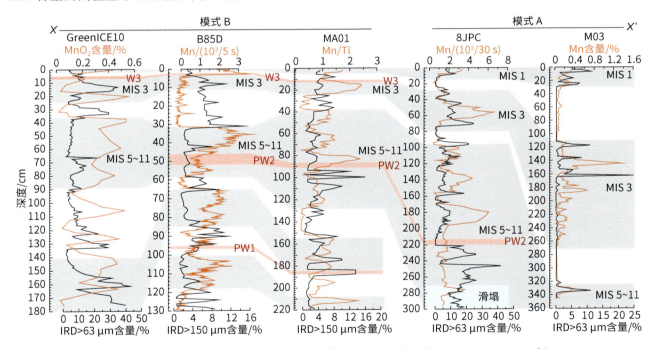

图 8-2　北冰洋的 IRD 含量与 Mn 元素含量的时间序列对比（据 Ye L et al.，2020a 改）

图中水平灰色阴影指示间冰期；W3、PW2 和 PW1 指示富含碳酸盐岩沉积的白色层或粉白层；X—X′ 指示剖面，其位置如图 8-3 所示

据统计，IRD 与 Mn 元素含量之间的相关性（Ye L et al.，2020a）：正相关（模式 A）和负相关（模式 B）具有明显的时空分布规律（图 8-3）。在 MIS 4 期，总共 34 个参与统计的岩心中有 10 个岩心记录到了模式 A，且 IRD 含量接近于零。这些岩心大致位于中更新世以来东西伯利亚冰盖及其冰架的最大覆盖范围内（Niessen et al.，2013）。在这一范围外，另外 4 个岩心，如 NP26、8JPC、E25 和 E26 岩心中也观察到模式 A。虽然它们的 IRD 含量并不像靠近陆架边缘的岩心一样几乎为零，但仍远低于邻近的 MIS 3 和 MIS 5 期。相比之下，北冰洋中央海区极低的沉积速率使 MIS 2 期的 IRD 与 Mn 元素含量之间的相关性变得有

些复杂。在大多数岩心中，IRD 含量在 MIS 3～1 期一直保持高值，其与 Mn 元素含量的相关性表现为模式 B（Löwemark et al.，2014）。因此，尽管模式 A 的空间分布在 MIS 2 期显著收缩，但在楚科奇海盆、门捷列夫海岭南部和楚科奇海陆架东部的 4 个岩心中，如 E23、340、M03 和 M04 岩心中仍然清晰可见（图 8-3）。另外 4 个岩心，如 NP26、8JPC、E25 和 P25 岩心也表现出模式 A 的特征，具有略高的 IRD 含量，而位于楚科奇海台、北风号海岭和北冰洋中央海区的大多数岩心以模式 B 为主（Ye L et al.，2020a）。

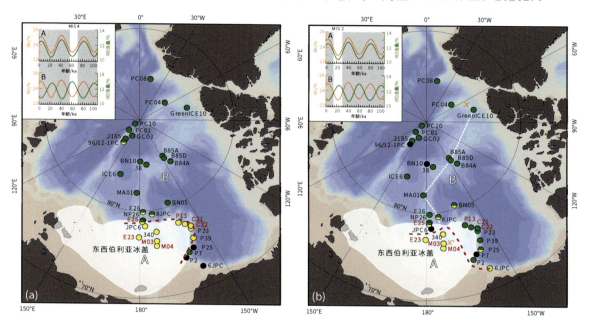

图 8-3　北冰洋 IRD 含量与 Mn 元素含量相关性模式的空间分布特征（据 Ye L et al.，2020a 改）

（a）和（b）分别指示 MIS 4 期和 MIS 2 期

需要强调的是，东西伯利亚海陆架边缘区的 IRD 在间冰期富集，而在冰期则几乎消失或显著减少，这与中心北冰洋形成了鲜明对比（图 8-2、图 8-3）。即使在 MIS 2 期，劳伦泰德冰盖达到了最大范围，来自北极加拿大的冰山也只能到达楚科奇海台东北部。在 MIS 4 期，来自北极加拿大或来自欧亚冰盖的 IRD 也很可能没有进入东西伯利亚海陆架边缘。从理论上讲，东西伯利亚海陆架上零星出现的永久冻土可以证明它没有完全被冰盖覆盖（Lantuit et al.，2012b；Wetterich et al.，2011）。然而，缺乏 IRD 的沉积物很可能就是冰盖边缘融冰水携带的冰川粉尘，包括冰下湖卸载的细粒沉积物（Adler et al.，2009；Polyak et al.，2009；Polyak and Jakobsson，2011）。楚科奇海和东西伯利亚海陆架上发现的大型沟壑或峡谷被解释为冰川活动的遗迹，这也支持东西伯利亚冰盖的存在（Dove et al.，2014；Stein et al.，2016）。因此，IRD 的时空分布至少可以证明在 MIS 2 和 MIS 4 期东西伯利亚海陆架边缘存在一个物理屏障，而它很可能就是东西伯利亚冰盖及其延伸的冰架。

8.1.2　黏土矿物反演的冰山输运

中更新世以来，东西伯利亚海陆架边缘沉积物中的黏土矿物以富含伊利石和高岭石为特征。如图 8-4 所示，各岩心中黏土矿物均以伊利石为主，平均含量超过 50%，其次是绿泥石，蒙皂石含量最低，平均含量不足 10%。伊利石的含量与离岸距离有一定的相关性，M04 岩心中伊利石含量最高，平均可达 65.4%。随着离岸距离的增加，E23 岩心中的伊利石含量略有降低，平均值为 61.6%。P13 岩心中伊利石含量最低，为 56.7%。绿泥石含量的变化趋势与伊利石相似，但变化幅度很小，介于 19.2%～20.7%。高岭石含量在空间上的变化与伊利石相反，M04 岩心中高岭石含量最低，为 11.4%，而 C22 岩心中高岭石含量最高，达 20.9%。蒙皂石没有表现出与离岸距离之间的相关性，最高值 14.9% 出现在 E23 岩心中，最低值出现在 C22 岩心中

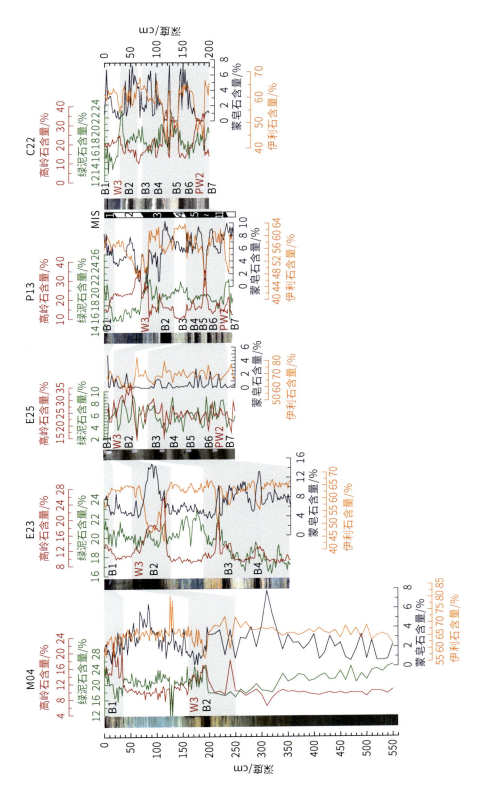

图8-4　北冰洋美亚陆架边缘区5个岩心的黏土矿物含量随深度的变化（据Ye L et al.，2020a；Zhao et al.，2022改）B1~B7指示褐色层沉积；其他符号的含义与图8-2相同

（Ye L et al.，2020a）。有证据表明，东西伯利亚海陆架边缘的盆地中高达 65%的沉积物来自相邻陆地（Bazhenova et al.，2017）。尽管在北冰洋各海区的黏土矿物均以伊利石为主，但东西伯利亚海近岸带无疑是环北冰洋伊利石含量最高的地区（Stein，2008；Viscosi-Shirley et al.，2003a）。相比之下，高岭石的来源仅限于局部区域，如法兰士·约瑟夫地群岛（Franz Josef Islands），这是北冰洋最大的高岭石来源（Stein，2008）。但是，它主要向巴伦支海运输，其向东西伯利亚海陆架边缘的运输受到了穿极流的限制。通过观测现代海冰和加拿大海盆表层沉积物中高岭石的分布特征认为，沿北极加拿大海岸带的中生代和新生代地层应该是东西伯利亚海陆架边缘高岭石的源区（Darby et al.，2009，2011）。

除高岭石外，来自北极加拿大的沉积物还包含大量的绿泥石（Krylov et al.，2008），这可以解释间冰期或间冰阶绿泥石含量和高岭石含量变化趋势的相似性（图 8-4）。然而，两者间的相关性在冰期或冰阶发生了偏离，表明还有另一个物源区向东西伯利亚海陆架边缘提供了绿泥石。这种富含绿泥石的沉积物最有可能的来源是白令海和东西伯利亚海沿岸区域。随着冰川消融，上述区域的绿泥石被持续性地运输到楚科奇海和东西伯利亚海，以及陆架边缘和海盆中（Stein et al.，2017a；Swärd et al.，2018；Viscosi-Shirley et al.，2003a；Yamamoto et al.，2017）。即使在冰期，当白令海峡关闭后，之前沉积在楚科奇海和东西伯利亚海陆架上的沉积物也可以成为潜在的绿泥石源区。另外，鄂霍次克-楚科奇火山岩带直接向楚科奇海陆架提供蒙皂石，其运输方向与绿泥石相似（Viscosi-Shirley et al.，2003a）。奇怪的是，在绿泥石和蒙皂石之间并没有观察到正相关性（图 8-4）。E23 岩心中的负相关性表明，门捷列夫海岭南部主要受到与楚科奇海盆、楚科奇海台和北风号海岭不同的蒙皂石来源的影响（Ye L et al.，2020a）。富含蒙皂石的现代海冰的运输轨迹，以及 M04、P13 和 C22 岩心中缺乏蒙皂石的情况，表明拉普捷夫海周边区域（Stein，2008）应该是 E23 岩心另一个蒙皂石源区。门捷列夫海岭南部最高的蒙皂石含量出现在 MIS 4 和 MIS 3 期之间的过渡期沉积物中，这大致与欧亚冰盖东侧冰前湖崩溃的时间相对应，触发了大量细粒黏土矿物进入门捷列夫海岭南部（Jang et al.，2023；Spielhagen et al.，2004）。

细粒黏土矿物的运输受到多种环境因素的制约，其中，由冰盖扩张控制的海平面起到了关键作用（Darby et al.，2011；Eicken et al.，2000；Nürnberg et al.，1994）。海平面在轨道时间尺度上显著改变了东西伯利亚海陆架边缘的沉积环境（Macdonald R C and Gobeil，2012；Wahsner et al.，1999）。与现代相比，海平面在 MIS 2 和 MIS 4 期分别下降了约 130 m 和 80 m（Spratt and Lisiecki，2016）。白令海的绿泥石来源在白令海峡关闭期间无疑被切断，而海平面的降低以及海岸线的迁移增强了来自东西伯利亚一侧的沉积物输入（Ye L et al.，2020a）。因此，东西伯利亚海陆架边缘在冰期极度富集伊利石（图 8-4）。高含量绿泥石的出现似乎与白令海峡的关闭相矛盾，除非还有其他因素来抵消或甚至超过白令海峡物源输入的影响。与东西伯利亚一侧相比，北极加拿大的海岸线随海平面下降而向海盆迁移的程度很小（Stein，2008）。最显著的变化体现在劳伦泰德冰盖上，其在 MIS 2 期发生了最大规模的扩张（Jakobsson et al.，2014a，2014b）。正如 E23 岩心粒径端元分析的结果，只有粗颗粒的 IRD 可以明确地与高岭石输入相匹配（Ye L et al.，2020b）。此外，M04、P13 和 C22 岩心中 IRD 含量和高岭石含量在轨道时间尺度上均显示出一致的正相关（图 8-5）。这种相关性可能表明，北极加拿大高岭石的主要搬运介质是冰山，或是能同时控制冰山和黏土矿物运输的环境因素，如洋流（Phillips and Grantz，2001）。

北极地区 MIS 2 期的气候条件和沉积环境非常特殊。欧亚冰盖的覆盖范围仅为 MIS 6 期的一半，而劳伦泰德冰盖却扩展到了有史以来的最大范围（图 8-6），大规模的冰山通过马更些河口进入西北冰洋（Jakobsson et al.，2014a；Spielhagen et al.，2004）。出乎意料的是，相对温暖的大西洋水潜入了更深的位置，北冰洋 1000～3000 m 水深的温度升高了 2～3℃（Cronin et al.，2012，2017），而上层 500 m 水团的温度却低于冰点，显著促进了西北冰洋陆架边缘冰山的堆聚和冰架的生长（Jakobsson et al.，2014a，2014b）。结果是整个西北冰洋几乎都被冰山、海冰和冰架覆盖，沉积速率极低，导致某些区域缺乏沉积（Bischof and Darby，1997；Chiu et al.，2017；Jakobsson et al.，2014a，2014b）。黏土矿物组合表明，楚科奇海台和北风号海岭的物源很可能受控于劳伦泰德冰盖输出的冰山，这是形成海底西北向冰川线理的必要条件（Dove et al.，2014；Polyak et al.，2001）。黏土矿物和冰筏碎屑的分布还表明，门捷列夫海岭、楚科奇海盆和楚科奇海台上还有一个更大且稳定的冰架，起源于东西伯利亚边缘，而不是劳伦泰德冰盖或欧亚冰盖。这个冰架似

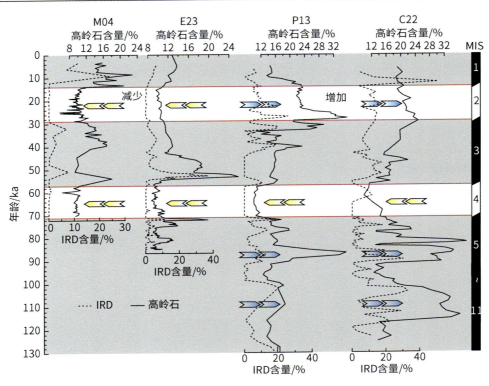

图 8-5　北冰洋美亚陆架边缘区 4 个岩心的高岭石含量与 IRD 含量之间的协同变化（据 Ye L et al.，2020a 改）

乎是东西伯利亚冰盖的一部分，而发生冰山卸载的区域位于固定冰架之外（图 8-6）。正如门捷列夫海岭似乎是一个巨厚冰架的支点，而不是有活跃冰山卸载的冰架边缘（Niessen et al.，2013）。相似的冰山卸载情况很可能还出现在 MIS 11～5 期的冰期，但在大部分时期东西伯利亚冰盖及其延伸的冰架并不发育（图 8-6）。

东西伯利亚海陆架边缘 MIS 4 期的沉积环境也明显不同于北冰洋中央海区，表现为流通不畅、缺乏冰筏碎屑，以及来自东西伯利亚海陆架的大量细粒黏土矿物输入。与 MIS 2 期相比，东西伯利亚冰盖及其冰架的覆盖范围有所增长（图 8-6），其东北部边界接近中更新世以来的最大范围（Niessen et al.，2013）。因此，更多含伊利石的冰流进入楚科奇海台和北风号海岭，阻挡了来自其他冰盖的冰山输入。P13 和 C22 岩心中 MIS 4 期伊利石含量超过了 60%（图 8-4）。与此同时，劳伦泰冰盖的覆盖范围缩小了（图 8-6），冰山不再从马更些河口进入西北冰洋，而是向东迁移（Jakobsson et al.，2014a，2014b，2016）。这可能是劳伦泰德冰盖延伸的冰架从楚科奇海台和北风号海岭撤退的一个因素。然而，前人的研究仅是在北风号海岭上发现了与 MIS 4 期东西伯利亚冰盖扩张相关的冰筏碎屑，并未发现与之匹配的大规模冰川地貌（Polyak et al.，2007）。尽管楚科奇海台和北风号海岭上的大部分冰川线理在劳伦泰德冰盖延伸的冰架触底时被破坏了，但在北风号深海平原西侧水深超过 1 000 m 的地形高点上仍保留了一些东北向的冰川线理（Dove et al.，2014），表明在 MIS 4 期东西伯利亚冰盖向这个方向卸载了大量的冰山（图 8-6）。

8.1.3　锶钕同位素指示的洋流变化

携带 IRD 的冰山和海冰的运移路径受限于表层洋流，因此，IRD 以及与之相关的地球化学指标是重建表层洋流的主要依据（Bischof and Darby，1997）。北冰洋近岸沉积物和周边陆上母岩的锶钕同位素组成已经得到了广泛的调查和系统总结（图 8-1），相对于黏土矿物和其他替代性指标，锶钕同位素组成可以更有效地约束物源以及与之相关的洋流体系（Bazhenova et al.，2017；Dong L et al.，2020；Maccali et al.，2018）。目前，东西伯利亚海陆架边缘的水文、冰山、海冰和沉积环境主要受波弗特环流的控制。然而，波弗特环流的强度和影响范围随着大气环流而发生显著变化，这种变化可通过所谓的北极涛动来指示（Wang R et al.，

2021）。当北极涛动处于正相位时，波弗特环流减弱，起源于西伯利亚陆架的穿极流向东扩展，更接近东西伯利亚海陆架边缘（图8-1）。现代波弗特环流与穿极流之间的相互作用被认为在更长的时间尺度上主导了北冰洋美亚陆架边缘的洋流体系，但也有研究认为这一体系在冰期发生了根本性的转变（Bischof and Darby，1997；Yurco et al.，2010）。更何况水深仅约50 m的白令海峡在冰期旋回中的打开或关闭完全控制着太平洋输入流的强度（Song et al.，2022）。

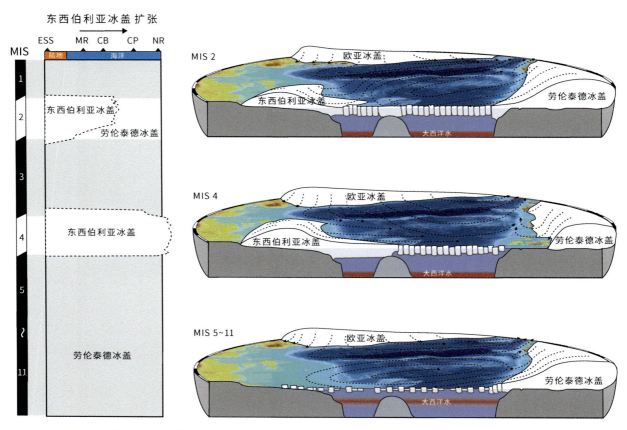

图8-6　东西伯利亚冰盖扩张对冰山运输的驱动作用（据Ye L et al.，2022改）

图中黑色带箭头虚线指示冰流及冰山输运；ESS-东西伯利亚海；MR-门捷列夫海岭；CB-加拿大海盆；CP-楚科奇海台；NR-北风号海岭

母岩年龄是锶钕同位素组成的决定因素。老地层以高的 $^{87}Sr/^{86}Sr$ 和低的 $^{143}Nd/^{144}Nd$（εNd）为特征。加拿大地盾出露了大量太古宙和元古宙的岩石，$^{87}Sr/^{86}Sr$ 高达 0.744，εNd 可低至-32.5（McCulloch and Wasserburg，1978）。而在另一侧，新生代鄂霍次克-楚科奇火山岩带和阿留申岛弧（Aleutian Arc）的存在为追踪太平洋输入流提供了独特的锶钕同位素信号，以低 $^{87}Sr/^{86}Sr$ 和高 εNd 为特征（Bazhenova et al.，2017；Fagel et al.，2014）。北风号海岭 P23 岩心记录了北冰洋美亚陆架边缘区迄今为止最长的钕同位素时间序列，指示了约3.3 Ma以来太平洋输入流的演化（Muratli et al.，2022）。在约0.9 Ma的中更新世转型期之前，εNd 均高于-11，表明白令海峡一直是打开的，太平洋输入流主导了北风号海岭的沉积物输入，钕同位素偏轻的加拿大北极群岛并未提供足够的沉积物（Muratli et al.，2022）。在0.9 Ma左右，白令海峡发生了自5 Ma以来的首次关闭，εNd 急剧下降，标志着劳伦泰德冰盖此时已经扩张至北冰洋沿岸，并对美亚陆架边缘的沉积环境和水文产生了巨大影响。这种影响在随后的冰期环境中变得更加强烈，锶钕同位素更多地指向北极加拿大的陆源信号（Wang R et al.，2021；Ye L et al.，2022）。

北冰洋美亚陆架边缘区锶钕同位素在剖面上的变化可归纳为三种模式，与各岩心的空间位置密切相关（图8-7）。第一种模式以M04和304岩心的记录为代表，εNd 大致随着冰期与间冰期旋回波动，冰期偏高，间冰期偏低。它们分别介于-12.5～-7.3和-17.6～-7.3，波动幅度差异较大，分别为5.2和10.3。在MIS 2和MIS 4期，这两个站位岩心 εNd 的平均值都达到了-8，与东西伯利亚海-楚科奇海近岸带和喀拉海近岸

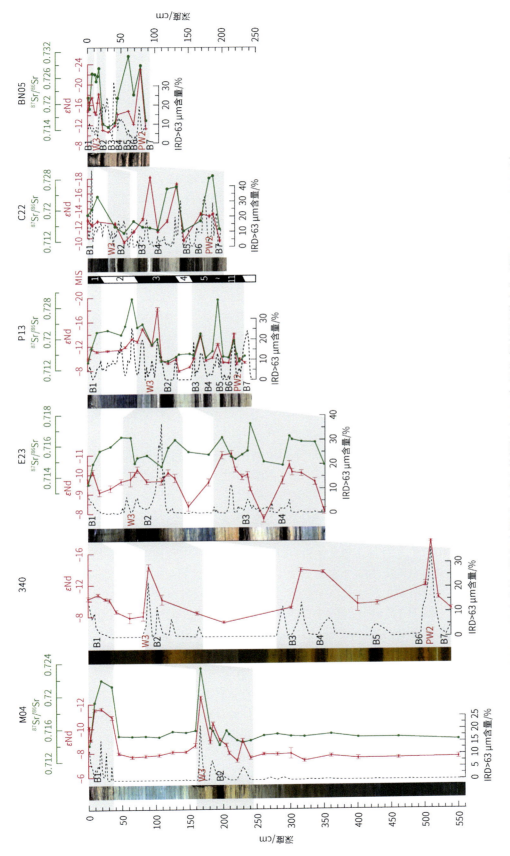

图8-7　北冰洋美亚陆架陆缘区6个岩心的锶钕（Sr-Nd）同位素随深度的变化（据Ye L et al.，2022改）

图中B1~B7指示褐色层沉积；其他符号的含义与图8-2相同

带表层沉积物中的 εNd 最为接近（图 8-1）。MIS 3 早期的 εNd 与 MIS 4 期相当，有缓慢降低的趋势。在 39 ka 左右，εNd 显著降低，接近于北美一侧和巴伦支海近岸带沉积。304 岩心 εNd 最小值可能出现在 MIS 10 期，对应于源自北美的富碳酸盐碎屑层（PW2）。第二种模式记录在 P13 和 C22 岩心中，除了 MIS 2 期，其他时期的变化形态都十分接近第一种模式。εNd 在 39 ka 左右显著降低，但进入 MIS 2 期后并没有偏高至 MIS 4 期的水平，仍保持在相对低值。在 MIS 11~5 期，两个岩心中的 εNd 都偏低，明显有别于 304 岩心。需要强调的是，离东西伯利亚海陆架越远，εNd 最小值和最大值都有越偏低的趋势。第三种模式记录在 E23 岩心中。εNd 在轨道时间尺度上的旋回性非常弱，介于-11.1~-7.7，波动幅度仅为 3.4。当将各岩心的 εNd 记录置于同一坐标范围时，E23 岩心末次冰期以来 εNd 的波动可以忽略不计。与 εNd 类似，E23 岩心的 ^{87}Sr/^{86}Sr 旋回性也非常弱，介于 0.714~0.717，波动幅度仅为 0.003。其他各岩心中锶钕同位素的变化都有良好的同步性，随着 εNd 降低，^{87}Sr/^{86}Sr 升高，这符合物源区锶钕同位素之间的相关性（图 8-7）。但是，^{87}Sr/^{86}Sr 与 εNd 之间的变化趋势在个别时期会发生偏离。总的来说，^{87}Sr/^{86}Sr 的波动幅度相对于 εNd 更显著（Wang R et al.，2021；Ye L et al.，2022）。

北冰洋美亚陆架边缘区各岩心中锶钕同位素组成的分布可以与北冰洋中央海区的相关记录进行对比（Bazhenova et al.，2017；Fagel et al.，2014；Haley et al.，2008a，2008b；Meinhardt et al.，2016）。然而，大多数记录都缺乏足够的地层覆盖，或者是在不同的沉积物组分上获得的。从重建洋流体系的角度，最具可比性的是 BN05 岩心的锶钕同位素记录（图 8-7）（Dong L et al.，2017，2020）。由于该岩心更接近海盆，间冰期的沉积物显示出更复杂的混合物源，缺乏明显的东西伯利亚信号，如伊利石、蒙皂石和斜长石与钾长石比值的升高，这种混合特征得到了锶钕同位素的支持（图 8-8）。由于 BN05 岩心的锶钕同位素信号来自冰筏碎屑，混合物源反映了控制冰山漂流的表层洋流（Dong L et al.，2017，2020）。与 BN05 岩心相比，M04、340 和 E23 岩心中高于-9 的 εNd 信号指示了东西伯利亚的物源输入（Dong L et al.，2020）。因此，BN05 岩心与美亚陆架边缘各岩心之间的锶钕同位素对比可能反映这一区域对波弗特环流与穿极流变化的敏感性。

约从 MIS 10 期开始，极低的钕同位素和极高的锶同位素出现在了美亚陆架边缘区的沉积物中，指示了劳伦泰德冰盖大规模的冰山卸载和波弗特环流良好的流通性（图 8-8）。进入 MIS 4 期之后，来自北极加拿大的冰山几乎突然消失，表现为各岩心沉积物中的钕同位素升高至中更新世以来的最高水平，而锶同位素降低至本底值（图 8-8）。更确切地说，不论来自哪个方向的冰山都没有进入门捷列夫海岭、楚科奇海盆和楚科奇海台，因为这些区域的 IRD 含量接近零，但同时又在近陆一侧的海盆中形成了巨厚的细粒沉积。已有研究表明，欧亚冰盖和劳伦泰德冰盖在 MIS 4 期总体上都有一定程度的扩张（Jakobsson et al.，2014a，2014b，2016；Kleman et al.，2010；Spielhagen et al.，2004）。依据蒙皂石、高岭石和 IRD 记录，喀拉海-巴伦支海陆架冰盖从 MIS 5 期（约 75 ka）一直延续下来，并在 MIS 4 期（约 65 ka）进入快速扩张阶段（Spielhagen et al.，2004）。来自喀拉海-巴伦支海陆架的冰山不仅被大量地卸载到东北冰洋，也有少量进入西北冰洋（Spielhagen et al.，2004；Xiao W et al.，2021）。据此推测，在 MIS 4 早期和晚期，源自喀拉海-巴伦支海陆架的冰山都影响到了 BN05 岩心所在的海区。在 65 ka 之后甚至影响到了 C22 岩心所在的北风号海岭边缘，说明此时表层环流在一定程度上仍然是活跃的（图 8-9）。

如果将浅于 30 m 水深的陆架作为北冰洋深海盆地最直接的物源，只有两个区域的 εNd 超过-8：喀拉海和东西伯利亚海-楚科奇海近岸带（Bazhenova et al.，2017；Dong L et al.，2020；Maccali et al.，2018）。门捷列夫海岭、楚科奇海盆和楚科奇海台各岩心中的蒙皂石和 IRD 含量低值排除了 MIS 4 期源自喀拉海-巴伦支海陆架边缘的洋流和冰山输入。依据这些区域的 εNd 和 ^{87}Sr/^{86}Sr 分别接近于-8 和 0.715，以及极高含量的伊利石，MIS 4 期巨量的细粒沉积只能来自东西伯利亚海-楚科奇海近岸带（图 8-7）。在现代条件下，由海岸带侵蚀输入北冰洋的沉积物大约是周边河流输入总量的两倍，并通过沿岸流阶梯式地向海盆输入（Darby et al.，2009；Stein，2008）。MIS 4 初期海平面仅下降了约 30 m。在这一水深条件下，大部分陆架仍在海面之下，白令海峡也很可能是打开的，太平洋输入流仍主导了美亚陆架边缘的洋流体系。直到 65 ka 之后，海平面的下降幅度才超过 60 m。也就是说大部分陆架在 MIS 4 期前半期都处于浅水环境。M04、E23、P13 和 C22 岩心中绿泥石含量的突然升高支持太平洋输入流携带细粒沉积物的可能性（Ye L et al.，2020b）。

锶钕同位素组成与活跃的太平洋输入流之间也并不矛盾（Asahara et al.，2012）。强的太平洋输入流确实有助于东西伯利亚海-楚科奇海陆架上细粒沉积物的搬运（Darby et al.，2009；Eicken et al.，2005）。

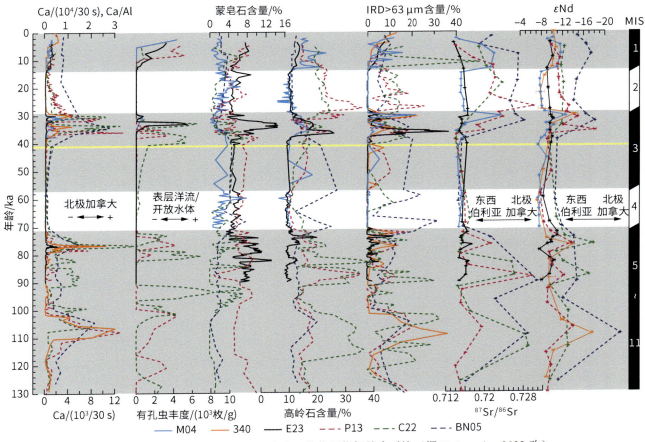

图 8-8　北冰洋美亚陆架边缘区 6 个岩心的物源指标综合对比（据 Ye L et al.，2022 改）

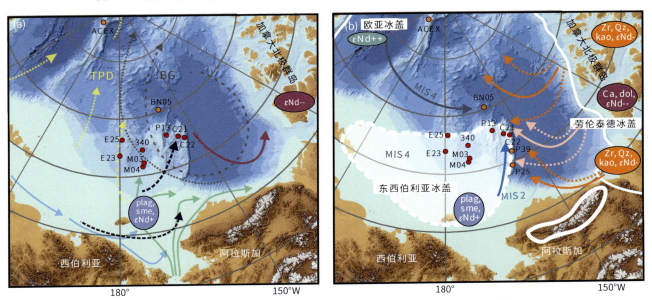

图 8-9　北冰洋冰期旋回中洋流体系的演变（据 Wang R et al.，2021 改）

（a）指示间冰期或间冰阶美亚陆架边缘区的洋流体系；黄色和灰黑色虚线分别指示现代穿极流（TPD）和波弗特环流（BG），蓝色虚线和洋红色实线分别指示北极涛动正相位时的穿极流和波弗特环流，天蓝色实线指示沿岸流，绿色实线指示太平洋输入流；plag，sme，εNd 分别表示斜长石、蒙皂石、钕同位素；εNd+ 和 εNd++ 与 εNd- 和 εNd-- 分别表示富与贫 εNd 的程度。（b）指示冰期或冰阶的洋流体系；深蓝色和天蓝色实线指示冰期穿极流，橙色和粉色实线及虚线指示不同冰期的波弗特环流；Zr、Qz、kao、Ca、dol 分别表示锆石、石英、高岭石、钙、白云石

与 MIS 4 期相比，美亚陆架边缘与冰山释放和洋流输运相关的沉积记录在 MIS 2 期出现了明显的空间分化，特别表现在锶钕同位素上（图 8-8）。M04、304 和 E23 岩心的物源仍以东西伯利亚海-楚科奇海近岸带为主，离陆架边缘较远的 BN05、C22 和 P13 岩心的物质来源转向了北极加拿大，这种转变始于 MIS 3 期，是波弗特环流逐渐活跃的标志。在 MIS 3 早期，北极冰盖的总体量已经开始减少，但在现有的年龄框架下欧亚冰盖输入北冰洋的冰筏碎屑仍处在高峰（Gowan et al.，2021；Spielhagen et al.，2004）。在 50～35 ka 期间，欧亚冰盖才逐渐开始退缩，从喀拉海-巴伦支海陆架边缘和斯瓦尔巴群岛北缘进入北冰洋的冰山非常有限（Spielhagen et al.，2004）。劳伦泰德冰盖的总体量在 52～40 ka 期间也是持续缩小的，并有可能分成了两个冰穹：东南部的拉布拉多冰穹（Labrador Dome）和西北部的基韦廷冰穹（Keewatin Dome）（Kerr et al.，2021）。当拉布拉多冰穹还在退缩时，基韦廷冰穹已经从 42 ka 开始向北冰洋沿岸扩张了（Dalton et al.，2019）。然而，这时候的扩张在美亚陆架边缘区的各岩心中并没有记录（图 8-8）。拉尚磁极性反转（Laschamp Excursion）的重要意义就在于它可以明确东西伯利亚一侧对劳伦泰德冰山卸载的响应发生在 41 ka 之后（Ye L et al.，2022）。具体而言，沉积物中出现明显的来自北极加拿大物源的信号始于约 39 ka。在此之前，锶同位素的变化并不明显，钕同位素略微负偏，说明仅有少量加拿大北极群岛的陆源物质输入（图 8-8）。冰筏碎屑的突然增加不仅取决于冰盖的扩张，而且在很大程度上受控于表层洋流的流通性（Phillips and Grantz，2001）。从 M04、304、C22 和 P13 岩心的沉积记录来看，东西伯利亚冰盖延伸的冰架在 MIS 3 早期是一个逐渐崩解的过程，也预示着波弗特环流逐渐增强（图 8-9）。浮游有孔虫丰度的变化趋势也说明东西伯利亚海陆架边缘洋流的流动性在逐渐增加，从而允许少量可携带冰筏碎屑的冰山或海冰输入（图 8-8）。

MIS 3 末期（39～29 ka），美亚陆架边缘各岩心沉积物中锶钕同位素组成又突然恢复到 MIS 10 期的水平（图 8-8）。可以肯定的是，此时东西伯利亚冰盖并没有发育，劳伦泰德冰盖则已经扩张到了北冰洋沿岸，其释放的冰山随着强劲的波弗特环流大量输入美亚陆架边缘区（图 8-9）。逐渐升高的锶钕同位素、伊利石和绿泥石含量，降低的蒙皂石和高岭石含量（Xiao W et al.，2021），这类沉积特征并没有明确的指向性，更多地反映了多源混合。混合作用似乎受控于搬运介质，表现为同一地点不同粒级沉积物的来源不同。BN05 岩心中粗颗粒（>63 μm）锶钕同位素以北极加拿大陆源信号为主（Dong L et al.，2020）。同时，黏土矿物组分却表现出以伊利石为主，而高岭石含量持续降低的特点，指示了美亚海盆一侧洋流的搬运作用（Ye L et al.，2020a，2022）。而且 304 岩心中黏土组分（<2 μm）的钕同素组成指出，东西伯利亚一侧在没有东西伯利亚冰盖的情况下细粒沉积物仍然主要源自北极加拿大（Bazhenova et al.，2017）。黏土矿物组分最突出的变化发生在 E23 岩心中。在劳伦泰德冰盖向北冰洋沿岸扩张的同时，喀拉海-巴伦支海陆架上的冰盖也在 36 ka 左右开始向东北方扩张，并堵塞了鄂毕河和叶尼塞河形成了冰前湖（Spielhagen et al.，2004）。得益于穿极流良好的流通性，其释放的冰山侵入了门捷列夫海岭，造成了 E23 岩心富蒙皂石和高岭石的沉积特征。这次淡水排泄事件在来源上有别于 50 ka 左右那一次，那次被认为与北美冰盖的消融有关（Poore et al.，1999）。

进入 MIS 2 期后，楚科奇海台和北风号海岭及其以北海区延续了 MIS 3 期高冰山释放的沉积环境，但是门捷列夫海岭、楚科奇海盆和楚科奇隆起的沉积环境突然转变成类似于 MIS 4 期 IRD 含量接近零的情况（图 8-8）。基于各种环境指标之间与 MIS 4 期相同的逻辑关系，最直接的推测便是东西伯利亚冰盖又开始发育并延伸出冰架，完全阻止了波弗特环流和穿极流的介入。在 MIS 2 期，东西伯利亚冰盖存在的冰川地貌和事件沉积的证据较少，主要分布在楚科奇隆起两侧（Kim et al.，2021）。冰川线理和冰碛物的分布表明，冰架在楚科奇隆起西侧的接地线位于 450 m 以浅的位置。在门捷列夫海岭、楚科奇海台和北风号海岭上发现的位于更深水深处的冰川线理应该与 MIS 2 期的东西伯利亚冰盖无关（Dove et al.，2014；Niessen et al.，2013）。E23 岩心在埃利斯海台的北侧，如果 E23 岩心缺少冰筏碎屑是因为冰架阻隔的推论是正确的，那么埃利斯海台更应该在冰架之下。但埃利斯海台东侧只发现了 MIS 4 期地层中的碎屑流，而没有 MIS 2 期的（Joe et al.，2020），说明此时深水的门捷列夫海岭不再是冰架的锚点，而是位于冰腔之下或是在东西伯利亚冰盖释放冰山的绝对控制之下，表层洋流的流通性非常弱（图 8-9）。另一个方向上，基于 P13 和 C22 岩心中富含北极加拿大来源的冰筏碎屑的事实，楚科奇海台和北风号海岭"南东-北西"向的冰川线理（Jakobsson et al.，2005）应该是 MIS 2 期劳伦泰德冰盖释放的冰山重新触底的结果。MIS 2 期东西伯利亚冰盖的体量明显要小于 MIS 4 期,其延伸的冰架范围较小,厚度较薄,有助于波弗特环流介入北风号海岭和楚科奇海台北部。

简而言之,北冰洋美亚陆架边缘区的沉积记录揭示了东西伯利亚冰盖和洋流演变的重要细节,比较全面地解析了气候旋回中物质来源的变化及其环境意义,为全球变化研究积累了宝贵的数据和模式,不仅有助于我们更深入地理解过去地球系统的运作机制,也为预测和应对未来气候变化提供了重要的科学依据。

8.2　美亚海盆中央海区物源指示的冰盖与洋流变化历史

应用北冰洋沉积物物源变化重建冰盖和洋流的演变历史主要是基于 IRD 含量及 IRD 的岩矿组成、黏土矿物组成和全岩矿物组成的变化(Ortiz et al.,2009;Kaparulina et al.,2016;Dong L et al.,2017;Ye L et al.,2020a)。同样地,放射性同位素,如 $^{87}Sr/^{86}Sr$、εNd 和 $^{207}Pb/^{206}Pb$ 等组成受风化、搬运、沉积等过程的影响较小,可被直接搬运至深海沉积,并保留了其明显的源岩同位素组成特征(Fagel et al.,2014;Bazhenova et al.,2017;Maccali et al.,2018;Dong L et al.,2020;Xiao W et al.,2021;Ye L et al.,2022),因此,可以有效地示踪海洋沉积物的来源和输入路径(Frank,2002;Goldstein and Hemming,2003)。

中国北极科学考察在美亚海盆中央海区采集了 ARC4-BN10、ARC4-BN05、ARC5-MA01、ARC5-ICE6 和 ARC7-LIC 等 5 个岩心,具体位置如图 8-1 所示。本节基于这 5 个岩心中 IRD(>250 μm)的岩矿组成、黏土矿物组成和放射性同位素组成等研究结果,综合对比它们的物源特征,归纳和总结其指示的中—晚更新世以来北冰洋周边冰盖和洋流的演化历史。

8.2.1　冰筏碎屑岩矿组成所指示的冰盖与洋流演化历史

北冰洋中部阿尔法海岭 BN10 和马卡罗夫海盆 ICE6 岩心中的 IRD 含量在 MIS 7 期前后发生显著变化,主要表现为 MIS 7 期之后 IRD 含量明显增加,指示北冰洋周边冰盖的扩张。据此,将 IRD 含量及 IRD 岩矿组成沉积特征的变化归纳为 MIS 13~8 期和 MIS 7~1 期两个阶段(石端平等,2021)。

在 MIS 13~8 期,这两个岩心的 IRD 岩矿组分含量同步增加[图 8-10(a)],指示不同来源的 IRD 在冰期同时增加,反映了北冰洋周边冰盖整体增长。其中,ICE6 岩心的 IRD 含量较低,与罗蒙诺索夫海岭中部记录一致(Jakobsson et al.,2000;Spielhagen et al.,2004),指示马卡罗夫海盆南部和罗蒙诺索夫海岭都没有明显受到周边冰盖发育的影响。这个时期 BN10 岩心有较高的 IRD 含量[图 8-10(a)],与 BN05 岩心类似(Dong L et al.,2020),说明加拿大海盆在这个时期接收大量的 IRD 沉积。来自阿尔法海岭和门捷列夫海岭更长的岩心记录也显示,在 MIS 12 和 MIS 10 期沉积了大量 IRD,指示劳伦泰德冰盖的发育(Wang R et al.,2018;Xiao W et al.,2020)。在这个时期 BN10 与 ICE6 岩心的 IRD 含量差异指示了马卡罗夫海盆和罗蒙诺索夫海岭与加拿大海盆和阿尔法海岭受到不同洋流系统的控制。它们的 IRD 岩矿组成的消长反映了周边冰盖发育不平衡及洋流系统发生了改变。这个时期 ICE6 岩心中石英含量总体上为冰期含量略高,间冰期含量略低;碎屑岩含量与石英含量呈现负相关关系;这个特征与 BN10 岩心一致[图 8-10(a)、(b)]。BN05 岩心中 IRD 的 Sr-Nd-Pb 同位素结果显示,MIS 7 期以前的冰期物源主要来自北美地区,间冰期时主要来自西伯利亚地区(Dong L et al.,2020)。BN05 岩心的石英与长石比值在 MIS 12 和 MIS 10 期明显升高,指示石英的来源主要是北美地区,而碎屑岩的来源主要是西伯利亚地区(Dong L et al.,2017),推测波弗特环流在冰期增强,而穿极流在间冰期增强。由于这个时期 ICE6 岩心的 IRD 岩矿组成变化较 BN10 弱,说明波弗特环流对马卡罗夫海盆影响较小。在 ICE6 岩心中,结晶岩含量和燧石含量呈正相关关系,推测它们主要来自阿拉斯加北极沿岸的冰川排泄。更新世阿拉斯加没有大的冰盖形成,仅以布鲁克斯山脉为中心发育冰川(Batchelor et al.,2019),因此,IRD 中结晶岩和燧石的含量较低。在 MIS 9 期,BN10 岩心中的碎屑岩含量较高[图 8-10(a)、(b)],与燧石和结晶岩变化趋势一致,指示其来源于阿拉斯加(Bischof et al.，1996；Bischof and Darby，1999），被波弗特环流搬运至阿尔法海岭。在 MIS 12 和 MIS 10 期，碎屑岩主要来源于西伯利亚地区，推断碎屑岩在冰期与间冰期时的主要来源不同（石端平等，2021）。碳酸盐岩作为加拿大北极群岛的物源指标，其含量变化反映了劳伦泰德冰盖的发育和波弗特环流的搬运（Bischof and Darby，1997；Wang R et al.，2013）。在 BN10 岩心中，碳酸盐岩含量第一个高峰出现在 MIS 8 期与 MIS 7 期边界 [图 8-10（a）]，反映了劳伦泰德冰盖在这次冰消期的一次排泄事件影响范围到达阿尔法海岭。碳酸盐岩含量在 ICE6 岩心中总体很低 [图 8-10（b）]，说明加拿大北极群岛物源和波弗特环流基本没有影响到该岩心。综合观察 BN10 和 ICE6 岩心的石英、碳酸盐岩和碎屑岩含量的变化趋势可以发现，碳酸盐岩含量较低，且规律不明显，而石英与碎屑岩含量较高且呈负相关关系 [图 8-10（b）]。根据北美陆地的物源特征，推测加拿大北极群岛冰盖的发育比马更些河流域冰盖的发育差。这也解释了 MIS 9 期 BN10 岩心碎屑岩、结晶岩和燧石含量较高，而碳酸盐岩含量较低的现象（石端平等，2021）。

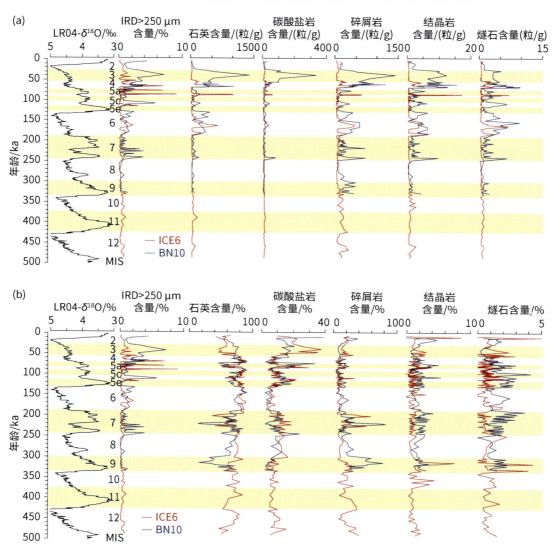

图 8-10　北冰洋阿尔法海岭 BN10 岩心（蓝色）与马卡罗夫海盆 ICE6 岩心（红色）中的 IRD（>250 μm）含量及 IRD 岩矿组成的比较（据石端平等，2021 改）

（a）绝对的岩矿组成含量；（b）相对的岩矿组成含量；LR04-δ18O 数据来自 Lisiecki 和 Raymo（2005），水平黄色带表示间冰期和间冰阶

在 MIS 13～8 的冰期，劳伦泰德冰盖总体发育良好，其中马更些河流域冰盖比加拿大北极群岛冰盖更加发育。波弗特环流在冰期增强，将北美地区携带着大量沉积物的冰山输入到加拿大海盆和阿尔法海岭，

导致 BN10 岩心的 IRD 含量有明显的美亚海盆沉积特征。欧亚冰盖发育较差，穿极流的影响范围在间冰期扩大，导致 ICE6 岩心的 IRD 含量较低，而阿尔法海岭与部分加拿大海盆区域在间冰期接受来自西伯利亚的 IRD。此外，波弗特环流对马卡罗夫海盆的影响一直较小，指示在冰期波弗特环流与穿极流的界线大概在门捷列夫海岭-阿尔法海岭一带，而在间冰期大概在加拿大海盆（石端平等，2021）。

在 MIS 7 期，BN10 岩心的 IRD 含量显著增加，而 ICE6 岩心的 IRD 含量依旧较低［图 8-10（b）］，显示从 MIS 8 期与 MIS 7 期界线开始，北美地区冰盖发育迅速，而欧亚冰盖发育较差，指示了环北冰洋不同区域冰盖发育的不平衡。此外，IRD 含量的增加与北冰洋中更新世以来整体变冷，季节性海冰向永久海冰转变的趋势一致（Polyak et al.，2013；Cronin et al.，2017）。BN10 岩心中 IRD 的石英含量低，而碎屑岩、结晶岩与燧石含量明显升高［图 8-10（a）］，指示了来自阿拉斯加及马更些河流域的 IRD 明显增多，反映了阿尔法海岭同时受到波弗特环流和穿极流的影响，接收北美和西伯利亚的 IRD 输入。ICE6 岩心中 IRD 的石英和碎屑岩含量与 BN10 岩心相似，但结晶岩和燧石含量并无明显增高［图 8-10（b）］，指示波弗特环流对马卡罗夫海盆的影响较小。综合来看，马卡罗夫海盆的物源主要来自西伯利亚地区，而阿尔法海岭的物源受到北美和西伯利亚的综合影响，波弗特环流与穿极流的界线大概在门捷列夫海岭-阿尔法海岭一带。

在 MIS 6 和 MIS 4 期，ICE6 和 BN10 岩心的 IRD 含量增多，与西北冰洋和罗蒙诺索夫海岭的多个沉积记录中增加的 IRD 含量一致（Spielhagen et al.，2004；Wang R et al.，2018；Xiao W et al.，2020），指示北冰洋周边冰盖较发育。在这两个岩心中，碳酸盐岩含量极低［图 8-10（b）］，说明来自劳伦泰德冰盖的 IRD 输入很少，指示劳伦泰德冰盖的发育比欧亚冰盖弱，或者波弗特环流影响较弱，与 BN05 岩心的记录一致（Dong L et al.，2020）。在 MIS 6 期，BN05 岩心中的石英与长石比值低于 1，指示西伯利亚物源，对应于晚更新世欧亚冰盖最大发育期（Jakobsson et al.，2014a，2014b）。地球物理和沉积记录的证据也表明，在东西伯利亚海存在一个独立的冰盖（Jakobsson et al.，2016）。这个时期的穿极流影响范围大幅增加，甚至影响加拿大海盆部分地区（Dong L et al.，2017）。这两个岩心相似的记录反映了穿极流影响范围可到达阿尔法海岭。在 MIS 4 期，ICE6 和 BN10 岩心的变化模式基本相同［图 8-10（b）］。来自 BN05 和 96/12 岩心的矿物以及同位素记录（Kaparulina et al.，2016；Dong L et al.，2017；Ye L et al.，2020a）也说明阿尔法海岭和马卡罗夫海盆的 IRD 主要来源于西伯利亚，与 MIS 6 期相似，穿极流能够影响到阿尔法海岭和部分加拿大海盆，而波弗特环流的影响范围较小。这两个时期北冰洋中央海区的物质主要来源于西伯利亚。

在 MIS 5 期，ICE6 和 BN10 岩心的 IRD 含量变化较大，在冰阶含量高，间冰阶含量低。这两个岩心中 IRD 的主要成分是石英，但在 MIS 5d 和 MIS 5a 期，碳酸盐岩含量明显上升，石英含量降低［图 8-10（b）］，指示在这两个时期，北冰洋中央海区的 IRD 主要来自劳伦泰德冰盖，而其他时期的 IRD 主要来自西伯利亚。对比 BN05 和 96/12 岩心的重矿物数据发现，白云岩含量在 MIS 5d 和 5a 期间也明显升高，指示来自北美物源（Kaparulina et al.，2016；Dong L et al.，2017），与 BN05 岩心 IRD 的 Sr-Nd-Pb 同位素（Dong L et al.，2020）和门捷列夫海岭南部 PS72/340-5 岩心的 Nd-Pb 同位素证据一致（Bazhenova et al.，2017）。在 MIS 5d 期，劳伦泰德冰盖的排泄事件在西北冰洋广泛区域沉积大量碎屑碳酸盐岩，形成粉白层（Stein et al.，2010a，2010b；Wang R et al.，2018；Xiao W et al.，2020）。这个显著的北美物源物质输入信号指示波弗特环流能够影响到马卡罗夫海盆一带，相较于 MIS 6 期影响范围明显增大。这一推论与前人推断波弗特环流增强，影响范围增大一致（Bazhenova et al.，2017；Dong L et al.，2017）。在 MIS 5b 时期，这两个岩心中石英含量明显升高，指示来源于西伯利亚［图 8-10（b）］，而罗蒙诺索夫海岭 96/12 岩心的记录也指示沉积物来源于西伯利亚（Kaparulina et al.，2016；Dong L et al.，2020），指示穿极流对阿尔法海岭与马卡罗夫海盆的影响较波弗特环流强。

在 MIS 3～1 期间，ICE 6 岩心的 IRD 含量较低，而 BN10 岩心的 IRD 含量较高［图 8-10（b）］，与门捷列夫海岭和加拿大海盆记录一致（Dong L et al.，2020；Xiao W et al.，2021），指示北美冰盖发育较好，而欧亚冰盖发育较差。在 MIS 3 期，BN10 岩心碳酸盐岩含量明显增加［图 8-10（a）、（b）］，与西北冰洋广泛存在的白色层位 W3 一致（Stein et al.，2010a，2010b），指示劳伦泰德冰盖向西北冰洋的一次大排泄事件。但在 ICE6 岩心中未出现这个信号，说明阿尔法海岭比马卡罗夫海盆接收到更多来自北美地区的 IRD，波弗特环流未延伸到马卡罗夫海盆。在 MIS 2 期，西北冰洋出现广泛的沉积间断（Polyak et al.，2009；Wang

R et al.，2018；Xiao W et al.，2020），可能反映了这个时期整个西北冰洋被浮冰盖住，阻碍了海冰和冰山等向深海的物质搬运和沉积。

8.2.2 黏土矿物组成所指示的冰盖与洋流演化历史

相对于 IRD 主要由冰山搬运，而黏土矿物（<2μm）主要的搬运方式是海冰和洋流（Wahsner et al.，1999；Kalinenko，2001）。同时，黏土矿物沉积后，矿物和化学性质相对稳定，不会发生改变，因此，被作为物源的指标之一（Darby et al.，2011；Krylov et al.，2008；Fagel et al.，2014）。前人对西北冰洋周围黏土矿物分布的研究已经取得了很大的进展（图 8-1）。研究认为高岭石主要分布在加拿大北部海岸和阿拉斯加（Stein，2008；Ye L et al.，2020a），东西伯利亚的科雷马河和因迪吉尔河也有少量高岭石输入西北冰洋（陈志华等，2004；董林森等，2014a）。蒙皂石含量高的区域主要集中在拉普捷夫海和喀拉海（Stein，2008；Darby et al.，2011），白令海的蒙皂石在白令海峡打开时会随白令入流水进入北冰洋（Deschamps et al.，2018）。而伊利石和绿泥石是典型的高纬地区黏土矿物，在北冰洋周围分布较为均匀，东西伯利亚和阿拉斯加含量较高（Stein，2008；Darby et al.，2011；Ye L et al.，2020a）。通过分析黏土矿物组合特征有助于判断沉积物来源和搬运路径。本小节归纳和总结了北冰洋中央海区 1050 ka 以来的 LIC 和 MA01 岩心，以及 500 ka 以来的 BN05 和 ICE6 岩心的黏土矿物组成变化，以揭示北冰洋周边冰盖和洋流的演化历史。加拿大海盆的 LIC 岩心和门捷列夫海岭北部的 MA01 岩心的黏土矿物都在 MIS 12 期出现明显变化，因此，将黏土矿物以 MIS 12 为界限，分为 MIS 29～13 期、MIS 12 期以及 MIS 11～1 期三个阶段（图 8-11）。

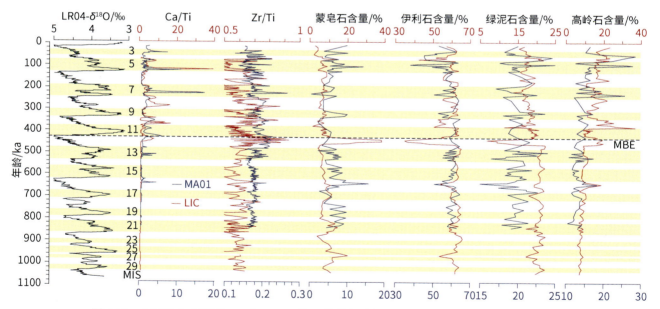

图 8-11　北冰洋中央海区 LIC 和 MA01 岩心的黏土矿物组成特征及其 Ca/Ti 与 Zr/Ti 的变化

MBE-中布容事件；LIC 和 MA01 岩心数据分别来自徐仁辉等（2020）和 Park K 等（2022）；LR04-δ18O 数据来自 Lisiecki 和 Raymo（2005），水平黄色带表示间冰期

在 MIS 29～17 期，LIC 和 MA01 两个岩心的黏土矿物组合总体特征显示，蒙皂石含量呈现间冰期高，冰期低的趋势，基本上符合东西伯利亚海和拉普捷夫海黏土矿物组合特征，其变化趋势与气候和海平面的变化趋势具有很强的一致性，说明蒙皂石的搬运主要受气候和海平面升降的影响（徐仁辉等，2020；Park K et al.，2022）。

在 MIS 16 期，劳伦泰德冰盖首次向周围海域排泄冰川，在北大西洋和西北冰洋均有碎屑碳酸盐岩层的相关沉积记录（Hodell et al.，2008；Polyak et al.，2013）。虽然在 MIS 16 期，LIC 岩心中 Ca/Ti 的增加并不明显，但是，高岭石含量首次增加，且超过之前的 10%，而 IRD 含量也明显增加，足以说明 LIC 岩心记录了 MIS 16 期劳伦泰德冰盖的排泄（Hodell et al.，2008；Polyak et al.，2013；徐仁辉等，2020）。MIS 16 期的 Ca/Ti 增加不明显可能与冰期波弗特环流的减弱有关。由于 LIC 岩心所在区域处于波弗特环流能够影响的边缘，MIS 16 期的波弗特环流在西北冰洋的影响范围缩小，因此，劳伦泰德冰盖崩解的冰山所携带的碎屑碳酸盐岩在该岩心的沉积记录中相应地会有很大程度的减少（徐仁辉等，2020）。但在此时，门捷列夫海岭北部的 MA01 岩心中的 Ca/Ti、蒙皂石和高岭石含量都增加，而伊利石和绿泥石含量都降低，可能反映了北美和欧亚冰盖的增长（Batchelor et al.，2019；徐仁辉等，2020；Park K et al.，2022）。

在 MIS 15～13 期，LIC 和 MA01 岩心中 Ca/Ti、IRD、高岭石及蒙皂石含量均未出现明显的增加，说明在此期间北冰洋周围冰盖发育较小，没有出现冰山排泄事件（图 8-11）。这两个岩心中的黏土矿物可能主要来自拉普捷夫海、东西伯利亚海和楚科奇海，同时也反映了在此期间穿极流对西北冰洋沉积的影响。然而，这个结果与现代北冰洋穿极流和波弗特环流的影响范围相悖，MA01 岩心位于这两个洋流的影响边界线上，而 LIC 岩心主要受到波弗特环流影响。全新世的沉积记录发现，在北极涛动正相位时，波弗特环流可将拉普捷夫海和喀拉海的沉积物搬运到西北冰洋（Darby et al.，2012）。古气候记录显示，更新世以来北冰洋逐步变冷，在中布容事件（MIS 12～11 期）和 MIS 7 期逐渐由季节性海冰向多年海冰转变（Polyak et al.，2013；Cronin et al.，2017）。因此，MIS 13 期之前北极的间冰期气候条件可与全新世类比，甚至可能比全新世更暖。从 MIS 29～13 期，加拿大海盆的 LIC 岩心和门捷列夫海岭北部的 MA01 岩心的沉积物物源从西伯利亚向北美的转变过程与更新世北冰洋逐渐变冷的过程相一致。因此，物源的变化与北极和北冰洋整体的气候环境逐渐变冷是一个有机的整体，同时反映了北极冰盖的演化过程（徐仁辉等，2020；Xiao W et al.，2020）。

在 MIS 12 期和 MIS 12/11 期界线，加拿大海盆 LIC 和 BN05 岩心的 Ca/Ti 和 Zr/Ti、蒙皂石和高岭石含量都明显增加，而伊利石和绿泥石含量都明显降低（图 8-12）。在这两个岩心中，蒙皂石含量的高峰对应于 Ca/Ti 的高峰，指示北美物源。同时，明显增加的高岭石含量也印证了北美物源对该研究区的贡献（Dong L et al.，2017；徐仁辉等，2020）。MIS 12 期是劳伦泰德冰盖的大发展时期，在西北冰洋楚科奇边缘地、门捷列夫海岭和阿尔法海岭都出现碎屑碳酸盐岩的含量高峰，说明该时期西北冰洋主要受北美物源输入的控制（Dong L et al.，2017；Wang R et al.，2018）。现代环境条件下西北冰洋周边的表层沉积物中并未发现蒙皂石含量明显高的区域（Stein，2008；Darby et al.，2011）。而在 MIS 12 期，加拿大海盆蒙皂石的含量高峰推测可能来源于该时期劳伦泰德冰盖大发展时期从老地层中刨蚀出来的物源（徐仁辉等，2020）。其具体的来源还需要进一步的研究。与此同时，门捷列夫海岭北部 MA01 岩心的 Zr/Ti 和绿泥石含量稍微增加，但蒙皂石、伊利石和高岭石含量降低，可能有来自东西伯利亚海的物源，推测由海冰携带通过穿极流搬运而来；而马卡罗夫海盆 ICE6 岩心的 Zr/Ti 稍微增加，但黏土矿物含量未出现明显变化（图 8-12）。而现代喀拉海和拉普捷夫海表层沉积物中的蒙皂石含量较高（Stein，2008；Darby et al.，2011；Ye L et al.，2020a），但 ICE6 岩心并未接收到 MIS 12 期欧亚冰盖扩张的信号（Batchelor et al.，2019）。因此，从 MIS 12 期开始，高岭石含量整体上呈现冰期高，间冰期低的趋势，且变化幅度增大，指示了在中布容事件之后，在冰期与间冰期气候变化幅度变大的情况下（Barth et al.，2018），劳伦泰德冰盖扩大，北美物源相对于西北冰洋沉积物输入的贡献增加，而相对应的西伯利亚物源贡献减少。

从 MIS 11～1 期，加拿大海盆的 LIC 和 BN05 岩心与门捷列夫海岭北部的 MA01 岩心的沉积记录基本一致，Ca/Ti、IRD 和高岭石含量的变化幅度较大，指示气候变化加剧。中布容事件是一个主要的气候转型期（Hodell et al.，2003；Barth et al.，2018），对应于北极中布容事件开始的放大作用（Cronin et al.，2017），反映了北冰洋周边冰盖体积增大，更加不稳定，并且进退幅度增大（Polyak and Jakobsson，2011）。其中，在 MIS 11/10 期界线、MIS 10、MIS 8、MIS 5e 和 MIS 3 期，Ca/Ti、IRD 和高岭石含量同时升高，说明这些时期劳伦泰德冰盖体积增大，从而大规模地向西北冰洋排泄冰川。在 MIS 6 期，加拿大海盆的 LIC 和 BN05 岩心与门捷列夫海岭北部的 MA01 岩心的高岭石和绿泥石含量都有所增加，但蒙皂石含量增加不明显，指示物源来自劳伦泰德冰盖和东西伯利亚冰盖，反映这两个冰盖的扩张（Niessen et al.，2013；Batchelor et al.，2019）。而马卡罗夫海盆的 ICE6 岩心的蒙皂石、绿泥石和高岭石含量都增加了，反映了欧亚冰盖的扩张和穿极流向美亚海盆方向的移动（Xiao W et al.，2021）。而在 MIS 4 期，这 4 个岩心的 Zr/Ti、蒙皂石、绿泥石和高岭石含量都同时增加了，反映这一时期美亚海盆的沉积环境不仅受到劳伦泰德冰盖排泄的影响，而且欧亚冰盖和东西伯利亚冰盖也排泄大量冰川（徐仁辉等，2020；Ye L et al.，2022）。前人研究表明，MIS 6 期东西伯利亚存在一个独立的冰盖（Niessen et al.，2013），在 MIS 4 期欧亚冰盖进一步扩张到喀拉海和拉普捷夫海（Polyak et al.，2004；Darby et al.，2006），与这些岩心的黏土矿物指示的欧亚冰盖和东西伯利亚冰盖扩张结果一致（Ye L et al.，2022）。在 MIS 3 期，这些岩心的 Ca/Ti、伊利石和高岭石含量都同时增加，可能反映劳伦泰德冰盖的冰川排泄和东西伯利亚海和楚科奇海物源的输入。

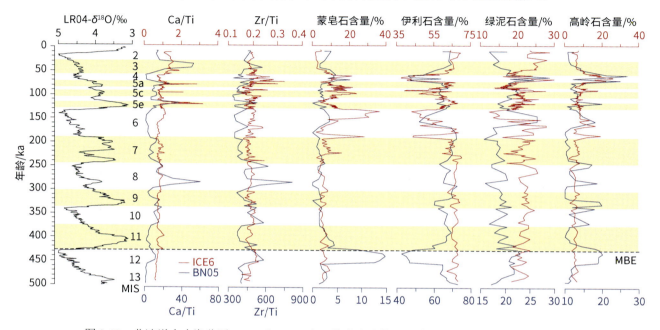

图 8-12　北冰洋中央海盆区 BN05 和 ICE6 岩心的黏土矿物组成特征及其 Ca/Ti 与 Zr/Ti 的变化

MBE-中布容事件；BN05 和 ICE6 岩心数据来自 Dong L 等（2017）和 Xiao W 等（2021）；LR04-δ^{18}O 数据来自 Lisiecki 和 Raymo（2005），水平黄色带表示间冰期和间冰阶

虽然碎屑碳酸盐岩和高岭石都可作为北美冰盖排泄的指标（Darby，1975；Darby et al.，2002；Kobayashi et al.，2016；Wang R et al.，2013，2018），但从这些岩心的沉积记录来看，Ca/Ti 和高岭石含量在历史时期的升高并不总是同步的，尤其以 MIS 6、MIS 4 和 MIS 3 期最为显著。它们在西北冰洋的具体分布区域不同，碎屑碳酸盐岩主要分布在加拿大的班克斯岛-维多利亚岛（Darby et al.，2002；Stokes et al.，2005），而高岭石主要分布在马更些河三角洲区域和阿拉斯加北部陆坡（Naidu et al.，1971；Darby，1975；Kobayashi et al.，2016）。因此，推测北美冰盖在历史时期各部分发育和消退不一致。在 MIS 6、MIS 4 和 MIS 3 期，IRD 和高岭石含量升高，而 Ca/Ti 没有明显增加，说明北美冰盖位于阿拉斯加和马更些河流域发育较大，而位于班克斯岛-维多利亚岛区域的冰盖发育较小。因此，出现高岭石含量和 Ca/Ti 未同时升高的现象（徐仁辉等，2020）。

总之，中国北极科学考察在北冰洋美亚海盆采取的 4 个岩心沉积物的 Ca/Ti 和 Zr/Ti 以及黏土矿物组成等研究，重建了中—晚更新世以来沉积物源指示的冰盖和洋流演化历史。研究结果显示，从 MIS 29～13 期，黏土矿物组成以西伯利亚物源区为主，而 MIS 12 期以来以北美物源为主。黏土矿物组成的变化反映了中布容事件之前穿极流的影响范围更广，能将西伯利亚的陆源物质搬运到美亚海盆，而 MIS 12 期以来，波弗特环流的影响范围逐渐增大，对美亚海盆沉积物来源的影响逐渐增强。同时，MIS 12 期高含量的蒙皂石并非来自拉普捷夫海和喀拉海，推测来自北美物源。物源指标对比显示，劳伦泰德冰盖在 MIS 16 期首次向西北冰洋大规模排泄冰山，并且从 MIS 12 期开始，西北冰洋周围冰盖的进退幅度增大。在 MIS 6、MIS 4 和 MIS 3 期，Ca/Ti 和 Zr/Ti、蒙皂石、伊利石和高岭石含量的差异变化指示了欧亚冰盖、东西伯利亚冰盖和北美冰盖的发育具有区域差异性，反映了穿极流和波弗特环流的迁移历史。

8.2.3　锶钕铅同位素组成指示的冰盖与洋流演化历史

现有资料表明，北冰洋远离海岸的现代沉积主要受海冰控制（Darby et al.，2009；Polyak et al.，2010）。但在地质历史时期，沉积模式可能有很大不同，尤其是在冰期和或冰消期，大多数沉积物可能是由冰山搬运的（Spielhagen et al.，2004；O'Regan et al.，2010）。已有许多研究来限制北极海洋沉积物的来源，进而重建过去的冰盖和环流条件（Bischof et al.，1996；Stein et al.，2010a；Dong L et al.，2017，2020；Wang R et al.，2021；Xiao W et al.，2021；Ye L et al.，2020a，2022）。特别是沉积物岩心中 IRD 的岩石学组成和地球化学特征被用来推断北冰洋在某些冰期或冰消期的环流与现代模式的差异（Bischof et al.，1996；Bischof and Darby，1997；Stärz et al.，2012）。同样地，北冰洋沉积物中的锶钕铅（Sr-Nd-Pb）同位素组成可以示踪北冰洋周边的物质来源，是识别冰盖与洋流演化的重要指标。本小节汇总了中国北极科学考察在北冰洋美亚海盆采集的 BN05、LIC 和 ICE6 岩心的 Sr-Nd-Pb 同位素数据（Dong L et al.，2020；涂艳等，2021；Xiao W et al.，2021），归纳并总结了它们的变化特征及其所指示的物质来源，旨在反映中—晚更新世以来北冰洋周边冰盖与洋流的演化历史。

中—晚更新世以来，加拿大海盆 BN05 和 LIC 岩心中 Sr-Nd-Pb 同位素的变化幅度较大，$^{87}Sr/^{86}Sr$ 与 εNd 大致呈负相关，而 $^{206}Pb/^{204}Pb$ 与 $^{87}Sr/^{86}Sr$ 呈正相关，与 εNd 呈负相关。但马卡罗夫海盆 ICE6 岩心中 Sr-Nd-Pb 同位素在 MIS 6 期之前基本上未呈现出明显的变化，MIS 6 期以来才呈现出一些变化（图 8-13）。因此，这 3 个岩心的 Sr-Nd-Pb 同位素变化特征显示出中—晚更新世以来不同的物源输入模式，指示北冰洋周边冰盖与洋流的变化。

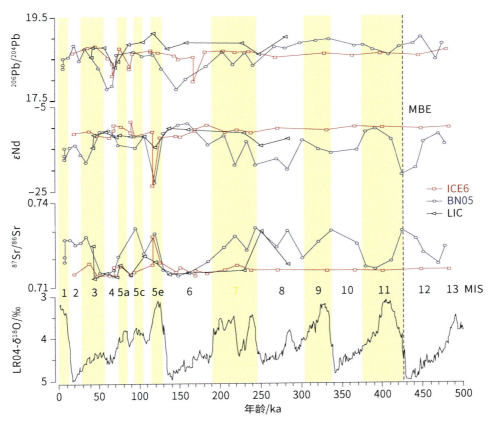

图 8-13　北冰洋美亚海盆区 LIC、BN05 和 ICE6 岩心的 Sr-Nd-Pb 同位素组成的变化特征

图中 LIC、BN05 和 ICE6 岩心数据分别来自涂艳等（2021）、Dong L 等（2020）、Xiao W 等（2021）。LR04-$\delta^{18}O$ 数据来自 Lisiecki 和 Raymo（2005），垂直黄色带表示间冰期和间冰阶

在冰期和冰阶中，除了 MIS 6 和 MIS 4 期外，加拿大海盆其他冰期的 Sr-Nd-Pb 同位素明显指向北美地盾或与之相邻的北美放射源。例如，来自 MIS 12、MIS 10、MIS 8、MIS 5d、MIS 3 和 MIS 2 期的 Ca/Ti 和碎屑碳酸盐岩（白云岩）层的同位素数据具有独特的北美物源特征（Dong L et al.，2020；Wang R et al.，2018；Xiao W et al.，2021；涂艳等，2021）。在大多数冰期和冰阶的 Sr-Nd-Pb 同位素特征中（图 8-13），包括富含 Ca 的粉白层都指向劳伦泰德冰盖侵蚀的北美物源。该物源至少包含了两个物源组合之间的变化，其中以马更些河流域的加拿大地盾内部及其边缘组合，以及来自加拿大北极群岛的麦克卢尔海峡组合为标志（Dong L et al.，2020；涂艳等，2021）。这可能表明劳伦泰德冰盖内部有冰川排放（Patchett et al.，1999），这种解释与从冰川地质数据重建的劳伦泰德冰盖西北部的崩塌模式是一致的（Stokes et al.，2009；Lakeman et al.，2018）。具有北美特征的碎屑碳酸盐岩粉白层从劳伦泰德冰盖边缘一直延伸到楚科奇边缘地（Ye L et al.，2020a；Wang R et al.，2021）和门捷列夫海岭（Bazhenova et al.，2017；Wang R et al.，2018；Xiao W et al.，2020），从而证实了劳伦泰德冰盖明显的冰川崩塌事件，冰流穿过马更些河流域和加拿大北极群岛西北的海峡进入加拿大海盆（Margold et al.，2018）。来自罗蒙诺索夫海岭中部沉积物岩心的 Sr-Nd-Pb 同位素组成显示，在 MIS 11～4 期的所有冰期中，其同位素组成与美亚海盆这 3 个岩心的同位素组成一致（Haley et al.，2008a）。

在 MIS 6 和 MIS 4 期，马卡罗夫海盆和加拿大海盆的 Sr-Nd-Pb 同位素特征显示了欧亚大陆的物源，因为欧亚冰盖会将侵蚀的物质通过喀拉海和拉普捷夫海排泄到北冰洋（Dong L et al.，2020；涂艳等，2021；Xiao W et al.，2021），其 Sr-Nd-Pb 同位素组成可以将沉积物物源更具体地归因于欧亚冰盖侵蚀的西伯利亚大火山岩省的岩石。这种物源模式与来自北冰洋中部罗蒙诺索夫海岭和门捷列夫山海岭岩心的 Sr-Nd-Pb 同位素一致（Spielhagen et al.，2004；Haley et al.，2008b；Jang et al.，2013）。来自拉普捷夫海陆坡的最后一次冰川消融的 Sr-Nd-Pb 同位素（Meinhardt et al.，2016）与 MIS 6 和 MIS 4 期的同位素一致，而不是 MIS 2 期。这种模式反映了 MIS 2 期西伯利亚西部边缘的冰川排放有限，仅在邻近的陆坡处才能识别出来，这种模式与欧亚冰盖范围总体上从 MIS 6～2 期减少的观点是一致的（Svendsen et al.，2004）。因此，欧亚冰盖和劳伦泰德冰盖冰川体系控制下的加拿大海盆和马卡罗夫海盆的沉积物特征之间差异表明，泛北极冰川作用模式的变化反映了大规模的古气候过程。模拟实验已经提出了类似的古气候模式，以测试冰盖地形的作用（Colleoni et al.，2016b；Liakka et al.，2016；Batchelor et al.，2019）。这些研究表明，北美冰盖复合体的高度是更新世北极中最大的，它通过大气遥相关影响了欧亚冰盖，因此，较小的劳伦泰德冰盖促进了东西伯利亚冰盖的增长，反之亦然。

在间冰期和间冰阶中，沉积物大部分是从已经混合了沉积物成分的大陆边缘输送的，而不是直接从北冰洋周边陆地内部区域输送的。受此限制，鉴于间冰期和间冰阶的 Sr-Nd-Pb 同位素分布模式与冰期的模式一般具有相似性，所以与以穿极流和波弗特环流为主的现代北冰洋环流模式类似，它们分别主要搬运欧亚和北美的物质（Dong L et al.，2020；涂艳等，2021；Xiao W et al.，2021）。间冰期和间冰阶的 Sr-Nd-Pb 同位素端元主要分布在北美地区的马更些河三角洲、加拿大北极群岛内部以及外部大陆架和西伯利亚端元之间。后者的特征可能来自三个不同的火山成因：①流经西伯利亚大火山岩省玄武岩的鄂毕河；②叶尼塞河和哈坦加河；③东西伯利亚和楚科奇海沿岸的玄武岩露头（Ledneva et al.，2011）。广义地讲，这些沉积物主要来源于东西伯利亚海和楚科奇海。在间冰期和间冰阶中，拉普捷夫海陆坡表层沉积物和罗蒙诺索夫海岭的同位素特征与西伯利亚西部物源一致，而阿尔法海岭的同位素特征与加拿大北极群岛外部陆架一致。总体而言，大多数间冰期和间冰阶中 Nd-Sr-Pb 同位素端元都在西伯利亚西部和加拿大北极群岛外陆架内。考虑到沉积物主要来自拉普捷夫海和西伯利亚陆架地区（Eicken et al.，1997），但北美陆架（Darby et al.，2011）的贡献可能很大。

加拿大海盆的 BN05 和 LIC 岩心沉积物优先记录北美的物质来源，因为通过波弗特环流搬运至该地区的物质比西伯利亚边缘更靠近北美（图 8-1）（Dong L et al.，2020；涂艳等，2021）。相比之下，门捷列夫海岭的 MA01 岩心和阿尔法海岭的 BN10 岩心位于波弗特环流和穿极流的交界处，其沉积物记录能够分别记录北美和西伯利亚的物质来源，进而指示波弗特环流和穿极流的演变历史（石端平等，2021；Park K et al.，2022），而马卡罗夫海盆的 ICE6 岩心在大多数时期更多地记录西伯利亚的物质来源，因为该岩心的位置处于穿极流的路径上（Xiao W et al.，2021）。加拿大海盆 BN05 岩心和 LIC 岩心 Nd-Sr-Pb 同位素记录的北美物源变化特征可能与不同时期的冰流活动有关，因为加拿大北极群岛与马更些河流域的冰流活动和周期性变化可以将来自加拿大北极群岛的碎屑碳酸盐岩（白云岩）层一直追踪到门捷列夫海岭和邻近的西伯利亚东部边缘（Stein et al.，2010b；Schreck et al.，2018）。与此同时，碎屑碳酸盐岩在罗蒙诺索夫海岭中部不常见。这种分布特征表明是一种波弗特环流型的模式，将加拿大北极群岛地区排放的冰山在北冰洋西部顺时针循环，然后靠近格陵兰岛结束，可能会在途中卸载很多 IRD。相比之下，一个更精简的洋流系统将来自马更些河流域和阿拉斯加的 IRD 向加拿大海盆输送，再直接到达弗拉姆海峡（图 8-14）。在 MIS 6 和 MIS 4 期，物源主要来自西伯利亚边缘，推测穿极流向西扩大到了加拿大海盆；同时，缺少北美物源，推测加拿大北极群岛边缘附近狭窄区域的环流受到更大限制（Xiao W et al.，2021；Dong L et al.，2022）。在以前的 IRD 含量和水文模型的基础上，提出了冰期的流线形北极洋流结构（Bischof and Darby，1997；Stärz et al.，2012），但是尚需研究其条件和机制，一种可能性是这种环流更多地受流体动力控制，而非大气因素。

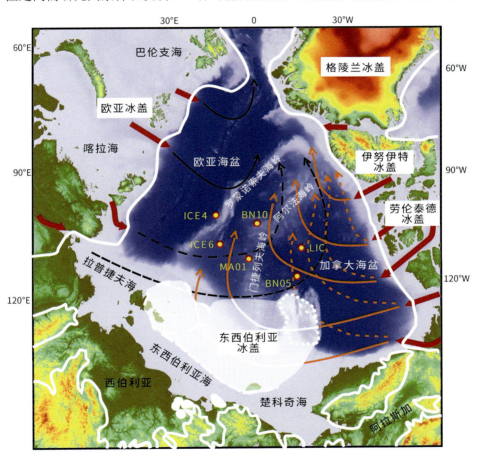

图 8-14　北冰洋美亚海盆岩心位置及其 Sr-Nd-Pb 同位素等重建的古环流和冰川输入示意图（据 Dong L et al.，2020 改）
图中橙色和黑色箭头分别表示来自北美冰盖和欧亚冰盖的冰山漂流路径，实线表示典型的环流路径，虚线表示在 MIS 6 和 MIS 4 期扩大的欧亚冰盖的冰山漂流路径；白色实线和白色阴影表示冰盖范围，红色箭头表示冰流输出方向

在 MIS 6 和 MIS 4 期，加拿大北极群岛附近和阿尔法海岭岩心中的 IRD 以石英为主，而非碳酸盐岩（白云岩）（Bischof and Darby，1997；石端平等，2021），推测北极环流需要彻底改变，才能将来自欧亚大陆的沉积物输送到加拿大海盆（图 8-14）。在西伯利亚一侧的门捷列夫海岭，基于 εNd 重建的 MIS 4 期及之后的深海高密度流反映了欧亚冰盖的大量沉积物排放（Jang et al.，2013）。相反，MIS 3 和 MIS 2 晚期记录的沉积物脉冲来源于劳伦泰德冰盖（石端平等，2021；Park K et al.，2022）。尽管弗拉姆海峡的沉积物很可能会受到表层洋流携带的冰山和海冰的控制，但末次冰消期的沉积物主要来源于劳伦泰德冰盖（Hillaire-Marcel et al.，2013）。美亚海盆岩心中的 IRD 岩矿组成、黏土矿物和放射性同位素组成在 MIS 6

和 MIS 4 期都显示出欧亚冰盖和东西伯利亚冰盖的物源特征，这表明冰前高密度流和穿极流可能向西扩大到了门捷列夫海岭和加拿大海盆（Dong L et al.，2017，2020；Xiao W et al.，2021；石端平等，2021；涂艳等，2021；Park K et al.，2022）。尽管来自马卡罗夫海盆 ICE6 岩心和加拿大海盆 BN05 岩心的黏土矿物学特征被解释为东西伯利亚来源（Dong L et al.，2017；Xiao W et al.，2021），但该来源在 IRD 放射性同位素组成中不明显，这种差异可能表明，表层洋流和深海环流对冰山和冰川高密度流的运输途径不同。而东西伯利亚冰盖的地貌证据仅限于大陆边缘和邻近的中间地区（Niessen et al.，2013；Dove et al.，2014；Jakobsson et al.，2014a，2014b），该位置可能导致侵蚀较细的沉积物，这些沉积物可能不会对粗粒的 IRD 产生较大影响。除了 MIS 6 和 MIS 4 期，在 MIS 12 期，加拿大海盆 LIC 和 BN05 岩心的黏土矿物和全岩矿物推测也来源于欧亚冰盖（Dong L et al.，2017；徐仁辉等，2020）。然而，该结果与对应的 IRD 中北美物源同位素特征不匹配，这种差异的一种可能原因是，冰山和水下高密度流的运输具有不同的路径，因此，只有来自欧亚冰盖的细粒沉积物才能到达加拿大海盆，或者 IRD 和黏土矿物均来自了解不多的北美伊努伊特冰盖。

尽管冰期的环流可能与现代环流系统有很大不同，但间冰期和间冰阶的西伯利亚和北美物源之间的分布特征与历史上观测到的穿极流和波弗特环流的变化是一致的（Rigor et al.，2002）（图 8-1）。更强的穿极流和波弗特环流分别扩大了西伯利亚和北美沉积物的运输范围，这些变化控制着美亚海盆的沉积记录。在穿极流扩张期间，马卡罗夫海盆、门捷列夫海岭和位于波弗特环流内的加拿大海盆可能受到穿极流的影响。特别是 MIS 13 期以来的主要间冰期和间冰阶的物源特征指向东西伯利亚海、楚科奇海和北美为主要来源的地区，而不是拉普捷夫海，后者被认为是现代北冰洋中部的主要"冰工厂"（Eicken et al.，1997）。这种模式类似于近年来观察到的来自该地区海冰携带沉积物增多的趋势，可能与正在进行的北极变暖和海冰边缘退缩有关（Eicken et al.，2005）。

8.3　欧亚海盆中央海区物源指示的冰盖与洋流变化历史

如今变暖的北极在冰冻圈中遭受了巨大损失，包括海冰、冰川和永久冻土（Peng et al.，2021；Slater et al.，2021；Tepes et al.，2021）。在过去的 25 年里，仅北极海冰就占了地球冰质量损失的近 30%（Slater et al.，2021）。这一发展引起了北冰洋物理、化学和生物过程的重大变化（Polyakov et al.，2020；Steinbach et al.，2021；Wilson et al.，2021）。来自北冰洋海底的沉积记录可能提供了许多过去地质过程的线索。然而，由于北冰洋较低且不均匀的沉积速率、缺乏保存下来的古生物替代指标，以及在低海平面时期北冰洋个别海域之间的水文连接受限等因素，对这些记录的理解是复杂的，因而更新世期间北冰洋中部盆地的环流和沉积变化仍不清楚。本节以北冰洋中部欧亚海盆靠近罗蒙诺索夫海岭的 ARC5-ICE4 岩心为研究对象（图 8-1），通过粒度、黏土矿物、全岩矿物、有机碳氮等指标重建了冰期与间冰期沉积物来源和环流的变化特征。根据粒度、有机碳、颜色反射率、XRF 扫描元素组成、全岩矿物以及黏土矿物等指标综合对比，把 ARC5-ICE4 岩心划分为 7 个单元（图 8-15），以便于物源和环流变化的分析和讨论（Dong L et al.，2022）。

通过 ARC5-ICE4 岩心的有机碳测年、古地磁以及与北极海平面变化和北极冰川范围相对变化曲线等综合对比，建立了 MIS 4 期以来轨道时间尺度上的年龄模型（图 8-16）（Dong L et al.，2022），并识别出了在 MIS 4 和 MIS 2 期与海平面低水位相关的中—晚魏克瑟尔（Weichselian）冰期和威斯康星（Wisconsinan）冰期（Batchelor et al.，2019；Gowan et al.，2021）。末次冰期受陆地数据和建模研究的限制相对较好，尤其是在北美（Margold et al.，2018；Gowan et al.，2021），但魏克瑟尔冰期中期的认识却少得多。然而，这一时期在欧亚大陆北部出现了大规模冰盖（Svendsen et al.，2004；Larsen E et al.，2006；Möller et al.，2011），这个冰盖与较小的末次冰期冰盖类似，包含了一个广阔的海洋冰盖部分，被称为巴伦支海-喀拉海冰盖，它几乎占据了整个冰盖面积的一半。此外，海底地球物理数据表明，东西伯利亚海陆架上也有一个东西伯利亚冰盖（Jang et al.，2013；Niessen et al.，2013；Joe et al.，2020）。由于该冰盖的年龄和空间限制都是暂时的，所以它与欧亚冰盖的关系还不太清楚。

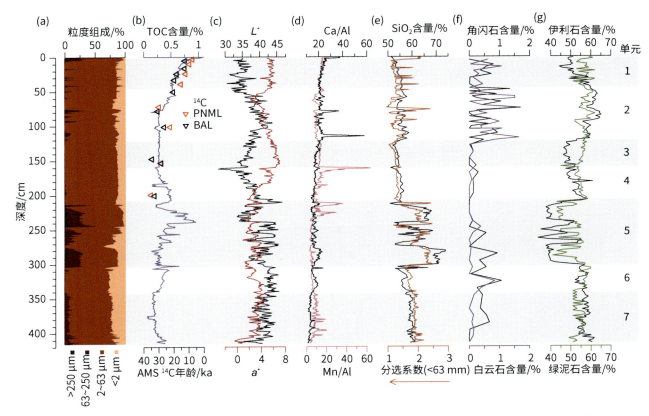

图 8-15　北冰洋中部罗蒙诺索夫海岭 ARC5-ICE4 岩心多指标的深度变化特征（据 Dong L et al.，2022 改）

（a）岩心的粒度组成；（b）TOC 含量和 AMS¹⁴C 年龄（PNML 为崂山实验室测年数据；BAL 为 BETA 实验室测年数据）；（c）L* 和 a* 为颜色反射率参数；（d）XRF 的 Ca/Al 和 Mn/Al；（e）分选系数及 SiO₂ 含量；（f）白云石和角闪石含量；（g）黏土矿物中绿泥石和伊利石含量；根据岩性划分为 7 个地层单元

　　罗蒙诺索夫海岭的 ARC5-ICE4 岩心冰川输入指标，如粗 IRD 的曲线变化可以与最近的全球海平面模型进行比较（图 8-16）。富含冰川成因的 IRD 的 5 单元沉积物的建议年龄对应于海平面从 MIS 4 期的最低上升到 MIS 3 期约 45 ka 的-50～-40 m（图 8-15、图 8-16）。如果当时冰架边缘没有受到冰川均衡作用的强烈影响，那么这个深度可能是西伯利亚冰架大部分被洪水淹没的一个阈值（Jakobsson，2002），从而导致海洋冰块从地面大量分离和整个冰盖系统的不稳定。白令海峡的开放可能是另一个因素，其底水深约为 50 m。开放的白令海峡会增加北大西洋水的流入，从而增加北冰洋的热量（Hu A et al.，2015），这可能会加速海洋冰盖的融化（Depoorter et al.，2013）。富含冰川成因的 IRD 的 5 单元沉积物是脉冲式沉积，类似于西伯利亚西部冰川的逐步消退（Svendsen et al.，2004）。

　　与魏克瑟尔冰期中期不同的是，在 ARC5-ICE4 岩心中末次冰盛期没有表现为具有大量明显的 IRD 沉积单元，在单元 1 和 2 中只有离散的 IRD 峰，时间跨度从 MIS 3 到 MIS 1 早期，约 30 ka 到 15～10 ka（图 8-15、图 8-16）。这个时间与末次冰盛期的陆地记录是一致的，特别是来自北美的记录（Clark P U et al.，2009；Gowan et al.，2021）。在单元 1 和 2 中，IRD 峰有规律地出现类似于北大西洋高分辨率记录的千年尺度变化（图 8-16）。例如，来自拉布拉多海的 MD95 岩心（Weber et al.，2001）。虽然需要一个更详细的年龄模型来关联各个高峰，但北极和大西洋劳伦泰德冰盖一侧冰山排放模式普遍相似，并且一些研究的推断是合理的（Stokes et al.，2005；Wang R et al.，2021）。

　　罗蒙诺索夫海岭的 ARC5-ICE4 岩心的矿物数据表明，中—晚威斯康星冰期的组成存在相当大的差异。在北冰洋西部的多个岩心中，单元 1 和 2（尤其是单元 2）的 Ca 含量与白云石含量一起升高（图 8-15），揭示了末次冰盛期劳伦泰德冰盖的贡献（Clark D L et al.，1980；Polyak et al.，2009；Stein et al.，2010a，2010b；Bazhenova et al.，2017；Schreck et al.，2018）。替代标志物 Ca 与白云石含量较低，SiO₂ 含量较高，以及单元 5 中蒙皂石含量较高的黏土矿物组成，表明魏克瑟尔冰期中期欧亚冰盖物质输入多于北美冰盖。

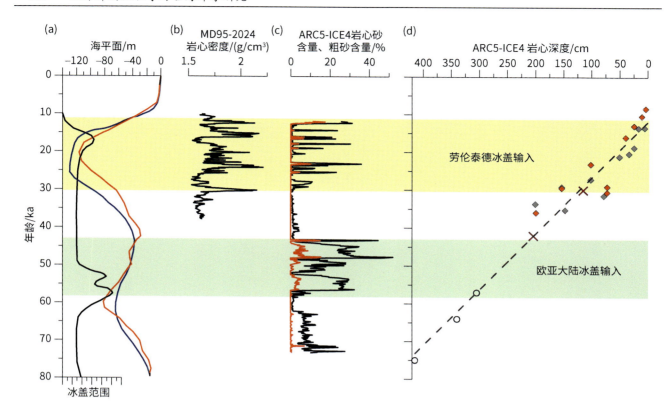

图 8-16　北冰洋中部罗蒙诺索夫海岭 ARC5-ICE4 岩心年龄模式及其与全球和区域冰川史的比较（据 Dong L et al.，2022 改）

（a）海平面变化曲线（蓝色，Pico et al.，2016；橙色，Gowan et al.，2021）和东西伯利亚冰盖范围（黑色，相对尺度；Svendsen et al.，2004）；（b）西北大西洋 MD95-2024 岩心的密度数据曲线（Weber et al.，2001）；（c）砂含量（>63 μm，黑色曲线）和粗砂含量（>250 μm，橙色曲线）随年龄的变化；（d）ARC5-ICE4 岩心年龄随深度变化及拟合曲线（Dong L et al.，2022）；黄色和绿色的条带分别指示劳伦泰德冰盖输入和欧亚冰盖冰川输入

　　某一特定冰盖物质来源的优势可能取决于冰川流量的体积和时间、运输机制和环流模式。中—晚威斯康星冰期的欧亚冰盖和劳伦泰德冰盖物质来源与重建的北极冰盖大小一致（Batchelor et al.，2019；Gowan et al.，2021）。末次冰盛期，劳伦泰德冰盖达到最大规模，欧亚冰盖在末次冰盛期的规模则小于魏克瑟尔冰期中期。在 MIS 4 和 MIS 3 期，东西伯利亚冰盖也可能更大，而在末次冰盛期，仅在楚科奇海发现冰川形成的沉积层，而东西伯利亚海则没有发现（Polyak et al.，2007；Joe et al.，2020；Kim et al.，2021）。

　　重建欧亚冰盖来源物质输送到 ARC5-ICE4 岩心所需的环流取决于特定的物质来源位置（图 8-14）。考虑到单元 5 中蒙皂石含量较高，这些沉积物大部分来自西西伯利亚（Wahsner et al.，1999；Vogt C and Knies，2009），这一推断与北冰洋西部，包括加拿大海盆、马卡罗夫海盆和北风号海岭在内的岩心，在魏克瑟尔冰期的欧亚冰盖来源的发现相一致（Dong L et al.，2020；Wang R et al.，2021；Xiao W et al.，2021）。输送这种物质所需的表层洋流与北极涛动负相位模式下的穿极流扩张一致（Volkov et al.，2020；Wilson et al.，2021）。在这种情况下，北冰洋中部的沉积物有西西伯利亚的来源。如果单元 5 中的物质来源主要为东西伯利亚，表明穿极流在其典型的洋流方向上存在一个分支（图 8-14）。相比之下，末次冰盛期的劳伦泰德冰盖输入模式符合北极涛动正相位模式，其特征是强反气旋环流和扩张的波弗特环流（Volkov et al.，2020；Wilson et al.，2021），这一模式与模拟的末次冰盛期的环流一致，有利于劳伦泰德冰盖物质输送到北冰洋中部（Stärz et al.，2012）。尽管受大气环流控制的现代环流和冰期环流之间有明显的相似之处，但它们可能有大气条件以外的驱动因素，比如白令海峡入流和北冰洋的融冰水流量和海平面高低等影响。特别是在魏克瑟尔冰期中期，欧亚冰盖物质强烈输入（Mangerud et al.，2004；Svendsen et al.，2004）与中等水深的海平面相关，也可能与部分开放的白令海峡相关（Pico et al.，2016）。相比之下，末次冰盛期北冰洋主要由极低海平面的劳伦泰德冰盖输入主导，它切断了包括白令海峡在内的浅层大陆架（Tarasov and Peltier，

2006；Jakobsson et al.，2017）。

北冰洋中部罗蒙诺索夫海岭 ARC5-ICE4 岩心的冰川成因沉积物主要是由脉冲式冰山流沉积而成，可能与冰川溢流悬浮物相关。MIS 4 和 MIS 3 期为明显的粗 IRD 沉积单元，物源为欧亚大陆。威斯康星冰期晚期的 IRD 含量高峰揭示了冰川输入，这些 IRD 具有劳伦泰德冰盖的矿物特征（Ca 和白云石），具有千年尺度的周期，类似于劳伦泰德冰盖冰山脉冲式排泄到北大西洋。沉积物组成的差异表明了两次冰期对北冰洋的不同影响，包括冰盖的大小、几何形状和海洋环流。魏克瑟尔冰期中期至晚期环流路径的特征类似于最近观测到的极端北极涛动正相位与负相位模式（Dong L et al.，2022）。

第9章 中—晚更新世的古海洋与古气候演化历史

北冰洋大部分区域长期的海冰覆盖、重要的大陆架和陆架过程、不同来源的水团，包括大西洋、太平洋和河流注入，以及各水团之间复杂的相互作用等，在更新世发生了深刻的变化，并对北冰洋及其以外地区产生了深远影响（陈立奇等，2003b；王汝建等，2009a；Darby et al.，2006，2012）。北冰洋及其周围的更新世冰盖在过去的气候变化中发挥了重要作用，影响大洋温盐环流和全球气候变化。根据北半球冰盖有关的经验证据和180多个已发表研究的数值模型的输出结果，进而汇编上新世晚期至末次冰盛期的冰盖范围。模拟结果显示，在过去17个不同时期（图3-3），冰盖范围发生了显著变化（Batchelor et al.，2019）。北冰洋地球物理和海洋地质的综合研究也发现，在MIS 6期东西伯利亚海曾经有一个海洋冰盖从陆架向海盆区延伸至楚科奇边缘地（Niessen et al.，2013）；与此同时在北冰洋中部水深较大的区域也存在一个覆盖整个北冰洋中部的冰架，其冰架厚度超过1 km（Jakobsson et al.，2016）。随后的北冰洋冰架的数值模拟结果也验证了北极冰架对海洋环流和北半球冰川气候的重要性，并指出北极海洋冰盖和冰架一旦破裂融化会造成海平面变化和淡水输出，对海洋环境和洋流产生重要影响（Gansson et al.，2018）。北冰洋深海沉积物研究揭示了受气候事件控制的沉积环境历史，如冰盖的扩张和崩塌（Spielhagen et al.，2004；Vogt C and Knies，2008；Darby and Zimmerman，2008；Jakobsson et al.，2014a，2014b）、融冰水排泄（Wang R et al.，2013；Spielhagen and Bauch，2015；Zhao et al.，2022）、洋流系统的变化（Sellén et al.，2010；Stärz et al.，2012；Dong L et al.，2020；Xiao W et al.，2021）和海冰的进退（Polyak et al.，2013；Xiao X et al.，2015b；Stein et al.，2017a，2017b）。因此，北冰洋深海沉积物能够真实地记录地质时期北冰洋周边陆地的气候变化，如冰盖和海冰的扩张和消融，以及冰-海相互作用的变化历史等。本章主要利用北冰洋深海沉积物中的陆源和生源组分的研究结果，归纳和总结更新世以来北冰洋冰融水事件与上层海水盐度的变化历史；海冰扩张与消融历史；表层古生产力和中-深层水团的演化历史。

9.1 冰融水事件与上层海水盐度的变化历史

作为气候放大器，北极地区在强降温事件期间反复发展出几个大冰盖（Jakobsson et al.，2014a，2014b；Polyak et al.，2010；Svendsen et al.，2004）。在冰川终止和相对变暖期间，来自崩塌的冰盖和冰坝湖泊的淡水通过地表环流输送到北冰洋以及更远的盆地之外（Spielhagen et al.，2004；Toucanne et al.，2021）。例如，欧亚冰盖在西伯利亚阻塞了许多冰坝湖（Svendsen et al.，2004），并在冰川退缩期间沿湖泊流动路径向盆地排放了大量物质（Jakobsson et al.，2016）。劳伦泰德冰盖也被推测在新仙女木期（Younger Dryas，YD）（12.9～11.5 ka）和8.2 ka推动了全球气候快速变冷（Alley et al.，1999）。北大西洋作为北极最大的淡水汇，在接收大量淡水后，可能会抑制和削弱大西洋经向翻转流（Peterson et al.，2002；Tarasov and Peltier，2005），从而影响全球气候。

欧亚冰盖和劳伦泰德冰盖已经通过各种替代标志进行了详细的调查，包括陆地证据与先前报道的沉积记录相结合（Joe et al.，2020；Kleiber et al.，2001；Klotsko et al.，2019；Raab et al.，2003；Stokes et al.，2005；Svendsen et al.，2004）。近几十年来，地球物理调查数据结合先前报道的沉积记录表明，在晚更新世，从东西伯利亚大陆边缘到门捷列夫海岭受到东西伯利亚冰盖和冰架坐落在楚科奇边缘地的影响（Dove et al.，2014；Niessen et al.，2013；Polyak et al.，2001；Stein et al.，2010a，2010b）。然而，与晚更新世冰盖的详细研究不同，没有证据表明东西伯利亚冰盖在大陆上发展，或者其活动仅限于东西伯利亚大陆边缘和北冰洋部分地区（Niessen et al.，2013）。尽管缺乏证据，但几乎可以肯定，东西伯利亚冰盖对反照率、海洋和大气环流有重大影响（Jakobsson et al.，2016）。考虑到东西伯利亚大陆边缘和楚科奇边缘地显著的沉积速率和复杂的沉积环境，门捷列夫海岭和楚科奇边缘地最有可能保存完整的东西伯利亚冰盖和劳伦泰德冰盖演化历史的沉积记录。

以前的研究报道了在楚科奇边缘地和门捷列夫海岭观测到许多淡水信号（段肖等，2015；梅静等，2015；章陶亮等，2014；Jang et al.，2013；Poore et al.，1999；Spielhagen et al.，2004；Wang R et al.，2013）；然而，这些变化更多地归因于湖泊溃决的输入和欧亚冰盖和劳伦泰德冰盖的消退，而不是东西伯利亚冰盖的贡献。最近从东西伯利亚输入的同位素证据证实了东西伯利亚冰盖作为物源的可能性，但没有进一步区分东西伯利亚淡水的信号（Dong L et al.，2020；Fagel et al.，2014）。因此，古海洋学记录中东西伯利亚冰盖的淡水排放事件的解释以及这些事件对淡水输出的可能贡献知之甚少。本节汇总了楚科奇边缘地、楚科奇海盆、门捷列夫海岭、罗蒙诺索夫海岭和莫里斯•杰塞普隆起至北欧海多个岩心的浮游有孔虫 Nps 的氧碳同位素和 IRD 等指标，旨在总结北冰洋冰融水事件与上层海水盐度的变化历史。

9.1.1　煤屑指示的冰融水事件

末次冰消期中，北美劳伦泰德冰盖的冰融水排泄路径一直存在争议（Not and Hillaire-Marcel，2012）。此前的研究主要有以下 4 种观点（图 9-1）：①经过哈得孙湾向东北进入北大西洋（Broecker et al.，1992；Hemming，2004）；②经过北美五大湖，随后进入圣劳伦斯峡谷和北大西洋（Broecker et al.，1989）；③经过明尼苏达河（Minnesota River）以及密西西比河（Mississippi River），随后进入墨西哥湾（Gulf of Mexico）（Dyke and Prest，1987）；④经过马更些河向西北流入西北冰洋（Teller et al.，2002；Murton et al.，2010；

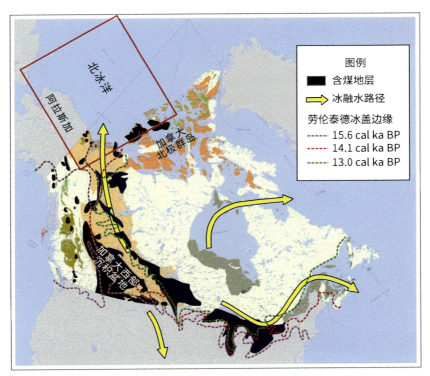

图 9-1　前人研究推测的末次冰消期劳伦泰德冰盖冰融水的排泄路径以及加拿大含煤地层分布（The Geographic Services Directorate，Surveys and Mapping Branch，Energy，Mines and Resources Canada，1982 ）（据 Zhang T et al.，2019 改）

图中虚线表示不同时期劳伦泰德冰盖边缘位置（Dyke，2004）；图中黑色区域表示含煤地层，蓝色区域表示在 12.75～12.65 ka 时期北美的冰缘湖（Murton et al.，2010），黄色箭头代表 4 个可能的冰融水排泄方向（Teller et al.，2002；Tarasov and Peltier，2005），红色方框的位置为西北冰洋研究区；　cal ka BP 表示现在之前的日历千年

Deschamps et al.，2018；Keigwin et al.，2018）。在末次冰消期的不同阶段，冰融水的流向可能发生变化（Teller et al.，2002；Tarasov and Peltier，2005）。

海洋沉积物以及陆地冰川地质学证据都明确表明，末次冰消期西北冰洋出现了数次来源于北美劳伦泰德冰盖的冰融水事件（Poore et al.，1999；Polyak et al.，2004；Andrews and Dunhill，2004；Murton et al.，2010；Deschamps et al.，2018）。此时，阿拉斯加的布鲁克斯山脉也有冰融水注入西北冰洋（Hill J C et al.，2007；Hill J C and Driscoll，2008，2010）。这些冰融水的注入，显著影响了北大西洋上层水体，进而影响北半球甚至全球的洋流和气候（Condron and Winsor，2012）。然而，由于在西北冰洋的沉积物中缺少直接测年证据（Poore et al.，1999；Polyak et al.，2004），这些冰融水事件发生的具体时间和准确来源仍无法确定。

广泛运用于低纬地区的地层划分和对比的有孔虫氧同位素记录在北冰洋地区往往并不适用（Backman et al.，2004）。因此，需要通过邻近海区沉积物中的褐色层对比来划分地层（Stein et al.，2010a，2010b；Wang R et al.，2013，2018）。根据褐色层中浮游有孔虫 Nps 的测年结果，褐色层 B1 位于 MIS 1 期，褐色层 B2 在有些地区可以进一步分为 B2a 和 B2b，出现于 MIS 3 期。但是位于褐色层 B1 和 B2 之间的地层（MIS 3 晚期~MIS 1 早期）年龄划分仍然存疑。因此，在该时期需要一个新的地层对比指标进行区域地层对比。

通过西北冰洋的表层沉积物中>250 μm 的 IRD 岩矿鉴定发现，在靠近阿拉斯加北部陆坡地区的站位中发现了煤屑颗粒（Phillips and Grantz，2001），可能来源于阿拉斯加北部陆坡的含煤地层（Zhang T et al.，2019）。然而，岩心沉积物中的煤屑及其指示意义仍然缺乏研究。为了更好地了解西北冰洋末次冰消期冰融水事件的来源及时间，本节研究了西北冰洋 13 个岩心沉积物（图 9-2）中的粗颗粒 IRD（>250 μm）的岩屑组成，如煤屑、碎屑碳酸盐岩和碎屑岩等含量，并且对比了西北冰洋不同地区的煤屑通量和含量的分布规律（Zhang T et al.，2019），旨在利用煤屑揭示末次冰消期的冰融水排泄事件。

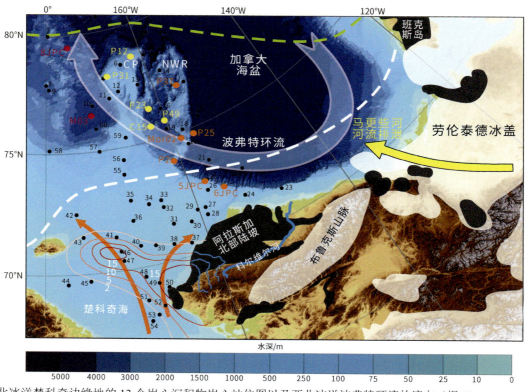

图 9-2　西北冰洋楚科奇边缘地的 13 个岩心沉积物岩心站位图以及西北冰洋波弗特环流的流向（据 Zhang T et al.，2019 改）
图中白色和浅绿色虚线分别代表 1979~2006 年北冰洋平均夏季海冰覆盖范围以及 2012 年最小夏季海冰覆盖范围（www.nsidc.org）；位于楚科奇海的一系列等值线和白色数字指示表层中>250 μm 的煤屑含量分布范围，黑色点表示表层样站位，粗橙色箭头代表白令海入流水进入北冰洋的两个分支；白色透明区域表示末次冰盛期北美冰盖的覆盖范围（Dyke，2004）；黑色区域表示阿拉斯加和加拿大北部含煤地层分布范围（Flores et al.，2003；The Geographic Services Directorate，Surveys and Mapping Branch，Energy，Mines and Resources Canada，1982）；阿拉斯加北部的河流以蓝线表示；CP-楚科奇海台；NWR-北风号海岭

1. 地层年代框架

西北冰洋楚科奇边缘地的 13 个岩心被分为两个断面（图 9-2），其一是阿拉斯加边缘-北风号海岭的南北向断面，包括 6JPC、5JPC、P2、P25、Mor02 和 P37 岩心（图 9-3）；其二是楚科奇海台的南北向断面，包括 P2、C15、P23、P31 和 P12 岩心（图 9-4）（Zhang T et al.，2019）。

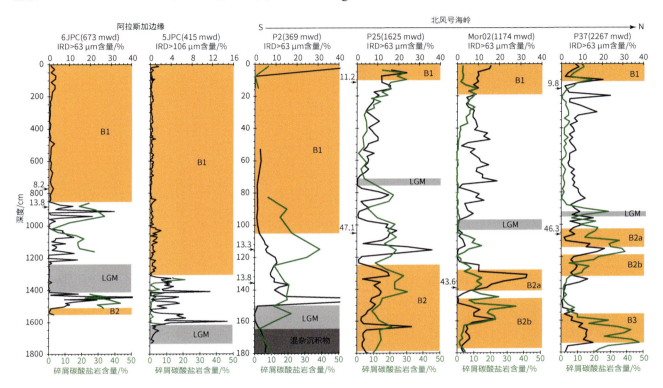

图 9-3　阿拉斯加边缘和北风号海岭的南北向断面的 6 个岩心的 IRD（＞63 μm）含量和碎屑碳酸盐岩含量或 Ca 含量的对比
（据 Zhang T et al.，2019 改）

图中浅灰色条带指示了 LGM（Polyak et al.，2007）；黑色箭头和数字表示 AMS ^{14}C 年龄（ka）；mwd 代表岩心的水深（m）

位于楚科奇边缘地的所有岩心中，根据沉积物颜色，将深褐色层分别标记为 B1、B2a 和 B2b。为了方便与其他岩心地层对比，位于阿拉斯加边缘的 5JPC 和 6JPC 两个岩心的褐色层 B1 仅代表全新世沉积（图 9-3、图 9-5）。根据西北冰洋全新世的沉积速率对比（Polyak et al.，2009；梅静等，2012；刘伟男等，2012），阿拉斯加边缘的沉积速率极高（＞30 cm/ka）。其中，5JPC 和 6JPC 岩心中的全新世沉积物厚度分别为 8.2 m 和 13.0 m（Polyak et al.，2009；Zhang T et al.，2019）。

楚科奇边缘地的所有岩心的褐色层以及 Ca 含量均显示了良好的对应关系，与以前北冰洋的区域地层对比结果一致（Bischof et al.，1996；Polyak et al.，2004，2009；Darby and Zimmerman，2008；Stein et al.，2010a，2010b）。浮游有孔虫 Nps 的 AMS ^{14}C 测年结果表明，褐色层 B1 的底部年龄略小于 12 ka（图 9-6），因此，褐色层 B1 为全新世沉积。褐色层 B2 或 B2a 的 Nps-AMS ^{14}C 年龄全部在 43～47 ka（图 9-6），褐色层 B2 为 MIS 3 期沉积。楚科奇边缘地的褐色层 B1 和 B2 或 B2a 的年龄与之前西北冰洋该层沉积物的测年结果完全一致（Polyak et al.，2004，2009；Stein et al.，2010a，2010b；Wang R et al.，2013；Dong L et al.，2017）。因此，西北冰洋这些岩心褐色层的测年结果和区域对比结果是可靠的。

前人对于 6JPC 岩心深度 12.5～14 m 的沉积物中铁氧化物（针铁矿）的研究发现，它们是在西北冰洋北风号海岭和门捷列夫海岭 LGM 沉积的（Polyak et al.，2009）。此外，P2 岩心的 X-CT 研究表明，深度 165～180 cm 的沉积物为 LGM 由于北美劳伦泰德冰盖扩张而在北风号海岭南部沉积的冰碛物（Polyak et al.，

2007，2009）。因此，P2 岩心深度 155～165 cm 几乎不含粗颗粒的部分为 LGM 或者 LGM 结束后立刻形成的沉积物（Polyak et al.，2009）。同理，P25 岩心深度 71～76 cm 的不含粗组分的沉积物为 LGM 沉积（Polyak et al.，2009；Yurco et al.，2010）。据此，将各岩心中的 LGM 层位用浅灰色条带表示（图 9-4）。楚科奇边缘地所有岩心中的 LGM 沉积物都有较好的对应关系，并发现两个断面中从南部往北部 LGM 沉积物的厚度逐渐减少（Zhang T et al.，2019），这也符合之前的研究结果（Polyak et al.，2009）。

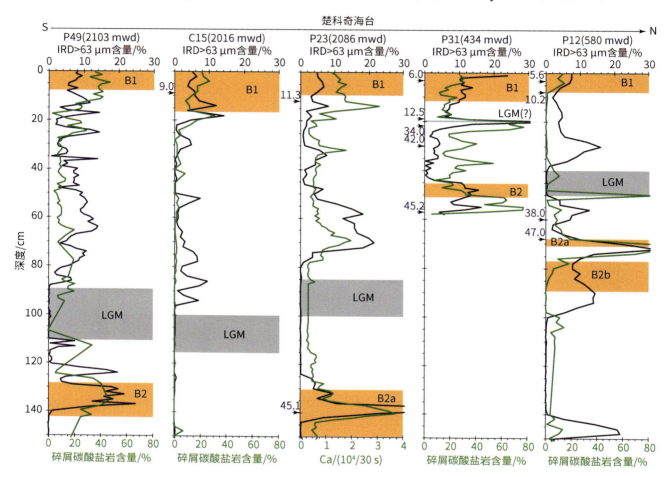

图 9-4　楚科奇海台南北向断面的 5 个岩心的 IRD（＞63 μm）含量和碎屑碳酸盐岩含量或 Ca 含量的对比（据 Zhang T et al.，2019 改）

图中浅灰色条带指示了 LGM 的细颗粒沉积；黑色箭头和数字表示该层位的 AMS ¹⁴C 年龄（ka）；图中 mwd 代表岩心的水深（m）

综上所述，除了位于阿拉斯加边缘的 5JPC 和 6JPC 两个岩心外，其余位于北风号海岭和楚科奇海台所有岩心中的煤屑含量高峰层位只出现在深度 0～180 cm（褐色层 B1～B2 之间）。因此，本研究只关注北风号海岭的岩心深度 0～180 cm 沉积物，以及楚科奇海台的岩心深度 0～150 cm 的沉积物（Zhang T et al.，2019）。

2. 末次冰消期煤屑分布特征

在这些岩心中，为了测试从岩矿鉴定中挑出的 ＞250 μm 的黑色和具有煤光泽的粗颗粒 IRD 的元素含量，分别在楚科奇海台 P23 岩心和北风号海岭 Mor02 岩心中各挑出了 2 个不同层位的 IRD 用于能量色散光谱法（Energy Dispersive Spectrometry，EDS）分析。测试结果（图 9-7）表明，从这两个岩心中挑出的黑色和具有煤光泽的 IRD 几乎全部由碳和氧两种元素组成。此外，根据背散射电子（Back-Scattered Electron，BSE）图像，有些形成煤屑的原始植物微观结构仍然清晰可见（图 9-7）。因此，结合 EDS 分析得出的 IRD 元素组成以及 BSE 成像结果，证明这些 IRD 颗粒为煤屑（Zhang T et al.，2019）。

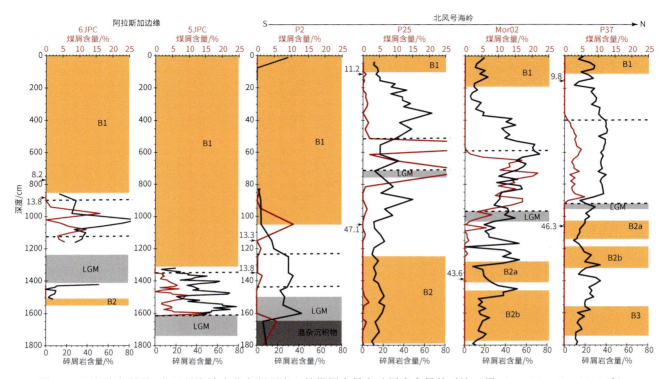

图 9-5　阿拉斯加边缘-北风号海岭南北向断面岩心的煤屑含量和碎屑岩含量的对比（据 Zhang T et al.，2019 改）

图中浅灰色条带指示了末次冰盛期的细颗粒沉积；黑色箭头和数字表示该层位的 AMS ^{14}C 年龄（ka）

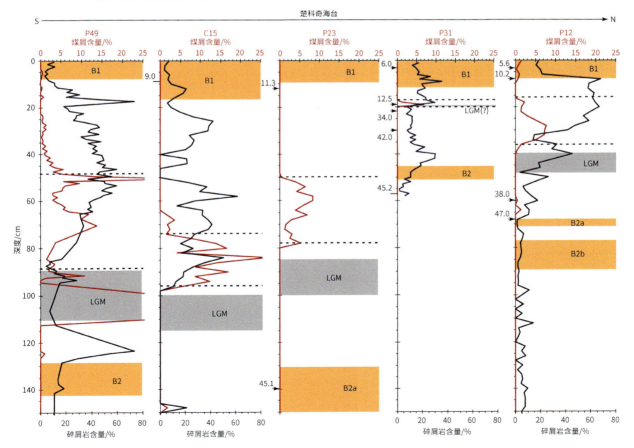

图 9-6　楚科奇海台南北向断面岩心的煤屑含量以及碎屑岩含量对比（据 Zhang T et al.，2019 改）

图中浅灰色条带指示了末次冰盛期的细颗粒沉积；黑色箭头和数字表示该层位的 AMS ^{14}C 年龄（ka）

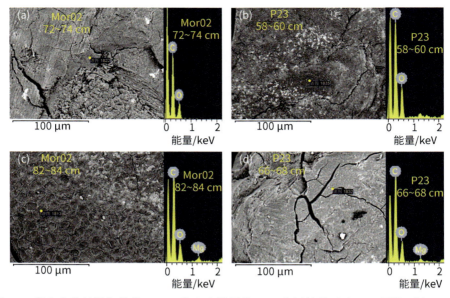

图9-7 楚科奇海台 P23 岩心和北风号海岭的 Mor02 岩心中煤屑的 EDS 分析结果以及 BSE 图像（据 Zhang T et al.，2019 改）

在阿拉斯加边缘，6JPC 和 5JPC 岩心的煤屑含量高峰层位分别为深度 1250～1400 cm 和 1350～1610 cm（图9-5），同时还发现，煤屑含量高峰略晚于碎屑岩，煤屑含量高峰出现于全新世的褐色层 B1 以及 LGM 的沉积物之间；6JPC 岩心的 AMS ^{14}C 测年表明，煤屑含量高峰层位的上部年龄为 13.8 ka （Polyak et al.，2009）。由此可见，阿拉斯加边缘的煤屑输入事件出现在末次冰消期。同理，位于北风号海岭的岩心 P25、Mor02 以及 P37 中的煤屑含量高峰层位同样处于全新世的 B1 层以及 LGM 沉积物之间，该煤屑输入事件的时间为末次冰消期（图9-5）。与其他岩心不同的是，位于北风号海岭南部的 P2 岩心，末次冰消期的沉积物中煤屑含量较少，可能是由于该岩心的水深较浅（369 m）。在末次冰消期，煤屑开始输入北风号海岭，该地区可能仍受到冰期残留冰架的覆盖（Polyak et al.，2007；Jakobsson et al.，2010，2016），阻挡了煤屑的输入。因此，该地区末次冰消期的煤屑含量明显低于北风号海岭其他深水区（Zhang T et al.，2019）。

根据表9-1，这次煤屑输入事件中>250 μm 煤屑的平均丰度整体呈现从阿拉斯加边缘向门捷列夫海岭递减的趋势。尽管阿拉斯加边缘的 6JPC 和 5JPC 岩心中煤屑含量低于北风号海岭，但这两个岩心沉积速率极高（图9-5），煤屑含量高峰层位的厚度（分别为 1.5 m 和 2.5 m）远远大于北风号海岭和楚科奇海台（图9-5、图9-6）。因此，末次冰消期中煤屑输入通量可以更好地指示该冰融水排泄事件中煤屑含量的分布规律。由于该事件的持续时间难以确定，但可以认为西北冰洋所有岩心中该事件的持续时间一致。因此，煤屑输入通量可以通过以下公式获得

$$Flux=A\times\rho\times h$$

式中，Flux 为末次冰消期煤屑输入事件中煤屑输入通量，单位为粒/cm^2；A 为煤屑含量高峰层位中煤屑的平均丰度（表9-1），单位为粒/g；ρ 为样品的干样密度，单位为 g/cm^3；h 为各个岩心末次冰消期煤屑含量高峰层位的厚度，单位为 cm。

经计算（表9-1），阿拉斯加边缘的 6JPC 和 5JPC 岩心在末次冰消期中煤屑输入通量最高，除了 P2 岩心，煤屑输入通量整体呈现由北风号海岭从南向北逐渐降低的趋势（图9-8）。在楚科奇海台断面，从南向北煤屑输入事件中煤屑的丰度、含量以及通量都呈现减少趋势。此外，位于楚科奇海台西部楚科奇深海平原的 M03 岩心（Wang R et al.，2013）以及门捷列夫海岭的 8JPC 岩心（Adler et al.，2009；Polyak et al.，2009）中均未发现煤屑（图9-8）。

3. 末次冰消期煤屑的来源

在西北冰洋末次冰消期的煤屑输入事件中，煤屑输入通量呈现明显的向西和向北的减少趋势（图9-8）。由此可以判断，在该事件中，煤屑来源于研究区东南部的北美大陆（美国和加拿大）。根据美国和加拿大

的陆地地质调查结果（Flores et al.，2003；USGS；The Geographic Services Directorate，Surveys and Mapping Branch，Energy，Mines and Resources Canada，1982），含煤地层主要分布于阿拉斯加北部陆坡地区、加拿大西部沉积盆地（Western Canadian Sedimentary Basin，WCSB）以及加拿大北极群岛（图 9-1）。因此，这三个区域可能是末次冰消期煤屑输入事件中煤屑的来源。

表 9-1　西北冰洋各个岩心末次冰消期的煤屑输入通量、煤屑含量高峰层位的煤屑平均丰度、煤屑含量以及煤屑输入的估计年龄（据 Zhang T et al.，2019 改）

位置	岩心	煤屑输入通量/（粒/cm²）	煤屑含量高峰层位		估计年龄
			煤屑平均丰度/（粒/g）	煤屑含量/%	
阿拉斯加边缘	6JPC	2173	8.9	6.8	13.8 ka～LGM
	5JPC	1807	5.9	5.7	B1～LGM
北风号海岭（南-北）	P2	21	2.8	0.7	13.3 ka～LGM
	P25	1220	33.9	13.5	14 ka～LGM
	Mor02	645	15.8	12.9	B1～LGM
	P37	374	6.0	2.9	9.8 ka～46.3
楚科奇海台（南-北）	P49	369	8.1	8.0	B1～LGM
	C15	305	10.6	11.2	9.0 ka～LGM（?）
	P23	312	9.3	5.7	11.3 ka～LGM（?）
	P31	7	2.9	4.1	12.5～34.0 ka
	P12	196	6.8	3.9	10.2 ka～LGM

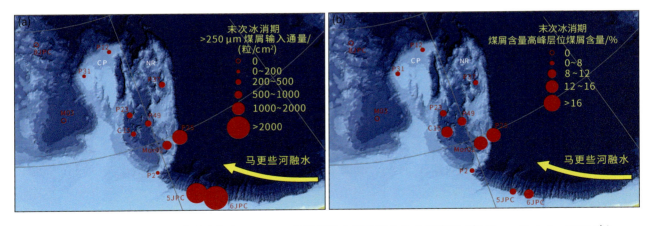

图 9-8 西北冰洋各岩心在末次冰消期中＞250 μm 的煤屑输入通量和含量分布特征（据 Zhang T et al.，2019 改）
（a）各岩心在末次冰消期中＞250 μm 的煤屑输入通量；（b）各岩心在末次冰消期中煤屑含量高峰层位的煤屑含量（在所有＞250 μm IRD 中的占比）；在计算中，假设该事件在西北冰洋所有地区持续时间一致；其中 M03 岩心的岩矿鉴定资料引自 Wang R 等（2013）。CP-楚科奇海台；NR-北风号海岭

在北美的加拿大北极群岛，含煤地层主要分布于班克斯岛。班克斯岛除含煤地层外，也广泛分布古生代碳酸盐岩露头（Clark D L et al.，1980；Darby et al.，1989；Fagel et al.，2014），因此，该地区是岩心沉积物褐色层中碎屑碳酸盐岩的来源（Wang R et al.，2018；章陶亮等，2014，2015）。如果该事件中的煤屑来源于班克斯岛，那么煤屑含量的高峰会对应于碎屑碳酸盐岩含量的高峰。然而，根据 13 个岩心中碎屑碳酸盐岩含量与煤屑含量高峰的对比发现（图 9-5、图 9-6），在末次冰消期煤屑输入事件中碎屑碳酸盐岩含量极低，尤其在楚科奇海台断面的一系列岩心中，末次冰消期中的碎屑碳酸盐岩含量几乎为零。因此，可以排除煤屑来源于加拿大北极群岛的可能性（Zhang T et al.，2019）。

阿拉斯加北部陆坡是煤屑的另一个可能来源。该地区含煤地层主要分布于阿拉斯加北部靠近楚科奇海以及波弗特海沿岸（图 9-1）。在现代阿拉斯加北部陆坡地区，主要的河流搬运是通过科尔维尔河进入波弗特海（Hill J C et al.，2007；Hill J C and Driscoll，2008）。然而，末次冰消期中位于阿拉斯加北部陆坡岸外楚科奇海的岩心沉积物中，无论是从沉积学的直接记录还是 XRF 元素扫描的记录中都未发现煤屑的沉积（Hill J C et al.，2007；Hill J C and Driscoll，2008，2010）。更重要的是，楚科奇边缘地的煤屑输入事件发生的时间约为 14 ka。但是最新的数值模拟以及地质学证据都表明，白令海峡直到约 11 ka 才打开（Kuehn et al.，2014；Jakobsson et al.，2017），因此，当煤屑开始输入时，白令海峡仍然关闭。没有白令海入流水的搬运，这些粗颗粒（>250 μm）的煤屑很难被搬运到楚科奇边缘地。因此，尽管目前还不能完全排除阿拉斯加北部陆坡的可能性，但是该地区作为末次冰消期西北冰洋煤屑输入事件来源的可能性不大（Zhang T et al.，2019）。

含煤地层广泛分布于加拿大西部沉积盆地（The Geographic Services Directorate，Surveys and Mapping Branch，Energy，Mines and Resources Canada，1982）。现代加拿大的马更些河的流域范围较小，难以影响到西南部的加拿大西部沉积盆地。但在末次冰盛期，北美大陆的劳伦泰德冰盖几乎覆盖了整个加拿大地盾和美国的大部分地区（Dyke，2004；Ruddiman，2013）。随后的冰消期，劳伦泰德冰盖消融产生了大量冰融水，导致加拿大北部马更些河流域范围大幅度地向南扩张（Lemmen et al.，1994；Duk-Rodkin and Hughes，1995），可以延伸至南边的加拿大西部沉积盆地（Tarasov and Peltier，2005）。与此同时，劳伦泰德冰盖的消融产生了大量冰融水以及大冰块，通过北美大陆的冰缘湖阿加西湖（Lake Agassiz）（图 9-1）以及马更些河，向西北流入波弗特海，并进入西北冰洋（Murton et al.，2010；Deschamps et al.，2018；Keigwin et al.，2018）。因此，末次冰消期中这些从劳伦泰德冰盖消融而产生的冰融水和大冰块在加拿大西部沉积平原可能携带了大量来自该地区的煤屑颗粒，一起通过当时的马更些河进入波弗特海沿岸，并最终由波弗特环流携带进入楚科奇海台以及北风号海岭地区，并沉积下来。尽管新仙女木期开始时劳伦泰德冰盖的冰融水的排泄方向目前仍然存在争议（图 9-2）（Teller et al.，2002；Tarasov and Peltier，2005；Not and Hillaire-Marcel，2012），但是越来越多的陆地地质记录以及海洋沉积物证据表明，有一支冰融水通过扩大的马更些河流向西北，进入波弗特海，随后进入西北冰洋的加拿大海盆（Andrews and Dunhill，2004；Tarasov and Peltier，2005；Keigwin et al.，2018）。

根据末次冰消期重建的劳伦泰德冰盖演化历史，冰消期开始时劳伦泰德冰盖消融的速率较为平稳，但是其融化速率在 13 ^{14}C ka 左右突然加快，并形成了现代马更些河的大致排泄路径（Lemmen et al.，1994；Duk-Rodkin and Hughes，1995；Keigwin et al.，2018）；随后，进一步的冰盖消融发生在 11.8 ^{14}C ka 和 11 ^{14}C ka，使得马更些河流域范围大幅度扩张（Teller et al.，2002；Andrews et al.，1993；Hall and Chan，2004），一直延伸至加拿大西部沉积盆地。劳伦泰德冰盖融化速率突然加快，并且导致马更些河流域范围扩张的时间与西北冰洋末次冰消期中的煤屑输入事件一致。之前对于波弗特海附近岩心的研究也表明，末次冰消期中大量冰融水以及大冰块通过马更些河流域进入波弗特海（Deschamps et al.，2018）。因此，在末次冰消期（约 13 ^{14}C ka），劳伦泰德冰盖消融加剧与楚科奇边缘地煤屑输入时间几乎一致，说明西北冰洋发生过来源于劳伦泰德冰盖的冰融水事件（Zhang T et al.，2019）。

根据煤屑含量与碎屑岩含量的对比，煤屑输入事件伴随着较高的碎屑岩含量（图 9-5、图 9-6），但是煤屑含量的高峰略晚于碎屑岩含量的高峰。西北冰洋沉积物中碎屑岩的主要来源为马更些河流域地区的富含砂岩和粉砂岩的基岩（Phillips and Grantz，2001；Zhang T et al.，2021）。因此，岩心沉积物中的煤屑含量高峰与碎屑岩含量高峰几乎同时出现，但碎屑岩含量的高峰略早于煤屑，可能说明末次冰消期早期劳伦泰德冰盖消融时，其排泄的冰融水先将加拿大北部富含碎屑岩和较少煤屑的冰山和大冰块运输至北冰洋；随着末次冰消期晚期劳伦泰德冰盖的进一步消融，冰融水才将南部富含煤屑的冰块带入北冰洋，并沉积下来。

在西北冰洋，高岭石一般是含量极低的黏土矿物，但是在受波弗特环流影响的北风号海岭和楚科奇海台地区，其含量较高（Naidu and Mowatt，1983；Yurco et al.，2010；Kobayashi et al.，2016；Yamamoto et al.，2017）。在阿拉斯加边缘地区的 6JPC 和 5JPC 岩心中，末次冰消期的煤屑输入事件中出现了高岭石含量的高峰，高岭石含量高峰的时间约为 14 ka，表明该事件中煤屑和高岭石可能来源于同一源区。这些高岭石通过波弗特环流或者海冰从马更些河三角洲或者阿拉斯加北部陆坡带入楚科奇边缘地（Kobayashi et al.，

2016；Yamamoto et al.，2017）。因此，与煤屑输入事件同时出现的高岭石含量高峰也表明，阿拉斯加北部陆坡或者马更些河三角洲为末次冰消期中煤屑的来源（Zhang T et al.，2019）。

综上所述，可以推测当时的沉积模式为：在 LGM 覆盖于北美大陆的劳伦泰德冰盖在末次冰消期消融，产生了大量冰融水和大冰块；与此同时，加拿大的马更些河受到劳伦泰德冰盖融化的影响，其流域范围向南扩张至加拿大西部沉积盆地；冰融水和大冰块携带着加拿大西部沉积盆地的煤屑，通过马更些河进入波弗特海，然后由波弗特环流输入西北冰洋的楚科奇边缘地并沉积下来。该沉积模式解释了 MIS 5 期以来研究区只有末次冰消期才出现煤屑含量的高峰。只有当劳伦泰德冰盖冰融水的量大到足以使马更些河的流域范围扩大至加拿大西部沉积盆地，才能将加拿大南部的煤屑携带进入西北冰洋。MIS 5 期以来，如此大规模的冰融水事件仅在 LGM 之后的末次冰消期才出现。根据这个推测的沉积模式，在 MIS 6 期结束向 MIS 5e 间冰阶过渡的冰消期，也可能发生同样煤屑含量升高的事件。由于所有 13 个岩心的底部年龄最老仅为 MIS 5 期，因此，目前还无法确定 MIS 6 与 MIS 5 期之间的冰消期是否有煤屑沉积，有待进一步开展更长时间尺度的古环境研究（Zhang T et al.，2019）。

9.1.2　浮游有孔虫氧碳同位素与冰筏碎屑指示的上层水体盐度变化

西北冰洋是太平洋水进入北冰洋的必经通道（Grebmeier，2012），是海冰融化最显著的区域之一（Stroeve et al.，2012），也是北冰洋上层水体淡水储存和生物生产力变化最显著的地区（Arrigo et al.，2008；Rabe et al.，2011）。为了更好地理解这些现代变化的趋势，有必要研究过去气候变化对该地区的影响。而北冰洋沉积物中的浮游有孔虫 Nps 是该地区的优势种，其壳体的氧碳同位素组成是研究北冰洋上层水体结构以及冰融水事件的重要替代指标（司贺园等，2013；Wang R et al.，2013；丁旋等，2014）。该种壳体的氧同位素组成记录了其生长的海水环境的 $\delta^{18}O$ 信号及海水温度和盐度的变化；而其碳同位素组成常常被用来研究海水的通气状况、碳储库变化以及营养差异，二者在北冰洋的古海洋学研究中得到了广泛应用（Polyak et al.，2004；Spielhagen et al.，2004；Nørgaard-Pedersen et al.，2007；Adler et al.，2009）。北冰洋浮游有孔虫 $\delta^{18}O$ 和 $\delta^{13}C$ 受水团来源、水体结构特征及有孔虫生活习性的影响（Xiao W et al.，2014）。此外，北冰洋的初级生产力也影响浮游有孔虫的 $\delta^{13}C$，然而在常年被海冰覆盖的区域这个因素影响很小（Lubinski et al.，2001）。

北冰洋表层沉积物中 Nps-$\delta^{18}O$ 和 Nps-$\delta^{13}C$ 的平均值分别在 1.5‰ 和 0.8‰ 左右，代表近几百年至几千年来的上层海水状况（Xiao W et al.，2014）。然而，地质时期沉积物记录中 Nps-$\delta^{18}O$ 偏轻，一般认为有以下 3 种原因：①表层海水温度升高，因为根据有孔虫壳体 $\delta^{18}O$ 与海水温度的相关性，表层水温度升高 1℃ 相当于 Nps-$\delta^{18}O$ 降低 0.26‰（Shackleton，1974；Xiao W et al.，2014；Hillaire-Marcel et al.，2004）；②与冰融水或河流淡水的注入有关，因为楚科奇海以及门捷列夫海岭的研究表明，末次冰消期偏轻的 Nps-$\delta^{18}O$ 与 Nps-$\delta^{13}C$ 指示冰融水事件（Poore et al.，1999；Lubinski et al.，2001；Polyak et al.，2004；Wang R et al.，2013），含有轻同位素的淡水注入导致 Nps-$\delta^{18}O$ 和 Nps-$\delta^{13}C$ 偏轻。③随着表层海水温度下降，海冰形成速率加快，导致轻同位素卤水的生产和下沉速率提高，造成 Nps-$\delta^{18}O$ 和 Nps-$\delta^{13}C$ 偏轻（Poore et al.，1999；Hillaire-Marcel and de Vernal，2008；王汝建等，2009a，2009b；Wang R et al.，2013）。因此，将北冰洋沉积记录中的 Nps-$\delta^{18}O$ 和 Nps-$\delta^{13}C$ 与 IRD 和 Ca 含量相结合，可以有效指示冰融水的来源和上层海水的盐度变化。

1. 楚科奇边缘地与楚科奇海盆晚更新世上层水体的盐度变化

西北冰洋楚科奇边缘地 ARC3-P37、ARC3-P23、ARC3-P31 岩心和楚科奇海盆 ARC2-M03 岩心的位置如图 7-1 所示，它们的地层年代框架是综合了多种地层学方法，如 AMS ^{14}C 测年、沉积物颜色旋回、Mn 和 Ca 元素含量、IRD 含量、有孔虫丰度等参数，并与该区其他岩心的地层对比后建立的。其中，P37 岩心被划分为 MIS 5～1 期（段肖等，2015），P23 和 P31 岩心都被划分为 MIS 3～1 期（章陶亮等，2014；梅静等，2015），M03 岩心被划分为 MIS 4～1 期（Wang R et al.，2013）。很显然，P37 岩心的地层年代尺度较其他岩心长，因此将由 MIS 5～1 期逐一论述该地区上层水体的盐度变化（图 9-9）。

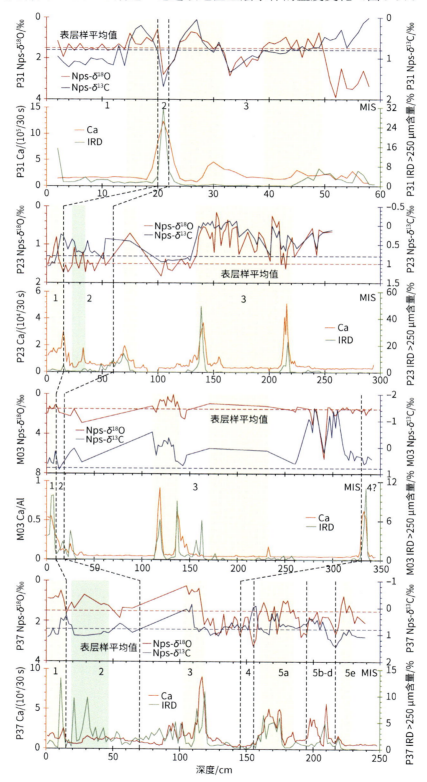

图 9-9　西北冰洋楚科奇边缘地与楚科奇深海平原晚第四纪以来浮游有孔虫 Nps-δ^{18}O 和 Nps-δ^{13}C 与 IRD 含量和 Ca 元素含量指示的上层水体盐度变化

图中数据分别来自段肖等（2015）、梅静等（2015）、章陶亮等（2014）、Wang R 等（2013）。红色和深蓝色水平虚线代表该地区表层沉积物中 Nps-δ^{18}O 和 Nps-δ^{13}C 的平均值（Xiao W et al., 2014）。垂直浅黄色带表示上层水体盐度变淡或者温度升高的间隔；垂直浅绿色带表示 LGM

北风号海岭 P37 岩心 MIS 5e 期的 Nps-δ^{18}O 偏轻于表层沉积物的 Nps-δ^{18}O，与 IRD 含量低值相对应，反映上层海水温度的升高；在 MIS 5e 与 MIS 5d 之间，Nps-δ^{18}O 和 Nps-δ^{13}C 同时偏重，显示温度下降；随后的 MIS 5d～5b 期间，元素 Ca 和 IRD 含量同时增加，指示北美劳伦泰德冰盖的冰融水排泄，以及表层海水冻结成冰，海冰覆盖范围增加，阻止了海气交换，使得 Nps-δ^{13}C 偏轻（Adler et al.，2009；章陶亮等，2014；段肖等，2015）；在 MIS 5a 期，Nps-δ^{18}O 和 Nps-δ^{13}C 同时偏轻，并伴随着元素 Ca 和 IRD 含量同时增加，可能指示北美劳伦泰德冰盖的冰融水排泄，上层水体盐度降低；在 MIS 4 期，偏轻的 Nps-δ^{13}C 反映表层海水冻结成冰，海冰覆盖范围增加，阻止了海气交换（段肖等，2015）。

对比该地区 4 个岩心中的 Nps-δ^{18}O 和 Nps-δ^{13}C 发现，在 MIS 3 期，同时偏轻的 Nps-δ^{18}O 和 Nps-δ^{13}C 对应于元素 Ca 和 IRD 含量同时增加，可能显示与北美劳伦泰德冰盖或东西伯利亚冰盖的冰融水排泄有关，上层水体盐度降低（Niessen et al.，2013；Wang R et al.，2013；章陶亮等，2014；段肖等，2015；梅静等，2015）；而在部分间隔，同时偏轻的 Nps-δ^{18}O 和 Nps-δ^{13}C 并未伴随着元素 Ca 和 IRD 含量同时增加，指示表层海水温度下降，海冰形成速率加快，导致轻同位素卤水的生产和下沉速率提高，造成 Nps-δ^{18}O 和 Nps-δ^{13}C 同时偏轻（Poore et al.，1999；Hillaire-Marcel and de Vernal，2008；王汝建等，2009a，2009b；Wang R et al.，2013）。在 MIS 2 期，楚科奇海台 P31 岩心中 Nps-δ^{18}O 和 Nps-δ^{13}C 同时偏重，并伴随着元素 Ca 和 IRD 含量同时增加，反映表层温度降低以及低营养环境；而北风号海岭 P37 和北风号海岭 P23 岩心中 Nps-δ^{18}O 和 Nps-δ^{13}C 呈现镜像关系，Nps-δ^{18}O 偏重，而 Nps-δ^{13}C 偏轻，这在北冰洋中部和门捷列夫海岭等海区的研究中也发现了类似现象（Adler et al.，2009；Spielhagen et al.，2004；Nørgaard-Pedersen et al.，2007）。造成这一现象的原因可能是冰期表层海水温度急剧下降，导致 Nps-δ^{18}O 偏重，同时，表层海水冻结成冰，阻止了海气交换，使得 Nps-δ^{13}C 偏轻（Adler et al.，2009；章陶亮等，2014；段肖等，2015）。在 MIS 1 早期，楚科奇海台 P31 岩心中的 Nps-δ^{18}O 和 Nps-δ^{13}C 同时偏轻，显示表层水温度升高（梅静等，2015），而其他 3 个岩心中的 Nps-δ^{18}O 和 Nps-δ^{13}C 同时偏轻，并伴随着元素 Ca 和 IRD 含量同时增加，可能反映北美劳伦泰德冰盖的冰融水排泄，导致上层水体盐度降低（Wang R et al.，2013；章陶亮等，2014；段肖等，2015）。

2. 门捷列夫海岭至中央海区晚更新世上层水体的盐度变化

为了利用古海洋学记录评估东西伯利亚冰盖的冰融水排泄事件特征和加强对区域控制和扩展空间相关性的解释，前人研究了门捷列夫海岭的 ARC7-E25 岩心的沉积记录（图 9-10），并重新评价了部分 Polarstern 和 HOTRAX 航次岩心的记录（Spielhagen et al.，2004；Adler et al.，2009；Jang et al.，2013）。将这些岩心相结合，构成两个断面：①门捷列夫海岭南部至北部断面；②门捷列夫海岭北部经罗蒙诺索夫海岭和莫里斯·杰塞普隆起至北欧海断面。利用这些断面的沉积记录来评估东西伯利亚冰盖扩张和融化的影响，包括冰融水排泄事件及其对沉积环境、环流和气候产生的深远影响（Zhao et al.，2022）。

利用上述两个断面的 Nps-δ^{18}O 记录可以确定其氧同位素的轻偏移事件，并可根据 IRD 输入的存在与否将其分为两种形成机制。在 MIS 6 和 MIS 4 期间，Nps-δ^{18}O 记录连续变轻（图 9-11），IRD 含量较低，并伴随着较高的石英、斜长石和伊利石含量，反映这两个时期冰架和海冰较厚，覆盖面积大（Zhao et al.，2022）。这种 Nps-δ^{18}O 轻偏移更可能响应于海冰形成速率的提高，导致同位素轻卤水的产生和沉降（Hillaire-Marcel and de Vernal，2008；Wang R et al.，2013）。但值得注意的是，该时期伊利石持续显示出非常高的含量，表明来自东西伯利亚大陆边缘的物质不间断输入（Viscosi-Shirley et al.，2003a；Ye L et al.，2020a）。

众所周知，伴随 IRD 含量增加的 Nps-δ^{18}O 偏轻通常表明冰盖崩塌和冰川融水的快速排泄（Köhler and Spielhagen，1990；Spielhagen et al.，2004）。在 MIS 7 晚期，门捷列夫海岭的岩心记录中都观察到了淡水排泄事件，即 Nps-δ^{18}O 的快速变轻伴随着 IRD、白云石和高岭石含量增加（图 9-11），这与先前报道的该期间西北冰洋碎屑碳酸盐岩的显著增加相吻合，其代表为粉白层 1（PWL1）（Dong L et al.，2017；Stein et al.，2010a，2010b）。在 MIS 5d、MIS 5a 和 MIS 3 期间也观察到类似的淡水排泄事件，这些岩心中的 Nps-δ^{18}O 都偏轻，与该时期其他粉白层相对应，而伊利石和绿泥石含量减少（Zhao et al.，2022）。该黏土组合主要来源于马更些河和阿拉斯加北部的波弗特海沉积物（Naidu et al.，1971；Xiao W et al.，2021）。在这些时期发生的相对短暂的淡水排泄事件可归因于劳伦泰德冰盖的崩塌和冰山融水的排泄（Jang et al.，2013；Klotsko et al.，2019；Poore et al.，1999；Spielhagen et al.，2004）。

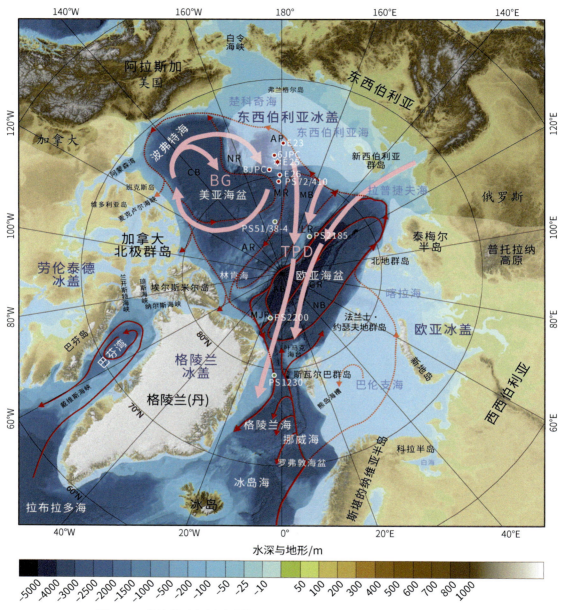

图 9-10　北冰洋及邻近陆地的水深和地形图（据 Zhao et al.，2022 改）

图中使用的沉积物岩心用白色轮廓的红色六边形和圆点表示，断面 1 和断面 2 的岩心分别用白色轮廓的红色和绿色圆点表示；较浅的半透明区域表示晚更新世期间北冰洋周围主要冰盖的范围（Brigham-Grette，2013；Engels et al.，2008；Niessen et al.，2013；Svendsen et al.，2004）；带箭头的粉色和红色线条表示表面环流和大西洋水；带箭头的虚线表示在冰川作用期间，水流可能被冰架阻挡（Rudels et al.，2012）；AP-埃利斯海台；NR-北风号海岭；CB-加拿大海盆；MR-门捷列夫海岭；AR-阿尔法海岭；MB-马卡罗夫海盆；LR-罗蒙诺索夫海岭；AB-阿蒙森海盆；GR-哈克尔海岭；NB-南森海盆；MJR-莫里斯•杰塞普隆起

　　事实上，淡水信号在晚第四纪记录中并不是随机发生的。在限定的时间间隔内，在这两个断面上的多个岩心中都记录了多次的 Nps-δ^{18}O 轻偏移（Adler et al.，2009；Jang et al.，2013；Spielhagen et al.，1997，2004；Wang R et al.，2013）。在东北冰洋的 PS2185 和 PS2200 岩心中存在粉白层，可能指示来自劳伦泰德冰盖的排泄（Spielhagen et al.，1997，2004）。这可能是由于波弗特环流的影响范围有限（Phillips and Grantz，

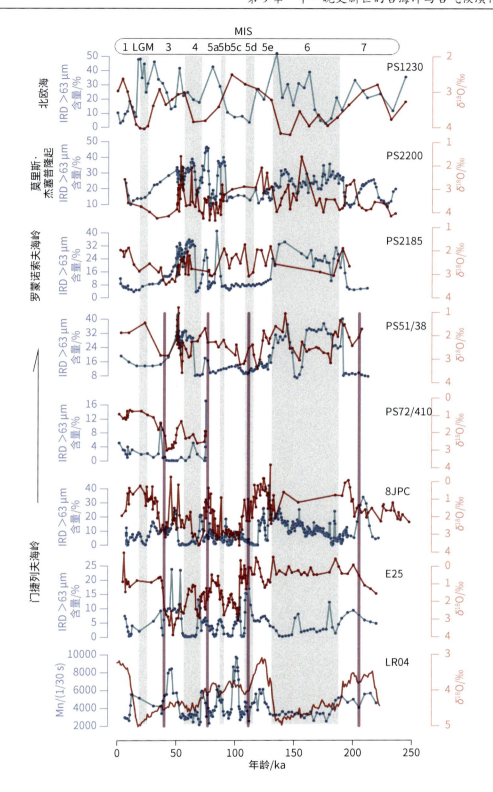

图 9-11 北冰洋门捷列夫海岭-罗蒙诺索夫海岭-莫里斯•杰塞普隆起-北欧海 7 个岩心晚更新世以来浮游有孔虫 Nps-δ^{18}O 与 IRD 含量和碎屑碳酸盐岩粉白层指示的上层水体盐度变化（据 Zhao et al.，2022 改）

图中垂直的灰色带表示冰期和冰阶，垂直的紫色粗线表示含碎屑碳酸盐岩的粉白层

2001）以及长途运输的稀释效应。除了上述时期的粉白层外（Bazhenova et al.，2017；Clark D L et al.，1980；Spielhagen et al.，1997），根据两个断面上多个岩心资料，其他时期记录的淡水排泄事件发生在冰期与间冰

期（135～125 ka、55～45 ka 和 10～5 ka），或接近冰期（90～70 ka 和 40～30 ka）（Zhao et al.，2022）。其中，门捷列夫海岭南部至北部断面岩心在 MIS 5e 和 MIS 5c 早期以及 MIS 5a 期都出现了 Nps-δ^{18}O 偏轻，并伴随着 IRD 含量增加（图 9-11）（Zhao et al.，2022）。这可能受到东西伯利亚冰盖与劳伦泰德冰盖排泄的淡水共同影响，可能是由穿极流和波弗特环流系统的移动造成（Wang R et al.，2018；Xiao W et al.，2021）。而门捷列夫海岭北部的罗蒙诺索夫海岭至北欧海断面岩心在 MIS 5e 和 MIS 5c 期也出现了 Nps-δ^{18}O 偏轻，且偏轻的幅度小于前者约 1‰，同时 IRD 含量未明显增加，推测受到了长途运输的稀释效应影响（Zhao et al.，2022）。

通过对比地球物理重建的东西伯利亚冰盖历史与上述两个断面近 220 ka 沉积记录发现，Nps-δ^{18}O 的记录为北冰洋上层海水盐度变化提供了证据。在这些记录中，较低 IRD 含量与持续偏轻的 Nps-δ^{18}O 事件归因于 MIS 6 和 MIS 4 期等大尺度冰期同位素轻卤水和冻结产生的信号。而在 MIS 7、MIS 5 和 MIS 4/3 至 MIS 3 早期，仅短暂伴有 IRD 输入增强和 Nps-δ^{18}O 变轻的岩心，主要归因于冰川快速融化和邻近陆地发生的淡水排泄。在 MIS 7、MIS 5d、MIS 5a 和 MIS 3 期，出现粉白层和偏轻的 Nps-δ^{18}O 信号对应于较高的白云石、绿泥石和高岭石含量高峰，反映了劳伦泰德冰盖排泄的淡水量增加，表明波弗特环流在间冰期与间冰阶起主要作用。在 MIS 6 和 MIS 4 期，偏轻的 Nps-δ^{18}O 信号对应较低的 IRD 含量和较高的石英和斜长石含量组合，反映了东西伯利亚物质的输入和穿极流的增强。在 MIS 4/3 至 MIS 3 早期的淡水信号可能表明东西伯利亚冰盖延长，这与 MIS 6 与 MIS 5e 期的情况相似。东西伯利亚冰盖排泄的淡水作为一种独立且有影响力的来源，可能调节北冰洋西部甚至北极海盆的表层 Nps-δ^{18}O，与岩石和矿物指标的结合为跟踪冰川活动提供了一个潜在指标。考虑到同一时期几乎所有海区都观测到了 Nps-δ^{18}O 轻偏移，包括东西伯利亚冰盖和劳伦泰德冰盖输入北冰洋的淡水可能影响更广泛的区域，因此，Nps-δ^{18}O 轻偏移对古气候的调控仍有待研究（Zhao et al.，2022）。

9.2　海冰的变化历史

北冰洋海冰在气候系统中起着重要作用。它使海洋免受热量损失，并在很大程度上决定了北冰洋表面的反照率（IPCC，2014）。现代海冰覆盖面积正在迅速减少，大多数模拟预测为在 2050 年之前，夏季至少会有一个月无冰（Notz，2020）。海冰覆盖的变化可以触发影响区域和全球气候的正反馈过程，这需要去充分了解。海冰是控制北冰洋沉积环境的主要因素，因此，包括生物、地球化学和岩性特征等都可以用作古海冰重建的指标（Polyak et al.，2010；Stein et al.，2012）。然而，由于生物生产力低、沉积速率低和成岩损失，以及对相关现代过程的认识不足，这些指标的发展及其在北冰洋沉积记录中的应用受到了限制。底栖生物中微体化石组合分析提供了一种解决古海冰条件的方法，因为它们依赖于海冰控制的海底食物输入（Wollenburg and Kuhnt，2000；Scott et al.，2008；Polyak et al.，2013）。这种方法特别有价值，因为它与海冰减少对北冰洋生物群的潜在严重影响有关。近年来北冰洋沉积物中微体化石指标和生物标志物被开发出来用于重建更新世的古海冰记录，其中包含相对丰富和保存完好的钙质微体化石，如底栖有孔虫（Polyak et al.，2013；Lazar and Polyak，2016；Dipre et al.，2018）、浮游有孔虫（Vermassen et al.，2023）、介形虫（Cronin et al.，2013，2017）、海冰硅藻标志物 IP$_{25}$ 和 PIP$_{25}$（Stein et al.，2017a，2017b）以及粒度细组分端元等（Wang R et al.，2023），但依然需要其他指标。例如，重建的表层水古温度指标来验证这些古海冰指标的有效性及其所指示的海冰覆盖状况。

9.2.1　微体化石指示的海冰变化

1. 有孔虫和介形虫作为海冰变化的指标

北冰洋沉积物中的有孔虫组合可以潜在地指示海冰状况，而海冰在很大程度上控制着从海洋表面到海底的食物供应（Hoste et al.，2007；Vanreusel et al.，2000）。由此产生不同的底栖有孔虫组合，即极地种、过渡带种以及植物碎屑种，它们分别代表了常年海冰、海冰过渡带和季节性海冰环境，三者对海冰覆盖和冰期强弱响应明显（Lazar and Polyak，2016）。底栖有孔虫组合与海冰分布模式如图 9-12 所示。极地种以 *Stetsonia horvathi* 和 *Bolivina arctica* 为主，其中 *S. horvathi* 也可以生活在除北极以外受极地水影响的区域（Cornelius and Gooday，2004）。在现代环境中已无 *B. arctica* 的分布（Collins E S et al.，1996）。含量低且不稳定的有机碳通量是影响 *B. arctica* 生存的主要因素，这也是常年海冰覆盖下的主要环境特征（Stein and Macdonald，2004a，2004b）。植物碎屑种以 *Epistominella exigua* 为主，代表了一种有机碳季节性脉冲式输入的环境（Thomas et al.，1995；Cronin et al.，2013），主要出现在季节性海冰边缘带，海冰融化时带来生产力的勃发（Perrette et al.，2010）。在现代沉积物的研究中发现，该种目前只分布在弗拉姆海峡（Wollenburg and Kuhnt，2000）。*Epistominella arctica* 既可以生活在高生产力的季节性海冰区又可以适应低生产力环境，但更倾向于季节性海冰环境，指示了一种常年海冰与季节性海冰之间的过渡状态（Wollenburg and Kuhnt，2000）。在北冰洋中部罗蒙诺索夫海岭 ACEX 4C 孔的研究中发现，底栖胶结壳有孔虫丰度变化也可以反映海冰变化，在 MIS 37～17 期间胶结壳有孔虫丰度较高，胶结壳向钙质壳的过渡出现在 MIS 9～7 期，MIS 7 期以来就没有出现胶结壳有孔虫，说明该区域在 MIS 7 期以来已为常年海冰覆盖环境（Cronin et al.，2008）。因此，可以利用这些有孔虫来重建历史时期的海冰变化历史。

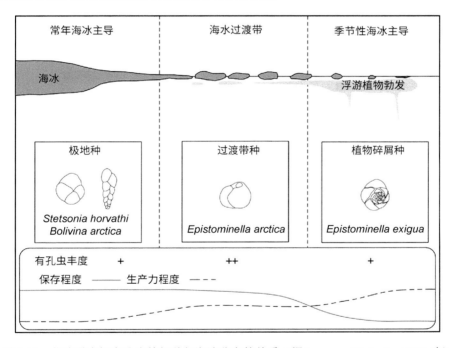

图 9-12　北冰洋底栖有孔虫特征种与海冰分布的关系（据 Lazar and Polyak，2016 改）

北冰洋中部海冰动物群的研究结果显示，介形虫 *Acetabulastoma arcticum* 以甲壳纲端足目的 *Gammarus* (*Lagunogammarus*) *wilkitzkii* 和 *Gammarus loricatus* 作为寄生的宿主（Schornikov，1970）。实际上，*Acetabulastoma* 属下所有的种都是外寄生种，它们寄生在端足目某些属的体表（Schornikov，1970）。因此，*Acetabulastoma* 的每一个种都有一种或几种端足目的宿主（Cronin et al.，2010）。*A. arcticum* 在春季个体数量最多，在超过 40% 的 *G. wilkitzkii* 个体上发现了该种（Cronin et al.，2010）。*A. arcticum* 的口器形似吸盘，借此吸附在端足目的体表（Barnard，1959；Baker and Wong，1968）。在利用沉积物中的 *A. arcticum* 重建古海冰历史时，对宿主 *G. wilkitzkii* 生态分布的了解至关重要。*G. wilkitzkii* 栖息于海冰的卤水通道和融化穴中，其生活史的所有阶段都与海冰联系在一起（Poltermann，2000；Poltermann et al.，2000；Werner and Gradinger，2002；Gradinger and Bluhm，2004；Macnaughton et al.，2007）。*G. wilkitzkii* 广泛分布于北冰洋，包括加拿大海盆、北冰洋中央海区、巴伦支海以及斯瓦尔巴群岛沿海等；而以 *G. wilkitzkii* 为宿主的

A. arcticum 在北冰洋也仅出现在有常年海冰的海域，而未出现在只有季节性海冰的水域，如大陆架（Cronin et al.，2010，2013；Gemery et al.，2015）。另外一个介形虫 *Rabilimis mirabilis* 分布在北冰洋 4～1023 m 水深范围内，绝大多数出现于 500 m 以浅的水深（Zhou et al.，2021）。在北冰洋不同的海域，*R. mirabilis* 出现的水深范围差异很大，例如，在楚科奇海台分布于<562 m 水深，但在东西伯利亚海陆坡则达到 1023 m 水深。该种分布在喀拉海、东西伯利亚海、楚科奇海台以及波弗特海的季节性海冰边缘（Gemery et al.，2015），被夏季无海冰边缘水域所分隔（Gemery et al.，2017）。因此，作为常年海冰的指示种 *A. arcticum* 和季节性海冰边缘的指示种 *R. mirabilis* 可以用来重建历史时期的海冰变化历史。

2. 有孔虫海冰指示种指示的海冰变化

西北冰洋北风号海岭 P23 与 P39 岩心合成记录中保存的底栖钙质有孔虫组合为理解中更新世以来北冰洋的海洋学和气候环境历史提供了独特视角。该研究利用有孔虫丰度、多样性和底栖有孔虫组合，特别是植物碎屑种、极地种、过渡带种以及岩性指标，重建了中更新世过渡期间气候扰动和随后的全尺度冰川旋回背景下的海冰变化（Polyak et al.，2013）。底栖有孔虫组合与海冰指示种的特征显示，在 MIS 18 早期之前，底栖有孔虫组合以植物碎屑种和 *E. exigua* 为主，在此之后，植物碎屑物种和 *E. exigua* 含量减少，取而代之的是极地种和 *B. arctica* 含量增加（图 9-13），反映了由季节性海冰向常年海冰的转换，岩性指标也发生了彻底更替，表明常年海冰的建立。这种大规模海冰条件的转换被北冰洋和北大西洋的研究所证实（Kaminski et al.，1989；Osterman and Qvale，1989；Hanslik，2011）。从 MIS 11 期开始，极地种和 *B. arctica* 含量显著增加，表明海冰覆盖进一步增加，这与大约 425 ka 北半球冰川的加剧（中布容事件）同时发生（Jansen J H F et al.，1986；Wang P et al.，2004），也与季节性海冰环境相对应的植物碎屑种和 *E. exigua* 含量在间冰期升高，尤其直到 MIS 7 期之前明显的变化一致。这些特征与源自劳伦泰德冰盖物源输入的沉积物上升同时出现，特别是以高振幅的 Ca 含量峰值呈现出来（Polyak et al.，2013）。劳伦泰德冰盖的增长很可能是海冰扩张的一个原因。总体而言，极地种和 *B. arctica* 组合表明，在"冰期"的更新世，常年海冰是一种常态，在主要间冰期发生了一定程度的海冰退缩（Polyak et al.，2013）。这种古气候背景突出了当前北极海冰覆盖萎缩的异常模式，在北冰洋西部尤其明显（Stroeve et al.，2012）。

根据西北冰洋门捷列夫海岭 MA01、E26 和 6JPC 岩心已经建立的年龄框架（Xiao W et al.，2020；Lazar and Polyak，2016），这 3 个岩心中的有孔虫丰度、常年海冰指示种 *B. arctica*、过渡带指示种 *E. arctica*、季节性海冰指示种 *E. exigua* 和 *Cyclammina* sp. 如图 9-14 所示，MA01 和 E26 岩心的有孔虫丰度和 *B. arctica* 丰度的变化特征几乎一致，而 E26 和 6JPC 岩心的季节性海冰指示种 *Cyclammina* sp. 丰度和 *E. exigua* 含量的变化特征也类似；这些海冰指示种在 MIS 11 和 MIS 7 期（约 420 ka 和 300～200 ka）的变化最为明显，可能与北冰洋西部的海冰扩张有关（Cronin et al.，2013，2017；Polyak et al.，2013；Lazar and Polyak，2016；Dong L et al.，2017；Xiao W et al.，2020）。MIS 15～7 期，E26 岩心的 *Cyclammina* sp. 丰度和 6JPC 岩心的 *E. exigua* 含量由高到低逐渐减少，而 MIS 7 期以来前者消失，后者明显减少；但是，6JPC 岩心的过渡带种 *E. arctica* 含量在 MIS 7～3 期明显增加。MIS 11～7 期，极地种 *B. arctica* 丰度逐渐增加，并在 MIS 7 和 MIS 6/5 期的冰消期达到高值，随后降低（Lazar and Polyak，2016）。上述 3 个岩心中有孔虫海冰指示种在不同时间段的变化反映了门捷列夫海岭从北到南的常年海冰、海冰过渡带和季节性海冰覆盖的演化历史（图 9-14）。门捷列夫海岭北部的 MA01 岩心（82.031°N，水深 2295 m）MIS 15 期以来只出现极地种 *B. arctica*，而没有发现胶结壳的植物碎屑种 *Cyclammina* sp.，说明该岩心位置始终处于常年海冰覆盖区域；中间位置的 E26 岩心（79.950°N，水深 1500 m）MIS 15 期以来极地种 *B. arctica* 出现时间与 MA01 岩心中该种的出现时间一致，但植物碎屑种 *Cyclammina* sp. 出现在 MIS 15～MIS 7 早期，说明该时期 E26 岩心位置被季节性海冰覆盖，而 MIS 7 期以来与 MA01 岩心一样受到常年海冰的覆盖；南部 6JPC 岩心（78.294°N，水深 800 m）MIS 14 期以来的植物碎屑种 *E. exigua* 和过渡带种 *E. arctica* 在 MIS 7 期出现转换，前者主要出现在 MIS 14～6 期，而后者主要出现在 MIS 7～3 期（Cronin et al.，2017），这两个种的转换现象与北风号海岭的 P23 与 P39 岩心和罗蒙诺索夫海岭西部的 PC04 岩心的结果是一致的（Polyak et al.，2013；Lazar and Polyak，2016），说明这些地区 MIS 7 期之前为季节性海冰覆盖，MIS 7 期以来转变为海冰过渡带，可能反

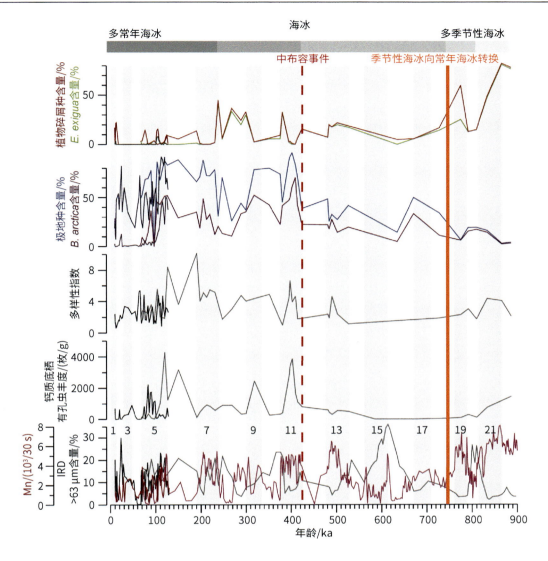

图 9-13　基于西北冰洋北风号海岭 P23/P39 岩心合成记录中底栖有孔虫组合指示的海冰状况演化特征

（据 Polyak et al.，2013 改）

图中灰色带和数字编号表示间冰期；粗橘黄色线表示季节性海冰向常年海冰的转换边界；红色虚线指示中布容事件；奇数 1～21 表示 MIS 期

映了北美和欧亚大陆冰盖的增长和北冰洋西部海冰覆盖范围的扩张。

　　门捷列夫海岭 3 个岩心中钙质底栖有孔虫保存的增强与海冰生长的指标，例如，指示常年海冰、海冰过渡带和季节性海冰的 *B. arctica*、*E. arctica* 和 *E. exigua* 的共同出现表明，它们之间可能存在因果关系（Lazar and Polyak，2016）。在过渡期的 MIS 7 期之前，海冰覆盖的减少有利于延长有孔虫生产力季节，从而使更多的有机碳输出到海底，而由于这种有机物的降解，间隙水的腐蚀性更强，导致 MIS 11 期之前的有孔虫保存效率低下（Xiao W et al.，2020）。北冰洋有孔虫的保存主要受海冰和有机碳输入的影响（Wollenburg and Kuhnt，2000），同时底栖有孔虫也会受同期或是长期的孔隙水溶解作用的影响（Cronin et al.，2008）。罗蒙索诺索夫海岭 ACEX 4C 孔的底栖有孔虫研究发现，在 MIS 37～13 期间存在丰度较高的胶结壳有孔虫，而在此期间钙质壳有孔虫的缺失可能是后期差异性溶解造成的。胶结壳向钙质壳的过渡出现在 MIS 9～7 期，MIS 7 期之后仅有钙质壳有孔虫，反映了由季节性海冰向常年海冰过渡的环境（Cronin et al.，2008）。阿尔法海岭 CESAR14 孔的底栖有孔虫研究发现，在 MIS 7 期之下的地层中出现胶结壳有孔虫 *Cyclammina* sp.（Scott et al.，1989），与 E26 中发现的 *Cyclammina* sp. 一致。胶结壳有孔虫存在于季节性海冰区，反映了水体中造壳物质较多，水动力较强的特点，也与较好的氧化条件以及较高的有机碳通量有关（Cronin et al.，2008）。中布容事件出现在 600～200 ka，全球大洋出现较强的碳酸钙溶解作用，其中，在 MIS 11 期的溶解作用最为强烈，中布容事件之后北冰洋才有钙质有孔虫的沉积（Barker et al.，2006）。因为在常年冰覆盖的环境下，上下水体之间的通风作用减弱，阻碍了海表有机质向下传输（Rasmussen and Thomsen，2015），有机质通量以及底层水含氧量的减少使得有机质的分解作用减弱，有利于钙质有孔虫的保存（Lazar and Polyak，2016）。可能由于 MA01 岩心水深较深，底层水溶解作用较强，不能为 *Cyclammina* sp.等有孔虫提供足够的造壳物质，因此，不利于胶结壳有孔虫的生存。在完全的冰期条件下，海冰密集度大，生产力极低，也会导致海冰指示种的消失（Gemery et al.，2017），如 MIS 6 期是北冰洋有记录的最大冰期，部分地区冰架的厚度可以达到水下 1000 m（Jakobsson et al.，2016），该时期 MA01 和 E26 岩心的有孔虫丰度几乎为零。另外，除 MIS 7 期以及 MIS 6/5 期的冰消期 *B. arctica* 丰度较高外，其他时期该种丰度较低，可能是由于底栖有孔虫的分异度增加，消耗了较多的有机质，抑制了 *B. arctica* 的生长（Lazar and Polyak，2016）。

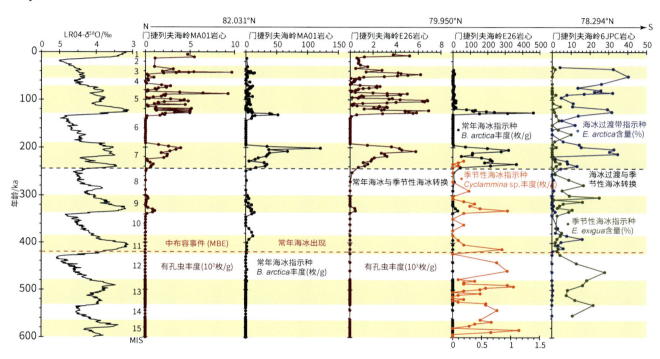

图 9-14　西北冰洋门捷列夫海岭 MA01、E26 和 6JPC 岩心中—晚更新世以来底栖有孔虫海冰指示种 *B. arctica* 和 *Cyclammina* sp.丰度变化，以及 *E. arctica* 和 *E. exigua* 含量变化

图中 6JPC 岩心数据来自 Cronin 等（2017）；LR04-δ^{18}O 数据来自 Lisiecki 和 Raymo（2005）；水平黄色带表示间冰期

除上述底栖有孔虫海冰指示种外，最新的研究发现，浮游有孔虫 *Turborotalita quinqueloba* 也可以用来指示北冰洋末次间冰期海冰覆盖和海水分层状况（Vermassen et al.，2023）。在北大西洋高纬度海区，浮游有孔虫 *T. quinqueloba* 被认为是一种亚极地种［图 9-15（a）］，主要生活在北冰洋-大西洋通道的巴伦支海和弗拉姆海峡的大部分无海冰或与海冰边缘接壤的地区（Greco et al.，2022；Anglada-Ortiz et al.，2021；Ofstad et al.，2021；Pados and Spielhagen，2014）。相比之下，北极种 *Neogloboquadrina pachyderma* 的分布范围要广得多，可以忍受北冰洋中部的极端环境，甚至在常年海冰下还出现在整个北欧海和弗拉姆海峡-巴伦支海（Pados and Spielhagen，2014；Carstens et al.，1997；Volkmann，2000；Carstens and Wefer，1992）。因此，*T. quinqueloba* 通常被认为是大西洋水对亚北极北大西洋影响的可靠指标，并已被用于重建海冰边缘和北极锋（Bauch，2013；Alonso-Garcia et al.，2011）的位置，甚至是弗拉姆海峡的北极大西洋化程度（Tesi et al.，2021）。北冰洋中部 5 个岩心的浮游有孔虫组合记录表明，现代北冰洋中部基本不存在 *T. quinqueloba*，这与以往的研究结果一致（Nørgaard-Pedersen et al.，2009）。相比之下，MIS 5 期的沉积物记录了 *T. quinqueloba*

多个丰度高值，占浮游有孔虫组合的 30%～60%。汇总之前北极和北大西洋北部 *T. quinqueloba* 在 MIS 5 期勃发的资料发现，*T. quinqueloba* 与 *N. pachyderma* 一起出现在整个 MIS 5 期，通常 MIS 5e 期的 *T. quinqueloba* 丰度最高，达到浮游有孔虫组合的 60%（Vermassen et al., 2023）。末次间冰期 *T. quinqueloba* 的入侵记录了北冰洋中部向亚极地环境的显著转变。这意味着北冰洋中部广阔的开放水域和夏季海冰极大减少，季节性初级生产力达到最大，从而支持了 *T. quinqueloba* 种群生存 [图 9-15（b）]，并由此描绘出末次间冰期夏季海冰最小值的边界。海冰的模拟也表明，末次间冰期海冰退缩的空间格局在很大程度上模仿了现代海冰退缩的格局（Kageyama et al., 2021）。

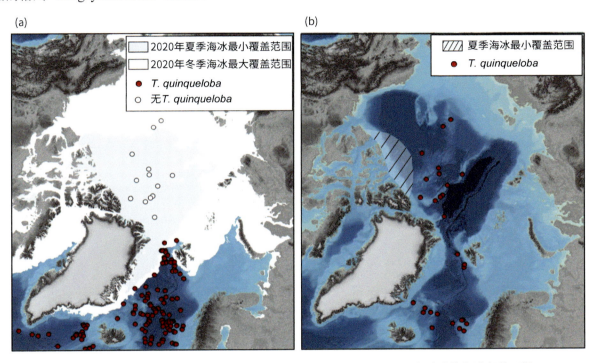

图 9-15　汇编现代和末次间冰期新的和现有的浮游有孔虫 *T. quinqueloba*，以及观测和重建的海冰条件（据 Vermassen et al., 2023 改）

（a）现代 *T. quinqueloba* 的出现和海冰覆盖范围；（b）末次间冰期 *T. quinqueloba* 的出现和海冰覆盖范围；2020 年的海冰覆盖范围来自国家雪冰数据中心（National Snow and Ice Data Center，NSIDC）（NSIDC，2021）

夏季，*T. quinqueloba* 喜欢生活在受大西洋盐度影响的近表层水域和开阔水域，以维持以浮游植物为基础的季节性饮食 [图 9-16（a）]，而北冰洋中部大西洋层的水深约为 50 m，这导致 *T. quinqueloba* 栖息地向北繁殖，使其能够入侵北冰洋中部。在末次间冰期，来自周围大陆冰盖融化的淡水输入可能引发了盐跃层变浅，使大西洋水能够达到真光层，并创造了适合 *T. quinqueloba* 生存的环境条件 [图 9-16（b）]。气候模型产生的末次间冰期海冰条件范围很广，并且大多数模式模拟的是相对广泛的常年海冰覆盖，而有些模式模拟得出很少的海冰或无海冰的情况（Kageyama et al., 2021；Guarino et al., 2020）。但无论如何，无海冰的北冰洋要比常年覆盖大面积海冰的北冰洋更能与末次间冰期出现明显的北极变暖相适应（Otto-Bliesner et al., 2013；Dahl-Jensen et al., 2013）。汇编的末次间冰期资料表明，高纬度海面和空气温度比现代高，估计的全球海平面比现代高 5～10 m（Hoffman et al., 2017；Capron et al., 2017；IPCC, 2021）。末次间冰期 *T. quinqueloba* 入侵北冰洋中部提供了季节性无海冰条件的第一个确凿证据，那里的常年海冰至今仍然存在。因此，末次间冰期也许是北冰洋地质时期最年轻的季节性无海冰时期，似乎反映了与北极正在进行的大西洋化预期发展相似的条件（Tesi et al., 2021），该情况预计将在 21 世纪出现。这些信息提供了一个有用的约束条件，可纳入海洋和气候模式，从而提高气候系统中北极海冰的认识（Vermassen et al., 2023）。

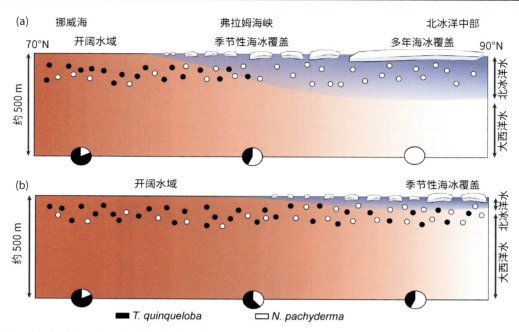

图 9-16　现代与末次间冰期北欧海至北冰洋海洋分层（约 500 m）、海冰状况和浮游有孔虫 *T. quinqueloba* 和 *N. pachyderma* 的分布概念图（据 Vermassen et al.，2023 改）

（a）现代的模型；（b）末次间冰期的假设模型；水柱中 *T. quinqueloba* 和 *N. pachyderma* 的出现分别用黑色和白色的小圆圈表示；饼状图表示这两个种在海底的相对丰度

3. 介形虫海冰指示种指示的海冰变化

如 9.2.1 节 1 小节所述，介形虫海冰指示种 *A. arcticum* 和 *R. mirabilis* 分别可以用来重建北冰洋常年海冰和季节性海冰边缘的变化历史。西北冰洋中部阿尔法海岭 B84A 岩心的介形虫组合研究显示，常年海冰指示种 *A. arcticum* 在间冰期和冰消期增加，其中 MIS 5d 期的含量超过 30%，MIS 7 和 MIS 5 期大部分的含量在 10%～20%，其他时期在 10% 以下（图 9-17）（王雨楠等，2022）。现在的阿尔法海岭依然被常年海冰所覆盖。常年海冰指示种 *A. arcticum* 在 MIS 5 期的高含量说明此时存在常年海冰的覆盖，这显然与该时期浮游有孔虫 *T. quinqueloba* 入侵北冰洋中部，指示季节性无海冰条件的假设相矛盾（Vermassen et al.，2023）。由于北冰洋中部阿尔法海岭仅有 B84A 岩心有常年海冰指示种 *A. arcticum* 的记录，因此，末次间冰期（MIS 5）北冰洋中部是否是季节性无海冰 [图 9-15（b）、图 9-16（b）]，还是存在常年海冰覆盖（图 9-17），还需要更多北冰洋中部岩心介形虫常年海冰指示种 *A. arcticum* 的研究来加以判断。

从北冰洋中部阿尔法海岭向南至楚科奇边缘地的北风号海岭和楚科奇海台（图 9-17），虽然这些岩心的年龄长短不一，但常年海冰指示种 *A. arcticum* 的含量从 20% 降至 7% 以下，显示阿尔法海岭向南至楚科奇边缘地的北风号海岭和楚科奇海台常年海冰覆盖逐渐减少（王雨楠等，2022；Zhou et al.，2021；Cronin et al.，2017）。从图 9-17 可以看出，北风号海岭和楚科奇海台的常年海冰指示种 *A. arcticum* 含量除了在 MIS 12、MIS 10、MIS 4 和 MIS 2 期低于 1%，其他时期都在 1%～7%。在北风号海岭的岩心中，常年海冰指示种 *A. arcticum* 出现在中布容事件，即大约 420 ka，与底栖有孔虫常年海冰指示种 *B. arctica* 的出现时间几乎一致，标志着北冰洋常年海冰从中布容事件开始逐渐增加，也意味着北冰洋周边冰盖和海冰的逐渐扩张（Xiao W et al.，2020；Cronin et al.，2017）。该种含量在 MIS 8～5 期的部分时期和 MIS 3 期都达到 4% 及以上（Cronin et al.，2017）。但在楚科奇海台的 3 个岩心中，常年海冰指示种 *A. arcticum* 的含量在 MIS 5、MIS 3 和 MIS 1 期都在 1%～5%，显然比北风号海岭的岩心略低（Zhou et al.，2021）。推测可能与这些时期波弗特环流输送常年海冰到加拿大海盆的路径距离北风号海岭较近有关。

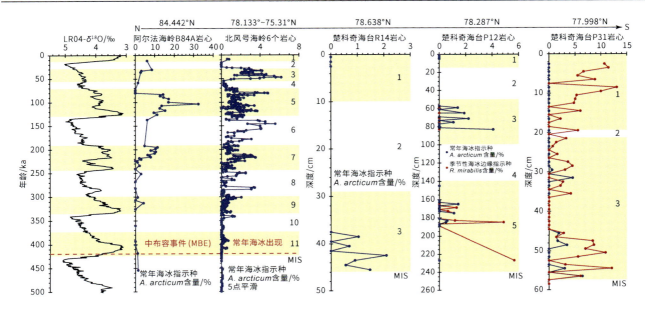

图 9-17　西北冰洋阿尔法海岭、北风号海岭和楚科奇海台岩心不同时期的介形虫海冰种 *A. arcticum* 和 *R. mirabilis* 含量变化

介形虫数据分别来自王雨楠等（2022）、Cronin 等（2017）和 Zhou 等（2021）；LR04-δ^{18}O 数据来自 Lisiecki 和 Raymo（2005）；水平黄色带表示间冰期

9.2.2　生物标志物指示的海冰变化

1. 海冰生物标志物的研究进展

北极夏季海冰覆盖面积的减少会直接影响太阳辐射反照率、海洋与大气之间的物质热量交换，同步导致北极的增暖幅度高于全球平均值（Serreze et al.，2016；Stroeve and Notz，2018）。因此，海冰减少是北极放大（Arctic amplification）中的关键因素，是北极对全球变暖反馈的重要环节（赵进平等，2015）。卫星观测可以提供高分辨率的海冰时空分布，但只有近 50 年的历史。因此，为了更加全面地了解海冰的演变规律及驱动机制，需要构建更长时间尺度的北极海冰历史记录。近十几年来，由海冰硅藻产生的生物标志物 IP$_{25}$ 被广泛应用于北极及亚北极古海冰的重建（Belt，2018）。前人首次使用 IP$_{25}$ 的沉积记录重建了冰岛北部陆架小冰期（Little Ice Age，LIA）和中世纪暖期（Warm Medieval Period，WMP）高分辨率的海冰变化，与硅藻转换函数所获得的温度记录变化趋势一致，且对冷暖期的响应更明显（Massé et al.，2008）。在后续研究中，有学者对气候变化非常敏感的冰岛陆架区开展了沉积物中 IP$_{25}$ 记录的系统研究。通过多指标方法，结合 IP$_{25}$ 与 IRD 含量以及有孔虫 δ^{18}O 等传统指标，重建了冰岛西北陆架区过去 2000 年来的海冰变化（Andrews et al.，2009）。冰岛北部陆架区全新世高分辨率的 IP$_{25}$ 记录表明，该区域的海冰来源为北冰洋浮冰，这是首次使用 IP$_{25}$ 指示外源海冰的输入历史（Cabedo-Sanz et al.，2016）。随后，通过分析 IP$_{25}$ 及浮游植物生物标志物，重建了冰岛北部陆架区末次冰消期以来高分辨率的海冰变化记录，指出末次冰消期北大西洋北部的海冰分布存在东西方向的"跷跷板"效应，主要受控于北大西洋暖洋流的变化（Xiao W et al.，2017）。在北大西洋北部更高纬度海区，通过弗拉姆海峡和格陵兰岛东部陆架岩心中的 IP$_{25}$、浮游植物生物标志物和 IRD 含量的研究，重建了过去 9 ka 的海冰变化和分布，表明弗拉姆海峡在全新世海冰覆盖呈现扩张趋势；而在格陵兰岛东部陆架岩心中 IP$_{25}$ 含量较稳定，岩心位置相对弗拉姆海峡纬度更低，受全新世变冷的影响较小（Müller et al.，2011）。在更长时间尺度上，弗拉姆海峡东部岩心的 IP$_{25}$ 记录以及其他岩心中浮游和底栖有孔虫氧碳同位素和 Mg/Ca 等指标研究了末次冰期至冰消期（30～10 ka）的海冰变化，指出北大西洋暖流的强度变化是控制海冰分布的主要机制（Müller and Stein，2014）。

在亚北极的北太平洋区域，结合末次冰消期海洋表面温度和海冰变化的研究，分析了白令海和鄂霍次克海沉积物岩心中的 U$_{37}^{k}$温度（U$_{37}^{k}$-SST）、硅藻丰度、IP$_{25}$ 含量，发现在波令-阿勒罗德（Bølling-Allerød，

B/A）时期和早全新世沉积物中没有 IP$_{25}$，结合该时期高的 SST 以及含量丰富的浮游植物生物标志物，说明北太平洋在 B/A 时期和早全新世没有海冰覆盖；相反，在海因里希事件（Heinrich event，HE）1 期和新仙女木期的沉积物中存在 IP$_{25}$，并且 SST 很低、冰藻生产力较高（Max et al.，2012）。随后，通过北太平洋和白令海西部岩心的 IP$_{25}$ 和浮游植物生物标志物的分析，重建了过去 18 ka 以来高分辨率的海冰记录（Méheust et al.，2016），海冰变化趋势与上述结论高度一致（Max et al.，2012）。白令海北部陆坡全新世多种生物标志物的研究显示，夏季海水表层温度在 11～10 ka 达到最高，与早全新世暖期一致，海冰覆盖程度从早全新世到晚全新世整体呈上升趋势（Ruan et al.，2017）。在末次冰盛期海平面降低，新鲜且富营养的太平洋水无法流入北冰洋，随着海平面逐渐上升，白令海峡在 10 ka 左右重新开放（Stein et al.，2017b）。在与白令海相邻的西北冰洋楚科奇海，全新世以来的 IP$_{25}$ 和生物标志物记录表明，海冰存在于整个全新世，但在时间和空间上存在相当大的变化（Polyak et al.，2016）。与此同时，楚科奇海陆架两个岩心的 IP$_{25}$ 研究表明，在早全新世海冰覆盖程度较低，中全新世海冰覆盖、初级生产力及太平洋入流水都有所增强，晚全新世海冰覆盖持续增高（Stein et al.，2017b）。近几年来，白令海和楚科奇海百年以来的海冰变化受到了研究者的关注（Bai et al.，2022；Hu L et al.，2020；Kim et al.，2019），IP$_{25}$ 的百年记录研究发现，西北冰洋近几十年海冰锐减与多种气候模态有关，且对北冰洋及亚北极的陆源物质输入及海洋初级生产力有重要影响。

在高纬度的北冰洋中心区域，由于常年海冰覆盖、沉积速率低，极大地限制了古海冰的重建。结合高纬度多个岩心中 IP$_{25}$ 和浮游植物生物标志物记录，研究者发现在 MIS 3 和 MIS 2 期间，弗拉姆海峡和北冰洋中心区域的海冰都发生了扩张，其覆盖程度远高于该区域现代的海冰情况，但是在末次冰盛期，夏季海冰退至弗拉姆海峡，且有北大西洋暖水流入北冰洋（Xiao X et al.，2015b）。在北冰洋中心区域，利用生物标志物记录重建了晚中新世的海冰变化，该标志性成果是通过德国极星号科考船 PS87 航次采集的岩心 PS87/106（＞80°N）研究发现的，晚中新世的沉积物中检测到 IP$_{25}$，并且基于烯酮的表层海水温度＞4℃，表明晚中新世北冰洋中心有季节性海冰，夏季海冰完全融化消退（Stein et al.，2016）。然而，目前对北冰洋高纬度海区过去的海冰变化认识还不足，其驱动机制亟待厘清。

2. 北风号海岭南部 MIS 3 期以来的海冰变化

本节利用中国第 4 次北极科学考察在北风号海岭南部采集的沉积物岩心 Mor02（图 9-18）开展了相关的生物标志物研究。该岩心位置毗邻现代 9 月平均海冰边缘（https://nsidc.org/），对海冰覆盖的变化响应敏

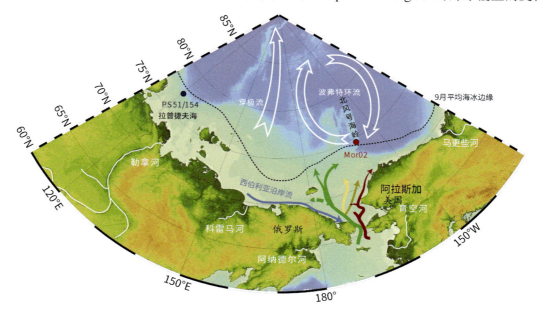

图 9-18 北冰洋北风号海岭南部 Mor02 岩心和拉普捷夫海 PS51/154 岩心（Hörner et al.，2016）的位置和环境背景
图中彩色箭头为楚科奇海现代海洋环流（Rudels and Carmack，2022）；黑色虚线代表 1978～2020 年 9 月平均海冰边缘（https://nsidc.org/）

感。研究区的现代海洋环流模式受到逆时针波弗特环流和穿极流的影响，主要由大规模大气模式，如北极涛动和太平洋年际振荡的相位变化所控制。通过 Mor02 岩心样品的类脂生物标志物，如海冰生物标志物、海源浮游植物生物标志物和陆源生物标志物的含量分析，并将其海冰指标 IP_{25} 与拉普捷夫海 PS51/154 岩心的相关参数（Hörner et al.，2016）进行对比分析，重点分析西北冰洋末次冰消期以来的海冰变化历史。

根据北风号海岭南部 Mor02 岩心前期的研究，其中包括岩心中的褐色层、底栖和浮游有孔虫丰度、浮游有孔虫的 AMS ^{14}C 测年、IRD 含量及 IRD 的碎屑碳酸盐岩、碎屑岩和煤屑含量等，建立了该岩心的地层年代框架（章陶亮等，2015；Zhang T et al.，2019）。本节基于该岩心的煤屑和碎屑岩以及生物标志物，修改了该岩心的地层年代框架，深度 125~217 cm 属于 MIS 3 期，其中 128~142 cm 和 147~178 cm 分别为褐色层 B2a 和 B2b；深度 123~125 cm 属于 LGM；深度 35~123 cm 属于末次冰消期；深度 35 cm 以上属于全新世，顶部 18 cm 为褐色层 B1。深度 139 cm 和 153 cm 的浮游有孔虫测年的日历年龄分别为 43.6 ka 和 46.2 ka。该岩心 MIS 3 期和末次冰消期的沉积速率远远高于 LGM 和全新世。

在 MIS 3 期间，Mor02 岩心中的各种生物标志物含量均处于低值或未检出 [图 9-19（b）]，表明该海域可能被常年海冰覆盖，光照不足抑制了初级生产，同时由于海平面降低（Spratt and Lisiecki，2016）和冰盖不稳定（Jakobsson et al.，2014a；Batchelor et al.，2019），陆源物质大量输入对生物标志物造成了稀释效应（章陶亮等，2015；Zhang T et al.，2019），降低了其含量和检出概率。海冰指标 IP_{25} 的缺失导致大部分层位 PIP_{25} 指数无法计算，少数层位 PIP_{25} 指数处于高值（>0.7），可能指示了高的海冰密集度。在 LGM，海平面降至最低（Spratt and Lisiecki，2016），该海域可能被较厚的冰覆盖，光照不足抑制了初级生产，生物标志物含量极低。进入末次冰消期，Mor02 岩心中的海冰指标 IP_{25} 和浮游植物生物标志物甲藻甾醇的含量逐渐增加至最高值，同时 PIP_{25} 指数显著降低至最低值，表明海冰开始消融，增加了光照，促进了浮游植物的初级生产。与此同时，极高的陆源生物标志物菜籽甾醇和 β 谷甾醇的含量指示了海冰和冻土融化，加剧了海岸侵蚀，大量陆源物质被输送至该海域，这与北美大陆的劳伦泰德冰盖在末次冰消期消融，冰融水和大冰块携带着加拿大西部沉积盆地的煤屑，通过马更些河进入波弗特海，然后由波弗特环流输入西北冰洋的楚科奇边缘地一致（Zhang T et al.，2019）。该时期北风号海岭南部 Mor02 岩心中浮游植物和陆源生物标志物含量的增加与拉普捷夫海 PS51/154 岩心中 B/A 暖期的变化一致 [图 9-19（a）]，而 PS51/154 岩心中海冰指标 IP_{25} 含量增加并不显著，可能是由于拉普捷夫海受河流输入影响较大，淡水的输入抑制了海冰藻类的生长，但依旧代表了季节性海冰覆盖（Xiao X et al.，2013；Hörner et al.，2016）。随后的新仙女木期，Mor02 岩心中浮游植物和陆源生物标志物以及 IP_{25} 含量逐渐下降至低值，可能与冰融水事件使得北半球在短时间内发生迅速降温（Osman et al.，2021），导致海冰密集度增加有关。在泛北极其他海域 IP_{25} 含量的增加也证明了新仙女木期海冰增加（Cabedo-Sanz et al.，2013；Méheust et al.，2016；Müller and Stein，2014），这与 PS51/154 岩心中的生物标志物变化一致。末次冰消期 Mor02 岩心中煤屑和碎屑岩的变化规律（Zhang T et al.，2019）与浮游植物生物标志物和海冰指标 IP_{25} 含量的变化几乎一致。早全新世伴随着海冰指标 IP_{25} 含量升高和 PIP_{25} 指数迅速增加至 1，指示该时期的海冰密集度较高。

生物标志物的沉积记录已被成功地应用于北极和亚北极多个海域不同时间尺度的古海冰重建及其控制机制分析。IP_{25} 在北极和亚北极海域海冰重建中的可靠性有助于深入了解海冰的演变历史。IP_{25} 作为较新的海冰指标，在未来的研究中需要进一步探讨其优势及不足之处，并进行相应的改进。目前研究已检测到三种或四种能够产生 IP_{25} 的海冰硅藻（Brown T A et al.，2014），因此，需要进一步优化和发展实验室低温培养工作以及野外样品采集工作（Volkman et al.，1994；Rowland et al.，2001），明确 IP_{25} 指标的应用范围。虽然 IP_{25} 的研究工作已经覆盖了北极和亚北极的主要区域，但是加拿大海盆和格陵兰岛北部海域夏季依然冰封，为研究空白区域，需开展国际合作航次进行海冰、水体和沉积物样品采集和研究。虽然从 IP_{25} 定性讨论海冰变化已经发展为 PIP_{25} 半定量估算海冰密集度，但是还需要进一步发展定量估算海冰密集度的研究工作。

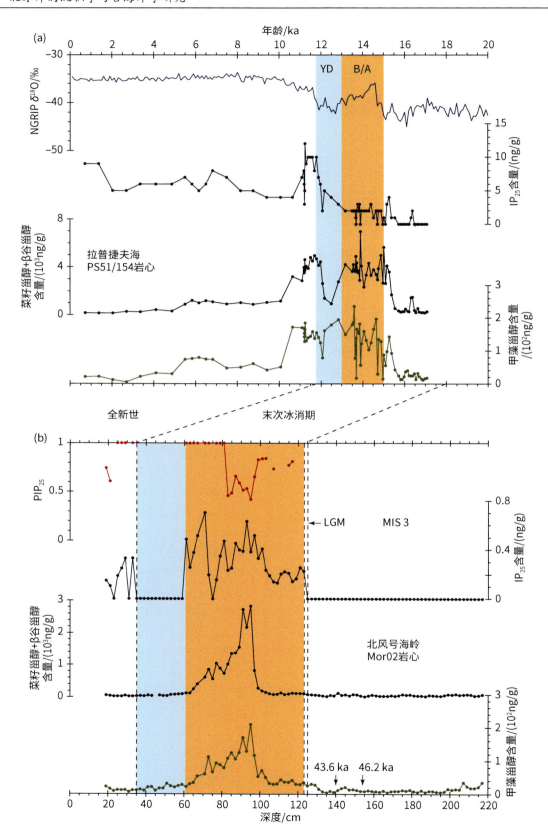

图 9-19　末次冰消期以来北冰洋拉普捷夫海 PS51/154 岩心与北风号海岭 Mor02 岩心的生物标志物的对比

（a）拉普捷夫海 PS51/154 岩心生物标志物的变化特征（Hörner et al., 2016）；（b）北风号海岭 Mor02 岩心生物标志物的变化特征；其中格陵兰岛冰心 NGRIP δ^{18}O 数据来自 Svensson 等（2008）

9.2.3　粒度细组分指示的海冰变化

1. 粒度细组分作为海冰搬运的指标

北冰洋美亚海盆沉积物的空间分布受到从北冰洋沿海地区输送沉积物的穿极流和波弗特环流系统的控制（Phillips and Grantz, 2001; Polyak et al., 2009; Wang R et al., 2013）。虽然大多数北冰洋的沉积学研究都主要集中在反映冰山沉积的粗组分 IRD 方面（Darby and Zimmerman, 2008; O'Regan et al., 2010; Zhang T et al., 2021），但分析更丰富的细颗粒组分沉积物，可以为海冰和洋流沉积过程的变化历史提供更多的证据（Wang R et al., 2023）。北冰洋海冰携带的沉积物主要是黏土和粉砂，而较粗的组分则不太主要（Darby, 2003; Dethleff, 2005; Darby et al., 2009; O'Regan et al., 2014）。海冰搬运是北冰洋中部沉积的重要机制（Nürnberg et al., 1994; Stein et al., 2012）。在北冰洋中部的"脏冰"中发现了高含量的细颗粒沉积物，这表明海冰搬运比以前认为的更为普遍，运输距离也要长得多（Reimnitz et al., 1993, 1998; Nürnberg et al., 1994; Eicken et al., 2005; Darby et al., 2011）。由于悬浮冻结，海冰沉积物的粒度分布倾向于细粒度，缺乏较粗的粉砂（Eicken et al., 2000; Stierle and Eicken, 2002; Dethleff and Kuhlmann, 2009; Darby et al., 2011）；而锚冰携带的沉积物在大小和分选方面变化更大（Darby et al., 2009）。

北冰洋门捷列夫海岭和罗蒙诺索夫海岭 6 个全新世岩心沉积物进行的最大方差正交旋转主成分分析显示了北冰洋中部详细的颗粒粒径分布特征（Darby et al., 2009）。根据主要沉积过程对 3 个主要粒度组分（沉积物类型）进行了解释：①与悬浮物冻结和冲刷载荷有关的模式为粒径<0.5 μm 的类型；②与海冰运输有关的模式为以粒径 2 μm 为中心的类型；③与非黏性的可分选粉砂有关的模式为以粒径 5 μm 为中心的类型，这些细粉砂通常被弱洋流以悬浮形式搬运（Darby et al., 2009）。在北风号海岭 C21 和 C22 岩心中（图 7-1），粒径峰值模式为 1～3 μm 的端元（end member, EM）被推断主要来自陆架上悬浮冻结后携带细颗粒的海冰（Wang R et al., 2021）。而来自加拿大盆地的 BN05 岩心（图 7-1）也显示了间冰期粒径以约 4 μm 的颗粒占据优势，这些细粒沉积物的沉积被解释为海冰和来自盆地边缘和海岭的细粒物质的洋流筛选的结合（Dong L et al., 2017）。在北风号海岭 JPC3 和 P23 岩心中，上新世至早更新世的沉积物以 4 μm 的粒径峰值模式持续增加，表明这种沉积控制因素类似于中—晚更新世间冰期的沉积控制因素，可能主要与海冰有关（Dipre et al., 2018）。以前曾对加拿大盆地的沉积物提出过类似的粒度解释，其粒径峰值模式为约 2 μm（Clark D L et al., 1980）。这些粒度解释之间微小的粒径差异可能与移液法和激光衍射法测定粒度方法的偏差有关，后者对细颗粒沉积物测试产生更大的直径，特别是沉积物中存在板状颗粒的时候（Beuselinck et al., 1998; Ramaswamy and Rao, 2006; Goossens, 2008）。总的来说，以粒径 2～4 μm 为主导的模式的细颗粒沉积物类型被解释为海冰夹带和沉积（Darby et al., 2009; Dong L et al., 2017; Deschamps et al., 2018; Dipre et al., 2018; Wang R et al., 2021）。因此，可以利用北冰洋沉积物中粒径 2～4 μm 的类型来重建地质时期的海冰变化历史。

2. 粒度端元模拟结果与粒度端元堆叠记录

由于对北冰洋中央海区不同沉积过程的时空变异性了解不够。因此，在北冰洋中央海区阿尔法海岭 ARC4-BN10、ARC3-B84A 和 ARC3-B85A 岩心地层年代框架已建立的基础上（Wang R et al., 2018），这 3 个岩心（图 7-1）中的粒度数据被用来研究中—晚更新世冰山、海冰搬运和近底部流在轨道时间尺度上的变化（Wang R et al., 2023）。

端元模拟算法（end member modeling algorithm, EMMA）被用来分析这 3 个岩心的粒度数据，以识别控制粒度分布的主要因素。端元模拟算法是一种旨在构建物理线性混合模型的反演算法，该模型将输入数据表示为具有现实成分的有限数量的端元混合物（Weltje and Prins, 2003, 2007）。它已被证明是分解由来自各种地质环境的沉积物端元组成的粒度分布的有力工具（Prins et al., 2002; Stuut et al., 2002; Ballini et al., 2006; Jonkers et al., 2012; Hoffmann et al., 2019）。特别是它已被有效地用于区分极地海洋中不同介质搬运的粒度组分（Prins et al.，2002；Jonkers et al.，2015；Gamboa et al.，2017；Deschamps et al.，2018；Wu et al.，2018）。

这 3 个岩心粒度数据的端元模拟结果如图 9-20（a）～（c）所示。虽然这 3 个岩心的粒度分布模式变化范围很广，但在约 4 μm 处，平均粒度分布仅呈现一种主要模式。端元决定系数（R^2）和端元数平均值（r^2）表明，随着端元数的增加，粒度类型的平均决定系数增加［图 9-20（d）～（i）］。因此，拟合优度统计表明，B84A 和 B85A 岩心的 3 端元模型和 BN10 岩心的 4 端元模型提供了端元数和平均值（r^2）之间的最佳折中选择（Wang R et al.，2023）。BN10 岩心确定的 4 个端元中，两个细粉砂端元（端元 2a 和端元 2b）具有相似的分布模式［图 9-20（a）、（d）、（g）、（j）］，表明这两个端元的沉积物可能是通过几乎相同的机制运输的。为了与 B84A 和 B85A 岩心中的 3 个端元进行比较［图 9-20（k）、（l）］，BN10 岩心中的端元 2a 和端元 2b 合并为端元 2，模态值约为 7 μm。结果表明，这 3 个岩心的端元 1 和端元 2 分别在约 3 μm 和 7～8 μm 处呈现单峰模态，具有较好的粒度分选性（表 9-2）。相比之下，所有岩心中的端元 3 在 7～8 μm 和 110～120 μm 处都表现出相似的双峰态模式，表明分选较差［图 9-20（j）、（k）、（l）］（Wang R et al.，2023）。总而言之，这 3 个岩心粒度数据的端元模拟结果显示，单模态的端元 1 和端元 2 的模态值分别为约 3 μm 和 7～8 μm，分选性较好，分别代表海冰搬运和弱底流搬运的沉积，而双模态的端元 3 的模态值分别为 7～8 μm 和 111～121 μm，分选性较差，代表冰山搬运的冰筏碎屑沉积。

表 9-2　北冰洋中央海区阿尔法海岭 3 个岩心粒度端元的峰态和分布范围（据 Wang R et al.，2023 改）

变量	BN10 岩心			B84A 岩心			B85A 岩心		
	端元 1	端元 2	端元 3	端元 1	端元 2	端元 3	端元 1	端元 2	端元 3
模态值/ μm	3	7	8 和 117	3	7	8 和 111	3	8	7 和 121
范围/ μm	0.4～155	0.4～155	1～272	0.5～146	0.5～194	1～282	0.5～146	1～121	1～282
最小值~最大值/%	0～65	0～50	0～87	0～93	0～10	0～97	0～81	0～66	0～88
平均值/ %	32	26	16	38	44	18	46	39	15

为了生成这 3 个岩心的粒度端元模拟得到的端元堆叠指标，通过将各粒度端元数据减去各自的平均值，然后除以各自的标准差，再将端元模拟生成的粒度端元、粗的 IRD 数据（>250 μm）和每个岩心中的可分选粉砂参数进行归一化，以消除量级差异。对归一化的数据进行岩心间的相关性分析。由于 B85A 岩心地层时间最长，粒度变异性表达最清晰，因此，采用已经建立的年龄模型（Wang R et al.，2018），将其他两个岩心对准 B85A 岩心使用统一的年龄尺度。然后，通过对每个参数的规范化数据进行平均，并以 1000 a 的年龄间隔重新采样，然后生成各指标的堆叠记录。

3. 粒度细组分端元指示的海冰变化

北冰洋中央海区阿尔法海岭 3 个岩心的粒度细组分端元 1（EM1）的平均模态值为 3 μm，与海冰相关的 2 μm 为中心的沉积物类型相似（Darby et al.，2009）。因此，阿尔法海岭岩心的粒度细组分端元 1 可以作为海冰沉积的代表，用来指示海冰的变化历史。粒度细组分端元 1 的堆叠记录在间冰期和间冰阶明显增加，尤其是从 MIS 11～MIS 3 晚期，而在 MIS 12～MIS 3 早期的冰期和冰阶急剧下降（图 9-21）；与 B84A 岩心中介形虫常年海冰指示种 *A. arcticum* 含量变化对比发现，尽管可能由于该岩心年龄长度和介形虫的保存原因，但常年海冰指示种 *A. arcticum* 含量在间冰期明显增加，而在冰期显著降低（王雨楠等，2022），显示这两个独立的海冰指标的变化是一致的，能够相互支撑，印证了北冰洋中部历史时期的海冰变化。

北冰洋中央海区阿尔法海岭 3 个岩心的粒度细组分端元 1 在间冰期和间冰阶增加，在冰期和冰阶减少（图 9-21），这种在间冰期和间冰阶细沉积物的高含量被解释为海冰在大陆架上悬浮形成过程中夹带细颗粒运输的产物（Nürnberg et al.，1994；Pfirman et al.，1997；Reimnitz et al.，1998；Darby et al.，2002，2009；Hanslik et al.，2010）。现代海冰沉积物搬运的观测研究表明，海冰搬运是北冰洋中央海区较高颗粒通量的一个主要因素（Dethleff，2005；Dethleff and Kuhlmann，2009；Darby et al.，2009，2011）。虽然海冰携带

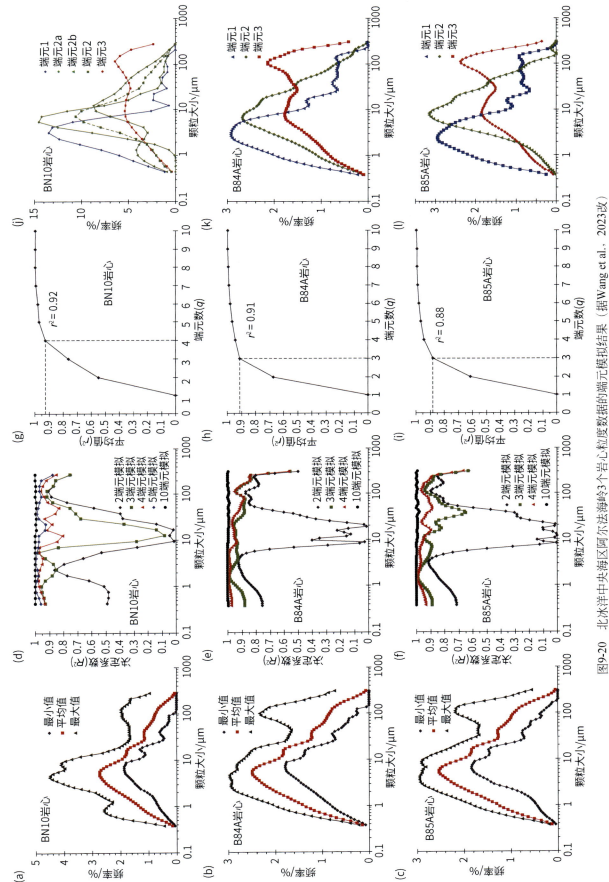

图9-20 北冰洋中央海区阿尔法海岭3个岩心粒度数据的端元模拟结果（据Wang et al., 2023改）

(a)~(c) 粒度平均值、最小值、最大和最小体积频率范围；(d)~(f) 统计量，用于估计端元数，每个粒度类型的R^2都具有2端元模型、3端元模型、4端元模型和10端元模型；(g)~(i) 不同端元模拟的端元决定系数（R^2）统计量，用于估计端元数；(j)~(l) 根据3端元模型模拟的平均值r^2；(j)~(l) 根据3端元模型模拟的端元

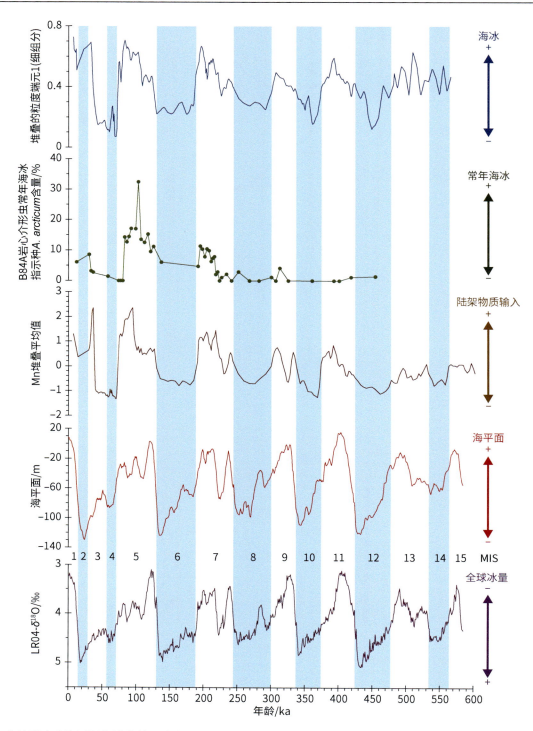

图 9-21 北冰洋中央海区阿尔法海岭 3 个岩心中的 Mn 堆叠平均值和粒度细组分端元 1 指示的海冰和陆架物质输入变化（Wang R et al.，2023）与介形虫常年海冰指示种 *A. arcticum* 含量（王雨楠等，2022）、海平面（Spratt and Lisiecki，2016）和全球冰量（LR04-δ^{18}O）（Lisiecki and Raymo，2005）的对比

垂直的蓝色带表示冰期

沉积物的颗粒粒径大小范围很广（Darby et al.，2011），但主要携带的是细颗粒的沉积物（Reimnitz et al.，1993，1998；Nürnberg et al.，1994；Eicken et al.，2005）。一个明显的例外是锚冰，主要形成于水深较浅的陆架海底，那里的沉积物在粒度和分选上变化更大，反映源自陆架沉积物（Reimnitz et al.，1998；Eicken et al.，2000；Darby et al.，2009，2011）。考虑到这 3 个岩心中沉积物粒度细组分端元 1 主要是黏土大小的

颗粒组分，因此，将它们主要归因于海冰悬浮冻结的夹带（Wang R et al.，2023）。

北冰洋沉积物物源调查表明，大多数现代北冰洋海冰沉积物来自西伯利亚陆架，特别是拉普捷夫海和东西伯利亚海，但也可能来自加拿大北部和楚科奇-波弗特海陆架（Pfirman et al.，1997；Reimnitz et al.，1998；Eicken et al.，2000，2005；Darby，2003；Dethleff and Kuhlmann，2009）。海冰携带的沉积物来源可能会因为冰期与间冰期中穿极流和波弗特环流较大的变化而变得复杂，全新世的沉积物从喀拉海被搬运到阿拉斯加海岸就是一个例子（Darby et al.，2012）。最近利用矿物学和同位素指标的研究能够表征北冰洋不同海区更新世沉积物的来源，包括海冰携带的沉积物（Bazhenova et al.，2017；Dong L et al.，2017，2020；Wang R et al.，2021；Xiao W et al.，2021）。这些研究结果证实，北冰洋中央海区间冰期的沉积物来源于环北极大陆架，在远离大陆边缘的海区可能会有相当大的混合，特别是在沉积速率较低的沉积物中。阿尔法海岭的海冰沉积物估计就是以这种混合方式形成的，但准确的海冰沉积物来源识别需要进一步的研究（Wang R et al.，2023）。

北冰洋中央海区阿尔法海岭中—晚更新世间冰期和间冰阶含量升高的其他沉积指标，如氧化锰（März et al.，2011b；Löwemark et al.，2014），提供了进一步的证据，证明海冰增加了大陆架沉积物的输送。这种搬运过程需要足够高的海平面和北冰洋夏季部分海冰的融化和破裂。这些条件与间冰期和间冰阶大量的古生物指标，特别是有孔虫和介形虫一致（Polyak et al.，2004，2013；Cronin et al.，2013；Lazar and Polyak，2016；Marzen et al.，2016；王雨楠等，2022）。海冰硅藻生物标志物指标也显示出类似的变化模式（Stein et al.，2012；Xiao X et al.，2015b；Stein et al.，2017b）。北冰洋中部间冰期生物活动的增加可能与更薄和更少的固体冰下更多的阳光可用性有关，但也与从边缘海输出的营养物质的增加有关（Xiao W et al.，2014）。因此，阿尔法海岭3个岩心的粒度细颗粒组分反映了海冰在间冰期和间冰阶与冰期和冰阶分别增加和减少，与其他来自大陆架的颗粒和溶解输入指标，如地球化学 Mn 含量和生物指标的变化一致（Wang R et al.，2018，2023；王雨楠等，2022）。

9.3　表层古生产力的变化历史

由硅藻、硅鞭藻和放射虫等硅质生物骨骼堆积组成的生物硅及硅质生物生产力是重建过去海洋环境的重要工具（Ragueneau et al.，2000；Kemp and Villareal，2013；Serno et al.，2014）。因此，海洋沉积物中生物硅含量的高低可以用来指示表层硅质生物生产力和古环境的变化（Kienast et al.，2004；Costa et al.，2018；Worne et al.，2019；Abell and Winckler，2023）。同样地，海洋沉积物中有孔虫丰度，尤其是底栖有孔虫丰度及其不同组合的变化也可用来重建表层古生产力和古环境的变化（Wollenburg and Kuhnt，2000；Dipre et al.，2018；Shen et al.，2023）。而海洋沉积物中的总有机碳含量也被用来表征表层生产力的总体状况（Emerson and Hedges，1988）。但随着研究的不断深入，发现海洋沉积物中的有机质只有最初的一小部分海源有机质在下沉和沉积过程中保存下来，选择性降解改变了残存的这一小部分有机质的特性，并成为底部沉积物的一部分（Meyers，1994）。成岩作用造成沉积环境中有机质含量和组成与原始生物有机质含量和组成不同，从而导致 TOC 的古环境记录产生偏差（Meyers，1997）。因此，有机质的 C/N 和 $\delta^{13}C_{org}$ 被用来评估 TOC 中海源和陆源部分的比例。由于浮游生物具有可变的 $\delta^{13}C_{org}$，只有在陆源输入和海源浮游生物之间较为平衡的地方，才可以利用 C/N 和 $\delta^{13}C_{org}$ 来推断它们相对比例的变化（Lamb et al.，2006）。

海洋沉积物有机碳中陆源生物量的 $\delta^{13}C_{org}$ 通常在-27‰左右，而浮游植物的 $\delta^{13}C_{org}$ 通常在-21‰左右（Martens et al.，2020）。而北冰洋沉积物中的海源有机碳端元 $\delta^{13}C_{org}=-24‰\sim-23.4‰$，C/N=6~7；陆源有机碳端元 $\delta^{13}C_{org}=-27‰$，C/N=10~20（Stein and Macdonald，2004b）。但考虑到北冰洋沉积物中有机碳来源和组成的复杂性，有些学者使用 $\Delta^{14}C_{org}$ 和 $\delta^{13}C_{org}$ 的统计混合模型来定量分配释放的陆源有机碳的相对贡献。该混合模型包含两个陆源端元，即多年冻土活动层端元（$\Delta^{14}C_{org}=-197.5‰\pm148.3‰$；$\delta^{13}C_{org}=-26.4‰\pm0.8‰$）（Wild et al.，2019）和冰复合沉积（ice complex deposit，ICD）端元（$\Delta^{14}C_{org}=-962‰\pm61‰$；$\delta^{13}C_{org}=-26.3‰\pm0.7‰$）（Schirrmeister et al.，2011；Wild et al.，2019），以及基于海洋浮

游植物测量的海洋有机碳端元（$\Delta^{14}C_{org}$=-50‰±12‰；$\delta^{13}C_{org}$=-21.0‰±2.6‰）（Martens et al.，2019）。该混合模型定量了北冰洋末次冰期以来陆源和海源有机碳的相对贡献比例（Martens et al.，2020）。

现代西北冰洋北风号深海平原南部站位（75°N,162°W，水深 1975 m）的沉积物捕获器中有孔虫通量高值主要出现在海冰覆盖减少的夏季和秋季，与介形虫、翼足类和双壳类通量相比，有孔虫通量最高（Watanabe et al.，2014）。楚科奇边缘地北风号海岭南部站位（74.4°N,158.233°W，水深 1650 m）的沉积物捕获器中硅藻和硅鞭藻通量的高值也主要出现在海冰覆盖减少的夏季和秋季，通量低值主要出现在海冰覆盖增加的冬季和春季（Bai et al.，2019；Ren et al.，2020，2021）。北冰洋早期开放水域生物勃发动态研究显示，浮游生物颗粒性有机碳的 $\delta^{13}C$ 远低于海冰的颗粒性有机碳的 $\delta^{13}C$，表明冰藻对远洋生物量的贡献较小（Tremblay et al.，2006）。这些研究说明，海冰覆盖和营养盐供给是表层生产力的主要限制因素。

北冰洋表层沉积物中的生源组分主要来自海洋上层浮游生物遗骸的堆积，主要由生物硅（主要是硅藻和硅鞭藻）、生物碳酸钙（主要是浮游有孔虫）和有机质组成，它们的分布特征反映了与海冰覆盖范围、洋流和营养盐供给密切相关的表层生产力的空间变化模式（陈志华等，2006；孙烨忱等，2011）。因此，可以利用生源组分来重建北冰洋地质时期的表层生产力变化历史。

9.3.1　有孔虫丰度的变化特征

1. 楚科奇边缘地的有孔虫丰度变化

西北冰洋楚科奇边缘地 7 个岩心中—晚更新世以来的有孔虫丰度记录显示，虽然这些岩心的长度和沉积速率不一，但有孔虫丰度的高峰都主要出现在间冰期，即 MIS 7、MIS 5、MIS 3 和 MIS 1 晚期（图 9-22），其中，C22 岩心的 MIS 11 和 MIS 9 期出现少量有孔虫，而冰期有孔虫丰度几乎为零（章陶亮等，2014，2015；黄晓璇等，2018；Ye L et al.，2020b；Wang R et al.，2021；段肖等，2015）。有孔虫丰度的变化反映了间冰期浮游有孔虫生产力增加，而冰期由于较厚的海冰覆盖，缺乏营养物质和光照，浮游有孔虫生产力显著降低，与指示冰期与间冰期陆源物质输入的 Mn/Al 增加和降低几乎一致。从这些岩心的位置和水深来看（图 7-1），在 76.999°N～78.5°N 的 5 个岩心中，间冰期有孔虫丰度的高峰大约在 $4×10^3$ 枚/g 至 $10×10^3$ 枚/g，水深最浅的 P12 岩心有孔虫丰度与水深较深的 P13 岩心有孔虫丰度变化范围几乎一致，说明在该纬度范围内岩心所在位置的水深不是限制有孔虫丰度的因素。有孔虫丰度在冰期与间冰期的变化主要受大西洋水输入的控制（Wang R et al.，2013）。北风号海岭 92AR-P23、92AR-P25 和 92AR-P39 岩心的有孔虫丰度也是在 MIS 11、MIS 7 至 MIS 1 期的间冰期增加，冰期降低（Polyak et al.，2009，2013）。然而，由于纬度靠南，在北纬 75.62°N～76.34°N 的 P23 和 C15 岩心中，MIS 3 和 MIS 1 期的有孔虫丰度急剧降低。同时，这两个岩心 MIS 3 期的沉积速率比上面 5 个岩心的沉积速率显著增加了 3 倍以上，反映了较高的陆源物质输入，稀释了有孔虫丰度（图 9-22）。在西北冰洋北风号海盆南部 NAP 站位（75°N, 162°W，水深 1975 m）的沉积物捕获器中，2011～2012 年的夏季和秋季碳酸盐壳体的微型浮游动物通量显著增加，依次为有孔虫类、双壳类、翼足类和介形虫类，其中有孔虫通量最高，是其他类型的两倍以上（Watanabe et al.，2014）。这反映了无海冰覆盖的夏季和开始结冰的秋季适合有孔虫生长和繁殖。

北冰洋表层沉积物中碳酸钙含量和有孔虫丰度分布特征显示，大约北纬 75°N～76°N 是一条明显的碳酸钙含量和有孔虫丰度分布界线，即以陆架-陆坡的转折处为界线，此界线以北的碳酸钙含量和有孔虫丰度逐渐增加，显示其保存状况主要受钙质浮游生物生产力和溶解作用的控制（王汝建等，2007；孙烨忱等，2011）；而此界线以南的碳酸钙含量和有孔虫丰度显著降低（图 5-4、图 5-5），显示其保存状况主要受钙质浮游生物生产力和稀释作用的控制（Osterman et al.，1999；司贺园等，2013）。对照图 9-22 中 7 个岩心的纬度分布特征可以看出，此界线以北的 5 个岩心中 MIS 7 期以来的有孔虫丰度的分布特征反映了间冰期海冰减少，光照和营养物质充足，钙质浮游有孔虫生产力增加；冰期海冰覆盖范围扩大和增厚，阻挡了光照，营养物质匮乏，导致钙质浮游有孔虫生产力降低（Wollenburg and Mackensen，1998；Osterman et al.，1999）。而此界线以南的两个岩心中有孔虫丰度的分布特征反映了在 MIS 3 和 MIS 1 期由于受到强烈的陆源物质输入的影响，稀释了有孔虫丰度；而在 MIS 2 期，与此界线以北的状况相同，钙质浮游有孔虫生产力降低。

根据以前的研究发现，在加拿大海盆水深 3600 m 出现了底栖有孔虫瓷质壳的 *Pyrgo williamsoni*。该种瓷质壳的建造需要较高的碳酸钙含量，因此，对海水中碳酸钙的含量要求较高，说明加拿大海盆的碳酸盐补偿深度（carbonate compensation depth，CCD）较深，至少大于 3600 m；而欧亚海盆的 CCD 低于美亚海盆（司贺园等，2013；孟翊等，2001）。在无海冰覆盖的海域，河流和冰融水以及陆架营养物质的输入，使得表层海水盐度降低，生物生产力升高，但生物碎屑沉降到海底后有机质的分解会使得底层海水 pH 降低，增加了碳酸钙的溶解，导致钙质壳体难以保存（Scott et al.，2008）。因此，此界线以北的岩心中有孔虫丰度主要受钙质浮游有孔虫生产力和溶解作用的控制，而此界线以南的岩心中有孔虫丰度不仅受钙质浮游有孔虫生产力和溶解作用的控制，还受陆源物质稀释作用的控制。

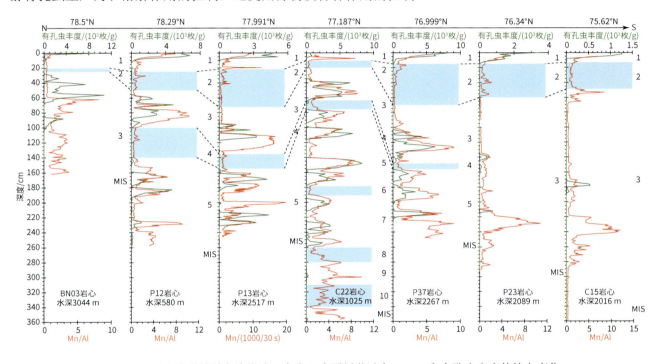

图 9-22　西北冰洋楚科奇边缘地 7 个岩心晚更新世以来 Mn/Al 和有孔虫丰度的纬向变化

岩心数据分别来自章陶亮等（2014，2015）、黄晓璇等（2018）、Ye L 等（2020a）、Wang R 等（2021）和段肖等（2015）；水平蓝色带表示冰期

西北冰洋门捷列夫海岭南部 4 个岩心晚更新世以来 Mn/Al 和有孔虫丰度的变化特征显示，有孔虫丰度在间冰期增加，冰期降低（图 9-23），与楚科奇边缘地岩心有孔虫丰度的变化规律基本相同。与楚科奇边缘地不同的地方在于该海区岩心在纬度上的差异，在北纬 78.573°N 的 E25 岩心中，有孔虫丰度变化与 Mn/Al 几乎完全一致，有孔虫丰度高峰主要出现在 MIS 7、MIS 5、MIS 3 和 MIS 1 期（Zhao et al.，2022）；在北纬 77.883°N 至 76.572°N 的 3 个岩心（E24、E23 和 M03）中，有孔虫丰度高峰主要出现在 MIS 3 晚期和 MIS 1 晚期，而 MIS 5 和 MIS 3 早期的有孔虫丰度几乎为零（Ye L et al.，2020a；Wang R et al.，2013）。门捷列夫海岭南部 NP26、HLY0503-8JPC 和 HLY0503-6JPC 岩心中的有孔虫丰度也是在 MIS 11、MIS 7～1 期的间冰期增加，冰期降低（Polyak et al.，2004；Adler et al.，2009；Cronin et al.，2013）。根据这 4 个岩心的长度和沉积速率可以看出，无论是间冰期还是冰期，E24、E23 和 M03 岩心的沉积速率都远高于 E25 岩心，这反映了大量的陆源物质输入稀释了有孔虫丰度，因为这 3 个岩心的位置更靠近东西伯利亚海陆坡和楚科奇海陆坡（图 7-1），接受来自陆架的物质比前者更多，即使在 MIS 4 和 MIS 2 期也不例外（Ye L et al.，2020a；Wang R et al.，2013）。

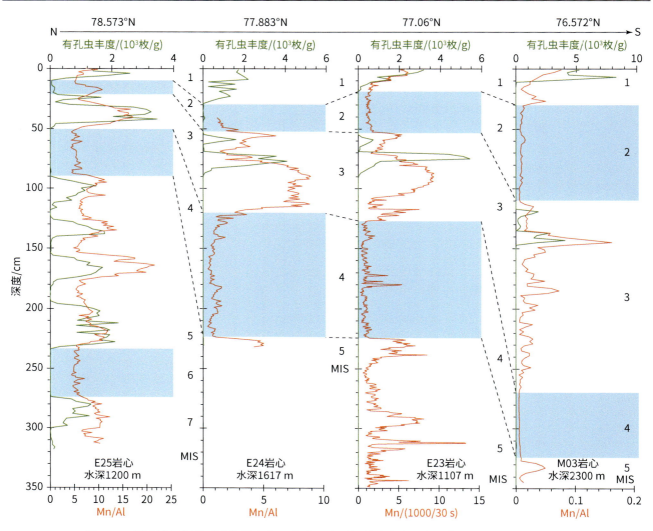

图 9-23　西北冰洋门捷列夫海岭南部 4 个岩心晚更新世以来有孔虫丰度和 Mn/Al 的纬向变化

岩心数据分别来自 Zhao 等（2022）、Ye L 等（2020a）和 Wang R 等（2013）；水平蓝色带表示冰期

2. 西北冰洋中央海区的有孔虫丰度变化

西北冰洋门捷列夫海岭北部和加拿大海盆 4 个岩心中—晚更新世以来 Mn/Al 与有孔虫丰度的变化特征显示，虽然 BN05 岩心的有孔虫丰度统计方法与其他 3 个岩心不同，但它们的有孔虫丰度变化规律与 Mn/Al 几乎相同，有孔虫丰度在间冰期增加，冰期降低（图 9-24），其高峰主要出现在 MIS 7 期以来的间冰期（Xiao W et al.，2020；Dong L et al.，2017）。在 MA01、E26 和 BN05 岩心中少量有孔虫出现在 MIS 9 期。值得注意的是，BN05 岩心中在 MIS 11 期出现了大量的有孔虫。这 4 个岩心的位置在 79.95°N～82.031°N（图7-1），其有孔虫丰度基本上未显示纬度上的差异。但这些岩心的水深显示出有孔虫丰度存在明显差异，除BN05 岩心由于统计方法有别于其他 3 个岩心外（Dong L et al.，2017），按照水深排序，ICE2、MA01 和E26 岩心的水深分别为 3261 m、2295 m 和 1500 m，其有孔虫丰度明显随水深的增加而增加（Xiao W et al.，2020），ICE2 岩心 MIS 5 和 MIS 3 期的有孔虫丰度显著高出 E26 岩心约一倍。这可能反映出加拿大海盆 ICE2岩心（图 7-1）有孔虫丰度主要受钙质浮游有孔虫生产力和溶解作用的控制（Osterman et al.，1999），而门捷列夫海岭 E26 岩心（图 7-1）不仅受钙质浮游有孔虫生产力和溶解作用的控制，还受来自东西伯利亚海陆源物质稀释作用的控制，使其有孔虫丰度低于 ICE2 岩心。

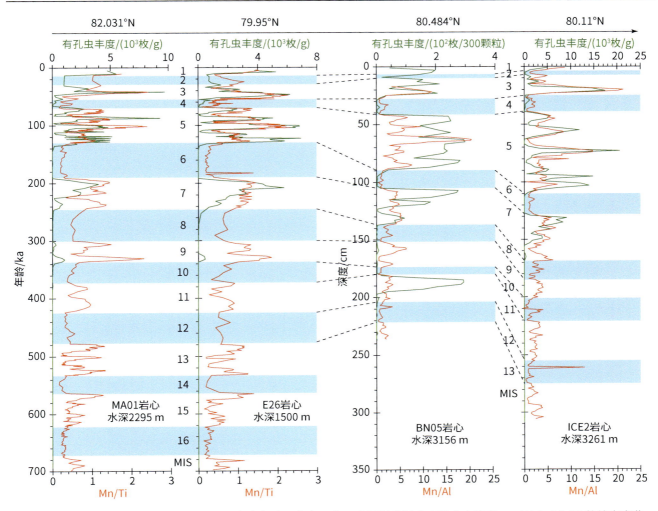

图 9-24　西北冰洋门捷列夫海岭北部和加拿大海盆 4 个岩心中—晚更新世以来有孔虫丰度和 Mn/Al 与 Mn/Ti 的纬向变化

岩心数据分别来自 Xiao W 等（2020）和 Dong L 等（2017）；水平蓝色带表示冰期

西北冰洋中央海区阿尔法海岭 4 个岩心中—晚更新世以来 Mn/Al 和有孔虫丰度的变化特征显示，有孔虫丰度变化规律与 Mn/Al 几乎相同，有孔虫丰度在间冰期增加，冰期降低（图 9-25），其高峰主要出现在 MIS 11 和 MIS 7 期以来的间冰期（Wang R et al.，2018；徐仁辉等，2020）。值得注意的是，BN10 岩心的有孔虫丰度比其他 3 个岩心的有孔虫丰度低了一倍多，这是因为该岩心靠近波弗特环流流经的北部边界（图 7-1），同时也靠近穿极流的流经区域，该岩心的沉积速率也高于其他 3 个岩心（Wang R et al.，2018），推测该岩心有孔虫丰度受到这两个环流携带的陆源物质的稀释作用。除 BN10 岩心外，其余 3 个岩心的位置在 82.827°N～85.404°N，水深在 2280～3018 m，其有孔虫丰度基本上未显示出纬度和水深的差异。因此，其有孔虫丰度主要受钙质浮游有孔虫生产力和溶解作用的控制（Osterman et al.，1999）。阿尔法海岭 PS51/38-4 岩心的有孔虫丰度也是在 MIS 7～1 期的间冰期增加，冰期降低（Spielhagen et al.，2004）。

3. 欧亚北冰洋中央海区的有孔虫丰度变化

欧亚北冰洋中央海区 3 个岩心晚更新世以来 Mn/Al 与有孔虫丰度的变化特征显示，马卡罗夫海盆的 ICE6 岩心中有孔虫丰度高峰主要出现在 MIS 5 晚期、MIS 3 和 MIS 1 期（Xiao W et al.，2020）；罗蒙诺索夫海岭 ICE2 岩心中有孔虫丰度高峰主要出现在 MIS 3 和 MIS 1 期；而罗蒙诺索夫海岭 LR01 岩心中有孔虫丰度高峰主要出现在 MIS 3 晚期和 MIS 1 晚期，并且有孔虫丰度低于其他两个岩心一个数量级（图 9-26）。LR01 岩心的沉积速率明显高于其他两个岩心。从这 3 个岩心的位置（图 7-1）可以看出，LR01 岩心的纬

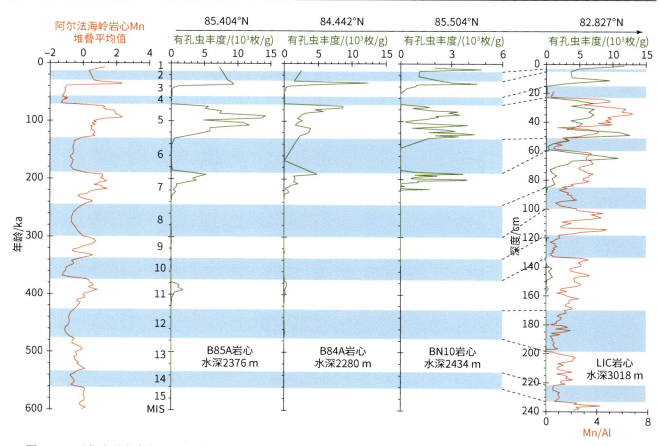

图 9-25　西北冰洋中央海区阿尔法海岭 4 个岩心中—晚更新世以来有孔虫丰度与 Mn 堆叠平均值和 Mn/Al 的纬向变化

岩心数据分别来自 Wang R 等（2018）和徐仁辉等（2020）；水平蓝色带表示冰期

度低于其他两个岩心，其位置更加靠近拉普捷夫海陆架，更重要的是该岩心位于穿极流流经的主轴上，因此，接收穿极流携带的陆源物质要高于其他两个岩心，导致有孔虫丰度受到强烈的稀释作用。这 3 个岩心中其他间冰期有孔虫匮乏很可能也受到穿极流携带的陆源物质的稀释作用。因此，这 3 个岩心的有孔虫丰度不仅受钙质浮游有孔虫生产力和溶解作用的影响，而且还受穿极流携带的陆源物质稀释作用的强烈影响。相比之下，罗蒙诺索夫海岭中部 PS2185-6 和 AO96/12-1PC 岩心的有孔虫丰度也是在 MIS 7～1 期的间冰期增加，冰期降低（Spielhagen et al.，2004；Jakobsson et al.，2001）；罗蒙诺索夫海岭西部 LOMROG07-PC04 岩心和莫里斯·杰塞普隆起 LOMROG07-PC08 岩心和 PS2200-2/5 岩心的有孔虫丰度也是在 MIS 7～1 期的间冰期增加，冰期降低（Löwemark et al.，2014；Hanslik et al.，2013；Spielhagen et al.，2004）。

总而言之，无论是北冰洋的边缘海还是中央海区，晚更新世以来有孔虫丰度的高峰主要出现在 MIS 11、MIS 7～1 期的间冰期，而冰期有孔虫丰度降低。这主要是与冰期旋回中大西洋水进入北冰洋增强有关。美亚北冰洋边缘海区的有孔虫丰度不仅受钙质浮游有孔虫生产力和溶解作用的影响，还受陆源物质稀释作用的影响；美亚北冰洋中央海区的有孔虫丰度主要受钙质浮游有孔虫生产力和溶解作用的影响。而欧亚北冰洋中央海区的有孔虫丰度不仅受钙质浮游有孔虫生产力和溶解作用的影响，还受穿极流携带的陆源物质稀释作用的影响。值得注意的是，在 MIS 11 期之前的地层中有孔虫极少，是何原因有待进一步研究。

9.3.2　生物硅含量的变化

在 2004 年北冰洋中部罗蒙诺索夫海岭综合大洋钻探计划 ACEX 航次之前，很少有北冰洋更新世地层中生物硅含量以及硅藻和硅鞭藻等属种组合的研究和报道。然而，北冰洋中部罗蒙诺索夫海岭综合大洋钻探计划 ACEX 站位的始新世早期地层发现了丰富的海洋和淡水硅质微化石，大部分特有的海洋硅藻组合与非常丰富的金藻囊孢、硅鞭藻和硅质鞭毛类（ebridian）组合一起被保存下来，表明属于盐度低、分层和营养间歇性变化的半咸水环境（Stickley et al.，2008；Onodera et al.，2008）。而该站位始新世中期地层中发现的海冰硅藻化石（*Synedropsis* spp.）反映了该时期北极存在海冰。结合 IRD 记录表明，海冰的形成有两个阶段：47.5 Ma 之前大陆架边缘地区的初始海冰形成，在 0.5 Ma 之后北极中部的近海地区季节性海冰形成，记录了始新世中期气候变冷阶段开始时，从一个温暖、无冰的环境过渡到一个以冬季海冰为主的环境（Stickley et al.，2009）。然而，北冰洋更新世以来的生物硅含量与硅质微体化石组合的研究较少，此节旨在总结生物硅含量的变化特征及其反映的海洋环境变化。

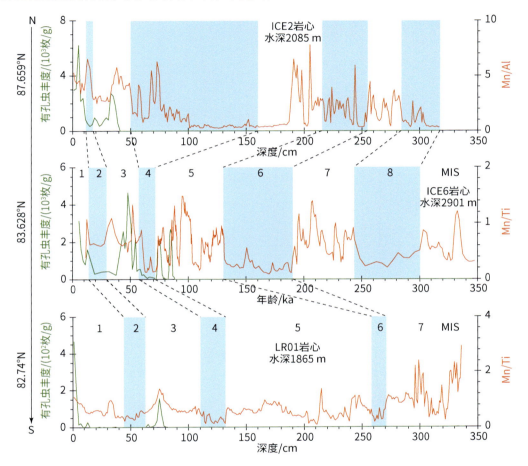

图 9-26　北冰洋欧亚海盆 3 个岩心晚更新世以来有孔虫丰度和 Mn/Al 与 Mn/Ti 的纬向变化

ICE6 岩心数据来自 Xiao W 等（2020）；垂直蓝色带表示冰期

1. 楚科奇边缘地生物硅含量的变化特征

西北冰洋楚科奇边缘地 4 个岩心晚更新世以来 Mn/Al 与生物硅含量的变化特征显示，生物硅含量在 0.1%～2% 波动，未呈现出像有孔虫丰度与 Mn/Al 一致的变化规律（图 9-27）。其中，BN03 岩心的生物硅含量在 MIS 3 晚期增加至 0.5% 以上，其他时期都在 0.5% 以下；P31 岩心的生物硅含量在 MIS 3 和 MIS 1 期增加，MIS 2 期降低；P23 岩心的生物硅含量在 MIS 3 晚期和 MIS 1 期增加，其他时期降低（梅静等，2015）；M03 岩心的生物硅含量在 MIS 3 和 MIS 2 期略微增加，其他时期降低（Wang R et al.，2013）。无论是从这 4 个岩心的位置（图 7-1），还是岩心的水深，生物硅含量仅在 MIS 3 期一致的稍微增加，并未呈现出明显的冰期与间冰期变化规律。因此，岩心位置和水深都可能不是这些岩心生物硅含量变化的制约因素，而海冰覆盖范围、生物硅生产力、溶解作用和陆源物质稀释作用可能是生物硅含量变化的制约因素。

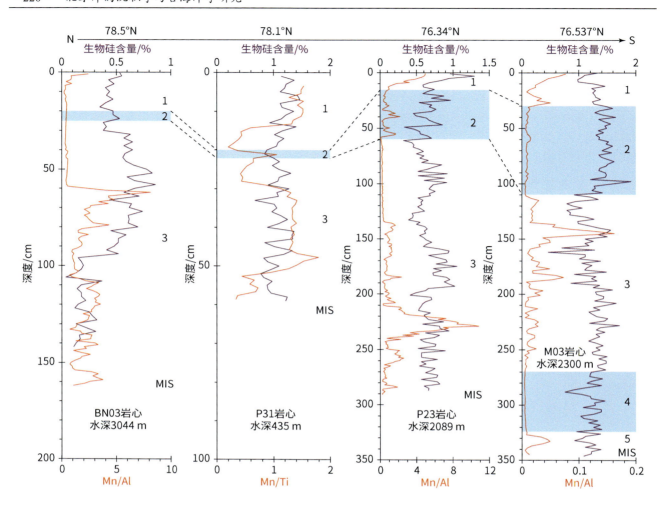

图9-27 西北冰洋楚科奇边缘地4个岩心晚更新世以来Mn/Al与Mn/Ti和生物硅含量的变化

P31和M03岩心数据来自梅静等（2015）和Wang R等（2013）；水平蓝色带表示冰期

　　西北冰洋楚科奇边缘地南部的楚科奇隆起PL01和PL04岩心末次冰期以来的生物硅含量变化显示，末次冰期的生物硅含量在2%～7%，由于海冰覆盖，硅质生物生产力较低；冰消期的生物硅含量降至1%～3%，主要受陆源物质稀释作用的影响；中—晚全新世的生物硅含量快速上升至17%，海洋硅藻生产力增加，陆源物质输入减少（Park K et al.，2017）。西北冰洋楚科奇海北部先驱号峡谷东侧4-PC1岩心的沉积物记录显示，约8100 a之前生物硅含量几乎为零，有机碳同位素$\delta^{13}C_{org}$约为-25‰；约8100 a至现代，生物硅含量增加至15%左右，$\delta^{13}C_{org}$接近-22‰，反映了白令海峡开启后太平洋入流水影响的海洋环境（Jakobsson et al.，2017）。

　　美亚北冰洋表层沉积物中生物硅含量的分布特征显示，高值区主要出现在75°N～76°N以南的楚科奇海及其东西两侧的东西伯利亚海和波弗特海，以及欧亚北冰洋中央海区（图5-6），该界线以北的生物硅含量降至2.5%以下。北冰洋表层水多年（1955～2018年）平均硅酸盐含量分布特征显示，以75°N～76°N为界线，该界线以南海域硅酸盐含量升高，该界线以北海域硅酸盐含量降低［图1-11（b）］，与表层沉积物中生物硅的分布特征基本一致。楚科奇边缘地北风号海岭南部DM站位（74.4°N,158.233°W，水深1650 m）沉积物捕获器中2008～2009年的硅藻和硅鞭藻通量研究显示，其通量高值主要出现在海冰覆盖减少的夏季和秋季，通量低值主要出现在海冰覆盖增加的冬季和春季（Bai et al.，2019；Ren et al.，2020，2021）。由此可见，这4个岩心中较低的生物硅含量可能是由于这些区域长期被海冰覆盖，光照和营养盐不足限制了浮游植物的生长（Hancke et al.，2022）。同时，水柱上层存在强烈的密度跃层，使得次表层（150 m）丰富的营养盐不能补充至表层（李宏亮等，2007），导致该地区硅质生物生产力降低。除硅质生物生产力较低外，硅藻和硅鞭藻在沉降过程中和到达海底后都会受到溶解作用，以及来自陆架和陆坡的陆源物质输入的稀释作用（Wang R et al.，2013）。

2. 阿尔法海岭和门捷列夫海岭北部生物硅含量的变化特征

西北冰洋中部阿尔法海岭和门捷列夫海岭北部 4 个岩心的中—晚更新世以来 Mn 堆叠平均值和生物硅含量的变化特征显示，门捷列夫海岭 MA01 岩心总体上生物硅含量在 1%～7% 波动，高于阿尔法海岭 3 个岩心两倍以上（图 9-28），还呈现出间冰期略高，冰期略低的特点（Park K et al.，2022）。而阿尔法海岭 3 个岩心中，BN10 岩心的生物硅含量在 0～3.5% 波动，高值主要出现在 MIS 5 晚期、MIS 3 和 MIS 1 期，并且 MIS 5 晚期之前的含量几乎为零；B85A 和 B84A 岩心的生物硅含量在 0.1%～1.6% 波动，呈现出微弱的间冰期略高，冰期略低的特点。

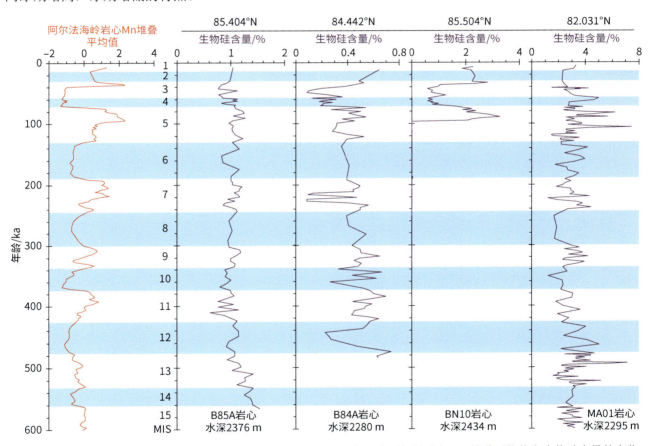

图 9-28　西北冰洋中部阿尔法海岭和门捷列夫海岭北部 4 个岩心中—晚更新世以来 Mn 堆叠平均值和生物硅含量的变化
阿尔法海岭岩心 Mn 堆叠数据和 MA01 岩心生物硅含量来自 Wang R 等（2018）和 Park K 等（2022）；水平蓝色带表示冰期

从这 4 个岩心的位置和水深（图 7-1）可以看出，它们与生物硅含量的高低几乎没有关系。美亚北冰洋表层沉积物中生物硅含量的分布特征显示，从大约 76°N 开始，生物硅含量 2.5% 的区域沿着 180°W 向北延伸，超过 80°N（图 5-6），同时，北冰洋表层水多年（1955～2018 年）平均硅酸盐含量分布特征［图 1-11（b）］也显示出与表层沉积物中生物硅分布特征基本一致的规律。这说明沿着 180°W 断面，MA01 岩心的生物硅含量反映了硅质生物生产力间冰期升高，冰期降低的特点，主要受表层硅质生物生产力和溶解作用的影响；相比之下，向北至 BN10 岩心，其生物硅含量整体显著降低，这说明 BN10 岩心的生物硅含量不仅受硅质生物生产力和溶解作用的影响，还受穿极流携带的陆源物质稀释作用的影响（Wang R et al.，2018，2023）。位于常年海冰覆盖区域的 B85A 和 B84A 岩心的生物硅含量最低，说明硅质生物生产力较低，同时还受溶解作用的影响，导致其硅质生物生产力仅显示出微弱的冰期与间冰期变化。

9.3.3　总有机碳含量及其同位素的变化

1. 楚科奇边缘地总有机碳含量及其同位素的变化

西北冰洋楚科奇边缘地 4 个岩心晚更新世以来 TOC 含量和 C/N 的变化特征显示，它们之间的变化规律几乎完全一致（图 9-29）。TOC 含量和 C/N 分别在 0.2%～1.8% 和 2～25。在 MIS 3 晚期、MIS 3 与 MIS 2 界线处和 MIS 2 期间，BN03、P31、M03 和 P23 岩心的 TOC 含量和 C/N 都增加（梅静等，2015；Wang R et al.，2013）。其中，BN03 和 P23 岩心的 TOC 含量和 C/N 增加幅度是 P31 和 M03 岩心的两倍以上，C/N 都超过了 7，说明这两个岩心的 TOC 中含有更多的陆源有机碳的输入，因为海源有机质中的浮游植物 C/N 为 6～7（Emerson and Hedges，1988），而北冰洋 0～500 m 水深的浮游生物的 C/N 在 6.0～8.5（Delphine et al.，1999），该比值范围与拉普捷夫海全新世沉积物的 C/N 范围（6.3～12.5）基本接近（Stein and Fahl，2000）。尽管 P31 和 M03 岩心的 C/N 在 MIS 2 期未达到 7，但 P31 岩心的 $\delta^{13}C_{org}$ 却偏轻至大约-25 ‰，指示陆源有机碳的输入（梅静等，2015）。在 MIS 3 早或中期，这 4 个岩心的 TOC 含量和 C/N 都增加了，但增加的幅度不同。与此同时，P31 岩心的 $\delta^{13}C_{org}$ 却偏轻至-27‰～-25‰，反映以陆源有机碳输入为主（梅静等，2015）。一般来说，沉积物中有机质的 C/N 在高生产力环境中要比在贫养环境中高得多（孙烨忱等，2011）。此外，低的 TOC 含量也会造成低的 C/N，这可能是在贫有机质的沉积物中对非有机氮的吸收造成的（陈志华等，2006）。因此，C/N 在评估有机碳组成方面相对较弱，而 $\delta^{13}C_{org}$ 在区分沉积物中有机碳来源方面提供了更加可靠的方法，两者结合更为可靠（Stein and Macdonald，2004a，2004b）。

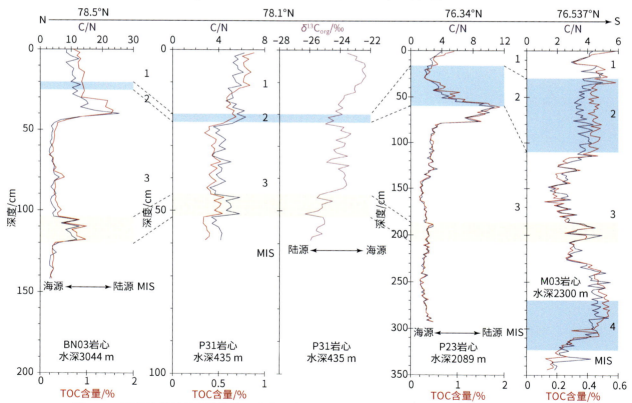

图 9-29　西北冰洋楚科奇边缘地 4 个岩心晚更新世以来 TOC 含量、C/N 和 $\delta^{13}C_{org}$ 的纬向变化

P31 和 M03 岩心 TOC 含量、C/N 和 $\delta^{13}C_{org}$ 数据来自梅静等（2015）和 Wang R 等（2013）；水平蓝色带表示冰期；水平浅黄色带表示相同层位

西北冰洋楚科奇边缘地南部楚科奇隆起 PL01 和 PL04 岩心末次冰期的 TOC 含量、C/N 和 $\delta^{13}C_{org}$ 分别为 0.2%～0.5%、3～7 和-25‰～-24‰，显示了初级生产力低和冰的覆盖；冰消期分别为 0.5%～1.7%、5～17 和-26.5‰～-25‰，反映了较高的陆源有机碳的贡献；全新世中一晚期分别为 0.4%～1.4%、5～10 和

−26‰～−23‰，指示了硅藻生产力增加（Park K et al.，2017）。北冰洋边缘海沉积物中 TOC 含量、C/N 和 $\delta^{13}C_{org}$ 的研究显示，楚科奇海和波弗特海的 TOC 含量为 0.5%～2%，超过 50% 的沉积物 TOC 来自陆源；从楚科奇海陆架东部至西部，沉积物中 $\delta^{13}C_{org}$ 增加，C/N 降低；陆架区中部生产力高于近岸区，并且有机碳再矿化速率也增加了，反映了海源有机碳通量和沉积要高于陆源有机碳（Stein and Macdonald，2004a，2004b）。这与美亚北冰洋表层沉积物中的 TOC 含量、C/N 及 $\delta^{13}C_{org}$ 的分布特征基本一致（图 5-7～图 5-9）。北冰洋沉积物中的陆源 $\delta^{13}C_{org}$ 端元值为−27.8‰，海源 $\delta^{13}C_{org}$ 端元中间值为−17.5‰，陆源有机碳的 C/N 在 9～33（Belicka and Harvey，2009）。从北冰洋的陆架-陆坡-深水区，不同海区之间的 TOC 含量、C/N 和 $\delta^{13}C_{org}$ 也存在一些差异（Stein and Macdonald，2004a，2004b），反映了在表层海水的有机碳输出至海底的过程中，有机质的降解和早期成岩作用与陆源物质包括陆源有机碳输入的混合等过程都不同程度地造成了使用 TOC 含量评估表层生产力的复杂性和多解性，需要参照 C/N 和 $\delta^{13}C_{org}$ 加以判断。因此，这 4 个岩心 MIS 1 晚期增加的 TOC 含量可能指示海源有机碳的贡献高于陆源有机碳，表明表层生产力的增加，而其他时期 TOC 含量的变化可能反映陆源有机碳占比增加了（梅静等，2015；Wang R et al.，2013）。而海源有机质主要来源于海水初级生产者主要为浮游硅藻的贡献，其他海洋生物贡献较小（Stein and Macdonald，2004a，2004b；Belicka and Harvey，2009）。

　　楚科奇海台 P31 岩心沉积物的 C/N 为 3～7，$\delta^{13}C_{org}$ 为−26.31‰～−22.28‰，平均值为−24‰。应用简单的两端元混合模型，认为 $\delta^{13}C_{org}$ 为−27‰时完全代表陆源端元，$\delta^{13}C_{org}$ 为−21‰时完全代表海洋端元（Fry and Sherr，1989；Stein and Macdonald，2004a，2004b；Martens et al.，2020），根据这两个端元值估算沉积物中海源和陆源有机质的含量。用 TOC_{mar}/TOC 来指示 P31 岩心海源有机碳占总有机碳的比值，该比值与 $\delta^{13}C_{org}$ 同步变化；TOC_{mar} 和 TOC_{ter} 分别指示海源有机碳和陆源有机碳含量（图 9-30）。P31 岩心 MIS 3 早

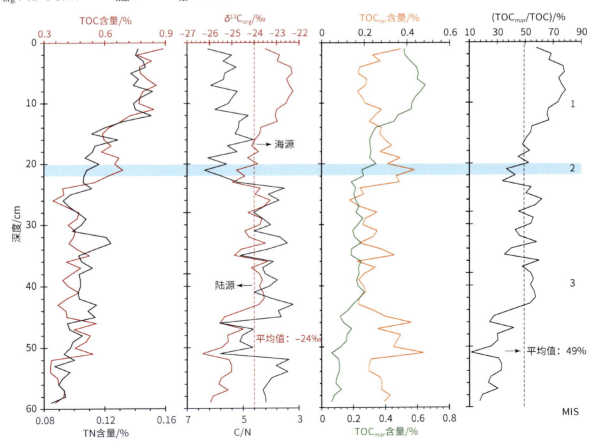

图 9-30　西北冰洋楚科奇边缘地 P31 岩心晚更新世以来 TOC 和总氮（total nitrogen，TN）含量、C/N 和 $\delta^{13}C_{org}$、陆源和海源 TOC 含量的变化（据梅静等，2015 改）

图中水平蓝色带表示末次冰期

期 $\delta^{13}C_{org}$ 明显偏轻，对应于偏高的 C/N 和增加的有孔虫丰度与 IRD 含量，这可能反映了温暖的大西洋水输入增加，以海冰融化带来的陆源有机质为主（Wang R et al.，2013；梅静等，2015）；MIS 3 中－晚期 $\delta^{13}C_{org}$ 略偏重，对应于 C/N 偏低和有孔虫丰度降低，说明在北冰洋常年冰封的海区，有机质则以海洋自生沉积为主，可能来自冰下生物的输入，但生产力较低；MIS 3 晚期 $\delta^{13}C_{org}$ 变轻，C/N 和 IRD 含量增加，有孔虫丰度降低，表明以冰筏卸载的陆源有机质为主；MIS 1 中－晚期的 $\delta^{13}C_{org}$ 逐渐变重，C/N 下降，有孔虫丰度增加，指示气候变暖海洋自生生产力增加，以海源有机质为主（梅静等，2015）。

2. 门捷列夫海岭北部总有机碳含量及其同位素的变化

西北冰洋门捷列夫海岭北部 MA01 岩心中－晚更新世以来 Mn/Ti、TOC 含量、C/N 和 $\delta^{13}C_{org}$ 的变化显示，TOC 含量呈现间冰期高，而冰期低的变化特征（图 9-31）。低 C/N 主要是由于 TOC 含量低，无机氮占总氮的比例高（Stein，2008）。MA01 岩心 TOC 含量与 C/N 呈显著正相关，表明 TOC 含量的增加主要来自陆源有机质的贡献，而不是表层生产力的增加。陆源有机质贡献增加的原因是 $\delta^{13}C_{org}$ 普遍偏轻（Park K et al.，2022）。以往的研究表明，在冰期，北冰洋西部陆源有机质的输入量较高（Yamamoto and Polyak，2009；Rella and Uchida，2011）。在门捷列夫海岭南部寒冷时期陆相有机质输入的增加与冰川形成的细颗粒从大陆到北冰洋西部更有效的搬运有关（Yamamoto and Polyak，2009）。在楚科奇边缘地，TOC 含量的增加主要与寒冷时期低的粗粒组分有关，而有机碳的产生更可能在温暖时期增加（Park K et al.，2017；Rella and Uchida，2011）。相比之下，MA01 岩心的记录显示，间冰期的 TOC 含量和 $\delta^{13}C_{org}$ 高于冰期。自中布容事件以来，与海冰相关的生产力在间冰期增加，受到约 100 ka 的冰期与间冰期旋回的调节。在较暖间冰期，北冰洋中西部地区的气候变率比全球气候变率更为敏感，这是北极在地质时间尺度上放大的一个例子

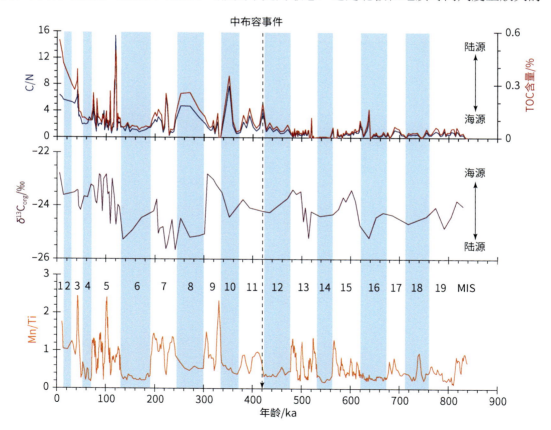

图 9-31　西北冰洋门捷列夫海岭北部 MA01 岩心中－晚更新世以来 TOC 含量、C/N 和 $\delta^{13}C_{org}$ 的变化

（据 Park K et al.，2022 改）

图中垂直蓝色带表示冰期

（Cronin et al.，2017）。由于对气候变化的高度敏感性，门捷列夫海岭北部记录了 100 ka 的冰期与间冰期变化，导致间冰期陆源输入更多。这一条件在中布容事件之后更温暖和更长的间冰期与间冰阶和冰阶转换期间继续为北冰洋西部门捷列夫海岭北部提供更多陆源沉积物。中布容事件之后的冰期与间冰期的显著变化是全球变冷和内部正反馈的结果，两者都与北美冰冻圈的发展密切相关（Park K et al.，2022）。

3. 阿尔法海岭总有机碳含量的变化特征

西北冰洋中部阿尔法海岭 3 个岩心中—晚更新世以来 TOC 含量和 C/N 的变化特征显示，两者呈现出一致的正相关关系（图 9-32）。其中，B85A 和 B84A 岩心的 TOC 含量和 C/N 分别在 0.1%～0.7% 和 1～3；而 BN10 岩心的 TOC 含量和 C/N 明显比前两个岩心高出一倍以上。自 MIS 14 期以来，除几个特殊时期外，这 3 个岩心的 TOC 含量和 C/N 呈现出微弱的冰期与间冰期变化。从 MIS 4～1 期，TOC 含量和 C/N 呈现逐渐增加的趋势，这可能反映了由 IRD 携带的陆源有机碳输入增加，尤其是在 MIS 4～2 期间（Wang R et al.，2018，2023）。此外，B85A 岩心的 TOC 含量和 C/N 在 MIS 12 早期和 MIS 10 晚期显著增加；B84A 岩心的 TOC 含量和 C/N 在 MIS 9 早期显著增加，可能与前者 MIS 10 晚期的增加相对应；而 BN10 岩心的 TOC 含量和 C/N 在 MIS 8 与 MIS 7 界线处和 MIS 7b 期大幅增加，可能与 IRD 携带的陆源有机碳输入增加有关（Wang R et al.，2018，2023），因为这些岩心可能都会受波弗特环流和穿极流携带的陆源有机碳输入的影

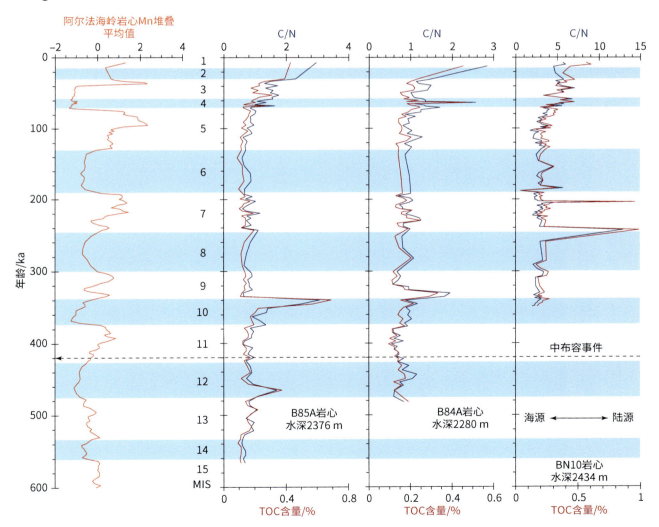

图 9-32　西北冰洋中部阿尔法海岭 3 个岩心中—晚更新世以来 TOC 含量和 C/N 的变化

Mn 堆叠平均值数据来自 Wang R 等（2018）；水平蓝色带表示冰期

响（图 7-1）。此外，中布容事件之前和之后的 TOC 含量和 C/N 都未显示出明显的变化。尽管可能与表层水有机碳输出至海底的过程中，有机质的降解和早期成岩作用与陆源物质包括陆源有机碳输入的混合等过程有关，但也可能反映了表层生产力对于中布容事件和冰期与间冰期的气候变化的响应微弱。由于这 3 个岩心位于常年海冰覆盖区域，表层生产力极低，即使在间冰期，也可能处于贫营养区域，属于极低生产力区（图 1-9、图 1-10）（Codispoti et al., 2013；Lewis et al., 2020）。美亚海盆中央海区表层沉积物中的生物硅含量、TOC 含量和 C/N 都是最低的（图 5-6～图 5-8）；$\delta^{13}C_{org}$ 约为-22‰（图 5-9）。这些特征可能说明该海区的表层生产力对于中布容事件和冰期与间冰期的气候变化不敏感，而北冰洋边缘海的表层生产力明显响应于中布容事件和冰期与间冰期的气候变化（Stein and Macdonald, 2004a, 2004b；Rella and Uchida, 2011；Wang R et al., 2013；梅静等，2015；Park K et al., 2017, 2022）。这可能与北冰洋在冰期与间冰期旋回中的表层海洋环境，如海冰覆盖范围、营养盐供给和陆源物质输入等的变化相关。

4. 罗蒙诺索夫海岭总有机碳含量及其同位素的变化特征

欧亚北冰洋中部罗蒙诺索夫海岭 ARC5-ICE4 岩心晚更新世以来 IRD 含量、TOC 含量、C/N 和 $\delta^{13}C_{org}$，以及生物标志物的变化特征显示，在 MIS 3～1 期（单元 4～1），IRD 含量、TOC 含量、C/N、菜籽甾醇含量和甲藻甾醇含量的增加对应于 $\delta^{13}C_{org}$ 偏轻和 BIT 偏大（图 9-33）。结合长链正链烷烃（C27～C31）的增加，该时期的有机碳很可能来自再沉积的苔原植被和土壤与当地海洋生产力的混合物（Dong L et al., 2022）。

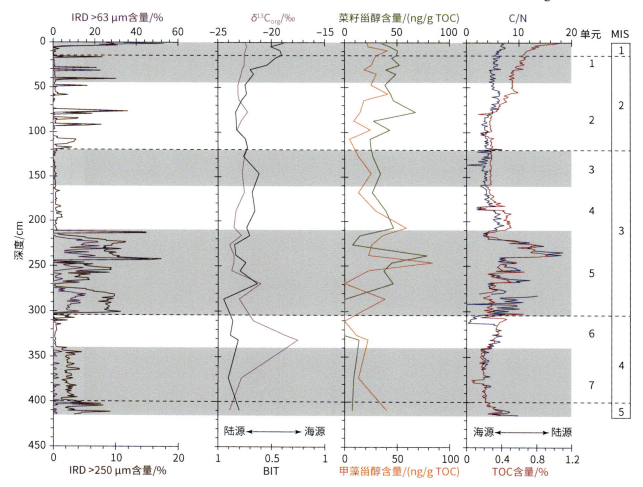

图 9-33　欧亚北冰洋中部罗蒙诺索夫海岭 ARC5-ICE4 岩心晚更新世以来 IRD 含量、TOC 含量、C/N 和 $\delta^{13}C_{org}$ 以及生物标志物的变化特征（据 Dong L et al., 2022 改）

BIT 指示土壤中搬运的陆源有机物的贡献（Hopmans et al., 2004）；菜籽甾醇和甲藻甾醇含量分别代表 TOC 含量中来源于硅藻和甲藻的含量；水平灰色带表示间冰期在 MIS 3 早期（单元 5），结合较高的成熟度［碳优势指数（carbon preference index，CPI）和平均碳链长度（average chain length，ACL）较低］和长链正链烷烃（C27~C31）特征，高的 TOC 含量最可能来源于煤，被含量丰富的 >63 mm 煤粒所证实。在 MIS 4 晚期（单元 6），C/N 较低，$\delta^{13}C_{org}$ 较重，成熟度较高，但与长链正构烷烃（C27）主导的高等植物特征不一致，表明有机碳可能来源于不同成分的混合。在单元 2 中，菜籽甾醇和甲藻甾醇与 IRD 含量和 BIT 同时升高，表明可能发生再沉积；而在单元 5 中，特别明显的菜籽甾醇和甲藻甾醇含量高峰对应于 IRD 的细粒度区间，这可能表明有较高的海洋输入的间冰阶条件（Dong L et al.，2022）。

北冰洋中部罗蒙诺索夫海岭 ACEX 站位 MIS 8 期以来的 TOC 含量和生物标志物的研究显示，TOC 含量在其他时期都在 0.3% 以下，只在 MIS 6 期增加至 0.9%，并含有大量的支链甘油二烷基甘油四醚脂（支链 GDGTs），表明富含有机物的大陆土壤被冰侵蚀，然后被漂流冰运送到北冰洋中部（Yamamoto et al.，2008）。多项研究表明，北冰洋沉积物中的有机碳主要来自周围陆地再沉积的陆源物质，这是由海冰覆盖水域初级生产力较低和受侵蚀的陆地有机碳被搬运到北冰洋的物理过程造成的普遍现象（Stein and Macdonald，2004a，2004b；Belicka and Harvey，2009；Yunker et al.，2009；Martens et al.，2020）。因此，罗蒙诺索夫海岭 ARC5-ICE4 岩心晚更新世以来 TOC 含量组成表明，其主要来源于冰川侵蚀或冻土融化与海源有机碳的混合。

9.4　中—深层水团的变化历史

北冰洋被高耸的罗蒙诺索夫海岭分隔为东部和西部两部分。现代北冰洋的显著特点之一是海水的分层结构（Rudels，2015），它拥有以下四大主要水团（图 1-3）：北极表层水（水深 0~50 m，水温 -2~0℃，盐度 32‰~34‰）、大西洋水（水深 200~1000 m，水温 ≥0℃，盐度 34.3‰~34.8‰）、北极中层水（水温 -0.5~0℃，盐度 34.6‰~34.8‰）和北极底层水。北极底层水又分为加拿大海盆底层水（水深 >1500 m，水温 -0.5~-0.3℃，盐度 34.95‰）和欧亚海盆底层水（水深 >2000 m，水温 -1.0~-0.6℃，盐度 34.94‰）（Aagaard and Carmack，1989；Anderson et al.，1994；Jones E P，2001；Rudels et al.，2004）。温暖的大西洋水和低温的北极表层水被一层发育良好的盐跃层（水深 <200 m）所分隔（Rudels et al.，1996）。温度和盐度较高的北大西洋水体经由弗拉姆海峡和巴伦支海流入北冰洋，潜入相对低盐的盐跃层之下并逆时针流动（Jones E P，2001；Beszczynska-Möller et al.，2011），形成了位于北冰洋中层的大西洋水和北极中层水（Steele and Boyd，1998），因此，北大西洋是北冰洋重要的热量和盐分供给源。

已有研究表明，北冰洋的水团分布随气候冷暖交替而发生变化。北冰洋岩心中钕同位素的分析结果显示，北冰洋海水的分层格局在早更新世已经形成，包括大西洋水和北极中层水水深范围的水体，在间冰期主要来自北大西洋中层水，而在冰期主要来自欧亚大陆架形成的卤水（Haley et al.，2008a，2008b）。在晚更新世，北大西洋中层水在冰期和间冰期都能进入北冰洋形成大西洋水（Hebbeln et al.，1994；Bauch H A et al.，2001），但地球化学研究显示大西洋水的水深范围随气候冷暖交替而变化。利用北冰洋岩心中介形虫壳体 Mg/Ca 和 Sr/Ca 作为古温度替代指标，研究认为，在末次冰期，大西洋水在东和西北冰洋都下潜到了 1000~2500 m 的水深范围（图 9-34）。大西洋水下潜的原因认为是冰期盐跃层变厚和变深，从而将大西洋水向下挤压（Cronin et al.，2012）。然而，该研究结论无法解释冰期东和西北冰洋介形虫动物群属种迥异的事实（Cronin et al.，1995；Poirier R K et al.，2012），也无法说明在冰期大西洋水是如何越过罗蒙诺索夫海岭而进入西北冰洋的。罗蒙诺索夫海岭的平均水深约为 1000 m，是大西洋水从欧亚海盆进入美亚海盆的必经之地。假定上述结论是正确的，即在末次冰期大西洋水下沉到 1000 m 以下，那么在海平面下降约 120 m 和大西洋水下潜的双重效应下，推测罗蒙诺索夫海岭阻挡了大西洋水进入美亚海盆似乎更加合理。事实上，已有研究推测，大西洋水在冰期由于受罗蒙诺索夫海岭阻隔而被局限在欧亚海盆内部（Jakobsson et al.，2014a）（图 9-35）。

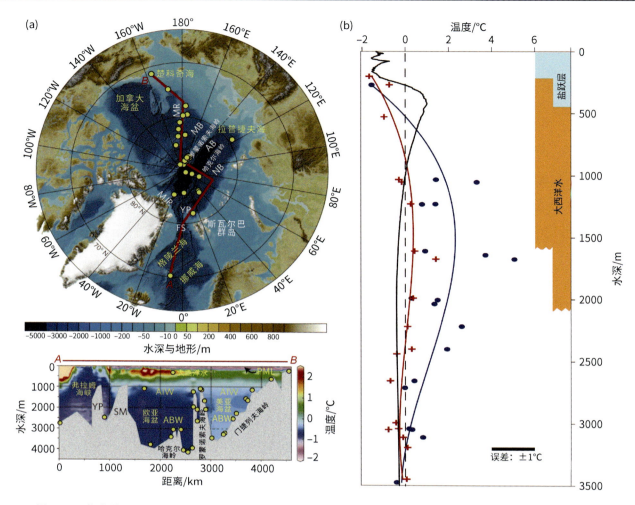

图 9-34　北冰洋 MIS 3 期与全新世基于介形虫壳体 Mg/Ca 的底层水温度重建记录（据 Cronin et al.，2012 改）

（a）用于古水温重建的沉积物岩心分布位置；（b）基于介形虫 *Krithe glacialis* 壳体 Mg/Ca 获取的 MIS 3 期（蓝色）与全新世（红色）水温与水深散点图（水温 *T*=0.438×Mg/Ca-5.14），黑色线条为阿蒙森海盆现代水温分布曲线；MR-门捷列夫海岭；MB-马卡罗夫海盆；AB-阿蒙森海盆；NB-南森海盆；MJR-莫里斯·杰塞普隆起；YP-叶尔马克海台；FS-弗拉姆海峡；SM-海山；PML-极地混合层；AIW-北极中层水；ABW-北极底层水

　　在北冰洋海底沉积物中广泛存在的介形虫和底栖有孔虫，是海洋微体化石的重要门类。自 20 世纪 80 年代以来，诸多研究揭示了北冰洋介形虫化石群与新近纪－第四纪古海洋学事件的关联（Siddiqui，1988；Clark D L et al.，1990；Cronin and Whatley，1996；Pak et al.，1992；Cronin et al.，1994，1995；Jones R L et al.，1999；Cronin et al.，2002，2010，2013，2017；Polyak et al.，2004，2013；Stepanova，2006；Taldenkova et al.，2008，2012；Poirier R K et al.，2012；DeNinno et al.，2015；Gemery et al.，2017）。基于整个北冰洋 1571 个站位的海底表层沉积物样品数据而建立的北冰洋介形虫数据库（Arctic Ostracoda Database，AOD）显示，介形虫属种分布与北冰洋水团之间存在明确的对应关系（Gemery et al.，2015）。在过去几年里，通过西北冰洋楚科奇海台和阿尔法海岭岩心中的介形虫化石群分析，重建了大西洋水及其相关水团在晚更新世冰期与间冰期的变迁过程（Zhou et al.，2021；王雨楠等，2022）。该研究结果修正了上述研究结论（Cronin et al.，2012），揭示了冰期东和西北冰洋迥异的水团分布格局。同样地，北冰洋表层沉积物中底栖有孔虫的研究表明，水深 200～900 m 的内生种 *Cassidulina teretis* 与大西洋暖水层相关（Lagoe，1979；Polyak，1990；Ishman and Foley，1996）。西北冰洋表层沉积物中底栖有孔虫组合研究发现，*C. teretis* 组合主要分布在楚科奇海台和北风号海岭以及罗蒙诺索夫海岭，其分布水深为 320～750 m。*C. teretis* 组合代表了受高温高盐的大西洋水影响的环境（司贺园等，2013），并被用来重建西北冰洋晚更新世冰期与间冰期旋回中大西洋水团的演化历史（Jennings and Weiner，1996；Lubinski et al.，2001；Polyak et al.，2004，2013）。本节试图通过西北冰洋多个岩心中的介形虫组合和底栖有孔虫 *C. teretis* 含量来重建中深层水团的演化历史。

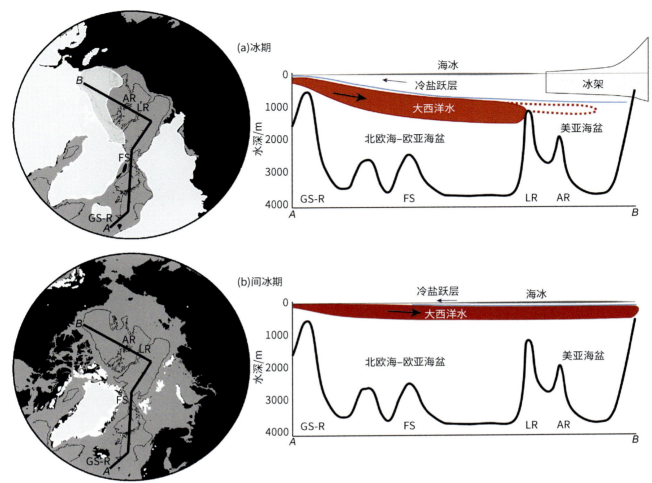

图 9-35　推测的北冰洋冰期与间冰期海洋环境概念图（据 Jakobsson et al.，2014a 改）

（a）冰期的大西洋水和其他环境条件；（b）间冰期的大西洋水和其他环境条件；*A－B* 为美亚海盆至北欧海断面；AR-阿尔法海岭；LR-罗蒙诺索夫海岭；FS-弗拉姆海峡；GS-R-格陵兰-苏格兰海岭

9.4.1　介形虫属种指示的中—晚更新世水团变化历史

1. 楚科奇海台晚更新世中层水团的变迁

为了重建晚更新世的大西洋水和北极中层水在西北冰洋的变化历史，研究人员对采自楚科奇海台的 ARC3-P31、ARC7-P12 和 ARC6-R14 岩心进行了介形虫化石组合的分析（Zhou et al.，2021）。这 3 个岩心的水深分别为 435 m、741 m 和 580 m，处于现代大西洋水范围（图 9-36）。这 3 个岩心的沉积物主要为粉砂质黏土，呈现出反映气候冷暖交替的褐色与灰白色互层，介形虫化石数量较丰富，建立的年代框架可靠，涵盖了 MIS 5～1 期，为介形虫组合分析奠定了基础（梅静等，2012；黄晓璇等，2018；章陶亮，2019）。基于 AOD（Gemery et al.，2015），确定了楚科奇海台岩心中的介形虫优势种和常见种与特定水团之间的关联，将 *Polycope* spp.、*Pedicythere* spp.、*Pseudocythere caudata*、*Microcythere medistriatum*、*Cytheropteron sedovi*、*C. parahamatum* 以及 *C. scoresbyi* 确定为北极中层水的指示种，而 *Cytheropteron perlaria* 确定为大西洋水的指示种（Zhou et al.，2021）[图 9-37、图 9-38（a）、（b）]。除介形虫外，还利用这 3 个岩心中个体数量较多的底栖有孔虫 *C. teretis* 作为大西洋水的重要指示种（Polyak et al.，2004）。综合这 3 个岩心中介形虫的分布规律，可以看出在 MIS 2 与 MIS 1 期之间发生了显著的动物群翻转现象，即在 MIS 5～2 期，介形虫化石群以 *Polycope* spp. 为主，并且伴随着其他北极中层水指示种，如 *M. medistriatum*、*P. caudata*、*C. sedovi*、*C. scoresbyi* 及 *Pedicythere* spp. 的出现；而在 MIS 1 期，化石群则以大西洋水指示种，如介形虫

C. perlaria 和底栖有孔虫 *C. teretis* 的个体数量增加为特征（图 9-39）。上述动物群翻转意味着 MIS 5～2 期间大西洋水减弱或消失，被下方的北极中层水取代。介形虫分布还显示动物群翻转出现在 MIS 5 晚期（图 9-39），说明北极中层水取代大西洋水的事件始于 MIS 5 晚期（Zhou et al.，2021）。

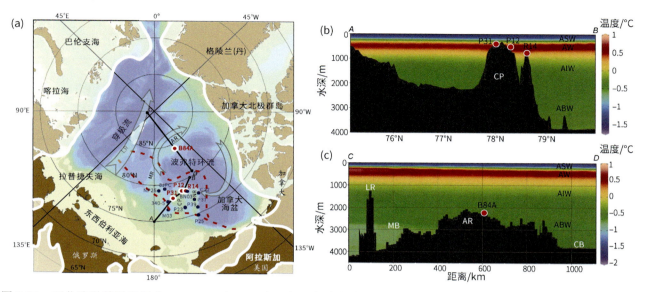

图 9-36　西北冰洋楚科奇海台 P31、P12 和 R14 岩心与阿尔法海岭 B84A 岩心的地理位置，海洋环境背景以及 *A—B* 和 *C—D* 断面的温度和水团分布特征（据 Zhou et al.，2021；王雨楠等，2022 改）

（a）北冰洋现代和冰期的海洋环境背景；其中的 4 个红色圆点为研究岩心，深蓝色圆点为参考岩心，红色点线表示大西洋水分布范围（Jones E P，2001；Woodgate et al.，2005；Parkinson and Cavalieri，2008）；半透明区域为冰期冰盖覆盖范围；（b）和（c）为（a）中的 *A—B* 和 *C—D* 断面的温度和水团分布范围；CB-加拿大海盆，MB-马卡罗夫海盆，AR-阿尔法海岭，LR-罗蒙诺索夫海岭，CP-楚科奇海台，NR-北风号海岭，ASW-北极表层水，AW-大西洋水，AIW-北极中层水，ABW-北极底层水

岩心中介形虫总体丰度以及常年海冰指示种 *Acetabulastoma arcticum* 和季节性海冰边缘指示种 *Rabilimis mirabilis* 的含量变化（图 9-39），反映了与水团变化相关联的底栖生物古生产力和海冰的消长历史。重建的楚科奇海台古海洋环境变化概念图（图 9-40）显示，在 MIS 1 期，温暖的大西洋水发育良好，海面有季节性海冰分布，底栖生物生产力水平较高；而在较寒冷的 MIS 5 晚期～MIS 2 期，大西洋水减弱或消失，北极中层水向上方移动，同时常年海冰发育，底栖生物生产力水平下降（Zhou et al.，2021）。

这项研究也对前人的北冰洋介形虫化石数据进行了重新解释，显示在气候寒冷期发生在楚科奇海台的大西洋水消减与北极中层水上移事件一直延伸到罗蒙诺索夫海岭，而罗蒙诺索夫海岭成为阻止大西洋水进入西北冰洋的屏障（图 9-40）。采自罗蒙诺索夫海岭的两个岩心的水深约 830 m，接近大西洋水与北极中层水的界线，其中北极中层水指示种 *Polycope* spp. 丰度在 MIS 3 和 MIS 2 期很高，但在末次冰消期迅速降低（Gemery et al.，2017），这说明在罗蒙诺索夫海岭，MIS 3 和 MIS 2 期大西洋水消减，北极中层水上移，而在随后的末次冰消期大西洋水回归原位。基于整个北冰洋范围内 20 多个沉积物岩心数据而建立的介形虫丰度与水深断面图显示（Poirier R K et al.，2012），在 MIS 3 和 MIS 2 期 *Polycope* spp. 高丰度所对应的水深范围呈现明显的东西差异：以罗蒙诺索夫海岭为界，在东北冰洋深于 3000 m，而在西北冰洋却浅于 500 m。由此可以推断，在气候寒冷的冰期大西洋水和北极中层水在东北冰洋显著下沉，使得平均水深仅 1000 m 的罗蒙诺索夫海岭阻止了大西洋水进入西北冰洋。以上介形虫化石数据共同印证了冰期与间冰期北冰洋水团的变化模式（图 9-35）（Jakobsson et al.，2014a），即冰期欧亚海盆的盐跃层变深，将大西洋水向下挤压而占据了北极中层水的深度范围，大西洋水向西的扩张终止于罗蒙诺索夫海岭。因此，在末次冰期中大西洋水在东、西北冰洋均下潜到 1000～2500 m 水深的结论（Cronin et al.，2012）仅适用于东北冰洋，但不适用于西北冰洋（Zhou et al.，2021）。

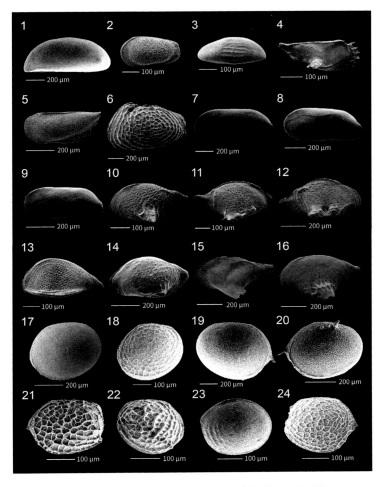

图 9-37　西北冰洋楚科奇海台岩心中主要介形虫化石的扫描电镜照片（据 Zhou et al., 2021 改）

白色横线表示标本大小的比例尺；1. *Acetabulastoma arcticum* （Schornikov, 1970）[①], 左壳；2. *Cluthia australis* （Ayress and Drapala, 1996）, 左壳；3. *Microcythere medistriatum* （Joy and Clark, 1977）, 左壳；4. *Pedicythere neofluitans* （Joy and Clark, 1977）, 右壳；5. *Pseudocythere caudata* （Sars, 1866）, 左壳；6. *Rabilimis mirabilis* （Brady, 1868）, 左壳；7. *Krithe glacialis* （Brady et al., 1874）, 左壳；8. *Krithe hunti* （Yasuhara et al., 2015）, 左壳；9. *Krithe minima* （Coles et al., 1994）, 左壳；10. *Cytheropteron scoresbyi* （Whatey and Coles, 1987）, 左壳；11. *Cytheropteron parahamatum* （Yasuhara et al., 2014）, 右壳；12. *Cytheropteron sedovi* （Schneider, 1969）, 右壳；13. *Cytheropteron perlaria* （Hao, 1988）, 左壳；14. *Cytheropteron pseudoinflatum* （Whatley and Eynon, 1996）, 左壳；15. *Cytheropteron higashikawai* （Ishizaki, 1981）, 左壳；16. *Cytheropteron* sp., 左壳；17. *Polycope inornata* （Joy and Clark, 1977）, 左壳；18. *Polycope bireticulata* （Joy and Clark, 1977）, 左壳；19. *Polycope punctata* （Sars, 1869）, 右壳；20. *Polycope bispinosa* （Joy and Clark, 1977）, 左壳；21. *Polycope moenia* （Joy and Clark, 1977）, 左壳；22. *Polycope areolata* （Sars, 1923）, 右壳；23. *Polycope orbicularis* （Sars, 1866）, 左壳；24. *Polycope* sp., 右壳

2. 阿尔法海岭中—晚更新世深层水团的变迁

针对西北冰洋介形虫化石的研究（Zhou et al., 2021）修正了前人的结论（Cronin et al., 2012）, 揭示了冰期与间冰期东、西北冰洋迥异的水团分布模式。同时也衍生了新的科学问题：在更深水域, 北冰洋的水团是否也随气候冷暖交替而变化？作为解答这一问题的第一步, 研究选取采自西北冰洋阿尔法海岭的岩心 B84A（图 9-36）, 对其中的介形虫化石群进行详细分析（王雨楠等, 2022）。

---

① 此处为该属种名称在首次命名时的命名者的姓氏和时间, 后人在使用该属种名称时可加上命名者姓氏和时间, 以下余同。

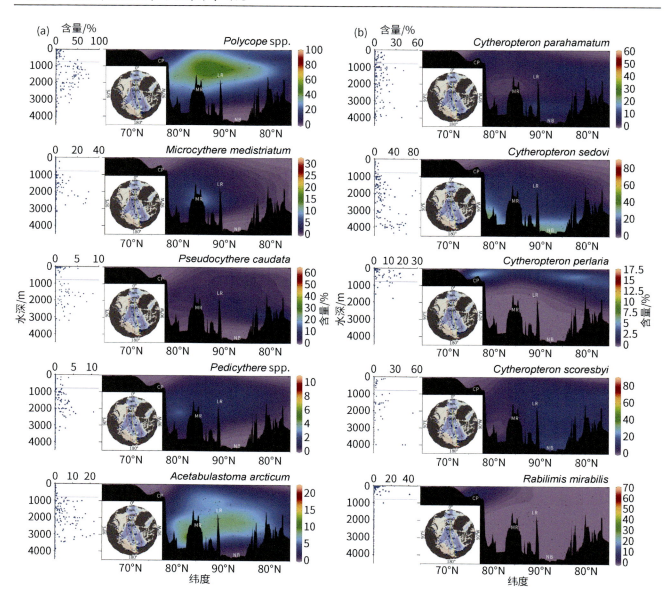

图 9-38 基于北冰洋 638 个表层沉积物样品中介形虫数据（Gemery et al.，2015）绘制的楚科奇海台岩心中介形虫主要属种在现代北冰洋的分布特征（据 Zhou et al.，2021 改）

（a）和（b）表示楚科奇海台岩心中 10 个介形虫主要属种在现代北冰洋的深度分布特征；CP-楚科奇海台；MR-门捷列夫海岭；LR-罗蒙诺索夫海岭；NB-南森海盆

　　阿尔法海岭 B84A 岩心的水深为 2280 m，位于北极底层水上部。该岩心沉积物主要由粉砂质黏土组成，包含了 MIS 13～3 期及 MIS 1 期的沉积物，MIS 2 期的沉积物缺失（Wang R et al.，2018）。针对该岩心中介形虫的研究同样包含两方面：首先，基于 AOD，对岩心中介形虫主要属种在现代北冰洋的生态分布，尤其与水团的对应关系进行分析；其次，根据主要属种在岩心中的时代分布，重建 MIS 13 期以来北极底层水在阿尔法海岭一带海域的变迁历史（王雨楠等，2022）。该岩心含有较丰富的介形虫化石，而且北极中层水指示种 *Polycope* spp.和北极底层水指示种 *Cytheropteron sedovi* 二者的个体数量占据了群落的 70%以上。MIS 13 期以来，这两个属种的含量曲线几乎呈镜像对称（图 9-41），即二者呈负相关关系；曲线发生了 4 次较大的转折，据此可以将该岩心记录分为 5 段，即 MIS 13 和 MIS 12 期、MIS 11 和 MIS 10 期、MIS 9～MIS 5 早期、MIS 5 中—晚期以及 MIS 4～1 期。通过将该岩心中 *Polycope* spp.和 *C. sedovi* 的含量与它们在现代北冰洋不同水深中的含量进行对比，重建阿尔法海岭深水区的水团变迁历史：在 MIS 13 和 MIS 12 期，该岩心处于北极底层水上部，之后的 MIS 11 和 MIS 10 期被上涌的北极底层水下部所取代；在

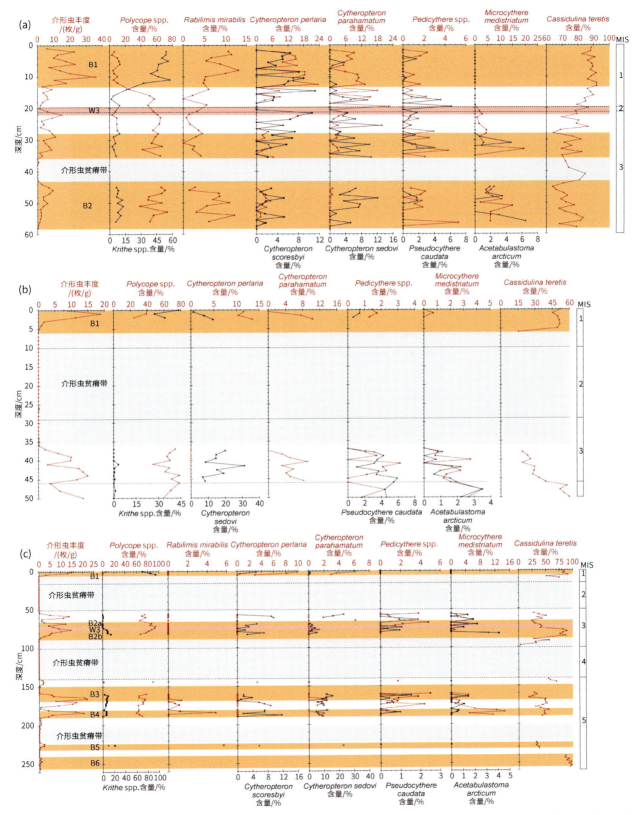

图 9-39　西北冰洋楚科奇海台 3 个岩心中的介形虫丰度以及介形虫主要属种和有孔虫 *Cassidulina teretis* 的含量变化特征

（据 Zhou et al.，2021 改）

（a）、（b）和（c）分别表示楚科奇海台 P31、R14 和 P12 岩心中介形虫和有孔虫主要属种含量变化

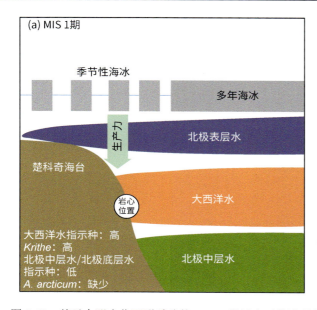
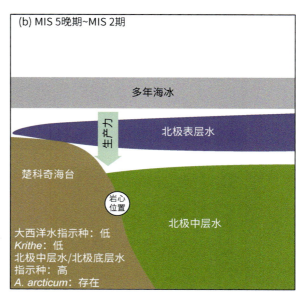

图 9-40　基于介形虫化石群重建的 MIS 5 期以来西北冰洋楚科奇海台海洋环境变化概念图（据 Zhou et al., 2021 改）

（a）MIS 1 期的海洋环境和主要属种含量变化；（b）MIS 5 晚期～MIS 2 期的海洋环境和主要属种含量变化

MIS 9～MIS 5 早期，上方的北极中层水大幅度下潜，取代了北极底层水；在 MIS 5 中—晚期，北极底层水下部快速上涌，取代了北极中层水；最终在 MIS 4 期之后，定格在北极底层水上部（图 9-42）（王雨楠等，2022）。

西北冰洋楚科奇海台介形虫化石群的分析显示，MIS 5 中—晚期，在中层水域（＜1000 m）曾发生了水团上涌事件，下方的北极中层水向上迁移，占据了原本属于大西洋水的空间（Zhou et al., 2021）。而阿尔法海岭的研究则揭示了同一时期北冰洋中部更深水域（＞2000 m）的水团变迁：北极底层水向上迁移，将北极中层水排挤了出去（王雨楠等，2022）。因此，MIS 5 中—晚期的水团上涌事件，在西北冰洋的中层和底层水域似乎是联动发生、同时进行的。

针对西北冰洋楚科奇海台和阿尔法海岭岩心中介形虫化石群的分析，重建了中—晚更新世中层—底层水域的水团变迁历史。研究结果显示，在 MIS 5～2 期，大西洋水在西北冰洋并非下潜到更深水域，而是受到罗蒙诺索夫海岭的阻隔而变弱甚至消失了。也就是说，在气候寒冷时期，西北冰洋几乎完全失去了"暖芯"，成了一个由表及里的极寒世界。而底层水域所经历的水团上下迁移历史，是与中层水域的水团迁移联动同时发生的（Zhou et al., 2021；王雨楠等，2022）。以上研究说明，介形虫化石群是重建北冰洋古水团的有效工具。然而，在对介形虫属种的生理、生态适应性缺乏了解的现状下，仅仅根据其在现代北冰洋的水深分布而确立的水团指示种，在应用于古环境重建时存在风险。因此，以上研究结论有待其他证据，尤其是地球化学证据的佐证。北冰洋各水团之间存在着明显的水温差异，因此，微体化石壳体的微量元素的古温度计可能是佐证古水团变迁最好的地球化学工具。前人已经开创了用介形虫壳体 Mg/Ca、Sr/Ca-古温度计来重建北冰洋水团变迁历史的先河，所选取的材料是壳体较大较厚的介形虫 *Krithe* 属（Cronin et al., 2012）。然而，新近的研究发现，Mg 元素在 *Polycope* 属的壳体中分布更加均匀，说明在北冰洋中层—底层水域中数量丰富的 *Polycope* 属可能更适合作为古温度计的研究材料（Rodriguez et al., 2021）。期待介形虫壳体地球化学研究有新的突破。

9.4.2　底栖有孔虫属种指示的大西洋水团的变化

如前所述，北冰洋表层沉积物中底栖有孔虫组合研究显示，*Cassidulina teretis* 组合优势种是 *C. teretis*，常见种有 *Cibicidoides* spp.、*Quinqueloculina arctica*、*Oridorsalis tener*。该组合代表了大西洋水影响的环境（Lagoe，1979；Polyak，1990；Ishman and Foley，1996；司贺园等，2013），与高温高盐的大西洋暖水层相关（图 5-28）。因此，*C. teretis* 被用来重建西北冰洋晚第四纪冰期与间冰期旋回中大西洋水团的变迁历史（Jennings and Weiner，1996；Lubinski et al.，2001；Polyak et al.，2004，2013）。本小节试图通过北冰洋门捷列夫海岭和楚科奇边缘地 4 个岩心中底栖有孔虫 *C. teretis* 含量来重建大西洋水团的演化历史。

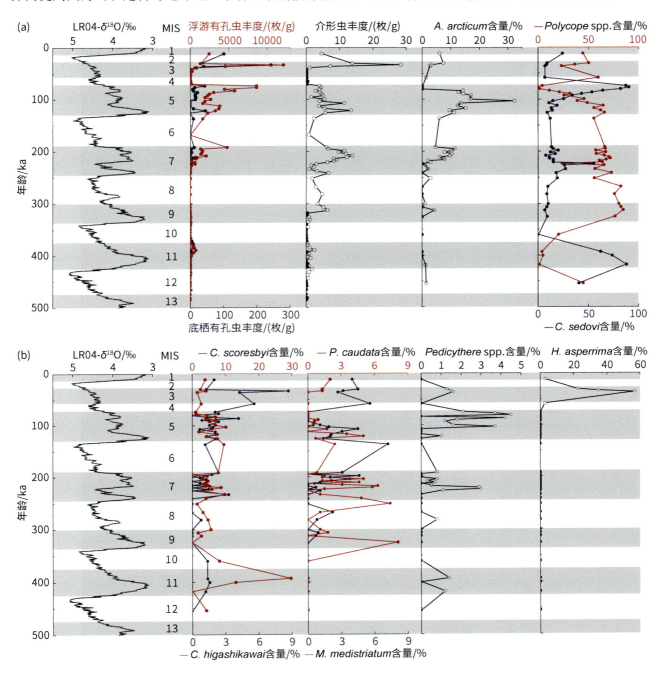

图 9-41　西北冰洋中部阿尔法海岭 B84A 岩心中有孔虫和介形虫丰度以及介形虫主要属种含量变化（据王雨楠等，2022 改）
（a）有孔虫和介形虫丰度以及 *A. arcticum* 和 *Polycope* spp. 含量变化；（b）其他属种的含量变化；LR04-δ^{18}O 数据来自 Lisiecki 和 Raymo（2005）；水平灰色带表示间冰期

北冰洋门捷列夫海岭 E26 和 E24 岩心 MIS 6 期以来的有孔虫丰度和大西洋水指示种 *C. teretis* 含量的变化显示（图 9-43），在 MIS 6 期，有孔虫丰度几乎为零，*C. teretis* 消失，反映了美亚北冰洋的冷盐跃层增厚和厚达约 1000 m 的冰架增长（Jakobsson et al.，2010，2016；Gansson et al.，2018）阻止了大西洋暖水进入美亚北冰洋。在 MIS 5e 早期，有孔虫丰度和 *C. teretis* 含量的增加反映了表层生产力的提高，说明由于太平水的注入使得盐跃层变厚，大西洋水下沉。在 MIS 5d 期，有孔虫丰度降低，*C. teretis* 消失，可能

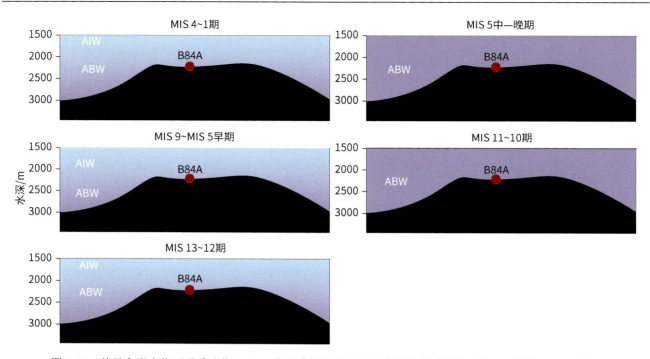

图 9-42 基于介形虫化石群重建的 MIS 13 期以来阿尔法海岭古水团的变迁历史（据王雨楠等，2022 改）

AIW-北极中层水；ABW-北极底层水

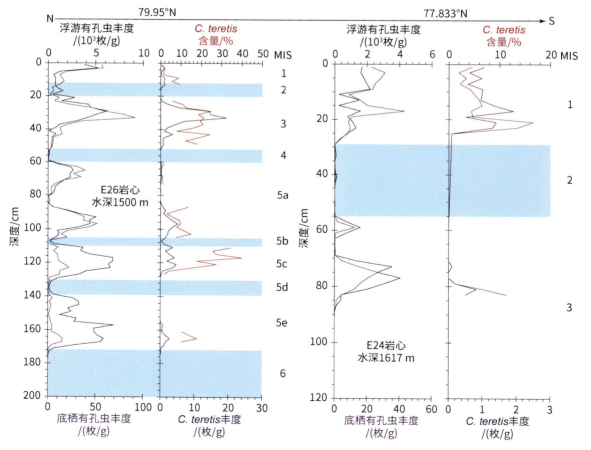

图 9-43 北冰洋门捷列夫海岭 E26 和 E24 岩心晚更新世以来底栖有孔虫 *C. teretis* 含量及丰度和有孔虫丰度变化指示的大西洋水团演化

是盐跃层的过度增厚导致大西洋水受到罗蒙诺索夫海岭的阻挡，限制了大西洋水向美亚北冰洋的流动，但也可能是生产力较低，不能满足 *C. teretis* 的生存条件。在 MIS 5c 期，有孔虫丰度增加，*C. teretis* 突然增多，含量达到 40%，说明表层生产力的显著提高以及大西洋水影响的加强。在 MIS 5b 期，有孔虫丰度降低，*C. teretis* 消失，原因可能与 MIS 5d 期相同。从 MIS 5a 早期至 MIS 5a 晚期，*C. teretis* 含量急剧下降，至 MIS 4 期，*C. teretis* 完全消失，表明海平面下降和较厚的冰覆盖（Jakobsson et al.，2010，2014a），大西洋水受到罗蒙诺索夫海岭的阻挡，限制了其向美亚北冰洋的流动。在 MIS 3 期，两个岩心中的有孔虫丰度和 *C. teretis* 含量都增加，说明盐跃层的加厚使大西洋水向美亚北冰洋的流通增加了，但 E24 岩心更加靠近陆地（图 7-1），其沉积速率高出 E26 岩心约一倍，明显受到陆源物质输入的稀释作用影响，导致有孔虫丰度和 *C. teretis* 含量都比 E26 岩心降低了约一半。在 MIS 2 期，两个岩心中的 *C. teretis* 几乎消失，表明海平面降至最低（Spratt and Lisiecki，2016）和较厚的冰覆盖（Jakobsson et al.，2014a），大西洋水受到罗蒙诺索夫海岭的阻挡，被限制在欧亚海盆。在 MIS 1 期，两个岩心中的 *C. teretis* 含量由高到底的变化，反映了大西洋水的影响逐渐减弱。

北冰洋楚科奇海台 R14 岩心中有孔虫丰度和 *C. teretis* 含量的变化显示，除了 MIS 12 期有孔虫丰度几乎为零和 *C. teretis* 消失外，在 MIS 13、MIS 11~9 期，*C. teretis* 含量在 60%~98%，反映了受到大西洋水的强烈影响（图 9-44）。在 MIS 8 期，*C. teretis* 含量下降至 50% 左右，说明大西洋水的影响减弱。从 MIS 7 早期至晚期，楚科奇海台 R14 岩心和北风号海岭 P39 岩心中的 *C. teretis* 含量从约 90% 下降至约 20%，表明大西洋水输入快速减少，常年海冰覆盖范围增加（Polyak et al.，2013；Lazar and Polyak，2016）。

在 MIS 6 期，这两个岩心中的有孔虫丰度降低，*C. teretis* 消失，与门捷列夫海岭 E26 和 E24 岩心的结果一致，说明受到罗蒙诺索夫海岭的阻挡和大规模冰架的增长（Jakobsson et al.，2010，2016；Gansson et al.，2018），大西洋水被限制在欧亚海盆，未能进入美亚北冰洋。在 MIS 5 期，R14 岩心的 *C. teretis* 含量为 30%~70%，表明进入美亚北冰洋的大西洋水有所增加，而从 MIS 5 中期至晚期，P39 岩心中 *C. teretis* 含量从 60% 下降至 10%。这可能是由于 R14 岩心的水深正好位于大西洋水团核心内，而 P39 岩心水深位于大西洋水团下部（图 9-44）。在 MIS 4 期，楚科奇海台有可能被厚冰架接地（Jakobsson et al.，2010，2016；Niessen et al.，2013），导致 R14 岩心可能出现沉积间断或 MIS 5 晚期的沉积被冰架侵蚀，与此同时，P39 岩心的有孔虫丰度降低，*C. teretis* 消失了。从 MIS 3 早期至晚期，这两个岩心的 *C. teretis* 含量从 40% 下降至 5%，大西洋水的影响逐渐减弱。进入 MIS 2 期，这两个岩心的有孔虫丰度降至最低，*C. teretis* 完全消失了，表明海平面降至最低（Spratt and Lisiecki，2016）和较厚的冰覆盖（Jakobsson et al.，2014a），大西洋水受到罗蒙诺索夫海岭的阻挡，未能进入美亚北冰洋，与门捷列夫海岭的结果完全一致（图 9-45）。在 MIS 1 晚期，这两个岩心中的 *C. teretis* 含量都增加至与表层沉积物中相同的水平（图 5-26），说明大西洋水再次进入美亚北冰洋。

北冰洋现代水文学研究认为，大西洋水在北极绕极边界流的作用下沿着等深线，于 80°N 穿过门捷列夫海岭后分成两支，一支向南进入楚科奇深海平原，另一支向北围绕楚科奇海台进入北风号海岭北部地区（Woodgate et al.，2007）。由于北冰洋表层水整体向大西洋方向输送，作为补偿，大西洋水向北冰洋纵深扩张（Polyakov et al.，2017），但向下扩张到多少深度目前尚缺乏具体资料，还有待进一步调查和研究。由于表层沉积物中 *C. teretis* 的调查站位局限于西北冰洋的部分海区，还缺乏其他海区的调查资料，因此，有待扩大表层沉积物调查站位。其次是该物种栖息地的实际控制可能与食物供应有关（Wollenburg and Mackensen，1998），需要更深入地调查该物种与生态环境的关系。因此，利用以上 4 个岩心中 *C. teretis* 含量变化推测的晚更新世大西洋水的变化还有待其他证据验证。

9.4.3　粒度细粉砂组分指示的近底部洋流变化

冰筏碎屑是北冰洋中部重要的沉积机制，包括冰山和海冰搬运的沉积物（Nürnberg et al.，1994；Phillips and Grantz，2001；Darby and Zimmerman，2008；Polyak et al.，2009；O'Regan et al.，2010；Stein et al.，2012；Wang R et al.，2023）。除此之外，一些研究表明，细颗粒沉积物可以通过表层之下的洋流从北极大

陆架运输到海盆深处（Fahl and Nöthig，2007；Hwang et al.，2010；O'Brien et al.，2011）。北冰洋中部海底的侵蚀和沉积物波的地球物理资料也推断出海底洋流的活动（Hall，1979；Björk et al.，2007；Pérez et al.，2020）。然而，地质历史时期北冰洋深部洋流的沉积物搬运和沉积模式尚未得到深入的研究。

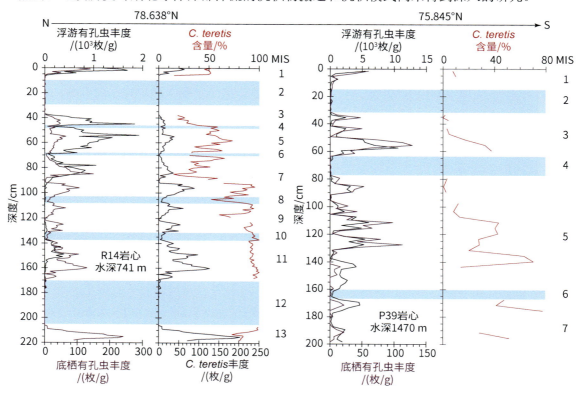

图 9-44　北冰洋楚科奇海台 R14 和北风号海岭 P39 岩心（Polyak et al.，2013）晚更新世以来底栖有孔虫 *C. teretis* 含量及丰度和有孔虫丰度变化指示的大西洋水团演化

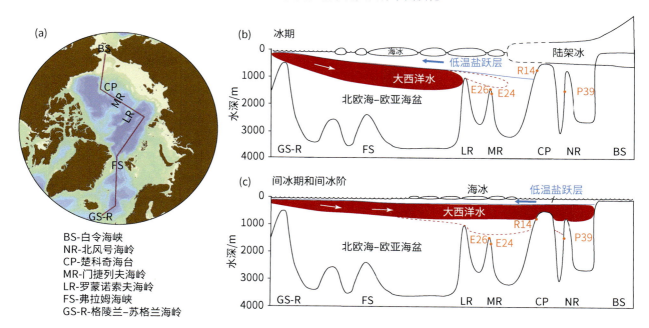

图 9-45　北欧海至北冰洋中—晚更新世冰期与间冰期和间冰阶大西洋水团的变化模式图（据 Jakobsson et al.，2014a 改）
（a）北冰洋至北欧海断面；（b）冰期的大西洋水和上层海洋环境条件；（c）间冰期和间冰阶的大西洋水和上层海洋环境条件；橘黄色圆点表示岩心的水深位置和岩心编号

基于北冰洋中部阿尔法海岭 3 个岩心（BN10、B85A 和 B84A）（图 7-1）中沉积物的 IRD 和粒度研究显示，在粒度端元模拟分析基础上，堆叠的粒度端元 2（EM2），代表细粉砂沉积物的粒径在 7～8 μm 达到峰值（图 9-20，表 9-2），表明细粉砂的分选良好，可能是由沿阿尔法海岭较弱的洋流悬浮输送的（Wang R et al.，2023）。北冰洋的雾状层搬运主要出现在盆地边缘，尤其是陆坡峡谷（Pickart et al.，2010；Deschamps et al.，2018），并且可以将不同水深的沉积物搬运到海盆的中部，特别是在阿尔法海岭地区，已经证明了存在雾状层搬运（Hunkins et al.，1969）。在北冰洋和北大西洋的几项研究中已经证实了与细粉砂的 EM2 相似的沉积物类型，其中将以 5 μm 为中心的沉积物类型与较弱洋流在悬浮中的搬运联系起来（Darby L et al.，2009）；加拿大盆地 BN05 岩心中以约 7 μm 的粒度峰值模式（图 7-1）被解释为悬浮羽流沉积，可能与冰川底部流有关（Dong et al.，2017）；北风号海岭的 C21 和 C22 岩心中明显的 10～12 μm 的粒度峰值模式表明，北风号海岭的洋流沉积比阿尔法海岭强，可能是由于较浅的水深和/或更靠近盆地边缘（Wang R et al.，2021）。楚科奇海-波弗特海边缘的 JPC5 和 JPC2 岩心中以约 6.5 μm 为中心的优势粒度端元归因于雾状层运输和马更些河的沉积（Deschamps et al.，2018）。这些结果证实了北冰洋中部 3 个岩心中细粉砂的 EM2 与较弱的近底部洋流的分选有关（Wang R et al.，2023）。细粉砂的 EM2 要比 10～63 μm 的可分选粉砂组分细得多，而可分选粉砂的粒径平均值和含量通常被用作洋流搬运指标（McCave and Andrews，2019）。与 EM2 相比，这 3 个岩心中 10～63 μm 堆叠的可分选粉砂粒径平均值约为 27 μm，是 EM2 峰态大小的 3 倍多。除这种差异外，再加上可分选粉砂的粒径平均值和含量与 EM2 之间缺乏共同变化，表明较粗的可分选粉砂组分可能不能作为北冰洋深海洋流强度的可靠参数（Wang R et al.，2023）。

北冰洋中部阿尔法海岭 3 个岩心中细粉砂的 EM2 自 MIS 11 期以来逐渐减少，并伴有次级变化（图 9-46）。细粉砂组分含量的逐渐减少可能反映了阿尔法海岭近底部洋流活动的减弱（Wang R et al.，2023）。北冰洋现代深部洋流的观测显示，阿尔法海岭的底流速度缓慢，为 4～6 cm/s（Hunkins et al.，1969），北极点附近的底流速度为 12 cm/s（Aagaard，1981）。也有人认为，细粒沉积物可以被深海洋流从陆架边缘搬运到北冰洋中部（Fahl and Nöthig，2007；Hwang et al.，2010；Sellén et al.，2010；O'Brien et al.，2011）。沉积物波和地球物理测绘的海底形态特征表明，北冰洋近底部洋流在过去可能要强得多（Hall，1979；Pérez et al.，2020）。阿尔法海岭 3 个岩心中细粉砂的 EM2 变化表明，近底部流速的逐渐下降与加拿大盆地（Dong L et al.，2017）和北风号海岭岩心中细粉砂的减少是一致的（Dipre et al.，2018；Wang R et al.，2021）。在北风号海岭地区，从长期角度来看已经确定了近底部流速逐渐下降这一趋势，这与约 5 Ma 以来进入北冰洋的大西洋水减弱、北极冰川和/或海冰的扩张有关（Dipre et al.，2018）。细粉砂的 EM2 没有显示出明显的次级变化模式，但其最小值似乎显著地与冰山搬运的 EM3 峰值相对应（Wang R et al.，2023）。这种模式与北大西洋和北冰洋的记录一致，细粉砂的 EM2 减少与冰山排泄增强期间深部洋流的减弱有关（Prins et al.，2002；Wang R et al.，2021）。细粉砂的 EM2 与全球冰量（LR04-δ^{18}O）（Lisiecki and Raymo，2005）和轨道参数（ETP）（Laskar et al.，2004）在各轨道周期上的相关性都较低，表明对海底洋流的长期变化缺乏轨道周期控制（Wang R et al.，2023）。

北冰洋中部阿尔法海岭 3 个岩心中细粉砂的 EM2 自中布容事件以来逐渐降低，对应于这 3 个岩心中 Mn 堆叠平均值的逐渐增加（Wang R et al.，2023），后者显示北冰洋陆架物质输入的增加，明显地响应于中布容事件以来全球冰量和海平面的大幅度变化（Spratt and Lisiecki，2016），但细粉砂的 EM2 并未呈现出冰期与间冰期的变化规律，也未响应轨道周期的变化，尚待进一步研究。

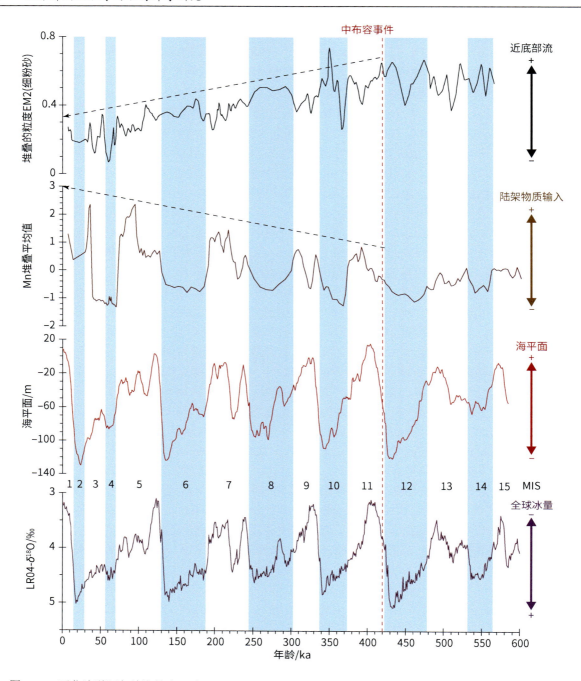

图 9-46　西北冰洋阿尔法海岭中—晚更新世粒度细粉砂组分指示的近底部洋流记录与其他古气候参数的比较
（据 Wang R et al.，2023 改）

Mn 堆叠平均值、海平面和全球冰量数据分别来自 Wang R 等（2018）、Spratt 和 Lisiecki（2016）以及 Lisiecki 和 Raymo（2005）；垂直蓝色带表示冰期；带箭头的虚线表示变化趋势

第 10 章　中—晚更新世北冰洋气候演化的驱动机制

北冰洋过去的暖期，如间冰期，为现代气候变化提供了最接近的古气候模拟，但冰期的历史才是构成更新世气候演变的基线。北极冰盖的扩张和消退在很大程度上调节着全球海平面变化，并影响着全球淡水平衡、温盐环流和碳循环（Imbrie and Imbrie，1980；Miller G H et al.，2010a）。这对北冰洋的影响尤其明显，因为它在冰期的地理和环境背景与现在明显不同。冰期的低海平面暴露出巨大的北极大陆架，这大大减少了北冰洋的面积，并形成了延伸到深海盆地成为冰架的大型海洋冰盖（Polyak et al.，2001；Niessen et al.，2013；Jakobsson et al.，2014a，2016）。北极冰盖的扩张和消亡事件在很大程度上控制着北冰洋更新世的长期沉积历史。因此，北冰洋的沉积物提供了有价值的古气候与古海洋学记录（Polyak and Jakobsson，2011）。与来自陆地冰川地区的零星记录相比，北冰洋的沉积物提供了更加连续的环北极冰期与间冰期的历史记录（Knies et al.，2001；Spielhagen et al.，2004；Adler et al.，2009；Polyak et al.，2009）。以前的研究已经确定了西北冰洋沉积历史上一个主要的阶段性变化，估计出现在中更新世转型（Mid-Pleistocene Transition，MPT）的末期，接近早更新世与中更新世边界，在大约 800 ka。这种变化主要表现在 IRD 沉积的显著增加，包括指示劳伦泰德冰盖排泄的碎屑碳酸盐岩，以及从古生物替代指标推断的常年海冰覆盖的开始（Polyak et al.，2009，2013；Dipre et al.，2018）。

为了进一步了解北冰洋的沉积环境及其对邻近北美和欧亚边缘的海洋变化和冰川历史的影响，并评估北极与低纬度过程之间的气候联系，本章通过中国北极科学考察航次在门捷列夫海岭、加拿大海盆、阿尔法海岭和东西伯利亚边缘的马卡罗夫海盆采集的 7 个岩心沉积物中的多种替代指标，重建轨道时间尺度上中—晚更新世北极冰盖和海冰的扩张和消退的演化历史，探讨其轨道周期的驱动机制及其与中低纬度地区气候的关联机制。

10.1　冰盖和海冰周期性变化的驱动机制

10.1.1　冰盖替代指标及其物源变化

北冰洋沉积物的分布主要受穿极流和波弗特环流的控制，它们将携带来自周围大陆边缘和陆架的陆源物质的海冰和冰山输送到北冰洋各海盆（Pfirman et al.，1997；Reimnitz et al.，1998；Eicken et al.，2005；Dethleff and Kuhlmann，2009；Darby et al.，2011）。虽然海冰和冰山都可以携带各种类型的 IRD，但现代观测表明，海冰主要携带黏土级颗粒和粉砂组分（Eicken et al.，2000，2005；Dethleff and Kuhlmann，2009；Darby et al.，2009），而较粗的组分通常由冰山携带（Clark D L and Hanson，1983；Phillips and Grantz，2001；Darby and Zimmerman，2008）。因此，本节将北冰洋西部门捷列夫海岭 MA01 和 E26 岩心、加拿大海盆 BN05 岩心、中部阿尔法海岭 B84A、B85A 和 BN10 岩心和马卡罗夫海盆 ICE6 岩心（图 7-1）中粗颗粒的 IRD（>250 μm 和>63 μm）和粒度较粗端元 EM3 作为冰山搬运的指标。这与北冰洋冰期与间冰期沉积物中较高的 IRD 基本一致（Darby et al.，2002；Stokes et al.，2005；Wang R et al.，2013，2021；Dong L et al.，2017，2020；Zhang T et al.，2019，2021；Xiao W et al.，2020，2021）。因此，这些岩心中 IRD 的高低变化代表了大量冰山从北冰洋周边冰盖边缘排泄出来，反映了北冰洋周边冰盖的扩张和消融历史（Wang R et al.，2023）。

在美亚海盆，富含碎屑碳酸盐岩的 IRD 层很常见，主要来源于加拿大北极群岛的大量碳酸盐岩露头（Bischof et al.，1996；Bischof and Darby，1997；Stein et al.，2010a，2010b；Matthiessen et al.，2010；Dong L et al.，2017；Bazhenova et al.，2017；Park K et al.，2017；Xiao W et al.，2020；Wang R et al.，2021）。在北冰洋的北美大陆边缘，由崩塌的冰架输出的大量携带沉积物的冰山和融水，通过波弗特环流输送到美亚海盆，甚至欧亚海盆（Phillips and Grantz，2001；Darby and Zimmerman，2008；Zhang T et al.，2021）。在冰山沉积物中可以发现多个碎屑碳酸盐岩层段，这使它们成为优秀的区域地层对比和劳伦泰德冰盖扩张与消融的标志物。例如，在门捷列夫海岭-阿尔法海岭的岩心中有多个碎屑碳酸盐岩层段（Polyak et al.，2009；Stein et al.，2010a，2010b；Bazhenova et al.，2017；Wang R et al.，2018；Xiao W et al.，2020）。在北冰洋的岩心中，Zr 含量总体上比 Ca 含量表现出更多的变化。这种模式可能来源于携带 Zr 的重矿物，这些重矿物的水动力学行为类似于石英等粗颗粒硅酸盐物质（Vogt C，1997）。在受穿极流影响的地区，沉积物总体上具有较高的石英，指示西伯利亚来源，表明 Zr 含量与这些来源有密切关系（Schoster，2005；Haley et al.，2008b；Krylov et al.，2008；Immonen et al.，2014）。

为了追踪冰山沉积物的来源，这些岩心中的 Ca 和 Zr 含量分别被认为是劳伦泰德冰盖和欧亚冰盖物源区的替代指标，它们的记录与 IRD 含量一起可用于指示这些冰盖的扩张与消融（Xiao W et al.，2020；Wang R et al.，2023）。因此，IRD、Ca 和 Zr 含量是表征冰期与间冰期旋回中冰盖相对大小和冰盖物源区的 3 个指标。在中更新世过渡的末期，西北冰洋沉积历史上第一个主要的跃变阶段出现在 MIS 16 期，表现为研究岩心中 IRD 含量增加。这一跃变阶段还表现为明显的 Ca 和 Zr 含量高峰，反映了劳伦泰德冰盖和欧亚冰盖的扩张和冰川排泄（Polyak et al.，2009，2013；Dipre et al.，2018；Xiao W et al.，2020）。从 MIS 12 期开始，IRD 含量和变化进一步增加（图 10-1～图 10-3），这个时期与大约 420 ka 全球底栖有孔虫 $\delta^{18}O$ 记录的振幅增加所指示的中布容事件的气候转变相关，被解释为北半球冰期的强化（Cronin et al.，2017；Dipre et al.，2018），标志着劳伦泰德冰盖和欧亚冰盖的扩张和冰川排泄（Wang R et al.，2023）。其标志是包括北冰洋在内的高纬度地区的冰期与间冰期旋回幅度的增加（Jansen J H F et al.，1986；EPICA，2004；Candy and McClymont，2013；Cronin et al.，2017）。这种 IRD 沉积模式表明，环北极冰盖动力的增强，进一步体现在大约同一时间 Ca 和 Zr 含量的增加（Dong L et al.，2017；Xiao W et al.，2020；Wang R et al.，2023），说明劳伦泰德冰盖和欧亚冰盖同时扩张了。

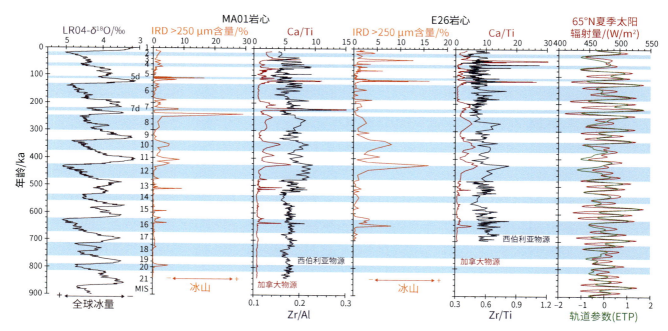

图 10-1　西北冰洋门捷列夫海岭中－晚更新世冰山输入指标 IRD 和物源指标指示的北冰洋周边冰盖变化

MA01 和 E26 岩心数据来自 Xiao W 等（2020）；LR04-$\delta^{18}O$ 来自 Lisiecki 和 Raymo（2005）；轨道参数（ETP）和 65°N 夏季太阳辐射量数据来自 Laskar 等（2004）；水平蓝色带表示冰期和冰阶

　　美亚海盆岩心中源自劳伦泰德冰盖的碎屑碳酸盐岩沉积主要出现在 MIS 16、MIS 12、MIS 10、MIS 8 和 MIS 3 期（图 10-1～图 10-3）。这种模式似乎与北大西洋记录一致，后者显示碎屑碳酸盐岩沉积主要出现在 MIS 16、MIS 12、MIS 10 和 MIS 8 期，以及末次冰期千年尺度的海因里希事件（Hodell et al.，2008；Obrochta et al.，2014）。而自 MIS 13 期以来，北冰洋岩心中 IRD 含量高峰和 Ca 含量高峰也出现在冰阶中，特别是在 MIS 7d、MIS 5d 和 MIS 3 期（Bazhenova et al.，2017；Wang R et al.，2018，2021；Joe et al.，2020；Xiao W et al.，2021）。这种模式表明，劳伦泰德冰盖两侧的动态在北冰洋和大西洋存在相当大的差异。这可能与 MIS 7d 和 MIS 5d 期间欧亚冰盖的同步生长有关（Spielhagen et al.，2004；Svendsen et al.，2004），因为这两个时期是夏季太阳辐射量最少的时期，可能促进了北美和欧亚大陆上冰盖的生长（Lachniet et al.，2014）。

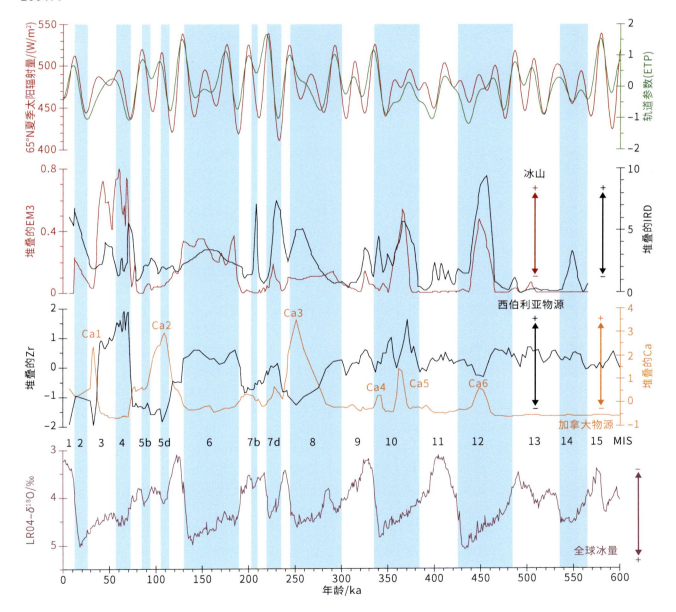

图 10-2　北冰洋中部阿尔法海岭中—晚更新世冰山输入指标 EM3、IRD 和物源指标指示的北冰洋周边冰盖演化

（据 Wang R et al.，2023 改）

LR04-δ¹⁸O 数据来自 Lisiecki 和 Raymo（2005）；轨道参数（ETP）和 65°N 夏季太阳辐射量数据来自 Laskar 等（2004）；垂直蓝色带表示冰期和冰阶

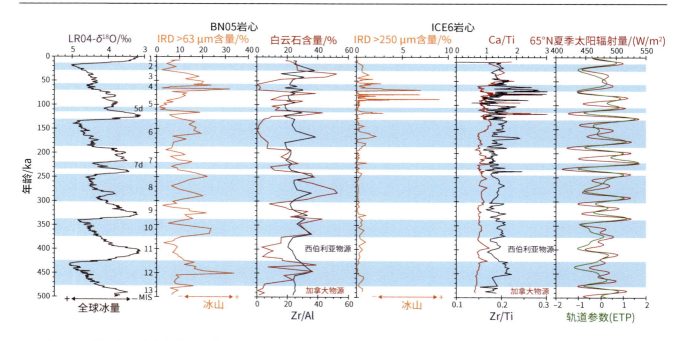

图 10-3 北冰洋加拿大海盆和马卡罗夫海盆中一晚更新世冰山输入指标 IRD 和物源指标指示的北冰洋周边冰盖演化

BN05 和 ICE6 岩心数据来自 Dong L 等（2017）和 Xiao W 等（2020）；LR04-δ¹⁸O 数据来自 Lisiecki 和 Raymo（2005）；轨道参数（ETP）和 65°N 夏季太阳辐射量数据来自 Laskar 等（2004）；水平蓝色带表示冰期和冰阶

需要注意的是，虽然美亚海盆沉积物中 Ca 含量高峰作为岩石地层标志已被证明是有用的，但详细的地层对比表明，在相同的地层间隔中，Ca 含量高峰的振幅可能在岩心之间有所不同（图 10-1～图 10-3）。这种差异是因为冰山卸载的沉积物取决于海洋环流和沉积模式，而海洋环流和沉积模式在地理和时间上都是不同的，这表明在一个时期中有多个冰山卸载的沉积物脉冲，但在更浓缩的地层记录中可能看起来像一个单一的沉积事件（Xiao W et al.，2020）。

许多古海洋学研究和模式模拟表明，冰期北冰洋环流模式发生了变化。海平面下降、高冰川排泄、冰架和海冰覆盖扩大可能削弱了波弗特环流，从而改变了其在美亚海盆的顺时针路径，而穿极流可能移动到了美亚海盆一侧（Bischof and Darby，1997；Stärz et al.，2012；Dong L et al.，2020；Xiao W et al.，2021；Wang R et al.，2021）。在 MIS 16、MIS 12、MIS 10、MIS 8、MIS 7d、MIS 5d 和 MIS 3 期，冰川排泄量的增加可能是由于波弗特环流减弱和在通往弗拉姆海峡的途中走了捷径（Wang R et al.，2023）。在这些时期，美亚海盆较高的 IRD 含量与 Ca 含量和 Zr 含量的高峰相对应（图 10-1～图 10-3），表明这些时期北美冰盖和欧亚冰盖的崩解事件在时间上接近（Wang R et al.，2018），反映了欧亚冰盖的扩张以及穿极流向美亚海盆方向移动，波弗特环流减弱（Dong L et al.，2020；Wang R et al.，2018，2021；Ye L et al.，2020a；Xiao W et al.，2020）。在 MIS 6、MIS 4 和 MIS 3 期，IRD 含量高峰与 Zr 含量高峰相对应，表明增加的冰山输入可能来源于西伯利亚边缘，当时穿极流向东移动并扩展到了美亚海盆（Dong L et al.，2020；Wang R et al.，2021；Xiao W et al.，2021；Zhao et al.，2022）。

除直接的冰川输入外，欧亚冰盖或北美冰盖的优先生长很可能影响了北冰洋环流，从而影响了来自北美和西伯利亚一侧沉积物的搬运。特别是在某些冰期，波弗特环流的萎缩和穿极流向北冰洋西部的扩张（Bischof et al.，1996；Stärz et al.，2012）会加强西伯利亚陆架沉积物的搬运。在加拿大海盆的 BN05 岩心中（图 10-3），Zr 含量和 Ca 含量几乎同步变化，表明穿极流和波弗特环流的共同控制作用。在晚更新世冰期，从 MIS 6 期开始，在沿着穿极流主要路径的马卡罗夫海盆、罗蒙索诺夫海岭和靠近西伯利亚边缘的岩心中，粗颗粒沉积物总量和 Zr 含量的增加最为显著（图 10-1、图 10-3）。这种模式被解释为欧亚冰盖向北极的扩张（Spielhagen et al.，1997，2004；Jakobsson et al.，2001；O'Regan et al.，2008）。Zr 含量和 Ca 含量相反的变化表明，北美冰盖和欧亚冰盖并非同步发展，这也从许多资料和模拟研究中得到印证（Liakka et al.，2016；Rohling et al.，2017）。例如，在 MIS 6 期，较高的 Zr 含量和较低的 Ca 含量分别与较高的欧亚冰盖体积和较低的劳伦泰德冰盖体积的证据一致（Obrochta et al.，2014；Colleoni et al.，2016a，2016b；Rohling et al.，2017）。

门捷列夫海岭 MA01 岩心的 Zr/Ti 自 MIS 13 期以来表现出明显的上升趋势，但在 MIS 7 期之前没有明显的周期性变化。这种模式与自 MIS 6 期以来显著延长的欧亚冰盖的增长历史相一致（Spielhagen et al.，2004）。在 MIS 6 期，至少有 3 个明显的 Zr 含量高峰（图 10-1～图 10-3），表明在这个冰期内存在相当大的变化。这种模式可能调和了北冰洋中部广泛的冰盖与冰架（Jakobsson et al.，2014a，2016）与 MIS 6 期西伯利亚边缘相对开放的水域条件看似相互矛盾的证据（Stein et al.，2017a）。

自 MIS 16 期以来，冰山输入指标 IRD 含量及其物源指标 Ca 含量和 Zr 含量显示出强化信号，这与劳伦泰德冰盖向北大西洋排泄的开始一致。这些替代指标在冰期之间的进一步增加反映了自 MIS 12 期以来环北极冰川作用的增强，响应于中布容事件开始增强的冰期与间冰期气候变化。Ca 含量和 Zr 含量分布模式的比较表明，北美冰盖和欧亚冰盖可能存在不对称发育。在 MIS 6 期出现的多个 Zr 含量高峰提供了多次冰川事件的证据，推断是北半球夏季太阳辐射量减少促进了冰盖的发展（Wang R et al.，2018；Xiao W et al.，2020）。

10.1.2　冰盖替代指标周期性变化的驱动机制

以 100 kyr、41 kyr 和 23 kyr 为中心的轨道周期是更新世古气候变化的主导周期，将其应用于北冰洋 7 个岩心的冰山输入指标 IRD、Ca/Ti 和 Zr/Ti 记录与全球冰量指标 LR04-δ^{18}O（Lisiecki and Raymo，2005）的相关性分析。利用交叉小波变换（Grinsted et al.，2004）来检验这些冰山输入指标与 LR04-δ^{18}O 轨道周期的匹配程度。为了深入地了解北冰洋对过去全球气候变化和轨道强迫的响应（Imbrie，1982），同时分别对这些冰山输入指标与轨道参数（ETP）（Laskar et al.，2004）进行交叉频谱和相位分析，以判别这些冰山输入指标与轨道参数超前和滞后的关系。交叉频谱和相位分析使用 Macintosh ARAND 软件包进行（Howell，2001）。

轨道周期分析结果显示，在 100 kyr、40 kyr 和 23 kyr 周期上，北冰洋中部阿尔法海岭 3 个岩心（B84A、B85A 和 BN0）（图 7-1）堆叠的 IRD 和 EM3 与 LR04-δ^{18}O 和轨道参数（ETP）的交叉小波谱分析结果具有较强的相关性 [图 10-4（a）～（d）]，说明北冰洋的冰山输入响应于全球冰量和轨道周期的变化。在 23 kyr 周期上，IRD 和 EM3 与轨道参数（ETP）的交叉频谱分析结果相关性较强 [图 10-4（e）～（h）]，表明北冰洋周边的冰盖可能响应于太阳辐射量的变化。在 100 kyr 周期上，尽管 IRD 和 EM3 与轨道参数（ETP）的相关性较低，但 100 kyr 和 23 kyr 周期上存在周期性，这表明在最近约 600 ka 的轨道周期时间尺度上，100 kyr 的偏心率周期和 23 kyr 的岁差周期主导了北冰洋中部的冰山输入过程和冰盖变化，可能分别受到全球冰量和太阳辐射量的控制（Wang R et al.，2023）。

北冰洋门捷列夫海岭 MA01 岩心（约 82°N）（图 7-1）的轨道周期分析结果显示，在 100 kyr、40 kyr 和 23 kyr 周期上，IRD、Ca/Ti 和 Zr/Ti 与 LR04-δ^{18}O 和轨道参数（ETP）的交叉小波谱分析结果具有较强的相关性 [图 10-5（a）～（f）]，显示北冰洋的冰山输入响应于全球冰量和轨道周期的变化（Xiao W et al.，2020）。IRD、Ca/Ti 和 Zr/Ti 与 LR04-δ^{18}O 具有较强的相关性，但在时间序列上存在差异 [图 10-5（a）、（c）、（e）]。在 100 kyr 周期上，它们分别出现在 840～450 ka 和 200～0 ka、200～0 ka 和 450～250 ka；在 40 kyr 和 23 kyr 周期上，它们只在较短时间序列上出现较强的相关性。IRD、Ca/Ti 和 Zr/Ti 与轨道参数（ETP）也具有较强的相关性，同样地在时间序列上存在差异 [图 10-5（b）、（d）、（f）]。在 100 kyr 周期上，除 Zr/Ti 外，它们仅分别出现在 400～50 ka 和 250～0 ka；在 40 kyr 和 23 kyr 周期上，它们仅在较短时间序列上出现较强的相关性，反映了约 450 ka 以来环北极冰川作用的增强，即被称为从中布容事件以来冰期与间冰期气候旋回增强（Polyak et al.，2013；Cronin et al.，2017；Xiao W et al.，2020）。除 IRD 外，Ca/Ti 和 Zr/Ti 与 LR04-δ^{18}O 和轨道参数（ETP）在 3 个轨道周期上都仅出现在有限的时间序列上 [图 10-5（c）～（f）]，这表明北美冰盖和欧亚冰盖可能存在不对称发育，特别是在约 250 ka 之前和之后（Niessen et al.，2013；Bazhenova et al.，2017）。这表明在轨道周期时间尺度上，100 kyr、40 kyr 和 23 kyr 周期主导了

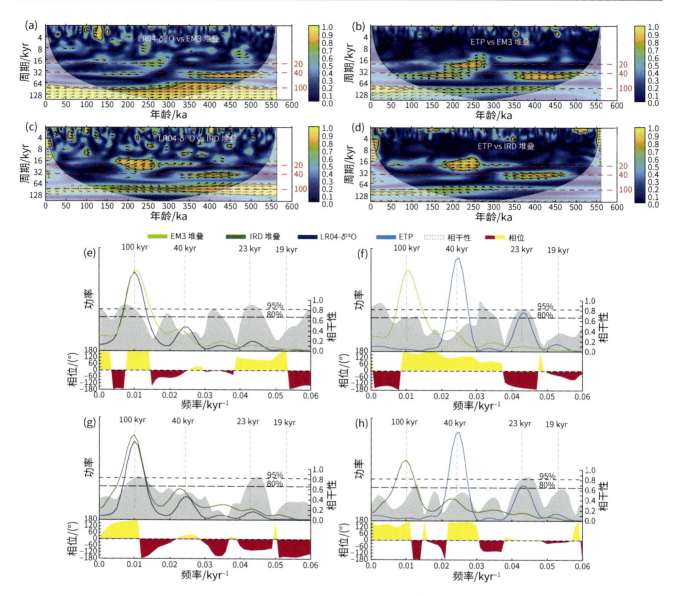

图 10-4　北冰洋中部阿尔法海岭中一晚更新世冰山输入指标 IRD 和 EM3 与 LR04-δ^{18}O 和轨道参数（ETP）的变化周期（据 Wang R et al.，2023 改）

（a）～（d）交叉小波谱分析结果，红色数字 100、40 和 20 表示 3 个轨道周期；（e）～（h）交叉频谱分析结果；图中交叉小波谱分析结果中的黑色等值线代表红噪假设下显著性水平为 5% 的区域，箭头表示这两个记录时间序列的相位关系；箭头向右表示同相位，箭头向左表示反相位，箭头向上表示 EM3 或 IRD 变化领先 LR04-δ^{18}O 或 ETP 为 90°，箭头向下表示 EM3 或 IRD 变化落后 LR04-δ^{18}O 或 ETP 为 90°；LR04-δ^{18}O 和轨道参数（ETP）数据分别来自 Lisiecki 和 Raymo（2005）以及 Laskar 等（2004）

北冰洋中部的冰山输入过程和冰盖变化，可能分别受到全球冰量和太阳辐射量的控制。

北冰洋门捷列夫海岭 E26 岩心（约 79°N）（图 7-1）的轨道周期分析结果显示，在 100 kyr、40 kyr 和 23 kyr 周期上，IRD、Ca/Ti 和 Zr/Ti 与 LR04-δ^{18}O 和轨道参数（ETP）的交叉小波谱分析结果具有较强的相关性［图 10-6（a）～（f）］，与 MA01 岩心的结果存在差异，显示这两个岩心记录的冰山输入受限于全球冰量和轨道周期的变化（Xiao W et al.，2020）。IRD、Ca/Ti 和 Zr/Ti 与 LR04-δ^{18}O 具有较强的相关性，但在时间序列上存在差异［图 10-6（a）、（c）、（e）］。在 100 kyr 周期上，除 Zr/Ti 外，它们分别出现在 700～270 ka 和 700～380 ka；在 40 kyr 和 23 kyr 周期上，它们只在较短时间序列上出现较强的相关性。IRD、Ca/Ti 和 Zr/Ti 与轨道参数（ETP）也具有较强的相关性，同样在时间序列上存在较大差异［图 10-6（b）、（d）、（f）］。在 100 kyr 周期上，仅在较短时间序列上出现较强的相关性；在 40 kyr 周期上，它们一致性地出现在 470～400 ka 和 150～0 ka；但在 23 kyr 周期上，三者都未出现相关性，反映了从中布容事件开始冰期与间冰期气候旋回增强，以及北美冰盖和欧亚冰盖可能存在不对称发育，特别是在 250 ka 前后（Xiao W et al.，2020）。值得注意的是，由于 MA01 岩心位置比 E26 岩心位置更靠近北冰洋中部海盆，而后者位置靠近南部（图 7-1），可能受到欧亚冰盖通过东西伯利亚海输入的信号更明显，导致两者的冰山输入指标的轨道周期存在差异。

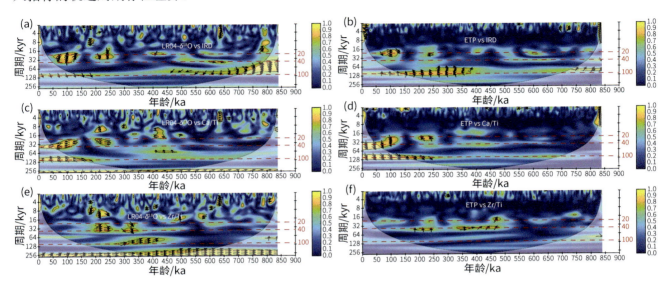

图 10-5　北冰洋门捷列夫海岭 MA01 岩心中—晚更新世冰山输入指标 IRD、Ca/Ti 和 Zr/Ti 与 LR04-δ^{18}O 和轨道参数（ETP）的变化周期

（a）～（f）交叉小波谱分析结果，其中的标识与图 10-4（a）～（d）一致；IRD、Ca/Ti 和 Zr/Ti 数据来自 Xiao W 等（2020）；LR04-δ^{18}O 和轨道参数（ETP）数据分别来自 Lisiecki 和 Raymo（2005）以及 Laskar 等（2004）

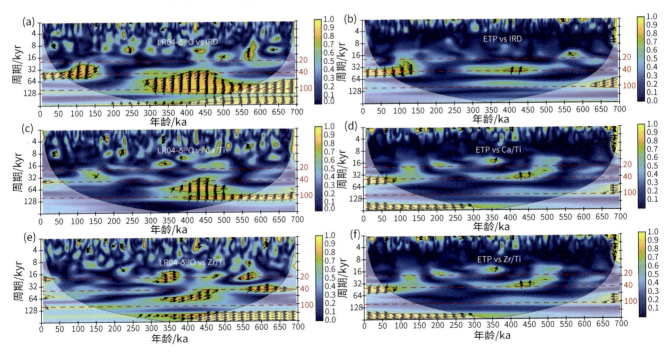

图 10-6　北冰洋门捷列夫海岭 E26 岩心中—晚更新世冰山输入指标 IRD、Ca/Ti 和 Zr/Ti 与 LR04-δ^{18}O 和轨道参数（ETP）的变化周期

（a）～（f）交叉小波谱分析结果，其中的标识与图 10-4（a）～（d）一致；IRD、Ca/Ti 和 Zr/Ti 数据来自 Xiao W 等（2020）；LR04-δ^{18}O 和轨道参数（ETP）数据分别来自 Lisiecki 和 Raymo（2005）以及 Laskar 等（2004）

西北冰洋加拿大海盆 BN05 岩心（约 80°N）（图 7-1）的轨道周期分析结果显示，在 100 kyr、40 kyr 和 23 kyr 周期上，冰山输入指标砂含量、白云石含量和 Zr/Al（Dong L et al.，2017）与 LR04-δ^{18}O 和轨道参数（ETP）的交叉小波谱分析结果具有较强的相关性 [图 10-7（a）～（f）]，显示冰山输入响应于全球冰量和太阳辐射量的变化。砂含量、白云石含量和 Zr/Al 与 LR04-δ^{18}O 具有较强的相关性，但在时间序列上存在差异 [图 10-7（a）、（c）、（e）]。在 100 kyr 周期上，它们分别出现在 500～0 ka、460～340 ka 和 500～0 ka；在 40 kyr 和 23 kyr 周期上，它们只在较短时间序列上出现较强的相关性，尤其在 350～150 ka。砂含量、白云石含量和 Zr/Al 轨道参数（ETP）具有较强的相关性，同样在时间序列上存在差异 [图 10-7（b）、（d）、（f）]。在 100 kyr 周期上，除白云石含量外，它们分别出现在 500～0 ka 和 500～40 ka；在 40 kyr 周期上，它们分别出现在 500～200 ka、150～0 ka、470～150 ka 以及部分短时间序列；在 23 kyr 周期上，它们只在较短时间序列上出现较强的相关性。综上所述，砂含量和 Zr/Al 在几乎所有时间序列上都受到 100 kyr 周期的控制，它们只在约 150 ka 之前受到 40 kyr 周期的影响，并且仅在短时间序列上出现较强的 23 kyr 周期信号，说明 100 kyr、40 kyr 和 23 kyr 周期主导了冰山输入过程和冰盖变化，可能分别受到全球冰量和太阳辐射量的控制。这明显有别于门捷列夫海岭上两个岩心记录的周期信号，可能与波弗特环流和穿极流的移动相关（Dong L et al.，2020）。

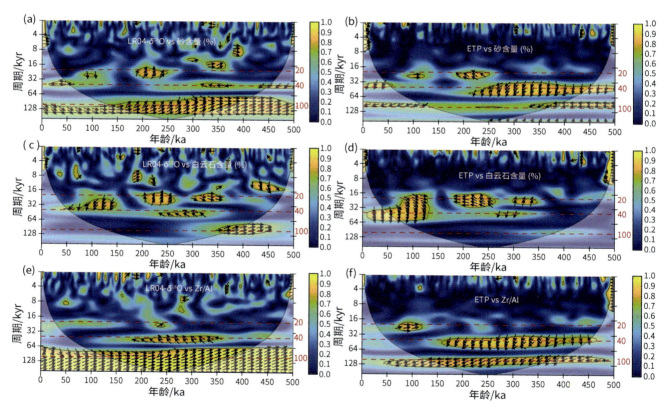

图 10-7　北冰洋加拿大海盆 BN05 岩心中—晚更新世冰山输入指标砂含量、白云石含量和 Zr/Al 与 LR04-δ^{18}O 和轨道参数（ETP）的变化周期

（a）～（f）交叉小波谱分析结果，其中的标识与图 10-4（a）～（d）一致；砂含量、白云石含量和 Zr/Al 数据来自 Dong L 等（2017）；LR04-δ^{18}O 和轨道参数（ETP）数据分别来自 Lisiecki 和 Raymo（2005）以及 Laskar 等（2004）

北冰洋马卡罗夫海盆的 ICE6 岩心（约 83°N）靠近拉普捷夫海和东西伯利亚海，位于穿极流的主要路径上（图 7-1）。轨道周期分析结果显示，在 100 kyr、40 kyr 和 23 kyr 周期上，冰山输入指标 IRD、Ca/Ti 和 Zr/Ti 与 LR04-δ^{18}O 和轨道参数（ETP）的交叉小波谱分析结果中 [图 10-8（a）～（f）]，只有 Zr/Ti 在 100 kyr 周期上具有较强的相关性，并且该指标在 40 kyr 和 23 kyr 周期上仅在短时间序列上具有相关性，说明欧亚冰盖仅受到 100 kyr 周期的调控。而冰山输入指标 IRD 在 3 个轨道周期上都不具有相关性，仅有

Ca/Ti 在 40 kyr 和 23 kyr 周期上在短时间序列上具有相关性，明显不同于阿尔法海岭、门捷列夫海岭和加拿大海盆记录的周期信号。这可能与较宽的东西伯利亚海陆架和穿极流搬运的陆源物质过程相关（Xiao W et al.，2021），尚需深入研究。

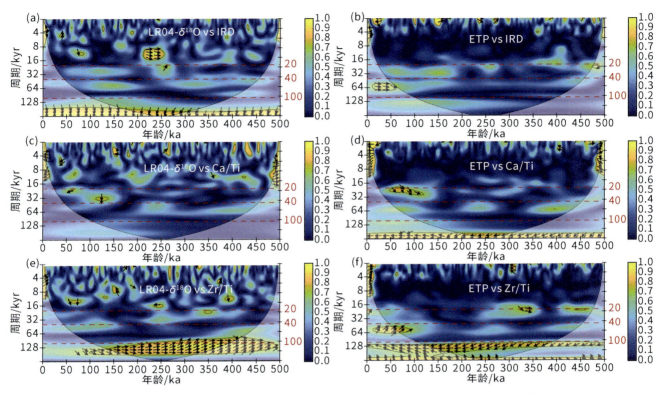

图 10-8　北冰洋马卡罗夫海盆 ICE6 岩心中—晚更新世冰山输入指标 IRD、Ca/Ti 和 Zr/Al 与 LR04-δ^{18}O 和轨道参数（ETP）的变化周期

（a）～（f）交叉小波谱分析结果，其中的标识与图 10-4（a）～（d）一致；IRD、Ca/Ti 和 Zr/Al 数据来自 Xiao W 等（2020）；LR04-δ^{18}O 和轨道参数（ETP）数据分别来自 Lisiecki 和 Raymo（2005）以及 Laskar 等（2004）

　　虽然由这 7 个岩心的冰山输入指标 IRD、Ca/Ti 和 Zr/Al 推断的地球轨道周期控制还需要通过其他的年龄约束来验证，这些年龄约束应独立于 Mn 元素变化所代表的冰期与间冰期旋回地层学（Dong L et al.，2017；Wang R et al.，2018，Xiao W et al.，2020）。但是，这 7 个岩心所确定的旋回地层学模式与其他沉积物指标的长期变化相一致，如体积密度、岩石磁性、物源指标和许多北冰洋记录中的微化石丰度，都显示出中—晚更新世明显的 100 kyr 和 23 kyr 周期变化（O'Regan et al.，2008；Adler et al.，2009；Marzen et al.，2016；Xiao W et al.，2020）。

10.1.3　海冰替代指标周期性变化的驱动机制

　　如 9.2 节所述，指示海冰变化的替代指标包括底栖有孔虫、介形虫、海冰标志物 IP[25] 和 PIP[25]，以及粒度细组分端元 EM1（Polyak et al.，2013；Cronin et al.，2013，2017；Stein et al.，2017a；王雨楠等，2022；Wang R et al.，2023）。然而，底栖有孔虫海冰指示种的记录平均时间分辨率较低（Polyak et al.，2013）或者它们仅从 MIS 11 期以来才出现，难以开展轨道时间尺度上的周期分析；同样地，海冰标志物 IP[25] 和 PIP[25] 的记录也局限于 MIS 6 期以来（Stein et al.，2017a），以及阿尔法海岭 B84A 岩心的介形虫海冰指示种从 MIS 9 期以来才开始增加，它们都不适合进行轨道周期分析。因此，仅有阿尔法海岭的粒度细组分端元 EM1 和北风号海岭的介形虫海冰指示种记录的时间尺度分别达到约 600 ka（Wang R et al.，2023）和约 1200 ka（Cronin et al.，2017），适合进行轨道时间尺度上的周期分析。

在 100 kyr、40 kyr 和 23 kyr 周期上，北冰洋中部阿尔法海岭岩心堆叠的 EM1 与 LR04-δ^{18}O 和轨道参数（ETP）的高斯滤波、交叉小波谱和交叉频谱分析结果显示，都具有较强的相关性 [图 10-9（a）～（d）]，说明全球冰量和太阳辐射量主导了北冰洋中部的海冰变化。在以上 3 个周期上，EM1 与 LR04-δ^{18}O 和轨道参数（ETP）的交叉小波谱分析的相关性也较强，表明北冰洋中部的海冰可能响应于北极冰盖和太阳辐射量的变化。虽然 EM1 在 100 kyr 周期上与轨道参数（ETP）的交叉频谱分析结果显示相关性较低 [图 10-9（d）]，但它与轨道参数（ETP）的交叉小波谱分析结果显示存在明显的 100 kyr 周期，这表明在最近约 600 ka 的轨道时间尺度上，北冰洋中部的海冰搬运过程主要是由 100 kyr 的偏心率和 23 kyr 的岁差周期主导，可能分别受到全球冰量和太阳辐射量的控制（Wang R et al.，2023）。

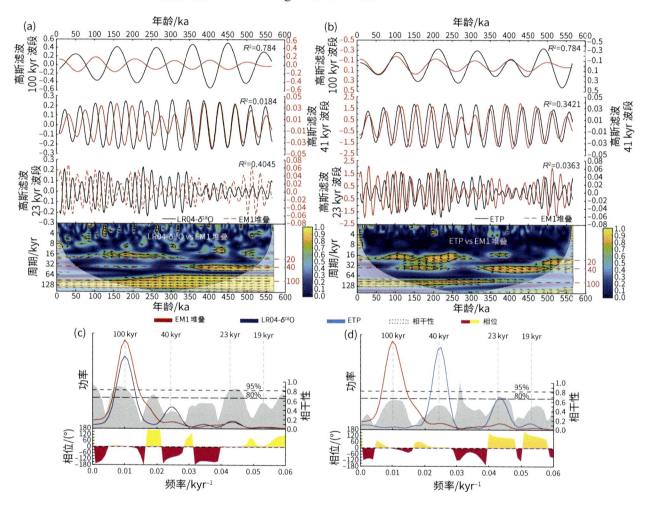

图 10-9 北冰洋中部阿尔法海岭中—晚更新世海冰指标 EM1 与 LR04-δ^{18}O 和轨道参数（ETP）的变化周期
（据 Wang R et al.，2023 改）
（a）、（b）高斯滤波和交叉小波谱分析结果，其中的标识与图 10-4（a）～（d）一致；（c）、（d）交叉频谱分析结果；LR04-δ^{18}O 和轨道参数（ETP）数据分别来自 Lisiecki 和 Raymo（2005）以及 Laskar 等（2004）

西北冰洋北风号海岭中更新世以来介形虫海冰指示种 *A. arcticum* 含量的变化显示，*A. arcticum* 含量较高仅出现在 1140～1040 ka 和 410～0 ka，其他时间段含量较低 [图 10-10（a）、（b）]。在 100 kyr、40 kyr 和 23 kyr 周期上，*A. arcticum* 含量（Cronin et al.，2017）与 LR04-δ^{18}O 的交叉小波谱分析结果显示，仅在 100 kyr 和 23 kyr 周期上具有较强的相关性，但在时间序列上存在差异 [图 10-10（c）]。在 100 kyr 周期上，它们只出现在 1140～1050 ka 和 400～0 ka，而在 23 kyr 周期上它们仅出现在较短时间序列上，反映了从中布容事件开始冰期与间冰期气候旋回增强和海冰响应（Polyak et al.，2013；Cronin et al.，2017；Xiao W et al.，2020）。*A. arcticum* 含量与轨道参数（ETP）的交叉小波谱分析结果也具有较强的相关性，但在时间序列上

存在差异 [图 10-10（d）]。在 100 kyr 周期上，它们只出现在 1140～1000 ka 和 150～0 ka，而在 40 kyr 和 23 kyr 周期上它们仅出现在较短时间序列上。上述周期分析结果反映了北风号海岭的海冰变化受到全球冰量和太阳辐射量的控制。由于在 1040～410 ka 期间，*A. arcticum* 含量较低，因此，未出现 100 kyr 和 40 kyr 的周期信号 [图 10-10（a）、（b）]。

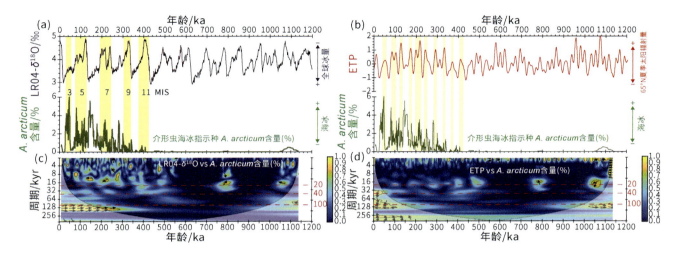

图 10-10　西北冰洋北风号海岭中更新世以来海冰指标 *A. arcticum* 含量与 LR04-δ¹⁸O、轨道参数（ETP）和 65°N 夏季太阳辐射量的对比和变化周期

（a）、（b）海冰指标 *A. arcticum* 含量与全球冰量和 65°N 夏季太阳辐射量的对比；（c）、（d）交叉小波谱分析结果，其中的标识与图 10-4（a）～（d）一致；*A. arcticum* 含量数据来自 Cronin 等（2017）；LR04-δ¹⁸O 和轨道参数（ETP）数据分别来自 Lisiecki 和 Raymo（2005）以及 Laskar 等（2004）

10.2　元素 Mn 和 Zr 周期性变化的驱动机制

通过连续 XRF 记录元素组成分析发现，北冰洋岩石中 Mn 含量显示出明显的变化，其高值和低值被分别归因于间冰期和间冰阶与冰期和冰阶的产物（Jakobsson et al.，2000；Polyak et al.，2004；Löwemark et al.，2014）。高的 Mn 含量被认为是由于在高海平面和相对温暖的气候条件下，大陆架上的锰（氢）氧化物向盆地输送增强，并在北冰洋沉积下来（Macdonald R C and Gobeil，2012；Löwemark et al.，2014 ；Ye L et al.，2019）。

在现代环境条件下，输入北冰洋的 Mn 大部分来自河流和海岸侵蚀，然后在季节性高生产力控制的氧化还原环境下在陆架上循环（März et al.，2011b；Middag et al.，2011；Macdonald R C and Gobeil，2012）。陆架上微粒的锰（氢）氧化物随后被洋流和海冰输送到北冰洋内部，并在氧化环境较强的条件下沉积在深海沉积物中（Löwemark et al.，2014；Ye L et al.，2019）。相比之下，冰期海平面降低、陆架封冻、海冰覆盖率高，再加上环北极冰盖的增长，大大减少了通过浅的陆架河流搬运和输出，从而限制了 Mn 向北冰洋内部供给（谢昕等，2016）。基于这些模式，在冰期与间冰期旋回中，气候和海平面变化主导了北冰洋深海沉积物中 Mn 输入的变化（Löwemark et al.，2014；Wang R et al.，2018；Ye L et al.，2019；Xiao W et al.，2020）。 如上节所述，在北冰洋的岩心中 Zr 主要来源于西伯利亚，因此，可以用 Zr 指示晚更新世欧亚冰盖的演化（Schoster，2005；Haley et al.，2008b；Krylov et al.，2008；Immonen et al.，2014）。

在间冰期与冰期时间尺度上，门捷列夫海岭 MA01 岩心 Mn 含量的"开与关"模式（图 10-11）表明了 Mn 沉积对气候和海平面波动的响应。Mn 含量突变对应于 50～60 m 附近的全球海平面变化。该海平面深度区间包围了西伯利亚大陆边缘的主要部分（Jakobsson，2002），这是对海平面变化最敏感的地区，因此，Mn 在陆架上积累，并输出到北冰洋深海。除海平面变化外，气候变率还可能影响 Mn 的分布，包括水循环、陆架区生物生产、海冰和环流条件的变化。这些因素分别控制着来自河流的 Mn 输入、陆架上的再循环以及向北冰洋深海的沉积（Middag et al.，2011；Macdonald R C and Gobeil，2012；Ye L et al.，2019）。

门捷列夫海岭 MA01 岩心 Mn/Ti 的小波谱功率强度向晚更新世方向增大，显示出约 100 kyr 的偏心率周期，尤其在最后的 3 个冰期与间冰期中（MIS 9～1）最为显著（图 10-11）。在约 41 kyr 的斜率周期上，功率强度在 MIS 15～13 期间最为明显。而在约 23 kyr 的岁差周期上，MIS 16 期以来的大多数间冰期都表现出较高的岁差周期频次（Xiao W et al.，2020）。

自 MIS 12 期以来的冰期，MA01 岩心总体上高的 Zr/Ti 记录与中国北方黄土记录中发现的东亚冬季风（East Asian Winter Monsoon，EAWM）最大值密切相关（Hao et al.，2012）（图 10-11），从而提供了可能与低纬度影响的联系。增强的东亚冬季风被解释为北半球冰盖扩大（Hao et al.，2012），并在冰期显示出多次扩张和后退。同样地，欧亚冰盖的发育模式在过去约 250 ka 期间与北大西洋东部季风性强迫的水分输送有关（Kaboth-Bahr et al.，2018），因为在岁差最大间期夏季低的太阳辐射量可以有效地阻止冰盖融化，从而促进冰盖生长。在岁差周期上，MIS 7 期以来的 Zr/Ti 与 Mn/Ti 记录表现出高度的相似性，但不限于间冰期。在 MIS 6 期和 MIS 4～2 期中可识别出多个 Zr/Ti 高峰，提供了多次冰川排泄事件的证据（Xiao W et al.，2020）。

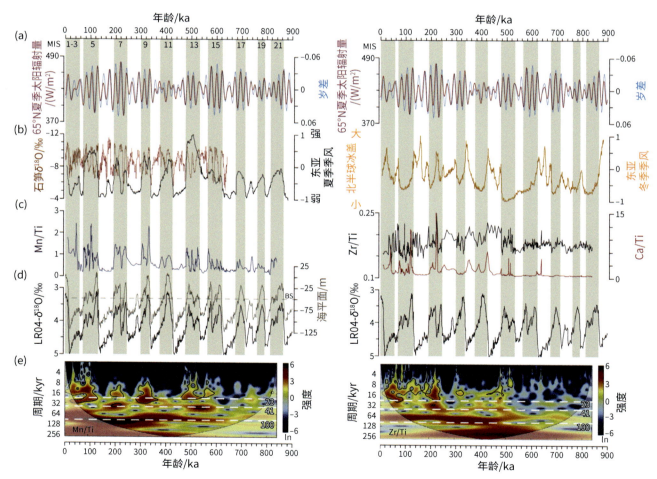

图 10-11　西北冰洋门捷列夫海岭北部 MA01 岩心中—晚更新世以来的 Mn/Ti 和 Zr/Ti 时间序列与其他古气候记录的对比（据 Xiao W et al.，2020 改）

（a）北半球 65°N 夏季太阳辐射量和岁差（Laskar et al.，2004）；（b）中国石笋 $\delta^{18}O$ 记录（左）（Cheng et al.，2016）和东亚夏季与冬季季风替代指标记录（Hao et al.，2012）；（c）西北冰洋 MA01 岩心 Mn/Ti、Ca/Ti 和 Zr/Ti 记录；（d）全球海平面记录（Miller K G et al.，2011）和全球冰量（LR04-$\delta^{18}O$）记录（Lisiecki and Raymo，2005）；断线为白令海峡（BS）50 m 的海平面标记；（e）Mn/Ti 和 Zr/Ti 的小波周期分析功率谱；白色断线代表主要的轨道周期：100 kyr（偏心率）、41 kyr（斜率）和约 23 kyr（岁差）

与门捷列夫海岭 MA01 岩心相比，北冰洋中部阿尔法海岭 3 个岩心堆叠的 Mn 记录与 LR04-δ^{18}O 和海平面的高斯滤波分析结果显示，偏心率（100 kyr）波段的决定系数 $r^2 > 0.7$，斜率（41 kyr）和岁差（23 kyr）波段的决定系数 r^2 为 0.25～0.33（Wang R et al.，2018）（图 7-30）。而堆叠的 Ca 和 Zr 的 r^2 值在所有 3 个时间段内都一致较低，分别为 <0.1 和 <0.1～0.44。这 3 个岩心堆叠的 Mn 记录与 LR04-δ^{18}O 和海平面的交叉小波谱分析结果表明，在 100 kyr 波段上，在大部分分析时间尺度上都具有显著的一致性（图 7-30），并且时间序列之间的相位角均值和标准差几乎没有明显的相位超前或滞后。而在约 40 kyr 和约 20 kyr 波段上，相干性仅显著出现在有限的时间片段中。与 Mn 含量相比，Ca 含量的交叉小波谱分析结果仅在 100 kyr 和约 20 kyr 波段的 500～350 ka 和 270～220 ka 短时间片段上显示出重要的相干性。同样地，Zr 含量在所有 3 个时间序列上仅在短时间片段上有限出现重要相干性。Mn 含量记录与轨道参数（ETP）、LR04-δ^{18}O 和海平面的交叉频谱分析结果显示，在 100 kyr 波段上，Mn 含量与轨道参数（ETP）、LR04-δ^{18}O 和海平面的相位相似，分别为 6.6°±31.9°、3.09°±21.1° 和 8.2°±21.7°。在 23 kyr 波段上，所有相干性也超过 95%，但 Mn 含量与轨道参数（ETP）的相位为 137.7°±22.6°，与 LR04-δ^{18}O 和海平面的相位分别为 27.6°±12.4° 和 27.6°±22.8°，与前者有很大差异。Mn 含量在 41 kyr 和 19 kyr 波段上，相干性均在 95% 以下（Wang R et al.，2018）。Ca 含量和 Zr 含量与轨道参数（ETP）、LR04-δ^{18}O 和海平面的交叉频谱相关性没有产生任何有意义的结果，所有相关性均低于 80%，仅表明是偶发性信号，与 MA01 岩心 MIS 7 期以来的 Zr/Ti 与 Mn/Ti 记录表现出的相似性不同（Xiao W et al.，2020）。这种偶然的一致性模式可能涉及多个不同步的冰盖扩张和消融过程，并且可能由于临界点事件，如冰川涌流和冰川前和冰川下的排水而进一步复杂化（Stokes et al.，2005；Polyak et al.，2007；Dong L et al.，2017）。

北冰洋中部岩心中 Mn 含量与轨道参数（ETP）、LR04-δ^{18}O 和海平面在 100 kyr 和 23 kyr 波段上较强的交叉频谱相关性与早期北冰洋不同指标在 100-kyr 和 23-kyr 波段上的相关性一致，这两个波段上的相关性是由 Mn 含量、颜色反射率、体积密度、岩石磁性和微化石丰度产生的（O'Regan et al.，2008；Adler et al.，2009；Marzen et al.，2016；Wang R et al.，2018）。这种周期性变化模式表明，Mn 输入到北冰洋深海主要受到强烈的 100 kyr（偏心率）和 23 kyr（岁差）周期控制。

增强的岁差信号是低纬度地区对季节太阳辐射量的典型响应（Berger A et al.，1984），例如，温带北太平洋模态和相关的大气动力学过程（Braconnot and Marti，2003；Wang Y et al.，2014）。通过海冰和雪反照率的变化以及热量和水分向极地的输送，导致北极也有可能产生岁差放大（Jackson and Broccoli，2003；Khodri et al.，2005；Timmermann et al.，2010；Lohmann，2017）。在北极冬季，太阳辐射量梯度也由 23 kyr 岁差信号通过低纬度的太阳辐射量变化所主导（Davis and Brewer，2009）。这些岁差驱动机制可能影响海冰条件和北极周边冰盖的形成，与 100 kyr 的冰期与间冰期旋回相互作用，从而产生了在北冰洋沉积记录中观察到的模式（Wang R et al.，2018）。

北冰洋中部的间冰期 Mn 含量高峰对应于岁差最小值和北半球夏季最大太阳辐射量时期（Laskar et al.，2004），因此，与以低纬度气候过程为主的亚洲夏季风记录的变率非常相似（Hao et al.，2012；Cheng et al.，2016）（图 10-11）。与通常推断的更新世高纬度气候的斜率周期控制相比，这种模式表明，低纬度过程的岁差持续影响高纬度北极环境（Huybers，2006）。与低纬度的联系可以通过来自低纬度和太平洋和/或大西洋的热量和水分输送来实现，这些输送影响北极冰的融化和河流流量（Ye H et al.，2004），以及通过大气环流对海冰浓度调节（Grunseich and Wang，2016），从而影响 Mn 的输送。这些过程与北方夏季太阳辐射量控制的较高温度和海冰消退（Tuenter et al.，2005）以及来自北极以外海洋区域的大气输送（Crasemann et al.，2017）相关。这些联系可以解释间冰期 Mn 记录中强烈的岁差信号。同时，一些气候模拟研究表明，北极过程可能通过大气遥相关影响低纬度环流，如季风（Guo D et al.，2014；He et al.，2017）。

总之，北冰洋中部在间冰期的 Mn 含量变化中发现岁差信号，Mn 含量高峰对应于北半球夏季太阳辐射量最大值。这种模式可能与夏季过程有关，如来自海岸输入、陆架上的生物生产力以及增加的陆架-海盆有效相互作用。这种变化与亚洲夏季风记录的相似之处表明，通过大气水分和热量输送与低纬度地区存在潜在联系，并促使对相关联系开展进一步的研究。主要的周期变化是由夏季过程驱动的，如海冰退缩和生物生产力增强，而不是在温暖和寒冷的夏季抑制冰融化所造成的。北冰洋中部与东亚季风记录的相似之处还表明，大气水分和热量输送可能与低纬度过程有关（Wang R et al.，2018；Xiao W et al.，2020）。

然而，还需要更多的研究来理解北极古海洋学替代指标记录的轨道周期和潜在机制，以 Mn 为例，特别需要解释对于明显微弱的约 40 kyr（斜率）周期信号，它对高纬度太阳辐射量有重要的控制作用。虽然已经注意到 Mn 的周期性仅出现在中－晚更新世，而延伸到更古老的沉积物记录可能具有不同的控制因素，如更强的斜率周期信号。这一观点与西北冰洋北风号海岭约 1.5 Ma 以来记录的研究相一致，该记录表明，北冰洋环境在早期和更年轻的更新世之间存在很大差异，分别对应于 40 kyr 的斜率和 100 kyr 的偏心率主导的气候周期（Polyak et al.，2013；Wang R et al.，2018）。

第11章　近期研究进展与展望

本章总结了近期北冰洋在多个研究领域取得的进展和展望。近期研究进展部分主要介绍为解决古海洋与古气候变化问题研发的一些新的替代指标和相关的数值模拟研究结果；而展望部分主要总结未来北极的大洋钻探计划和北极相关的前沿科学问题，试图为未来北极的古海洋与古气候以及相关领域的研究提供参考和借鉴。

11.1　近期研究进展

为了重建地质历史时期北冰洋的温盐、海冰、洋流、水团结构、生物生产力的变化过程及其与北冰洋周边陆地冰川、陆源物质和淡水输入的相互作用，冰期与间冰期旋回中白令海峡的关闭与开启对大洋环流和气候变化的影响，高－低纬度海洋的相互作用与调控机制等科学问题，近年来研发了各种新的替代指标，如古温度、古盐度、古海冰、硝酸盐利用与水体分层、水体缺氧与淡化条件指标等。本节分别总结近期研发的各种新指标与古气候数值模拟的研究进展，包括末次冰期的洋流模拟，末次冰期以来白令海峡关闭和开放的模拟，以及末次间冰期的冰海模拟等，试图阐述替代指标和数值模拟在探讨北极古海洋与古气候演化机制的重要性。

11.1.1　新指标研究进展

1. 古温度指标

北冰洋温度影响着生态系统、海冰、生物多样性、生物地球化学循环、海底甲烷稳定性、深海环流和 CO_2 循环。由此可见，古温度指标的重要性受到学术界的高度关注，并在不断探索之中。目前，基于底栖钙质介形虫壳体的 Mg/Ca 建立的古温度指标已经相对成熟（Cronin and Whatley，1996；Cronin et al.，2012，2017；Farmer et al.，2011），并在更新世以来北极中层水底部古温度演化历史重建方面取得了重要进展。利用北冰洋 31 个岩心中介形虫 Mg/Ca 和 Sr/Ca 估算的北极中层水温度显示，在 50～11 ka，海盆中部 1000～2500 m 的深度被冰期中层水团所占据。该水团比现代北极中层水温度高出 1～2℃，并在千年尺度的海因里希事件和新仙女木期或之前达到高峰。所使用的数值模拟也表明，中层水变暖可能是由于在冰期条件下流入北冰洋的淡水流量减少，导致盐跃层加深，并将温暖的大西洋水层推向中层深度。由于北极大陆架的暴露，寒冷的深水形成减少也可能导致中层变暖（Cronin et al.，2012）。

最近利用介形虫 *Krithe* 壳体的 Mg/Ca 和介形虫海冰指示种重建了北冰洋约 1500 ka 以来的冰期与间冰期旋回中北极中层水底部古温度和海冰覆盖的变化历史（Cronin et al.，2017）。其结果发现，在 400～350 ka 的一次重大气候转型事件，即中布容事件导致了北极中层水温度和海冰变率的根本性变化（图 11-1）。在中布容事件时期，北极放大增强表明，在约 400 ka 时达到了一个主要的气候阈值，涉及大西洋经向翻转流、大西洋入流水、冰盖、海冰和冰架的反馈，以及中布容事件后期较高的间冰期 CO_2 浓度的敏感性。也有学者试图利用北冰洋表层沉积物中 5 个底栖钙质有孔虫属种的 Mg/Ca 与现代底层水温度建立相关性，但由于样品和数据量较少，相关性不高，有待补充和完善（Barrientos et al.，2018）。此外，北冰洋沉积物中的有孔虫以浮游有孔虫为主，其中的标志种 *N. pachyderma* (sin.)是绝对的优势种，约占有孔虫总数的 80%（司贺园等，2013），其壳体的 Mg/Ca 有望成为建立古温度的指标。

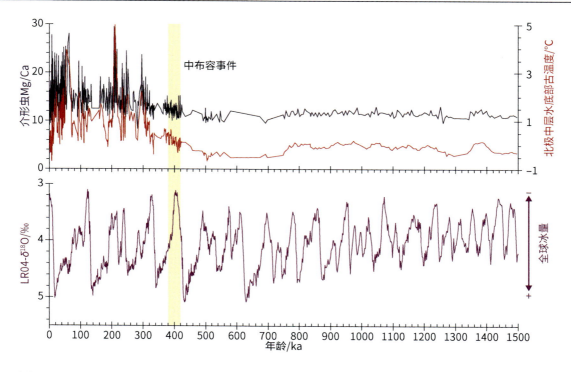

图 11-1　西北冰洋 1500 ka 以来基于介形虫 *Krithe* 壳体的 Mg/Ca 重建的北极中层水底部古温度变化历史

介形虫 Mg/Ca 及其重建的古温度记录和 LR04-δ^{18}O 数据分别来自 Cronin 等（2017）以及 Lisiecki 和 Raymo（2005）

　　除基于介形虫 *Krithe* 壳体的 Mg/Ca 建立的古温度指标外，也有学者利用古菌类的四醚膜类脂物（GDGT）及相关指标试图研究和建立古温度指标。例如，通过中国第 3 次和第 4 次北极科学考察在白令海和西北冰洋采集的表层沉积物中四醚膜类脂物的研究（王寿刚等，2013），应用已建立的适用于低温海域指标 TEX_{86}^{L}=log（［GDGT-2］/［GDGT-1］+［GDGT-2］+［GDGT-3］）和温度方程 SST=67.5×TEX_{86}^{L}+46.9（Kim et al.，2010）计算了白令海至西北冰洋表层沉积物中的 SST。然而，利用 TEX_{86}^{L} 指标（Kim et al.，2010）重建的白令海和西北冰洋的表面海水温度 TEX_{86}^{L}-SST 与现代年平均 SST 和夏季平均 SST 相比较，三者几乎没有相关性（图 5-14），推测可能与该地区高的陆源有机质输入有关。而相同区域表层沉积物中四醚膜类脂物的研究也证实了基于 TEX_{86} 和 TEX_{86}^{L} 得到的海表温度过高，与研究区海表温度不一致，可能受到温度以外因素的影响（Park Y H et al.，2014）。北冰洋楚科奇海陆架多管样的四醚膜类脂物研究发现，一种新型异构体（IIIa）的 IIIa5 和 IIIa7 之间存在显著相关性，表明它们可能具有相同的细菌来源和/或受相同的环境因素如温度控制。异构体的 IIIa5 和 IIIa7 丰度与表层海水温度呈显著相关（r^2 分别为 0.64 和 0.49），表明海源的支链四醚膜类脂物具有重建海表温度的潜力（Gao et al.，2021）。

2.古盐度指标

　　长期以来的北冰洋古环境研究都把有孔虫（尤其是浮游有孔虫）的氧碳同位素指标作为指示冰融水事件的重要依据（Poore et al.，1999；Polyak et al.，2007）。但是，通过有孔虫的氧同位素指示北冰洋冰盖融水事件存在一定的局限性。一方面，北冰洋冰期中大面积、长时间的海冰覆盖导致钙质生物生产力低下，以及低温海水导致有孔虫的钙质壳体溶解作用增强，使得保存在沉积物中的有孔虫较少，以至于氧碳同位素记录经常不连续（Backman et al.，2004；Adler et al.，2009）。因此，通过有孔虫的氧同位素记录难以全面地反映冰融水事件。另一方面，作为一个参考指标，有孔虫的氧同位素数据仅能定性地指示冰融水事件的发生，无法定量地得出冰融水事件发生的规模和来源。因此，尽管过去冰融水事件的重建对于全球气候变化有着重要的意义，但目前仍然缺乏有效的指标可以定量重建冰融水的规模或者过去表层海水的盐度信息。

脂肪酸（fatty acids，FA）是沉积物中常见的有机组分，其中碳链长度较长的脂肪酸，如 C_{24}、C_{26} 和 C_{28} 脂肪酸，其主要来源是陆源高等植被。因此，沉积物中长链脂肪酸含量的升高指示了陆源有机组分输入的增强（Eglinton and Hamilton，1967；Kunst and Samuels，2003），长链脂肪酸的来源和指示意义与长链烷烃类似。另外，在短链脂肪酸中，棕榈酸（palmitic acids，PA；碳链长度为 16 的脂肪酸）是西北冰洋绝大部分沉积物中所有脂肪酸中含量最高的（Desvilettes et al.，1997；Persson and Vrede，2006）。此前对于北冰洋海区棕榈酸的碳同位素研究（包括 $\delta^{13}C$ 和 $\Delta^{14}C$）都表明，海洋或者湖泊沉积物中的棕榈酸的 C^{14} 和 C^{13} 分布都与来源于表层初级生产力产生的有机碳一致（Pearson et al.，2001；Feng X J et al.，2013；Tao et al.，2016），进而说明它们很可能是来源于表层初级生产力。与对于海水温度极为敏感的 $\delta^{18}O$ 相比，棕榈酸的 δ^2H 似乎对于温度变化不敏感（Schouten et al.，2006），相反对于水体的盐度具有较强的敏感性（Schmidt et al.，1999）。因此，在寒冷的北冰洋中，棕榈酸的氢同位素具有可以指示海水盐度的潜力。据此，基于北冰洋欧亚海盆的 10 个表层沉积物站位进行了棕榈酸的 δ^2H 与水体盐度的线性标定，并根据这 10 个点做出了北冰洋水体中脂肪酸的氢同位素与海水表层盐度的校正公式（$r^2=0.8$，$P<0.001$，$n=10$），进而将其用于阿拉斯加陆坡附近一个底部年龄约为 19 ka 的岩心沉积物中，发现了末次冰消期中棕榈酸的氢同位素显著负偏的现象，表明表层水盐度降低（Sachs et al.，2018）。但是，由于该研究中使用的表层沉积物站位较少，同时所有表层沉积物站位仅分布于欧亚海盆中，缺乏美亚海盆中表层沉积物站位的控制点；此外，此前的研究仅局限于末次冰消期以来的冰融水事件，年龄时间尺度较短，同时分辨率也较低。因此，需要覆盖范围更广的表层沉积物以及时间尺度更长的岩心沉积物对其开展进一步的研究，并验证棕榈酸的氢同位素作为表层水盐度的有效指标。

3. 古海冰指标

海冰是北极及地球系统的重要组成部分，海冰减少了海洋与大气之间的热通量，通过其高反照率，对整个北极地区的气候有很大影响。海冰变化还会影响北大西洋深水形成，进而影响全球温盐环流（Aagaard and Carmack，1989；Raymo et al.，1990）。海冰也是极地海洋生态系统的重要组成部分（Thomas and Dieckmann，2010）。因此，查明地质时期中暖期北极海冰的覆盖程度可以更清楚地了解现代海冰的变化机制，并对预测未来变化趋势提供依据。与传统的指示古海冰变化的指标冰筏碎屑、有孔虫、介形虫指标等（Darby and Zimmerman，2008；Cronin et al.，2013；Polyak et al.，2013）相比较，近年来一种由北极海冰硅藻合成的有机分子海冰指标 IP_{25}（Belt et al.，2007）得到了快速发展，并已广泛应用于北极和亚北极区域的海冰重建（Belt and Müller，2013；Xiao X et al.，2015b；Kolling et al.，2020），其海冰重建数据与卫星观测海冰密集度具有良好的线性关系，可以重建长时间尺度的海冰变化。在此基础上，利用弗拉姆海峡表层沉积物中的 IP_{25} 和浮游植物生物标志物（菜籽甾醇、甲藻甾醇、短链烷烃）建立经验公式，计算了 PIP_{25} 指标，半定量重建了海冰密集度（图 11-2）（Müller et al.，2011）。

目前 PIP_{25} 指标已被用于泛北极区域现代海冰密集度的校正（Xiao X et al.，2015a；Kolling et al.，2020）以及古海冰的重建（Belt，2018，2019）。北冰洋中央海区被多年海冰覆盖，沉积速率极低，古海冰重建受到限制。高纬度（>80°N）沉积物岩心中的 IP_{25} 和浮游植物生物标志物记录显示，北冰洋中央海区和弗拉姆海峡的海冰在 MIS 3 和 MIS 2 期扩张，覆盖面积和海冰厚度远高于现代。同时，该指标的研究显示，末次冰盛期夏季海冰消退至弗拉姆海峡，由北大西洋暖流和离岸风所驱动（Xiao X et al.，2015b）。北冰洋楚科奇海陆架沉积物岩心中的 IP_{25} 记录重建的全新世海冰变化指出，早全新世海冰覆盖程度低，中全新世开始海冰逐渐扩张，主要受太平洋水输入与太阳辐射量的影响（Polyak et al.，2016；Stein et al.，2017b）。在更早的中新世，北冰洋中央海区 IP_{25}、烯酮和甾醇生物标志物的记录表明，北冰洋中央海区由季节性海冰覆盖，夏季海冰完全消退，当时的气候要暖于现代（Stein et al.，2016）。

最近的研究发现，在北部高纬度海域，基于烯烃的表层温度重建显示出岩心顶部的温度明显偏暖，与其他岩心记录的温度指标不同，并且通常伴随着异常高的 C_{37} 四不饱和甲基烯烃的相对丰度（%$C_{37:4}$）。升高的 %$C_{37:4}$ 被广泛解释为极地水团低的表层水盐度的一个指标，但迄今为止其生物来源仍难以确定（Wang K J et al.，2021）。通过下一代测序和实验室培养实验，确定了一个与北部高纬度海洋中 C_{37} 甲基烯烃升高有关的金藻目（Isochrysidales）谱系。这种金藻目生物在海洋环境中广泛与海冰共存，更重要的是，海水过滤的颗粒性有机质和表层沉积物中的%$C_{37:4}$与年平均海冰浓度显著相关。在斯瓦尔巴群岛的沉积物岩心中，%$C_{37:4}$与格陵兰岛过去 14 ka 的温度记录和其他定性的区域海冰记录一致，定量地反映了海冰年平均浓度。因此，%$C_{37:4}$是一个可以在千年，甚至可能是百万年时间尺度上重建高纬度海域海冰状况的强有力替代指标（Wang K J et al.，2021）。

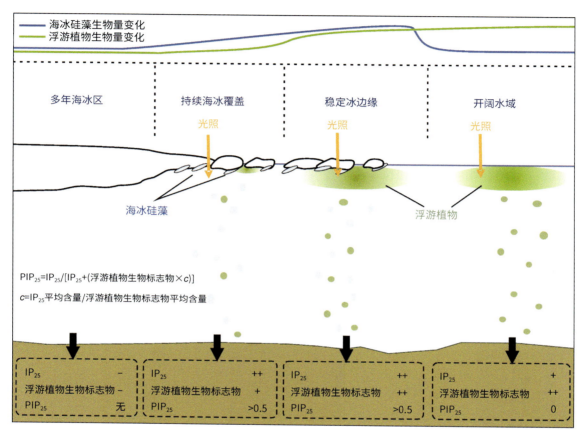

图 11-2　北冰洋不同海冰覆盖情况下沉积物中生物标志物的变化以及海冰硅藻和浮游植物生长的响应示意图
（据 Müller et al.，2011 改）

4. 硝酸盐利用与水体分层指标

白令海峡是分隔亚洲和北美洲约 53 m 水深的海洋通道（Danielson et al.，2015），是北半球连接太平洋和大西洋的唯一通道。今天低盐度的太平洋海水向北流过白令海峡（Woodgate，2018），使北冰洋上部盐度变淡。这些北极淡水向北大西洋输出改变了北大西洋深水的形成（Jahn and Holland，2013），并可能引起北太平洋和北大西洋之间的反馈（Yamamoto-Kawai et al.，2006；Hu A et al.，2012a，2012b）。白令海峡最近一次被淹没出现在 13～11 ka，当时冰盖融化导致海平面上升（Pico et al.，2020；Jakobsson et al.，2017）。在 13 ka 之前，末次冰盛期（26.5～19 ka，Clark P U et al.，2009）大陆冰盖扩张导致海平面下降，白令海峡暴露。然而，对于导致末次冰盛期的冰量增长，白令海峡暴露，并形成白令海陆桥的时间存在很大的不确定性。

通过分析西北冰洋 3 个沉积物岩心中浮游有孔虫 *Neogloboquadrina pachyderma* 壳体中有机结合的 $\delta^{15}N_{n.p.}$，以及作为对照，分析北冰洋中部 1 个不受白令海峡入流水直接影响的岩心，重建了 46 ka 以来与白令海峡入流水相关的氮同位素特征（Farmer et al.，2021，2023）。研究结果显示，在 13～11 ka 期间，有孔虫 $\delta^{15}N_{n.p.}$ 的上升是由白令海峡的洪水引起的，流入了富含硝酸盐的高 $\delta^{15}N$ 太平洋水，造成了大陆架上的硝化-反硝化耦合作用，进一步提高了西北冰洋的硝酸盐 $\delta^{15}N$，并使上层水柱分层，导致硝酸盐完全消耗（Farmer et al.，2021）。在约 36 ka 之前，由于白令海峡被水淹没，来自白令海的低盐度高 $\delta^{15}N$ 硝酸盐水会像今天一样向北输送到西北冰洋（Granger et al.，2011，2018；Fripiat et al.，2018；Brown Z W et al.，2015）。这些白令海峡入流水的高浓度营养盐会促进陆架坡折处的高初级生产力，引发硝化-反硝化耦合作用，进一步提高西北冰洋的硝酸盐 $\delta^{15}N$。在 36 ka 之前，白令海峡入流水可能加强了当时的西北冰洋分层，导致表面海洋硝酸盐消耗更彻底，这可能是 MIS 3 期较高的 $\delta^{15}N_{n.p.}$ 所必需的（Farmer et al.，2023）。在约 36 ka 之后，西北冰洋 3 个岩心的 $\delta^{15}N_{n.p.}$ 均呈快速下降趋势，表明白令海峡流入北冰洋的水流停止了，遵循上述相同的逻辑（图 11-3）。这反映了白令海峡的地面暴露，从而形成了白令海峡陆桥，并在末次冰盛期与陆地保持联系（Pico et al.，2020；Jakobsson et al.，2017）。

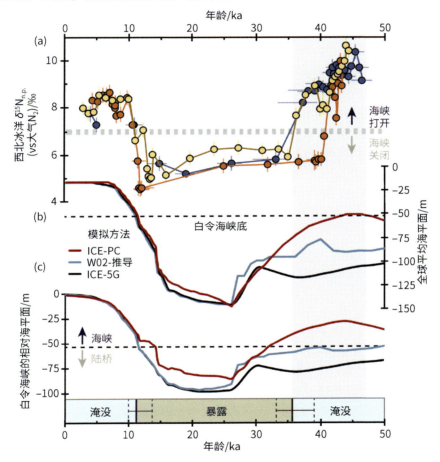

图 11-3　西北冰洋 MIS 3 期以来浮游有孔虫 $\delta^{15}N_{n.p.}$ 与全球平均海平面重建和白令海峡相对海平面历史的冰期均衡调整模拟
（据 Farmer et al.，2023 改）

（a）西北冰洋浮游有孔虫 $\delta^{15}N_{n.p.}$；虚线横杆表示白令海峡暴露的最大 $\delta^{15}N_{n.p.}$；垂直误差条表示测量值较大或多次重复的 $\delta^{15}N_{n.p.}$ 精度；水平误差条表示年龄-深度模型的 68%分位数（相当于±1sd）。（b）全球平均海平面重建；其中的黑色曲线来自 ICE-5G（Peltier and Fairbanks，2006），蓝色曲线来自 W02-推导（Waelbroeck et al.，2002），红色曲线来自 ICE-PC。（c）白令海峡的相对海平面，其中的 ICE-PC 白令海峡相对海平面基于中等科迪勒拉冰盖历史。（b）和（c）中的黑色虚线表示白令海峡的现代海底深度（~53 m），灰色垂直阴影表示由（a）重建的末次冰盛期之前白令海峡淹没的时间。（c）底部的彩色条形图表示白令海峡海平面历史，棕色竖线为 MIS 3 期重建的白令海峡关闭时间，棕色虚线为±95%置信区间，蓝色竖线和虚线分别表示冰期之后白令海峡淹没的平均观测时间和观测范围（Farmer et al.，2021；Pico et al.，2020；Jakobsson et al.，2017）

为了评估 MIS 3 期全球冰量的定量意义，白令海峡的冰川均衡调整和相对海平面模拟结果发现，标准海平面历史相关的冰体积重建（Waelbroeck et al.，2002；Peltier and Fairbanks，2006）都与在 MIS 3 期发现的白令海峡被洪水淹没的结果一致。在所有模拟中，白令海峡在 MIS 3 期直到约 36 ka 都被淹没，表明全球平均海平面变化是导致末次冰盛期白令海峡相对海平面变化的主要控制因素（Farmer et al.，2023）。这些模拟结果还表明，白令海峡的地面暴露是末次冰期北半球千年尺度气候变率的先决条件（De Boer et al.，2014；Hu A et al.，2012a）。当白令海峡在 46～36 ka 被淹没和在 36～11.5 ka 暴露时，气候和海洋环流都发生千年尺度的变化。因此，末次冰期白令海峡的关闭并不是发生千年尺度气候变化的必要条件。

白令海峡是末次冰期高峰时期的陆桥，当时海平面比现在低约 130 m。该研究通过追踪太平洋海水对北冰洋的影响，重建了白令海峡海平面的历史，发现白令海峡至少在 46～36 ka 之前是开放的，从而确定了陆桥最后形成的时间在末次冰盛期的 10 ka 以内。这段历史表明，进入末次冰盛期需要冰量迅速增加。此外，人类似乎是在陆桥形成之后才迁移到北美洲的（Farmer et al.，2023）。

5. 水体缺氧与淡化条件指标

冰期的特点是大气中的 CO_2 含量低于今天，这是全球变冷的很大一部分原因（Sigman et al.，2021）。冰期大气中大量减少的碳储存在深海中，这是最大的 CO_2 储存库（Lu et al.，2016）。北冰洋在冰期 CO_2 减少中的作用还没有被研究，尽管冰期沉积物中缺乏 Mn 的原因可能是海底缺氧（Jakobsson et al.，2000），但普遍的观点认为北冰洋在晚更新世主要是含氧的。然而，最近关于北冰洋在 MIS 6 和 MIS 4 期是一个充满淡水盆地的观点（Geibert et al.，2021）引发了对这些过去概念的重新评估（Geibert et al.，2021；Spielhagen et al.，2022）。目前，北冰洋深处一般是含盐的，含氧良好（Woodgate et al.，2002），其中沿海冰湖形成的盐水对深层通风起着至关重要的作用（Jones E P et al.，1995）。由于有争议的地球化学证据，如盐度（Geibert et al.，2021，2022；Spielhagen et al.，2022）和含氧量（Farmer et al.，2021；Polyak et al.，2004；Ezat et al.，2019）等，北极冰期水文条件仍在争论之中。

西北冰洋门捷列夫海岭 PS72/410-1 站位岩心提供了自末次冰期以来冰川-海洋沉积物中自生碳酸盐几乎连续的记录（Jang et al.，2023）。原位形成的自生方解石结构及其 $\delta^{18}O$ 与 $\delta^{13}C$ 作为极地深水（polar deep water，PDW）记录的指标，主要反映了上覆水的物理和化学条件（图 11-4）。该站位周围海水的方解石饱和度可能在过去的 76 ka 中持续存在，导致沉积物-水界面处自生方解石的持续沉淀，并连续记录极地深水的特征。由于冰期大陆冰盖的盛衰，北极地区的淡水流量普遍存在（Svendsen et al.，2004），根据常规水团示踪剂自生的 εNd 记录（Jang et al.，2013），淡水流量侵入极地深水中。从碳酸镁含量与自生方解石的 $\delta^{18}O$ 相关性推断，方解石的 $\delta^{18}O$ 随时间变化也支持淡水下沉的观点。因此，方解石的 $\delta^{18}O$ 记录可能不是记录极地深水成分的变化，而是记录陆地淡水的入侵。在 MIS 4～3 期，较低的方解石 $\delta^{18}O$ 与较高的自生 εNd 相关，认为偏轻的 $\delta^{18}O$ 指示淡水的入侵（Bauch D et al.，2005；Cooper L W et al.，2005），可能来自欧亚冰盖（Svendsen et al.，2004；Mangerud et al.，2004），也可能来自东西伯利亚冰盖（Zhao et al.，2022）。同样地，MIS 2 期负的 $\delta^{18}O$ 与较高的自生 εNd 记录（Jang et al.，2013）认为是淡水下沉，可能来自北美的劳伦泰德冰盖。基于方解石 $\delta^{18}O$ 的简单质量平衡计算，初步表明，西北冰洋 1800 m 深度以上的海水可能被高达 40% 的淡水稀释了，这涵盖了半咸水（＞21‰）到咸水的条件，而不是淡水（Jang et al.，2023）。

尽管有大量淡水侵入极地深水，但在 MIS 2 期间，极地深水可能已经缺氧，因为自生方解石的 $\delta^{13}C$ 最大，达到 5.7‰。半封闭体系下贫 ^{13}C 的甲烷生成，使得残余溶解无机碳池富集 ^{13}C，从而在缺氧条件下在沉积物-水界面形成富 ^{13}C 的自生方解石（Jang et al.，2023）。因此，从西北冰洋大陆架到海岭的地貌特征推断，MIS 2 期间在冰盖下排泄的冰融水很可能基本上是缺氧的，这可能是由于冰融水停留时间延长（Wadham et al.，2010）以及在厚的常年海冰或冰架下有限的海气交换（Kim et al.，2021；Polyak et al.，2007）。结合大量冰融水排放（Zhao et al.，2022），推断在 MIS 4 和 MIS 2 期北冰洋被较厚的常年海冰或冰架覆盖（Geibert et al.，2021；Kim et al.，2021；Polyak et al.，2007；Ye L et al.，2022），显著抑制了携带盐和氧的大西洋水流入（图 11-4），使半封闭的西北冰洋海盆维持了半咸和缺氧的极地深水。在 MIS 4～3 期和 MIS 2 期等正常时期，北冰洋西部的极地深水以半咸和缺氧为主。这意味着在冰期北冰洋深海普遍存在氧气消耗事件。考虑到溶解氧浓度与海洋水体中呼吸的碳量之间的一般关系（Hoogakker et al.，2015），大量的碳可能储存在西北冰洋的极地深水中，作为冰期重要的碳汇。冰下高密度融水可能是冰川来源的碳从大陆冰盖下向深海逃逸到大气之前的主要载体。总之，西北冰洋的极地深水在正常时期是半咸和缺氧的，根据密度的不同，从冰盖下排泄的富含沉积物的冰融水填充了大部分水柱，从而大大降低了极地深水的盐度和氧含量。这种现象在西北冰洋更为极端，并可能表明在冰期与间冰期的全球碳循环中西北冰洋作为一个额外的碳储库的潜在作用（Jang et al.，2023）。

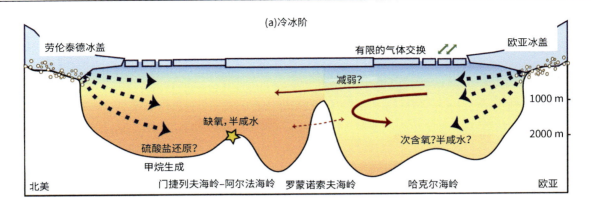

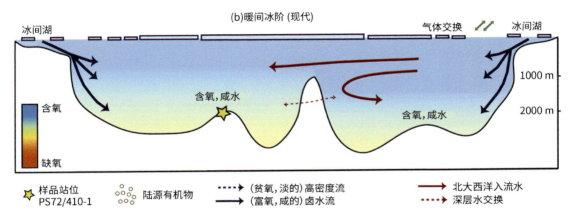

图 11-4　北冰洋两个时期海洋条件对比示意图（据 Jang et al.，2023 改）

（a）在冷冰阶，劳伦泰德冰盖和欧亚冰盖（也可能是东西伯利亚冰盖）条件下的冰下缺氧融水形成了富含沉积物的异重流，导致了极地深水的缺氧和淡化；（b）在暖间冰阶，陆架边缘冰间湖形成的卤水可以通过垂直混合向海盆深处提供氧气；在冷冰阶，推测由于与北大西洋入流水的有限但持续的交换，东北冰洋的氧含量略高于西北冰洋。值得注意的是，根据目前的观测，西北冰洋的深水通过靠近北极的盆地内通道（约 1870 m）（Björk et al.，2007，2010）或罗蒙诺索夫海岭的南通道（约 1700 m）穿过罗蒙诺索夫海岭，约 1700 m 以下的深水交换可能是有限的，但在约 1700 m 以上的深度尚未观察到相反的水流入方式（Björk et al.，2018）

11.1.2　古气候数值模拟

1. 末次冰期的洋流模拟

在晚更新世冰期，北极海冰覆盖的性质仍然存在争议，从常年海冰覆盖到覆盖整个海盆近 1 km 厚的冰架，基本上可以阻止冰的漂流（Jakobsson et al.，2010；Grosswald and Hughes，2008）。靠近楚科奇边缘地的北风号海岭沉积记录显示，在 23～19 ka 的末次冰盛期，在水深小于 1000 m 的地方有一些冰接地的证据（Polyak et al.，2007）。在北冰洋中部，由于低的沉积速率和生物量，末次冰盛期气候重建是有限的和具有挑战性的（Nørgaard-Pedersen et al.，1998；Stein，2008）。门捷列夫海岭的沉积记录证实了在末次冰盛期，沉积物中生物壳体的保存很差，这有利于解释北冰洋西部覆盖着一层厚厚的浮冰块，甚至是冰架（Polyak et al.，2004）。在末次冰盛期，从巴伦支海冰盖北部边缘至拉普捷夫海陆架边缘的沿海，存在季节性开放水域，这是由狭窄的海岸边界流或近海下降风造成的（Knies et al.，2000；Vogt C et al.，2001；Bradley and England，2008）。与这些发现相反，弗拉姆海峡北部的生物标志物研究认为存在常年海冰覆盖（Müller et al.，2009）。考虑到北极晚更新世冰期的指标不确定性和不同的假设，采用了最近研究中使用的区域海洋-海冰模型（Kauker et al.，2003）和实际的海冰覆盖预测（Kauker et al.，2009）的数值模拟方法对冰期海冰和海洋环流进行研究，并为其配备了代表末次冰盛期的边界条件；还利用该区域海冰模型研究了冰期北极海冰系统，并提出了基于模型和指标的末次冰盛期冰流重建方法（Störz et al.，2012）。

模型研究使用了北大西洋与北冰洋海冰模型（North Atlantic/Arctic Ocean Sea Ice Model，NAOSIM）

（Kauker et al.，2003；Köberle and Gerdes，2003）。现代控制运行（present-day control experiment，CTRL）是由美国国家环境预报中心-美国大气研究中心（National Centers for Environmental Prediction-National Center for Atmospheric Research，NCEP-NCAR）再分析项目（Kalnay et al.，1996）提供的大气数据场强迫，而冰期大气数据是通过模拟大气环流模式生成的（Lohmann and Lorenz，2000；Romanova et al.，2004）。模式研究 LGM-CLIMAP 强迫实验（LGM-CLIMAP forcing experiment，LGMC）的大气边界强迫来源于 Lohmann 和 Lorenz（2000）对全球大气模式 ECHAM3/T42L19 的数据集，适用冰期边界条件。在另一个模式研究（LGM-GLAMAP 强迫实验，LGM-GLAMAP forcing experiment，LGMG）中，大气数据场由具有冰期设置的相同大气模式 ECHAM3/T42L19 提供（Romanova et al.，2004）。由 GLAMAP 2000 提供大西洋地区冰期表层温度、反照率和海冰，重建驱动 LGMG 大气边界条件（Paul and Schäfer-Neth，2003）。该模式考虑了水运输、降水、融雪、海冰融化、冻结和河流径流造成的盐度变化。现代控制运行使用海洋-海冰模型（Kauker et al.，2003；Köberle and Gerdes，2003）。对于冰期海洋形态的变化，目前的陆-海模板（NOAA，1988）适用北半球的冰盖（Ehlers and Gibbard，2007），海平面降低了 120 m（Fairbanks，1989）。海洋模式是由一般环流模式（美国国家大气研究中心-群体气候系统模型，National Center for Atmospheric Research -Community Climate System Model，NCAR-CCSM）的末次冰盛期模拟初始化（Shin et al.，2003a，2003b），海冰模式的初始条件（海冰漂流速度的纬向和经向分量、积雪厚度、海冰厚度）设置为零，以避免任何预处理（Stärz et al.，2012）。

北冰洋的沉积记录显示，MIS 3 晚期（60～27 ka）、MIS 2 晚期（27～12 ka），包括末次冰盛期，粗颗粒的 IRD 含量升高（图 11-5，蓝色标记），而全新世（12～0 ka）以细颗粒沉积物为主，粗颗粒含量<10%

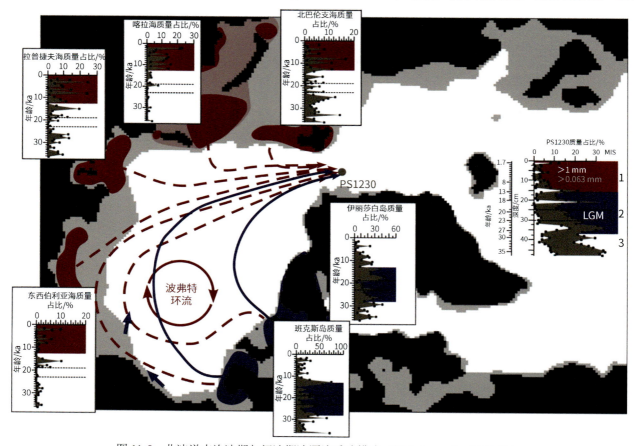

图 11-5　北冰洋末次冰期与间冰期冰漂流重建模式（据 Stärz et al.，2012 改）

黑色的陆地与白色的海洋标志着现代的冰川边界，而灰色代表模型的冰期冰川边界；PS1230 岩心（78°51′N,04°46′W，水深 1235 m）中氧化铁颗粒的质量占比（%）（Darby et al.，2002；Darby and Zimmerman，2008），分配给单个来源地区域（蓝色和红色区域）；蓝色实线表示冰期，红色虚线表示间冰期冰漂流（Bischof and Darby，1997）；蓝色箭头表示冰犁海底的痕迹，可以追溯到末次冰盛期（Engels et al.，2008；Polyak et al.，2001，2007）

（图 11-5，用红色标记）。全新世沉积物的细颗粒性质表明，海冰搬运细颗粒碎屑（Pfirman et al.，1989；Reimnitz et al.，1998；Nürnberg et al.，1994；Darby et al.，2011）。为了重建冰期与间冰期冰漂流模式（图 11-5，蓝色实线和红色虚线），将同样的方法应用于平分北冰洋中部的沉积物岩心断面（Bischof and Darby，1997）。

海冰动力学和热力学模拟结果显示，在北冰洋中部发现了平均厚度为 3 m 的常年海冰覆盖，其中，冰厚＞8 m 主要在加拿大群岛北部海岸和格陵兰岛北部海岸的部分地区［图 11-6（a）］。海冰漂流跟随波弗特环流和穿极流［图 11-6（d）］通过弗拉姆海峡离开北冰洋。相比之下，LGMG 和 LGMC 的冰期北冰洋中央海区几乎完全被常年海冰覆盖，与大气隔离。波弗特海的幼年海冰以反气旋运动穿过加拿大海盆，并与向弗拉姆海峡方向移动的穿极流合并［图 11-6（e）、（f）］。在冰期情景中，海冰漂流环流的中心位于美亚海盆，与 CTRL 相比，更靠近埃尔斯米尔岛。埃尔斯米尔岛以北的冰期海冰要么被困在反气旋环流（LGMG）中，要么沿着格陵兰海岸直接进入弗拉姆海峡（LGMC）。在巴伦支海和喀拉海陆架边缘，LGMG 的海冰漂流速度比 LGMC 快得多［图 11-6（e）、（f）］。水团特征模拟结果发现，在冰期敏感性研究中，北冰洋中部的盐跃层位于约 200 m，冰期敏感性研究位于约 80 m，盛行正压模式（LGMG、LGMC）。所有的冰期模拟都显示，大西洋底部的北极入流水（约 3.5 m/s）比现在更冷（约 1.8℃）和更咸（＞36‰），以及表层淡水流出北极。北极海冰厚度及其向北欧海和拉布拉多海输出的结果表明，海冰在弗拉姆海峡方向的输送路径上，厚度在 11～20 m 增加［图 11-6（b）、（c）］。由于 LGMC 的冰漂速率比 LGMG 低 2 cm/s［图 11-6（e）、（f）］，北极海冰的停留时间延长，在弗拉姆海峡以北形成了厚达 20 m 的海冰［图 11-6（c）］。因此，

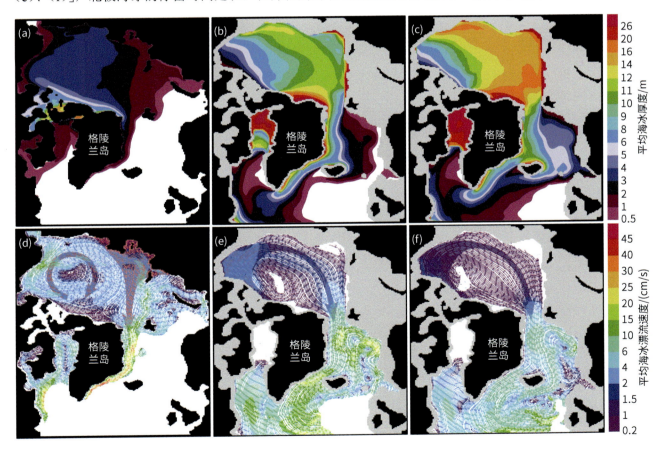

图 11-6　北极现代和冰期的平均海冰厚度与现代和冰期条件下 30 年平均海冰漂流速度（据 Stärz et al.，2012 改）

（a）表示现代的平均海冰厚度（m）；（b）和（c）分别表示冰期模式（LGMG 和 LGMC）的平均海冰厚度（m）；（d）表示现代的平均海冰漂流速度；（e）和（f）分别表示冰期模式（LGMG 和 LGMC）的平均海冰漂流速度（cm/s）；未显示现代和冰期条件下 30 年平均海冰浓度＜10% 的海冰漂流（一般在北大西洋北部）和海冰漂流速度＜0.2 cm/s（加拿大北极群岛，巴芬湾）的情景

冰期模式的模拟表明，北冰洋中部的海冰厚度是一个相当极端的情况。冰期模式情景显示了一个一致的、比现在更强的横跨弗拉姆海峡的水团交换。北极淡水平衡和盐跃层的改变并不能有效地改变弗拉姆海峡水域的流通，这有利于北大西洋水的流入（Stärz et al.，2012）。

冰山是沉积物的重要搬运载体，尤其是在末次冰盛期向冰消期过渡期间，北冰洋的冰山与海冰的移动是同步的。冰期低的沉积速率和生物量，甚至出现沉积记录间断，实际上意味着北冰洋中部的常年冰比现在更厚，几乎没有融化（Nørgaard-Pedersen et al.，1998；Polyak et al.，2004；Stein，2008）。模型研究显示，北冰洋海冰厚度的梯度与今天不同。冰期北冰洋的平均冰厚为 50 m（Bradley and England，2008）。在模式研究的大气强迫中，劳伦泰德冰盖的北太平洋西风带分叉，形成南部和北部分支。北支的风改道穿过加拿大北极群岛，进入北极内陆，沿着加拿大北极群岛海岸的海冰被推向北冰洋中部，形成由海冰动力学控制的横跨北极海冰厚度的梯度［图 11-6（a）～（c）］。总的来说，这些发现与模式研究中应用的风场强迫以及美亚海盆的反气旋海冰旋转［图 11-6（e）、（f）］一致。

在晚更新世，受风场的影响，波弗特环流和穿极流保持稳定，这与来自阿拉斯加北部的指标证据一致（Phillips and Grantz，2001）。相比之下，模式研究仍然显示了加拿大海盆的反气旋旋转，与现在的模式相比，发生了转移，而在末次冰盛期，它发生了偏转或不存在穿极流。将现代风场应用于冰期模型的建立会导致模拟冰漂、冰覆盖和指标数据的普遍不匹配。因此，冰期风应力被解释为海冰漂流的主要作用者（Stärz et al.，2012）。模拟海冰漂流的拱形模式导致了北冰洋海冰厚度的梯度，这主要是由冰期风场造成的。弗拉姆海峡和北极其他地区 MIS 2 期冰筏碎屑的来源（Darby et al.，2002；Darby and Zimmerman，2008）和冰漂标记的定位（Engels et al.，2008；Polyak et al.，2001，2007）证实了模拟的结果（Stärz et al.，2012）。

2. 末次冰期以来白令海峡关闭和开放的模拟

晚更新世被称为丹斯果-奥斯切尔（Dansgaard-Oeschger，D/O，简称丹奥）旋回的气候突变，是末次冰期的一个显著特征，发现在不同的古气候记录中，如格陵兰冰心（North Greenland Ice Core Project members，2004；Ditlevsen et al.，2005），它们大多发生在距今 80～11 ka。在北大西洋沉积物中发现的冰筏碎屑层为另一种气候不稳定提供了进一步的证据，这种不稳定通常与冰盖的激增有关（Heinrich，1988；Hemming，2004）。然而，北大西洋气候的这些变化是否受到外部因素的驱动仍然存在争议。由于太阳强迫或源于内部气候的不稳定（Schulz，2002；Braun et al.，2005；Dima and Lohmann，2009），已经确定大西洋经向翻转流至少与此有关（Zahn et al.，1997；Gutjahr et al.，2010）。更重要的是，这种类型的突然气候转变是否会在未来与温室气体增加相关的更温暖气候中发生（Hu A et al.，2012a）。理论研究表明，由于北大西洋淡水强迫增长非常缓慢，大西洋经向翻转流最初缓慢减弱，然后突然崩溃（Rahmstorf，1995）［图 11-7（a），黑线］。由于淡水强迫随后缓慢减少，大西洋经向翻转流一直处于"关闭"模式，直到达到触发大西洋经向翻转流快速恢复的淡水强迫临界值［图 11-7（a），红线］。大西洋经向翻转流从"开"到"关"的突然转变或反之亦然，可能通过破坏或加强大西洋海盆北向海洋热传导，在北大西洋及其周边地区诱发显著的变冷或变暖事件。因此，这种大西洋经向翻转流滞后行为被用来合理解释格陵兰冰心中记录的气候突变机制，并得到了古气候替代指标的支持（North Greenland Ice Core Project members，2004；Ditlevsen et al.，2005；Heinrich，1988；Hemming，2004；Zahn et al.，1997；Gutjahr et al.，2010）。

基于中等复杂性地球系统模式（Earth system models of intermediate complexity，EMICs）和粗分辨率大气-海洋全球气候模式（atmosphere-ocean global climate model，AOGCM）的研究表明，在相同的气候强迫下，大西洋经向翻转流可能表现出多重平衡状态（Rahmstorf et al.，2005；Hawkins et al.，2011），这支持了理论研究（Rahmstorf，1995）。然而，到目前为止，还没有最先进的大气-海洋全球气候模式支持在白令海峡开放的现代条件下双稳态海洋环流的概念，这使人们怀疑大西洋经向翻转流机制是否可以解释过去气候的突然转变（Liu Z et al.，2009）。冰期大西洋经向翻转流的稳定性在很大程度上取决于盐度向北大西洋输送，这在一定程度上是由较淡的北太平洋表层水通过白令海峡流入北冰洋所控制的（Hu A et al.，2007，2008；De Bore and Nof，2004）。现在白令海峡的深度约为 50 m，在末次冰期的大部分时间里，白令海峡是一个陆桥。更精确计算的北半球相对海平面变化表明，北太平洋从 80～11 ka 开始与北冰洋隔绝，这与

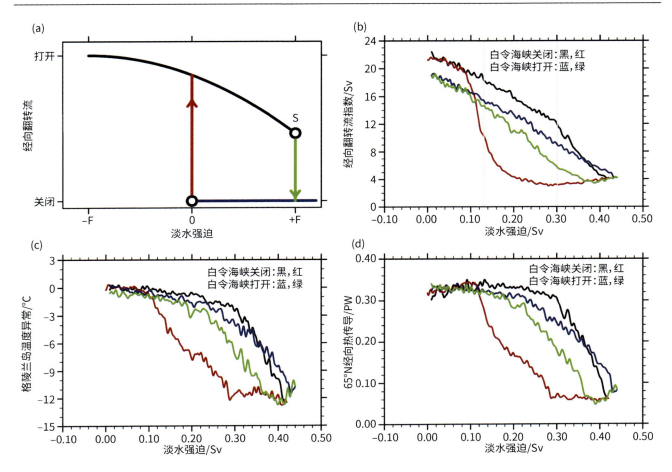

图 11-7　理论和模拟的大西洋经向翻转流与大西洋 65°N 格陵兰岛地表温度和经向热传导的变化（据 Hu A et al.，2012a 改）
（a）和（b）理论和模拟的大西洋经向翻转流滞后曲线，"S"是大西洋经向翻转流崩溃的分岔点，"+F"与"−F"表示淡水强迫强度；（c）和（d）
大西洋 65°N 格陵兰岛地表温度和经向热传导的变化以及淡水强迫；在（b）、（c）和（d）中，黑和红（蓝和绿）线为关闭（打开）白令海峡的模拟，
黑和蓝（红和绿）线代表淡水强迫增加（减少）的阶段；注意在 500 个模式年里，淡水强迫的变化为 0.1 Sv。1 Sv=10^6 m³/s；1 PW=10^5 W。

增强的丹奥旋回的气候突变和千年尺度变率的时间大致吻合（Hu A et al.，2012a）。

　　为了检验白令海峡对大西洋经向翻转流滞后的作用，评估白令海峡关闭与打开对冰期气候稳定性的潜在影响，采用一种完全耦合的最先进的大气-海洋全球气候模式与群体气候系统模式第 3 版（community climate system model 3，CCSM3）（Collins W D et al.，2006），其分辨率足够高，可以正确地模拟白令海峡关闭对北大西洋气候系统及其稳定性的影响。与观测值（Woodgate and Aagaard，2005）相比，该模式模拟了当前条件下（Hu A et al.，2007）实际的白令海峡运输。为了分离白令海峡关闭与打开对大西洋经向翻转流滞后的潜在影响，在当前边界条件下进行了两个相同的注水模拟，除了白令海峡在一个（开放白令海峡）中打开，而在另一个（关闭白令海峡）中关闭（Hu A et al.，2012a）。

　　模拟结果显示，在开放白令海峡模拟中，大西洋经向翻转流几乎随着淡水强迫的增加而线性减缓，直到大西洋经向翻转流崩溃［图 11-7（b）］。随着淡水强迫的减少，大西洋经向翻转流仅在不到 400 a 的短时间内处于关闭模式，然后开始线性增强。然而，当白令海峡关闭时，大西洋经向翻转流表现出与简化模式中的滞后行为相似的行为（Rahmstorf et al.，2005）：大西洋经向翻转流最初随着淡水强迫的增加而缓慢减弱，当淡水强迫超过 0.3 Sv 时，大西洋经向翻转流明显加速，导致淡水强迫为 0.42 Sv 时大西洋经向翻转流崩溃；此后，大西洋经向翻转流保持在关闭模式附近约 1400 a，淡水强迫逐渐减少；当淡水强迫降至 0.15 Sv 以下时，大西洋经向翻转流恢复到之前的水平。随着大西洋经向翻转流的崩溃，两个模拟中格陵兰岛的平均地表温度下降了 12℃［图 11-7（c）］，与格陵兰冰心数据记录的气候突变事件中格陵兰岛的温度变化幅度相当（Alley et al.，2003），证实了大西洋经向翻转流的崩溃确实会引起格陵兰岛温度的大幅度变化。

虽然在关闭白令海峡模拟中大西洋经向翻转流的恢复比开放白令海峡模拟更突然，但前者的格陵兰岛温度的增加实际上没有后者的模拟那么突然。从图11-7（d）可以看出，格陵兰岛的温度变化似乎与65°N大西洋经向热传导的变化密切相关，而大西洋经向热传导的变化与北大西洋深对流的强度密切相关。模拟中的大西洋经向翻转流对淡水强迫的不同响应可归因于白令海峡贯穿流的变化。在开放白令海峡实验中，北大西洋较淡和较弱的大西洋经向翻转流导致北大西洋的动态海平面上升（Levermann et al.，2005；Yin J et al.，2009）。这减少甚至逆转了太平洋和大西洋之间的海平面对比，使得白令海峡贯穿流减弱或逆转［图11-8（a）］，导致从太平洋到北大西洋的淡水输送减少，甚至将现在较淡的北大西洋水输送回太平洋。这一过程减少了从北极进入北大西洋的淡水流量。随后，北大西洋的淡水汇集较少，盐度异常较小［图11-8（a）］，这可以防止大西洋经向翻转流突然崩溃。当大西洋经向翻转流最终崩溃后淡水强迫逐渐减弱时，大西洋的淡水异常仍在以与大西洋经向翻转流刚崩溃时相同的速度通过表层洋流从亚极区分流到南大西洋和北太平洋。这将使海洋表面变咸，导致海洋分层减弱，深层对流和大西洋经向翻转流重新启动，太平洋淡水重新通过白令海峡输送到北大西洋，从而防止大西洋经向翻转流突然强行跳跃（Hu A et al.，2008）。

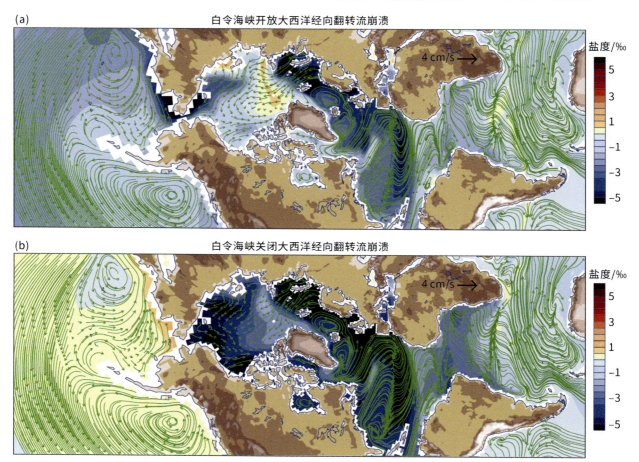

图11-8　白令海峡开放与关闭模拟大西洋经向翻转流崩溃时的表层海水盐度异常和表层洋流（据 Hu A et al.，2012a 改）
（a）和（b）分别表示白令海峡开放和关闭；箭头表示表层洋流流速，单位为 cm/s。阴影表示等值线间隔为 0.5‰的表层海水盐度异常

在关闭白令海峡实验中，随着北大西洋淡水强迫的增强，大西洋经向翻转流也会减弱，北大西洋增加的部分淡水被输送到北极。然而，关闭的白令海峡阻止了这些淡水被输入太平洋，在北极引起了显著的变淡效应，并导致海平面上升，特别是沿北极边缘，其结果导致北大西洋亚极区和北极盆地形成了一个大型的表层气旋环流［图11-8（b）］。这个亚极地-北极气旋环流将北极淡水异常输送回北大西洋，产生了增强的淡水汇集和更大的表面盐度负异常［图11-8（b）］。这降低了上层海水密度，加强了上层海洋分层，抑制了北大西洋亚极地的深层对流，导致模拟中大西洋经向翻转流崩溃。一旦大西洋经向翻转流崩溃，海洋

通过大西洋经向翻转流将北大西洋淡水异常输送到世界海洋其他地方的能力就会大大降低。当北大西洋的淡水强迫开始减弱时，由于关闭白令海峡，北大西洋淡水异常只能向南输送，从而延迟了淡水异常的消除，导致大西洋经向翻转流恢复延迟（Hu A et al.，2008）。一旦由于洋流和大气环流的输送，并且北极淡水异常变得足够小，这个大的亚极地-北极气旋环流再次分裂成两个环流，即北大西洋亚极地气旋环流和北极反气旋环流，减少了北大西洋亚极地淡水辐合，导致深层对流更新，并在几百年的时间尺度上快速恢复大西洋经向翻转流。由于开放白令海峡模拟中白令海峡输运的变化，北大西洋上层几百米的开放白令海峡流要比关闭白令海峡流咸得多。但是，由于北太平洋通过白令海峡向北大西洋输送的淡水减少或逆转，北太平洋上层在开放白令海峡运行中要比关闭白令海峡运行中淡得多（图 11-8）。由于这两个盆地的盐度分布不同，尽管在大西洋经向翻转流关闭时这两个模拟的大西洋经向翻转流模式非常相似，但太平洋的翻转流却大不相同。由于北太平洋更咸，在关闭白令海峡模拟中建立了太平洋经向翻转流（Pacific Meridional Ocean Circulation，PMOC），但在开放白令海峡模拟中没有。

模拟结果表明，在目前的条件下，只有当白令海峡关闭时才能发现强烈的大西洋经向翻转流滞后。对于开放的白令海峡，大西洋经向翻转流不表现出淡水强迫的明显滞后。这些结果表明，如果大西洋经向翻转流滞后确实是解释过去气候突变（如丹奥事件）的一个合理机制，那么这些气候突变只可能发生在关闭白令海峡的冰期。对于开放的白令海峡，例如，在全新世和与大气温室气体水平升高相关的未来变暖气候中，研究结果表明，双稳定性的表现不太可能发生，从而减少了与大西洋经向翻转流崩溃或恢复相关的气候突变的机会。同时，陆基冰的排放（Schulz et al.，1999）可能只是诱发气候突变的必要条件之一，是大西洋经向翻转流滞后的另一个必要条件。例如，由于缺乏大西洋经向翻转流滞后，虽然全新世早期陆基冰排泄相当于全球海平面上升约 50 m，但这一时期没有出现类似末次冰期的气候突变。气候模式表明，在冰期关闭白令海峡，并阻止其在太平洋和北冰洋之间的贯穿流动，可能导致大洋传送带出现更强的滞后行为，从而创造有利于触发气候突变的条件（Hu A et al.，2012a）。当大西洋经向翻转流崩溃时，北大西洋变冷，而北太平洋变暖，这是由于太平洋经向翻转流的积累，将更多温暖的和咸的亚热带水输送到北太平洋，导致两个大洋盆地的气候变化呈现"跷跷板"模式（Hu A et al.，2012b）。因此，即使温室效应变暖，由于白令海峡仍然开放，也不太可能发生类似于末次冰期的气候突变。

3. 末次间冰期的冰海模拟

海冰具有强烈的季节和年际变化，是北极系统的一个非常关键的组成部分，对大气环流、日照辐射、大气与海洋热通量以及水文循环的变化做出敏感响应（Thomas and Dieckmann，2010；IPCC，2013）。海冰显著减少了海洋和大气之间的热通量。海冰覆盖还强烈影响生物生产力，因为海冰覆盖导致海表水域光照不足而减少了初级生产力。海冰通常会放大高纬度地区的气候变异，因此在全球气候系统变化中扮演着重要角色，被称为极地放大（Serreze and Barry，2011）。海冰的融化和形成还会改变海洋盐度结构。当海冰形成时，盐水被排放到海洋中，为全球中层－深层水环流提供高密度和通风良好的水，而当海冰融化时，盐水会造成近表层水和深层水之间的分层（Goosse et al.，2013）。在过去的 30～40 年中，随着全球变暖和大气 CO_2 的增加，北极海冰覆盖范围和厚度（图 11-9）都显著减少了（IPCC，2013；Stroeve et al.，2012；Cavalieri and Parkinson，2012）。根据这一趋势推断，在未来 50 年甚至更短的时间内，北冰洋中部可能会在夏季无冰（IPCC，2013；Wang M and Overland，2012）。在此背景下，一个关键方面是要更精确地区分和量化全球气候变化与相关海冰减少的自然和人为温室气体强迫（IPCC，2013）。

末次间冰期，即 MIS 5e（艾木间冰期，Eemian interglacial stage），持续时间为 130～115 ka，经常被认为是近未来地球气候条件的可能类比时期（CAPE Last Interglacial project members，2006；Bauch H A，2013）。如果气候模式能够重现末次间冰期的温暖气候条件，包括北极海冰覆盖范围，将对北极过程的表征及其对未来的预测更有信心（Otto-Bliesner et al.，2013；Capron et al.，2014；Merz et al.，2016）。然而，为了测试和证明用于模拟和预测北极气候和海冰覆盖的气候模式（Stein et al.，2016；Merz et al.，2016；Bakker et al.，2014；Gierz et al.，2015；Pfeiffer and Lohmann，2016），需要关于过去海冰浓度的精确（半定量）指标记录。基于具有 25 个碳的高度文化类异戊二烯（HBIs）（Belt et al.，2007）测定的生物标志物只能由生活在北极海冰中的特定硅藻生物合成，因此被命名为"IP25"（Brown T A et al.，2014）。沉积物中 IP25 的存在是过去北极海冰存在的直接证据（Stein et al.，2017a）。

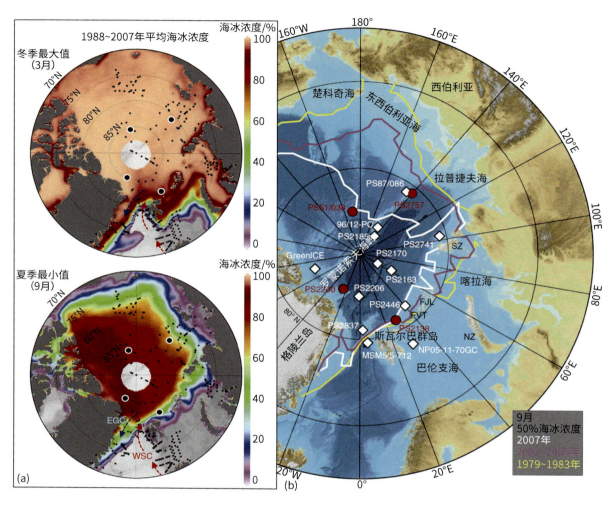

图 11-9　现代海冰浓度和沉积物岩心位置（据 Stein et al.，2017a 改）

（a）1988～2007 年 3 月（冬季最大值）和 9 月（夏季最小值）的平均海冰浓度（http://nsidc.org/）；小黑点表示用于 IP25 现代海冰分布综合研究的表层沉积物样品位置（Xiao X et al.，2015a），4 个大黑色圆圈表示关键岩心的位置；EGC-东格陵兰洋流；WSC-西斯匹次卑尔根海流；（b）红圆为关键岩心的位置；白色菱形为用于讨论的岩心的位置。NZ-新地岛；SZ-北地群岛；FJL-法兰士·约瑟夫地群岛；FVT-弗朗茨维多利亚海槽；白线、紫线和黄线分别表示 2007 年、2002～2006 年和 1979～1983 年 9 月 50% 的海冰浓度（http://iup.physik.uni-bremen.de）

　　为了重建冰期（MIS 6 期）至间冰期（MIS 5 期）条件下北冰洋的海冰历史，从 4 个选定的沉积物岩心中确定了海冰生物标志物指标 IP25、开放水域浮游植物生物标志物和陆地生物标志物（Stein et al.，2017a）。这些岩心是从具有不同海冰条件的地区获得的，从北冰洋中部的常年海冰区到巴伦支海大陆边缘的季节性海冰区（图 11-9）。基于生物标志物数据，北冰洋中部 MIS 6 和 MIS 5 期的海冰条件可能与末次冰盛期和 MIS 1 期（全新世）重建的海冰条件相似（Xiao X et al.，2015a，2015b）。在 MIS 6 晚期，靠近西伯利亚大陆边缘的罗蒙诺索夫海岭南部地区可能普遍存在扩大的海冰覆盖，偶尔存在冰边缘与冰间湖条件。相比之下，MIS 5 期可能存在或多或少封闭的海冰覆盖。在 MIS 5 间冰阶，季节性海冰覆盖和冰缘条件似乎最为突出。在 MIS 5e 期，海冰浓度最低，接近几乎无冰的夏季。而在 MIS 5d 和 MIS 5b 期，海冰覆盖更加封闭（Stein et al.，2017a）。

　　除指标记录外，还为 MIS 5 期执行了瞬态集成以及时间片实验。模式实验是由轨道协调的日照和大气中温室气体浓度驱动的。设定了 130 ka、125 ka 和 120 ka 的时间切片以及工业化前（PI）条件（Stein et al.，2017a）。模拟结果显示，在末次间冰期时间切片中，北方春季（3 月）海冰范围与工业化前模拟相似。末次间冰期早期（130 ka）和中期（125 ka）6 月的海冰浓度略低于工业化前浓度，但 9 月的差异最大，末次间冰期早期和中期的海冰浓度明显低于工业化前的水平。另外，在末次间冰期晚期（120 ka），9 月的海冰浓度似乎与工业化前非常相似。显著的海冰最小值出现在末次间冰期（MIS 5e），这被解释为大西洋入流水增加引发的几乎无冰状态（Belt et al.，2015；Müller et al.，2011）。尽管大多数基于指标的重建都指向末次间冰期早期—中期的最佳气候，夏季海冰浓度在 126～116 ka 减少，但模式模拟结果仅支持 LIG-125 和 LIG-130 运行（在时间切片和瞬态运行中夏季海冰浓度显著减少；图 11-10），即使在明显比今天温暖的气候条件下，也表明北冰洋海冰还出现在中央海区。另外两个基于不同的 IPCC 情景 2，RCP4.5（583 ppmv CO_2 当量）和 RCP6（808 ppmv CO_2 当量）（图 11-10），比较了末次间冰期的北极海冰条件和模拟 2100 年和 2300 年的未来气候预估。这两个情景都显示了夏季末海冰覆盖的严重减少，即夏季海冰浓度显著低于末次间冰期。然而，随着大气中 CO_2 含量的增加，北冰洋中部海冰的减少速度比其边缘更快。尽管在夏季中期，北冰洋中部的海冰浓度仍在 60%～75%，但在受大西洋水影响的巴伦支海大陆边缘，海冰浓度仅在 20% 左右或更低。到 2300 年，整个北冰洋可能达到几乎无冰的状态。随着大气 CO_2 含量增加，夏季无冰月份的数量也在增加。在这些高 CO_2 含量下，冬季海冰也可能开始融化（图 11-10）（Stein et al.，2017a）。

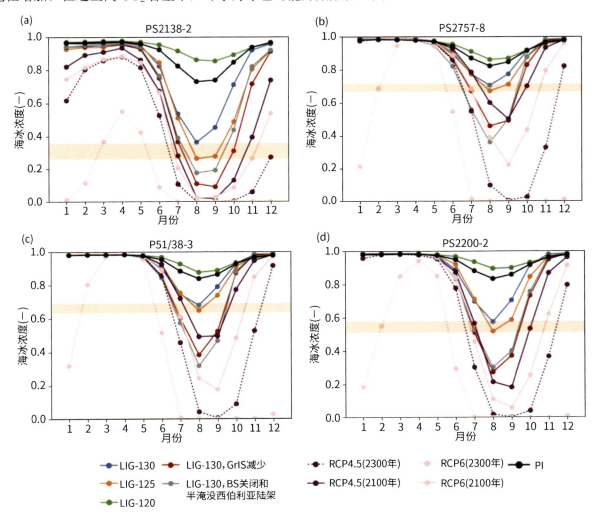

图 11-10 模拟的北冰洋 4 个不同岩心位置的月海冰浓度（据 Stein et al.，2017a 改）

（a）PS2138-2 岩心、（b）PS2757-8 岩心、（c）PS52/38-3 岩心和（d）PS2200-2 岩心在 130 ka、125 ka 和 120 ka 末次间冰期以及工业化前（PI）气候的模拟结果；同时还展示了在 130 ka 时期格陵兰冰盖（简写为 GrIS）减少的敏感性研究结果，以及在 130 ka 时期（Pfeiffer and Lohmann，2016）白令海峡（简写为 BS）关闭和半淹没西伯利亚陆架的情景，以及在 IPCC 代表性浓度路径（representative concentration pathway，RCP）情景 RCP4.5（583 ppmv CO_2 当量）和 RCP6（808 ppmv CO_2 当量）之后的未来（2300 年和 2100 年）情景的敏感性研究结果（IPCC，2013；Gierz et al.，2015）。水平橙色条带突出了 LIG-125 和 LIG-130 情景的夏季海冰最小值

总之，在 MIS 6 和 MIS 5 期，北冰洋海冰覆盖的低分辨率指标研究只是第一步，但却是重要的一步。结果还显示了一些模式指标数据的不一致性（Otto-Bliesner et al.，2013）。尽管如此，该研究结果已经为北冰洋中部和西伯利亚-巴伦支海大陆边缘的倒数第二次冰期和末次间冰期的海冰状况提供了重要的实地数据，这可能有助于进一步测试和改进模拟和预测未来气候变化的模式（Stein et al.，2017a）。这项研究为海冰标志物记录与海冰模拟相结合提供了一个典范，未来需要开展高分辨率的海冰记录和海冰模拟，为预测未来海冰变化提供基础。

虽然现有的观测资料对过去北极温度的了解是可靠的（CAPE Last Interglacial project members，2006；Otto-Bliesner et al.，2013），但对末次间冰期北极海冰变化的解释一直受到不确定性因素的影响（Malmierca-Vallet et al.，2018；Sime et al.，2013；Stein et al.，2017a）。这意味着学术界花了相当多的时间来争论夏季海冰是否在过去这个重要的暖期消失了（Malmierca-Vallet et al.，2018；Sime et al.，2013；Stein et al.，2017a；Otto-Bliesner et al.，2006）。参与耦合模式比对项目第 6 阶段（Coupled Model Intercomparison Project Phase 6，CMIP6）的新一代气候模式构成了研究末次间冰期气候的最先进的数值工具。在这方面，末次间冰期提供了一个有价值的样本外测试案例，有助于确定新的气候模式是否能够真实地模拟北极温暖的气候条件，并评估当前北极海冰减少预测的准确性。为了解决这个问题，该研究使用最新的英国模式 HadGEM3-GC3.1-N96ORCA1（以下简称 HadGEM3）（Williams et al.，2018）来模拟末次间冰期（Guarino et al.，2020）。HadGEM3 是一个完全耦合的大气-陆地-海洋-冰气候模式。模拟在 CMIP6 主持下进行，并使用标准的古气候模式比对项目第 4 阶段（PMIP4）协议进行末次间冰期气候模拟，还使用同一英国模式的上一代（PMIP3）版本 HadCM3（Gordon et al.，2000）进行了相同的模拟。对于 HadGEM3 和 HadCM3，根据各自的工业化前（1850 年）模拟计算了海冰和温度异常，并根据末次间冰期北极夏季温度对这两个模拟进行了评估（Kaspar et al.，2005；CAPE Last Interglacial project members，2006）。

使用 HadGEM3 对末次间冰期进行的模拟结果显示，与工业化前模拟相比，北极海冰在所有季节都减少了，其中夏季减少最多（图 11-11）。末次间冰期海冰减少始于 6 月 [图 11-11（a）]，并在 8 月和 9 月融化季节结束时完全消失 [图 11-11（a）、（f）]。8 月和 9 月的海冰损失是强劲和持续的，分别约为 60 万 km² 和 40 万 km² 的小标准差，表明夏季仅有 2% 的海冰存在（图 11-11）。而在 HadCM3 模拟中，夏季海冰每年

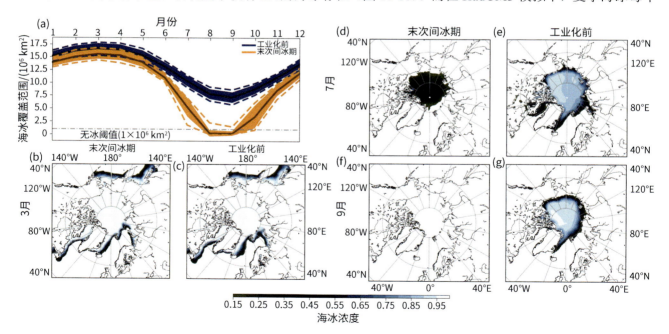

图 11-11　模拟的北极末次间冰期和工业化前海冰范围年周期和海冰浓度图（据 Guarino et al.，2020 改）

（a）HadGEM3 模拟的工业化前（蓝线）和末次间冰期（橙线）海冰范围的平均季节周期；阴影区域代表标准差的±两倍，虚线是 200 年期间每个月的最大和最小海冰范围；（b）～（g）模拟的末次间冰期 [（b）、（d）、（f）] 和工业化前 [（c）、（e）、（g）] 3 月 [（b）、（c）]，7 月 [（d）、（e）] 和 9 月 [（f）、（g）] 的 200 年海冰浓度平均值

都存在。夏季海冰持续存在的 HadCM3 模拟在不确定性范围内仅匹配 47%的观测值。相比之下，无冰的 HadGEM3 模拟匹配 95%的观测值（图 11-12）。在 HadGEM3 模拟中，所有观测位置的平均气温异常为 4.9±1.2 K，而观测平均值为 4.5±1.7 K（均方根误差为 1.5）。相比之下，HadCM3 模拟具有明显的冷偏，所有站点的平均温度异常为 2.4±0.9 K（均方根误差为 2.7），或仅为观测到的变暖的一半左右。因此，无冰的 HadGEM3 模拟倾向于同时捕获观测到的强度和模式，而有冰的 HadCM3 模拟则两者都没有捕获到（图 11-12）。由此推断，在末次间冰期北极极有可能在夏季无冰（Guarino et al.，2020）。

海冰融化是因为直接吸收了阳光，以及短波辐射通过融冰池和裸冰传播到海洋，从而使海洋升温。随着更多的辐射到达海洋，在夏季形成的融冰池有助于融化海冰。这种关系与末次间冰期的 HadGEM3 夏季海冰融化速率比工业化前要快有关。7 月大部分末次间冰期海冰已经融化或覆盖率小于 50%[图 11-11（d）]。到 9 月末次间冰期海冰全部融化 [图 11-11（a）、（f）]。正辐射异常的时间是至关重要的。通过海冰损失改变北极地区的地表反照率使系统在 8～9 月达到新的无海冰状态 [图 11-11（a）]。由于开阔水域和融冰池比例较大，地表反照率降低。在当前气候条件下，最大融冰池分数出现在 7 月中旬（IPCC，2001；Schröder et al.，2014）。在末次间冰期模拟中，融冰季节开始得更早，在 6 月中旬达到最大融冰池分数。这证实了局部热力学过程是造成两种模式差异的原因，并且在确定末次间冰期大气顶部额外短波辐射有多少能被地表吸收方面，融冰池的形成起着关键作用（Guarino et al.，2020）。

在之前的研究中，末次间冰期北极中部夏季海冰的持续存在与大西洋经向翻转流的减缓有关（Stein et al.，2017a）。然而，在 200 年模拟中，大西洋经向翻转流在末次间冰期和工业化前之间几乎没有变化。因此，HadGEM3 模拟的末次间冰期北极海冰损失是对净短波辐射增加的简单直接响应，没有明显的云层或海洋环流的补偿变化。由于夏季海冰损失，HadGEM3 在所有季节的地表气温异常都比 HadCM3 高得多（图 11-12）。实际上，HadGEM3 在末次间冰期日照下向夏季无海冰（无多年海冰）状态的转变大约需要 5 个模式年才能完成。一旦多年海冰消失，它将不会再回来了。在 200 年的模拟中，8 月和 9 月的海冰范围分

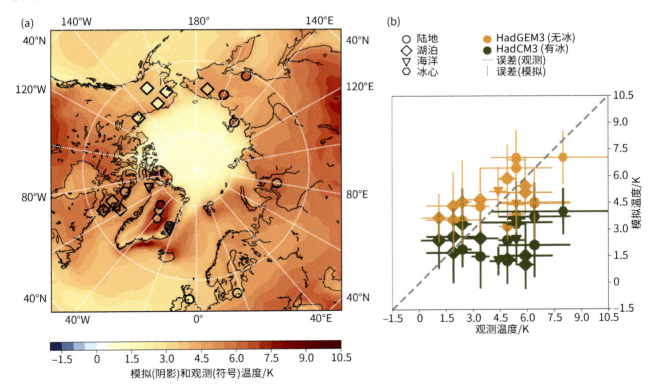

图 11-12　北极末次间冰期的观测温度与模拟温度对比（据 Guarino et al.，2020 改）

（a）模拟 HadGEM3 夏季（6 月、7 月和 8 月）末次间冰期－工业化前地表气温异常与观测到的夏季气温异常重叠；（b）HadGEM3（橙色圆圈）和 HadCM3（绿色菱形）模式数据与观测数据的对比；误差条表示观测估计两侧各一个标准差；线性回归分析计算的相关系数 HadGEM3 为 0.6，HadCM3 为 0.2

别只有 4 年和 5 年超过 100 万 km^2 无冰的阈值。在高排放情景下，HadCM3 （CMIP3/5）预测 9 月海冰消失的年份为 2086 年，HadGEM2-ES（CMIP5）为 2048 年，HadGEM3（CMIP6）为 2035 年。CMIP6 模式的海冰消失的最晚年份是 2066 年，50% 的模式预测到 2030～2040 年的无海冰状况（Guarino et al.，2020）。

总之，末次间冰期夏季海冰损失对北极和北半球全年平均地表温度有深远的影响。模拟的海表气温和末次间冰期夏季气温的重建结果表明，模式与观测值之间的一致性为 95%。北极海表温度和海冰密切相关（Mahlstein and Knutti，2012；Stroeve and Notz，2015）。通过模拟夏季无冰的北极，末次间冰期 CMIP6 模拟提供了直接建模和间接观测的支持，即在末次间冰期北极夏季可能是无冰的。这为长期存在的谜团提供了一个独特的解决方案，即是什么导致了北极夏季气温的上升。HadGEM3 模式能够真实地模拟非常温暖的末次间冰期北极气候，为 2035 年夏季无冰条件的预测提供了独立的支持（Guarino et al.，2020）。

4. 过去 9 个间冰期的冰海模拟

过去的间冰期作为地球历史上最近的暖期，在古气候研究中发挥着重要作用，因为它们为更好地理解我们今天的温暖气候及其未来的演变提供了基础（Tzedakis et al.，2009；Past Interglacials Working Group of PAGES，2016）。它们有助于更好地理解暖期的气候内部过程和相关反馈，并有助于讨论不同外部驱动因素，如日照和大气 CO_2 含量的影响。此外，过去的间冰期可能提供了在自然温暖气候变率下未来气候的类比，并有助于改善气候系统对不同强迫的敏感性的估计（Wu et al.，2022）。就北极海冰变化而言，间冰期之间的海冰变化有何差异？控制强迫和机制是什么？过去的间冰期与现在和未来的间冰期有何不同？

为回答上述问题，该研究使用了一种中等复杂的三维地球系统模式 LOVECLIM（Goosse et al.，2010）。与观测数据和其他模式相比，该模式已被证明可以相当好地模拟两个半球在现在（Goosse et al.，2013）和全新世、末次冰盛期、过去 130 ka、过去 408 ka 以及 MIS 13 期的海冰变化（Lo et al.，2018；Wu et al.，2020；Kageyama et al.，2021）。为了研究日照和 CO_2 对最近 9 个间冰期海冰的综合影响，使用了 9 个对照实验（Yin Q Z and Berger，2012）。在这些对照实验中，日照和 CO_2 都是在间冰期水平上进行的。然后在研究中进行了 6 个新的实验来代表现在和未来的气候，并将它们与间冰期进行比较。用两个实验来表示当前气候：一个是工业化前实验（以下简称 PI 实验），可认为是自然气候变率下的当前气候；另一个是 1500～2000 年的瞬态模拟，其中也考虑了人为强迫的影响，并分析了近 30 年的平均气候学（以下简称 PD 实验）（Wu et al.，2022）。在这项研究中，进行了代表未来的 CO_2 双倍实验（以下简称 $2\times CO_2$ 实验），并将其与工业化前和间冰期模拟进行比较。平衡气候敏感性（equilibrium climate sensitivity，ECS）是预测未来气候变化的一个关键点（Cox et al.，2018；Nijsse et al.，2020），它被定义为一旦达到辐射平衡，响应两倍于工业化前水平的大气 CO_2 含量的全球平均地表气温升高（Rugenstein et al.，2020）。除平衡气候敏感性外，还分析了两个半球高纬度地区地表气温对 CO_2 双倍的敏感性，因为海冰本质上受高纬度地区温度的影响。对于北极海冰区的敏感性，LOVECLIM 处于较低范围，结果与北极地表气温对 CO_2 双倍的敏感性有很好的一致性（Wu et al.，2022）。

过去 9 个间冰期对日照与 CO_2 综合响应和季节性北极海冰面积模拟结果显示 [图 11-13（a）]，MIS 15、MIS 9 和 MIS 5 期年平均海冰面积最小，MIS 13 期年平均海冰面积最大（Wu et al.，2022）。模拟的冬季北极海冰面积在间冰期之间的变化非常小，年平均值的变化主要由夏季的变化来解释，这与近期观测结果相似（Titchner and Rayner，2014）。替代指标记录表明，北极海冰主要在岁差频率下变化（Cronin et al.，2013；Lo et al.，2018），这表明日照占主导作用。因此，与 CO_2 相比，北极地区日照的重要性应该是一个强有力的结果。MIS 15、MIS 9 和 MIS 5 期的夏季日照最高 [图 11-13（b）]，解释了它们最小的海冰面积。相反，MIS 13、MIS 11 和 MIS 7 期的夏季日照最低 [图 11-13（b）]，解释了它们最大的海冰面积，而 MIS 17 期的年平均北极海冰面积大，可能与其 CO_2 含量最低和当地夏季日照适中有关 [图 11-13（c）]。北极海冰以局部夏季日照为主，没有明确的中布容事件（Yin Q Z and Berger，2012）。间冰期海冰变化与海面温度和极地海洋表面能量收支密切相关 [图 11-13（d）]。在北极，MIS 9 和 MIS 5 期的海表能量收支最高，这是由于它们较高的局地夏季日照 [图 11-13（b）] 和较高的 CO_2 含量 [图 11-13（c）]，导致海冰面积较小；而 MIS 13 期的海表能量收支最低，可以解释为当地夏季日照少 [图 11-13（b）] 和 CO_2 含量低 [图 11-13

（c）]，这导致海冰面积大。最近 9 个间冰期的海冰面积年际和季节距平显示 [图 11-13（e）、（f）]，北极间冰期的年平均海冰均小于工业化前，其中 MIS 15 期的海冰减少的最多，约 22%，MIS 13 期的海冰减少的最少，约 11%。各间冰期四季海冰均减少，夏季海冰减少量远大于其他季节。间冰期夏季海冰的减少主要是由于过去间冰期的夏季日照比工业化前高得多 [图 11-13（b）]。从图 11-13（g）可以看出，与 2×CO₂实验相比，由于北极夏季日照量大得多，所以间冰期的海冰在夏季仍然明显减少，在 MIS 15 期减少最多，在 MIS 13 期减少最少。从年平均来看，北部高纬度地区夏季日照最多的 MIS 5、MIS 9 和 MIS 15 期的年海冰面积仍比未来少约 7%，而 MIS 7、MIS 11、MIS 13 和 MIS 17 期的年海冰面积比未来多。MIS 1 和 MIS 19 期的年海冰面积与未来的年海冰面积非常接近，这意味着就北极年海冰面积而言，CO_2 增加约 295 ppmv 的影响被 65°N 夏季日照增加 50 W/m^2 的影响所抵消（Wu et al.，2022）。

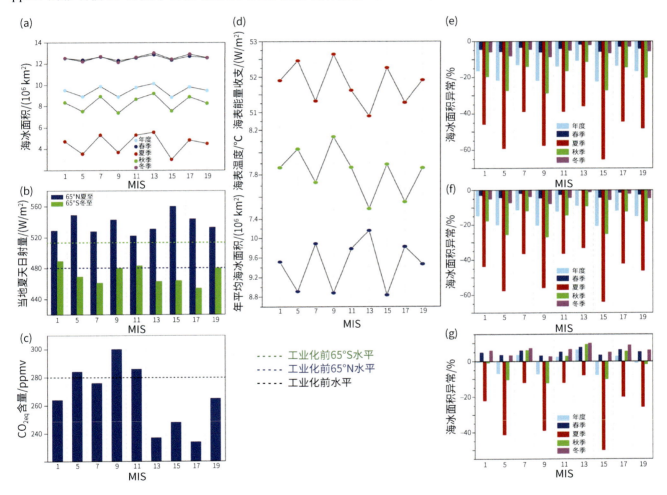

图 11-13　北极 9 个间冰期的海冰模拟结果（据 Wu et al.，2022 改）

（a）年度和季节海冰面积，季节指当地的季节；（b）65°N 和 65°S 的局地夏至日照（Berger A L，1978）；（c）9 个间冰期的 CO_2 含量，虚线表示工业化前水平；（d）北极（40°N～90°N）年平均海冰面积、海面温度和海表能量收支；（e）～（g）分别相对于工业化前、1500～2000 年和 2×CO₂实验的北极近 9 个间冰期年度和局地季节性海冰面积异常

利用 LOVECLIM 模式对近 9 个间冰期的海冰进行模拟研究，结果表明，北极 MIS 15、MIS 9 和 MIS 5 期的年平海冰面积最小，MIS 13 期的年平均海冰面积最大。北极海冰面积年平均变化以夏季变化为主，夏季变化主要受局地夏季日照控制。因此，北极海冰的年平均变化主要由夏季日照来解释。与现在（工业化前和 1500～2000 年实验）相比，北极间冰期的年平均海冰都较少，这可以解释为间冰期夏季日照要高得多。与未来相比，由于北极夏季日照高得多，所有间冰期夏季海冰仍然明显减少，其中 MIS 15 期海冰最大减少约 50%。但在其他季节，由于 CO_2 含量低得多，大多数间冰期的海冰更多。就北极海冰而言，MIS

19 期最接近 MIS 1 期。然而，与现在状况（工业化前或 1500～2000 年实验）相比，最近 9 次间冰期北极海冰均表现出显著差异，特别是表现出更大的季节差异。这些差异主要是由于冰间期和现在的季节日照分布不同。与 2×CO$_2$ 实验相比，由于夏季日照量高得多，北极过去 9 个间冰期的海冰都大大减少。因此，就北极海冰的变化及其相关过程和反馈而言，尽管间冰期的日照和未来的 CO$_2$ 含量不同，过去的间冰期可能被认为是未来的类比（Wu et al.，2022）。

11.2 展 望

为了展望北极未来的古海洋与古气候研究方向和关键的科学问题，本节归纳了未来北极的大洋钻探计划的研究意义、科学问题和科学目标，并总结了北极研究领域的前沿科学问题和内容等，旨在为北极未来的研究提供参考和借鉴。

11.2.1 未来北极的大洋钻探计划

北冰洋的首个大洋钻探是 2004 年执行的 IODP 302（ACEX）航次，在北冰洋中央的罗蒙诺索夫海岭钻取了 428 m 长的岩心，其底部年龄可以达到晚白垩世。ACEX 航次提供了北冰洋新生代以来的长期气候演化历史，解密了北冰洋新生代以来由"温室"向"冰室"变化的过程；对北极冰盖和海冰的变化历史等都有了新的认识（Moran K et al.，2006；Backman and Moran，2008）。然而，淡水补给、北冰洋和大西洋与太平洋水体交换、晚新生代环北冰洋冰盖的退缩等都有待研究（O'Regan，2011）。而理解这些因素如何影响北半球冰盖的形成和扩张，有助于更好地理解复杂的现代海洋-大气-冰盖系统对于全球环境的影响（王汝建等，2017）。未来几年将在北冰洋相关区域执行的 IODP 钻探航次以新生代以来北极冰盖和冰架的生长、消融以及水体结构变化等古海洋与古气候演化历史为主要科学目标。已经列入航次计划的有 IODP 377 航次和 IODP 403 航次，以及一些正在申请的北极航次计划。本节只介绍已列入钻探计划的 IODP 377 航次和 IODP 403 航次的研究意义、科学问题和科学目标。

1. 北冰洋 IODP 377 航次（ACEX2）的研究意义及其科学目标

研究意义：尽管北冰洋中央的 IODP 302 航次已经取得了巨大成功，但仍然存在两个明显的遗憾：第一，根据地层年代框架（Backman et al.，2008），ACEX 站位岩心中存在一个从晚始新世到中中新世（44.4～18.2 Ma）的巨大沉积间断。在这个沉积间断中，北冰洋经历了显著的气候变化，从温暖、封闭的湖泊环境转变为后来的寒冷、开放的海洋环境（Moran K et al.，2006；Stein et al.，2006a；Stein，2007）。因此，ACEX 研究计划的核心问题"北冰洋从新生代初期的'温室'如何转向现代的'冰室'的演变历史"依然存在。第二，由于岩心的沉积速率较低以及有限的航次时间，ACEX 研究计划的一个重要内容，即"重建新近纪以来高分辨率的北极快速气候变化"未能实现。除了新生代大气 CO$_2$ 含量的提高，其他影响北极气候变化的条件，如淡水补给、北冰洋与大西洋和太平洋水体交换、晚新生代环北冰洋周边冰盖的退缩等都未能得到认识（O'Regan，2011），而理解这些条件如何影响全球冰盖的形成和扩张将有助于更好地理解复杂的现代海洋-大气-冰盖系统对于全球环境的影响。新的北冰洋 IODP 377 航次（ACEX2）原计划 2018 年夏季执行，但由于航次计划多次发生变故，已经被无限期推迟。该航次计划采集的站位同样位于罗蒙诺索夫海岭（142.97°E,80.95°N），在 ACEX 站位的南部，更接近东西伯利亚海陆架（图 11-14）。

科学目标：北冰洋 IODP 377 航次的首要科学目标是获得一个从早新生代"温室"向古近纪至全新世"冰室"环境变化的连续、长期沉积记录，补充 ACEX 站位在新生代中期的沉积间断。由于该航次站位较 ACEX 更靠近欧亚大陆，因此，其沉积速率可能较高，预计 ACEX2 站位岩心沉积物底部年龄约为 50 Ma（Stein，2019）。地球物理学证据表明，该地区沉积连续，结合 ACEX 已有结果，可以获得一个完整的北冰洋新生代沉积记录，有助于了解北冰洋新生代变冷的完整演化历史。新生代变冷过程中出现了一些暖事件，如晚渐新世暖期和中中新世气候适宜期等（Zachos et al.，2001，2008；Coxall et al.，2005；Tripati A et al.，2005）。北冰洋变冷和全球变冷趋势是否一致？北冰洋是否存在早始新世气候适宜期以及其他地区沉积物记录中的渐新世和中新世的暖事件？南北极冰盖的扩张是否同步？这些问题希望能在 IDOP 377 航次中圆满解决。具体的科学问题如下。

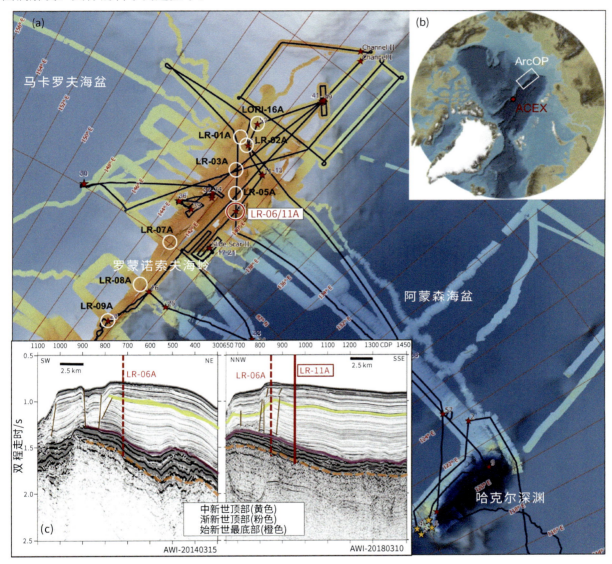

图 11-14　北冰洋罗蒙诺索夫海岭南部 IODP 377 航次的钻探站位和地震剖面图（据 Stein，2019 改）
（a）北冰洋罗蒙诺索夫海岭南部 IODP 377 航次主要站位 LR-06/11A 和备选站位；（b）北冰洋 IODP 302 航次的 ACEX 站位和 IODP 377 航次钻探区域（ArcOP）；（c）IODP 377 航次两个钻探站位的地震剖面

（1）东西伯利亚海陆架是否被冰盖覆盖？在更新世的冰期中，之前的研究一般认为东西伯利亚海陆架没有被冰盖覆盖。但是根据最新的地质与地球物理学以及证据认为，该地区可能从上新世开始，在冰期被一个厚达 1 km 的巨大海洋冰盖所覆盖（图 3-7）（Niessen et al.，2013）。这个巨大冰盖，毫无疑问对于地球的反照率以及海洋和大气环流有着巨大影响。计划中的 ACEX2 站位比 ACEX 更靠近东西伯利亚海陆架，因此，可能含有更多的东西伯利亚冰盖可能存在的明确信息。

（2）北冰洋底层和表层环流的演变历史。在 ACEX 沉积记录中，早—中始新世部分沉积物为黑色的含硅质生物和高有机碳的粉砂质黏土，指示了较差的并且缺氧的底层水通风环境（Stein et al.，2006b；Jakobsson et al.，2007）。北冰洋何时、如何转变为现代氧化性的底层水环境？北冰洋水何时与大西洋水和太平洋开始水体交换？这对于全球气候变化有什么意义？

（3）勒拿河排泄历史的重建。与 ACEX 相比，ACEX2 站位的位置距离东西伯利亚海陆架边缘更近，能够记录西伯利亚勒拿河的排泄历史。之前的研究认为（Driscoll and Haug，1998），中新世青藏高原的隆升引起了亚洲地形的改变，进而改变了西伯利亚河流，包括勒拿河的流向以及北冰洋表层淡水输入变化，这是北冰洋海冰形成的重要控制因素，这一猜想也会在 ACEX2 中得到证实。

（4）高分辨率的上新世温暖期沉积记录。在上新世暖期的很多海域中海表温度持续升高（Marlow et al.，2000；Haywood et al.，2005；Lawrence et al.，2006），全球海表温度比现在高出约 3℃（Haywood and Valdes，2004）。更重要的是，该时期海表温度下降似乎比北半球冰盖早 1 Ma。北冰洋在这次暖事件以及随后的变冷中如何表现？

（5）为何 ACEX 岩心中出现沉积间断？在 ACEX 岩心中 44.2～18.2 Ma 的沉积间断是如何形成的？这个沉积间断是否存在，还是当时只是沉积速率极低（Poirier A and Hillaire-Marcel，2009，2011）？这个沉积间断是否与罗蒙诺索夫海岭的沉降历史有关？或者是否这个沉积间断与弗拉姆海峡打开后底层流增加有关（Moore，2006）？

2. 北冰洋弗拉姆海峡 IODP 403 航次的研究意义、科学问题和科学目标

研究意义：北极和北大西洋是北半球气候演变的主要参与者（Overland et al.，2011；Mahajan et al.，2011）。关于北大西洋-北冰洋环流的建立、演变和作用与弗拉姆海峡的打开有关，以及在晚中新世以来发生的主要气候转型期间，它们对地球全球气候的影响仍然存在许多不确定性。在过去和未来，大气 CO_2 含量水平、海洋动力学和冰冻圈之间的联系也尚不清楚。目前一个值得关注的事情是，在持续的全球气候变暖情况下，格陵兰岛和南极冰盖的融水释放将对区域和全球都产生影响。这些极地地区目前正在经历的温度变化是全球平均水平的 2～3 倍（IPCC，2013）。过去和现在格陵兰冰盖融化的数值模拟表明，它有可能减缓大西洋经向翻转流（Rahmstorf et al.，2015；Turney et al.，2020）。大西洋经向翻转流的减弱通过将热量转移到南方高纬度地区而引发两极"跷跷板"，加速了末次间冰期南极冰盖的消亡（Turney et al.，2020）。南极冰盖融化可能导致北半球高纬度地区的变冷和干燥，因为作为大西洋经向翻转流的主要驱动因素之一的南极底部水减少了（Golledge et al.，2019）。重建斯匹次卑尔根岛西部边缘和通往北极的弗拉姆海峡东侧的动力学历史是理解大气 CO_2 含量-海洋环流-冰盖动力学之间联系的关键。北冰洋弗拉姆海峡 IODP 403 航次已于 2024 年夏季执行，钻取了晚中新世以来弗拉姆海峡东侧的高分辨率沉积档案（图 11-15），反映了主要气候事件和转型，目标是获得靠近斯匹次卑尔根岛西缘的更新世关键气候事件和北大西洋西北部至最北端的晚中新世—上新世早期的气候转变历史。

科学问题：北大西洋西斯匹次卑尔根流，即大西洋水在北半球冰期中的作用是什么？它在晚中新世—上新世和上新世—更新世的长期和短期气候转型中发挥了什么作用？西斯匹次卑尔根流的变化如何影响北冰洋的海洋环境？过去西斯匹次卑尔根流流径和特征的变化是否促成了过去斯瓦尔巴-巴伦支海冰盖（Svalbard-Barents Sea Icee Sheet，SBSIS）的不稳定性？可以提取哪些信息来约束未来预测西南极冰盖的稳定性，以应对当前的全球变暖？弗拉姆海峡 IODP 403 航次钻探试图检验以下 4 个方面的假设。

（1）西斯匹次卑尔根流是北半球冰盖开始的主要强迫机制，也是通过热量和盐分供应调节北极冰盖和海冰的生长和衰退的主要强迫机制。现代大西洋水的建立已被认为是北半球冰盖开始的主要强迫机制之一（Haug et al.，2005；Lunt et al.，2008）。大西洋水的通量和性质（盐度和温度）控制着环北极和环北大西洋冰盖的范围和动态，海冰的形成和分布调节着盐水产量和深水质量特征，从而影响气候变化。在过去的极暖期和/或高大气 CO_2 含量的较暖时期，海洋系统是如何工作的，这仍然是未知和有争议的。

（2）北冰洋中部第四纪海冰覆盖的变化受到大西洋水特性变化的影响，而大西洋水特性变化又受到半球或全球气候变化的影响。只有很少的研究直接针对海冰在更新世冰期与间冰期旋回中的作用。例如，通过一个简单的海洋-大气-海洋冰川气候系统的箱形模型，提出了所谓的"海冰-气候转换"来解释更新世从冰盖推进阶段到冰盖退缩阶段的转变（Gildor and Tziperman，2001）。新仙女木期北极海冰通过弗拉姆海

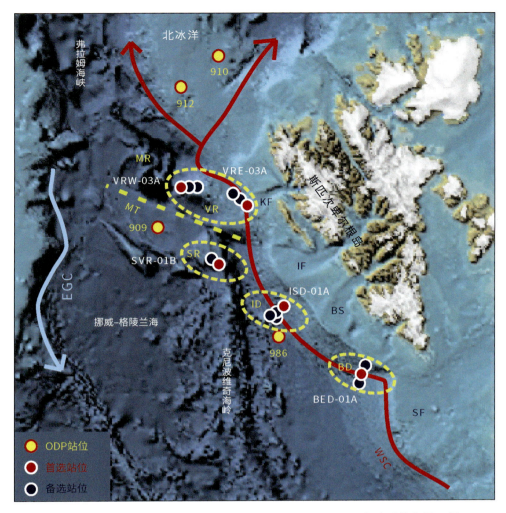

图 11-15　北冰洋弗拉姆海峡 IODP 403 航次钻探站位和相关的 ODP 151 和 162 航次站位位置（据 www.iodp.org 改）
黄色虚线圆圈表示沉积物漂流的位置，是该航次研究的重点区域；WSC-西斯匹次卑尔根流；EGC-东格陵兰流；MR-莫洛伊海岭；MT-莫洛伊转换断层；KF-孔斯峡湾；IF-伊斯菲尤伦峡湾；BS-贝尔峡湾；SF-斯图尔湾；VR-韦斯特内斯海岭；SR-斯维亚托戈尔海岭；ID-伊斯菲尤伦湾漂流；BD-贝尔湾漂流；图中显示北大西洋流（红色带箭头线为大西洋暖水；蓝色带箭头线为寒冷的北极水）

峡的大量排放造成大西洋经向翻转流减弱，导致了最后一次冰消期结束时的显著降温，并突出了非陆地淡水来源对气候突变的重要性（Condron et al.，2020；Müller and Stein，2014）。

（3）第四纪期间，西斯匹次卑尔根流流径和特征的变化触发了过去斯瓦尔巴-巴伦支海冰盖的不稳定性。巴伦支海古水深测量的重建显示出与西南极相似的演化过程。巴伦支海较浅，直到上新世晚期才部分出现（Laberg et al.，2012；Zieba et al.，2017），并在过去的冰期由于基岩侵蚀而逐渐加深，直到大部分斯瓦尔巴-巴伦支海冰盖随着冰期的交替而变为海洋（Laberg et al.，2012）。斯瓦尔巴-巴伦支海冰盖可能更容易受到大陆架浅层的西斯匹次卑尔根流入侵的影响。

（4）过西斯匹次卑尔根流和海冰覆盖的变化影响了沉积条件，包括有机物质的输入，从而影响了沉积微生物种群的丰度和活动。沉积深层生物圈延伸至地表以下数千米，拥有大量具有重要生态意义的微生物种群（Orsi，2018），即使在埋藏数百万年后仍继续活跃（Røy et al.，2012）。通过它们的活动，调节溶解的地球化学物质进出海底的通量，并对封存的有机碳的长期保存施加主要控制（Hoehler and Jørgensen，2013）。然而，过去的海洋环流模式和海冰覆盖在当代沉积微生物种群中以丰度、多样性和活动形式保存到何种程度，以及这是否继续影响现代地球化学通量，目前的研究是非常有限的（Orsi et al.，2017）。

科学目标：北冰洋弗拉姆海峡 IODP 403 航次的总体科学目标是重建西斯匹次卑尔根流（大西洋水）的变化，以及其对气候变化的影响，特别是在关键的晚中新世－上新世转型、晚上新世－更新世转型、中

更新世转型、中布容事件转型和亚轨道海因里希事件的气候转型，以及对北极冰川、冰架发展和稳定以及海冰分布的影响。具体的科学目标如下：①基于一套独立的年代地层学方法，建立高分辨率的晚中新世—第四纪年代地层记录，以时间约束古海洋和古气候事件以及古斯瓦尔巴-巴伦支海冰盖的相关动力；②生成多指标数据集，以更好地约束导致晚中新世至第四纪气候转变的潜在同步强迫机制；③确定轨道、亚轨道和千年尺度的气候变化，如海因里希事件和可能相关的融水突发事件，即冰盖边缘融水排放脉冲；④评价过去重要的融水卸载沉积物事件对水团性质、海洋环流、斜坡稳定性和生物区系的影响；⑤重建与西斯匹次卑尔根流流径和特征变化相关的斯瓦尔巴-巴伦支海冰盖动态历史及其冰盖不稳定性和快速的退缩机制；⑥冰川和构造应力及其对近地表变形和地球系统动力学影响的研究；⑦大尺度环境变化与微生物种群变异之间的联系。

这些目标将有助于更好地了解海洋极地冰盖和海冰的生长和崩塌、高纬度地区气候变率和幅度及其对正在进行的微生物过程的影响，以及未来全球气候和冰盖对 CO_2 含量升高的反应。

11.2.2 北极前沿科学问题

北极前沿科学问题涉及领域相当广泛，本小节是在前人研究的基础上，归纳和总结了当前北极的古海洋与古气候问题，欧洲大洋钻探研究联盟（European Consortium for Ocean Research Drilling, ECORD）"2050科学架构"中的极地科学问题（Koppers and Coggon，2020），以及北极重点研究方向和研究计划，为北极未来的研究提供参考和借鉴。

1. 北极古海洋与古气候问题

北极在全球变化中扮演着重要角色。这是因为该地区的变化速度几乎比地球上任何地方都快，而且北极地区的这种动态变化一直是整个新生代的一个特征（Stein，2019）。在过去 30 年里，北极的平均温度几乎以全球年平均速度的两倍增长（Ballinger et al.，2023），海冰正在以惊人的速度消失（Meier et al.，2023）。基于这些观测的气候模型表明，北极可能正在迅速走向人类历史上从未见过的新低冰状态，甚至是季节性无冰状态（Sumata et al.，2023）。北极气候变化研究面临的挑战是如何解释海冰最近的趋势。例如，2007年和 2012 年创纪录的低冰年及其与当今全球变暖和过去第四纪暖期的关系。而定量古气候重建表明，在过去 4 Ma 中，北极温度变化是北半球或全球平均变化的 3～4 倍（Miller G H et al.，2010b）。为了认识未来北极气候的变化范围，需要探索古海洋与古气候记录，特别关注最近地质历史时期的低冰期（Stein et al.，2017a），因为发现该地区间冰期的变暖对于评估北极正在进行的变暖尤为重要。

北极的环境变化越来越被视为常态，今天北极的陆地、冰川、多年冻土、湖泊、河流、海洋、海冰和天然气水合物等可能从未处于稳定状态（Polyakov et al.，2017；Terhaar et al.，2021；Martens et al.，2022；Orr et al.，2022；Qi et al.，2022），这对于重建过去的变化历史来说是一个挑战。以前的一些研究目的是更好地了解过去北极气候变化的幅度和频率，特别是气候系统的"极端"与"正常"条件（Jakobsson et al.，2014b）。其目标是通过综合海洋和陆地科学的跨学科方法，并通过使用受实地观测设定的边界条件限制的模型，突出了北极古海洋与古气候变化（Stärz et al.，2012；Stein et al.，2017a；Guarino et al.，2020；Dong J et al.，2022）。从地球绕太阳轨道运行的角度来看，目前的间冰期预计将持续一个异常长的时期，可能超过 50 ka（Berger A and Loutre，2002）。这意味着太阳辐射量和 CO_2 强迫与动态反馈机制将在未来很长一段时间内决定北极的气候变化（Wu et al.，2022），因此，将这些气候变化过程联系起来的强迫和反馈是未来北极古海洋与古气候研究的重要目标。

人们越来越认识到北极冰期和冰盖变化的动态性质，这也挑战了关于古冰川学与古气候变化联系的传统观点，即跨越冰期与间冰期和冰阶与间冰阶的过渡（Batchelor et al.，2019；Gowan et al.，2021）。尽管在过去的冰期与间冰期旋回中，大陆冰量与气候强迫缓慢，并与千年尺度气候变化保持同步（Rohling et al.，2013），但系统反馈很容易导致冰盖崩塌，而不依赖于强烈的气候强迫（O'Leary et al.，2013；Robinson et al.，

2017）。理解导致这种"临界点"行为的因果关系是北极古海洋与古气候学的一个主要挑战。总之，现代冰川学和海洋学研究并不总是适合于过去，包括以前的间冰期冰盖结构以及冰的积聚和崩塌（Dalton et al.，2022；Christ et al.，2023）。在高海平面时期，冰盖是如何形成的？今天的大气-海洋相互作用是否在以前的间冰期起作用？或者在 LGM 对冰盖崩塌的控制是否是以前终止的典型？这些都有很大的空间可以提高对冰盖形成的理解。

虽然过去的研究提供了冰盖与冰架、水团与洋流、海冰与日照和 CO_2 等相互作用的古海洋学记录（Cronin et al.，2017；Geibert et al.，2021；Dong L et al.，2022；Detlef et al.，2023；Farmer et al.，2023；Jang et al.，2023），但需要高分辨率记录来详细破译古海洋与古气候变化。海冰是冰冻圈中最具活力的组成部分之一，最近北冰洋夏季海冰空间范围的年际变化就说明了这一点（Meier et al.，2023）。问题是"北极何时会出现无海冰的夏季"？（Overland and Wang，2013）。接下来的问题是"北极最近经历了没有海冰的夏天吗"？虽然沉积物记录研究不能完全捕捉到高频动态的海冰波动，但可以从各种海冰替代指标的研究中揭示末次间冰期和早全新世经历的夏季海冰比现在少（Xiao X et al.，2015b；Cronin et al.，2017；Stein et al.，2017a，2017b；Vermassen et al.，2023）。数值模拟结果显示，由于当时地球的日照量最大，末次间冰期的海冰有可能已经转变为夏季无海冰的季节性机制（Guarino et al.，2020；Wu et al.，2022）。

鉴于近期在海洋地质研究领域取得的进展，突出的挑战是：需要寻找超高分辨率的年际至百年际尺度的记录，以便能够在与当前和近期环境变化相当的时间尺度上重建过去的环境变化；需要关注北极系统的内部强迫和反馈，特别是那些导致非线性的因素，如海冰范围和海洋环流的变化；需要了解北极冰冻圈与海洋不同部分之间的领先和落后的机制。关键问题是：北冰洋对间冰期极盛与极热期的响应与反馈机制是什么？北冰洋的海冰与冰盖-冰架是如何演化的？今天的北冰洋"大西洋化"是否在地质时期出现过？白令海峡开放与关闭如何影响北冰洋海洋环境与温盐环流？北极如何与中低纬度地区相互关联，机制是什么？

2. 欧洲大洋钻探研究联盟 2050 科学架构中的极地科学问题

在 2020 年欧洲大洋钻探研究联盟发布的"2050 科学架构"中，阐述了与极地相关的科学问题（Koppers and Coggon，2020），主要包括以下 5 个方面的内容。

极地冰的作用：冰冻圈是地球气候系统的主要组成部分，它可以在大范围内迅速变化。现代北极海冰的迅速融化，格陵兰岛冰川的加速消融，这些趋势给社会带来了真正的担忧。要确定这些观测到的趋势的影响，并阐明极地冰在地球气候系统中的作用，就需要在极地海洋钻探，以确定冰冻圈的地质历史。

高纬度极地气候记录：海洋科学钻探提供了北冰洋唯一的新生代海洋气候记录，并且通过多次调查，对南极冰盖的发展做出了相当大的贡献。然而，来自高纬度地区的钻探记录太少，无法完整地记录冰冻圈的地质历史，也无法最终评估其在气候系统中的反馈。例如，虽然知道季节性海冰早在白垩纪就曾在北极短暂存在过，但无法了解多年海冰最初是什么时候形成的，是什么机制形成海冰的，以及海冰的变化有多大。其他重要的问题包括，在新近纪和第四纪冰期和间冰期的全球变冷期间，格陵兰冰盖和南极冰盖的范围和动态。在更长时间尺度上，在变暖的渐新世之前温室气候条件下，南极冰盖和两极海冰的范围，以及它们对全球气候系统可能产生的影响仍然需要确定。

极地放大效应：如果要了解气候系统过去和未来的变化，就必须更好地解决冰冻圈的地质历史。热量向极地输送的增强、冰雪融化时太阳辐射吸收的增加以及与冰盖变化相关的地形变化都被认为会引起温度的极地放大，一种为气候系统提供净太阳辐射的任何变化都会在两极附近产生比地球平均温度更大变化的现象。海洋钻探站位之间纬度的温度梯度的研究记录了过去地质时期温度的极地放大幅度。海洋表面和陆地温度的各种记录显示，过去的极地温度明显更高。然而，还没有很好地理解确切的放大过程，数值气候模型仍然难以解释两极如何足够温暖，以维持植物和动物度过极地冬季。这表明，可能忽略了气候系统中的基本动态，而这些动态可能会影响未来地球的模式，而未来地球可能会更暖。在过去更温暖和 CO_2 含量更高的气候中，极地放大的幅度和驱动机制是什么？回答这个问题对于理解现代气候变化的影响和预测极地持续变暖对未来气候系统的连锁效应至关重要。为此，海洋科学钻探将重建地球冰冻圈的地质历史，特别是极地放大的幅度和影响的限制因素。

冰冻圈反馈：将极地记录与热带和温带地区现有的和新的气候档案相结合，就能够评估冰冻圈和气候系统其他组成部分之间的反馈。例如，最近在地球系统中观察到的一个重要反馈是，随着北极变暖，极地急流的减弱和更广泛的延伸，这改变了北半球大部分地区的天气和气候模式。北极和全球气候之间的其他反馈，包括多年冻土的融化，极地海岸线的加速侵蚀，以及天然气水合物的不稳定，这些都可能向大气中注入大量温室气体，进一步酸化海水。过去这些约束不佳的储存的碳释放量和速率是多少？它们对当地生物系统和全球气候过程有什么影响？这些问题的答案仍然锁定在高纬度的海洋沉积物中，只有通过极地海洋科学钻探才能获得。

冰盖和海平面上升：在过去的 50 Ma 里，全球海平面的变化很大程度上是极地冰盖生长和衰退的结果。目前，地球上大约 10%的陆地面积被冰盖覆盖，如果所有的冰融化，全球海平面有可能上升 65 m 以上。通过对极地大陆边缘冰川推进的年代测定和对海洋微体化石的地球化学成分分析，海洋科学钻探提供了末次冰期之前全球冰量的唯一可靠控制。通过过去钻探得到的结果如今支持了过去 1 亿年的全球海平面重建。未来的海洋科学钻探将显著提高冰盖和海平面记录的准确性，以更好地描绘海平面上升的速率和幅度，以及影响过去全球海平面变化模式的过程和事件。要理解地球气候系统中过去的全球海平面变化，就需要将区域构造和冰川均衡过程与全球变化分离开来。严格约束过去的海平面变化和确定导致海平面变化的冰盖融化区域都需要一系列全球分布的海平面变化记录。海洋冰盖对海洋和大气的变暖高度敏感，这一事实再加上与极地放大、海洋-冰盖相互作用、冰下水文和动态冰过程有关的不确定性，导致人们对基于模型的海平面上升预测过于保守的严重担忧。因此，需要加大努力来验证未来气候变化的真实情况。我们可能正在接近，或者已经越过了西南极洲冰盖崩塌的临界点，以及格陵兰冰盖的许多海洋出口冰川干涸的临界点。海洋科学钻探提供了在有主要冰盖的大陆边缘钻取地质记录的唯一手段，这将产生建立和约束未来预测模型所需的关键数据。迫切需要海洋科学钻探，以提供高质量的"近冰"记录，记录过去冰盖崩塌的时间，捕捉海洋和大气环流的主要变化，并测试和改进预测未来海平面上升的模型。

3. 北极重点研究方向和研究计划

基于第三次北极研究规划国际会议（3rd International Conference on Arctic Research Planning，ICARP III）的评估和分析，国际北极科学委员会（International Arctic Science Committee，IASC）于 2016 年总结了未来 10 年北极研究的重点方向，具体包括"北极地区在全球系统中的地位"、"观测和预测未来气候动力学和生态系统响应"和"了解北极环境和社会的脆弱性和恢复，支持可持续发展"三个方面的内容（IASC，2016）。其中，与环境变化相关的研究重点包括：①评估和理解北极快速气候变化和北极放大效应，包括它们对大气和海洋环流的影响以及与全球气候系统的联系；②关注北冰洋海冰面积急剧缩小的事实，了解引发海冰消融变化的原因及其对全球气候系统的影响；③加深北极与北极以外地区内在相互关系的理解；④加强不同时空尺度上大气-海洋-海冰的耦合作用、北极放大效应的物理机制的认识；⑤将所有领域的研究联系起来，包括生物圈、大气圈、水圈、冰冻圈、岩石圈等。这些重点方向几乎涵盖了与北极相关的所有研究领域，也为未来北极研究指明了方向。

2021 年美国发布了"北极研究计划（2022—2026）"（Arctic Research Plan 2022－2026）。其优先领域之一是北极系统相互作用，旨在提高我们观察、理解、预测和规划北极动态互联系统及其与地球系统联系的能力（IARPC，2021）。因为在过去的几十年里，北极的大气、海洋和陆地温度的上升速度是全球平均水平的两倍多（IPCC，2018；Jansen E et al.，2020），这种现象被称为北极放大。北极海冰面积急剧减少，夏季融化发生得更早，夏季和冬季海冰面积缩小得更快（Parkinson，2014；Bliss et al.，2017）。寒带和北极多年冻土融化增加了碳排放，进一步加剧了全球气温上升（Schuur et al.，2015；Turetsky et al.，2019）。此外，北半球最大的冰盖格陵兰冰盖正在退缩，相关的融化导致海平面加剧上升（Aschwanden et al.，2019；Bevis et al.，2019），将影响北极的环境和相关的自然资源，最终将产生巨大的影响。这些变化不是孤立发生的，而是涉及影响北极自然和人类系统以及更大的地球系统的多个组成部分的反馈。了解这些相互作用，包括人类行为对环境的影响，正变得越来越重要，而且对预测未来的北极和全球变化也很有用。例如，大气成分、云和环流的变化会影响北极的地表能量收支，从而影响海冰范围。海冰面积的减少反过来又改变了海气相互作用，影响了大气和海洋的能量平衡。同样地，海冰和海洋生态系统的变化也受到海洋环流、热量和淡水收支变化的影响。北极系统各个组成部分内部的变化可能对整个系统产生串联影响。例如，海冰变化、多年冻土融化、风暴强度变化以及冰川融化导致的海平面上升，都对北极海岸线产生相互关联的影响等。近年来，泛北极地区几乎所有地区的海洋初级生产力都高于过去，这可能与海冰覆盖减少和营养物质可用性增加有关（Frey et al.，2019；Thoman et al.，2020）。此外，随着海冰和水温的变化，一些物种的分布正在发生时空变化。要了解相互关联的北极系统，需要计算模型来量化过去和当前北极变化的驱动因素，以及这些变化与地球自然和人类系统的相互作用和反馈。模型有助于表示对系统的理解状态，并且是将当前的理解投射到未来的主要机制。北极各个组成部分的模型以及综合地球系统的模型都是需要的。还需要进行不同类型的观测，包括密集的短期观测活动，长期卫星和现场观测，在地质时间尺度上详细描述北极气候和环境的观测，以及跨机构的建模和观测能力，以及对北极和地球系统过程的研究，增强对北极系统相互作用的理解。

附 表

附表 1 北冰洋晚更新世以来站位岩心信息

站位编号	岩心	纬度/（°N）	经度/（°E）	沉积速率/（cm/ka）	参考文献
1	E26	79.95	−179.70	1.32	Xiao W et al.，2020
2	E25	78.57	−179.26	1.45	Zhao et al.，2022
3	AF-00-07	81.70	−179.00	0.60	Levitan，2015
4	PS72/343-1	76.97	−178.85	4.20	Levitan，2015
5	PS72/413-5	79.67	−178.74	0.90	Levitan，2015
6	BN10	85.50	−178.64	1.00	Wang R et al.，2018；石端平等，2021
7	NP-26	78.62	−177.35	1.30	Polyak et al.，2004
8	6JPC	78.29	−176.99	0.31	Cronin et al.，2013
9	PS72/410-3	80.05	−176.20	0.80	Levitan and Stein，2007
10	PS72/410-1	80.51	−175.74	0.42	Jang et al.，2013
11	PS72/408-5	80.07	−174.90	0.90	Levitan and Lavrushin，2009
12	11JPC	82.88	−173.68	0.20	Nørgaard-Pedersen et al.，2003
13	8JPC	79.35	−172.30	2.15	Adler et al.，2009
14	M04	75.98	−172.20	4.24	章伟艳等，2015
15	M03	76.54	−171.93	4.51	王汝建等，2009b；Wang R et al.，2013
16	PS72/340-5	77.01	−171.71	4.30	Levitan and Stein，2007
17	PS51/38-4	85.14	−171.44	0.73	Spielhagen et al.，2004
18	09PC	78.82	−171.36	0.30	Levitan，2015
19	AF-00-02	81.79	−171.18	0.20	Stein et al.，1996
20	AF-0731	78.37	−170.81	0.50	Levitan，2015
21	PS72/404-4	80.42	−170.56	0.50	Levitan，2015
22	P31	78.00	−168.01	1.20	梅静等，2012
23	PS72/399-4	80.35	−166.20	0.60	Levitan and Stein，2007
24	C15	75.62	−163.23	4.32	章陶亮等，2015
25	P12	78.29	−162.69	2.00	黄晓璇等，2018
26	08P23	76.34	−162.49	5.00	章陶亮等，2014
27	BN05	80.48	−161.47	0.43	Dong L et al.，2017
28	PS72/396-5	80.16	−161.34	0.70	Levitan and Lavrushin，2009
29	P2	73.23	−161.19	30.00	Levitan，2015
30	JPC13	84.31	−160.68	0.73	Darby et al.，2005
31	P13	77.99	−159.87	2.00	Ye L et al.，2020b
32	LIC	82.83	−159.15	0.65	徐仁辉等，2020；涂艳等，2021

站位编号	岩心	纬度/（°N）	经度/（°E）	沉积速率/（cm/ka）	参考文献
33	BC-14	74.26	−158.37	1.00	Levitan and Lavrushin，2009
34	PS72/392-S	80.13	−158.22	0.50	Levitan，2015
35	P5	74.62	−157.88	1.85	Kaufman et al.，2008；Poore et al.，1994
36	P25	74.82	−157.37	3.54	Polyak et al.，2009
37	P27	73.11	−157.25	5.00	Levitan and Lavrushin，2009
38	P39	75.85	−156.03	1.38	Polyak et al.，2009，2013
39	P37	77.00	−156.02	1.91	段肖等，2015
40	JPC17	85.13	−154.78	0.51	Darby et al.，2005
41	BC-21	76.39	−154.71	0.10	Birgel and Stein，2004
42	C22	77.19	−154.59	1.38	Wang R et al.，2021
43	JPC14	84.30	−149.03	0.53	Darby et al.，2005；Polyak et al.，2009
44	14JPC	84.04	−147.96	0.30	Levitan and Lavrushin，2009
45	B85A	85.40	−147.49	0.48	Wang R et al.，2018
46	B85D	85.14	−147.08	0.37	叶黎明等，2012；许冬等，2015
47	B84A	84.44	−143.58	0.54	刘伟男等，2012；Wang R et al.，2018；王雨楠等，2022
48	JPC15	83.95	−143.18	0.41	Darby et al.，2005；Polyak et al.，2009
49	CESAR 102	85.51	−105.38	0.40	Levitan，2015
50	GCE-11	85.14	−76.23	0.70	Levitan and Lavrushin，2009
51	GCE-10	84.70	−75.86	0.50	Levitan and Lavrushin，2009
52	GreenICE 10	84.81	−74.28	0.65	Nørgaard-Pedersen et al.，2007
53	PC-04	86.72	−61.05	1.60	Levitan，2015
54	PC-08	85.56	−17.84	1.50	Levitan and Lavrushin，2009
55	PS2200-5	85.33	−14.02	1.00	Spielhagen et al.，2004
56	M23352-2	70.01	−12.43	1.92	Bauch and Helmke，1999；Didié and Bauch，2000
57	PS1878	73.25	−9.02	5.00	Telesiński et al.，2014
58	PS1230-2	78.87	−4.84	1.17	Thiede et al.，2011
59	23059	70.31	−4.02	1.62	Eisenhauer et al.，1994
60	PS1904-2	77.09	−3.99	0.83	Telesiński et al.，2018
61	PS1906-1/2	74.85	−2.15	2.02	Bauch and Helmke，1999；Nørgaard-Pedersen et al.，2003；Telesiński et al.，2018
62	AC2417	78.93	0.45	3.00	Levitan and Lavrushin，2009
63	PS2837	81.54	1.03	5.90	Birgel and Stein，2004
64	23235	78.86	1.31	2.73	Eisenhauer et al.，1994
65	PS1910-2	75.62	1.33	1.88	Bauch and Helmke，1999
66	BB08	74.32	2.29	1.42	赵蒙维，2018
67	M23071	67.08	2.92	5.46	Vogelsang，1990；Sarnthein et al.，1995
68	PS2208	84.03	3.21	1.63	Aldahan et al.，1997

续表

站位编号	岩心	纬度/（°N）	经度/（°E）	沉积速率/（cm/ka）	参考文献
69	M17728-1/2	76.52	3.96	1.23	Weinelt，1993；Bauch and Helmke，1999
70	ODP 912	79.96	4.35	5.00	Hevrøy et al.，1996
71	ODP 910	80.65	4.83	1.90	McManus et al.，1996
72	BB04	72.94	6.46	1.85	洪佳俪，2019
73	712-2	78.92	6.76	30.00	Aagaard-Sørensen et al.，2014
74	PS2213	80.83	7.26	2.80	Aldahan et al.，1997
75	M17730-4	72.11	7.39	6.50	Telesiński et al.，2015
76	BB03	72.44	7.60	9.17	陈漪馨等，2015；吴东，2019
77	JM10-O2GC	80.29	8.26	2.90	Levitan and Lavrushin，2009
78	PS2834	81.22	8.53	3.10	Levitan，2015
79	PS2859	82.44	8.90	3.10	Levitan and Lavrushin，2009
80	BB01	71.76	8.95	6.20	Wang R et al.，2021
81	M23259	72.03	9.27	4.37	Weinelt，1993
82	02PC	77.59	10.09	28.95	Caricchi et al.，2019
83	01PC	76.52	12.74	42.22	Caricchi et al.，2019
84	EG-03	75.84	12.97	23.75	Caricchi et al.，2020；Sagnotti et al.，2011
85	EG-02	75.22	13.08	12.50	Caricchi et al.，2020；Sagnotti et al.，2011
86	SV-04	74.96	13.90	14.58	Caricchi et al.，2020；Sagnotti et al.，2011
87	PS2212	82.41	14.76	2.40	Birgel and Stein，2004；Vogt C，1997
88	GeoB17603-3	74.85	14.80	61.75	Hanebuth et al.，2013，2014；Caricchi et al.，2018
89	PS1533	82.03	15.18	3.08	Eisenhauer et al.，1994；Vogt C er al.，2001
90	PS1528	86.64	23.48	0.80	Kubisch，1992
91	PS1524	85.36	26.22	0.54	Eisenhauer et al.，1994
92	PS2138	81.95	30.95	3.80	Knies et al.，2000
93	PS1521	83.38	32.21	2.60	Kubisch，1992
94	PS2445-4	82.77	40.23	12.30	Stein and Fahl，2000
95	PS70/294-5	83.21	87.02	2.30	Nørgaard-Pedersen et al.，2003
96	PS70/306-3	86.14	94.32	1.50	Levitan，2015
97	GR01	85.01	99.90	2.54	Liu et al.，Unpublished
98	PS2741-1	81.11	105.39	2.88	Knies et al.，2000
99	PS2741	81.58	106.65	3.50	Knies et al.，2000
100	PS2471	79.09	119.82	6.80	Stein and Fahl，2000
101	PS2458	78.17	133.40	53.33	Spielhagen et al.，2005
102	ACEX4C	88.22	137.44	1.00	Levitan and Lavrushin，2009
103	PS2754	80.88	138.01	6.20	Levitan，2015
104	PS2757	81.24	140.89	4.80	Stein et al.，2001
105	29GC1	81.30	141.78	3.08	West et al.，2021

站位编号	岩心	纬度/（°N）	经度/（°E）	沉积速率/（cm/ka）	参考文献
106	AJIP07-26C	80.91	142.65	3.00	Levitan and Lavrushin，2009
107	PS2185-6	87.53	144.17	0.58	Spielhagen et al.，1997，2004
108	IODP 302	88.06	144.80	2.70	Levitan，2015
109	PS2759	80.98	146.69	4.70	Levitan and Lavrushin，2009
110	1992/12/1	86.70	147.59	1.80	Levitan and Lavrushin，2009
111	PS2760	80.97	148.24	3.40	Levitan and Stein，2007
112	PS2761	81.13	152.15	3.00	Stein et al.，2001
113	LR09-GC03	88.08	153.28	1.00	Levitan and Stein，2007
114	PS70/358-4	86.15	153.69	2.00	Levitan and Lavrushin，2009
115	PS2180	86.87	157.07	1.00	Nørgaard-Pedersen，1997
116	LV77-33	75.84	159.26	21.80	Sattarova et al.，2023
117	PS2178	88.00	163.05	3.20	Spielhagen et al.，2004
118	AF-00-28	81.93	168.10	1.20	Levitan and Lavrushin，2009
119	LV77-27	79.16	169.89	4.75	Sattarova et al.，2023
120	AF-00-23	81.97	172.59	1.20	Levitan and Lavrushin，2009
121	PS51/038-1	85.03	172.63	0.60	Levitan and Stein，2007
122	PS72/344-3	77.18	174.85	6.20	Levitan and Stein，2007
123	PS72/422-5	80.18	175.71	1.90	Levitan and Stein，2007
124	PS72/343-2	76.73	177.89	5.00	Levitan and Lavrushin，2009
125	PS72/418-7	79.85	179.24	2.30	Levitan and Lavrushin，2009
126	E23	77.06	179.72	2.70	Ye L et al.，2020b

附表 2　已开展研究的中国北极科学考察表层沉积物采样站位情况

航次	海区	站位数量/个	年份	作者	单位	期刊
ARC1	白令海	12	2000	程振波等	自然资源部第一海洋研究所	极地研究：12（1）：24
ARC1	楚科奇海	36	2003	Gao 等	自然资源部第一海洋研究所	Science in China （Series D），6：592-602
ARC1	楚科奇海	26	2003	Chen 等	自然资源部第一海洋研究所	Science in China （Series D），6：603-611
ARC1	楚科奇海	20	2004	高爱国等	自然资源部第一海洋研究所	海洋学报，2：15
ARC1～2	白令海、楚科奇海	23	2005	高爱国等	自然资源部第一海洋研究所	海洋学报，6：67-76
ARC1	白令海西南至东北向的海盆、陆坡至陆架区	12	2005	王汝建等	同济大学	微体古生物学报，2：127-135
ARC1～2	白令海、楚科奇海	32	2006	肖文申等	同济大学	微体古生物学报，23（4）：361-369
ARC1	白令海西南至东北向的海盆、陆坡至陆架区	12	2006	Wang 等	同济大学	Marine Micropaleontology，59（3-4）：135-152
ARC1～2	白令海、楚科奇海	66	2007	王汝建等	同济大学	海洋地质与第四纪地质，6：5

航次	海区	站位数量/个	年份	作者	单位	期刊
ARC1～2	白令海、楚科奇海	75	2008	高爱国等	厦门大学	海洋地质与第四纪地质，28（6）：49-55
ARC2	楚科奇海、加拿大海盆	17	2008	李宏亮等	自然资源部第二海洋研究所	海洋学报，1：165-171
ARC1～2	白令海、楚科奇海	34	2008	张德玉等	自然资源部第一海洋研究所	海洋科学进展，2：171-183
ARC2	楚科奇海	10	2009	高爱国等	厦门大学	海洋科学进展，27（4）：469-476
ARC1～3	白令海、楚科奇海、楚科奇边缘地	133	2011	孙烨忱等	同济大学	海洋学报，35（3）：61-71
ARC3	楚科奇海至阿尔法海岭	78	2011	刘子琳等	自然资源部第二海洋研究所	海洋学报，33（2）：124-133
ARC3	白令海	36	2011	高生泉等	自然资源部第二海洋研究所	海洋学报，33（2）：157-165
ARC1～3	白令海、楚科奇海	54	2011	李宏亮等	自然资源部第二海洋研究所	海洋学报，33（2）：85-95
ARC1～3	楚科奇海及楚科奇边缘地	34	2011	陈志华等	自然资源部第一海洋研究所	海洋学报，33（2）：96-102
ARC1/3	白令海	29	2011	张海峰等	同济大学	海洋地质与第四纪地质，31（5）：79-87
ARC1～2	白令海、楚科奇海、波弗特海、加拿大海盆	32	2012	杨丽等	厦门大学	台湾海峡，31（4）：451-458
ARC2～3	白令海、楚科奇海及楚科奇边缘地、波弗特海、加拿大海盆	57	2012	冉莉华等	自然资源部第二海洋研究所	极地研究，24（1）：18-26
ARC1～2	白令海	13	2012	黄元辉等	自然资源部第一海洋研究所	海洋学报，34（3）：106-113
ARC1～4	白令海、楚科奇海及楚科奇边缘地、波弗特海、加拿大海盆	139	2013	司贺园等	中国地质大学（北京）	海洋学报，35（6）：96-112
ARC2～3	白令海、楚科奇海、波弗特海、加拿大海盆	57	2013	Ran 等	自然资源部第二海洋研究所	Advances in Polar Science，24（2）：106-112
ARC3～4	白令海、楚科奇海、楚科奇边缘地	65	2013	王寿刚等	同济大学	地球科学进展，28（2）：282-295
ARC1～2	楚科奇海及邻近深水区	47	2014	王昆山等	自然资源部第一海洋研究所	极地研究，26（1）：71-78
ARC2～4	楚科奇海及楚科奇边缘地、阿尔法海岭、加拿大海盆、马卡罗夫海盆	79	2014	董林森等	自然资源部第一海洋研究所	极地研究 26（1）：58-70
ARC2～4	楚科奇边缘地、加拿大海盆、阿尔法海岭、马卡罗夫海盆	81	2014	董林森等	自然资源部第一海洋研究所	海洋学报，36（4）：22-32
ARC1～4	白令海、楚科奇海及楚科奇边缘地、波弗特海、阿尔法海岭、加拿大海盆	149	2014	Xiao 等	同济大学	Marine Geology，352：397–408
ARC1～3	白令海	29	2014	张海峰等	同济大学	海洋地质与第四纪地质，31（5）：79-87
ARC4	白令海、楚科奇海、楚科奇边缘地	61	2014	汪卫国等	自然资源部第三海洋研究所	海洋学报，36（9）：121-131
ARC4	白令海、楚科奇海	14	2014	张荣秋等	自然资源部第三海洋研究所	海洋学报，36（4）：52-61
ARC5	白令海、楚科奇海、加拿大海盆	18	2014	乐凤凤等	自然资源部第二海洋研究所	海洋学报，36（10）：103-115
ARC5	楚科奇海	6	2014	于晓果等	自然资源部第二海洋研究所	极地研究，26（1）：89-97

续表

航次	海区	站位数量/个	年份	作者	单位	期刊
ARC4	楚科奇海	23	2014	汪卫国等	自然资源部第三海洋研究所	极地研究，26（1）：79-88
ARC2～5	北冰洋、白令海、楚科奇海、楚科奇海台、阿尔法海岭、加拿大海盆和马卡罗夫海盆	202	2015	王春娟等	中国地质大学（北京）	海洋地质与第四纪地质：35（3）：1-9
ARC5	白令海、楚科奇海和挪威海	11	2015	于晓果等	自然资源部第二海洋研究所	海洋地质与第四纪地质，35（3）：11-22
ARC5～6	楚科奇海陆架、海台及海盆区	5	2015	章伟艳等	自然资源部第二海洋研究所	海洋地质与第四纪地质，38（2）：13-24
ARC3～5	楚科奇海及其陆坡	47	2015	王斌等	自然资源部第二海洋研究所	矿物岩石地球化学通报，34（6）：1131-1141，1080
ARC	楚科奇海、白令海北部	20	2015	季仲强等	自然资源部第二海洋研究所	吉林大学学报（地球科学版），增刊1：1512-1513
ARC4	楚科奇海	4	2015	张海舟等	自然资源部第二海洋研究所	海洋学报，37（11）：155-164
ARC2	白令海、楚科奇海	25	2015	张扬等	自然资源部第二海洋研究所	矿物岩石地球化学通报，34（6）：1123-1130，1080
ARC5	白令海	2	2015	胡利民等	自然资源部第一海洋研究所	海洋地质与第四纪地质，35（3）：37-47
ARC4	白令海、楚科奇海台、加拿大海盆、阿尔法海岭、马卡罗夫海盆	43	2016	Zhao 等	中国海洋大学	Marine Pollution Bulletin，104（1-2）：379-385
ARC5	白令海、楚科奇海、楚科奇陆坡	21	2016	Xu 等	浙江大学	Journal of Environmental Sciences，52（2）：66-75
ARC6	楚科奇海	4	2017	蔡献贺等	福建师范大学	极地研究，29（2）：236-244
ARC6	楚科奇海陆架、陆坡	23	2017	Li 等	自然资源部第二海洋研究所	Acta Oceanologica Sinica，36：131-136
ARC5	白令海	1	2018	高超等	中国地质大学（武汉）	地球科学，43（11）：4008-4017
ARC5～6	楚科奇海陆架及楚科奇边缘地	5	2018	章伟艳等	自然资源部第二海洋研究所	海洋地质与第四纪地质，38（2）：13-24
ARC3	白令海、楚科奇海	19	2018	Ji 等	自然资源部第二海洋研究所	Journal of Ocean University of China（Oceanic and Coastal Sea Research），18（3）：563-572
ARC5	挪威海、格陵兰海	16	2018	辜帆等	自然资源部第二海洋研究所	极地研究，30（1）：22-31
ARC2～7	楚科奇海及楚科奇边缘地、波弗特海、阿尔法海岭、加拿大海盆	53	2019	Zhang 等	同济大学	Quaternary Science Reviews，218：281-292
ARC5	北欧海	2	2019	洪佳俪等	同济大学	海洋地质与第四纪地质，39（3）：122-134
ARC6	楚科奇海	4	2019	Ren 等	中国海洋大学	Science of The Total Environment，689：912-920
ARC4	白令海、楚科奇海	3	2019	Wang 等	自然资源部第二海洋研究所	Science of The Total Environment，679：97-105
ARC4	白令海、楚科奇海	20	2019	Kahkashan 等	厦门大学	Chemosphere，235：959-968
ARC3/6	楚科奇海、楚科奇边缘地、加拿大海盆	36	2019	Bai 等	中国海洋大学	Progress in Oceanography，171：22-37
ARC5～6	白令海盆、楚科奇海盆、加拿大海盆	33	2020	李科等	自然资源部第二海洋研究所	海洋学报，42（10）：14-27

续表

航次	海区	站位数量/个	年份	作者	单位	期刊
ARC5	白令海	1	2020	Hu 等	自然资源部第一海洋研究所	Marine Geology，429：106308
ARC6～7	楚科奇海、楚科奇边缘地、波弗特海	56	2020	Ye 等	自然资源部第二海洋研究所	Marine Geology，428：106289
ARC6	楚科奇海	4	2020	Fu 等	中国海洋大学	Geophysical Research Letter，47（5）：e2020GL087119
ARC6～7	白令海陆架、楚科奇海	34	2020	Lin 等	厦门大学	Science of The Total Environment，768：139608
ARC2	楚科奇海	1	2020	Cui 等	自然资源部第一海洋研究所	Arctic，Antarctic，and Alpine Research，52：120-129
ARC2～7	楚科奇海、楚科奇边缘地、加拿大海盆、波弗特海至阿拉斯加大陆边缘、马卡罗夫海盆	85	2021	Zhang 等	上海交通大学	Marine Geology，437：106497
ARC4	白令海、楚科奇海	61	2023	刘杨等	自然资源部第三海洋研究所	沉积学报，41（4）：1054-1066

附表3　已展开研究的中国北极科学考察重力样岩心站位情况

航次	海区	站位	水深/m	分析柱长/cm	经度/（°E）	纬度/（°N）	底部年龄（MIS）	年份	作者	单位	期刊
ARC1	楚科奇海	J8	60	26.5	-174.984	70.009		2003	霍文冕等	自然资源部第二海洋研究所	极地研究，(1)：21-27
ARC2	楚科奇海	P11	263		-168.013	70.5		2008	林学政等	自然资源部第一海洋研究所	生态学报，28（12）：6364-6370
ARC2	楚科奇海陆架	S11	50		-159	72.49					
ARC2	楚科奇海	R12a	77	40	168.985	72.504	1	2010	白有成等	自然资源部第二海洋研究所	沉积学报，28（4）：768-775
ARC3	楚科奇海台	P31	434	59	-168.012	77.985	3	2012	梅静等	同济大学	海洋地质与第四纪地质，32（3）：77-86
ARC3	阿尔法海岭	B85-D	2060	250	-147.08	85.14	10	2012	叶黎明等	自然资源部第二海洋研究所	海洋学研究，30（4）：20-28
ARC3	阿尔法海岭	B84A	2280	195	-143.59	84.448	12	2012	刘伟男等	同济大学	地球科学进展，27（2）：209-216
ARC1	白令海陆坡	B5-4	3370	470	-176.522	58.088	2	2012	邹建军等	自然资源部第一海洋研究所	地球科学（中国地质大学学报），37(S1)：1-10
ARC1	白令海陆坡	B5-4	3370	470	-176.522	58.088	2	2012	葛淑兰等	自然资源部第一海洋研究所	地球物理学报，56（9）：3071-3084
ARC3	白令海陆坡	BR07	2346	265	-154.25	72.25	1	2013	黄元辉等	自然资源部第一海洋研究所	海洋学报，35（6）：67-74
ARC1	白令海陆坡	B5-4	3370	470	-176.522	58.088	2	2013	黄元辉等	自然资源部第一海洋研究所	海洋学报，35（6）：67-74
ARC2	楚科奇深海平原	M03	2300	348	-171.93	76.54	5a	2013	Wang 等	同济大学	Global and Planetary Change，108：100-118
ARC3	白令海海盆	BR02	3800	191	174.646	56.965	2	2014	陈志华等	自然资源部第一海洋研究所	极地研究，26（1）：17-28
ARC3	白令海海盆	BR02	3800	191	174.646	56.965	2	2014	王磊等	同济大学	极地研究，26（1）：29-38

航次	海区	站位	水深 /m	分析柱长 /cm	经度 /（°E）	纬度 /（°N）	底部年龄（MIS）	年份	作者	单位	期刊
ARC1	白令海陆坡	B5-7	2440	15	-176.16	58.443		2014	黄元辉等	自然资源部第一海洋研究所	极地研究，26（1）：39-45
ARC1	白令海陆坡	B2-9	2200	231	-178.697	59.292	1	2014	张海峰等	同济大学	极地研究，26（1）：1-16
ARC3	楚科奇海台	P23	2086	294	-162.488	76.337	3	2014	章陶亮等	同济大学	极地研究，26（1）：46-57
ARC5	罗弗敦海盆	BB03	2598	365	7.598	72.443	2	2015	陈漪馨等	自然资源部第一海洋研究所	海洋地质与第四纪地质，35（3）：95-108
ARC3	北风号海岭	P37	2267	246	-155.85	76.99	5e	2015	段肖等	同济大学	海洋地质与第四纪地质，35（3）：61-71
ARC3	楚科奇海台	P23	2086	294	-162.488	76.337	3	2015	Zhang 等	同济大学	Acta Oceanologica Sinica，34（03）：68-75
ARC3	阿尔法海岭	B85-D	2060	250	-147.08	85.14	>16	2015	许冬等	自然资源部第二海洋研究所	极地研究，27（2）：159-167
ARC5	楚科奇海盆	M04	2003	551	-172.199	75.982	4	2015	章伟艳等	自然资源部第二海洋研究所	海洋学报，37（7）：85-96
ARC5	楚科奇海陆坡	M06	491	196	-172.195	75.234	3	2015	章伟艳等	自然资源部第二海洋研究所	海洋地质与第四纪地质，35（3）：83-94
ARC4	马卡罗夫海盆	Bn13	3995	250	-176.638	88.402		2016	谢昕等	同济大学	科学通报，61（16）：1828-1839
ARC5	罗蒙诺索夫海岭	ICE2	2085	330	123.869	87.665					
ARC4	楚科奇海陆坡	M03	2298	294	-171.843	76.504					
ARC4	楚科奇海陆坡	M07	393	115	-172.041	74.995					
ARC4	波弗特海陆坡	S25	2830	462	-152.5	72.348					
ARC3	波弗特海陆坡	S13	1430	320	-158.318	72.934					
ARC4	楚科奇海陆架	SR08	44	220	-168.983	71					
ARC3	白令海陆坡	BR09	420	255	-178.5	60.471					
ARC3	白令海海盆	BR02	3800	204	174.51	57.001					
ARC3	白令海陆坡	BR07 2346		265	-154.25	72.25	1	2017	Ruan 等	上海海洋大学	Organic Geochemistry，113：1-9
ARC4	加拿大海盆	BN05	3156	238	-161.465	80.484	15	2017/2020	Dong 等	自然资源部第一海洋研究所	Climate of the Past，13：511-531
ARC3	阿尔法海岭	B85-D	2060	250	-147.08	85.14	10	2018	Ye 等	自然资源部第二海洋研究所	Frontiers in Earth Science，6：1-18
ARC7	楚科奇海台	P12	580	258	-162.688	78.287	5	2018	黄晓璇等	同济大学	海洋地质与第四纪地质，38（2）：52-62
ARC4	阿尔法海岭	BN10	2434	240	-178.635	85.506	9	2018	Wang 等	同济大学	Quaternary Science Reviews，181：93-108
ARC3	阿尔法海岭	B84A	2280	195	-143.59	84.448	13				
ARC3	阿尔法海岭	B85A	2376	215	-147.486	85.407	15				
ARC6	白令海陆坡	B11	1530	615	-179.59	60.279	2	2018	宋腾飞等	自然资源部第一海洋研究所	海洋学报，40（5）：90-106
ARC5	冰岛陆架	IS1B	819	130/620	-8.984	65.606	2	2019	吴东等	自然资源部第一海洋研究所	第四纪研究，39（4）：845-862

续表

航次	海区	站位	水深/m	分析柱长/cm	经度/（°E）	纬度/（°N）	底部年龄（MIS）	年份	作者	单位	期刊
ARC5	罗蒙诺索夫海岭	ICE4	2860	415	145.239	85	M/G	2019	Liu 等	自然资源部第一海洋研究所	Journal of Geophysical Research，Solid Earth，124：10687-10703
ARC3	北风号海岭	P37	2267	246	−155.85	76.99	5e	2019/2021	章陶亮等	同济大学	Quaternary Science Reviews，218：281-292 第四纪研究，41（3）：646-661
ARC4	北风号海岭	Mor02	1174	181	−158.99	74.55	3				
ARC6	楚科奇海盆	C15	2016	150	−163.23	75.62	3				
ARC3	楚科奇海盆	P23	2086	150	−162.48	76.34	3				
ARC3	楚科奇海台	P31	434	59	−168.01	78.01	3				
ARC7	楚科奇海台	P12	580	150	−162.69	78.29	4/5a				
ARC2	楚科奇深海平原	M03	2300	348	−171.93	76.54	5a				
ARC5	马卡罗夫海盆	ICE6	2901	425	161.764	83.628	13	2020	Xiao 等	同济大学	Quaternary Science Reviews，
ARC5	门捷列夫海岭	MA01	2295	535	178.96	82.031	21				
ARC7	门捷列夫海岭	E26	1500	380	−179.697	79.95	17				
ARC7	门捷列夫海岭	E23	1107	354	179.715	77.06	5b	2020	Ye 等	自然资源部第二海洋研究所	Acta Oceanologica Sinica，39（9），86-95
ARC7	门捷列夫海岭	E25	1200	320	−179.261	78.573	7	2020/2022	Zhao 等	自然资源部第一海洋研究所	Journal of Geophysical Research：Oceans，127：1-18 海洋学报，42（7）：78-92
ARC7	加拿大海盆近阿尔法海岭	LIC	3018	317	−159.148	82.827	29	2020	徐仁辉等	同济大学	海洋学报，42（9）：50-60
ARC7	加拿大海盆近阿尔法海岭	LIC	3018	317	−159.148	82.827	8	2021	涂艳等	同济大学	第四纪研究，41（3）：632-645
ARC6	北风号海岭	C21	1671	346	−156.735	77.394	9	2021	Wang 等	自然资源部第二海洋研究所	Quaternary Science Reviews，258：106882
ARC6	北风号海岭	C22	1025	360	−154.594	77.187	11				
ARC5	罗弗敦海盆	BB01	2613	425	8.949	71.764	4	2021	Wang 等	自然资源部第三海洋研究所	Acta Oceanologica Sinica，40（10）：106-117
ARC5	马卡罗夫海盆	ICE6	2901	425	161.764	83.628	13	2021	Xiao 等	同济大学	Quaternary Science Reviews，270：107176
ARC6	白令海	B10	2493	432	179.813	59.962	1	2021	Sun 等	同济大学	Marine Geology，436：106492
ARC5	马卡罗夫海盆	ICE6	2901	425	161.764	83.628	13	2022	Xiao 等	同济大学	Quaternary Science Reviews，276：107298
ARC3	楚科奇海台	P31	434	59	−168.012	77.985	3	2021	Zhou 等	上海自然博物馆	Marine Micropaleontology，165：101987
ARC6	楚科奇海台	R14	741	220	−160.448	78.637	4				
ARC7	楚科奇海台	P12	580	260	−162.69	78.29	5d				

续表

航次	海区	站位	水深/m	分析柱长/cm	经度/（°E）	纬度/（°N）	底部年龄（MIS）	年份	作者	单位	期刊
ARC7	楚科奇海台	P13	2517	250	-159.865	77.991	6	2022	Ye 等	自然资源部第二海洋研究所	Quaternary Science Reviews，297：107836
ARC5	楚科奇海盆	M04	2003	551	-172.199	75.982	4				
ARC5	罗蒙诺索夫海岭	ICE4	2860	415	145.239	85	5	2022	Dong 等	自然资源部第一海洋研究所	Global and Planetary Change，219：103993
ARC4	楚科奇海	R09	51	264	-168.9	72	1	2023	Liu 等	自然资源部第一海洋研究所	Palaeogeography，Palaeoclimatology，Palaeoecology，621：111575
ARC4	阿尔法海岭	BN10	2434	240	-178.635	85.506	9	2023	Wang 等	同济大学	Global and Planetary Change，220：104019.
ARC3	阿尔法海岭	B84A	2280	195	-143.59	84.448	13				
ARC3	阿尔法海岭	B85A	2376	215	-147.486	85.407	15				

附表 4　中国北极科学考察航次、俄罗斯-美国北极长期考察（RUSALCA-2012）航次和中国-俄罗斯北极科学考察航次（LV77）采取的表层样站位

站位	纬度/（°N）	经度/（°E）	水深/m	站位	纬度/（°N）	经度/（°E）	水深/m
			ARC1				
J1	67.50	-170.02	47	P1	71.25	-160.01	45
J2	68.00	-170.00	58	P2	71.68	-159.57	50
J3	68.52	-169.97	56	P3	72.11	-159.15	49
J4	69.01	-169.99	55	P4	72.37	-158.94	50
J5	69.35	-169.98	52	P5	73.45	-157.35	2600
J6	70.00	-170.01	35	P7	75.08	-161.12	1700
J7	69.99	-172.24	47	P6630	66.50	-169.88	51
J8	70.01	-174.98	59	P6700	67.00	-169.98	47
J9	70.50	-175.03	54	P7100	70.99	-169.99	40
J10	71.00	-173.90	38	P7130	71.70	-168.88	50
J11	71.00	-172.49	38	P7200	72.00	-168.67	45
J12	70.67	-170.04	30	P7230	72.49	-168.64	54
J13	70.48	-167.02	50	P7300	73.01	-165.05	61
J14	71.00	-167.51	47	P7327	73.45	-165.03	92
			ARC2				
B11	74.00	-156.33	3500	C17	71.49	-162.03	57
B77	77.52	-152.37	3800	C21	70.50	-168.01	45
B78	78.48	-147.03	3850	C25	70.49	-163.97	47
B80A	80.22	-146.74	3750	CNIS7	78.39	-149.12	3850
C11	71.66	-167.98	48	IS10	79.29	-151.85	3800
C13	71.61	-166.00	38	M01	77.30	-169.01	1456
C15	71.58	-164.01	43	M03	76.54	-171.93	2300
C16	71.55	-163.01	57	M07	75.00	-171.94	388

站位	纬度/（°N）	经度/（°E）	水深/m	站位	纬度/（°N）	经度/（°E）	水深/m
M07A	75.00	−171.94	388	R10	71.50	−169.01	50
P11	75.01	−169.99	167	R11	72.01	−169.67	55
P13	74.80	−165.81	447	R12A	72.50	−168.98	77
P21	77.38	−167.36	562	R13	73.00	−169.55	67
P22	77.40	−164.93	320	R15A	74.00	−168.99	175
P23	77.53	−162.52	2200	S11	72.49	−159.00	40
P24	77.81	−158.72	1890	S11A	72.49	−159.00	47
P27	75.49	−156.01	3050	S16	73.59	−157.16	2800
R01	66.99	−169.01	50	S21A	71.65	−154.98	76
R03A	68.00	−169.00	51	S26	73.00	−152.67	3000
R05	69.00	−169.00	53	S32	71.26	−150.38	268
R06	69.50	−169.00	53				
ARC3							
B11	75.00	−165.06	552	N03	78.82	−167.96	2655
B12	75.01	−162.03	2013	P23	76.34	−162.50	2086
B82	81.96	−147.14	3387	P27	75.48	−155.99	3239
B84−A	84.69	−144.13	2247	P31	78.01	−168.02	434
B85−A	85.41	−147.51	2376	P37	76.99	−155.85	2267
C10	71.41	−157.84	107	R01	67.00	−168.98	42
C13	71.61	−166.01	38	R03	67.98	−169.03	50
C15	71.53	−163.99	37	R05	68.97	−168.99	47
C17	71.47	−162.00	41	R07	69.98	−168.98	31
C19	71.45	−160.06	42	R09	71.00	−168.96	37
C23	70.50	−166.00	39	R11	72.00	−168.98	47
C25	70.50	−164.03	37	R15	74.00	−169.00	173
C33	68.90	−167.50	41	S12	72.72	−158.66	207
C35	68.91	−166.51	28	S13	72.94	−158.38	1430
M07	75.02	−172.00	394	S14	73.17	−157.91	2517
N01	79.88	−170.09	3341	S24	72.40	−154.25	2346
ARC4							
BN03	78.50	−158.90	3119.4	C05	70.76	−164.73	26
BN04	79.47	−159.04	3468.2	C0−5	71.42	−157.49	121.1
BN06	81.46	−164.94	3611	C07	72.54	−165.33	43
BN07	82.48	−166.47	3700	C09	71.81	−159.71	44
BN09	84.19	−167.13	2493.1	CC1	67.67	−168.96	45
BN10	85.50	−178.64	2434.2	CC4	68.13	−167.86	44
BN13−2	88.39	−176.63	3972	CC8	68.30	−166.96	28
C02	69.12	−167.34	41	ICE	87.07	−170.49	3990
C04	71.01	−167.03	38	M02	77.00	−171.99	2278

站位	纬度/（°N）	经度/（°E）	水深/m	站位	纬度/（°N）	经度/（°E）	水深/m
M05	76.00	−171.98	1559.8	S23	71.93	−153.76	383
M06	75.33	−172.00	752.4	S25	72.34	−152.50	2827.4
M07	74.99	−172.03	384	S26	72.70	−153.55	3597
MOR02	74.55	−158.99	1174	SR01	67.00	−168.97	41.5
MS01	73.17	−154.71	3808	SR02	67.50	−168.98	43.3
MS02	73.68	−156.37	2278	SR03	68.00	−169.02	50.7
MS03	74.07	−157.30	1159.8	SR04	68.50	−169.00	48
R06	69.50	−168.98	44	SR05	69.00	−169.00	46.7
R08	71.00	−168.98	36	SR10	73.00	−169.00	69.9
R09	71.96	−168.94	43.5	SR11	73.99	−168.99	175.9
S21	71.62	−154.72	38.7	SR12	74.50	−169.00	178.8
ARC5							
C01	69.41	−168.16	44.4	IS−3	67.27	−19.02	473
C02	69.22	−167.32	40.6	IS−4	68.69	−14.75	1595.8
C03	69.03	−166.49	26.2	R01	66.72	−169.00	36.5
C04	70.83	−166.88	39.4	R02	70.98	−168.77	36.9
C05	70.68	−164.84	37.2	R03	67.69	−168.94	43.5
C06	70.52	−162.76	29.5	R04	68.60	−168.88	46.4
CC01	67.77	−168.60	43.3	R05	69.60	−168.88	45.3
CC02	67.91	−168.24	51.1	SR01	66.72	−168.91	34
CC03	68.01	−167.87	46.3	SR05	68.62	−168.87	44.7
ICE1	86.80	120.47	4385	SR07	69.60	−168.86	43.2
ICE2	87.66	123.87	2085	SR10	71.99	−168.81	42
ICE3	86.62	120.34	4399	SR11	73.00	−168.98	64.9
ICE4	85.00	145.24	2860	SR12	73.99	−169.02	169.5
ARC6							
C01	69.23	−168.16	50	R03	68.62	−169.05	53.7
C03	69.04	−166.51	32.47	R06	72.01	−168.96	51.4
C04	71.01	−166.99	45.34	R07	73.00	−167.96	72.7
C05	70.77	−164.74	33.56	R08	74.01	−168.96	178.77
C06	70.53	−162.84	35.9	R09	74.61	−168.96	185.4
C13−4	75.20	−159.16	930.8	R10	75.44	−167.89	168.31
C14	75.40	−161.30	2084.23	R11	76.14	−166.34	339.17
CC2	67.90	−168.27	57.4	R12	76.99	−163.93	438.42
CC3	68.10	−167.89	52.7	R14	78.64	−160.45	740.38
CC4	68.13	−167.53	49.36	S01	71.61	−157.94	63.54
CC5	68.19	−167.33	46.93	S02	71.91	−157.46	72
CC6	68.24	−167.15	42.79	S03	72.24	−157.08	169.3
LIC03	81.08	−157.66	3634.2	SIC06	79.98	−152.63	3763
R02	67.68	−169.02	50	SIC3	77.49	−163.14	466.25

站位	纬度/(°N)	经度/(°E)	水深/m	站位	纬度/(°N)	经度/(°E)	水深/m
			ARC7				
C21	72.60	-166.77	52	P27	75.06	-152.51	3775
C22	72.33	-164.88	47	R03	67.53	-168.87	50
C23	72.03	-162.71	36	R04	68.20	-168.88	56
C24	71.81	-160.83	45	R08	71.18	-168.86	48
CC2	67.78	-168.01	52	R09	72.00	-168.74	50
CC4	68.11	-167.22	50	R10	72.84	-168.80	61
CC5	68.24	-166.88	36	R11	73.80	-168.88	155
E21	75.15	-179.76	550	R13	75.45	-169.10	267
E24	77.88	-179.84	1575	R16	77.08	-168.96	1893
ICE04	82.83	-159.15	3018	R17	78.03	-169.14	698
NB01	64.33	-170.98	40	R20	80.64	-168.54	3267
P11	78.48	-165.93	526	S11	72.44	-161.49	45
P23	76.32	-161.23	2089	S12	72.80	-160.15	65
			ARC9				
BT03	75.50	-167.98	169.96	NB07	64.30	-168.49	45.1
C12	70.70	-166.72	49	P11	78.65	-165.84	650
C22	72.35	-165.00	52.43	P22	76.58	-163.69	594.3
C24	71.71	-161.53	38.1	R05	68.81	-168.83	47
CC1	67.60	-168.60	42	R10	72.86	-168.82	63.7
CC3	67.91	-167.81	53	R12	74.61	-168.97	188.6
M05	76.40	-172.03	2293				
			ARC11				
E02	75.84	179.99	1157	Z4	73.54	-166.61	102.7
R2	75.61	-169.92	222.1	E01	75.01	-179.89	398.8
TVG1	74.86	-160.80	914	P2-4	76.87	-165.97	915.3
Z3	74.34	-167.16	317.6	P3-7	78.61	-165.92	606
			俄罗斯-美国北极长期考察航次（RUSALCA-2012）				
b1	66.91	-170.97	44	b12	71.71	-174.89	73
b2	67.45	-169.62	45	b13	71.63	-175.39	58
b3	68.31	-167.05	39	b14	72.35	-174.98	49
b4	68.97	-166.92	45	b15	72.37	-175.97	105
b5	68.52	-171.49	55	b16	72.54	-176.00	100
b6	68.91	-172.69	55	b17	72.66	-175.98	110
b7	69.63	-175.10	55	b18	72.94	-174.44	99
b8	69.68	-174.89	55	b19	72.53	-173.34	65
b9	70.54	-174.36	57	b20	72.13	-172.41	64
b10	70.87	-175.00	71	b21	71.40	-171.29	59
b11	71.80	-174.38	58	b22	70.84	-171.00	41

站位	纬度/（°N）	经度/（°E）	水深/m	站位	纬度/（°N）	经度/（°E）	水深/m
b23	70.48	-170.77	28	b26	69.01	-168.86	55
b24	70.00	-169.99	43	b27	68.52	-171.57	51
b25	69.16	-171.66	56	b28	67.87	-172.62	49
中国-俄罗斯北极科学考察航次（LV77）							
LV77-2	68.57	-169.91	53	LV77-25	77.81	169.24	296
LV77-3	68.88	-172.15	51	LV77-26	78.49	169.54	1254
LV77-4	69.20	-174.91	49	LV77-27	79.15	169.76	2542
LV77-5	69.71	-173.21	51	LV77-28	79.19	163.49	1341
LV77-6	72.20	-173.62	53	LV77-29	78.87	163.12	364
LV77-7	71.18	-173.49	43	LV77-30	77.90	162.04	131
LV77-8	69.59	-177.48	48	LV77-31	77.24	161.31	94
LV77-9	69.59	179.85	45	LV77-32	76.52	160.25	69
LV77-11	70.13	174.34	29	LV77-33	75.86	159.26	46
LV77-12	70.73	174.36	37	LV77-34	75.25	158.50	36
LV77-14	72.24	174.79	39	LV77-35	74.65	157.43	46
LV77-15	71.25	170.89	35	LV77-36	74.10	155.66	36
LV77-16	70.09	166.04	15	LV77-38	72.56	159.77	19
LV77-17	71.01	166.23	20	LV77-39	72.87	157.34	19
LV77-18	71.67	166.55	24	LV77-40	71.90	153.21	12
LV77-19	72.14	162.55	22	LV77-41	72.55	154.12	24
LV77-20	72.90	166.88	25	LV77-42	73.16	155.19	32
LV77-21	74.12	167.49	43	LV77-43	73.37	153.16	21
LV77-22	75.18	167.83	66	LV77-44	73.54	151.18	12
LV77-23	75.85	168.10	139	LV77-45	73.72	148.50	11
LV77-24	76.60	168.50	254				

附表 5　中国北极科学考察航次采取的重力样岩心站位

站位	纬度/（°N）	经度/（°E）	水深/m	参考文献
ARC2-M03	76.537	-171.931	2300	Wang R et al.，2013
ARC3-B84A	84.442	-143.58	2280	Wang R et al.，2018
ARC3-B85A	85.404	-147.485	2376	Wang R et al.，2018
ARC3-B85D	85.14	-147.08	2060	Ye L et al.，2019
ARC3-P23	76.34	-162.486	2089	章陶亮等，2014； Zhang T et al.，2015； Zhang T et al.，2019
ARC3-P31	78.1	-168.012	435	梅静等，2015； Zhang T et al.，2019； Zhou et al.，2021
ARC3-P37	76.999	-155.85	2267	段肖等，2015； Zhang T et al.，2019

站位	纬度/（°N）	经度/（°E）	水深/m	参考文献
ARC4-BN03	78.5	−158.9	3044	章陶亮等，2015； 本书
ARC4-BN05	80.484	−161.465	3156	Dong L et al.，2017，2020
ARC4-BN10	85.504	−178.643	2434	Wang R et al.，2018； 石端平等，2021； 本书
ARC4-MOR02	74.55	−158.99	1174	Zhang T et al.，2019； 章陶亮等，2015
ARC4-R09	70.96	−168.94	51	Song et al.，2022
ARC5-ICE2	87.659	123.686	2085	本书
ARC5-ICE4	85	145.24	2860	Dong L et al.，2022
ARC5-ICE6	83.628	161.764	2901	本书； Xiao W et al.，2020，2021； 石端平等，2021
ARC5-MA01	82.031	178.96	2295	Xiao W et al.，2020
ARC5-M04	75.982	−172.199	2003	Ye L et al.，2020a
ARC6-C15	75.62	−163.23	2016	本书； Zhang T et al.，2019； 章陶亮等，2021
ARC6-C21	77.394	−156.735	1671	Wang R et al.，2021
ARC6-C22	77.187	−154.594	1025	Wang R et al.，2021
ARC6-R14	78.638	−160.447	741	Zhou et al.，2021
ARC6-S04	72.527	−156.625	1308.6	本书
ARC7-E23	77.06	179.715	1107	Ye L et al.，2020a，2022
ARC7-E24	77.833	179.651	1617	本书
ARC7-E25	78.573	−179.261	1200	Zhao et al.，2022
ARC7-E26	79.95	−179.697	1500	本书； Xiao W et al.，2020
ARC7-ICE2	80.11	−168.81	3261	本书
ARC7-LIC	82.827	−159.148	3018	徐仁辉等，2020； 涂艳等，2021
ARC7-P12	78.29	−162.69	580	黄晓璇等，2018； Zhang T et al.，2019； Zhou et al.，2021； 章陶亮等，2021
ARC7-P13	77.991	−159.865	2517	Ye L et al.，2020a，2022
ARC8-LR01	82.74	143.69	1865	本书

参 考 文 献

蔡德陵, 张淑芳, 张经. 2002. 稳定碳、氮同位素在生态系统研究中的应用. 青岛海洋大学学报, 32(2): 287-295.

陈红霞, 魏泽勋, 于晓果, 等. 2018. 中国第九次北极科学考察中的意外发现——多金属结核. 海洋学报, 40(12): 129-130.

陈红霞, 魏泽勋, 何琰, 等. 2021. 中国第十次北极物理海洋学科学考察综述. 海洋科学进展, 39(3): 327-338.

陈立奇, 赵进平, 卞林根, 等. 2003a. 影响北极地区迅速变化的一些关键过程研究. 极地研究, 15(4): 283-302.

陈立奇, 等. 2003b. 北极海洋环境与海气相互作用研究. 北京: 海洋出版社.

陈荣华, 孟翊, 华棣, 等. 2001. 楚科奇海与白令海表层沉积中的钙质和硅质微体化石研究. 海洋地质与第四纪地质, 21(4): 25-30.

陈漪馨, 刘焱光, 姚政权, 等. 2015. 末次盛冰期以来挪威海北部陆源物质输入对气候变化的响应. 海洋地质与第四纪地质, 35(3): 95-108.

陈志华, 石学法, 韩贻兵, 等. 2004. 北冰洋西部表层沉积物粘土矿物分布及环境指示意义. 海洋科学进展, 22(4): 446-454.

陈志华, 石学法, 蔡德陵, 等. 2006. 北冰洋西部沉积物有机碳、氮同位素特征及其环境指示意义. 海洋学报, 28(6): 61-71.

陈志华, 李朝新, 孟宪伟, 等. 2011. 北冰洋西部沉积物黏土的 Sm-Nd 同位素特征及物源指示意义. 海洋学报, 33(2): 96-102.

程振波, 石学法, 陈志华, 等. 2008. 中国北极黄河站夏季科学考察及黄河站概况. 海洋科学进展, (1): 112-118.

程振波, 陈志华, 石学法, 等. 2009. 中国第 3 次北极科学考察. 海洋科学进展, 27(3): 405-410.

丁旋, 王汝建, 张海峰, 等. 2014. 北冰洋马克洛夫海盆现代浮游有孔虫深度分布及其生态与氧碳同位素特征. 科学通报, 59: 1230-1241.

董林森, 刘焱光, 石学法, 等. 2014a. 西北冰洋表层沉积物粘土矿物分布特征与物质来源. 海洋学报, 36(4): 22-32.

董林森, 石学法, 刘焱光, 等. 2014b. 北冰洋西部表层沉积物矿物学特征及其物质来源. 极地研究, 26(1): 58-70.

段肖, 王汝建, 肖文申, 等. 2015. 西北冰洋北风脊氧同位素 5 期以来的水体结构变化: 来自于有孔虫组合及其氧碳同位素的证据. 海洋地质与第四纪地质, 35(3): 61-71.

高爱国, 陈志华, 刘焱光, 等. 2003. 楚科奇海表层沉积物的稀土元素地球化学特征. 中国科学(D)辑, 33(2): 148-154.

国家海洋局极地专项办公室. 2016. 北极海域海洋地质考察. 北京: 海洋出版社.

郝伟杰, 肖晓彤, 赵美训. 2018. 生物标志物 IP25 在北极海冰变化重建中的研究进展. 海洋地质与第四纪地质, 39(4): 56-65.

郝玉, 龙江平. 2007. 北极楚科奇海海底表层沉积物有机碳的生物地球化学特征. 海洋科学进展, 25(1): 63-72.

洪佳俪. 2019. 北冰洋门捷列夫脊晚第四纪沉积物物源分析及古海洋学研究. 上海: 同济大学.

洪农. 2023. 北极事务的地缘政治化与中国的北极角色. 外交评论 (外交学院学报), 40(4): 76-97.

胡利民, 石学法, 刘焱光, 等. 2015. 白令海西部柱样沉积物中有机碳的地球化学特征与埋藏记录. 海洋地质与第四纪地质, 35(3): 37-47.

黄晓璇, 王汝建, 肖文申, 等. 2018. 西北冰洋楚科奇海台晚第四纪以来陆源沉积物搬运机制及其古环境意义. 海洋地质与第四纪地质, 38(2): 52-62.

黄永建, 王成善, 汪云亮. 2005. 古海洋生产力指标研究进展. 地学前缘, 12(2): 163-170.

雷瑞波. 2019. 中国第九次北极科学考察简报. 极地研究, 31(1): 114-116.

李宏亮, 陈建芳, 刘子琳, 等. 2007. 北极楚科奇海和加拿大海盆南部颗粒生物硅的粒级结构. 自然科学进展, 17(1): 72-78.

李宏亮, 陈建芳, 金海燕, 等. 2008. 楚科奇海表层沉积物的生源组分及其对碳埋藏的指示意义. 海洋学报, 30(1): 166-171.

李江海, 刘仲兰, 王洛, 等. 2016. 北极地区大地构造特征及其构造演化——北极地区大地构造编图研究进展. 海洋学报, 38(7): 37-47.

李双林. 2005. 西北欧海域及邻区构造单元与构造演化. 海洋地质前沿, 27(12): 10-17.

李学杰, 万荣胜, 万玲. 2008. 北冰洋罗蒙诺索夫海岭晚白垩世以来的沉积环境演变与烃源岩特征: IODP302 证据. 南海地质研究, (1): 35-45.

李学杰, 万玲, 万荣胜, 等. 2010. 北冰洋地质构造及其演化. 极地研究, (22): 271-285.

李学杰, 姚永坚, 杨楚鹏, 等. 2014. 北极区域地质与油气资源. 北京: 地质出版社.

李学杰, 姚永坚, 杨楚鹏, 等. 2015. 北极地区地质构造及主要构造事件. 吉林大学学报(地球科学版), 45(2): 335-348.

李院生. 2018. 中国第七次北极科学考察报告. 北京: 海洋出版社.

刘伟男, 王汝建, 陈建芳, 等. 2012. 西北冰洋阿尔法脊晚第四纪的陆源沉积物记录及其古环境意义. 地球科学进展, 27(2): 209-216.

刘子琳, 陈建芳, 刘艳岚, 等. 2011. 2008 年夏季西北冰洋观测区叶绿素 a 和初级生产力粒级结构. 海洋学报, 33(2): 124-133.

马德毅. 2013. 中国第五次北极科学考察报告. 北京: 海洋出版社.

梅静, 王汝建, 陈建芳, 等. 2012. 西北冰洋楚科奇海台 P31 孔晚第四纪的陆源沉积物记录及其古海洋与古气候意义. 海洋地质与第四纪地质, 32(3): 77-86.

梅静, 王汝建, 章陶亮, 等. 2015. 西北冰洋楚科奇海台 08P31 孔晚第四纪的古海洋学记录. 海洋学报, 37(5): 121-135.

孟翊, 陈荣华, 郑玉龙. 2001. 白令海和楚科奇海表层沉积中的有孔虫及其沉积环境. 海洋学报, 23(6): 85-93.

潘增弟. 2015. 中国第六次北极科学考察报告. 北京: 海洋出版社.

彭秀良. 2020. 中国的北极科考之路. 文化产业, (25): 95-98.

冉莉华, 陈建芳, 金海燕, 等. 2012. 白令海和楚科奇海表层沉积硅藻分布特征. 极地研究, 24(1): 14-23.

石端平, 肖文申, 王汝建, 等. 2021. 深海氧同位素 13 期以来北冰洋西部中心海区冰筏输入历史. 第四纪研究, 41(3): 621-631.

石丰登, 程振波, 石学法, 等. 2007. 东海北部陆架柱样中底栖有孔虫组合及其古环境研究. 海洋科学进展, 25(4): 428-435.

史久新, 赵进平. 2003. 北冰洋盐跃层研究进展. 地球科学进展, 18(3): 351-357.

史久新, 赵进平, 矫玉田, 等. 2004. 太平洋入流及其与北冰洋异常变化的联系. 极地研究, 16(3): 253-260.

司贺园, 王汝建, 丁旋, 等. 2013. 西北冰洋表层沉积物中的底栖有孔虫组合及其古环境意义. 海洋学报, 35(6): 96-112.

孙烨忱, 王汝建, 肖文申, 等. 2011. 北冰洋西部表层沉积物中生源和陆源粗组分及其沉积环境. 海洋学报, 33(2): 103-114.

涂艳, 肖文申, 王汝建, 等. 2021. 西北冰洋加拿大海盆 MIS8 期以来的物源变化及其指示的北极冰盖和洋流的演化. 第四纪研究, 41(3): 632-645.

汪卫国, 方建勇, 陈莉莉, 等. 2014. 楚科奇海悬浮体含量分布及其颗粒组分特征. 极地研究, 26(1): 79-88.

王春娟, 刘焱光, 董林森, 等. 2015. 白令海与西北冰洋表层沉积物粒度分布特征及其环境意义. 海洋地质与第四纪地质, 35(3): 1-9.

王昆山, 刘焱光, 董林森, 等. 2014. 北冰洋西部表层沉积物重矿物特征. 极地研究, 26(1): 71-78.

王立彬, 张建松. 2020. 我国开展第 11 次北极科学考察. 中国测绘, (8): 85.

王汝建, 肖文申, 向霏, 等. 2007. 北冰洋西部表层沉积物中生源组分及其古海洋学意义. 海洋地质与第四纪地质, 27(6): 61-69.

王汝建, 肖文申, 成鑫荣, 等. 2009a. 北冰洋西部晚第四纪浮游有孔虫氧碳同位素记录的海冰形成速率. 地球科学进展, 24(6): 643-651.

王汝建, 肖文申, 李文宝, 等. 2009b. 北冰洋西部楚科奇海盆晚第四纪的冰筏碎屑事件. 科学通报, 54(23): 3761-3770.

王汝建, 肖文申, 章陶亮, 等. 2017. 极地地质钻探研究进展与展望. 地球科学进展, 38(12): 1236-1244.

王寿刚, 王汝建, 陈建芳, 等. 2013. 白令海与西北冰洋表层沉积物中生物标记物研究及其生态和环境指示意义. 地球科学进展, 28(2): 282-295.

王雨楠, 周保春, 王汝建, 等. 2022. 北冰洋中部阿尔法脊晚第四纪介形虫化石群与古海洋环境变迁. 海洋地质与第四纪地质, 42(4): 1-11.

魏泽勋. 2019. 中国第九次北极科学考察报告. 北京: 海洋出版社.

吴东. 2019. 末次盛冰期以来北欧海南部深层水演化特征及其对海冰活动的响应. 青岛: 自然资源部第一海洋研究所.

谢昕, 王汝建, 肖文申, 等. 2016. 西北冰洋及白令海沉积物颜色与成因. 科学通报, 61: 1828-1839.

徐仁辉, 王汝建, 肖文申, 等. 2020. 西北冰洋中更新世以来黏土矿物变化特征及其反映的洋流和冰盖演化. 海洋学报, 42(9): 50-60.

徐韧. 2019. 中国第八次北极科学考察报告: 首次环北冰洋环境调查. 北京: 海洋出版社.

许冬, 叶黎明, 于晓果, 等. 2015. 北冰洋阿尔法脊晚第四纪沉积有机质的来源变化及其古环境意义. 极地研究, 27(2): 159-167.

杨楚鹏, 李学杰, 等. 2020. 北极海洋地质与资源环境图集. 北京: 海洋出版社.

杨静懿, 李江海, 毛翔. 2013. 北极地区盆地群油气地质特征及其资源潜力. 极地研究, 25(3): 304-314.

叶黎明, 葛倩, 杨克红, 等. 2012. 350ka 以来北冰洋波弗特环流演变及其沉积响应. 海洋学研究, 30(4): 20-28.

余兴光. 2011. 中国第四次北极科学考察报告. 北京: 海洋出版社.

张德玉, 高爱国, 张道建. 2008. 楚科奇海-加拿大海盆表层沉积物中的粘土矿物. 海洋科学进展, 26(2): 171-183.

张海生. 2009. 中国第三次北极科学考察报告. 北京. 海洋出版社.

张占海. 2003. 中国第二次北极科学考察报告. 北京: 海洋出版社.

章陶亮. 2019. 北冰洋晚第四纪以来冰筏碎屑的古环境研究. 上海: 同济大学.

章陶亮, 王汝建, 陈志华, 等. 2014. 西北冰洋楚科奇海台 08P23 孔氧同位素 3 期以来的古海洋与古气候记录. 极地研究, 26(1): 46-57.

章陶亮, 王汝建, 肖文申, 等. 2015. 西北冰洋 Chukchi Borderland 晚第四纪冰筏碎屑记录及其古气候意义, 海洋地质与第四纪地质, 35(3): 49-60.

章陶亮, 王汝建, Polyak L, 等. 2021. 西北冰洋冰筏碎屑指示的 MIS5 以来冰盖和洋流的演化历史. 第四纪研究, 41(3): 646-661.

章伟艳, 于晓果, 刘焱光, 等. 2015. 楚科奇海盆 M04 柱晚更新世以来沉积古环境记录. 海洋学报, 37(7): 85-96.

赵进平, 史久新. 2004. 北极环极边界流研究及其主要科学问题. 极地研究, 16(3): 159-170.

赵进平, 史久新, 王召民, 等. 2015. 北极海冰减退引起的北极放大机理与全球气候效应. 地球科学进展, 30(9): 985-995.

赵蒙维. 2018. 北大西洋北部 MIS8 期以来海洋环境演变. 青岛: 中国海洋大学.

中国首次北极科学考察队. 2000. 中国首次北极科学考察报告. 北京: 海洋出版社.

朱伟林. 1997. 俄罗斯北极近海油气勘探. 中国海上油气(地质), 11(1): 37.

Aagaard K. 1981. On the deep circulation in the Arctic Ocean. Deep Sea Res, Part A, 28, 3: 251-268.

Aagaard K, Carmack E C. 1989. The role of sea ice and other fresh water in the Arctic circulation. J Geophys Res, Oceans, 94(C10): 14485-14498.

Aagaard-Sørensen S, Husum K, Werner K, et al. 2014. A Late Glacial-Early Holocene multiproxy record from the eastern Fram Strait, Polar North Atlantic. Marine Geology, 355: 15-26.

Abell J T, Winckler G. 2023. Long-term variability in Pliocene North Pacific Ocean export production and its implications for ocean circulation in a warmer world. AGU Adv, 4: e2022AV000853.

Adler R E, Polyak L, Crawford K A, et al. 2009. Sediment record from the western Arctic Ocean with an improved Late Quaternary age resolution: HOTRAX core HLY0503-8JPC, Mendeleev Ridge. Glob Planet Change, 68: 18-29.

Aldahan A A, Shi N P, Possnert G, et al. 1997. ^{10}Be records from sediments of the Arctic Ocean covering the past 350 ka. Mar Geol, 144: 147-162.

Aleinikoff J N, Farmer G L, Rye R O, et al. 2000. Isotopic evidence for the sources of Cretaceous and Tertiary granitic rocks, east-central Alaska: implications for the tectonic evolution of the Yukon-Tanana Terrane. Canadian J Ear Sci, 37(6): 945-956.

Alexanderson H, Backman J, Cronin T M, et al. 2014. An Arctic perspective on dating Mid-Late Pleistocene environmental history. Quat Sci Rev, 92: 9-31.

Alley R B, Mayewski P A, Sowers T, et al. 1999. Holocene climatic instability: a prominent, widespread event 8200 yr ago. Geol, 25: 483-486.

Alley R B, Marotzke J, Nordhaus W D, et al. 2003. Abrupt climate change. Science, 299: 2005-2010.

Alley R B, Horgan H J, Joughin I, et al. 2008. A simple law for ice-shelf calving. Science, 322: 1344.

Alling V, Porcelli D, Mörth C-M, et al. 2012. Degradation of terrestrial organic carbon, primary production and out-gassing of CO_2 in the Laptev and East Siberian Seas as inferred from $\delta^{13}C$ values of DIC. Geochim Cosmochim Acta, 95: 143-159.

Alonso-Garcia M, Sierro F J, Flores J A. 2011. Arctic front shifts in the subpolar North Atlantic during the Mid-Pleistocene (800-400 ka) and their implications for ocean circulation. Palaeogeogr Palaeoclimatol Palaeoecol, 311: 268-280.

Alvey A, Gaina C, Kusznir N J, et al. 2008. Integrated crustal thickness mapping and plate reconstructions for the high Arctic. Ear Planet Sci Lett, 274: 310-321.

AMAP (Arctic Monitoring and Assessment Programme). 1998. AMAP assessment//Report Arctic Pollution Issues. Oslo, Norway: AMAP: 871.

Anderson L G, Björk G, Holby O, et al. 1994. Water masses and circulation in the Eurasian Basin: Results from the *Oden* 91 expedition. J Geophys Res, 99(C2): 3273-3283.

Anderson L G, Andersson P S, Bjoerk G, et al. 2013. Source and formation of the upper halocline of the Arctic Ocean. J Geophys Res, Oceans, 118: 410-421.

Andrews J T, Dyke A, Tedesco K, et al. 1993. Meltwater along the Arctic margin of the Laurentide ice sheet (8-12 ka BP): stable isotopic evidence and implications for past salinity anomalies. Geol, 21: 881-884.

Andrews J T, Dunhill G. 2004. Early to mid-Holocene Atlantic water influx and deglacial meltwater events, Beaufort Sea slope, Arctic Ocean. Quat Res, 61: 14-21.

Andrews J T, Belt S T, Ólafsdóttir S, et al. 2009. Sea ice and climate variability for NW Iceland/Denmark Strait over the last 2000 cal. yr BP. The Holocene, 19: 775-784.

Andriashek L D, Barendregt R W. 2017. Evidence for Early Pleistocene glaciation from borecore stratigraphy in north-central Alberta, Canada. Canadian J Ear Sci, 54: 445-460.

Andronikov A V, Mukasa S B. 2010. ^{40}Ar/^{39}Ar eruption ages and geochemical characteristics of Late Tertiary to Quaternary intraplate and arc-related lavas in interior Alaska. Lithos, 115: 1-14.

Anglada-Ortiz G, Zamelczyk K, Meilland J. 2021. Planktic foraminiferal and pteropod contributions to carbon dynamics in the Arctic Ocean (north Svalbard margin). Front Mar Sci, 8: 661158.

Anthony K W, von Deimling T S, Nitze I, et al. 2018. 21st-century modeled permafrost carbon emissions accelerated by abrupt thaw beneath lakes. Nat Commun, 9: 3262.

Ardyna M, Babin M, Gosselin M, et al. 2013. Parameterization of vertical chlorophyll a in the Arctic Ocean: impact of the subsurface chlorophyll maximum on regional, seasonal, and annual primary production estimates. Biogeosci, 10: 4383-4404.

Ardyna M, Babin M, Gosselin M, et al. 2014. Recent Arctic Ocean sea ice loss triggers novel fall phytoplankton blooms. Geophys Res Lett, 41: 6207-6212.

Aré F. 1999. The role of coastal retreat for sedimentation in the Laptev Sea//Kassens H, Bauch H, Dmitrenko I, et al. Land-Ocean systems in the Siberian Arctic: dynamics and history. Heidelberg: Springer-Verlag: 287-299.

Aré F, Reimnitz E, Grigoriev M, et al. 2008. The influence of cryogenic processes on the erosional Arctic shoreface. Coast Res, 241: 110-121.

Arndt J E, Niessen F, Jokat W, et al. 2014. Deep water paleo-iceberg scouring on top of Hovgaard Ridge-Arctic Ocean. Geophys Res Lett, 41: 5068-5074.

Arrigo K R, van Dijken G, Pabi S. 2008. Impact of a shrinking Arctic ice cover on marine primary production. Geophys Res Lett, 35: L19603.

Arrigo K R, Matrai P A, van Dijken G L. 2011. Primary productivity in the Arctic Ocean: Impacts of complex optical properties and subsurface chlorophyll maxima on large-scale estimates. J Geophys Res, 116: C11022.

Arrigo K R, van Dijken G L. 2015. Continued increases in Arctic Ocean primary production. Prog Oceanogr, 136: 60-70.

Årthun M, Eldevik T, Smedsrud L H, et al. 2012. Quantifying the influence of Atlantic heat on Barents Sea ice variability and retreat. J Climate, 25: 4736-4743.

Asahara Y, Takeuchi F, Nagashima K, et al. 2012. Provenance of terrigenous detritus of the surface sediments in the Bering and Chukchi Seas as derived from Sr and Nd isotopes: implications for recent climate change in the Arctic regions. Deep Sea Res, Part II, 61-64: 155-171.

Aschwanden A, Fahnestock M A, Truffer M, et al. 2019. Contribution of the Greenland Ice Sheet to sea level over the next millennium. Sci Adv, 5(6): eaav9396.

Astakhov A, Sattarova V, Shi X, et al. 2019. Distribution and sources of rare earth elements in sediments of the Chukchi and East Siberian Seas. Polar Sci, 20: 148-159.

Backman J, Moran K. 2008. Introduction to special section on Cenozoic Paleoceanography of the Central Arctic Ocean. Paleoceanogr, 23: PA1S01.

Backman J, Moran K. 2009. Expanding the Cenozoic paleoceanographic record in the central Arctic Ocean: IODP Expedition 302 synthesis. Cent Eur J Geosci, 1(2): 157-175.

Backman J, Jakobsson M, Løvlie R, et al. 2004. Is the central Arctic Ocean a sediment starved basin? Quat Sci Rev, 23(11-13): 1435-1454.

Backman J, Moran K, McInroy D, et al. 2005. IODP Expedition 302, Arctic Coring Expedition (ACEX): a first look at the Cenozoic paleoceanography of the central Arctic Ocean. Scientific Drilling, 1: 12-17.

Backman J, Moran K, McInroy D B, et al. 2006. Proc. IODP 302, Edinburgh (Integrated Ocean Drilling Program Management International, Inc.).

Backman J, Fornaciari E, Rio D. 2009. Biochronology and paleoceanography of late Pleistocene and Holocene calcareous nannofossil abundances across the Arctic Basin. Mar Micropaleontol, 72: 86-98.

Backman J, Jakobsson M, Frank M, et al. 2008. Age model and core-seismic integration for the Cenozoic Arctic Coring Expedition sediments from the Lomonosov Ridge. Paleoceanogr, 23: PA1S03.

Bai Y, Sicrec M A, Chen J, et al. 2019. Seasonal and spatial variability of sea ice and phytoplankton biomarker flux in the Chukchi Sea (western Arctic Ocean). Progr Oceanogr, 171: 22-37.

Bai Y, Sicre M A, Ren J, et al. 2022. Centennial-scale variability of sea-ice cover in the Chukchi Sea since AD 1850 based on biomarker reconstruction. Environ Res Lett, 17: 044058.

Bailey I, Hole G M, Foster G L, et al. 2013. An alternative suggestion for the Pliocene onset of major northern hemisphere glaciation based on the geochemical provenance of North Atlantic Ocean ice-rafted debris. Quat Sci Rev, 75: 181-194.

Baker J H, Wong J W. 1968. Paradoxostoma rostratum Sars (Ostracoda, Podocopida) as a commensal on the Arctic gammarid amphipods Gammaracanthus loricatus (Sabine) and Gammarus Wilkitzkii Birula. Crustaceana, 14: 307-311.

Bakker B, Masson-Delmotte V, Martrat B, et al. 2014. Temperature trends during the Present and Last Interglacial periods - a multi-model-data comparison. Quat Sci Rev, 99: 224-243.

Balco G, Rovey C W. 2010. Absolute chronology for major Pleistocene advances of the Laurentide Ice Sheet. Geol, 38: 795-798.

Ballinger T J, Bigaalke S, Walsh J E, et al. 2023. Surface Air Temperature//Thoman R L, Moon T A, Druckenmiller M L. Arctic Report Card 2023. NOAA Technical Report OAR ARC, 23-02.

Ballini M, Kissel C, Colin C, et al. 2006. Deep-water mass source and dynamic associated with rapid climatic variations during the last glacial stage in the North Atlantic: a multiproxy investigation of the detrital fraction of deep-sea sediments. Geochem Geophys Geosyst, 7: Q02N01.

Barale V, Gade M. 2018. Remote sensing of the Asian seas. Cham: Springer: 565.

Barker S, Archer D, Booth L, et al. 2006. Globally increased pelagic carbonate production during the Mid-Brunhes dissolution interval and the CO_2 paradox of MIS 11. Quat Sci Rev, 25(23): 3278-3293.

Barnard J L. 1959. Epipelagic and under-ice amphipoda of the central Arctic Basin: scientific studies at Fletcher's ice island T-3, 1952-1955. Geophys Res Pap, 63: 115-153.

Barnhart K R, Overeem I, Anderson R S. 2014. The effect of changing sea ice on the physical vulnerability of Arctic coasts. Cryosphere, 8: 1777-1799.

Barrientos N, Lear C H, Jakobsson M, et al. 2018. Arctic Ocean benthic foraminifera Mg/Ca ratios and global Mg/Ca-temperature calibrations: New constraints at low temperatures. Geochim Cosmochim Acta, 236: 240-259.

Barth A M, Clark P U, Bill N S, et al. 2018. Climate evolution across the Mid-Brunhes transition. Clim Past, 14(12): 2071-2087.

Basilyan A, Nikol'skyi P, Anisimov M. 2008. Pleistocene glaciation of the New Siberian Islands-no more doubt. IPY News, 12: 7-9.

Batchelor C L, Dowdeswell J A. 2014. The physiography of High Arctic cross-shelf troughs. Quat Sci Rev, 92: 68-96.

Batchelor C L, Margold M, Krapp M, et al. 2019. The configuration of Northern Hemisphere ice sheets through the Quaternary. Nat Commun, 10: 3713.

Bates N, Mathis J. 2009. The Arctic Ocean marine carbon cycle: evaluation of air-sea CO_2 exchanges, ocean acidification impacts and potential feedbacks. Biogeosci, 6: 2433-2459.

Bauch D, Carstens J, Wefer G, et al. 2000. The imprint of anthropogenic CO_2 in the Arctic Ocean: evidence from planktic $\delta^{13}C$ data from water column and sediment surfaces. Deep-Sea Res, II 9-11: 1791-1808.

Bauch D, Erlenkeuser H, Andersen N. 2005. Water mass processes on Arctic shelves as revealed from $\delta^{18}O$ of H_2O. Glob Planet Change, 48: 165-174.

Bauch D, van der Loeff M R, Andersen N, et al. 2011a. Origin of freshwater and polynya water in the Arctic Ocean halocline in summer 2007. Progr Oceanogr, 91: 482-495.

Bauch D, Hölemann J, Andersen N, et al. 2011b. The Arctic shelf regions as a source of freshwater and brine-enriched waters as revealed from stable oxygen isotopes. Polarforschung, 80(3): 127-140.

Bauch H A. 2013. Interglacial climates and the Atlantic meridional overturning circulation: is there an Arctic controversy? Quat Sci Rev, 63: 1-22.

Bauch H A, Helmke J P. 1999. Glacial-interglacial records of the reflectance of sediments from the Norwegian-Greenland-Iceland Sea (Nordic seas). International Journal of Earth Sciences, 88: 325-336.

Bauch H A, Erlenkeuser H, Spielhagen R F, et al. 2001. A multiproxy reconstruction of the evolution of deep and surface waters in the subarctic Nordic seas over the last 30,000 yr. Quat Sci Rev, 20: 659-678.

Bayon G, Toucanne S, Skonieczny C, et al. 2015. Rare Earth elements and neodymium isotopes in world river sediments revisited. Geochim Cosmochim Acta, 170: 17-38.

Bazhenova E, Fagel N, Stein R, et al. 2017. North American origin of "pink-white" layers at the Mendeleev Ridge (Arctic Ocean): New insights from lead and neodymium isotope composition of detrital sediment component. Mar Geol, 386: 44-55.

Beikman H. 1980. Geologic map of Alaska. Scale 1: 2500000. Arlington: US Geological Survey.

Belicka L L, Harvey H R. 2009. The sequestration of terrestrial organic carbon in Arctic Ocean sediments: A comparison of methods and implications for regional carbon budgets. Geochim Cosmochim Acta, 73: 6231-6248.

Belicka L L, Macdonald R W, Harvey H R. 2002. Sources and transport of organic carbon to shelf, slope, and basin surface sediments of the Arctic Ocean. Deep-Sea Res, I 49: 1463-1483.

Belicka L L, Macdonald R W, Yunker M B, et al. 2004. The role of depositional regime on carbon transport and preservation in Arctic Ocean sediments. Mar Chem, 86: 65-88.

Belt S T. 2018. Source-specific biomarkers as proxies for Arctic and Antarctic sea ice. Org Geochem, 125: 277-298.

Belt S T. 2019. What do IP25 and related biomarkers really reveal about sea ice change? Quat Sci Rev, 204: 216-219.

Belt S T, Müller J. 2013. The Arctic sea ice biomarker IP25: A review of current understanding, recommendations for future research and applications in palaeo sea ice reconstructions. Quat Sci Rev, 79(4): 9-25.

Belt S T, Massé G, Rowland S J, et al. 2007. A novel chemical fossil of paleo sea ice: IP25. Org Geochem, 38(1): 16-27.

Belt S T, Cabedo-Sanz P, Smik L, et al. 2015. Identification of paleo Arctic winter sea ice limits and the marginal ice zone: optimised biomarker-based reconstructions of late Quaternary Arctic sea ice. Ear Planet Sci Lett, 431: 127-139.

Bentley M J, Cofaigh C Ó, Anderson J B, et al. 2014. A community-based reconstruction of Antarctic Ice Sheet deglaciation since the Last Glacial Maximum. Quat Sci Rev, 100: 1-9.

Berger A L. 1978. Long-term variations of daily insolation and Quaternary climatic changes. J Atmos Sci, 35(12): 2362-2367.

Berger A, Loutre M F. 2002. An exceptionally long Interglacial ahead? Science, 297: 1287-1288.

Berger A, Imbrie J, Hays J, et al. 1984. Milankovitch and climate: understanding the response to astronomical forcing//NATO ASI Series, New York: Springer-Science+Business Media, B. U. 126: 377.

Beszczynska-Möller A, Woodgate R A, Lee C, et al. 2011. A synthesis of exchanges through the main oceanic gateways to the Arctic Ocean. Oceanogr, 24(3): 82-99.

Beuselinck L, Govers G, Poesen J, et al. 1998. Grain-size analysis by laser diffractometry: Comparison with the sieve-pipette method. Catena, 32: 193-208.

Bevis M, Harig C, Khan S A, et al. 2019. Accelerating changes in ice mass within Greenland, and the ice sheet's sensitivity to atmospheric forcing. Proc Natl Acad Sci, 116(6): 1934-1939.

Bierman P R, Shakun J D, Corbett L B, et al. 2016. A persistent and dynamic East Greenland Ice Sheet over the past 7.5 million years. Nature, 540: 256-260.

Birgel D, Stein R. 2004. Northern Fram Strait and Yermak Plateau: distribution, variability and burial of organic carbon and paleoenvironmental implications//Stein R, Macdonald R W. The organic carbon cycle in the Arctic Ocean. Toronto: Springer-Verlag: 279-294.

Bischof J F, Darby D A. 1997. Mid-to Late Pleistocene ice drift in the Western Arctic Ocean: Evidence for a different circulation in the past. Science, 277: 74-78.

Bischof J F, Darby D A. 1999. Quaternary ice transport in the Canadian Arctic and extent of Late Weiconsinan Glaciation in the Queen Elizabeth Islands. Canadian J Ear Sci, 36: 2007-2022.

Bischof J F, Koc J, Kubisch M, et al. 1990. Nordic seas surface ice drift reconstructions: evidence from ice-rafted coal fragments during oxygen isotope stage 6//Dowdeswell J A, Scourse J D. Glacimarine environments: processes and sediments. London: Geological Society, 53: 235-251.

Bischof J F, Clark D L, Vincent J S. 1996. Origin of ice-rafted debris: Pleistocene paleoceanography in the western Arctic Ocean. Paleoceanogr, 11: 743-756.

Biskaborn B K, Smith S L, Noetzli J, et al. 2019. Permafrost is warming at a global scale. Nat Commun, 10: 1-11.

Björk G, Jakobsson M, Rudels B, et al. 2007. Bathymetry and deep-water exchange across the central Lomonosov Ridge at 88-89°N. Deep-Sea Res, I, 54: 1197-1208.

Björk G, Anderson L, Jakobsson M, et al. 2010. Flow of Canadian basin deep water in the Western Eurasian Basin of the Arctic Ocean. Deep-Sea Res, I 57: 577-586.

Björk G, Jakobsson M, Assmann K, et al. 2018. Bathymetry and oceanic flow structure at two deep passages crossing the Lomonosov Ridge. Ocean Sci, 14: 1-13.

Blaauw M, Christen J A. 2011. Flexible paleoclimate age-depth models using an autoregressive gamma process. Bayesian Anal, 6(3): 457-474.

Blaauw M, Christen J A, Bennett K D, et al. 2018. Double the dates and go for Bayes — impacts of model choice, dating density and quality on chronologies. Quat Sci Rev, 188: 58-66.

Bliss A C, Miller J A, Meier W N. 2017. Comparison of passive microwave-derived early melt onset records on Arctic sea ice. Remote Sensing, 9(3): 199-223.

Boetius A, Albrecht S, Bakker K, et al. 2013. Export of algal biomass from the melting Arctic sea ice. Science, 339: 1430-1432.

Bohrmann H. 1991. Radioisotope stratigraphy, sedimentology and geochemistry of late quaternary sediments from the Eastern Arctic Ocean. Ber Polarforsch, 95: 1-133.

Braconnot P, Marti O. 2003. Impact of precession on monsoon characteristics from coupled ocean atmosphere experiments: changes in Indian monsoon and Indian Ocean climatology. Mar Geol, 201: 23-34.

Bradley R S, England J H. 2008. The Younger Dryas and the sea of ancient ice. Quat Res, 70: 1-10.

Braun H, Christl M, Rahmstorf S, et al. 2005. Possible solar origin of the 1470-year glacial climate cycle demonstrated in a coupled model. Nature, 438: 208-211.

Brigham-Grette J. 2013. Palaeoclimate: a fresh look at arctic ice sheets. Nat Geosci, 6(10): 807-808.

Broecker W S. 1975. Floating glacial ice caps in Arctic Ocean. Science, 188: 1116-1118.

Broecker W S, Kennett J, Flower B, et al. 1989. Routing of meltwater from the Laurentide ice sheet during the Younger Dryas cold episode. Nature, 341(28): 318-321.

Broecker W S, Bond G, Klas M, et al. 1992. Origin of the northern Atlantic's Heinrich events. Clim Dyn, 6: 265-273.

Brown T A, Belt S T, Tatarek A, et al. 2014. Source identification of the Arctic sea ice proxy IP$_{25}$. Nat Commun, 5: 4197.

Brown Z W, Casciotti K L, Pickart R S, et al. 2015. Aspects of the marine nitrogen cycle of the Chukchi Sea shelf and Canada Basin. Deep Sea Res, Pt, 118: 73-87.

Butsenko V V, Firsov Y G, Gusev E A, et al. 2019. Mendeleev and Alpha Ridges//Piskarev A, Poselov V, Kaminsky V. Geologic structures of the Arctic Basin. Cham: Springer International Publishing: 239-268.

Cabedo-Sanz P, Belt S T, Knies J, et al. 2013. Identification of contrasting seasonal sea ice conditions during the Younger Dryas. Quat Sci Rev, 79: 74-86.

Cabedo-Sanz P, Belt S T, Jennings A E, et al. 2016. Variability in drift ice export from the Arctic Ocean to the North Icelandic Shelf over the last 8000 years: A multi-proxy evaluation. Quat Sci Rev, 146: 99-115.

Cai P, Rutgers van der Loeff M, Stimac I, et al. 2010. Low export flux of particulate organic carbon in the central Arctic Ocean as revealed by ^{234}Th: ^{238}U disequilibrium. J Geophys Res, 115: C10037.

Candy I, McClymont E L. 2013. Interglacial intensity in the North Atlantic over the last 800000 years: investigating the complexity of the mid-Brunhes Event. J Quat Sci, 28(4): 343-348.

CAPE Last Interglacial project members. 2006. Last interglacial arctic warmth confirms polar amplification of climate change. Quat Sci Rev, 25: 1383-1400.

Capron E, Govin A, Stone E J, et al. 2014. Temporal and spatial structure of multi-millennial temperature changes at high latitudes during the Last Interglacial. Quat Sci Rev, 103: 116-133.

Capron E, Govin A, Feng R, et al. 2017. Critical evaluation of climate syntheses to benchmark CMIP6/PMIP4 127 ka Last Interglacial simulations in the high-latitude regions. Quat Sci Rev, 168: 137-150.

Caricchi C, Lucchi R G, Sagnotti L, et al. 2018. Paleomagnetism and rock magnetism from sediments along a continental shelf-to-slope transect in the NW Barents Sea: implications for geomagnetic and depositional changes during the past 15 thousand years. Global and Planetary Change, 160: 10-27.

Caricchi C, Lucchi R G, Sagnotti L, et al. 2019. A high-resolution geomagnetic relative paleointensity record from the Arctic Ocean deep-water gateway deposits during the last 60 kyr. Geochemistry, Geophysics, Geosystems, 20(5): 2355-2377.

Caricchi C, Sagnotti L, Campuzano S A, et al. 2020. A refined age calibrated paleosecular variation and relative paleointensity stack for the NW Barents Sea: implication for geomagnetic field behavior during the Holocene. Quaternary Science Reviews, 229: 106-133.

Carmack E, McLaughlin F. 2011. Towards recognition of physical and geochemical change in Subarctic and Arctic Seas. Prog Oceanogr, 90: 90-104.

Carmack E, Barber D, Christensen J H, et al. 2006. Climate variability and physical forcing of the food webs and the carbon budget on panarctic shelves. Prog Oceanogr, 72: 145-181.

Carstens J, Wefer G. 1992. Recent distribution of planktonic foraminifera in the Nansen Basin, Arctic Ocean. Deep-Sea Res, 39 (Suppl. 2): S507-S524.

Carstens J, Hebbeln D, Wefer G. 1997. Distribution of planktic foraminifera at the ice margin in the Arctic (Fram Strait). Mar Micropaleontol, 29: 257-269.

Casas-Prat M, Wang X L. 2020. Projections of extreme ocean waves in the Arctic and potential implications for coastal inundation and erosion. J Geophys Res, Oceans, 125: e2019JC015745.

Cavalieri D J, Parkinson C L. 2012. Arctic sea ice variability and trends, 1979-2010. Cryosphere, 6: 881-889.

Chadburn S E, Burke E J, Cox P M, et al. 2017. An observation-based constraint on permafrost loss as a function of global warming. Nat Clim Change, 7: 340-344.

Chamley H. 1989. Clay Sedimentology. Berlin: Springer.

Channell J E T, Xuan C. 2009. Self-reversal and apparent magnetic excursions in Arctic sediments. Ear Planet Sci Lett, 284: 124-131.

Cheng H, Edwards L R, Shen C C, et al. 2013. Improvements in ^{230}Th dating, ^{230}Th and ^{234}U half-life values, and U-Th isotopic measurements by multi-collector inductively coupled plasma mass spectrometry. Ear Planet Sci Lett, 371-372: 82-91.

Cheng H, Edwards R L, Sinha A, et al. 2016. The Asian monsoon over the past 640,000 years and ice age terminations. Nature, 534: 640-646.

Chiu P, Chao W, Gyllencreutz R, et al. 2017. New constraints on Arctic Ocean Mn stratigraphy from radiocarbon dating on planktonic foraminifera. Quat International, 447: 13-26.

Christ A J, Rittenour T M, Bierman P R, et al. 2023. Deglaciation of northwestern Greenland during Marine Isotope Stage 11. Science, 381: 330-335.

Churnside J H, Marchbanks R D. 2015. Subsurface plankton layers in the Arctic Ocean. Geophys Res Lett, 42: 4896-4902.

Clark C D, Ely J C, Greenwood S L, et al. 2018. BRITICE Glacial Map, version 2: a map and GIS database of glacial landforms of the last British-Irish Ice Sheet. Boreas, 47: 11-27.

Clark D L. 1970. Magnetic reversals and sedimentation rates in the Arctic Basin. Geol Soc Am Bull, 81: 3129-3134.

Clark D L, Hanson A. 1983. Central Arctic Ocean sediment texture: a key to ice transport mechanisms//Molnia B F. Glacial-marine sedimentation. New York: Plenum Press: 301-330.

Clark D L, Whitman R R, Morgan K A, et al. 1980. Stratigraphy and glacial-marine sediments of the Amerasian Basin, central Arctic Ocean. Special Paper of the Geological Society of America, 181: 1-57.

Clark D L, Chern L A, Hogler J A, et al. 1990. Late Neogene climate evolution of the central Arctic Ocean. Mar Geol, 93: 69-94.

Clark P U, Alley R B, Pollard D. 1999. Northern Hemisphere Ice-Sheet Influences on Global Climate Change. Science, 286: 1104-1111.

Clark P U, Dyke A S, Shakun J D, et al. 2009. The Last Glacial Maximum. Science, 325: 710-714.

Coachman L, Shigaev V. 1992. Northern Bering-Chukchi Sea ecosystem: the physical basis//Nagel P A. Results of the Third Joint US-USSR Bering and Chukchi Seas expedition (BERPAC), summer 1988. Washington, DC: US Fish and Wildlife Service: 17-27.

Cochran J R, Edwards M H, Coakley B J. 2006. Morphology and structure of the Lomonosov Ridge, Arctic Ocean. Geochem Geophys Geosyst, 7: Q05019.

Codispoti L A, Kelly V, Thessen A, et al. 2013. Synthesis of primary production in the Arctic Ocean: III. Nitrate and phosphate based estimates of net community production. Prog Oceanogr, 110: 126-150.

Colleoni F, Kirchner N, Niessen F, et al. 2016a. An East Siberian ice shelf during the Late Pleistocene glaciations: Numerical reconstructions. Quat Sci Rev, 147: 148-163.

Colleoni F, Wekerle C, Näslund J-O, et al. 2016b. Constraint on the penultimate glacial maximum Northern Hemisphere ice topography (≈140 kyrs BP). Quat Sci Rev, 137: 97-112.

Collins E S, Scott D B, Zhang J. 1996. Quaternary and Neogene benthic foraminifers from Sites 898 and 900, Iberia Abyssal Plain. Proc ODP Scientific Res, 149: 217-239.

Collins W D, Bitz C M, Blackmon M L, et al. 2006. The community climate system model: CCSM3. J Climate, 19: 2122-2143.

Comiso J C, Meier W N, Gersten R. 2017. Variability and trends in the Arctic Sea ice cover: Results from different techniques. J Geophys Res, Oceans, 122: 6883-6900.

Condron A, Winsor P. 2012. Meltwater routing and the Younger Dryas. Proc Natl Acad Sci, 109(49): 19928-19933.

Condron A, Joyce A J, Bradley R S. 2020. Arctic sea ice export as a driver of deglacial climate. Geol, 48(4): 395-399.

Cooper A, Turney C S M, Palmer J, et al. 2021. A global environmental crisis 42,000 years ago. Science, 371: 811-818.

Cooper L W, Benner R, McClelland J W, et al. 2005. Linkages among runoff, dissolved organic carbon, and the stable oxygen isotope composition of seawater and other water mass indicators in the Arctic Ocean. J Geophys Res Biogeo, 110: 308-324.

Cornelius N, Gooday A J. 2004. 'Live' (stained) deep-sea benthic foraminiferans in the western Weddell Sea: trends in abundance, diversity and taxonomic composition along a depth transect. Deep-Sea Res, Part II, 51(14): 1571-1602.

Costa K M, McManus J F, Anderson R F. 2018. Paleoproductivity and stratification across the subarctic Pacific over glacial-interglacial cycles. Paleoceanogr Paleoclimatol, 33(9): 914-933.

Cox P M, Huntingford C, Williamson M S. 2018. Emergent constraint on equilibrium climate sensitivity from global temperature variability. Nature, 553(7688): 319-322.

Coxall H, Wilson P, Palike H, et al. 2005. Rapid stepwise onset of Antarctic glaciation and deeper calcite compensation in the Pacific Ocean. Nature, 433: 53-57.

Crasemann B, Handorf D, Jaiser R, et al. 2017. Can preferred atmospheric circulation patterns over the North-Atlantic-Eurasian region be associated with arctic sea ice loss? Polar Sci, 14: 9-20.

Cronin T M, Whatley R. 1996. Ostracoda from Sites 910 and 911//Thiede J, Myhre A M, Firth J V, et al. Proc ODP Scientific Res. College Station, TX : Ocean Drilling Program, 151: 197-201.

Cronin T M, Holtz Jr T R, Whatley R C. 1994. Quaternary paleoceanography of the deep Arctic Ocean based on quantitative analysis of Ostracoda. Mar Geol, 119: 305-332.

Cronin T M, Holtz Jr T R, Stein R, et al. 1995. Late Quaternary paleoceanography of the Eurasian Basin, Arctic Ocean. Paleoceanogr, 10(2): 259-281.

Cronin T M, Boomer I, Dwyer G S, et al. 2002. Ostracoda and paleoceanography//Holms J A, Chivas A R. The Ostracoda: applications in Quaternary Research. Washington DC: AGU: 99-119.

Cronin T M, Smith S A, Eynaud F, et al. 2008. Quaternary paleoceanography of the central Arctic based on Integrated Ocean Drilling Program Arctic Coring Expedition 302 foraminiferal assemblages. Paleoceanogr, 23(1): PA1S18.

Cronin T M, Gemery L, Briggs Jr W M, et al. 2010. Quaternary sea-ice history in the Arctic Ocean based on a new ostracode sea-ice proxy. Quat Sci Rev, 29: 3415-3429.

Cronin T M, Dwyer G S, Farmer J, et al. 2012. Deep Arctic Ocean warming during the last glacial cycle. Nat Geosci, 5: 631-634.

Cronin T M, Polyak L, Reed D, et al. 2013. A 600-ka Arctic sea-ice record from Mendeleev Ridge based on ostracodes. Quat Sci Rev, 79: 157-167.

Cronin T M, DeNinno L H, Polyak L, et al. 2014. Quaternary ostracode and foraminiferal biostratigraphy and paleoceanography in the western Arctic Ocean. Mar Micropaleontol, 111: 118-133.

Cronin T M, Dwyer G S, Caverly E K, et al. 2017. Enhanced arctic amplification began at the Mid-Brunhes Event ~400,000 years ago. Sci Rep, 7: 14475.

Dahl-Jensen D, Albert M R, Aldahan A. 2013. Eemian Interglacial reconstructed from a Greenland folded ice core. Nature, 493: 489-494.

Dai A, Luo D, Song M, et al. 2019. Arctic amplification is caused by sea-ice loss under increasing CO_2. Nat Comm, 10: 121.

Dalton A S, Finkelstein S A, Forman S L, et al. 2019. Was the Laurentide Ice Sheet significantly reduced during Marine Isotope Stage 3? Geol, 47: 111-114.

Dalton A S, Stokes C R, Batchelor C L. 2022. Evolution of the Laurentide and Innuitian ice sheets prior to the Last Glacial Maximum (115 ka to 25 ka). Earth-Sci Rev, 224: 103875.

Danielson S L, Dobbins E L, Jakobsson M, et al. 2015. Sounding the Northern Seas. EOS, 96: 13-17.

Darby D A. 1975. Kaolinite and other clay minerals in Arctic Ocean sediments. J Sediment Petrol, 45(1): 272-279.

Darby D A. 2003. Sources of sediment found in sea ice from the western Arctic Ocean, new insights into processes of entrainment and drift patterns. J Geophys Res, 108(C8): 3257.

Darby D A, Bischof J F. 1996. A statistical approach to source determination of lithic and Fe-oxide grains: an example from the Alpha Ridge, Arctic Ocean. J Sediment Res, 66: 599-607.

Darby D A, Zimmerman P. 2008. Ice-rafted detritus events in the Arctic during the last glacial interval, and the timing of the Innuitian and Laurentide ice sheet calving events. Polar Res, 27(2): 114-127.

Darby D A, Naidu A, Mowatt T, et al. 1989. Sediment composition and sedimentary processes in the Arctic Ocean//Herman Y. The Arctic Seas — climatology, oceanography, geology, and biology. New York: Van Nostrand Reinhold Co. : 657-720.

Darby D A, Bischof J F, Jones G A. 1997. Radiocarbon chronology of depositional regimes in the western Arctic Ocean. Deep Sea Res, II, 44(8): 1745-1757.

Darby D A, Bischof J F, Spielhagen R F, et al. 2002. Arctic ice export events and their potential impact on global climate during the late Pleistocene. Paleoceanogr, 17(2): 1025.

Darby D A, Jakobsson M, Polyak L. 2005. Icebreaker expedition collects key Arctic seafloor and ice data. Eos Trans, 86(52): 549-552.

Darby D A, Polyak L, Bauch H A. 2006. Past glacial and interglacial conditions in the Arctic Ocean and marginal seas — a review. Progr Oceanogr, 71(2-4): 129-144.

Darby D A, Ortiz J, Polyak L, et al. 2009. The role of currents and sea ice in both slowly deposited central Arctic and rapidly deposited Chukchi-Alaskan margin sediments. Glob Planet Change, 68: 58-72.

Darby D A, Myers W B, Jakobsson M, et al. 2011. Modern dirty sea ice characteristics and sources: The role of anchor ice. J Geophys Res, Oceans, 116: C09008.

Darby D A, Ortiz J D, Grosch C E, et al. 2012. 1,500-year cycle in the Arctic Oscillation identified in Holocene Arctic sea-ice drift. Nat Geosci, 5(12): 897-900.

Davies A, Kemp A E S, Pike J. 2009. Late Cretaceous seasonal ocean variability from the Arctic. Nature, 460: 254-258.

Davis B A S, Brewer S. 2009. Orbital forcing and role of the latitudinal insolation/temperature gradient. Clim Dyn, 32: 143-165.

De Boer B, Stocchi P, van de Wal R S W. 2014. A fully coupled 3-D ice sheet-sea-level model: algorithm and applications. Geosci Model Dev, 7: 2141-2156.

De Bore A-M, Nof D. 2004. The Bering Strait's grip on the northern hemisphere climate. Deep-Sea Res, Pt I, 51: 1347-1366.

De Schepper S, Gibbard P L, Salzmann U, et al. 2014. A global synthesis of the marine and terrestrial evidence for glaciation during the Pliocene Epoch. Ear -Sci Rev, 135: 83-102.

DeConto R M, Pollard D. 2016. Contribution of Antarctica to past and future sea-level rise. Nature, 531: 591-597.

DeConto R M, Pollard D, Wilson P A, et al. 2008. Thresholds for Cenozoic bipolar glaciation. Nature, 455: 652-656.

Dell'Agnese D J, Clark D L. 1994. Siliceous microfossils from the warm Late Cretaceous and Early Cenozoic Arctic Ocean. J Paleontol, 68: 31-47.

Delphine T, Head E J H, Wheeler P A. 1999. Mesozooplankton in the Arctic Ocean in summer. Deep Sea Res, 146: 1391-1415.

DeNinno L H, Cronin T M, Rodriguez-Lazaro J, et al. 2015. An early to mid-Pleistocene deep Arctic Ocean ostracode fauna with North Atlantic affinities. Palaeogeogr Palaeoclimatol Palaeoecol, 419: 90-99.

Denton G H, Hughes T J. 1981. The Last Great Ice Sheets. New York: Wiley Interscience: 484.

Depoorter M A, Bamber J L, Griggs J A, et al. 2013. Calving fluxes and basal melt rates of Antarctic ice shelves. Nature, 502(7469): 89-92.

Deschamps C E, Montero-Serrano J C, St-Onge G. 2018. Sediment provenance changes in the western Arctic Ocean in response to ice rafting, sea level, and oceanic circulation variations since the last deglaciation. Geochem Geophys Geosyst, 19(7): 2147-2165.

Desvilettes C, Bourdier G, Amblard C, et al. 1997. Use of fatty acids for the assessment of zooplankton grazing on bacteria, protozoans and microalgae. Freshw Biol, 38: 629-637.

Dethleff D. 2005. Entrainment and export of Laptev Sea ice sediments, Siberia Arctic. J Geophys Res, 110, C07009: 1-17.

Dethleff D, Kuhlmann G. 2009. Entrainment of fine-grained surface deposits into new ice in the southwestern Kara Sea, Siberian Arctic. Cont Shelf Res, 29: 691-701.

Dethleff D, Narnberg D, Reimnitz E, et al. 1993. East Siberian Arctic Region Expedition'92: the Laptev Sea — Its significance for Arctic Sea ice formation and transpolar sediment flux. Ber Polarforsch, 120(93): 3-37.

Dethleff D, Rachold V, Tintelnot M, et al. 2000. Sea-ice transport of riverine particles from the Laptev Sea to Fram Strait based on clay mineral studies. Intl J Ear Sci, 89: 496-502.

Detlef H, O'Regan M, Stranne C, et al. 2023. Seasonal sea-ice in the Arctic's last ice area during the Early Holocene. Commun Ear & Environ, 4: 86.

Didié C, Bauch H A. 2000. Species composition and glacial-interglacial variations in the ostracode fauna of the northeast Atlantic during the past 200,000 years. Marine Micropaleontology, 40: 105-129.

Dima M, Lohmann G. 2009. Conceptual model for millennial climate variability: a possible combined solar-thermohaline circulation origin for the ～1500-year cycle. Clim Dyn, 32: 301-311.

Ding Q, Schweiger A, L'Heureux M, et al. 2017. Influence of high-latitude atmospheric circulation changes on summertime Arctic sea ice. Nat Clim Change, 7: 289-295.

Ding X, Wang R, Zhang H, et al. 2014. Distribution, ecology and oxygen and carbon isotope characteristics of modern planktonic foraminifera in the Makarov Basin of the Arctic Ocean. Chin Sci Bull, 59(7): 674-687.

Dipre G R, Polyak L, Kuznetsov A B, et al. 2018. Plio-Pleistocene sedimentary record from the Northwind Ridge: new insights into paleoclimatic evolution of the western Arctic Ocean for the last 5 Ma. Arktos, 4: 24.

Ditlevsen P-D, Kristensen M-S, Andersen K-K. 2005. The recurrence time of Dansgaard-Oeschger events and limits on the possible periodic component. J Climate, 18: 2594-2603.

Dittmar T, Kattner G. 2003. The biogeochemistry of the river and shelf ecosystem of the Arctic Ocean: a review. Mar Chem, 83: 103-120.

Dixon R K, Brown S, Houghton R A, et al. 1994. Carbon pools and flux of global forest ecosystems. Science, 263: 185-190.

Dmitrenko I, TRANSDRIFT II Shipboard Scientific Party. 1995. The distribution of river run-off in the Laptev Sea: the environmental effect. Russian-German cooperation: Laptev Sea system. Berichte Zur Polarforschung, 176: 114-120.

Dong J, Shi X, Gong X, et al. 2022. Enhanced Arctic sea ice melting controlled by larger heat discharge of mid-Holocene rivers. Nat Commun, 13: 5368.

Dong L, Liu Y, Shi X, et al. 2017. Sedimentary record from the Canada Basin, Arctic Ocean: implications for late to middle Pleistocene glacial history. Clim Past, 13: 511-531.

Dong L, Polyak L, Liu Y, et al. 2020. Isotopic fingerprints of ice-rafted debris offer new constraints on Middle to Late Quaternary Arctic circulation and glacial history. Geochem Geophys Geosys, 21: e2020GC009019.

Dong L, Polyak L, Xiao X, et al. 2022. A Eurasian Basin sedimentary record of glacial impact on the central Arctic Ocean during MIS 1-4. Glob Planet Change, 219: 103993.

Dove D, Polyak L, Coakley B. 2014. Widespread, multi-source glacial erosion on the Chukchi margin, Arctic Ocean. Quat Sci Rev, 92(9): 112-122.

Dowdeswell J A, Ottesen D, Rise L, et al. 2007. Identification and preservation of landforms diagnostic of past ice-sheet activity on continental shelves from three-dimensional seismic evidence. Geol, 35: 359-362.

Dowdeswell J A, Ottesen D, Evans J, et al. 2008. Submarine glacial landforms and rates of ice-stream collapse. Geol, 36: 819-822.

Dowdeswell J A, Jakobsson M, Hogan K A, et al. 2010. High-resolution geophysical observations of the Yermak Plateau and northern Svalbard margin: implications for ice-sheet grounding and deep-keeled icebergs. Quat Sci Rev, 29: 3518-3531.

Drachev S S, Malyshev N A, Nikishin A M. 2010. Tectonic history and petroleum geology of the Russian Arctic Shelves: an overview//Geological society, London. Petroleum Geology Conference Series: 591-619.

Driscoll N, Haug G. 1998. A short circuit in thermohaline circulation: a cause for Northern Hemisphere Glaciation. Science, 282: 436-438.

Duk-Rodkin A, Hughes O. 1995. Quaternary geology of the northeastern part of the central Mackenzie Valley corridor, district of Mackenzie, Northwest Territories. Geol Sur Canada Bull, 458: 45.

Duk-Rodkin A, Barendregt R W. 2011. The glacial history of Northwestern Canada. In quaternary glaciation extent and chronology: a closer look//Ehlers J, Gibbard P L, Hughes P D. Developments in quaternary science. Amsterdam: Elsevier: 661-698.

Duplessy J C. 1978. Isotope studies//Gribbin J. Climate change. Cambridge: Cambridge University Press: 47-67.

Dupuy C, Michard A, Dostal J, et al. 1995. Isotope and trace-element geochemistry of Proterozoic Natkusiak flood basalts from the northwestern Canadian Shield. Chem Geol, 120: 15-25.

Dyke A S. 2004. An outline of North American Deglaciation with emphasis on central and northern Canada//Ehlers J, Gibbard P L. Quaternary glaciations-extent and chronology. Part II: North America. Developments in Quaternary Science, 2: 373-420.

Dyke A S, Prest V. 1987. Late Wisconsinan and Holocene retreat of the Laurentide Ice Sheet, Map 1702A, 1: 5,000,000, Geol. Sur.

Canada. Geographie Physique et Quaternaire, 41: 237-263.

Dyke A S, Andrews J T, Clark P U, et al. 2002. The Laurentide and Innuitian ice sheets during the Last Glacial Maximum. Quat Sci Rev, 21: 9-31.

Eberl D D. 2004. Quantitative mineralogy of the Yukon River system: variations with reach and season, and determining sediment provenance. Amer Mineralogist, 89: 1784-1794.

Edwards M H, Kurras G J, Tolstoy M, et al. 2001. Evidence of recent volcanic activity on the ultraslow-spreading Gakkel ridge. Nature, 409: 808-812.

Eglinton G, Hamilton R J. 1967. Leaf epicuticular waxes. Science, 156: 1322-1335.

Ehlers J, Gibbard P L. 2007. The extent and chronology of Cenozoic global glaciation. Quat Internat, 164-165: 6-20.

Ehlers J, Gibbard P L, Hughes P D. 2011. Quaternary glaciation extent and chronology: a closer look. Developments in Quaternary Science 15. Amsterdam: Elsevier.

Eicken H, Reimnitz E, Alexandrov V, et al. 1997. Sea-ice processes in the Laptev Sea and their importance for sediment export. Cont Shelf Res, 17: 205-233.

Eicken H, Kolatschek J, Freitag J, et al. 2000. A key source area and constraints on entrainment for basin-scale sediment transport by Arctic sea ice. Geophys Res Lett, 27: 1919-1922.

Eicken H, Gradinger R, Gaylord A, et al. 2005. Sediment transport by sea ice in the Chukchi and Beaufort Seas: Increasing importance due to changing ice conditions? Deep Sea Res, II, 52: 3281-3302.

Eisenhauer A, Spielhagen R F, Frank M, et al. 1994. ^{10}Be records of sediment cores from high northern latitudes: Implications for environmental and climatic changes. Ear Planet Sci Lett, 124: 171-184.

Eisenhauer A, Meyer H, Rachold V, et al. 1999. Grain size separation and sediment mixing in Arctic Ocean sediments: evidence from the strontium isotope systematic. Chem Geol, 158(3-4): 173-188.

Eldrett J S, Harding I C, Wilson P A, et al. 2007. Continental ice in Greenland during the Eocene and Oligocene. Nature, 446: 176-179.

Emerson S, Hedges J. 1988. Processes controlling the organic carbon content of open ocean sediments. Paleoceanogr, 3: 621-634.

Engels J L, Edwards M H, Polyak L, et al. 2008. Seafloor evidence for ice shelf flow across the Alaska-Beaufort margin of the Arctic Ocean. Ear Sur Proc Landforms, 33(7): 1047-1063.

England J H, Furze M F, Doupé J P. 2009. Revision of the NW Laurentide Ice Sheet: implications for paleoclimate, the northeast extremity of Beringia, and Arctic Ocean sedimentation. Quat Sci Rev, 28(17-18): 1573-1596.

EPICA. 2004. Eight glacial cycles from an Antarctic ice core. Nature, 429: 623-628.

Eynaud F. 2011. Planktonic foraminifera in the Arctic: potentials and issues regarding modern and quaternary populations. Earth and Environmental Science, 14: 012005.

Ezat M M, Rasmussen T L, Skinner L C, et al. 2019. Deep ocean ^{14}C ventilation age reconstructions from the Arctic Mediterranean reassessed. Ear Planet Sci Lett, 518: 67-75.

Fagel N, Not C, Gueibe J, et al. 2014. Late Quaternary evolution of sediment provenances in the Central Arctic Ocean: mineral assemblage, trace element composition and Nd and Pb isotope fingerprints of detrital fraction from the Northern Mendeleev Ridge. Quat Sci Rev, 92: 140-154.

Fahl K, Nöthig E-M. 2007. Lithogenic and biogenic particle fluxes on the Lomonosov Ridge (central Arctic Ocean) and their relevance for sediment accumulation: Vertical vs. lateral transport. Deep Sea Res, I, 54(8): 1256-1272.

Fairbanks R G. 1989. A 17,000-year glacio-eustatic sea level record: influence of glacial melting rates on the Younger Dryas event and deep-ocean circulation. Nature, 6250: 637-642.

Fairbanks R G, Mortlock R A, Chiu T-C, et al. 2005. Radiocarbon calibration curve spanning 0 to 50,000 years BP based on paired ^{230}Th/^{234}U/^{238}U and ^{14}C dates on pristine corals. Quat Sci Rev, 24: 1781-1796.

Farmer J R, Cronin T, de Vernal A, et al. 2011. Western Arctic Ocean temperature variability during the last 8000 years. Geophys Res Lett, 38(24): L20602.

Farmer J R, Sigman D M, Granger J, et al. 2021. Arctic Ocean stratification set by sea level and freshwater inputs since the last ice age. Nat Geosci, 14: 684-689.

Farmer J R, Pico T, Underwood O M, et al. 2023. The Bering Strait was flooded 10,000 years before the Last Glacial Maximum. Proc Natl Acad Sci, 120(1): e2206742119.

Farquharson L M, Mann D H, Swanson D K, et al. 2018. Temporal and spatial variability in coastline response to declining sea-ice in northwest Alaska. Mar Geol, 404: 71-83.

Farquharson L M, Romanovsky V E, Cable W L, et al. 2019. Climate change drives widespread and rapid thermokarst development in very cold permafrost in the Canadian High Arctic. Geophys Res Lett, 46: 6681-6689.

Feng J J, Wang C, Lei J S, et al. 2020. Warming-induced permafrost thaw exacerbates tundra soil carbon decomposition mediated by microbial community. Microbiome, 8: 3.

Feng X J, Benitez-Nelson B, Montluçon D B, et al. 2013. ^{14}C and ^{13}C characteristics of higher plant biomarkers in Washington margin surface sediments. Geochem Cosmochim Acta, 105: 14-30.

Feyling-Hanssen R W. 1972. The Foraminifer Elphidium excavatum (Terquem) and Its Variant Forms. Micropaleontol, 18(3): 337-354.

Fietz S, Huguet C, Bende J, et al. 2012. Co-variation of crenarchaeol and branched GDGTs in globally-distributed marine and freshwater sedimentary archives. Glob Planet Change, 92-23: 275-285.

Filatova N, Khain V. 2010. The Arctida Craton and Neoproterozoic-Mesozoic orogenic belts of the Circum-Polar region. Geotectonics, 44: 203-227.

Firth J V, Clark D L. 1998. An early Maastrichtian organic-walled phytoplankton cyst assemblage from an organic-rich black mud in Core Fl-533, Alpha Ridge: Evidence for upwelling conditions in the Cretaceous Arctic Ocean. Mar Micropaleontol, 34: 1-27.

Fischer A G. 1969. Geological timedistance rates: the Bubnoff unit. Geol Soc Am Bull, 80: 549-552.

Flores R, Stricke G, Kinney S. 2003. Alaska coal geology, resources, resources and coalbed methane potential. US Geol Sur Bull: 1-125.

Forbes D L. 2011. State of the Arctic coast 2010 — Scientific review and outlook. Land-Ocean Interactions in the Coastal Zone. Geesthacht: Institute of Coastal Research.

Francois R. 2007. Paleoflux and paleocirculation from sediment ^{230}Th and ^{231}Pa/^{230}Th//Hillaire-Marcel C, Vernal de A. Developments in marine geology Vol. 1, Proxies in late Cenozoic paleoceanography. Amsterdam: Elsevier: 681-716.

Frank M. 2002. Radiogenic isotopes: tracers of past ocean circulation and erosional input. Rev Geophys, 40(1): 2000RG000094.

Frank M, Backman J, Jakobsson M, et al. 2008. Beryllium isotopes in central Arctic Ocean sediments over the past 12.3 million years: Stratigraphic and paleoceanographic implications. Paleoceanogr, 23: PA1S02.

Frederick J M, Thomas M A, Bull D L, et al. 2016. The Arctic coastal erosion problem. Sandia Report: 1-122.

Frey K E, Comiso J C, Cooper L W, et al. 2019. Arctic Ocean primary productivity: the response of marine algae to climate warming and sea ice decline//Richter-Menge J, Druckenmiller M L, Jeffries M. Arctic Report Card 2019. NOAA Technical Report OAR ARC: 40-47.

Fripiat F, Declercq M, Sapart C, et al. 2018. Influence of the bordering shelves on nutrient distribution in the Arctic halocline inferred from water column nitrate isotopes. Limnol Oceanogr, 63: 2154-2170.

Fritz M, Vonk J E, Lantuit H. 2017. Collapsing Arctic coastlines. Nat Clim Change, 7: 6-7.

Fry B, Sherr E B. 1989. δ^{13}C measurements as indicators of carbon flow in marine and freshwater ecosystems//Rundel P W, Ehleringer J R, Nagy K A. Stable isotopes in ecological research. Ecological Studies, 68. New York: Springer: 196-229.

Fujita K, Cook D. 1990. The Arctic continental margin of eastern Siberia//Grantz A, Johnson L, Sweeney J F. The Geology of North America, the Arctic Ocean Region, 10. Boulder, CO: Geol Soc Am: 289-304.

Fujita K, Stone D, Layer P, et al. 1997. Cooperative program helps decipher tectonics of northeastern Russia. EOS, Transactions, Amer Geophys Union, 78(24): 245, 252-253.

Gamboa A, Montero-Serrano J-C, St-Onge G, et al. 2017. Mineralogical, geochemical, and magnetic signatures of surface sediments from the Canadian Beaufort Shelf and Amundsen Gulf (Canadian Arctic). Geochem Geophys Geosyst, 18: 488-512.

Gansson E G W, DeConto R M, Pollard D, et al. 2018. Numerical simulations of a kilometre-thick Arctic ice shelf consistent with ice grounding observations. Nat Commun, 9: 1510.

Gao C, Yang Y, Yang H, et al. 2021. Different temperature dependence of marine-derived brGDGT isomers in a sediment core from the Chukchi Sea shelf. Org Geochem, 152: 104169.

Gard G. 1993. Late Quaternary coccoliths at the North Pole: Evidence of ice-free conditions and rapid sedimentation in the central Arctic Ocean. Geol, 21: 227-230.

Gard G, Backman J. 1990. Synthesis of Arctic and Sub-Arctic coccolith biochronology and history of North Atlantic drift water influx during the last 500,000 years//Geological history of the Polar Oceans: arctic versus antarctic. NATO ASI Series 308. Berlin: Springer-Verlag: 417-436.

Gariépy C, Allègre C J. 1985. The lead isotope geochemistry and geochronology of late-kinematic intrusives from the Abitibi greenstone belt, and the implacations for late Archaean crustal evolution. Geochim Cosmochim Acta, 49: 2371-2383.

Gasser T, Kechiar M, Ciais P, et al. 2018. Path-dependent reductions in CO_2 emission budgets caused by permafrost carbon release. Nat Geosci, 11: 830-835.

Geibert W, Matthiessen J, Stimac I, et al. 2021. Glacial episodes of a freshwater Arctic Ocean covered by a thick ice shelf. Nature, 590: 97-102.

Geibert W, Matthiessen J, Wollenburg J, et al. 2022. Reply to: No freshwater-filled glacial Arctic Ocean. Nature, 602: E4-E6.

Gemery L, Cronin T M, Briggs Jr W M, et al. 2015. An Arctic and Subarctic ostracode database: biogeographic and paleoceanographic applications. Hydrobiologia, 786: 59-95.

Gemery L, Cronin T M, Poirier R K, et al. 2017. Central Arctic Ocean paleoceanography from ~50 ka to present, on the basis of ostracode faunal assemblages from the SWERUS 2014 expedition. Clim Past, 13: 1473-1489.

Gierz P, Lohmann G, Wei W. 2015. Response of Atlantic overturning to future warming in a coupled atmosphere-ocean-ice sheet model. Geophys Res Lett, 42: 6811-6818.

Gildor H, Tziperman E. 2001. A sea ice climate switch mechanism for the 100-kyr glacial cycles. J Geophys Res, Oceans, 106(C5): 9117-9133.

Glebovsky V Y, Chernykh A A, Kaminsky V D, et al. 2012. Structural-tectonic regionalization of potential fields in the Arctic Ocean for the latest compilation of circumpolar tectonic map of the Arctic//Geology and geophysics of the Arctic region lithosphere, vol 8. Saint Petersburg: VNIIOkeangeologia: 20-29.

Glebovsky V Y, Astafurova E G, Chernykh A A, et al. 2013. Thickness of the Earth's crust in the deep Arctic Ocean: results of a 3D gravity modeling. Russian Geol Geophys, 54: 247-262.

Glushkova O Y. 2011. Late Pleistocene Glaciations in North-East Asia. Dev Quat Sci, 15: 865-875.

Goldstein S L, Hemming S R. 2003. Long-lived isotopic tracers in oceanography, paleoceanography, and ice-sheet dynamics//Holland H D, Turekian K K. Treatise on Geochemistry. Amsterdam: Elsevier: 453-489.

Golledge N R, Keller E D, Gomez N, et al. 2019. Global environmental consequences of twenty-first-century ice-sheet melt. Nature, 566: 65-73.

Golonka J. 2011. Phanerozoic palaeoenvironment and palaeolithofacies maps of the Arctic region. Geol Soc London, Memoirs, 35: 79-129.

Golonka J, Bocharova N Y, Ford D, et al. 2003. Paleogeographic reconstructions and basins development of the Arctic. Mar Petrol Geol, 20: 211-248.

Goosse H, Brovkin V, Fichefet T, et al. 2010. Description of the Earth system model of intermediate complexity LOVECLIM version 1. 2. Geosci Model Dev, 3: 603-633.

Goosse H, Roche D M, Mairesse A, et al. 2013. Modelling past sea ice changes. Quat Sci Rev, 79: 191-206.

Goossens D. 2008. Techniques to measure grain-size distributions of loamy sediments: a comparative study of ten instruments for wet analysis. Sedimentol, 55: 65-96.

Gordon C, Gregory J M, Wood R A. 2000. The simulation of SST, sea ice extents and ocean heat transports in a version of the Hadley Centre coupled model without flux adjustments. Clim Dyn, 16: 147-168.

Gowan E J, Zhang X, Khosravi S, et al. 2021. A new global ice sheet reconstruction for the past 80 000 years. Nat Commun, 12: 1199.

Gradinger R R, Bluhm B A. 2004. In situ observations on the distribution and behavior of amphipods and Arctic cod (Boreogadus saida) under the sea ice of the high Arctic Canadian Basin. Polar Biol, 27: 595-603.

Gramberg I S, Kos'ko M K, Lazurkin D V. 1984. Major stages of the Arctic continental margin Neogeian evolution. J Sovetskaya Geologiya, 7: 32-40.

Granger J, Prokopenko M G, Sigman D M, et al. 2011. Coupled nitrification-denitrification in sediment of the eastern Bering Sea shelf leads to 15N enrichment of fixed N in shelf waters. J Geophys Res, 116: C11006.

Granger J, Sigman D M, Gagnon G J, et al. 2018. On the properties of the Arctic halocline and deep water masses of the Canada Basin from nitrate isotope ratios. J Gephys Res, Oceans, 123: 5443-5458.

Grantz A, Clark D L, Phillips R L, et al. 1998. Phanerozoic stratigraphy of Northwind Ridge, magnetic anomalies in the Canada basin, and the geometry and timing of rifting in the Amerasia basin, Arctic Ocean. Geol Soc Am Bull, 110(6): 801-820.

Grantz A, Hart P E, May S D. 2004. Seismic reflection and refraction data acquired in Canada Basin, Northwind Ridge and Northwind Basin, Arctic Ocean in 1988, 1992 and 1993. US. Geological Survey Open File Report (2004-1243).

Grebmeier J M. 2012. Biological community shifts in Pacific Arctic and Sub-Arctic Seas. Ann Rev Mar Sci, 4: 63-78.

Grebmeier J M, Overland J, Moore S E, et al. 2006a. A major ecosystem shift in the Northern Bering Sea. Science, 311: 1461-1464.

Grebmeier J M, Cooper L W, Feder H M, et al. 2006b. Ecosystem dynamics of the Pacific-influenced Northern Bering and Chukchi Seas in the Amerasian Arctic. Prog Oceanogr, 71: 331-336.

Greco M, Werne, K, Zamelczyk K, et al. 2022. Decadal trend of plankton community change and habitat shoaling in the Arctic gateway recorded by planktonic foraminifera. Glob Change Biol, 28: 1798-1808.

Green C L, Bigg G R, Green J A M. 2010. Deep draft icebergs from the Barents Ice Sheet during MIS 6 are consistent with erosional evidence from the Lomonosov Ridge, central Arctic. Geophys Res Lett, 37: 4-7.

Green K E. 1960. Ecology of some Arctic foraminifera. Micropaleontol, 6(1): 57-78.

Griffith D R, McNichol A P, Xu L, et al. 2012. Carbon dynamics in the western Arctic Ocean: insights from full-depth carbon isotope profiles of DIC, DOC, and POC. Biogeosci, 9: 1217-1224.

Grigoriev M, Rachold R, Hubberten H-W, et al. 2004. Organic carbon input to the Arctic Seas through coastal erosion//Stein R, Macdonald R W. The organic carbon cycle in the Arctic Ocean. Heidelberg: Springer-Verlag: 41-45.

Grinsted A, Moore J C, Jevrejeva S. 2004. Application of the cross wavelet transform and wavelet coherence to geophysical time series. Nonlin Processes Geophys, 11: 561-566.

Grosswald M G, Hughes T J. 2002. The Russian component of an Arctic Ice Sheet during the Last Glacial Maximum. Quat Sci Rev, 21: 121-146.

Grosswald M G, Hughes T J. 2008. The case for an ice shelf in the Pleistocene Arctic Ocean. Polar Geogr, 1: 69-98.

Grunseich G, Wang B. 2016. Arctic sea ice patterns driven by the Asian Summer Monsoon. J Clim, 29: 9097-9112.

Gualtieri L, Vartanyan S L, Brigham-Grette, et al. 2005. Evidence for an ice-free Wrangel Island, northeast Siberia during the Last Glacial Maximum. Boreas, 34: 264-273.

Guarino M-V, Sime L C, Schröeder D, et al. 2020. Sea-ice-free Arctic during the Last Interglacial supports fast future loss. Nat Clim Change, 10: 928-932.

Guégan E. 2015. Erosion of permafrost affected coasts: rates, mechanisms and modelling. Trondheim: Norwegian University of Science and Technology.

Guo D, Gao Y, Bethke I, et al. 2014. Mechanism on how the spring Arctic sea ice impacts the East Asian summer monsoon. Theor Appl Climatol, 115: 107-119.

Guo L, Semiletov I, Gustafsson O, et al. 2004. Characterization of Siberian Arctic coastal sediments: Implications for terrestrial organic carbon export. Glob Biogeochem Cycles, 18: GB1036.

Gutjahr M, Hoogakker B, Frank M, et al. 2010. Changes in North Atlantic Deep Water strength and bottom water masses during Marine Isotope Stage 3 (45-35 ka BP). Quat Sci Rev, 29: 2451-2461.

Haley B A, Polyak L. 2013. Pre-modern Arctic Ocean circulation from surface sediment neodymium isotopes. Geophys Res Lett, 40(5): 893-897.

Haley B A, Frank M, Spielhagen R F, et al. 2008a. Influence of brine formation on Arctic Ocean circulation over the past 15 million years. Nat Geosci, 1: 68-72.

Haley B A, Frank M, Spielhagen R F, et al. 2008b. Radiogenic isotope record of Arctic Ocean circulation and weathering inputs of the past 15 million years. Paleoceanogr, 23: PA1S13.

Hall J K. 1979. Sediment waves and other evidence of paleo-bottom currents at two locations in the deep Arctic Ocean. Sediment Geol, 23(1-4): 269-299.

Hall J K, Chan L. 2004. Ba/Ca in *Neogloboquadrina pachyderma* as an indicator of deglacial meltwater discharge into the western Arctic Ocean. Paleoceanogr, 19: PA1017.

Hancke K, Kristiansen S, Lund-Hansen L C. 2022. Highly productive ice algal mats in Arctic melt ponds: Primary production and carbon turnover. Frontiers in Marine Science, 9: 841720.

Hanebuth T, Lantzsch H, Bergenthal M, et al. 2013. CORIBAR-ice dynamics and meltwater deposits: coring in the Kveithola trough, NW Barents Sea. Cruise MSM30, 16. 07-15. 08. 2013, Tromsø (Norway)-Tromsø (Norway). Berichte of MARUM - Zentrum fur Marine Umweltwissenschaften, Fachbereich Geowissenschaften, Universität Bremen, 74.

Hanebuth T, Rebesco M, Urgeles R, et al. 2014. Drilling glacial deposits in offshore polar regions. EOS Trans. Am. Geophys. Union 95: 277-284.

Hanslik D. 2011. Late Quaternary Biostratigraphy and Paleoceanography of the central Arctic Ocean. Stockholm: Stockholm University.

Hanslik D, Jakobsson M, Backman J, et al. 2010. Quaternary Arctic Ocean sea ice variations and radiocarbon reservoir age corrections. Quat Sci Rev, 29: 3430-3441.

Hanslik D, Löwemark L, Jakobsson M. 2013. Biogenic and detrital-rich intervals in central Arctic Ocean cores identified using x-ray fluorescence scanning. Polar Res, 32: 18386.

Hao Q, Wang L, Oldfield F, et al. 2012. Delayed build-up of Arctic ice sheets during 400,000-year minima in insolation variability. Nature, 490: 393-396.

Harbert W, Frei L, Jarrard R, et al. 1990. Paleomagnetic and plate-tectonic constraints on the evolution of the Alaskan-eastern Siberian Arctic//Grantz A, Johnson L, Sweeney J F. The geology of North America, the Arctic Ocean Region, Vol. 10. Boulder, CO: Geol Soc Am: 567-592.

Harrison W G, Cota G F. 1991. Primary production in polar waters: relation to nutrient availability. Polar Res, 10(1): 87-104.

Haug G H, Tiedemann R. 1998. Effect of the formation of the Isthmus of Panama on Atlantic Ocean thermohaline circulation. Nature, 393: 673-676.

Haug G H, Ganopolski A, Sigman D M, et al. 2005. North Pacific seasonality and the glaciation of North America 2. 7 million years ago. Nature, 433: 821-825.

Hawkins, Smith R S, Allison L C, et al. 2011. Bistability of the Atlantic overturning circulation in a global climate model and links to ocean freshwater transport. Geophys Res Lett, 38: L10605.

Haywood A, Valdes P. 2004. Modelling Pliocene warmth: contribution of atmosphere, oceans and cryosphere. Ear Planet Sci Lett, 218: 363-377.

Haywood A, Dekens P, Ravelo A. et al. 2005. Warmer tropics during the mid-Pliocene? Evidence from alkenone paleothermometry and a fully coupled ocean-atmosphere GCM. Geochem Geophys Geosyst, 6: Q03010.

He S, Gao Y, Li F, et al. 2017. Impact of Arctic Oscillation on the East Asian climate: a review. Ear- Sci Rev, 164: 48-62.

Heaton T J, Kohler P, Butzin M, et al. 2020. Marine20 — the marine radiocarbon age calibration curve (0–55,000 cal BP).

Radiocarbon, 62(4): 779-820.

Hebbeln D, Dokken T, Andersen E S, et al. 1994. Moisture supply for northern ice-sheet growth during the Last Glacial Maximum. Nature, 370: 357-360.

Hedges J I, Clark W A, Quay P D, et al. 1986. Compositions and fluxes of particulate material in the Amazon River. Limonol Oceanogr, 31: 717-738.

Heezen B C, Ewing M. 1961. The Mid-Oceanic Ridge and its extension through the Arctic Basin//Raasch G O. Geology of the Arctic: proceedings of the First International Symposium on Arctic Geology (Vol. 1). Toronto: University of Toronto Press: 622-642.

Hegewald A, Jokat W. 2013. Tectonic and sedimentary structures in the northern Chukchi region, Arctic Ocean. J Geophys Res, Solid Earth, 118: 3285-3296.

Hegseth E N, Sundfjord A. 2008. Intrusion and blooming of Atlantic phytoplankton species in the high Arctic. J Mar Syst, 74: 108-119.

Heinrich H. 1988. Origin and consequences of cyclic ice rafting in the northeast Atlantic Ocean during the past 130,000 years. Quat Res, 29: 142-152.

Hemming S-R. 2004. Heinrich events: Massive late Pleistocene detritus layers of the North Atlantic and their global climate imprint. Rev Geophys, 42: RG1005.

Henderson G M, Anderson R F. 2003. The U-series toolbox for palaeoceanography. Rev in Mineral Geochem, 52(1): 493-531.

Herman Y. 1974. Arctic Ocean sediments, microfauna, and the climatic record in late Cenozoic time//Herman Y. Marine geology and oceanography of the Arctic Seas. Berlin: Springer: 283-348.

Hevrøy K, Lavik G, Jansen E. 1996. Quaternary paleoceanography and paleoclimatology of the Fram Strait/Yermak Plateau region: Evidence from sites 909 and 912. Proceedings of ODP Scientific Reports, 151: 469-482.

Hill J C, Driscoll N W. 2008. Paleodrainage on the Chukchi shelf reveals sea level history and meltwater discharge. Mar Geol, 254: 129-151.

Hill J C, Driscoll N W. 2010. Iceberg discharge to the Chukchi shelf during the Younger Dryas. Quat Res, 74: 57-62.

Hill J C, Driscoll N W, Brigham-Grette J, et al. 2007. New evidence for high discharge to the Chukchi shelf since the Last Glacial Maximum. Quat Res, 68: 271-279.

Hill V J, Cota G. 2005. Spatial patterns of primary production on the shelf, slope and basin of the Western Arctic in 2002. Deep-Sea Res, II, 52: 3344-3354.

Hill V J, Matrai P A, Olson E, et al. 2013. Synthesis of integrated primary production in the Arctic Ocean: II. In situ and remotely sensed estimates. Prog Oceanogr, 110: 107-125.

Hillaire-Marcel C, de Vernal A. 2008. Stable isotope clue to episodic sea ice formation in the glacial North Atlantic. Ear Planet Sci Lett, 268(1): 143-150.

Hillaire-Marcel C, Vernala-de A, Polyak L, et al. 2004. Size-dependent isotopic composition of planktic foraminifers from Chukchi Sea vs. NW Atlantic sediments—implications for the Holocene paleoceanography of the western Arctic. Quat Sci Rev, 23(3-4): 245-260.

Hillaire-Marcel C, Maccali J, Not C, et al. 2013. Geochemical and isotopic tracers of Arctic sea ice sources and export with special attention to the Younger Dryas interval. Quat Sci Rev, 79: 184-190.

Hillaire-Marcel C, Ghaleb B, Vernal de A, et al. 2017. A new chronology of late Quaternary sequences from the central Arctic Ocean based on "extinction ages" of their excesses in ^{231}Pa and ^{230}Th. Geochem Geophys Geosyst, 18: 4573-4585.

Hillaire-Marcel C, Myers P G, Marshall S, et al. 2022. Challenging the hypothesis of an Arctic Ocean lake during recent glacial episodes. J Quat Sci, 37: 559-567.

Hodell D A, Channell J E T, Curtis J H, et al. 2008. Onset of "Hudson Strait" Heinrich events in the eastern North Atlantic at the end of the middle Pleistocene transition (~640 ka)? Paleoceanogr, 23(4): PA4218.

Hodell D A, Kanfoush S L, Venz K A, et al. 2003. The mid-brunhes transition in ODP sites 1089 and 1090 (Subantarctic South Atlantic). Geophys. Monogr-Am Geophys Un, 137: 113-130.

Hodgson D. 1989. Quaternary geology of the Queen Elizabeth Islands//Fulton R J. Quaternary geology of Canada and Greenland, vol. 1. Ottawa, Ont: Geol Surv Can: 441-478.

Hoehler T M, Jørgensen B B. 2013. Microbial life under extreme energy limitation. Nat Rev Microbial, 11: 83-94.

Hoffman J S, Clark P U, Parnell A C, et al. 2017. Regional and global sea-surface temperatures during the last interglaciation. Science, 355: 276-279.

Hoffmann S S. 2009. Uranium-series radionuclide records of paleoceanographic and sedimentary changes in the Arctic Ocean. Cambridge, Woods Hole: Massachusetts Institute of Technology/Woods Hole Oceanographic Institution.

Hoffmann S S, McManus J. 2007. Is there a ^{230}Th deficit in Arctic sediments? Ear Planet Sci Lett, 258: 516-527.

Hoffmann S S, Dalsing R E, Murphy S C. 2019. Sortable silt records of intermediate-depth circulation and sedimentation in the southwest Labrador Sea since the last glacial maximum. Quat Sci Rev, 206: 99-110.

Holmes R M, McClelland J W, Peterson B J, et al. 2002. A circumpolar perspective on fluvial sediment flux to the Arctic Ocean. Glob Biogeochem Cyc, 16(4): 45-1-45-14.

Holmes R M, Shiklomanov A I, Suslova A, et al. 2021. River Discharge//Moon T A, Druckenmiller M L, Thoman R L, et al. Arctic report card 2021. NOAA Technical Report OAR ARC: 78-84.

Honjo S, Krishfield R A, Eglinton T I, et al. 2010. Biological pump processes in the cryopelagic and hemipelagic Arctic Ocean: Canada Basin and Chukchi Rise. Prog Oceanogr, 85: 137-170.

Hoogakker B A, Elderfield H, Schmiedl G, et al. 2015. Glacial-interglacial changes in bottom-water oxygen content on the Portuguese margin. Nat Geosci, 8: 40-43.

Hope C, Schaefer K. 2016. Economic impacts of carbon dioxide and methane released from thawing permafrost. Nat Clim Change, 6: 56-59.

Hopmans E C, Weijers J W H, Schefuss E, et al. 2004. A novel proxy for terrestrial organic matter in sediments normalized on branched and isoprenoid tetraether lipids. Ear Planet Sci Lett, 224: 107-116.

Hörner T, Stein R, Fahl K, et al. 2016. Post-glacial variability of sea ice cover, river run-off and biological production in the western Laptev Sea (Arctic Ocean)—a high-resolution biomarker study. Quat Sci Rev, 143: 133-149.

Hoste E, Vanhove S, Schewe I, et al. 2007. Spatial and temporal variations in deep-sea meiofauna assemblages in the Marginal Ice Zone of the Arctic Ocean. Deep-Sea Res, I 54: 109-129.

Howell P. 2001. ARAND time series and spectral analysis package for the Marcintosh, Brown University//IGBP-PAGES/World data center for paleoclimatology data contribution series #2001-044. Boulder, Colorado: NOAA/NGDC, Paleoclimatology Program.

Hu A, Meehl G-A, Han W. 2007. Role of the Bering Strait in the thermohaline circulation and abrupt climate change. Geophys Res Lett, 34: L05704.

Hu A, Otto-Bliesner B L, Meehl G, et al. 2008. Response of thermohaline circulation to freshwater forcing under present day and LGM conditions. J Climate, 21: 2239-2258.

Hu A, Meehl G A, Otto-Bliesner B L, et al. 2010. Influence of Bering Strait flow and North Atlantic circulation on glacial sea-level changes. Nat Geosci, 3: 118-121.

Hu A, Meehl G A, Han W, et al. 2012a. Role of the Bering Strait on the hysteresis of the ocean conveyor belt circulation and glacial climate stability. Proc Natl Acad Sci, 109(17): 6417-6422.

Hu A, Meehl G A, Han W, et al. 2012b. The Pacific-Atlantic seesaw and the Bering Strait. Geophys Res Lett, 39: L03702.

Hu A, Meehl G A, Han W, et al. 2015. Effects of the Bering Strait closure on AMOC and global climate under different background climates. Progr Oceanogr, 132: 174-196.

Hu L, Liu Y, Xiao X, et al. 2020. Sedimentary records of bulk organic matter and lipid biomarkers in the Bering Sea: A centennial perspective of sea-ice variability and phytoplankton community. Mar Geol, 429: 106308.

Hugelius G, Tarnocai C, Broll G, et al. 2013. The Northern Circumpolar Soil Carbon Database: spatially distributed datasets of soil coverage and soil carbon storage in the northern permafrost regions. Earth Syst Sci Data, 5: 3-13.

Hugelius G, Loisel J, Chadburn S, et al. 2020. Large stocks of peatland carbon and nitrogen are vulnerable to permafrost thaw. Proc

Natl Acad Sci, 117(34): 20438-20446.

Hughes A L C, Gyllencreutz R, Lohne S, et al. 2016. The last Eurasian ice sheets — a chronological database and time-slice reconstruction, DATED-1. Boreas, 45: 1-45.

Hughes P D, Gibbard P L. 2018. Global glacier dynamics during 100 ka Pleistocene glacial cycles. Quat Res, 90: 222-243.

Hughes P D, Gibbard P L, Ehlers J. 2013. Timing of glaciation during the last glacial cycle: evaluating the concept of a global 'Last Glacial Maximum' (LGM). Ear-Sci Rev, 125: 171-198.

Hughes T J, Denton G H, Grosswald M G. 1977. Was there a late-Würm Arctic ice sheet? Nature, 266: 596-602.

Huh C A, Pisias N G, Kelley J M, et al. 1997. Natural radionuclides and plutonium in sediments from the western Arctic Ocean: sedimentation rates and pathways of radionuclides. Deep-Sea Res, II, 44(8): 1725-1743.

Huh Y, Panteleyev G, Babich D, et al. 1998. The fluvial geochemistry of the rivers of Eastern siberia: II. Tributaries of the Lena, Omoloy, Yana, Indigirka, Kolyma, and Anadyr draining the collisional/accretionary zone of the Verkhoyansk and Cherskiy ranges. Geochim Cosmochim Acta, 62: 2053-2075.

Hummel J, Segu S, Li Y, et al. 2011. Ultra performance liquid chromatography and high resolution mass spectrometry for the analysis of plant lipids. Front Plant Sci, 2: 1-17.

Hunkins K, Thorndike E M, Mathieu G. 1969. Nepheloid layers and bottom currents in the Arctic Ocean. J Geophys Res, 74(28): 6995-7008.

Hunt Jr G L, Drinkwater K F, Arrigo K, et al. 2016. Advection in polar and sub-polar environments: Impacts on high latitude marine ecosystems. Prog Oceanogr, 149: 40-81.

Huybers P J. 2006. Early Pleistocene glacial cycles and the integrated summer insolation forcing. Science, 313: 508-511.

Hwang J, Eglinton T, Krishfield R, et al. 2008. Lateral organic carbon supply to the deep Canada Basin. Geophys Res Lett, 35(11): L11607.

Hwang J, Druffel E R M, Eglinton T I. 2010. Widespread influence of resuspended sediments on oceanic particulate organic carbon: Insights from radiocarbon and aluminum contents in sinking particles. Glob Biogeochem Cycles, 24: GB4016.

IARPC (Interagency Arctic Research Policy Committee). 2021. Arctic research plan 2022-2026. Washington DC: the Interagency Arctic Research Policy Committee of the National Science and Technology Council .

IASC (International Arctic Science Committee). 2016. 3rd International Conference on Arctic Research Planning (ICARP III) Final Report. [2025-02-02]. https: //iasc. info/about/publications-documents/publications-list/663-icarp-iii-final-report.

Imbrie J. 1982. Astronomical theory of the Pleistocene ice ages: a brief historical review. ICAUUS, 50: 408-422.

Imbrie J, Imbrie J Z. 1980. Modeling the climate response to orbital variations. Science, 207: 943-953.

Immonen N, Strand K, Huusko A, et al. 2014. Imprint of late Pleistocene continental processes visible in ice-rafted grains from the central Arctic Ocean. Quat Sci Rev, 92: 133-139.

IPCC. 2001. Climate change 2001: the scientific basis. Cambridge: Cambridge Univ Press: 873.

IPCC. 2013. Climate change 2013: the physical science basis. Contribution of Working Group I to the Fifth Assessment Report of the Intergovernmental Panel on Climate Change. Cambridge: Cambridge University Press.

IPCC. 2014. Climate change 2014: synthesis report. Contribution of working groups I, II and III to the Fifth Assessment Report of the Intergovernmental Panel on Climate Change. Geneva: IPCC.

IPCC. 2018. Global warming of 1.5℃. An IPCC Special Report on the impacts of global warming of 1.5℃ above pre-industrial levels and related global greenhouse gas emission pathways, in the context of strengthening the global response to the threat of climate change, sustainable development, and efforts to eradicate poverty. Geneva: IPCC.

IPCC. 2021. Climate change 2021: the physical science basis. Contribution of Working Group I to the Sixth Assessment Report of the Intergovernmental Panel on Climate Change. Masson-Delmotte V. Cambridge: Cambridge University Press: 2338.

Irrgang A M, Lantuit H, Manson G K, et al. 2018. Variability in rates of coastal change along the Yukon coast, 1951 to 2015. Geophys Res, Earth, 123: 779-800.

Irrgang A M, Bendixen M, Farquharson L M, et al. 2022. Drivers, dynamics and impacts of changing Arctic coasts. Nat Rev Ear

Environ, 3: 39-54.

Ishman S E, Foley K M. 1996. Modern benthic foraminifer distribution in the Amerasian Basin, Arctic Ocean. Micropaleontol, 42: 206-220.

Jackson S C, Broccoli A J. 2003. Orbital forcing of Arctic climate: mechanisms of climate response and implications for continental glaciation. Clim Dyn, 21: 539-557.

Jahn A, Holland M M. 2013. Implications of Arctic sea ice changes for North Atlantic deep convection and the meridional overturning circulation in CCSM4-CMIP5 simulations. Geophs Res Lett, 40: 1206-1211.

Jakobsson M. 1999. First high-resolution chirp sonar profiles from the central Arctic Ocean reveal erosion of Lomonsov Ridge sediments. Mar Geol, 158: 111-123.

Jakobsson M. 2002. Hypsometry and volume of the Arctic Ocean and its constituent seas. Geochem Geophys Geosyst, 3(2): 1028.

Jakobsson M, Løvlie R, Al-Hanbali H, et al. 2000. Manganese and color cycles in Arctic Ocean sediments constrain Pleistocene chronology. Geol, 28(1): 23-26.

Jakobsson M, Lølie R, Arnold E, et al. 2001. Pleistocene stratigraphy and paleoenvironmental variation from Lomonosov Ridge sediments, central Arctic Ocean. Glob Planet Change, 31: 1-22.

Jakobsson M, Backman J, Murray A, et al. 2003. Optically Stimulated Luminescence dating supports central Arctic Ocean cm-scale sedimentation rates. Geochem Geophys Geosyst, 4(2): 1016.

Jakobsson M, Gardner J V, Vogt P R, et al. 2005. Multibeam bathymetric and sediment profiler evidence for ice grounding on the Chukchi Borderland, Arctic Ocean. Quat Res, 63: 150-160.

Jakobsson M, Backman J, Rudels B, et al. 2007. The early Miocene onset of a ventilated circulation regime in the Arctic Ocean. Nature, 447(7147): 986-990.

Jakobsson M, Polyak L, Edwards M, et al. 2008. Glacial geomorphology of the Central Arctic Ocean: the Chukchi Borderland and the Lomonosov Ridge. Ear Surf Proc Landforms, 33: 526-545.

Jakobsson M, Nilsson J, O'Regan M, et al. 2010. An Arctic Ocean ice shelf during MIS 6 constrained by new geophysical and geological data. Quat Sci Rev, 25-26: 3505-3517.

Jakobsson M, Mayer L, Coakley B, et al. 2012. The International Bathymetric Chart of the Arctic Ocean (IBCAO) Version 3.0. Geophys Res Lett, 39: L12609.

Jakobsson M, Andreassen K, Bjarnadóttir L R, et al. 2014a. Arctic Ocean glacial history. Quat Sci Rev, 92: 40-67.

Jakobsson M, Ingólfsson Ó, Long A J, et al. 2014b. The dynamic Arctic. Quat Sci Rev, 92: 1-8.

Jakobsson M, Nilsson J, Anderson L, et al. 2016. Evidence for an ice shelf covering the central Arctic Ocean during the penultimate glaciation. Nat Commun, 7: 10365.

Jakobsson M, Pearce C, Cronin T M, et al. 2017. Post-glacial flooding of the Bering Land Bridge dated to 11,000 cal ka BP based on new geophysical and sediment records. Clim Past, 13: 991-1005.

Jakobsson M, Mayer L A, Bringensparr C, et al. 2020. The International Bathymetric Chart of the Arctic Ocean Version 4.0. Sci Data, 7: 176.

Jang K, Han Y, Huh Y, et al. 2013. Glacial freshwater discharge events recorded by authigenic neodymium isotopes in sediments from the Mendeleev Ridge, western Arctic Ocean. Ear Planet Sci Lett, 369-370: 148-157.

Jang K, Woo K S, Kim J-K, et al. 2023. Arctic deep-water anoxia and its potential role for ocean carbon sink during glacial periods. Commun Ear & Environ, 4: 45.

Janout M A, Hoelemann J, Waite A M, et al. 2017. Sea-ice retreat controls timing of summer plankton blooms in the Eastern Arctic Ocean. Geophys Res Lett, 43: 12493-12501.

Jansen E, Christensen J H, Dokken T, et al. 2020. Past perspectives on the present era of abrupt Arctic climate change. Nat Clim Change, 10: 714-721.

Jansen J H F, Kuijpers A, Troelstra S R. 1986. A Mid-Brunhes climatic event: long term changes in global atmosphere and ocean circulation. Science, 232: 619-622.

Jennings A E, Weiner N J. 1996. Environmental change on eastern Greenland during the last 1300 years: evidence from foraminifera and lithofacies in Nansen Fjord, 68N. The Holocene, 6: 179-191.

Jerome S, Bobin C, Cassette P, et al. 2020. Half-life determination and comparison of activity standards of ^{231}Pa. Applied Radiation and Isotopes, 155: 108837.

Ji F, Zhang Q, Xu M, et al. 2021. Estimating the effective elastic thickness of the Arctic lithosphere using the wavelet coherence method: tectonic implications. Phys Ear Planet, Interiors, 318: 106770.

Joe Y J, Polyak L, Schreck M, et al. 2020. Late Quaternary depositional and glacial history of the Arliss Plateau off the East Siberian margin in the western Arctic Ocean. Quat Sci Rev, 228: 106099.

Jokat W, Micksch U. 2004. Sedimentary structure of the Nansen and Amundsen basins, Arctic Ocean. Geophys Res Lett, 31: L02603.

Jokat W, Ritzmann O, Schmidt-Aursch M, et al. 2003. Geophysical evidence for reduced melt production on the Arctic ultraslow Gakkel mid-ocean ridge. Nature, 423: 962-965.

Jones B M, Arp C D, Jorgenson M T, et al. 2009. Increase in the rate and uniformity of coastline erosion in Arctic Alaska. Geophys Res Lett, 36: L03503.

Jones B M, Farquharson L M, Baughman C A, et al. 2018. A decade of remotely sensed observations highlight complex processes linked to coastal permafrost bluff erosion in the Arctic. Environ Res Lett, 13: 115001.

Jones B M, Irrgang A M, Farquharson L M, et al. 2020. Coastal permafrost erosion//Thoman R L, Richter-Menge J, Druckenmiller M L. Arctic report card 2020: 96-104.

Jones E P. 2001. Circulation in the Arctic Ocean. Polar Res, 20(2): 139-146.

Jones E P, Rudels B, Anderson L. 1995. Deep waters of the Arctic Ocean: origins and circulation. Deep-Sea Res, I, 42: 737-760.

Jones R L, Whatley R C, Cronin T M, et al. 1999. Reconstructing late Quaternary deep-water masses in the Eastern Arctic Ocean using benthic Ostracoda. Mar Micropaleontol, 37: 251-272.

Jonkers L, Barker S, Hall I R, et al. 2015. Correcting for the influence of ice-rafted detritus on grain size-based paleocurrent speed estimates, Paleoceanogr, 30: 1347-1357.

Jonkers L, Prins M A, Moros M, et al. 2012. Temporal offsets between surface temperature, ice-rafting and bottom flow speed proxies in the glacial (MIS 3) northern North Atlantic. Quat Sci Rev, 48: 43-53.

Junttila J. 2007. Clay minerals in response to Mid-Pliocene glacial history and climate in the polar regions (ODP, Site 1165, Prydz Bay, Antarctica and Site 911, Yermak Plateau, Arctic Ocean). Oulu: Oulu University Press.

Junttila J, Aagaard-Sørensen S, Husum K, et al. 2010. Late Glacial-Holocene clay minerals elucidating glacial history in the SW Barents Sea. Marine Geology, 276: 71-85.

Jutterström S, Anderson L G. 2005. The saturation of calcite and aragonite in the Arctic Ocean. Mar Chem, 94: 101-110.

Kaboth-Bahr S, Bahr A, Zeeden C, et al. 2018. Monsoonal forcing of European ice-sheet dynamics during the Late Quaternary. Geophys Res Lett, 45: 7066-7074.

Kageyama M, Sime L C, Sicard M, et al. 2021. A multi-model CMIP6-PMIP4 study of Arctic sea ice at 127 ka: sea ice data compilation and model differences. Clim Past, 17(1): 37-62.

Kalinenko V. 2001. Clay minerals in sediments of the Arctic Seas. Lithology and Mineral Resources, 36: 362-372.

Kalnay E, Kanamitsu M, Kistler R, et al. 1996. The NCEP/NCAR 40-year reanalysis project. Bull Am Meteorol Soc, 3: 437-471.

Kaminski M A, Gradstein F M, Scott D B. 1989. Neogene benthic foraminifer biostratigraphy and deep-water history of Sites 645, 646, and 647, Baffin Bay and Labrador Sea. Proceedings of the Ocean Drilling Programe Scientific Results, 105: 731-756.

Kaparulina E, Strand K, Lunkka J P. 2016. Provenance analysis of central Arctic Ocean sediments: Implications for circum-Arctic ice sheet dynamics and ocean circulation during Late Pleistocene. Quat Sci Rev, 147: 210-220.

Kashubin S, Petrov O, Artemeva I, et al. 2016. Deep structure of crust and the upper mantle of the Mendeleev Rise on the Arktic-2012 DSS profile. Regionalnaya geologiya i metallogeniya J, 65: 16-36.

Kaspar F, Kühl N, Cubasch U, et al. 2005. A model-data comparison of European temperatures in the Eemian interglacial. Geophys Res Lett, 32: L11703.

Kaufman D S, Polyak L, Adler R, et al. 2008. Dating late Quaternary planktonic foraminifer Neogloquadrina pachyderma from the Arctic Ocean using amino acid racemization. Paleoceanogr, 23: PA3224.

Kauker F, Gerdes R, Karcher M, et al. 2003. Variability of Arctic and North Atlantic sea ice: a combined analysis of model results and observations from 1978 to 2001. J Geophys Res, C6: 3182.

Kauker F, Kaminski T, Karcher M, et al. 2009. Adjoint analysis of the 2007 all time Arctic sea-ice minimum. Geophys Res Lett, 3: L03707.

Keigwin L D, Donelly J, Cook M, et al. 2006. Rapid sea-level rise and Holocene climate in the Chukchi Sea. Geol, 34: 861-864.

Keigwin L D, Klotsko S, Zhao N, et al. 2018. Deglacial floods in the Beaufort Sea preceded Younger Dryas cooling. Nat Geosci, 11(8): 599-604.

Kemp A E, Villareal T A. 2013. High diatom production and export in stratified waters — a potential negative feedback to global warming. Progr Oceanogr, 119: 4-23.

Kerr P J, Tassier-Surine S A, Kilgore S M, et al. 2021. Timing, provenance, and implications of two MIS 3 advances of the Laurentide Ice Sheet into the Upper Mississippi River Basin, USA. Quat Sci Rev, 261: 106926.

Khim B. 2003. Two modes of clay-mineral dispersal pathways on the continental shelves of the East Siberian Sea and western Chukchi Sea. Geosci J, 7: 253-262.

Khodri M, Cane M A, Kukla G, et al. 2005. The impact of precession changes on the Arctic climate during the last interglacial-glacial transition. Ear Planet Sci Lett, 236: 285-304.

Kienast S S, Hendy I L, Crusius J, et al. 2004. Export production in the subarctic North Pacific over the last 800 kyrs: no evidence for iron fertilization? J Oceanogr, 60(1): 189-203.

Kim J-H, Meer J, Schouten S, et al. 2010. New indices and calibrations derived from the distribution of crenachaeal isoprenoid tetraether lipids: implications for past sea surface temperature reconstructions. Geochim Cosmochim Acta, 74: 4639-4654.

Kim J-H, Gal J-K, Jun S-Y, et al. 2019. Reconstructing spring sea ice concentration in the Chukchi Sea over recent centuries: insights into the application of the PIP25 index. Environmental Res Lett, 14: 125004.

Kim S, Polyak L, Joe Y J, et al. 2021. Seismostratigraphic and geomorphic evidence for the glacial history of the northwestern Chukchi margin, Arctic Ocean. J Geophys Res, Earth Surface, 126: e2020JF006030.

Kipp L E, Charette M A, Moore W S, et al. 2018. Increased fluxes of shelf-derived materials to the central Arctic Ocean. Sci Adv, 4: 1-10.

Kleiber H P, Niessen F. 2000. The Late Weichselian glaciation of the Franz Victoria Trough, northern Barents Sea: ice sheet extent and timing. Marine Geology, 168: 25-44.

Kleiber H P, Niessen F, Weiel D. 2001. The Late Quaternary evolution of the western Laptev Sea continental margin, Arctic Siberia implications from sub-bottom profiling. Glob Planet Change, 31: 105-124.

Kleman J, Jansson K, Angelis H D, et al. 2010. North American Ice Sheet build-up during the last glacial cycle, 115-21 kyr. Quat Sci Rev, 29: 2036-2051.

Klotsko S, Driscoll N, Keigwin L. 2019. Multiple meltwater discharge and ice rafting events recorded in the deglacial sediments along the Beaufort Margin, Arctic Ocean. Quat Sci Rev, 203: 185-208.

Knies J, Gaina C. 2008. Middle Miocene ice sheet expansion in the Arctic: Views from the Barents Sea. Geochem Geophys Geosyst, 9: Q02015.

Knies J, Nowaczyk N, Müller C, et al. 2000. A multiproxy approach to reconstruct the environmental changes along the Eurasian continental margin over the last 150000 years. Mar Geol, 163: 317-344.

Knies J, Kleiber H-P, Matthiessen J, et al. 2001. Marine ice-rafted debris records constrain maximum extent of Saalian and Weichselian ice-sheets along the northern Eurasian margin. Glob Planet Change, 31: 45-64.

Kobayashi D, Yamamoto M, Irino T, et al. 2016. Distribution of detrital minerals and sediment color in western Arctic Ocean and northern Bering Sea sediments: Changes in the provenance of western Arctic Ocean sediments since the last glacial period. Polar Sci, 10(4): 519-531.

Köberle C, Gerdes R. 2003. Mechanisms determining the variability of Arctic Sea Ice conditions and export. J Climate, 17: 2843-2858.

Kohfeld K E, Fairbanks R G, Smith S L, et al. 1996. *Neogloboquadrina pachyderma* (sinistral coiling) as paleoceanographic tracers in polar oceans: Evidence from Northeast Water polynya Plankton tows, sediment traps, and surface sediments. Paleoceanogr, 11(6): 679-699.

Köhler S, Spielhagen R. 1990. The enigma of Oxygen Isotope Stage 5 in the Central Fram Strait//Bleil U, Thiede J. Geological history of the Polar Oceans: Arctic versus Antarctic. NATO ASI Series, 308. Berlin: Springer-Verlag: 489-497.

Kolling H M, Stein R, Fahl K, et al. 2020. Biomarker distributions in (Sub)-Arctic surface sediments and their potential for sea ice reconstructions. Geochem Geophys Geosyst, 21(10): e2019GC008629.

Koppers A A P, Coggon R. 2020. Exploring Earth by scientific ocean drilling: 2050 science framework. San Diego: University of California: 124.

Korte M, Brown M C, Panovska S, et al. 2019. Robust characteristics of the Laschamp and Mono Lake geomagnetic excursions results from global field models. Front Ear Sci, 7: 86.

Kos' Ko M. 2007. Terranes of the Eastern Arctic shelf of Russia. Doklady Earth Sciences, 413: 183-186.

Köseoğlu D, Belt S T, Smik L, et al. 2018. Complementary biomarker-based methods for characterising Arctic sea ice conditions: a case study comparison between multivariate analysis and the PIP_{25} index. Geochim Cosmochim Acta, 222: 406-420.

Krawczyk D W, Witkowski A, Juul-Pedersen T, et al. 2015. Microplankton succession in a SW Greenland tidewater glacial fjord influenced by coastal inflows and run-off from the Greenland Ice Sheet. Polar Biol, 38: 1515-1533.

Kristoffersen Y. 1990. Eurasia Basin//Grantz A, Johnson L, Sweeney J F. The Arctic Ocean Region. The Geology of North America, volume L. Boulder, CO: Geological Society of America: 365-378.

Kristoffersen Y, Coakley B, Jokat W, et al. 2004. Seabed erosion on the Lomonosov Ridge, central Arctic Ocean: A tale of deep draft icebergs in the Eurasia Basin and the influence of Atlantic water inflow on iceberg motion? Paleoceanogr, 19: PA3006.

Krylov A A, Andreeva I A, Vogt C, et al. 2008. A shift in heavy and clay mineral provenance indicates a middle Miocene onset of a perennial sea ice cover in the Arctic Ocean. Paleoceanogr, 23: PA1S06.

Ku T, Broecker W S. 1967. Rates of sedimentation in the Arctic Ocean. Progr Oceanogr, 4: 95-104.

Kubisch M. 1992. Die Eisdrift im Arktischen Ozean ahrend der letzten 250,000 Jahre. Geomar Report, 16: 1-100.

Kuehn H, Lembke-Jene L, Gersonde R, et al. 2014. Laminated sediments in the Bering Sea reveal atmospheric teleconnections to Greenland climate on millennial to decadal timescales during the last deglaciation. Clim Past, 10: 2215-2236.

Kunst L, Samuels A. 2003. Biosynthesis and secretion of plant cuticular wax. Prog Lipid Res, 42: 51-80.

Kwok R, Spreen G, Pang S. 2013. Arctic sea ice circulation and drift speed: Decadal trends and ocean currents. J Geophys Res, Oceans, 118: 2408-2425.

Laberg J S, Andreassen K, Vorren T O. 2012. Late Cenozoic erosion of the high-latitude southwestern Barents Sea shelf revisited. Geol Soc Am Bull, 124: 77-88.

Lachniet M S, Denniston R F, Asmerom Y, et al. 2014. Orbital control of western North America atmospheric circulation and climate over two glacial cycles. Nat Commun, 5: 3805.

Lagoe M B. 1979. Recent benthonic foraminiferal biofacies in the Arctic Ocean. Micropaleontol, 25(2): 214-224.

Lagoe M B, Eyles C H, Eyles N, et al. 1993. Timing of late Cenozoic tidewater glaciation in the far North Pacific. Geol Soc Am Bull, 105: 1542-1560.

Lakeman T R, Pienkowski A J, Nixon F C, et al. 2018. Collapse of a marine-based ice stream during the early Younger Dryas chronozone, western Canadian Arctic. Geol, 46(3): 211-214.

Lalande C, Noethig E-M, Fortier L. 2019. Algal export in the Arctic Ocean in times of global warming. Geophys Res Lett, 46: 5959-5967.

Lamb A L, Wilson G P, Leng M J. 2006. A review of coastal palaeoclimate and relative sea-level reconstructions using $\delta^{13}C$ and C/N ratios in organic material. Ear-Sci Rev, 75: 29-57.

Landy J C, Dawson G J, Tsamados M, et al. 2022. A year-round satellite sea-ice thickness record from CryoSat-2. Nature, 609: 517-522.

Lantuit H, Overduin P P, Couture N, et al. 2012a. The Arctic coastal dynamics database: a new classification scheme and statistics on Arctic permafrost coastlines. Estuar Coasts, 35: 383-400.

Lantuit H, Pollard W H, Couture N, et al. 2012b. Modern and late holocene retrogressive thaw slump activity on the Yukon Coastal Plain and Herschel Island, Yukon Territory, Canada. Permafrost and Periglacial Processes, 23: 39-51.

Larsen E, Kjær K H, Demidov I N, et al. 2006. Late Pleistocene glacial and lake history of northwestern Russia. Boreas, 35: 394-424.

Larsen H C, Saunders A D, Clift P D, et al. 1994. ODP Leg 152 Scientific Party, 1994. Seven million years of glaciation in Greenland. Science, 264: 952-955.

Laskar J, Routel P, Joutel F, et al. 2004. A long-term numerical solution for the insulation quantities of the Earth. Astronomy & Astrophysics, 428: 261-285.

Lawrence K, Liu Z, Herbert T D. 2006. Evolution of the eastern tropical Pacific through Plio-Pleistocene glaciation. Science, 312: 79-83.

Lawver R, Müller D. 1994. Iceland hotspot track. Geol, 22(4): 311-314.

Lazar K B, Polyak L. 2016. Pleistocene benthic foraminifers in the Arctic Ocean: Implications for sea-ice and circulation history. Mar Micropaleontol, 126: 19-30

Ledneva G V, Pease V L, Sokolov S D. 2011. Permo-Triassic hypabyssal mafic intrusions and associated tholeiitic basalts of the Kolyuchinskaya Bay, Chukotka (NE Russia): Links to the Siberian LIP. J Asian Ear Sci, 40(3): 737-745.

Lekens W A, Sejrup H P, Haflidason H, et al. 2005. Laminated sediments preceding Heinrich event 1 in the Northern North Sea and Southern Norwegian Sea: origin, processes and regional linkage. Mar Geol, 216: 27-50.

Lemmen D, Duk-Rodkin A, Bednarski J. 1994. Late glacial drainage systems along the northwestern margin of the Laurentide Ice Sheet. Quat Sci Rev, 13: 805-828.

Levermann A, Griesel A, Hofmann M, et al. 2005. Dynamic sea level changes following changes in the thermohaline circulation. Clim Dynam, 24: 347-354.

Levitan M A. 2015. Sedimentation rates in the Arctic Ocean during the last five marine isotope stages. Oceanol, 55(3): 425-433.

Levitan M A, Stein R. 2007. History of sedimentation rates in the Arctic Ocean over last 130 kyr//Fundamental problems of quaternary: study results and general trends of prospective studies. Moscow: GEOS: 224-226.

Levitan M A, Lavrushin Y A. 2009. Sedimentation History in the Arctic Ocean and Subarctic Seas for the Last 130 kyr. Berlin: Springer Verlag.

Levitan M A, Syromyatnikov K V, Kuz'mina T G. 2012. Lithological and geochemical characteristics of recent and Quaternary sedimentation in the Arctic Ocean. Geochem Int, 50(7): 559-573.

Lewis K M, van Dijken G L, Arrigo K R. 2020. Changes in phytoplankton concentration now drive increased Arctic Ocean primary production. Science, 369: 198-202.

Lewkowicz A G, Way R G. 2019. Extremes of summer climate trigger thousands of thermokarst landslides in a High Arctic environment. Nat Commun, 10: 1329.1-11.

Liakka J, Löfverström M, Colleoni F. 2016. The impact of the North American glacial topography on the evolution of the Eurasian ice sheet over the last glacial cycle. Clim Past, 12: 1225-1241.

Lightfoot P C, Hawkesworth C J, Hergt J, et al. 1993. Remobilisation of the continental lithosphere by a mantle plume: major-, trace-element, and Sr- Nd- and Pb-isotope evidence from picritic and tholeiitic lavas of the Noril'sk District, Siberian Trap, Russia. Contributions to Mineralogy and Petrology, 114: 171-188.

Lim M, Whalen D, Martin J, et al. 2020. Massive ice control on permafrost coast erosion and sensitivity. Geophys Res Lett, 47: e2020GL087917.

Lindgren A, Hugelius G, Kuhry P. 2018. Extensive loss of past permafrost carbon but a net accumulation into present-day soils. Nature, 560: 219-222.

Lisiecki L E, Raymo M E. 2005. A Pliocene-Pleistocene stack of 57 globally distributed benthic $\delta^{18}O$ records. Paleoceanogr, 20: PA1003.

Liu J, Shi X, Liu Y, et al. 2019. A thick negative polarity anomaly in a sediment core from the central Arctic Ocean: Geomagnetic excursion versus reversal. J Geophys Res, Solid Earth, 124: 10687-10703.

Liu Z, Otto-Bliesner B L, He F, et al. 2009. Transient simulation of last deglaciation with a new mechanism for Bolling-Allerod warming. Science, 325: 310-314.

Liu Z, Risi C, Codron F, et al. 2021. Acceleration of western Arctic sea ice loss linked to the Pacific North American pattern. Nat Comm, 12: 1519.

Lo L, Belt S T, Lattaud J, et al. 2018. Precession and atmospheric CO_2 modulated variability of sea ice in the central Okhotsk Sea since 130,000 years ago. Ear Planet Sci Lett, 488: 36-45.

Lohmann G. 2017. Atmospheric bridge on orbital time scales. Theor Appl Climatol, 128: 709-718.

Lohmann G, Lorenz S. 2000. On the hydrological cycle under paleoclimatic conditions as derived from AGCM simulations. J Geophys Res, D13: 17417-17436.

Loomis S E, Russell J M, Ladd B, et al. 2012. Calibration and application of the branched GDGT temperature proxy on East African lake sediments. Ear Planet Sci Lett, 357-358: 277-288.

Lourens L J, Hilgen F J, Shackleton N J, et al. 2005. The Neogene period//Gradstein F M, et al. A geological time scale 2004. Cambridge: Cambridge Univ Press: 409-440.

Löwemark L, Jakobsson M, Mörth M, et al. 2008. Arctic Ocean manganese contents and sediment color cycles. Polar Res, 27(2): 105-113.

Löwemark L, O'Regan M, Hanebuth T, et al. 2012. Late Quaternary spatial and temporal variability in Arctic deep-sea bioturbation and its relation to Mn cycles. Palaeogeogr Palaeoclimatol Palaeoecol, 365-366: 192-208.

Löwemark L, März C, O'Regan M, et al. 2014. Arctic Ocean Mn-stratigraphy: genesis, synthesis and inter-basin correlation. Quat Sci Rev, 92: 97-111.

Löwemark L, Chao W S, Gyllencreutz R, et al. 2016. Variations in glacial and interglacial marine conditions over the last two glacial cycles off northern Greenland. Quat Sci Rev, 147: 164-177.

Lu Z, Hoogakker B A A, Hillenbrand C-D, et al. 2016. Oxygen depletion recorded in upper waters of the glacial Southern Ocean. Nat Commun, 7: 1-9.

Lubinski D J, Polyak L, Forman S L. 2001. Freshwater and Atlantic water inflows to the deep northern Barents and Kara seas since ca 13 ^{14}C ka: foraminifera and stable isotopes. Quat Sci Rev, 20: 1851-1879.

Lunt D J, Valdes P J, Haywood A, et al. 2008. Closure of the Panama Seaway during the Pliocene: implications for climate and Northern Hemisphere glaciation. Clim Dyn, 30: 1-18.

Luo Y, Lippold J. 2015. Controls on ^{231}Pa and ^{230}Th in the Arctic Ocean. Geophy Res Lett, 42: 5942-5949.

Lutze G F, Thiel H. 1989. Epibenthic foraminifera from elevated microhabitat *Cibicidoides wuellerstorfi* and *Planulina ariminensiss*. J Foraminiferal Res, 19(2): 153-158.

Maccali J, Hillaire-Marcel C, Carignan J, et al. 2012. Pb isotopes and geochemical monitoring of Arctic sedimentary supplies and water mass export through Fram Strait since the Last Glacial Maximum. Paleoceanogr, 27: PA1201.

Maccali J, Hillaire-Marcel C, Not C. 2018. Radiogenic isotope (Nd, Pb, Sr) signatures of surface and sea ice-transported sediments from the Arctic Ocean under the present interglacial conditions. Polar Res, 37: 1442982.

Macdonald R C, Gobeil C. 2012. Manganese sources and sinks in the Arctic Ocean with reference to periodic enrichments in basin sediments. Aquat Geochem, 18: 565-591.

Macdonald R W, Solomon S, Cranston R, et al. 1998. A sediment and organic carbon budget for the Canadian Beaufort Shelf. Mar Geol, 144: 255-273.

Macdonald R W, McLaughlin F A, Carmack E C. 2002. Fresh water and its sources during the SHEBA drift in the Canada Basin of the Arctic Ocean. Deep Sea Res, I, 49: 1769-1785.

Mack M C, Walker X J, Johnstone J F, et al. 2021. Carbon loss from boreal forest wildfires offset by increased dominance of deciduous trees. Science, 372: 280-283.

Mackensen A. 2013. High epibenthic foraminiferal δ^{13}C in the Recent deep Arctic Ocean: Implications for ventilation and brine release during stadials. Paleoceanogr, 28: 1-11.

Macnaughton J, Thormar J, Berge J. 2007. Sympagic amphipods in the Arctic pack ice: redescriptions of Eusirus holmii Hansen, 1887 and Pleusymtes karsteni (Barnard, 1959). Polar Biol, 30: 1013-1025.

Mahajan S, Ahang R, Delworth T L. 2011. Impact of the Atlantic Meridional Overturning Circulation (AMOC) on Arctic surface air temperature and sea ice variability. J Clim, 24: 6573-6581.

Mahlstein I, Knutti R. 2012. September Arctic sea ice predicted to disappear near 2℃ global warming above present. J Geophys Res, Atmos, 117: 0026.

Malmierca-Vallet I, Sime L C, Tindall J C, et al. 2018. Simulating the last interglacial Greenland stable water isotope peak: the role of arctic sea ice changes. Quat Sci Rev, 198: 1-14.

Mangerud J, Astakhov V, Jakobsson M. 2001. Huge ice-age lakes in Russia. J Quat Sci, 16: 773-777.

Mangerud J, Jakobsson M, Alexanderson H, et al. 2004 Ice-dammed lakes and rerouting of the drainage of northern Eurasia during the Last Glaciation. Quat Sci Rev, 23: 1313-1332.

Margold M, Stokes C R, Clark C D. 2015. Ice streams in the Laurentide Ice Sheet: Identification, characteristics and comparison to modern ice sheets. Ear-Sci Rev, 143: 117-146.

Margold M, Stokes C R, Clark C D. 2018. Reconciling records of ice streaming and ice margin retreat to produce a palaeogeographic reconstruction of the deglaciation of the Laurentide Ice Sheet. Quat Sci Rev, 189: 1-30.

Marincovich Jr L, Gladenkov A Y. 1999. Evidence for an early opening of the Bering Strait. Nature, 397: 149-151.

Marlow J, Lange C, Wefer G, et al. 2000. Upwelling intensification as part of the Pliocene-Pleistocene climate transition. Science, 290: 2288-2291.

Marshall S J, James T S, Clark G K C. 2002. North American Ice Sheet reconstructions at the Last Glacial Maximum. Quat Sci Rev, 21: 175-192.

Martens J, Wild B, Pearce C, et al. 2019. Remobilization of old permafrost carbon to Chukchi Sea sediments during the end of the Last Deglaciation. Glob Biogeochem Cycles, 33: 2-14.

Martens J, Wild B, Muschitiello F, et al. 2020. Remobilization of dormant carbon from Siberian-Arctic permafrost during three past warming events. Sci Adv, 6: eabb6546.

Martens J, Romankevich E, Semiletov I, et al. 2021. CASCADE — The Circum-Arctic Sediment Carbon Database. Earth Syst Sci Data, 13: 2561-2572.

Martens J, Wild B, Semiletov I, et al. 2022. Circum-Arctic release of terrestrial carbon varies between regions and sources. Nat Commun, 13: 5858.

März C, Vogt C, Schnetger B, et al. 2011a. Variable Eocene-Miocene sedimentation processes and bottom water redox conditions in the Central Arctic Ocean (IODP Expedition 302). Ear Planet Sci Lett, 310: 526-537.

März C, Stratmann A, Matthiessen J, et al. 2011b. Manganese-rich brown layers in Arctic Ocean sediments: Composition, formation mechanisms, and diagenetic overprint. Geochim Cosmochim Acta, 75: 7668-7687.

März C, Poulton S W, Brumsack H-J, et al. 2012. Climate-controlled variability of iron deposition in the Central Arctic Ocean (southern Mendeleev Ridge) over the last 130,000 years. Chem Geol, 330-331: 116-126.

Marzen R E, DeNinno L H, Cronin T M. 2016. Calcareous microfossil-based orbital cyclostratigraphy in the Arctic Ocean. Quat Sci Rev, 149: 109-121.

Maslanik J A, Fowler C, Stroeve J, et al. 2007. A younger, thinner Arctic ice cover: Increased potential for rapid, extensive sea-ice loss. Geophys Res Lett, 34: L24501.

Maslowski W, Kinney J C, Okkonen S R, et al. 2014. The large scale ocean circulation and physical processes controlling Pacific Arctic interactions. Dordrecht: Springer: 101-132.

Massé G, Rowland S J, Sicre M A, et al. 2008. Abrupt climate changes for Iceland during the last millennium: evidence from high resolution sea ice reconstructions. Ear Planet Sci Lett, 269: 565-569.

Matthiessen J, Knies J, Nowaczyk N R, et al. 2001. Late Quaternary dinoflagellate cyst stratigraphy at the Eurasian continental margin, Arctic Ocean: indications for Atlantic water inflow in the past 150,000 years. Glob Planet Change, 31: 65-86.

Matthiessen J, Niessen F, Stein R, et al. 2010. Pleistocene glacial marine sedimentary environments at the Eastern Mendeleev Ridge, Arctic Ocean. Polarforschung, 79: 123-137.

Matthiessen J, Schreck M, De Schepper S, et al. 2018. Quaternary dinoflagellate cysts in the Arctic Ocean: Potential and limitations for stratigraphy and paleoenvironmental reconstructions. Quat Sci Rev, 192: 1-26.

Max L, Riethdorf J R, Tiedemann R, et al. 2012. Sea surface temperature variability and sea-ice extent in the subarctic northwest Pacific during the past 15,000 years. Paleoceanogr, 27(3): 3213-3232.

McCave I N, Andrews J T. 2019. Distinguishing current effects in sediments delivered to the ocean by ice. I. Principles, methods and examples. Quat Sci Rev, 212: 92-107.

McClelland J W, Déry S J, Peterson B J, et al. 2006. A pan-arctic evaluation of changes in river discharge during the latter half of the 20th century. Geophys Res Lett, 33(6): L06715.

McClelland J W, Holmes R M, Dunton K H, et al. 2012. The Arctic Ocean estuary. Estuaries Coasts, 35(2): 353-368.

McCulloch M, Wasserburg G. 1978. Sm-Nd and Rb-Sr chronology of continental crust formation: Times of addition to continents of chemically fractionated mantle-derived materials are determined. Science, 200: 1003-1011.

McGuire A D, Lawrence D M, Koven C, et al. 2018. Dependence of the evolution of carbon dynamics in the northern permafrost region on the trajectory of climate change. Proc Natl Acad Sci USA, 115: 3882-3887.

McManus J. 1988. Grain size determination and interpretation//Tucker M. Techniques in Sedimentology. Oxford: Backwell: 63-85.

Méheust M, Stein R, Fahl K, et al. 2016. High-resolution IP$_{25}$-based reconstruction of sea-ice variability in the western North Pacific and Bering Sea during the past 18,000 years. Geo-Mar Lett, 36: 101-111.

McManus J F, Major C O, Flower B P, et al. 1996. Variability in sea-surface conditions in the North Atlantic-Arctic gateways during the last 140,000 years. Proceedings of ODP Scientific Reports, 151: 437-444.

Meier W N, Perovich D, Farrell S, et al. 2021. Sea ice//Druckenmiller R L, Thoman R L, Moon T A. Arctic report card 2021. NOAA Technical Report OAR ARC: 33-42.

Meier W N, Perovich D, Farrell S, et al. 2022. Sea ice//Druckenmiller R L, Thoman R L, Moon T A, Arctic report card 2022, NOAA Technical Report OAR ARC: 43-51.

Meier W N, Petty A, Hendricks S, et al. 2023. Sea ice//Thoman R L, Moon T A, Druckenmiller R L. Arctic report card 2023. NOAA Technical Report OAR ARC: 41-50.

Meinhardt A-K, März C, Schuth S, et al. 2016. Diagenetic regimes in Arctic Ocean sediments: Implications for sediment geochemistry and core correlation. Geochim Cosmochim Acta, 188: 125-146.

Merz N, Born A, Raible C C, et al. 2016. Warm Greenland during the last interglacial: the role of regional changes in sea ice cover. Clim Past, 12: 2011-2031.

Meyers P A. 1994. Preservation of elemental and isotopic source identification of sedimentary organic matter. Chem Geol, 114: 289-302.

Meyers P A. 1997. Organic geochemical proxies of paleoceanographic, paleolimnologic, and paleoclimatic processes. Org Geochem, 27: 213-250.

Michael P J, Langmuir C H, Dick H J B, et al. 2003. Magmatic and amagmatic seafloor generation at the ultraslow-spreading Gakkel ridge, Arctic Ocean. Nature, 423: 956-961.

Middag R, de Baar H J W, Laan P, et al. 2011. Fluvial and hydrothermal input of manganese into the Arctic Ocean. Geochem Cosmochim Acta, 75: 2393-2408.

Milankovitch M. 1930. Mathematische klimalehre und astronomische theorie der klimaschwankungen//Koeppen W, Geiger R. Handbuch der klimatologie. Berlin: Gebrueeder Borntraeger.

Miller G H, Alley R B, Brigham-Grette J, et al. 2010a. Arctic amplification: can the past constrain the future? Quat Sci Rev, 29: 1779-1790.

Miller G H, Brigham-Grette J, Alley R B, et al. 2010b. Temperature and precipitation history of the Arctic. Quat Sci Rev, 29: 1679-1715.

Miller K G, Mountain G S, Wright J D, et al. 2011. A 180-million-year record of sea level and ice volume variations from continental margin and deep-sea isotopic records. Oceanogr, 24(2): 40-53.

Millot R, Gaillardet J, Dupre B, et al. 2003. Northern latitude chemical weathering rates: Clues from the Mackenzie River Basin, Canada. Geochim Cosmochim Acta, 67(7): 1305-1329.

Miner K R, Turetsky M R, Malina E, et al. 2022. Permafrost carbon emissions in a changing Arctic. Nat Rev Ear Environ, 3: 55-67.

Möller P, Hjort C, Alexanderson H, et al. 2011. Glacial history of the Taymyr Peninsula and the Severnaya Zemlya Archipelago, Arctic Russia//Ehlers J, Gibbard P L, Hughes P D. Developments in Quaternary science, Quaternary glaciations -extent and chronology. Boston: Elsvier, 15: 373-384 (Chapter 28).

Moore T. 2006. Sedimentation and subsidence history of the Lomonosov Ridge//Backman J, Moran K, McInroy D, et al. Proc IODP 302. Edinburgh: Integrated Ocean Drilling Program Management International, Inc.

Moran K, Backman J, Brinkhuis H, et al. 2006. The Cenozoic palaeoenvironment of the Arctic Ocean. Nature, 441(7093): 601-605.

Moran S B, Kelly R P, Hagstrom K, et al. 2005. Seasonal changes in POC export flux in the Chukchi Sea and implications for water column-benthic coupling in Arctic shelves. Deep-Sea Res, II, 52: 3427-3451.

Morozov A, Petrov O, Shokalsky S, et al. 2012. New geological data are confirming continental origin of the central Arctic rises. Reg Geol Metallog J, 52: 2-25.

Mudelsee M, Raymo M E. 2005. Slow dynamics of the Northern Hemisphere glaciation. Paleoceanogr, 20: PA4022.

Müller J, Stein R. 2014. High-resolution record of late glacial and deglacial sea ice changes in Fram Strait corroborates ice-ocean interactions during abrupt climate shifts. Ear Planet Sci Lett, 403: 446-455.

Müller J, Masse G, Stein R, et al. 2009. Variability of sea-ice conditions in the Fram Strait over the past 30,000 years. Nat Geosci, 11: 772-776.

Müller J, Wagner A, Fahl K, et al. 2011. Towards quantitative sea ice reconstructions in the northern North Atlantic: a combined biomarker and numerical modelling approach. Ear Planet Sci Lett, 306(3): 137-148.

Münchow A, Weingartner T, Cooper L. 1999. The summer hydrography and surface circulation of the east Siberian shelf sea. J Geophys Oceanogr, 29: 2167-2182.

Mundy C J, Gosselin M, Ehn J, et al. 2009. Contribution of under-ice primary production to an ice-edge upwelling phytoplankton bloom in the Canadian Beaufort Sea. Geophys Res Lett, 36: L17601.

Muratli J M, Polyak L, Haley B A, et al. 2022. North American glaciations and Pacific inputs in the Nd and Sr isotope Pleistocene record from the western Arctic Ocean. Paleoceanogr Paleoclimatol, 37: e2022PA004479.

Murton J, Bateman M, Dallimore R, et al. 2010. Identification of Younger Dryas outburst flood path from Lake Agassiz to the Arctic Ocean. Nature, 464: 740-743.

Naidu A S, Mowatt T. 1983. Sources and dispersal patterns of clay minerals in surface sediments from the western continental shelf areas off Alaska. Geol Soc Am Bull, 94: 841-854.

Naidu A S, Cooper L. 1998. Clay mineral composition of ice-rafted sediment s collected from the 1994 Arctic Ocean section, east central Chukchi Sea-North Pole//1998 Fall Meeting, American Geophysical Union .

Naidu A S, Burrell D C, Hood D W. 1971. Clay mineral composition and geological significance of some Beaufort Sea sediments. J Sediment Petrol, 41: 691-694.

Naidu A S, Creager J, Mowatt T. 1982. Clay mineral dispersal patterns in the north Bering and Chukchi Seas. Mar Geol, 47(1): 1-15.

Naidu A S, Cooper L W, Finney B P, et al. 2000. Organic carbon isotope ratios (δ^{13}C) of Arctic Amerasian Continental shelf sediments. Int J Ear Sci, 89(3): 522-532.

Natali S M, Holdren J P, Rogers B M, et al. 2021. Permafrost carbon feedbacks threaten global climate goals. Proc Natl Acad Sci,

118: e2100163118.

Nelson B K, Nelson S W, Till A B. 1993. Nd and Sr isotope evidence for Proterozoic and Paleozoic crustal evolution in the Brooks Range, Northern Alaska. J Geol, 101: 435-450.

Niebauer H J, Alexander V. 1985. Oceanographic frontal structure and biological production at an ice edge. Cont Shelf Res, 4: 367-388.

Nielsen D M, Dobrynin M, Baehr J, et al. 2020. Coastal erosion variability at the southern Laptev Sea linked to winter sea ice and the Arctic Oscillation. Geophys Res Lett, 47: e2019GL086876.

Nielsen D M, Pieper P, Barkhordarian A, et al. 2022. Increase in Arctic coastal erosion and its sensitivity to warming in the twenty-first century. Nat Clim Change, 12: 263-270.

Niessen F, Hong J K, Hegewald A, et al. 2013. Repeated Pleistocene glaciation of the East Siberian continental margin. Nat Geosci, 6(10): 842-846.

Nijsse F J M M, Cox P M, Williamson M S. 2020. Emergent constraints on transient climate response (TCR) and equilibrium climate sensitivity (ECS) from historical warming in CMIP5 and CMIP6 models. Earth Syst Dyn, 11(3): 737-750.

Nikishin A M, Gaina C, Petrov E I, et al. 2018. Eurasia Basin and Gakkel Ridge, Arctic Ocean: crustal asymmetry, ultra-slow spreading and continental rifting revealed by new seismic data. Tectonophy, 746: 64-82.

Nikolaeva N A, Derkachev A N, Dudarev O V. 2013. Mineral composition of sediments from the Eastern Laptev Sea shelf and East Siberian Sea. Oceanol, 53(4): 472-480.

Nilsson J, Jakobsson M, Borstad C, et al. 2017. Ice-shelf damming in the glacial Arctic Ocean: dynamical regimes of a basin-covering kilometre-thick ice shelf. Cryosphere, 11: 1745-1765.

NOAA. 1988. Data Announcement 88-MGG-02, Digital relief of the Surface of the Earth. Boulder, Colorado: National Geophysical Data Center.

Nørgaard-Pedersen N. 1997. Late Quaternary Arctic Ocean sediment records: surface ocean conditions and provenance of ice-rafted debris. Geomar Reports, 65: 1-107.

Nørgaard-Pedersen N, Spielhagen R F, Thiede J, et al. 1998. Central Arctic surface ocean environment during the past 80,000 years. Paleoceanogr, 13(2): 193-204.

Nørgaard-Pedersen N, Spielhagen R F, Erlenkeuser H, et al. 2003. Arctic Ocean during the Last Glacial Maximum: Atlantic and polar domains of surface water mass distribution and ice cover. Paleoceanogr, 18(3): 1063.

Nørgaard-Pedersen N, Mikkelsen N, Kristoffersen Y. 2007. Arctic Ocean record of last two glacial-interglacial cycles off North Greenland/Ellesmere Island — Implications for glacial history. Mar Geol, 244: 93-108.

Nørgaard-Pedersen N, Mikkelsen N, Kristoffersen Y. 2009. The Last Interglacial warm period record of the Arctic Ocean: proxy-data support a major reduction of sea ice. IOP Conf Series: Earth and Environmental Science, 6: 072002.

North Greenland Ice Core Project members. 2004. High-resolution record of Northern Hemisphere climate extending into the last interglacial period. Nature, 431: 147151.

Not C, Hillaire-Marcel C. 2010. Time constraints from ^{230}Th and ^{231}Pa data in late Quaternary, low sedimentation rate sequences from the Arctic Ocean: an example from the northern Mendeleev Ridge. Quat Sci Rev, 29: 3665-3675.

Not C, Hillaire-Marcel C. 2012. Enhanced sea-ice export from the Arctic during the Younger Dryas. Nat Commun, 3: 647.

Notz D. 2020. SIMIP Community Arctic sea ice in CMIP6. Geophys Res Lett, 47: e2019GL086749.

Notz D, Stroeve J. 2016. Observed Arctic sea-ice loss directly follows anthropogenic CO_2 emission. Science, 354: 747-750.

Nowaczyk N R, Baumann M. 1992. Combined high-resolution magnetostratigraphy and nannofossil biostratigraphy for late Quaternary Arctic Ocean sediments. Deep Sea Res, I, 39(2A): S567-S601.

Nowaczyk N R, Frederichs T, Eisenhauer A, et al. 1994. Magnetostratigraphic data from late Quaternary sediments from the Yermak Plateau, Arctic Ocean: evidence for four geomagnetic polarity events within the last 170 ka of the Brunhes Chron. Geophy J International, 117: 453-471.

NSIDC (National Snow and Ice Data Center). 2021. Sea Ice Extent Anomalies.

Nürnberg D, Wollenburg I, Dethleff D, et al. 1994. Sediments in Arctic sea ice: Implications for entrainment, transport and release. Mar Geol, 119: 185-214.

O'Brien M C, Macdonald R, Melling H, et al. 2006. Particle fluxes and geochemistry on the Canadian Beaufort Shelf: implications for sediment transport and deposition. Cont Shelf Res, 26: 41-81.

O'Brien M C, Melling H, Pedersen T F, et al. 2011. The role of eddies and energetic ocean phenomena in the transport of sediment from shelf to basin in the Arctic. J Geophys Res, 116: C08001.

O'Brien M C, Melling H, Pedersen T, et al. 2013. The role of eddies on particle flux in the Canada Basin of the Arctic Ocean. Deep Sea Res, Part I, 71: 1-20.

O'Leary M J, Hearty P J, Thompson W G, et al. 2013. Ice sheet collapse following a prolonged period of stable sea level during the Last Interglacial. Nat Geosci, 6: 796-800.

O'Regan M. 2011. Late Cenozoic paleoceanography of the central Arctic Ocean. IOP Conf Series: Earth and Environmental Science, 14: 012002.

O'Regan M, King J, Backman J, et al. 2008. Constraints on the Pleistocene chronology of sediments from the Lomonosov Ridge. Paleoceanogr, 23: PA1S19.

O'Regan M, John K, Moran K, et al. 2010. Plio-Pleistocene trends in ice rafted debris on the Lomonosov Ridge. Quat Int, 219: 168-176.

O'Regan M, Sellén E, Jakobsson M. 2014. Middle to late Quaternary grain size variations and sea-ice rafting on the Lomonosov Ridge. Polar Res, 33: 23672.

O'Regan M, Backman J, Barrientos N, et al. 2017. The De Long Trough: a newly discovered glacial trough on the East Siberian continental margin. Clim Past, 13: 1269-1284.

O'Regan M, Coxall H, Hill P, et al. 2018. Early Holocene Sea level in the Canadian Beaufort Sea constrained by radiocarbon dates from a deep borehole in the Mackenzie Trough, Arctic Canada. Boreas, 47: 1102-1117.

O'Regan M, Coxall H K, Cronin T M, et al. 2019. Stratigraphic occurrences of sub-polar planktic foraminifera in Pleistocene sediments on the Lomonosov Ridge, Arctic Ocean. Front Ear Sci, 7: 71.

O'Regan M, Backman J, Fornaciari E, et al. 2020. Calcareous nannofossils anchor chronologies for Arctic Ocean sediments back to 500 ka. Geol, 48: 1115-1119.

Obrochta S P, Crowley T J, Channell J E T, et al. 2014. Climate variability and ice-sheet dynamics during the last three glaciations. Ear Planet Sci Lett, 406: 198-212.

Obu J, Westermann S, Kääb A, et al. 2018. Ground temperature map, 2000–2016, Northern Hemisphere permafrost. Helmholtz: Alfred Wegener Institute, Helmholtz Centre for Polar and Marine Research, Bremerhaven, PANGAEA.

Obu J, Westermann S, Bartsch A, et al. 2019. Northern Hemisphere permafrost map based on TTOP modelling for 2000–2016 at 1 km^2 scale. Ear-Sci Rev, 193: 299-316.

Obu J, Westermann S, Strozzi T, et al. 2020. ESA Permafrost Climate Change Initiative (Permafrost_CCI): permafrost climate research data package v1 (CEDA). S.l.: s.n.

Ofstad S, Zamelczyk K, Kimoto K. 2021. Shell density of planktonic foraminifera and pteropod species Limacina helicina in the Barents Sea: relation to ontogeny and water chemistry. PLoS ONE, 16: e0249178.

Olefeldt D, Goswami S, Grosse G, et al. 2016. Circumpolar distribution and carbon storage of thermokarst landscapes. Nat Commun, 7: 13043.

Onodera J, Takahashi K, Jordan R W. 2008. Eocene silicoflagellate and ebridian paleoceanography in the central Arctic Ocean. Paleoceanogr, 23: PA1S15.

Oppenheimer M. 1998. Global warming and the stability of the West Antarctic Ice Sheet. Nature, 393: 325-332.

Orr J C, Kwiatkowski L, Pörtner H-O. 2022. Arctic Ocean annual high in p_{CO_2} could shift from winter to summer. Nature, 610: 94-100.

Orsi W D. 2018. Ecology and evolution of seafloor and subseafloor microbial communities. Nat Rev Microbiol, 16: 671-683.

Orsi W D, Coolen M J L, Wuchter C, et al. 2017. Climate oscillations reflected within the microbiome of Arabian Sea sediments. Sci Rep, 7: 6040.

Ortiz D, Polyak L, Grebmeier M, et al. 2009. Provenance of Holocene sediment on the Chukchi-Alaskan margin based on combined diffuse spectral reflectance and quantitative X-Ray Diffraction analysis. Glob Planet Change, 68(1-2): 73-84.

Osman M B, Tierney J E, Zhu J, et al. 2021. Globally resolved surface temperatures since the Last Glacial Maximum. Nature, 599: 239-259.

Osterman L E, Qvale G. 1989. Benthic foraminifers from the Vøring Plateau (ODP Leg 104). Proc ODP, Scientific Res, 104: 745-768.

Osterman L E, Poore R Z, Foley K M. 1999. Distribution of benthic foraminifers (>125μm) in the surface sediments of the Arctic Ocean. US Geol Sur Bull, 2164.

Otto-Bliesner B L, Marshall S J, Overpeck J T, et al. 2006. Simulating Arctic climate warmth and icefield retreat in the last interglaciation. Science, 311: 1751-1753.

Otto-Bliesner B L, Rosenbloom N, Stone E J, et al. 2013. How warm was the last interglacial? New model-data comparisons. Phil Trans R Soc, A371: 20130097.

Overduin P P, Schneider von Deimling T, Miesner F, et al. 2019. Submarine permafrost map in the Arctic modeled using 1-D transient heat flux (SuPerMAP). J Geophys Res: Oceans, 124(6): 3490-3507.

Overeem I, Anderson R S, Wobus C W, et al. 2011. Sea ice loss enhances wave action at the Arctic coast. Geophys Res Lett, 38: L17503.

Overland J E, Wang M. 2013. When will the summer Arctic be nearly sea ice free? Geophys Res Lett, 40: 2097-2101.

Overland J E, Wood K R, Wang M. 2011. Warm Arctic-cold continents: climate impacts of the newly open Arctic Sea. Polar Res, 30: 15787.

Oziel L, Baudena A, Ardyna M, et al. 2020. Faster Atlantic currents drive poleward expansion of temperate phytoplankton in the Arctic Ocean. Nat Commun, 11: 1705.

Pados T, Spielhagen R F. 2014. Species distribution and depth habitat of recent planktic foraminifera in Fram Strait, Arctic Ocean. Polar Res, 33: 399-406.

Paillard D, Labeyrie L, Yiou P. 1996. Macintosh program performs time-series analysis. Eos, Trans Am Geophys Union, 77: 379-379.

Pak D K, Clark D L, Blasco S M. 1992. Late Pleistocene stratigraphy and micropaleontology of a part of the Eurasian Basin (=Fram Basin), central Arctic Ocean. Mar Micropaleontol, 20: 1-22.

Park K, Ohkushi K, Cho H G, et al. 2017. Lithostratigraphy and paleoceanography in the Chukchi Rise of the western Arctic Ocean since the last glacial period. Polar Sci, 11: 42-53.

Park K, Wang R, Xiao W, et al. 2022. Increased terrigenous input from North America to the northern Mendeleev Ridge (western Arctic Ocean) since the mid-Brunhes Event. Sci Rep, 12: 15189.

Park Y H, Yamamoto M, Nam S-Il, et al. 2014. Distribution, source and transportation of glycerol dialkyl glycerol tetraethers in surface sediments from the western Arctic Ocean and the northern Bering Sea. Mar Chem, 165: 10-24.

Parkinson C L. 2014. Spatially mapped reductions in the length of the Arctic sea ice season. Geophys Res Lett, 41(12): 4316-4322.

Parkinson C L, Cavalieri D J. 2008. Arctic sea ice variability and trends, 1979–2006. J Geophy Res, 113: C07003.

Past Interglacials Working Group of PAGES. 2016. Interglacials of the last 800,000 years. Rev Geophys, 54(1): 162-219.

Patchett P J, Roth M A, Canale B S, et al. 1999. Nd isotopes, geochemistry, and constraints on sources of sediments in the Franklinian Mobile Belt, Arctic Canada. Geol Soc Am Bull, 111: 578-589.

Patton H, Hubbard A, Andreassen K, et al. 2017. Deglaciation of the Eurasian ice sheet complex. Quat Sci Rev, 169: 148-172.

Paul A, Schäfer-Neth C. 2003. Modeling the water masses of the Atlantic Ocean at the Last Glacial Maximum. Paleoceanogr, 3: 1058.

Pearce C, Varhelyi A, Wastegard S, et al. 2017. The 3.6 ka Aniakchak tephra in the Arctic Ocean: a constraint on the Holocene radiocarbon reservoir age in the Chukchi Sea. Clim Past, 13(4): 303-316.

Pearson A, McNichol A, Benitez-Nelson B, et al. 2001. Origins of lipid biomarkers in Santa Monica Basin surface sediment: a case study using compound-specific D^{14}C analysis. Geochem Cosmochim Acta, 65: 3123-3137.

Pease V. 2011. Eurasian orogens and Arctic tectonics: an overview. Geol Soc London, Memoirs, 35: 311-324.

Peltier W R. 2007. Rapid climate change and Arctic Ocean freshening. Geol, 35: 1147-1148.

Peltier W R, Fairbanks R G. 2006. Global glacial ice volume and last glacial maximum duration from an extended Barbados sea level record. Quat Sci Rev, 25: 3322-3337.

Peng X, Zhang T, Frauenfeld O W, et al. 2021. A holistic assessment of 1979–2016 global cryospheric extent. Earth's Future, 9: e2020EF001969.

Peregovich B, Hoops E, Rachold V. 1999. Sediment transport to the Laptev Sea (Siberian Arctic) during the Holocene — evidence from the heavy mineral composition of fluvial and marine sediments. Boreas, 28: 205-214.

Pérez L, Jakobsson M, Funck T, et al. 2020. Late Quaternary sedimentary processes in the central Arctic Ocean inferred from geophysical mapping. Geomorphol, 369: 107309.

Perrette M, Yool A, Quartley G D, et al. 2011. Near-ubiquity of ice-edge blooms in the Arctic. Biogeosci, 8: 515-524.

Persson J, Vrede T. 2006. Polyunsaturated fatty acids in zooplankton: variation due to taxonomy and trophic position. Freshw Biol, 51: 887-900.

Peterse F, Kim J H, Schouten S, et al. 2009. Constraints on the application of the MBT/CBT paleothermometer at high latitude environments (Svalbard, Norway). Org Geochem, 40: 692-699.

Peterson B J, Holmes R M, McClelland J W, et al. 2002. Increasing river discharge to the Arctic Ocean. Science, 298: 2171-2173.

Peterson B J, McClelland J, Curry R, et al. 2006. Trajectory shifts in the arctic and subarctic freshwater cycle. Science, 313: 1061-1066.

Petty A A, Kurtz N T, Kwok R, et al. 2020. Winter Arctic sea ice thickness from ICESat-2 freeboards. J Geophys Res, Oceans, 125: e2019JC015764.

Pfeiffer M, Lohmann G. 2016. Greenland ice sheet influence on last interglacial climate: global sensitivity studies performed with an atmosphere-ocean general circulation model. Clim Past, 12: 1313-1338.

Pfirman S L, Gascard J-C, Wollenburg I, et al. 1989. Particle laden Eurasian Arctic sea ice: observations from July and August 1987. Polar Re, 1: 59-66.

Pfirman S L, Colony R, Nürnberg D, et al. 1997. Reconstructing the origin and trajectory of drifting Arctic sea ice. J Geophys Res, 102(C6): 12575-12586.

Phillips R L, Grantz A. 2001. Regional variations in provenance and abundance of ice-rafted clasts in Arctic Ocean sediments: implications for the configuration of late Quaternary oceanic and atmospheric circulation in the Arctic. Mar Geol, 172(1-2): 91-115.

Pickart R S, Pratt L, Torres D, et al. 2010. Evolution and dynamics of the flow through Herald Canyon in the western Chukchi Sea. Deep-Sea Res, II, 57: 5-26.

Pickart R S, Schulze L M, Moore G W K, et al. 2013. Long-term trends of upwelling and impacts on primary productivity in the Alaskan Beaufort Sea. Deep-Sea Res, I, 79: 106-121.

Pico T, Mitrovica J X, Ferrier K L, et al. 2016. Global ice volume during MIS 3 inferred from a sea-level analysis of sedimentary core records in the Yellow River Delta. Quat Sci Rev, 152: 72-79.

Pico T, Mitrovica J X, Mix A C. 2020. Sea level fingerprinting of the Bering Strait flooding history detects the source of the Younger Dryas climate event. Sci Adv, 6: eaay2935.

Piskarev A L. 2004. Petrophysical models of the Earth crust in the Arctic Ocean. Saint Petersburg: VNII Okeangeologia.

Piskarev A L, Butsenko V V, Chernykh A A, et al. 2019. Lomonosov Ridge//Piskarev A, Poselov V, Kaminsky V. Geologic Structures of the Arctic Basin. Cham: Springer International Publishing: 157-185.

Poirier A, Hillaire-Marcel C. 2009. Os-isotope insights into major environmental changes of the Arctic Ocean during the Cenozoic. Geophys Res Lett, 36: L11602.

Poirier A, Hillaire-Marcel C. 2011. Improved Os-isotope stratigraphy of the Arctic Ocean. Geophys Res Lett, 38: L14607.

Poirier R K, Cronin T M, Briggs Jr W M, et al. 2012. Central Arctic paleoceanography for the last 50 kyr based on ostracode faunal assemblages. Mar Micropaleontol, 88-89: 65-76.

Pollard D, DeConto R M. 2012. Description of a hybrid ice sheet-shelf model, and application to Antarctica. Geosci Model Dev, 5: 1273-1295.

Poltermann M. 2000. Growth, production and productivity of the Arctic sympagic amphipod Gammarus wilkitzkii. Mar Ecol Progr Ser, 193: 109-116.

Poltermann M, Hop H, Falk-Petersen S. 2000. Life under Arctic sea ice — reproduction strategies of two sympagic (ice-associated) amphipod species, Gammarus wilkitzkii and Apherusa glacialis. Mar Biol, 136: 913-920.

Polyak L. 1990. General trends of benthic foraminiferal distribution in the Arctic Ocean//Arctic Research: Advances and Prospects. Proceeding Conf. of Arctic and Nordic Countries on Coordination of Research in the Arctic, Leningrad, 1988, Moscow, Nauka, 2: 211-213.

Polyak L, Jakobsson M. 2011. Quaternary sedimentation in the Arctic Ocean: Recent advances and further challenges. Oceanogr, 24(3): 52-64.

Polyak L, Edwards M H, Coakley B J, et al. 2001. Ice shelves in the Pleistocene Arctic Ocean inferred from glaciogenic deep-sea bedforms. Nature, 410: 453-459.

Polyak L, Curry W B, Darby D A, et al. 2004. Contrasting glacial/interglacial regimes in the western Arctic Ocean as exemplified by a sedimentary record from the Mendeleev Ridge. Palaeogeogr Palaeoclimatol Palaeoecol, 203: 73-93.

Polyak L, Darby D A, Bischof J, et al. 2007. Stratigraphic constraints on late Pleistocene glacial erosion and deglaciation of the Chukchi margin, Arctic Ocean. Quat Res, 67: 234-245.

Polyak L, Bischof J, Ortiz J D, et al. 2009. Late Quaternary stratigraphy and sedimentation patterns in the western Arctic Ocean. Glob Planet Change, 68: 5-17.

Polyak L, Alley R B, Andrews J T, et al. 2010. History of sea ice in the Arctic. Quat Sci Rev, 29: 1757-1778.

Polyak L, Best K M, Crawford K A, et al. 2013. Quaternary history of sea ice in the western Arctic Ocean based on foraminifera. Quat Sci Rev, 79: 145-156.

Polyak L, Belt S T, Cabedo-Sanz P, et al. 2016. Holocene sea-ice conditions and circulation at the Chukchi-Alaskan margin, Arctic Ocean, inferred from biomarker proxies. Holocene, 26(11): 1810-1821.

Polyakov I V, Pnyushkov A V, Alkire M B, et al. 2017. Greater role for Atlantic inflows on sea-ice loss in the Eurasian Basin of the Arctic Ocean. Science, 356: 285-291.

Polyakov I V, Pnyushkov A V, Carmack E C. 2018. Stability of the arctic halocline: a new indicator of arctic climate change. Environ Res Lett, 13: 125008.

Polyakov I V, Rippeth T P, Fer I, et al. 2020. Intensification of near-surface currents and shear in the Eastern Arctic Ocean. Geophys Res Lett, 46: e2020GL089469.

Polyakova Y I. 2001. Late Cenozoic evolution of northern Eurasian marginal seas based on the diatom record. Polarforschung, 69: 211-220.

Poore R Z, Phillips R L, Rieck H J. 1993. Paleoclimate record for Northwind Ridge, western Arctic Ocean. Paleoceanogr, 8(2): 149-159.

Poore R Z, Ishman S E, Phillips R L, et al. 1994. Quaternary stratigraphy and paleoceanography of the Canada basin, western Arctic Ocean. US Geol Surv Bull, 2080: 1-32.

Poore R Z, Osterman L, Curry W B, et al. 1999. Late Pleistocene and Holocene meltwater events in the western Arctic Ocean. Geol, 27(8): 759-762.

Popova E E, Yool A, Coward A C, et al. 2010. Control of primary production in the Arctic by nutrients and light: insights from a high resolution ocean general circulation model. Biogeosci, 7: 3569-3591.

Popova E E, Yool A, Coward A C, et al. 2012. What controls primary production in the Arctic Ocean? Results from an intercomparison of five general circulation models with biogeochemistry. J Geophys Res, 117: C00D12.

Prins M A, Bouwer L M, Beets C J, et al. 2002. Ocean circulation and iceberg discharge in the glacial North Atlantic: inferences from unmixing of sediment size distributions. Geol, 30(6): 555-558.

Qi D, Ouyang Z, Chen L, et al. 2022. Climate change drives rapid decadal acidification in the Arctic Ocean from 1994 to 2020. Science, 377: 1544-1550.

Raab A, Melles M, Berger G W, et al. 2003. Non-glacial paleoenvironment and the extent of Weichselian ice sheets on Severnaya Zemlya, Russian High Arctic. Quat Sci Rev, 22: 2267-2283.

Rabe B, Karcher M, Schauer U, et al. 2011. An assessment of Arctic Ocean freshwater content changes from the 1990s to the 2006-2008 period. Deep-Sea Res, I, 58: 173-185.

Rachold V, Grigoriev M, Are F, et al. 2000. Coastal erosion vs riverine sediment discharge in the Arctic shelf seas. Intl J Ear Sci, 89: 450-460.

Rachold V, Eicken H, Gordeev V V, et al. 2004. Modern terrigenous organic carbon input to the Arctic Ocean//Stein R, MacDonald R W. The organic carbon cycle in the Arctic Ocean. Heidelberg: Springer: 33-55.

Radosavljevic B, Lantuit H, Pollard W, et al. 2015. Erosion and flooding — Threats to coastal infrastructure in the arctic: a case study from Herschel Island, Yukon Territory, Canada. Estuaries Coasts, 39: 900-915.

Ragueneau O, Tréguer P, Leynaert A, et al. 2000. A review of the Si cycle in the modern ocean: recent progress and missing gaps in the application of biogenic opal as a paleoproductivity proxy. Glob Planet Change, 26(4): 317-365.

Rahmstorf S. 1995. Bifurcations of the Atlantic Thermohaline circulation in response to changes in the hydrological cycle. Nature, 378: 145-149.

Rahmstorf S, Crucifix M, Ganopolski A, et al. 2005. Thermohaline circulation hysteresis: a model intercomparison. Geophys Res Lett, 32: L23605.

Rahmstorf S, Box J E, Feulner G, et al. 2015. Exceptional twentieth-century slowdown in Atlantic Ocean overturning circulation. Nat Clim Change, 5: 475-480.

Railsback L B, Gibbard P L, Head M J, et al. 2015. An optimized scheme of lettered marine isotope substages for the last 1.0 million years, and the climatostratigraphic nature of isotope stages and substages. Quat Sci Rev, 111: 94-106.

Ramaswamy V, Rao P S. 2006. Grain size analysis of sediments from the Northern Andaman Sea: comparison of laser diffraction and sieve-pipette techniques. J Coast Res, 22: 1000-1009.

Rasmussen T L, Thomsen E. 2015. Brine formation in relation to climate changes and ice retreat during the last 15,000 years in Storfjorden, Svalbard, 76−78°N. Paleoceanogr, 29(10): 911-929.

Ravelo A C, Hillaire-Marcel C. 2007. The use of oxygen and carbon isotopes of foraminifera in paleoceanography//Hillaire-Marcel C, de Vernal A. Proxies in Late Cenozoic paleoceanography. Amsterdam: Elsevier: 735-764.

Raymo M E, Rind D, Ruddiman W F. 1990. Climatic effects of reduced Arctic sea ice limits in the GISS II general circulation model. Paleoceanogr, 5(3): 367-382.

Razmjooei M J, Henderiks J, Coxall H K, et al. 2023. Revision of the Quaternary calcareous nannofossil biochronology of Arctic Ocean sediments. Quat Sci Rev, 321: 108382.

Reagan J R, Garcia H E, Boyer T P, et al. 2024. World ocean atlas 2023: product documentation. [2025-02-02]. https: //www. ncei. noaa. gov/access/world-ocean-atlas-2023/.

Reichow M K, Pringle M S, Al'Mukhamedov A I, et al. 2009. The timing and extent of the eruption of the Siberian Traps large igneous province: Implications for the end-Permian environmental crisis. Ear Planet Sci Lett, 277: 9-20.

Reimer P J, Bard E, Bayliss A, et al. 2013. IntCal13 and Marine13 radiocarbon age calibration curves 0−50,000 years cal BP. Radiocarbon, 55(4): 1869-1887.

Reimnitz E, Clayton J R, Kempema E W, et al. 1993. Interaction of rising frazil with suspended particles: tank experiments with applications to nature. Cold Reg Sci Technol, 21: 117-135.

Reimnitz E, McCormick M, Bischof J, et al. 1998. Comparing sea-ice sediment load with Beaufort Sea shelf deposits; Is entrainment selective? J Sediment Res, 68: 777-787.

Rella S F, Uchida M. 2011. Sedimentary organic matter and carbonate variations in the Chukchi Borderland in association with ice sheet and ocean-atmosphere dynamics over the last 155 kyr. Biogeosci, 8: 3545-3553.

Ren J, Chen J, Bai Y, et al. 2020. Diatom composition and fluxes over the Northwind Ridge, western Arctic Ocean: Impacts of marine surface circulation and sea ice distribution. Progr Oceanogr, 186: 102377.

Ren J, Chen J, Li H, et al. 2021. Siliceous micro- and nanoplankton fluxes over the Northwind Ridge and their relationship to environmental conditions in the western Arctic Ocean. Deep Sea Res, I, 174: 103568.

Renaut S, Devred E, Babin M. 2018. Northward expansion and intensification of phytoplankton growth during the early ice-free season in Arctic. Geophys Res Lett, 45: 10590-10598.

Reuther J, Shirar S, Mason O, et al. 2020. Marine Reservoir Effects in Seal (Phocidae) Bones in the Northern Bering and Chukchi Seas, Northwestern Alaska. Radiocarbon, 63(1): 1-19.

Ribeiro S, Sejr M K, Limoges A, et al. 2017. Sea ice and primary production proxies in surface sediments from a High Arctic Greenland fjord: spatial distribution and implications for palaeoenvironmental studies. Ambio, 46: 106-118.

Rigor I G, Wallace J M, Colony R. 2002. Response of sea ice to the Arctic Oscillation. J Climate, 15(18): 2648-2663.

Ritzmann O, Faleide J I. 2007. Caledonian basement of the western Barents Sea. J Tectonics, 26: 1-20.

Robinson A, Alvarez-Solas J, Calov R, et al. 2017. MIS-11 duration key to disappearance of the Greenland ice sheet. Nat Commun, 8: 16008.

Rodeick C. 1979. The origin, distribution, and depositional history of gravel deposits on the Beaufort Sea continental shelf, Alaska. US Geological Survey Open-File Report: 79-234.

Rodriguez M, Doherty J M, Man H L H, et al. 2021. Intra-valve elemental distributions in Arctic marine ostracodes: implications for Mg/Ca and Sr/Ca paleothermometry. Geochem Geophys Geosyst, 22: e2020GC009379.

Rohling E J, Grant K, Bolshaw M, et al. 2009. Antarctic temperature and global sea level closely coupled over the past five glacial cycles. Nat Geosci, 557: 500-504.

Rohling E J, Haigh I D, Foster G L, et al. 2013. A geological perspective on potential future sea-level rise. Sci Rep, 3(1): 3461.

Rohling E J, Foster G L, Grant K, et al. 2014. Sea-level and deep-sea-temperature variability over the past 5.3 million years. Nature, 508: 477-486.

Rohling E J, Hibbert F D, Williams F H, et al. 2017. Differences between the last two glacial maxima and implications for ice-sheet, δ^{18}O, and sea-level reconstructions. Quat Sci Rev, 176: 1-28.

Romanova V, Prange M, Lohmann G. 2004. Stability of the glacial thermohaline circulation and its dependence on the background hydrological cycle. Clim Dyn, 22: 527-538.

Rossak B T, Kassens H, Lange H, et al. 1999. Clay mineral distribution in surface sediments of the Laptev Sea: Indicator for sediment provinces, dynamics and sources//Kassens H, Bauch H A, Dmitrenko I, et al. Land-Ocean systems in the Siberian Arctic: dynamics and history. Heidelberg: Springer: 587-599.

Rowland S J, Belt S T, Wraige E J, et al. 2001. Effects of temperature on polyunsaturation in cytostatic lipids of Haslea ostrearia. Phytochemistry, 56: 597-602.

Røy H, Kallmeyer J, Adhikari R R, et al. 2012. Aerobic Microbial Respiration in 86-Million-Year-Old Deep-Sea Red Clay. Science, 336(6083): 922-925.

Ruan J, Huang Y, Shi X, et al. 2017. Holocene variability in sea surface temperature and sea ice extent in the northern Bering Sea: a multiple biomarker study. Org Geochem, 113: 1-9.

Ruddiman W F. 2013. Earth's climate: past and future. 3rd ed. Oxford: W. H. Freeman & Co Ltd.

Rudels B. 2015. Arctic Ocean circulation, processes and water masses: A description of observations and ideas with focus on the period prior to the International Polar Year 2007-2009. Progr Oceanogr, 132: 22-67.

Rudels B, Carmack E. 2022. Arctic ocean water mass structure and circulation. Oceanogr, 35(3/4): 52-65.

Rudels B, Larsson A-M, Sehlstedt P-I. 1991. Stratification and watermass formation in the Arctic Ocean: some implications for the nutrient distribution. Polar Res, 10: 19-31.

Rudels B, Anderson L G, Jones E P. 1996. Formation and evolution of the surface mixed layer and halocline of the Arctic Ocean. J Geophys Res, 101, C4: 8807-8821.

Rudels B, Fahrbach E, Meincke J, et al. 2002. The East Greenland Current and its contribution to the Denmark Strait overflow. ICES J Mar Sci, 59: 1133-1154.

Rudels B, Anderson L, Eriksson P, et al. 2012. Observations in the ocean//Lemke P, Jacobi H-W. Arctic climate change, atmospheric and oceanographic sciences library. Dordrecht: Springer: 117-198.

Rudels B, Jones E P, Schauer U, et al. 2004. Atlantic sources of the Arctic Ocean surface and halocline waters. Polar Res, 23(2): 181-208.

Rugenstein M, Bloch-Johnson J, Gregory J, et al. 2020. Equilibrium climate sensitivity estimated by equilibrating climate models. Geophys Res Lett, 47: e2019GL083898.

Rutgers van der Loeff M, Kipp L, Charette M A, et al. 2018. Radium isotopes across the Arctic Ocean show time scales of water mass ventilation and increasing shelf inputs. J Geophys Res, Ocean, 123: 4853-4873.

Sachs J, Stein R, Maloney A, et al. 2018. An Arctic Ocean paleosalinity proxy from δ^2H of palmitic acid provides evidence for deglacial Mackenzie River flood events. Quat Sci Rev, 198: 76-90.

Sagnotti L, Macrì P, Lucchi R, et al. 2011. A Holocene paleosecular variation record from the northwestern Barents Sea continental margin. Geochemistry Geophysics Geosystems, 12(11): 1-24.

Saidova K M. 2011. Deep-water foraminifera communities of the Arctic Ocean. Oceanol, 51(1): 60-68.

Sakshaug E. 2004. Primary and secondary production in the Arctic Seas//Stein R, Macdonald R. The organic carbon cycle in the Arctic Ocean. Berlin: Springer: 57-81.

Sarnthein M, Wink K, Jung S J A, et al. 1994. Changes in the east Atlantic deepwater circulation over the last 30000 year: eight time slice reconstructions. Paleoceanogr, 9(2): 209-267.

Sarnthein M, Jansen E, Weinelt M, et al. 1995. Variations in Atlantic surface ocean paleoceanography, 50-80°N: A time-slice record of the last 30,000 years. Paleoceanography, 10: 1063-1094.

Sattarova V, Astakhov A, Aksentov K, et al. 2023. Geochemistry of the Laptev and East Siberian seas sediments with emphasis on rare-earth elements: Application for sediment sources and paleoceanography. Continental Shelf Research, 254: 104907.

Savin V A, Avetisov G P, Artem'eva D E, et al. 2019. Eurasian Basin//Piskarev A, Poselov V, Kaminsky V. Geologic structures of the Arctic Basin. Cham: Springer International Publishing: 105-155.

Schirrmeister L, Kunitsky V, Grosse G, et al. 2011. Sedimentary characteristics and origin of the Late Pleistocene Ice Complex on north-east Siberian Arctic coastal lowlands and islands-A review. Quat Int, 241: 3-25.

Schmidt G, Bigg G, Rohling E. 1999. Global seawater oxygen-18 database v1. 22. [2025-02-02]. http: //data. giss. nasa. gov/o18data.

Schornikov E I. 1970. Acetabulastoma — a new genus of ostracodes, ectoparasites of Amphipoda. Zoologichesky Zhurnal, 49: 132-1143.

Schoster F. 2005. Terrigenous sediment supply and paleoenvironment in the Arctic Ocean during the late Quaternary: reconstructions from major and trace elements. Rep Pol Mar Res, 498: 1-149.

Schouten S, Ossebaar J, Schreiber K, et al. 2006. The effect of temperature, salinity and growth rate on the stable hydrogen isotopic composition of long chain alkenones produced by Emiliania huxleyi and Gephyrocapsa oceanica. Biogeosci, 3: 113-119.

Schouten S, Ossebaar J, Brummer G J, et al. 2007. Transport of terrestrial organic matter to the deep North Atlantic Ocean by ice rafting. Org Geochem, 38: 1161-1168.

Schreck M, Nam S I, Polyak L, et al. 2018. Improved Pleistocene sediment stratigraphy and paleoenvironmental implications for the western Arctic Ocean off the East Siberian and Chukchi margins. Arktos, 4(1): 21.

Schröder D, Feltham D L, Flocco D, et al. 2014. September Arctic sea-ice minimum predicted by spring melt-pond fraction. Nat Clim Change, 4: 353-257.

Schubert C J, Stein R. 1996. Deposition of organic carbon in Arctic Ocean sediments: terrigenous supply vs marine productivity. Org

Geochem, 24(4): 421-436.

Schubert C J, Stein R. 1997. Lipid distribution in surface sediments from the eastern central Arctic Ocean. Mar Geol, 138: 11-25.

Schulz M. 2002. On the 1470-year pacing of Dansgaard-Oeschger warm events. Paleoceanogr, 17: 1014.

Schulz M, Berger W-H, Sarnthein M, et al. 1999. Amplitude variations of 1470-year climate oscillations during the last 100,000 years linked to fluctuations of continental ice mass. Geophys Res Lett, 26: 3385-3388.

Schuur E A G, McGuire A D, Schädel C, et al. 2015. Climate change and the permafrost carbon feedback. Nature, 520(7546): 171-179.

Schuur E A G, Abbott B W, Commane R, et al. 2022. Permafrost and climate change: carbon cycle feedbacks from the warming arctic. Annual Review of Environment and Resources, 47: 343-371.

Scott D B, Mudie P J, Baki V, et al. 1989. Biostratigraphy and late Cenozoic paleoceanography of the Arctic Ocean: Foraminiferal, lithostratigraphic, and isotopic evidence. Geol Soc Am Bull, 101(2): 260-277.

Scott D B, Schell T, Rochon A, et al. 2008. Benthic foraminifera in the surface sediments of the Beaufort Shelf and slope, Beaufort Sea, Canada: Applications and implications for past sea-ice conditions. J Mar Systems, 74: 840-863.

Screen J A, Simmonds I. 2010. The central role of diminishing sea ice in recent Arctic temperature amplification. Nature, 464: 1334-1337.

Sejrup H P, Miller G H, Brigham-Grette J, et al. 1984. Amino acid epimerization implies rapid sedimentation rates in Arctic Ocean cores. Nature, 310(5980): 772-775.

Sellén E, Jakobsson M, O'Regan M. 2010. Spatial and temporal Arctic Ocean depositional regimes: a key to the evolution of ice drift and current patterns. Quat Sci Rev, 29: 3644-3664.

Serno S, Winckler G, Anderson R F, et al. 2014. Using the natural spatial pattern of marine productivity in the subarctic North Pacific to evaluate paleoproductivity proxies. Paleoceanogr, 29(5): 438-453.

Serreze M C, Barry R G. 2011. Processes and impacts of Arctic amplification: a research synthesis. Glob Planet Change, 77(1-2): 85-96.

Serreze M C, Meier W N. 2018. The Arctic's sea ice cover: trends, variability, predictability, and comparisons to the Antarctic. Ann N Y Acad Sci, 1436: 36-53.

Serreze M C, Barrett A P, Slater A G, et al. 2006. The large-scale freshwater cycle of the Arctic. Geophys Res, 111: C11010.

Serreze M C, Crawford A D, Stroeve J C, et al. 2016. Variability, trends, and predictability of seasonal sea ice retreat and advance in the Chukchi Sea. J Geophys Res, Oceans, 121: 7308-7325.

Shabanova N, Ogorodov S, Shabanov P, et al. 2018. Hydrometeorological forcing of western Russian Arctic coastal dynamics: XX-century history and current state. Geogr Environ Sustain, 11: 113-129.

Shackleton N J. 1974. Attainment of isotopic equilibrium between ocean water and the benthic foraminifera genus Uvigerina: isotopic changes in the ocean during the last glacial. Colloques Internationaux du CNRS, 219: 203-209.

Shakhova N, Semiletov I, Gustafsson O, et al. 2017. Current rates and mechanisms of subsea permafrost degradation in the East Siberian Arctic Shelf. Nat Commun, 8: 15872.

Sharma M. 1997. Siberian traps//Mahoney J J, Coffin M F. Large igneous provinces: continental, oceanic, and planetary flood volcanism. Washington DC: Wiley, 100: 273-296.

Shen W, Qiao S, Sun R, et al. 2023. Distribution pattern of planktonic and benthic foraminifera in surface sediments near the equatorial western Indian Ocean and its indications of paleo-environment and productivity. J Asian Ear Sci, 250: 105635.

Shiklomanov A I, Déry S J, Tretiakov M, et al. 2021. River freshwater flux to the Arctic Ocean// Yang D, Kane D L. Arctic hydrology, permafrost and ecosystems. Cham: Springer: 703-738.

Shimada K, Itoh M, Nishino S, et al. 2005. Halocline structure in the Canada Basin of the Arctic Ocean. Geophys Res Lett, 32: L03605.

Shin S-I, Liu Z, Otto-Bliesner B L, et al. 2003a. A Simulation of the Last Glacial Maximum climate using the NCAR-CCSM. Clim Dynam, 20: 127-151.

Shin S-I, Liu Z, Otto-Bliesner B L, et al. 2003b. Southern Ocean sea-ice control of the glacial North Atlantic thermohaline circulation. Geophys Res Lett, 2: 1096.

Siddiqui Q A. 1988. The Iperk Sequence (Plio-Pleistocene) and its ostracod assemblages in the eastern Beaufort Sea//Hanai T, Ikeya N, Ishizaki K. Evolutionary biology of ostracoda, its fundamentals and applications. Tokyo: Kodansha & Elsevier: 533-540.

Sigman D M, Fripiat F, Studer A S, et al. 2021. The Southern Ocean during the ice ages: a review of the Antarctic surface isolation hypothesis, with comparison to the North Pacific. Quat Sci Rev, 254: 106732.

Sime L C, Risi C, Tindall J C, et al. 2013. Warm climate isotopic simulations: what do we learn about interglacial signals in Greenland ice cores? Quat Sci Rev, 67: 59-80.

Sinha A K. 1970. Model lead and radiometric ages from the Churchill Province, Canadian Shield. Geochim Cosmochim Acta, 34: 1089-1106.

Sinninghe Damsté J S, Ossebaar J, Schouten S, et al. 2008. Altitudinal shifts in the branched tetraether lipid distribution in soil from Mt. Kilimanjaro (Tanzania): implications for the MBT/CBT continental palaeothermomete. Org Geochem, 39: 1072-1076.

Slater T, Lawrence I R, Otosaka I N, et al. 2021. Review article Earth's ice imbalance. The Cryosphere, 15: 233-246.

Smik L, Belt S T. 2017. Distributions of the Arctic sea ice biomarker proxy IP_{25} and two phytoplanktonic biomarkers in surface sediments from West Svalbard. Org Geochem, 105: 39-41.

Smik L, Cabedo-Sanz P, Belt S T. 2016. Semi-quantitative estimates of paleo Arctic sea ice concentration based on source-specific highly branched isoprenoid alkenes: a further development of the PIP_{25} index. Org Geochem, 92: 63-69.

Smith L M, Miller G H, Otto-Bliesner B, et al. 2003. Sensitivity of the Northern Hemisphere climate system to extreme changes in Holocene Arctic sea ice. Quat Sci Rev, 22(5-7): 645-658.

Smith W O, Barber D G. 2007. Polynyas: windows to the world. Amsterdam: Elsevier.

Snoeijs-Leijonmalm P, Flores H, Sakinan S, et al. 2022. Unexpected fish and squid in the central Arctic deep scattering layer. Sci Adv, 8: eabj7536.

Somayajulu B L K, Sharma P, Herman Y. 1989. Thorium and uranium isotopes in Arctic sediments//Herman Y. The Arctic seas . Boston, MA: Springer: 571-579.

Song T, Hillaire-Marcel C, de Vernal A, et al. 2022. A reassessment of Nd-isotopes and clay minerals as tracers of the Holocene Pacific water flux through Bering Strait. Mar Geol, 443: 106698.

Song T, Hillaire-Marcel C, Liu Y, et al. 2023. Cycling and behavior of ^{230}Th in the Arctic Ocean: Insights from sedimentary archives. Ear- Sci Rev, 244: 104514.

Sou T, Flato G. 2009. Sea ice in the Canadian Arctic Archipelago: Modeling the past (1950-2004) and the future (2041-60). J Climate, 22: 2181-2198.

Spielhagen R F, Erlenkeuser H. 1994. Stable oxygen and carbon isotopes in planktic foraminifers from Arctic Ocean surface sediments: Reflection of the low salinity surface water layer. Mar Geol, 119(3-4): 227-250.

Spielhagen R F, Bauch H A. 2015. The role of Arctic Ocean freshwater during the past 200 ky. Arktos, 1: 18.

Spielhagen R F, Bonani G, Eisenhauer A, et al. 1997. Arctic Ocean evidence for late Quaternary initiation of northern Eurasian ice sheets. Geol, 25(9): 783-786.

Spielhagen R F, Baumann K H, Erlenkeuser H, et al. 2004. Arctic Ocean deep-sea record of northern Eurasian ice sheet history. Quat Sci Rev, 23(11-13): 1455-1483.

Spielhagen R F, Erlenkeuser H, Siegert C. 2005. History of freshwater runoff across the Laptev Sea (Arctic) during the last deglaciation. Global and Planetary Change, 48: 187-207.

Spielhagen R F, Scholten J C, Bauch H A, et al. 2022. No freshwater- filled glacial Arctic Ocean. Nature, 602: E1-E3.

Spratt R M, Lisiecki L E. 2016. A late Pleistocene sea level stack. Clim Past, 12(4): 1079-1092.

Springer A M, McRoy C P. 1993. The paradox of pelagic food webs in the northern Bering Sea — III. Patterns of primary productivity. Cont Shelf Res, 13(5/6): 575-599.

St John K E K. 2008. Cenozoic ice-rafting history of the central Arctic Ocean: Terrigenous sands on the Lomonosov Ridge.

Paleoceanogr, 23: PA1S05.

St John K E K, Krissek L A. 2002. The late Miocene to Pleistocene ice-rafting history of southeast Greenland. Boraes, 31: 28-35.

Stärz M, Gong X, Stein R, et al. 2012. Glacial shortcut of Arctic sea-ice transport. Ear Planet Sci Lett, 357-358: 257-267.

Stauch G, Gualtieri L. 2008. Late Quaternary glaciations in northeastern Russia. J Qua Sci, 23(6-7): 545-558.

Steele M, Boyd T. 1998. Retreat of the cold halocline layer in the Arctic Ocean. J Geophy Res, 103(C5): 10419-10435.

Steele M, Morison J, Ermold W, et al. 2004. Circulation of summer Pacific halocline water in the Arctic Ocean. J Geophys Res, 109: C02027.

Stein R. 2007. Upper Cretaceous/lower Tertiary black shales near the North Pole: Organic-carbon origin and source-rock potential. Mar Petrol Geol, 24: 67-73.

Stein R. 2008. Arctic Ocean sediments: processes, proxies, and paleoenvironment//Developments in Marine Geology Vol. 2. Amsterdam: Elsevier.

Stein R. 2019. The Late Mesozoic-Cenozoic Arctic Ocean climate and sea ice history: A challenge for past and future scientific ocean drilling. Paleoceanogr Paleoclimatol, 34: 1851-1894.

Stein R, Fahl K. 2000. Holocene accumulation of organic carbon at the Laptev Sea continental margin (Arctic Ocean): sources, pathway, and sinks. Geo-Mar Lett, 20: 27-36.

Stein R, Macdonald R W. 2004a. Organic Carbon Budget: Arctic Ocean vs. Global Ocean. Heidelberg: Springer: 315-322.

Stein R, Macdonald R W. 2004b. The organic carbon cycle in the Arctic Ocean. Heidelberg: Springer.

Stein R, Nam S, Grobe H, et al. 1996. Late Quaternary glacial history and short-term ice-rafted debris fluctuations along the East Greenland continental margin. Geological Society, 111(1): 135-151.

Stein R, Boucsein B, Fahl K, et al. 2001. Accumulation of particulate organic carbon at the Eurasian continental margin during late Quaternary times: controlling mechanisms and paleoenvironmental significance. Global and Planetary Change, 31(1-4): 87-104.

Stein R, Nam I, Darby D A, et al. 2005. Icebreaker expedition collects key Arctic seafloor and ice data, Eos Trans, 86(52): 549-552.

Stein R, Boucsein B, Meyer H. 2006a. Anoxia and high primary production in the Paleogene central Arctic Ocean: first detailed records from Lomonosov Ridge. Geophys Res Lett, 33: L18606.

Stein R, Kanamatsu T, Alvarez-Zarikian C, et al. 2006b. North Atlantic paleoceanography: The last five million years. Eos, Trans Am Geophy Union, 87(13): 129-133.

Stein R, Matthiessen J, Niessen F, et al. 2010a. Towards a better (litho-) stratigraphy and reconstruction of Quaternary paleoenvironment in the Amerasian Basin (Arctic Ocean). Polarforschung, 79(2): 97-121.

Stein R, Matthiessen J, Niessen F. 2010b. Re-coring at Ice Island T3 site of key Core FL-224 (Nautilus Basin, Amerasian Arctic): Sediment characteristics and stratigraphic framework. Polarforschung, 79(2): 81-96.

Stein R, Fahl K, Müller J. 2012. Proxy reconstructions of Cenozoic Arctic Ocean sea-ice history — from IRD to IP$_{25}$. Polarforschung, 82: 37-71.

Stein R, Fahl K, Schreck M, et al. 2016. Evidence for ice-free summers in the late Miocene central Arctic Ocean. Nat Commun, 7: 1-13.

Stein R, Fahl K, Gierz P, et al. 2017a. Arctic Ocean sea ice cover during the penultimate glacial and the last interglacial. Nat Commun, 8: 373.

Stein R, Fahl K, Schade I, et al. 2017b. Holocene variability in sea ice cover, primary production, and Pacific-Water inflow and climate change in the Chukchi and East Siberian Seas (Arctic Ocean). J Quat Sci, 32(3): 362-379.

Steinbach J, Holmstrand H, Shcherbakova K, et al. 2021. Source apportionment of methane escaping the subsea permafrost system in the outer Eurasian Arctic Shelf. Proc Natl Acad Sci, 118(10): e2019672118.

Stepanova A. 2006. Late Pleistocene-Holocene and Recent Ostracoda of the Laptev Sea and their importance for paleoenvironmental reconstructions. Paleontol J, 40(suppl 2): S91-S204.

St-Hilaire-Gravel D, Forbes D L, Bell T. 2012. Multitemporal analysis of a gravel-dominated coastline in the central Canadian Arctic Archipelago. Coast Res, 28: 421-441.

Stickley C E, Koc N, Brumsack H-J, et al. 2008. A siliceous microfossil view of middle Eocene Arctic paleoenvironments: a window of biosilica production and preservation. Paleoceanogr, 23: PA1S14.

Stickley C E, St John K, Koc N, et al. 2009. Evidence for middle Eocene Arctic sea ice from diatoms and ice-rafted debris. Nature, 460: 376-380.

Stierle A P, Eicken H. 2002. Sediment inclusions in Alaskan coastal sea ice: spatial distribution, interannual variability, and entrainment requirements. Arct Antarct Alp Res, 34: 465-476.

Stokes C R, Clark C D, Darby D A, et al. 2005. Late Pleistocene ice export events into the Arctic ocean from the M'Clure strait ice stream, Canadian Arctic Archipelago. Glob Planet Change, 49(3-4): 139-162.

Stokes C R, Clark C D, Storrar R. 2009. Major changes in ice stream dynamics during deglaciation of the north-western margin of the Laurentide Ice Sheet. Quat Sci Rev, 28(7-8): 721-738.

Stokes C R, Tarasov L, Dyke A S. 2012. Dynamics of the North American Ice Sheet complex during its inception and build-up to the Last Glacial Maximum. Quat Sci Rev, 50: 86-104.

Stokes C R, Tarasov L, Blomdin R, et al. 2015. On the reconstruction of palaeo-ice sheets: recent advances and future challenges. Quat Sci Rev, 125: 15-49.

Straume E O, Gaina C, Medvedev S, et al. 2019. GlobSed: updated total sediment thickness in the world's oceans. Geochem Geophys Geosyst, 20: 1756-1772.

Strauss J, Schirrmeister L, Grosse G, et al. 2017. Deep Yedoma permafrost: a synthesis of depositional characteristics and carbon vulnerability. Ear-Sci Rev, 172: 75-86.

Stroeve J C, Notz D. 2015. Insights on past and future sea-ice evolution from combining observations and models. Glob Planet Change, 135: 119-132.

Stroeve J C, Notz D. 2018. Changing state of Arctic sea ice across all seasons. Environ Res Lett, 13: 103001.

Stroeve J C, Serreze M C, Holland M M, et al. 2012. The Arctic's rapidly shrinking sea ice cover: a research synthesis. Clim Change, 110: 1005-1027.

Stuut J B W, Prins M A, Schneider R R, et al. 2002. A 300-kyr record of aridity and wind strength in southwestern Africa: inferences from grain-size distributions of sediments on Walvis Ridge, SE Atlantic. Mar Geol, 180: 221-233.

Su L, Ren J, Sicre M A, et al. 2022. HBIs and sterols in surface sediments across the East Siberian Sea: implications for palaeo sea-ice reconstructions. Geochem Geophys Geosyst, 23: 1-14.

Suman D O, Bacon M P. 1989. Variations in Holocene sedimentation in the North American Basin determined from ^{230}Th measurements. Deep-Sea Res, Part A, 36(6): 869-878.

Sumata H, de Steur L, Divine D V, et al. 2023. Regime shift in Arctic Ocean sea ice thickness. Nature, 615: 442-449.

Sundby B, Lecroart P, Anschutz P, et al. 2015. When deep diagenesis in Arctic Ocean sediments compromises manganese-based geochronology. Mar Geol, 366: 62-68.

Suzuki K, Yamamoto M, Rosenheim B E, et al. 2021. New radiocarbon estimation method for carbonate-poor sediments: A case study of ramped pyrolysis ^{14}C dating of postglacial deposits from the Alaskan margin. Arctic Ocean. Quat Geochronol, 66: 101215.

Svendsen J I, Alexanderson H, Astakhov V I, et al. 2004. Late Quaternary ice sheet history of northern Eurasia. Quat Sci Rev, 23(11): 1229-1271.

Svensson A, Andersen K K, Bigler M, et al. 2008. A 60000 year Greenland stratigraphic ice core chronology. Clim Past, 4(1): 47-57.

Swärd H, O'Regan M, Pearce C, et al. 2018. Sedimentary proxies for Pacific water inflow through the Herald Canyon, western Arctic Ocean. Arktos, 4(19): 1-13.

Takahashi K. 2005. The Bering Sea and paleoceanography. Deep-Sea Res, II, 52: 2080-2091.

Taldenkova E, Bauch H A, Stepanova A, et al. 2008. Postglacial to Holocene history of the Laptev Sea continental margin: paleoenvironmental implications of benthic assemblages. Quat Int, 183: 40-60.

Taldenkova E, Bauch H A, Stepanova A, et al. 2012. Benthic and planktic community changes at the North Siberian margin in response to Atlantic water mass variability since last deglacial times. Mar Micropaleontol, 96-97: 13-28.

Tang C C L, Ross C K, Yao T, et al. 2004. The circulation, water masses and sea-ice of Baffin Bay. Progr Oceanogr, 63: 183-228.

Tanski G, Wagner D, Knoblauch C, et al. 2019. Rapid CO_2 release from eroding permafrost in seawater. Geophys Res Lett, 46: 11244-11252.

Tao S, Eglinton T, Montluçon D, et al. 2016. Diverse origins and pre-depositional histories of organic matter in contemporary Chinese marginal sea sediments. Geochem Cosmochim Acta, 191: 70-88.

Tarasov L, Peltier W R. 2005. Arctic freshwater forcing of the Younger Dryas cold reversal. Nature, 435: 662-665.

Tarasov L, Peltier W R. 2006. A calibrated deglacial drainage chronology for the North American continent evidence of an Arctic trigger for the Younger Dryas. Quat Sci Rev, 25: 659-688.

Telesiński M, Spielhagen R, Bauch H. 2014. Water mass evolution of the Greenland Sea since late glacial times. Clim Past, 10(1): 123-136.

Telesiński M, Bauch H, Spielhagen R, et al. 2015. Evolution of the central Nordic Seas over the last 20 thousand years. Quaternary Science Reviews, 121: 98-109.

Telesiński M, Bauch H, Spielhagen R. 2018. Causes and consequences of Arctic freshwater routing into the Nordic Seas during late Marine Isotope Stage 5. Journal of Quaternary Science, 33: 794-803.

Teller J T, Leverington D, Mann J. 2002. Freshwater outbursts to the oceans from glacial Lake Agassiz and their role in climate change during the last deglaciation. Quat Sci Rev, 21: 879-887.

Teller J T, Leverington D W. 2004. Glacial Lake Agassiz: a 5000 yr history of change and its relationship to the $\delta^{18}O$ record of Greenland. Geol Soc Am Bull, 116: 729-742.

Tepes P, Gourmelen N, Nienow P, et al. 2021. Changes in elevation and mass of Arctic glaciers and ice caps, 2010-2017. Remote Sensing of Environment, 261: 112481.

Terhaar J, Lauerwald R, Regnier P, et al. 2021. Around one third of current Arctic Ocean primary production sustained by rivers and coastal erosion. Nat Commun, 12: 169.

Tesi T, Muschitiello F, Mollenhauer G. 2021. Rapid Atlantification along the Fram Strait at the beginning of the 20th century. Sci Adv, 7: eabj2946.

The Geographic Services Directorate, Surveys and Mapping Branch, Energy, Mines and Resources Canada. 1982. The national atlas of Canada 5th Edition, Canada-Coal, Quote MCR 4053. Ottawa: Canada Map Office, Mines and Resources Canada.

Thiede J, Winkler A, Wolf-Welling T, et al. 1998. Late Cenozoic history of the Polar North Atlantic: Results from ocean drilling. Quat Sci Rev, 17: 185-208.

Thiede J, Jessen C, Knutz P, et al. 2011. Millions of Years of Greenland Ice Sheet History Recorded in Ocean Sediments. Polarforschung, 80(3): 141-159.

Thierstein H R, Geitzenauer K R, Molfino B, et al. 1977. Global synchroneity of late Quaternary coccolith datum levels: Validation by oxygen isotopes. Geol, 5: 400-404.

Thoman R L, Richter-Menge J, Druckenmiller M L. 2020. Arctic Report Card 2020. Bouder: National Oceanic and Atmospheric Administration.

Thomas D N, Dieckmann G S. 2006. Sea ice. 2nd ed. New York: Wiley Blackwell.

Thomas D N, Dieckmann G S. 2010. Sea ice. Oxford: Blackwell Publishing: 79-111.

Thomas E, Booth L, Maslin M A, et al. 1995. Northeastern Atlantic benthic foraminifera during the last 45,000 years: changes in productivity seen from the bottom up. Paleoceanogr, 10(3): 545-562.

Tikhomirov P L, Kalinina E A, Kobayashi K, et al. 2008. Late Mesozoic silicic magmatism of the North Chukotka area (NE Russia): Age, magma sources, and geodynamic implications. Lithos, 105: 329-346.

Timmermann A, Knies J, Timm O E, et al. 2010. Promotion of glacial ice sheet buildup 60-115 kyr B. P. by precessionally paced Northern Hemispheric meltwater pulses. Paleoceanogr, 25: PA4208.

Titchner H A, Rayner N A. 2014. The Met Office Hadley Centre sea ice and sea surface temperature data set, version 2: 1. Sea ice concentrations. J Geophys Res, Atmos, 119(6): 2864-2889.

Torsvik T H, Andersen T B. 2002. The Taimyr fold belt, Arctic Siberia: timing of prefold remagnetisation and regional tectonics. J Tectonophys, 352: 335-348.

Toucanne S, Soulet G, Riveiros N V, et al. 2021. The North Atlantic Glacial Eastern Boundary Current as a key driver for ice-sheet — AMOC interactions and climate instability. Paleoceanogr Paleoclimatol, 36(3): e2020PA004068.

Tremblay J-E, Gagnon J. 2009. The effect of irradiance and nutrient supply on the productivity of Arctic waters: A perspective on climate change//Nihpul J C J, Kostianoy A G. Influence of Climate Change on the Changing Arctic and Sub-Arctic Conditions. Dordrecht: Springer: 73-93.

Tremblay J-E, Michel C, Hobson K A, et al. 2006. Bloom dynamics in early opening waters of the Arctic Ocean. Limnol Oceanogr, 51(2): 900-912.

Tripati A K, Darby D. 2018. Evidence for ephemeral middle Eocene to early Oligocene Greenland glacial ice and pan-Arctic sea ice. Nat Commun, 9: 1038.

Tripati A K, Eagle R A, Morton A, et al. 2008. Evidence for glaciation in the Northern Hemisphere back to 44 Ma from ice-rafted debris in the Greenland Sea. Ear Planet Sci Lett, 265: 112-122.

Tripati A, Backman J, Elderfield H, et al. 2005. Eocene bipolar glaciation associated with global carbon cycle changes. Nature, 436(7049): 341-346.

Tucker W, Gow, A, Meese D, et al. 1999. Physical characteristics of summer sea ice across the Arctic Ocean. J Coastal Res, 104: 1489-1504.

Tuenter E, Weber S L, Hilgen F J, et al. 2005. Sea-ice feedbacks on the climatic response to precession and obliquity forcing. Geophys Res Lett, 32: L24704.

Turetsky M R, Abbott B W, Jones M C, et al. 2019. Permafrost collapse is accelerating carbon release. Nature, 569: 32-34.

Turetsky M R, Abbott B W, Jones M C, et al. 2020. Carbon release through abrupt permafrost thaw. Nat Geosci, 13: 138-143.

Turney C S, Fogwill C J, Golledge N R, et al. 2020. Early Last Interglacial ocean warming drove substantial ice mass loss from Antarctica. Proc Nat Acad Sci, 117(8): 3996-4006.

Tütken T, Eisenhauer A, Wiegand B, et al. 2002. Glacial-interglacial cycles in Sr and Nd isotopic composition of Arctic marine sediments triggered by the Svalbard/Barents Sea ice sheet. Mar Geol, 182(3-4): 351-372.

Tzedakis P C, Raynaud D, McManus J F, et al. 2009. Interglacial diversity. Nat Geosci, 2(11): 751-755.

Vanreusel A, Clough L, Jacobsen K, et al. 2000. Meiobenthos of the central Arctic Ocean with special emphasis on the nematode community structure. Deep-Sea Res, I, 47: 1855-1879.

Vermassen F, O'Regan M, West G, et al. 2021. Testing the stratigraphic consistency of Pleistocene microfossil bioevents identified on the Alpha and Lomonosov Ridges, Arctic Ocean. Arctic, Antarctic, Alpine Res, 53: 1309-1323.

Vermassen F, O'Regan M, de Boer A, et al. 2023. A seasonally ice-free Arctic Ocean during the Last Interglacial. Nat Geosci, 16: 723-729.

Vernikovsky V A, Dobretsov N L, Metelkin D V, et al. 2013. Concerning tectonics and the tectonic evolution of the Arctic. Russian Geol Geophys, 54: 838-858.

Viscosi-Shirley C, Mammone K, Pisias N, et al. 2003a. Clay mineralogy and multi-element chemistry of surface sediments on the Siberian-Arctic shelf: implications for sediment provenance and grain size sorting. Cont Shelf Res, 23: 1175-1200.

Viscosi-Shirley C, Pisias N, Mammone K, et al. 2003b. Sediment source strength, transport pathways and accumulation patterns on the Siberian-Arctic's Chukchi and Laptev shelves. Cont Shelf Res, 23: 1201-1225.

Vogelsang E. 1990. Palao-Ozeanographie des Europäshen Nordmeeres an Hand stabiler Kohlenstoff-Sauerstoffisotope. Sonderforsch, 313(23): 1-136.

Vogt C. 1996. Bulk mineralogy in surface sediments from the eastern central Arctic Ocean//Stein R, Ivanov G, Levitan M, et al. Surface-Sediment Composition and Sedimentary Processes in The Central Arctic Ocean and Along The Eurasian Continental Margin. Bremerhaven: Alfred Wegener Institute for Polar and Marine Research.

Vogt C. 1997. Regional and temporal variations of mineral assemb lages in Arctic Ocean sediments as climatic indicator during glacialrinterglacial changes. Bremerhaven: Alfred Wegener Institute for Polar and Marine Research: 309.

Vogt C, Knies J. 2008. Sediment dynamics in the Eurasian Arctic Ocean during the last deglaciation — The clay mineral group smectite perspective. Mar Geol, 250: 211-222.

Vogt C, Knies J. 2009. Sediment pathways in the western Barents Sea inferred from clay mineral assemblages in surface sediments. Norwegian J Geol, 89: 41-55.

Vogt C, Knies J, Spielhagen R, et al. 2001. Detailed mineralogical evidence for two nearly identical glacial/deglacial cycles and Atlantic water advection to the Arctic Ocean during the last 90,000 years. Glob Planet Change, 31(1-4(QUEEN Special Issue)): 23-44.

Vogt P R, Taylor P T, Kovacs L C, et al. 1979. Detailed aeromagnetic investigation of the Arctic Basin. J Geophys Res, Solid Earth, 84: 1071-1089.

Vogt P R, Johnson G L, Kristjansson L. 1981. Morphology and magnetic anomalies north of Iceland. J Geophys, 47(1): 67-80.

Vogt P R, Crane K, Sundvor E. 1994. Deep Pleistocene iceberg plowmarks on the Yermak Plateau: Sidescan and 3. 5 kHz evidence for thick calving ice fronts and a possible marine ice sheet in the Arctic Ocean. Geol, 22: 403-406.

Voigt C, Marushchak M E, Abbott B W, et al. 2020. Nitrous oxide emissions from permafrost-affected soils. Nat Rev Ear Environ, 1: 420-434.

Volkman J K, Barrett S M, Dunstan G A. 1994. C_{25} and C_{30} highly branched isoprenoid alkenes in laboratory cultures of two marine diatoms. Org Geochem, 21(3-4): 407-414.

Volkmann R, 2000. Planktonic foraminifers in the outer Laptev Sea and the Fram Strait — modern distribution and ecology. J Foraminiferal Res, 30: 157-176.

Volkmann R, Mensch M, 2001. Stable isotope composition ($\delta^{18}O$, $\delta^{13}C$) of living planktic foraminifers in the outer Laptev Sea and the Fram Strait. Mar Micropaleontol, 42: 163-188.

Volkov V A, Mushta A, Demchev D. 2020. Sea ice drift in the Arctic//Johannessen O M, Bobylev L P, Shalina E V, et al. Sea Ice in the Arctic Past, Present and Future. Cham: Springer: 301-313.

Wadham J L, Tranter M, Skidmore M, et al. 2010. Biogeochemical weathering under ice: size matters. Glob Biogeochem Cyc, 24: GB3025.

Waelbroeck C, Labeyrie L, Michel E, et al. 2002. Sea-level and deep water temperature changes derived from benthic foraminifera isotopic records. Quat Sci Rev, 21: 295-305.

Waga H, Hirawake T. 2020. Changing occurrences of fall blooms associated with variations in phytoplankton size structure in the Pacific Arctic. Front Mar Sci, 7: 1-13.

Wahsner M, Müller C, Stein R, et al. 1999. Clay mineral distribution in surface sediments of the Eurasian Arctic Ocean and continental margin as indicator for source areas and transport pathways — a synthesis. Boreas, 28: 215-233.

Walker X J, Baltzer J L, Cumming S G, et al. 2019. Increasing wildfires threaten historic carbon sink of boreal forest soils. Nature, 572: 520-523.

Wang K J, Huang Y, Majaneva M, et al. 2021. Group 2i Isochrysidales produce characteristic alkenones reflecting sea ice distribution. Nat Commun, 12: 15.

Wang K, Shi X, Yao Z, et al. 2019. Heavy-mineral-based provenance and environment analysis of a Pliocene series marking a prominent transgression in the south Yellow Sea. Sediment Geol, 382: 25-35.

Wang K, Shi X, Yao Z, et al. 2022. Sediment sources and transport pathways on shelves of the Chukchi and East Siberian Seas: Evidence from the heavy minerals and garnet geochemistry. Polar Sci, 33: 100873.

Wang M, Overland J E. 2012. A sea ice free summer arctic within 30 years: An update from CMIP5 models. Geophys Res Lett, 39: L18501.

Wang P, Tian J, Cheng X, et al. 2004. Major Pleistocene stages in a carbon perspective: The South China Sea record and its global comparison. Paleoceanogr, 19(4): PA4005.

Wang R, Xiao W, März C, et al. 2013. Late Quaternary paleoenvironmental changes revealed by multi-proxy records from the Chukchi Abyssal Plain, western Arctic Ocean. Glob Planet Change, 108: 100-118.

Wang R, Polyak L, Xiao W, et al. 2018. Late-Middle Quaternary lithostratigraphy and sedimentation patterns on the Alpha Ridge, central Arctic Ocean: Implications for Arctic climate variability on orbital time scales. Quat Sci Rev, 181: 93-108.

Wang R, Polyak L, Zhang W, et al. 2021. Glacial-interglacial sedimentation and paleocirculation at the Northwind Ridge, western Arctic Ocean. Quat Sci Rev, 258: 106882.

Wang R, Polyak L, Xiao W, et al. 2023. Middle to Late Quaternary changes in ice rafting and deep current transport on the Alpha Ridge, central Arctic Ocean and their responses to climatic cyclicities. Glob Planet Change, 220: 104019.

Wang W, Yang J, Zhao M, et al. 2020. Spatial variation of grain-size populations of surface sediments from northern Bering Sea and western Arctic Ocean: Implications for provenance and depositional mechanisms. Advances in Polar Science, 31(3): 192-204.

Wang Y, Zhao P, Jian Z M, et al. 2014. Precessional forced extratropical North Pacific mode and associated atmospheric dynamics. J Geophys Res, Oceans, 119: 3732-3745.

Watanabe E, Onodera J, Harada N, et al. 2014. Enhanced role of eddies in the Arctic marine biological pump. Nat Commun, 5: 3950.

Weber M E, Mayer L A, Hillaire-Marcel C, et al. 2001. Derivation of $\delta^{18}O$ from sediment core log data: implications for millennial-scale climate change in the Labrador Sea. Paleoceanogr, 16: 503-514.

Wei Z X, Chen H X, Lei R B, et al. 2020. Overview of the 9th chinese national arctic research expedition. Atmospheric and Oceanic Science Letters, 13(1): 1-7.

Weijers J W H, Schouten S, Hopmans E C, et al. 2006a. Membrane lipids of mesophilic anaerobic bacteria thriving in peats have typical archaeal traits. Environ Microbiol, 8: 648-657.

Weijers J W H, Schouten S, Spaargaren O C, et al. 2006b. Occurrence and distribution of tetraether membrane lipids in soils: Implications for the use of the TEX_{86} proxy and the BIT index. Org Geochem, 37: 1680-1693.

Weijers J W H, Schouten S, van den Donker J C, et al. 2007a. Environmental controls on bacterial tet raether membrane lipid distribution in soils. Geochim Cosmochim Acta, 71: 703-713.

Weijers J W H, Schouten S, Sluijs A, et al. 2007b. Warm arctic continents during the Palaeocene-Eocene thermal maximum. Ear Planet Sci Lett, 261: 230-238.

Weinelt M. 1993. Veränderungen der Oberflächenzirkulation im Europäischen Nordmeer während der letzten 60.000 Jahre. Kiel: University of Kiel.

Weinelt M, Vogelsang E, Kucera M, et al. 2003. Variability of North Atlantic heat transfer during MIS 2. Paleoceanography, 18(3, 1071): 16. 1-16. 18.

Weingartner T J, Kashino Y, Sasaki Y, et al. 1996. The Siberian coastal current: multiyear observations from the Chukchi Sea. Abstract of AGU 1996 Ocean Science Meeting: OS119.

Weingartner T J, Cavalieri D, Aagaard K, et al. 1998. Circulation, dense water formation, and outflow on the northeast Chukchi Shelf. J Geophys Res, 103: 7647-7661.

Weingartner T J, Danielson S, Sasaki Y, et al. 1999. The Siberian coastal current: a wind- and buoyancy-forced Arctic coastal current. J Geophys Res, 104(C12): 29697-29713.

Weingartner T J, Danielson S, Royer T. 2005. Freshwater variability and predictability in the Alaska Coastal Current. Deep-Sea Res, Part II, 52(1-2): 169-191.

Weller P, Stein R. 2008. Paleogene biomarker records from the central Arctic Ocean (Integrated Ocean Drilling Program Expedition 302): Organic carbon sources, anoxia, and sea surface temperature. Paleoceanogr, 23(1): 1-15.

Weltje G J, Prins M A. 2003. Muddled or mixed? Inferring palaeoclimate from size distributions of deep-sea clastics. Sediment Geol, 162(1-2): 39-62.

Weltje G J, Prins M A. 2007. Genetically meaningful decomposition of grain-size distributions. Sediment Geol, 202: 409-424.

Werner I, Gradinger R. 2002. Under-ice amphipods in the Greenland Sea and Fram Strait (Arctic): environmental controls and seasonal patterns below the pack ice. Mar Biol, 140: 317-326.

West G, Alexanderson H, Jakobsson M, et al. 2021. Optically stimulated luminescence dating supports pre-Eemian age for glacial ice on the Lomonosov Ridge off the East Siberian continental shelf. Quat Sci Rev, 267: 107082.

Westerhold T, Narwan N, Drury A J, et al. 2020. An astronomically dated record of Earth's climate and its predictability over the last 66 million years. Science, 369: 1383-1387.

Wetterich S, Rudaya N, Tumskoy V, et al. 2011. Last Glacial Maximum records in permafrost of the East Siberian Arctic. Quat Sci Rev, 30: 3139-3151.

Wickert A D. 2016. Reconstruction of North American drainage basins and river discharge since the Last Glacial Maximum. Ear Surf Dynam, 4: 831-869.

Wik M, Varner R K, Anthony K W, et al. 2016. Climate-sensitive northern lakes and ponds are critical components of methane release. Nat Geosci, 9: 99-105.

Wild B, Andersson A, Broder L, et al. 2019. Rivers across the Siberian Arctic unearth the patterns of carbon release from thawing permafrost. Proc Natl Acad Sci USA, 116: 10280-10285.

Williams K, Copsey D, Blockley E W, et al. 2018. The Met Office Global Coupled Model 3. 0 and 3. 1 (GC3. 0 and GC3. 1) configurations. J Adv Model Earth Syst, 10(2): 357-380.

Wilson C, Aksenov Y, Rynders S, et al. 2021. Significant variability of structure and predictability of Arctic Ocean surface pathways affects basin-wide connectivity. Commun Ear Environ, 2: 164.

Winkler A, Wolf-Welling T, Stattegger K, et al. 2002. Clay mineral sedimentation in high northern latitude deep-sea basins since the Middle Miocene (ODP Leg 151, NAAG). Int J Earth Sci, 91: 133-148.

Winter B L, Johnson C M, Clark D L. 1997. Strontium, neodymium, and lead isotope variations of authigenic and silicate sediment components from the Late Cenozoic Arctic Ocean: Implications for sediment provenance and the source of trace metals in seawater. Geochim Cosmochim Acta, 61(19): 4181-4200.

Witte W K, Kent D V. 1988. Revised magnetostratigraphies confirm low sedimentation rates in Arctic Ocean cores. Quat Res, 29(1): 43-53.

Wollenburg J E, Mackensen A. 1998. Living benthic foraminifers from the central Arctic Ocean: faunal composition, standing stock and diversity. Mar Micropaleontol, 34(98): 153-185.

Wollenburg J E, Kuhnt W. 2000. The response of benthic foraminifers to carbon flux and primary production in the Arctic Ocean. Heidelberg: Springer: 189-231.

Wooden J L, Czamanske G K, Fedorenko V A, et al. 1993. Isotopic and trace-element constraints on mantle and crustal contributions to Siberian continental flood basalts, Norilsk area, Siberia. Geochim Cosmochim Acta, 57(15): 3677-3704.

Woodgate R A. 2013. Arctic ocean circulation-going around at the top of the world. Nature Education Knowledge, 4(8): 8.

Woodgate R A. 2018. Increases in the Pacific inflow to the Arctic from 1990 to 2015, and insights into seasonal trends and driving mechanisms from year-round Bering Strait mooring data. Progr Oceanogr, 160: 124-154.

Woodgate R A, Aagaard K. 2005. Revising the Bering Strait freshwater flux into the Arctic Ocean. Geophys Res Lett, 32: L02602.

Woodgate R A, Aagaard K, Swift J H, et al. 2002. In Chukchi Borderland Cruise CBL2002 Arctic West - Phase II (AWS-02-II). Seattle: University of Washington.

Woodgate R A, Aagaard K, Weingartner T J. 2005. A year in the physical oceanography of the Chukchi Sea: Moored, measurements from autumn 1990-1991. Deep-Sea Res, II, 52(24-26): 3116-3149.

Woodgate R A, Aagaard K, Swift J H, et al. 2007. Atlantic water circulation over the Mendeleev Ridge and Chukchi Borderland from thermohaline intrusions and water mass properties. J Geophys Res, Oceans, 112(C2): C02005.

Woodgate R A, Stafford K, Prahl F, et al. 2015. A Synthesis of year-round interdisciplinary mooring measurements in the Bering Strait (1990-2014) and the RUSALCA Years (2004-2011). Oceanogr, 28(3): 46-67.

Worne S, Kender S, Swann G E, et al. 2019. Coupled climate and subarctic Pacific nutrient upwelling over the last 850,000 years. Ear Planet Sci Lett, 522: 87-97.

Wu L, Wang R, Xiao W, et al. 2018 Late Quaternary deep stratification-climate coupling in the Southern Ocean: implications for changes in abyssal carbon storage. Geochem Geophys Geosyst, 19: 379-395.

Wu Z P, Yin Q Z, Guo Z T, et al. 2020. Hemisphere differences in response of sea surface temperature and sea ice to precession and obliquity. Glob Planet Change, 192: 103223.

Wu Z P, Yin Q, Guo Z, et al. 2022. Comparison of Arctic and Southern Ocean sea ice between the last nine interglacials and the future. Clim Dyn, 59: 519-529.

Xiao W, Wang R, Polyak L, et al. 2014. Stable oxygen and carbon isotopes in planktonic foraminifera *Neogloboquadrina pachyderma* in the Arctic Ocean: an overview of published and new surface-sediment data. Mar Geol, 352: 397-408.

Xiao W, Polyak L, Wang R, et al. 2020. Middle to Late Pleistocene Arctic paleoceanographic changes based on sedimentary records from Mendeleev Ridge and Makarov Basin. Quat Sci Rev, 228: 106105.

Xiao W, Polyak L, Wang R, et al. 2021. A sedimentary record from the Makarov Basin, Arctic Ocean, reveals changing middle to Late Pleistocene glaciation patterns. Quat Sci Rev, 270: 107176.

Xiao X, Fahl K, Stein R. 2013. Biomarker distributions in surface sediments from the Kara and Laptev seas (Arctic Ocean): Indicators for organic-carbon sources and sea-ice coverage. Quat Sci Rev, 79: 40-52.

Xiao X, Fahl K, Müller J, et al. 2015a. Sea-ice distribution in the modern Arctic Ocean: Biomarker records from trans-Arctic Ocean surface sediments. Geochim Cosmochim Acta, 155: 16-29.

Xiao X, Stein R, Fahl K. 2015b. MIS 3 to MIS 1 temporal and LGM spatial variability in Arctic Ocean seaice cover: Reconstruction from biomarkers. Paleoceanogr, 30: 969-983.

Xiao X, Zhao M, Knudsen K L, et al. 2017. Deglacial and Holocene sea-ice variability north of Iceland and response to ocean circulation changes. Ear Planet Sci Lett, 472: 14-24.

Xu Q, Xiao W, Wang R, et al. 2021. Driving mechanisms of sedimentary ^{230}Th and ^{231}Pa variability in the western Arctic Ocean through the last glacial cycle. Paleoceanogr Paleoclimatol, 36: e2020PA004039.

Xu Y, Jaffé R, Wachnicka A, et al. 2006. Occurrence of C_{25} highly branched isoprenoids (HBIs) in Florida Bay: Paleoenvironmental indicators of diatom-derived organic matter inputs. Org Geochem, 37: 847-859.

Xuan C, Channell J E T. 2010. Origin of apparent magnetic excursions in deep-sea sediments from Mendeleev-Alpha Ridge, Arctic Ocean. Geochem Geophys Geosyst, 11: Q02003.

Yamamoto M, Polyak L. 2009. Changes in terrestrial organic matter input to the Mendeleev Ridge, western Arctic Ocean, during the Late Quaternary. Glob Planet Change, 68(1-2): 30-37.

Yamamoto M, Okino T, Sugisaki S, et al. 2008. Late Pleistocene changes in terrestrial biomarkers in sediments from the central Arctic Ocean. Org Geochem, 39(6): 754-763.

Yamamoto M, Nam S-Ⅱ, Polyak L, et al. 2017. Holocene dynamics in the Bering Strait inflow to the Arctic and the Beaufort Gyre circulation based on sedimentary records from the Chukchi Sea. Clim Past, Discussions, 13(9): 1-50.

Yamamoto-Kawai M, Carmack E, McLaughlin F. 2006. Nitrogen balance and Arctic throughflow. Nature, 443: 43.

Yamamoto-Kawai M, McLaughlin F A, Carmack E C, et al. 2008. Freshwater budget of the Canada Basin, Arctic Ocean, from salinity, δ^{18}O, and nutrients. J Geophys Res, 113: C01007.

Ye H, Yang D, Zhang T, et al. 2004. The impact of climate conditions on seasonal river discharge in Siberia. J Hydrometeorol, 5: 286-295.

Ye L, März C, Polyak L, et al. 2019. Dynamics of manganese and cerium enrichments in Arctic Ocean sediments: A case study from the Alpha Ridge. Front Ear Sci, 6: 236.

Ye L, Zhang W, Wang R, et al. 2020a. Ice events along the East Siberian continental margin during the last two glaciations: evidence from clay minerals. Mar Geol, 428: 106289.

Ye L, Yu X, Zhang W, et al. 2020b. Ice sheet controls on fine-grained deposition at the southern Mendeleev Ridge since the penultimate interglacial. Acta Oceanol Sin, 39: 86-95.

Ye L, Yu X, Xu D, et al. 2022. Late Pleistocene Laurentide-source iceberg outbursts in the western Arctic Ocean. Quat Sci Rev, 297: 107836.

Yin J, Schlesinger M E, Stouffer R J. 2009. Model projections of rapid sea-level rise on the northeast coast of the United States. Nat Geosci, 2: 262-266.

Yin Q Z, Berger A. 2012. Individual contribution of insolation and CO_2 to the interglacial climates of the past 800,000 years. Clim Dyn, 38(3-4): 709-724.

Yool A, Popova E E, Coward A C. 2015. Future change in ocean productivity: Is the Arctic the new Atlantic? J Geophys Res, Oceans, 120: 7771-7790.

Yunker M B, Belicka L L, Harvey H R, et al. 2005. Tracing the inputs and fate of marine and terrigenous organic matter in Arctic Ocean sediments: A multivariate analysis of lipid biomarkers. Deep Sea Res, II, 52: 3478-3508.

Yunker M B, Macdonald R W, Snowdon L R. 2009. Glacial to postglacial transformation of organic input pathways in Arctic Ocean basins. Glob Biogeochem Cycles, 23: GB4016.

Yunker M B, Macdonald R W, Snowdon L R, et al. 2011. Alkane and PAH biomarkers as tracers of terrigenous organic carbon in Arctic Ocean sediments. Org Geochem, 42(9): 1109-1146.

Yurco L N, Ortiz J D, Polyak L, et al. 2010. Clay mineral cycles identified by diffuse spectral reflectance in Quaternary sediments from the Northwind Ridge: implications for glacial-interglacial sedimentation patterns in the Arctic Ocean. Polar Res, 29: 176-197.

Zachos J, Pagani M, Sloan L, et al. 2001. Trends, rhythms, and aberrations in global climate 65 Ma to present. Science, 292: 686-693.

Zachos J, Dickens G, Zeebe R. 2008. An early Cenozoic perspective on greenhouse warming and carbon-cycle dynamics. Nature, 451: 279-283.

Zahn R, Schönfeld J, Kudrass H, et al. 1997. Thermohaline instability in the North Atlantic during meltwater events: stable isotope and ice-rafted detritus records from core SO75-26KL, Portuguese margin. Paleoceanogr, 12: 696-710.

Zhang J, Xiao X, Stein R, et al. 2025. New sea-ice biomarker data from Bering-Chukchi Sea surface sediments and its significance for pan-Arctic proxy-based sea-ice reconstruction. Glob Planet Change, 244: 104642.

Zhang L, Wang R, Chen M, et al. 2015. Biogenic silica in surface sediments of the South China Sea: controlling factors and paleoenvironmental implications. Deep-Sea Res, Part II, 122: 142-152.

Zhang T, Wang R, Xiao W, et al. 2015. Ice rafting history and paleoceanographic reconstructions of Core 08P23 from southern Chukchi Plateau, western Arctic Ocean since Marine Isotope Stage 3. Acta Oceanol Sin, 34(3): 68-75.

Zhang T, Wang R, Polyak L, et al. 2019. Enhanced deposition of coal fragments at the Chukchi margin, western Arctic Ocean: Implications for deglacial drainage history form the Laurentide Ice Sheet. Quat Sci Rev, 218: 281-292.

Zhang T, Wang R, Xiao W, et al. 2021. Characteristics of terrigenous components of Amerasian Arctic Ocean surface sediments: implications for reconstructing provenance and transport modes. Mar Geol, 437: 106497.

Zhang T, Li D, East A E, et al. 2022. Warming-driven erosion and sediment transport in cold regions. Nat Rev Ear Environ, 3: 832-851.

Zhang X, Dalrymple R W, Yang S, et al. 2015. Provenance of Holocene sediments in the outer part of the Paleo-Qiantang River estuary, China. Mar Geol, 366: 1-15.

Zhao S, Liu Y, Dong L, et al. 2022. Sedimentary record of glacial impacts and melt water discharge off the East Siberian continental margin, Arctic Ocean. J Geophys Res, Oceans, 127: e2021JC017650.

Zhou B, Wang R, Xiao W, et al. 2021. Late Quaternary paleoceanographic history based on ostracode records from the Chukchi Plateau, western Arctic Ocean. Mar Micropaleontol, 165: 101987.

Zhu C, Weijers J W H, Wagner T, et al. 2011. Sources and distributions of tetraether lipids in surface sediments across a large river dominated continental margin. Org Geochem, 42(4): 376-386.

Zieba K J, Omosanya K O, Knies J. 2017. A flexural isostasy model for the Pleistocene evolution of the Barents Sea bathymetry. Norwegian J Geol, 97: 1-19.

Ziegler P A. 1988. Evolution of the Arctic-North Atlantic and the Western Tethys. Tulsa: American Association of Petroleum Geologists, AAPG Mem, 43: 1-198.

Zonenshain L P, Napatov L M. 1989. Tectonic history of the Arctic region from the Ordovician through the Cretaceous//Herman Y. The Arctic Seas. Boston: Springer: 829-862.